Eberhard Fraas – Der Petrefaktensammler

Eberhard Fraas

Dr. rer. nat. Professor
ehemaliger Kustos am königlichen Naturalienkabinett
zu Stuttgart

Der Petrefaktensammler

Ein Leitfaden zum Bestimmen von Versteinerungen

Mit 72 Tafeln und 139 Textfiguren

Unveränderter Neudruck
mit zusätzlichen Registern der Fossilnamen
nach der geltenden Nomenklatur durch

DR. HANS RIEBER

Professor am Paläontologischen Museum
der Universität Zürich

KOSMOS · GESELLSCHAFT DER NATURFREUNDE
FRANCKH'SCHE VERLAGSHANDLUNG · STUTTGART · 1972
OTT VERLAG · THUN UND MÜNCHEN · 1972

Franckh'sche Verlagshandlung, Stuttgart:
ISBN 3-440-03962-5
Ott Verlag, Thun und München:
ISBN 3-7225-6220-6

Druck und Einband: Ott Verlag Thun
Lithos: Aberegg-Steiner & Co. AG Bern

Inhaltsübersicht

Seite

Einleitung zum unveränderten Neudruck VII

Das Sammeln und die Petrefaktensammlung

Zweck und Bedeutung des Sammelns im allgemeinen 1
Die idealen Gesichtspunkte bei naturwissenschaftlichen Beobachtungen und Aufsammlungen 2

Die Petrefaktensammlung als Einführung in die Paläontologie und Geologie
Die wissenschaftliche Bedeutung 3
Der materielle Wert 5
Bezugsquellen für Versteinerungen 6

Das Anlegen der Petrefaktensammlung
Allgemeine Gesichtspunkte 6
Die Ausrüstung der Sammler 7
Das Präparieren der Versteinerungen 9
Die Sammlung (Steinschränke für Privatsammlungen und Vereinssammlungen, Pappkästchen, Etiketten) 10
Das Aufsuchen von Versteinerungen (geologische Aufschlüsse, geologische Karte) 14
Beschränkung bei Privatsammlungen 16
Grundzüge bezüglich der Aufstellung in Privat-, Vereins- und Schulsammlungen 16
Die Bestimmung des Materials und deren Schwierigkeiten 17

Die Versteinerungen

Die paläontologische Forschung auf dem Standpunkte der Entwicklungslehre 18
Die Deutung fossiler Reste mit Hilfe der vergleichenden Anatomie 18
Das Verhältnis von Paläontologie und Geologie 19
Leitfossilien, Fazies und Faunengebiete 21

Der Erhaltungszustand der Versteinerungen
Pflanzenversteinerungen 21
Verkohlung, Abdrücke, Kieselhölzer 22
Tierversteinerungen 22
Erhaltung von Weichteilen in Wirklichkeit und im Abdruck, Fährten 23
Erhaltung der Hartgebilde 24
Inkrustation, Auflösung und Bildung eines Hohlraumes mit Steinkern 25
Umwandlung, Infiltration, Verkalkung, Verkieselung und Verkiesung 26
Auswitterung 27
Naturspiele 27
Übersicht über die Einteilung des Stoffes in 3 Gruppen, entsprechend den 3 großen Zeitabschnitten der Geologie (Paläozoikum, Mesozoikum und Kainozoikum) 28

Erster Hauptabschnitt: Das paläozoische Zeitalter

Seite

Geologischer Überblick der paläozoischen Formationen in Deutschland

1. Silurformation 31
2. Devonformation 32
3. Karbon- oder Steinkohlenformation 36
a) Unterkarbon oder Kulm 36
b) Oberkarbon oder produktives Kohlengebirge 37
4. Dyasformation 38
a) Rotliegendes 38
b) Zechstein 39

Paläontologischer Teil

A. Die Pflanzenversteinerungen (paläozoische Flora) 39
B. Die Tierversteinerungen (paläozoische Fauna) 52

Zweiter Hauptabschnitt: Das mesozoische Zeitalter

Geologischer Überblick

1. Triasformation 100
a) Die deutsche Trias mit Buntsandstein, Muschelkalk und Keuper 100
b) Die alpine Trias 103
2. Juraformation 103
a) Schwarzer Jura oder Lias 104
b) Brauner Jura oder Dogger 105
c) Weisser Jura oder Malm 106
3. Kreideformation 107
a) Untere Kreide mit Wealden oder Deister, Hils (Neokom) und Gault 107
b) Obere Kreide mit Cenoman (unterer Pläner), Turon (oberer Pläner) und Senon 107

Paläontologischer Teil

A. Die Pflanzenversteinerungen (mesozoische Flora) 109
B. Die Tierversteinerungen (mesozoische Fauna) 114

Dritter Hauptabschnitt: Das kainozoische Zeitalter

1. Tertiärformation 197
Allgemeiner Überblick und Besprechung der einzelnen Gebiete 198
2. Quartärformation 200
Überblick über die verschiedenen Bildungen und hauptsächlichen Fundplätze 201
Gliederung der Quartärformation 202

Paläontologischer Teil

A. Die Pflanzenversteinerungen 204
B. Die Tierversteinerungen 206

Verzeichnis der Abkürzungen der Autorennamen 240
Tafelerklärungen 241
Register 269
Zweitregister 281
Drittregister 297
Tafeln 313

Einleitung zum unveränderten Neudruck

EBERHARD FRAAS ist am 26. Juni 1862 in Stuttgart als Sohn von OSKAR FRAAS, dem um die Geologie Schwabens hochverdienten Konservator am Stuttgarter Naturalienkabinett, geboren. Nach Durchlaufen des Eberhard-Ludwigs-Gymnasiums bezog er 1882 die Universität Leipzig, um Geologie und Mineralogie zu studieren. Im Frühjahr 1884 ging er nach München, wo er bei dem berühmten K. v. ZITTEL mit einer Arbeit über die Seesterne aus dem Weißen Jura von Schwaben und Franken zum Doktor promovierte und sich schon zwei Jahre später habilitierte. Nach kurzer Privatdozentenzeit in München, während der er sich vorwiegend mit Alpengeologie befaßte, ging er 1891 als Assistent an das Naturalienkabinett nach Stuttgart und verzichtete damit auf die Laufbahn als akademischer Lehrer. Als sein Vater sich 1894 zur Ruhe setzte, wurde er sein Nachfolger als Konservator der geologisch-paläntologischen und mineralogischen Abteilung des Stuttgarter Museums. In dieser Stellung blieb er zeitlebens.

Das Stuttgarter Museum war für EBERHARD FRAAS die ideale Wirkungsstätte. Kein anderer hätte diese Stelle mit erstaunlicherem Erfolg ausfüllen können. In der heimatlichen Umgebung, der fast ungebundenen Stellung und dem Bewußtsein, das Lebenswerk des Vaters fortzusetzen, empfand er die Arbeit für das Museum als eigenstes Anliegen. Das Naturalienkabinett mit seinen Schätzen bot ihm unerschöpflichen Stoff, den er durch seine glänzende Sammeltätigkeit um viele Kostbarkeiten aus Deutschland, besonders dem schwäbischen Raum und dem Auslande vermehrte. Unter seiner Leitung wurde die Sammlung in solchem Maße bereichert, besonders auch durch viele wertvolle Wirbeltiere, daß sie unter die bedeutendsten der Welt aufrückte.

EBERHARD FRAAS entfaltete in Stuttgart eine ungewöhnlich reiche wissenschaftliche Tätigkeit. Wie sein Vater bevorzugte er bei seinen Untersuchungen die fossilen Wirbeltiere. Doch zeugen einige Veröffentlichungen über fossile Wirbellose auch auf diesem Gebiet von seinem großen Fachwissen und Verständnis. Bei den Wirbeltieren befaßte er sich dank seiner erstaunlichen Vielseitigkeit mit sämtlichen Gruppen von den Fischen über die Amphibien, Reptilien und Säugetiere bis hin zum fossilen Menschen. Meisterliche Darstellungen gab er von den Labyrinthodonten sowie von den Reptilien aus der Trias und dem Jura. In seinen paläontologischen Arbeiten beschränkte er sich nicht nur auf die reine Beschreibung der Fossilien, sondern versuchte jeweils Aussagen über die Lebensweise und die Umwelt der fossilen Tiere zu machen. Auch die Zahl seiner Arbeiten zur Geologie Schwabens ist groß. In ihnen beschäftigte er sich vorwiegend mit der Trias, die er bei ausgedehnten geologischen Aufnahmen gründlich kennengelernt und in der er manchen Saurier ausgegraben hatte. Sogar mit den damals als vulkanisch gedeuteten Phänomenen des Rieses und des Steinheimer Beckens befaßte er sich. Selbst bei Fragen der Wasserversorgung Stuttgarts und bei Eisenbahnbauten wurde sein Wissen und seine Vertrautheit mit der Geologie Schwabens beansprucht.

Zahlreiche Studienreisen führten ihn durch ganz Europa, zu den Dinosauriergräbern im Westen Nordamerikas, zweimal nach Ägypten und nach Ostafrika. In Ostafrika (1907) erfuhr er von soeben neu gemachten Knochenfunden im Hinterland von Daressalam. Trotz einer Erkrankung und schwerer ärztlicher Bedenken ließ er sich nicht davon abhalten, Augenschein von dem Fundort zu nehmen und erste Ausgrabungen anzustellen. Er hatte damit die Dinosaurierlagerstätte am Tendaguru gefunden, die später vom Berliner Museum mit großem Erfolg ausgebeutet wurde. Von der Krankheit, die er sich in Ostafrika zugezogen hatte, erholte er sich nicht mehr vollständig und starb am 6. März 1915.

Neben nahezu 150 wissenschaftlichen Arbeiten, die alle sachlich und mit bestechender Klarheit abgefaßt sind, veröffentlichte EBERHARD FRAAS 1910 den «*Petrefaktensammler*». Mit ihm gab er seinen Landsleuten, denen das Sammeln von Versteinerungen seit jeher im Blute lag, ein Hilfsbuch zum Bestimmen ihrer Funde in die Hände. Das Buch erfreute sich bei allen Sammlern und Freunden der Paläontologie rasch großer Beliebtheit, die bis auf den heutigen Tag anhält. Neben dem Text mit zahlreichen Abbildungen umfaßt das Buch 72 Tafeln guter Zeichnungen der wichtigsten pflanzlichen und tierischen Fossilien vom Erdaltertum bis zur Erdneuzeit. Die Fossilien sind auf den Tafeln nach Zeitalter und systematischer Stellung übersichtlich geordnet. Die Originale zu den auf den Tafeln meist mehr oder weniger stilisiert dargestellten Fossilien stammen alle aus Deutschland, soweit es sich um Formen aus dem Erdmittelalter handelt, vorwiegend aus Schwaben. Die Auswahl der abgebildeten Stücke ist, auch aus heutiger Sicht, sehr gut getroffen. Im leicht verständlichen Text sind die Fossilien kurz erklärt und Angaben über ihre zeitliche Verbreitung sowie stammesgeschichtliche Stellung gemacht.

Viele der von ihm benutzten Fossilnamen sind seit dem Erscheinen des Buches geändert worden. Deshalb wurde der vorliegende Reprint des Buches durch Register ergänzt, in denen die zurzeit gebräuchlichen und die von E. FRAAS angewandten Fossilnamen einander gegenübergestellt sind. Möge auch diesem «Petrefaktensammler» eine ähnlich weite Verbreitung zuteil werden wie dem ursprünglichen.

Das Frühjahr kommt, allmählich schmilzt die starre Decke von Schnee und Eis und allenthalben regt sich das junge keimende Leben. Für jung und alt ist es die Zeit zum Wandern, es zieht uns hinaus in Wald und Feld und mit der Natur fühlen auch wir uns verjüngt und haben unsere Freude an dem frisch aufsprossenden Grün, dem ersten Summen der Insekten, die sich um die nektarreichen Frühlingsblumen und die Blüten der Bäume scharen. Wohl ist es in erster Linie der rein ästhetische Genuss, die Freude am Schönen, was uns erfüllt, aber Hand in Hand damit stellt sich auch ein weiteres Empfinden ein, das dem Menschen tief innewohnt und ihn zu der hohen Stellung geschaffen hat, welche er auf unserer Erde einnimmt. Das ist der innere unwillkürliche Drang zur Beobachtung, das Bestreben, aus allem zu lernen, und eine Deutung und Erklärung für das Gesehene zu bekommen. Gewiss hat ein jeder, der sich überhaupt die Mühe nimmt, einen Blick auf die Natur zu werfen, auch einen tieferen Gedanken dabei, und je mehr wir uns in die Natur vertiefen, desto grösser der Genuss. In der Naturbeobachtung liegt aber nicht nur ein Genuss, sondern sie wirkt auch veredelnd auf uns, indem wir uns als ein kleines Korn dieser unendlich reichen und schönen Natur erkennen, aber ein Samenkorn, das aufgesprosst ist zur höchsten geistigen Entfaltung; es ruft in uns den Gedanken wach, uns würdig zu zeigen dieser hohen Stellung und beizutragen zu unserer eigenen Ausbildung. Unwillkürlich werden wir gedrängt zu innerer Vertiefung und zu dem Streben uns weiterzubilden und in die Erkenntnis der unendlich grossen und reichen Naturerscheinungen einzudringen, wir wollen sie verstehen lernen und womöglich einen eigenen Beitrag liefern. Wir selbst aber gehen nicht leer dabei aus, im Gegenteil, jeder einzelne hat den grössten Gewinn für sein eigenes Ich, denn je tiefer er eindringt in die Geheimnisse der Natur, desto grösser ist auch der Genuss und mit ihm die innere Befriedigung. Vergegenwärtigen wir uns diese hohe Bedeutung der Naturbeobachtung, dann werden wir uns auch gewiss klar darüber sein, dass wir Eltern und Lehrer bei unserer Jugend darauf hinzuwirken haben, dass unsere Kinder nicht blind draussen herumspringen, sondern dass sie zeitig anfangen, ihre Beobachtungsgabe zu schärfen und sich Gedanken über die Erscheinungen machen, die ihnen auf Schritt und Tritt bei jedem Spaziergang entgegentreten. Eine hohe und wichtige Aufgabe ist es, diese Schritte zu lenken und in eine richtige Bahn zu bringen.

Unwillkürlich stellt sich mit dem Beobachten im Freien auch das Sammeln ein, fast unbewusst trägt der Junge das eine oder andere Stück mit nach Hause, sei es, dass es ihm besonders gut gefällt, sei es, dass er weiteren Aufschluss von demselben erwartet. Dieses Sammeln sollte noch viel mehr, als es bis jetzt geschieht, bei unseren Kindern unterstützt werden, denn es liegt darin ein ausserordentlich grosser erzieherischer Wert. Freilich kostet die Krustkammer, die sich dabei anhäuft, der Hausfrau manchen Stossseufzer, aber es ist auch nicht nötig, dass man die Sammlungen in unordentlicher Weise sich auswachsen lässt, und wenn eine derartige gelegentlich dem Kehrichtmann mitgegeben wird, so ist es meist kein Schaden.

Eine Sammlung soll eben gerade keine Krustkammer werden, sondern sie soll den Ordnungssinn heben zugleich mit dem Gefühl für Formenunterschiede und Formenschönheit. Es ist nicht so wichtig, was der Junge sammelt, die Hauptsache ist, dass er überhaupt sammelt und beobachtet. Am besten wird wohl immer der Anfang mit der Botanik und dementsprechend mit einem Herbarium gemacht; das Material hierzu ist leicht zu beschaffen, es ist auch nicht allzuschwer zu beherrschen und zu bestimmen und vor allem erfordert das Anlegen eines Herbariums den grössten Ordnungs- und Schönheitssinn. Ein Herbar, das nicht gut geführt ist, in welchem die Pflanzen nicht schön eingelegt und gut bestimmt sind, macht gewiss keinem Jungen Freude, wogegen gewiss ein jeder auf eine sauber gehaltene Pflanzensammlung stolz ist. Es bereitet auch diese „scientia amabilis" ganz ausserordentlichen Genuss, denn in keinem Gebiete sind feine und erfreuliche Beobachtungen im Freien häufiger und leichter zu machen, als an unseren Blumen und deren wunderbaren Einrichtungen. Das zoologische Sammeln ist schon bedeutend schwieriger; schon das Einfangen erfordert mehr Geduld und Ausdauer, das Präparieren ist auch nicht immer leicht und vor allem das genaue Bestimmen meist recht schwierig. Freilich ist auch der Stolz, eine wohlgeordnete und gut bestimmte Käfer- oder Schmetterlingssammlung zu besitzen, ein entsprechend grosser und nicht selten bilden derartige, in der Jugend angelegte Schülersammlungen den Grundstock für spätere grosse, wissenschaftliche Aufsammlungen, verbunden mit ernsten Studien. Wer einmal den Reiz der biologischen Beobachtungen kennen gelernt hat, der wird wohl immer seine Freude daran behalten und es ist charakteristisch, dass unsere moderne Insektenkunde viel mehr von Liebhabern, als von den eigentlichen Akademikern gehegt wird und dass die grössten und bedeutendsten derartigen Sammlungen von Privatleuten angelegt sind.

Zweifellos am schwierigsten und umständlichsten ist das Anlegen einer guten Versteinerungssammlung. Hier ist meist der Jammer der Mutter und der Dienstboten über den unglaublichen Krust der Jungen wohl verständlich, denn was so ein jugendlicher Anfänger seine „Steinersammlung" nennt, ist meist nicht viel mehr als ein zusammengelesenes Haufwerk von Gesteinen und Mineralien aller Art, dazwischen einige Versteinerungen, die zerschunden und verrieben sich zwischen den schweren Gesteinsbrocken in den Zigarrenkistchen, in welchen alles untergebracht wurde, herumdrücken. Es ist gewiss kein erfreulicher Anblick und doch leuchten die Augen des jungen Sammlers, wenn er uns die Bedeutung seiner Funde klar zu machen sucht. Noch herrscht ein grauses Gewirre in dem Kopfe, wie in seiner Sammlung, aber nur Geduld, auch dieses Gewirre wird sich klären und in der Sammlung wird entsprechend Ordnung einkehren. Es ist ja auch nicht leicht, sich in der Ueberfülle von Material zurecht zu finden und nur einmal die Begriffe von Mineralien, Gesteinen und Versteinerungen auseinanderzuhalten. Die Mineralien sind die in der Natur vorkommenden Elemente und deren Verbindungen und bilden für sich einen Gegenstand des Sammelns und des Studiums, die Gesteine setzen sich zwar aus mehr oder minder erkennbaren Mineralkörpern zusammen, sind aber keine Mineralien und haben deshalb auch in einer Mineraliensammlung keinen Platz, auch sie erfordern ein Studium für sich, das allerdings zur Grundlage die Mineralienkunde hat. Die Versteinerungen schliesslich sind zwar meist in Gestein oder in Mineral umgewandelt, aber wir sammeln den Ammoniten nicht wegen des Schwefelkieses oder Kalkspates oder Kalksteines, der ihn erfüllt, sondern als Ueberrest eines einstigen Tieres; an einer versteinerten, in Kohle umgewandelten Pflanze ist uns nicht die Kohle von Wichtigkeit, sondern der Aufbau dieser Pflanze, die uns ein Beleg für die einstige Flora sein soll. Wollen wir also Ordnung in unsere Sammlung bringen, so müssen wir zunächst die Mineralien, Gesteine und Versteinerungen streng auseinanderhalten und uns womöglich beizeiten für das eine oder andere entschliessen.

Die Petrefaktensammlung.

Bedeutung der Sammlung. Wir wollen hier nur die Sammlung von Versteinerungen, d. h. die Paläontologie (Lehre von den alten Lebewesen) ins Auge fassen, da es zu weit führen würde, auch die Mineralien- und Gesteinssammlungen mit hereinzuziehen. Es ist ja keine Frage, dass das Studium der alten, längst ausgestorbenen Lebewesen schwierig ist, ja nicht selten steht dabei auch der Gelehrte und Kenner vor Rätseln, deren Lösung bis heute noch nicht gefunden ist und vielleicht auch immer unklar bleibt. Aber auch darin liegt wieder ein grosser Reiz. Wohl haben wir es bei unseren Versteinerungen mit einem toten Materiale zu tun, aber wir können es durch unseren Geist und unsere Phantasie beleben. Aus dem versteinerten Blatt eines Baumes oder aus dessen Frucht lassen wir den ganzen Baum vor unseren geistigen Augen entstehen, ja wir gehen noch weiter und schliessen mit Recht aus dessen Vorhandensein auf die Standortbedingungen und auf das Klima in der betreffenden geologischen Periode. Aus einem Knochen oder Zahn dürfen wir nach den Gesetzen der vergleichenden Anatomie uns sichere Schlüsse über das ganze Tier und zuweilen sogar über dessen Lebensweise und Existenzbedingungen machen, eine Muschelschale, eine Seelilie oder Koralle vergegenwärtigt uns nicht nur das Tier, das dieses Gehäuse geschaffen hat, sondern erzählt uns auch von dessen Lebensverhältnissen und lässt uns auf das Vorhandensein von Meerwasser und anderem schliessen. Freilich gehört ein oft geschärfter und geübter Blick dazu, die Versteinerungen zu entziffern, denn selten stellen sie sich in ungetrübter Klarheit dar, sondern meist sind sie in Gestein eingeschlossen, zerbrochen oder sonstwie verunstaltet, um so grösser aber ist auch die Befriedigung, wenn wir das Wesen erkannt und richtig bestimmt haben. Mehr als durch das zoologische und botanische Sammeln wird dabei der Formensinn, ja ich möchte sagen ein Feingefühl und Spürsinn entwickelt, der den Sammler oft unbewusst auf die richtige Fährte bringt. Unwillkürlich werden wir aber auch in der Paläontologie mit der Botanik und Zoologie vertraut, denn wir haben es ja immer mit Gegenständen aus dem Pflanzen- und Tierreich zu tun und diese beiden Gebiete müssen uns die Grundlage zur richtigen Erkenntnis unserer Versteinerungen liefern. Dazu gesellt sich noch eine weitere Wissenschaft, die der Geologie oder Erdgeschichte, deren wir nicht entbehren können. Ohne Geologie hat das paläontologische Sammeln keinen Zweck, denn nicht die Versteinerungen als solche sind es, welche wir erkennen wollen, sondern deren Bedeutung für die Entwicklungsgeschichte der Erde, für deren allmähliche Aenderungen und Perioden, kurz für das Wissensgebiet, welches die Geologie umfasst. Hier ist also ein Zusammengehen unbedingt erforderlich; ebenso wie die Zoologie und Botanik eine Grundlage für die Paläontologie bilden, so ist auch sie nur eine Hilfswissenschaft der Geologie, welche ihrerseits ohne die Paläontologie zu keinen Resultaten käme. Mit dem Eindringen in die Aufgaben der Geologie erweitert sich unser Gesichtskreis aufs neue und zwar in einer Richtung, wo uns unter Umständen direkte praktische Resultate winken. Ist doch die Geologie längst schon aus dem Stadium rein akademischer Gelehrsamkeit herausgetreten in die Praxis, wo sie als Grundlage für eine Menge wichtiger Fragen, z. B. bei Bergwerken u. dgl. angesehen wird.

Wir sehen demnach, dass das Sammeln von Versteinerungen als Einführung in die Geologie unser volles Interesse beansprucht und bei unserer Jugend mit Recht unterstützt werden darf, denn es wird dadurch nicht nur die Beobachtungsgabe, der Formen- und Ordnungssinn im allgemeinen gefördert, sondern der Sammler macht sich gar bald mit dem heimischen Boden vertraut und lernt auch andere Gegenden richtig beurteilen. Welche reine Freude und welcher Genuss dabei herrscht, weiss am besten der zu beurteilen, der selbst sammelt oder beobachtet, mit welcher Liebe unsere Jungen den mit Versteinerungen beschwerten Rucksack schleppen.

Das geologische Sammeln hat aber noch viel mehr als in der Botanik und Zoologie eine wissenschaftliche Bedeutung, und wir Fachleute sind daher stets bemüht, uns gute Sammler heranzuziehen. Aus den Privatsammlungen schöpfen wir in erster Linie unser Material für die Museen und damit für die wissenschaftlichen Arbeiten. Der Altmeister des schwäbischen Jura, F. A. Quenstedt, hat schon vor mehr als 50 Jahren den vielen schwäbischen Sammlern ein Lob gespendet mit dem Zugeständnis, dass diese in erster Linie ihm seine grundlegenden Arbeiten über die Juraformation ermöglicht haben und aus der Quenstedtschen Schule gingen vor allem Sammler hervor, die in den verschiedensten Berufsklassen stehend, mit unermüdlichem Eifer die Bausteine für neue wissenschaftliche Studien zusammentragen. Wohl gehört auch für den eigentlichen Fachmann das Sammeln zu den schönsten Aufgaben seines Berufes, aber leider kommt er selten dazu und stets werden vier und mehr Augen mehr sehen als zwei. Ist doch das geologische Sammeln so sehr von Zufälligkeiten abhängig, von neugebildeten Wasserrissen, von Grabarbeiten u. dgl., bei welchen nur in den seltensten Fällen ein Fachgeologe zur Stelle ist, vor allem aber erfordert das Sammeln Zeit und Ausdauer, welche sich nur der nehmen kann, der an Ort und Stelle wohnhaft ist und die nötige Freude und Liebe zur Sache hat. Ich will nur andeuten, welche Bedeutung für die geologische Wissenschaft ein guter Sammler draussen in weiter Ferne haben kann, denn es gibt noch viele Länder, deren geologischen Aufbau wir überhaupt nicht oder doch nur ganz oberflächlich kennen. Unserer Jugend gehört die Welt, mehr als früher streben sie hinaus und machen sich als Kaufleute, Industrielle, Beamte oder Offiziere in der Ferne sesshaft; was können die nicht alles leisten, und wieviel haben sie auch schon beigetragen. Welche Freude für den reisenden Geologen von Fach, wenn er draussen einen Sammler findet; dankbar gedenke ich der vielen jungen Freunde in allen Berufsklassen, welche mich in meinen Studien in fernen Ländern unterstützt und durch Aufsammlungen wissenschaftliche Fragen von Bedeutung geklärt haben.

Es liegt also in unserem eigensten Interesse, wenn wir Fachleute das Sammeln in jeder Hinsicht unterstützen und ich hoffe, dass auch dieser Leitfaden dazu beitragen möge, neue Freunde zu werben, die uns bei der Beischaffung des Materiales für die Wissenschaft behilflich sind. Dabei setze ich allerdings auch voraus, dass der Privatsammler nicht kleinlich seine Sammlung der Wissenschaft verschliesst, sondern sie, wenn es erforderlich ist, auch dieser zur Verfügung stellt. Versteinerungen sind keine Briefmarken oder Raritäten, sondern es sind gewissermassen Dokumente aus längst vergangenen Perioden unserer Erde, daher gehören auch Stücke von wissenschaftlicher Bedeutung nicht in Privatsammlungen, sondern sie sollen der Allgemeinheit zugänglich sein und in den öffentlichen Sammlungen aufbewahrt werden. Dies gilt in erster Linie auch von den Originalen, d. h. den in wissenschaftlichen Werken abgebildeten und beschriebenen

Stücken, auf welche der Gelehrte immer wieder Bezug nehmen muss und die deshalb auch leicht zugänglich sein müssen. Es ist ein verfehlter Stolz, wenn ein Privatsammler sich damit brüstet, dass er in seiner Sammlung Stücke beherbergt, welche den öffentlichen Sammlungen fehlen und die Wissenschaft noch nicht kennt. Er soll sich doch bewusst sein, dass die Stücke an sich ziemlich wertlos sind und dass sie ihre Bedeutung erst durch die Bearbeitung erhalten und meiner Ansicht nach kann es für den richtigen Sammler kein stolzeres Gefühl geben, als einen Beitrag für die Wissenschaft zu liefern, aus welcher ja auch er schöpft und welche ihm jederzeit ihr Bestes unentgeltlich und mit Freuden zur Verfügung stellt. Nur bei einem freudigen Zusammenarbeiten gedeiht das grosse Werk, das zur allgemeinen Bildung und Erkenntnis der Wahrheit beiträgt.

Nicht als ob ich verlangen würde, dass jeder Privatsammler seine besten Stücke, welche den Stolz seiner Sammlung bilden, einfach an die öffentlichen Sammlungen abliefern soll. Davon bin ich weit entfernt, denn ich bin ja selbst auch Sammler und weiss, dass damit die ganze Freude am Sammeln unterbunden würde. Unsere geologischen Museen sind ja glücklicherweise schon im Besitze so grosser Aufsammlungen, dass es sich nur um wenige Ausnahmefälle handelt und dabei vielfach um Stücke, welche für Privatsammlungen überhaupt von untergeordnetem Interesse sind. Auch wird ja nicht verlangt, dass dieselben unentgeltlich abgegeben werden, sondern jeder Sammlungsvorstand wird gerne bereit sein, eine Entschädigung durch Tausch oder Ankauf zu geben. Ueberhaupt mögen sich nur alle Privatsammler ebenso wie die Vorstände von Schul- und Vereinssammlungen vertrauensvoll an die grossen öffentlichen Sammlungen und deren Vorsteher wenden, denn sie werden dort stets Entgegenkommen und Unterstützung finden, da es ja in unserem eigenen Interesse liegt, alle derartigen Bestrebungen nach Möglichkeit zu unterstützen und an die Hauptsammlung anzugliedern.

Abgesehen von dem rein idealen Werte hat eine gute Sammlung von Versteinerungen auch einen materiellen Wert und als langjähriger Museumsvorstand kann ich mir auch in dieser Hinsicht ein Urteil erlauben. Ich habe dabei die Erfahrung gemacht, dass im allgemeinen der Geldeswert der Sammlungen überschätzt wird und zwar weniger von den Sammlern selbst, als von denen, welche nichts davon verstehen. Dies kommt besonders dann zur Geltung, wenn eine Privatsammlung durch den Tod des Sammlers in andere Hände übergeht und nun verkauft werden soll. Wie oft muss ich da die leidige Erfahrung machen, dass die Erben sich grosse Schätze versprochen haben und nun aufs höchste erstaunt sind, wenn ich ihnen erklären muss, dass die Sammlung eigentlich ihren Zweck durch die Freude und den Genuss, welche sie dem Verstorbenen gemacht hat, erfüllt habe und dass der Geldwert verschwindend klein ist. Dies gilt von dem grössten Teile der kleinen Privatsammlungen, aber es gibt natürlich auch sehr gute und entsprechend wertvolle Aufsammlungen, die in der Regel auch leicht Liebhaber finden, während die minderwertigen Sammlungen sehr schwer verkäuflich sind. Der Geldwert der Stücke wird im allgemeinen durch die Händlerpreise bestimmt, und ist abhängig von der Seltenheit und dem Erhaltungszustand des betreffenden Fossiles, sowie von dessen paläontologischer und geologischer Bedeutung. Von einem bestimmten Normalsatz kann natürlich keine Rede sein, noch viel weniger als bei anderen Naturalien und es gehört deshalb sehr viel Uebung und Erfahrung dazu, bei einer Einschätzung das Richtige zu treffen. Die Privatsammlungen tragen ja im allgemeinen immer den Charakter von Lokalsammlungen, d. h. sie umfassen die Formationen in der näheren Umgebung des Sammlers, darin liegt auch ihre wissenschaftliche Bedeutung. Diese wird natürlicherweise immer von den gleichgesinnten Nachbarsammlungen, welche sich mit derselben Aufgabe befassen, am meisten gewürdigt und deshalb werden auch von diesen in der Regel die besten Angebote gemacht. Für den Händler und auch für grosse, fernerstehende Museen kommen solche Aufsammlungen nur als Vergleichsmaterial in Betracht und dabei gilt immer die Regel „non multa, sed multum", d. h. nicht eine grosse Menge, sondern gute Stücke. Wohl hat der Händler auch Absatz für minderwertige Stücke, aber einerseits bleiben ihm dieselben meist lange liegen, anderseits erzielt er nur ganz geringe Preise für dieselben, so dass man sich nicht wundern darf, wenn er auch nur geringe Angebote macht: die grossen Staatsammlungen aber leiden — das darf man fast als Regel annehmen — an Platzmangel und suchen sich nach Möglichkeit den wissenschaftlich doch wertlosen Ballast vom Leibe zu halten. In den meisten Fällen bleibt das lokale Interesse bei der Taxierung unberücksichtigt und oft werden Stücke, welche für den einen Fundort als grosse Seltenheiten gelten, an anderen aber häufig vorkommen, in keinem Verhältnis zu der lokalen Seltenheit bewertet.

Immerhin sind unsere Petrefaktenhandlungen*) von nicht zu unterschätzender Bedeutung und vermitteln den Verkehr zwischen weit entfernten Gegenden. Für die Museen, welche nicht nur die örtlichen Vorkommnisse zu pflegen, sondern nach Möglichkeit ein Gesamtbild der Geologie und Paläontologie zu geben haben, sind sie unentbehrlich, und auch bei der Anlage von Schulsammlungen wird der Lehrer gut daran tun, einzelne wichtige Leitfossilien, die er nicht selbst beschaffen kann, im Original oder wo die Mittel nicht reichen, im Gipsabguss zu beschaffen. Man verachte den Abguss nicht, wenn es sich nur um Anschauungsunterricht handelt, denn das Modell eines vorzüglich erhaltenen Stückes, das nur wenig kostet, ist jedenfalls zum Unterricht geeigneter, als ein schlecht erhaltenes Originalstück, das meist viel teurer ist. Da man beim Händler sich auf die Stücke beschränken kann, welche unbedingt erforderlich sind und keinerlei Ballast mitkauft, so ist er trotz der scheinbar hohen Preise in den meisten Fällen immer noch die billigste Bezugsquelle, insbesondere wenn es sich um Demonstrationsmaterial für den Unterricht handelt.

Das Anlegen der Petrefaktensammlung. Der Anfang des Sammelns ist nicht selten einem Zufälligkeitsfund zuzuschreiben, den wir draussen im Freien gemacht haben und der uns gewissermassen plötzlich die Augen öffnet, so dass wir bei weiterem Suchen an demselben Platze, an dem wir schon oft achtlos vorübergegangen sind, eine Fülle des Interessanten entdecken und des Mitnehmens wert finden. Dazu gesellen sich noch Geschenke oder im Tausch erworbene Stücke von Freunden und Bekannten und ehe wir es uns eigentlich recht bewusst sind, haben wir schon einen solchen Haufen von Stücken beieinander, dass die Platzfrage brennend wird und wir uns zu einer bestimmten Methode des Ordnens und Aufbewahrens genötigt sehen. Der Sammeleifer hat uns erfasst und mit wahrer Leidenschaft werden neue Schätze zusammengetragen und aufgehäuft; Ständer und

*) Die wichtigsten Bezugsquellen für unser Gebiet sind: Armbster, C., Goslar. — Bergakademie, Freiberg i. Sachsen (Mineralienniederlage). — Blatz, D., Heidelberg, alter Schlossweg. — Droop, C., Dresden-Plauen. — Ehrensberger, Eichstädt (lithograph. Schiefer). — Francke, Dr. H., Dresden-Plauen, Rathausstrasse 5. — Grimm, W., Solnhofen (Maxberg) (lithograph. Schiefer). — Hauff, B., Holzmaden bei Kirchheim u. Teck (oberer Lias). — Krantz, Dr. F., Bonn a. Rh., Herwarthstrasse 36. — Maucher, Dr. W., München, Schellingstrasse 72 p. — Meyrad, Biersfelden bei Basel. — Müller, Dr. A., Linnaea Berlin. — Reitemeyer, Lehrer, Goslar. — Stürtz, Bonn a. Rh., Riesstrasse 2. — Ausserdem gibt es natürlich noch zahlreiche kleinere Lokalsammler, bei welchen zuweilen recht gute Sachen zu bekommen sind.

Zigarrenkisten füllen sich, aber das ungeordnete Chaos kann noch nicht die richtige Befriedigung bringen. Es muss Ordnung und Luft geschaffen werden, in der Regel unterstützt und beschleunigt durch ein zeitgemässes Machtwort der Hausfrau. Eine gründliche Durchsicht ergibt, dass wir im Eifer gar manches Fossil in Menge und meist nur in Bruchstücken oder schlechten Exemplaren gesammelt haben und die Erkenntnis, dass man an einem guten Stücke mehr sieht und lernt als an zwanzig schlechten, erleichtert unsere Sammlung schon bedeutend. Das Abstossen und selbst Hinauswerfen unnützer Stücke ist eine Grundbedingung für eine ordentliche Sammlung und erfordert eine nicht zu unterschätzende Selbstüberwindung, die aber dem Sammler ebenso wie der Sammlung zugute kommt. „Il faut jeter sept fois une collection par la fenêtre, pour avoir une bonne collection“, d. h. siebenmal muss eine Sammlung ausgemerzt werden, um gut zu sein, ist ein beherzigenswerter Ausspruch des französischen Paläontologen Hébert.

Es ist der logisch natürliche Gang, dass unsere Sammlung in demselben Masse an Güte und Vollkommenheit zunimmt, als unser eigenes Verständnis für die Versteinerungen und deren Bedeutung wächst. Auf den ersten Feuereifer folgt eine ruhigere Zeit des Sammelns, die aber immer noch unseren Rücken und Rucksack mächtig in Anspruch nimmt, denn trotz der Auswahl, die wir allmählich treffen, schleppen wir noch viel zu viel mit. Erst ganz langsam, bei vielen überhaupt niemals, dringt die Erkenntnis durch, dass wir ein Fundstück, das wir schon besser in unserer Sammlung haben, auch liegen lassen können und damit einem Nachfolger eine Freude machen, dass wir überhaupt nicht alles sammeln können, sondern dass wir uns beschränken müssen auf einzelne Formationen und auf die Lokalitäten, welche uns leicht zugänglich sind. Kaum besser als in seiner Sammlung zeigt sich der Charakter des Sammlers; Ordnungssinn, Schönheitsgefühl und Geschmack sind gewissermassen Grundbedingungen, aber auch in der Beschränkung zeigt sich der Meister.

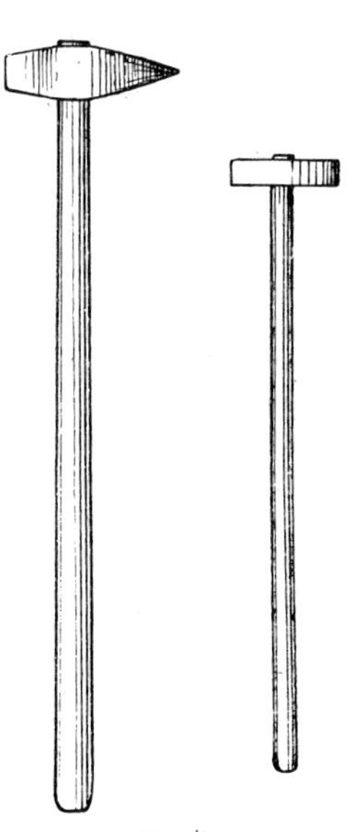

Fig. 1.
Geologen-Hammer mit quer und senkrecht gestellter Schneide.

Die **Ausrüstung** bei unseren geologischen Wanderungen ist im ganzen sehr einfach, aber natürlich je nach den Formationen und dem Gesteinsmaterial, in dem wir sammeln wollen, verschieden. „Mente et malleo“, „mit Geist und Hammer“ ist der Wahlspruch von uns Geologen und der Hammer sollte deshalb bei keinem Sammler fehlen. Nicht ein beliebiger Schuster- oder Schreinerhammer, sondern ein Geologenhammer, der leicht zu beschaffen ist*) oder auch von einem guten Schmied gefertigt werden kann. Es ist darauf zu achten, dass der Stahl nicht glashart, aber auch nicht zu weich ist, da er sonst entweder splittert oder sich rasch an den Rändern aufbiegt; ferner soll der Hammer nicht zu gross sein und der Stiel im richtigen Längenverhältnis zum Eisen stehen, damit der Hammer den nötigen Zug hat. Die Grösse richtet sich nach der Härte des Gesteins, in dem man gewöhnlich sammelt und muss von jedem selbst ausgeprobt werden, ebenso wie es Gewohnheitssache ist,

*) Adressen: Bei den meisten der S. 6 genannten Mineralienhandlungen; besonders bei Blatz, Heidelberg, Fr. Krantz, Bonn. Ausserdem empfehlen sich: R. Fuess, Berlin-Steglitz, Menzel, Berlin N 4, Invalidenstr. 44, L. Schaum, Giessen, Klein-Linden, D. Bender, München, Gabelsbergerstr. 76a. — Krautter, Maschinist, Stuttgart, Realgymnasium.

ob man die Schneide des Hammers senkrecht oder wagrecht stellt. Meissel sind nur selten erforderlich beim Sammeln und in der Regel genügt ein kurzer aber starker Flachmeissel, um etwaige Platten zu spalten, oder die Fugen im Gestein auseinanderzusprengen. Haben wir in weichen Mergeln, Tonen oder Sanden zu arbeiten, so leistet ein grosses kräftiges Messer oder eine Handschaufel treffliche Dienste. Damit ist die Ausrüstung, welche wir für gewöhnlich zum Herausnehmen der Fossilien aus dem Gestein gebrauchen, schon erledigt, vorausgesetzt, dass wir es nicht mit besonders schwierigen Objekten zu tun haben, welche einer aussergewöhnlichen Ausrüstung bedürfen. Wer z. B. die kleinen zarten Foraminiferen, Schneckenschalen u. dergl. aus Sanden und Tonen sammelt, der wird sich mit einem Schlämmnetz und Gefässen zum Auswaschen versehen müssen, falls er es nicht vorzieht, einen Sack voll der betreffenden Formation nach Hause zu schaffen und dort in Ruhe auszuschlämmen. Hat man es mit zarten zerbrechlichen Schalen oder Knochen zu tun, so ist es häufig erforderlich, die Stücke sofort beim Aufdecken in der Schichte zu härten, um sie herausnehmen und transportieren zu können. Es geschieht dies bei kleinen Stücken am besten mit flüssigem Gummi arabicum oder einer Lösung von Schellack in Aether und absolutem Alkohol. Bei grösseren Stücken, z. B. bei Knochen und Zähnen, verwenden wir kochend heisses Leimwasser, mit welchem die Stücke getränkt werden. Es kostet dies aber natürlich viel Zeit und Arbeit, denn ehe der Leim fest geworden ist, dürfen wir das betreffende Stück nicht berühren. Auch dann ist häufig noch das Entnehmen aus dem Boden kaum zu ermöglichen und wir giessen zu diesem Zwecke die blossgelegte Oberfläche in Gips ein und suchen mit grösster Vorsicht das Stück umzuwenden, um es auch auf der Unterseite zu härten und einzugiessen. Mit Vorteil werden auf derartige zerbrechliche Knochen mittelst gewöhnlichem Kleister (Mehl und heissem Wasser) oder einer Mischung von Kreide oder Gips und Leim Streifen einer groben Sackleinwand aufgeklebt, welche nach dem Erhärten eine feste starre Kruste bilden und einen Transport und selbst weiteren Versand erlauben. Selbstverständlich erfordert das Loslösen dieser Hülle ebenso wie des Gipsmantels wieder die grösste Vorsicht. Das sind aber Feinheiten, welche für gewöhnlich nicht in Frage kommen und mit richtig gehandhabtem Hammer, Meissel und Messer lässt sich in den meisten Fällen durchkommen. Eine gewisse Findigkeit wird sich auch bald ein jeder Sammler aneignen, zumal wenn er einmal den Erhaltungszustand seiner Versteinerungen kennt oder namentlich, wenn er sich in fremden Gegenden befindet, wo ihm wenig Hilfsmittel zur Verfügung stehen.

Mit dem Herausklopfen oder sonstiger Entnahme der Versteinerungen ist es aber nicht getan, dieselben müssen auch nach Hause gebracht werden und gerade dabei werden gar oft Fehler gemacht, durch welche zuweilen sehr gute Fundstücke mehr oder minder entwertet werden. Man gewöhne sich von Anfang an daran und halte strenge darauf, dass man stets beim Sammeln reichlich mit Papier versehen ist, denn es ist unbedingt erforderlich, dass jedes Stück für sich, ja nicht viele Stücke zusammen, in weiches Zeitungspapier eingewickelt wird. Die Stücke dürfen nicht aneinander scheuern und reiben, da sonst die zarten Oberflächen verdorben oder zerbrechliche Stücke vollständig verdrückt werden. Man spare ja nie mit dem Papier und höre besser auf zu sammeln, wenn man nicht mehr verpacken kann. Auf Reisen oder beim Sammeln in verschiedenen Horizonten soll man sich auch daran gewöhnen, gewissenhaft jedem Fundstück eine Etikette mit dem Vermerk über den Fundort und den geologischen Horizont beizugeben. Es ist eine alte Erfahrung, dass man nicht immer zu Hause sofort Zeit zum Auspacken und Sortieren findet und nur zu rasch verwischen sich die frischen Eindrücke und die Erinnerung an die Fundgeschichte der einzelnen Stücke. Fossilien aber ohne genaue Fundortsangabe haben so gut wie gar keinen Wert. Wie oft habe ich es schon erlebt, dass ich sonst ganz gute und wertvolle Aufsammlungen hinauswerfen oder als wertlos erklären musste, weil der Fundort nicht mehr zu ermitteln war. Ich möchte es also jedem Sammler nochmals dringend ans Herz legen, diese beiden Hauptregeln, gut einwickeln und etikettieren niemals ausser acht zu lassen.

Der Transport der Steine geschieht am bequemsten im Steinnetz, einem aus starkem Bindfaden filetgestrickten Zwerchsack, der über die Achsel getragen wird, oder einem Netz, das als Rucksack mit Tragriemen gearbeitet ist und wie dieser auf dem Rücken hängt. Sehr praktisch ist auch der Rucksack selbst, doch muss beim Tragen auf dem Rücken daran gedacht werden, dass dort die Stücke besonders stark scheuern und deshalb recht gut verpackt sein müssen.

Bei grösseren Wanderungen und Reisen trage man dafür Sorge, dass man möglichst häufig das schwere und lästige Gepäck los wird und sende bei jeder Gelegenheit seine Aufsammlungen nach Hause. Dass aber auch hierbei wieder auf die Verpackung in Kistchen oder Kisten, womöglich nicht in Säcken, die nötige Sorgfalt verwendet werden muss, ist selbstverständlich.

Haben wir nun glücklich unsere Ausbeute an Fossilien nach Hause gebracht, so beginnt die **Reinigung und Präparation**, ehe wir die Stücke unserer Sammlung einverleiben. Auch dies erfordert Sorgfalt und Geduld und ist ebenso wichtig wie das Einlegen der Pflanzen oder das Aufspannen der Käfer und Schmetterlinge. In erster Linie müssen alle Stücke tüchtig gewaschen und vom anklebenden Schmutze befreit werden. Hierzu werden kräftige Bürsten verwendet, für die feineren Sachen am besten alte ausgebrauchte Zahnbürstchen, für die grösseren entsprechend grössere und stärkere Bürsten. Sehr gute Dienste leisten auch Drahtbürsten aus Messingdraht, welche auch noch den fest anhaftenden Mergel oder Ton losreissen. Zerbrochene Stücke müssen wieder zusammengekittet werden und zwar verwendet man hierzu mit Vorteil guten Tischlerleim oder auch Klebegummi, Synthetikon u. dergl.; passen die Fugen nicht scharf aufeinander, so setzt man dem Leim oder Gummi etwas Kreidepulver zu, um einen dickeren Brei zu bekommen, welcher die klaffenden Stellen ausfüllt. Zuweilen ist man auch genötigt, kleinere Teile auszufüllen oder zu ergänzen, doch soll dies womöglich vermieden werden, da es leicht zu Täuschungen führt. Auch hierbei verwendet man am besten eine Mischung von Gips oder Kreide mit Leim, die man über der Flamme zu einem dicken Teig anrührt, der nach dem Erkalten zu einer festen Masse erhärtet. Zerbrechliche und mürbe Schalen, sowie Knochen und Zähne müssen mit sehr dünnflüssigem heissem Leimwasser oder mit einer Schellacklösung getränkt werden. Eine besondere Sorgfalt erfordern die in Schwefeleisen (Markasit) umgewandelten Fossilien, da dieses Mineral sich allmählich unter dem Einfluss der Feuchtigkeit der Luft zersetzt und die Versteinerung dann unrettbar ihrem Zerfall entgegengeht. Man beugt dem dadurch vor, dass man die gut gereinigten Fossilien stark erwärmt, um alle Feuchtigkeit auszutreiben und dann mit einem feinen Firnis, wozu der Negativlack der Photographen besonders empfohlen werden kann, überzieht. Die hierdurch gebildete zarte Kruste verhindert auf längere Zeit den Zutritt der Luftfeuchtigkeit, hat aber auch das Unangenehme, dass die Stücke einen unnatürlichen Glanz erhalten. Ein absolut sicheres Schutzmittel gegen die Zersetzung des Schwefelkieses gibt es nicht und ich kann aus langjähriger Erfahrung den Rat geben, Schwefelkiesfossilien, an welchen man Zersetzung, d. h. ein Aufblähen und Zerspringen, verbunden mit Ausblühen von weissen nadelförmigen Vitriolkristallen und gelbem Schwefel beobachtet, so rasch wie möglich aus der Sammlung zu entfernen, denn das betreffende Stück ist doch nicht mehr zu retten und durch die Entwicklung von freier Schwefelsäure werden dann auch die Nachbarstücke gefährdet. An vielen Versteinerungen haftet noch das umgebende feste Gestein und es erfordert grosse Geschicklichkeit und Ausdauer, dieses nach Möglichkeit zu entfernen. Den grössten Teil wird man ja immer schon beim Sammeln im Freien mit dem Hammer abschlagen und dabei auch die Beobachtung machen, dass einzelne Stücke sich leicht aus dem Gestein herausschälen, andere dagegen nur sehr schwierig oder überhaupt nicht, eine Erscheinung, die mit dem Erhaltungszustande zusammenhängt.

Dasselbe zeigt sich auch bei dem feineren Ausmeisseln und so leicht und schön dies zuweilen gelingt, so schwierig, ja unmöglich erweist es sich an anderen Stücken. Deshalb gebe man auch besser den Versuch auf, wenn man die Erfahrung gemacht hat, dass das Fossil trotz aller angewandten Mühe nicht herausspringt. Zu dieser feineren Präparation verwendet man feine Stahlnadeln und Meissel und zwar meist spitzige und versucht durch kurze schwache Hammerschläge oder auch nur durch kräftiges Drücken kleine Gesteinsteilchen abzusprengen. Auch eine Kneipzange leistet vielfach vorzügliche Dienste, zumal da bei dem Abkneipen das Stück nur wenig erschüttert wird. Der weiche Schiefer oder Mergel wird mit kurzen Sticheln und Messern abgeschabt, besonders wenn das Fossil aus Schwefelkies besteht, der durch seine bedeutende Härte sich sofort unterscheidet.

Nur in seltenen Fällen können wir von dieser rein mechanischen Art des Herausarbeitens absehen und zur chemischen Bearbeitung des Materiales übergehen. Diese besteht darin, dass wir das umgebende Gestein (z. B. kohlensauren Kalk) mittelst Salzsäure auflösen und das in unlösliche Substanz (Kieselsäure) umgewandelte Fossil herausätzen. Wir bekommen bei dieser Methode zuweilen wunderbar schöne Präparate, müssen aber auch grosse Sorgfalt anwenden, da die Fossilien häufig zu stark angeätzt werden und dann notleiden. Es lässt sich keine bestimmte Regel für die Stärke der anzuwendenden Säure angeben, da diese von dem Grade der Verkieselung abhängig ist, aber im allgemeinen ist es gut, die Säure nicht zu schwach zu nehmen, um den Prozess nicht unnötig in die Länge zu ziehen, da die Stücke dann meist mehr leiden, als bei einer etwas stürmischen Entwicklung von Kohlensäure. Will man einzelne Stellen vor den Angriffen der Säure schonen, so muss man sie zuvor mit Wachs oder Plastelin überstreichen.

Ich sehe hier von weiteren Präparierungsmethoden ab, da sie zu schwierig sind und weniger von den Privatsammlern als in den eigens hierzu eingerichteten Präparationsräumen der Museen angewendet werden.

Endlich ist nun unser gesammeltes Material in Ordnung und kann der Sammlung einverleibt werden, aber auch hierbei gibt es manches zu beobachten, was mit der **Aufstellung und Ausstattung der Petrefaktensammlung** zusammenhängt und zu beherzigen ist.

Die ersten kleinen und ungeordneten Anfänge verdienen mehr nur den Namen einer Aufsammlung, welche erst dann zur Sammlung sich emporhebt und ausgestaltet, wenn eine systematische Ordnung in das Material gebracht wird. Peinliche Aufrechterhaltung der Ordnung verbunden mit einem Gefühl der Schönheit in der Anordnung sind Grundbedingungen für eine saubere Sammlung, die dem Besitzer und Beschauer Freude und Genuss bereiten soll. Je nach der Beschaffenheit des Materiales, dem vorhandenen Platze und nicht zum wenigsten den zur Verfügung stehenden Mitteln, wird natürlich das Bild der Sammlung sich verschieden gestalten, aber gewisse Regeln sind doch gemeinsam zu beachten. Wohl in den meisten Fällen wird der erste Anfang des Ordnens mit Zigarrenkistchen gemacht, indem man zusammengehörige Stücke in ein Kistchen zusammenbringt und die einzelnen kleineren Stücke innerhalb des

Kistchens in Zündholzschachteln legt, so gut oder schlecht dies möglich ist. Werden die Kistchen und die einzelnen Stücke gut bezeichnet, so ist gegen diese Anlage der Sammlung für den Anfang nicht allzuviel einzuwenden, denn sie leistet Schutz vor dem Staube und erlaubt eine gewisse Ordnung. Ich kenne sogar grössere recht wertvolle Sammlungen, die sich noch in diesem Anfangsstadium der Aufstellung erhalten haben, aber freilich ein Vergnügen ist es nicht, eine solche Sammlung zu besichtigen oder gar ein Stück zu suchen. Um wenigstens die Kistchen nicht alle aufeinanderbeugen zu müssen, hilft man sich dann mit einfachen Regalen zum Aufstellen und Anordnen der Zigarrenkistchen. Ich weiss solche Notbehelfe wohl zu schätzen, wo es nicht anders geht, aber es ist doch schliesslich nur ein Notbehelf und wer es irgendwie ermöglichen kann, der sollte doch sich möglichst bald einen richtigen Steinschrank mit Schubfächern anzuschaffen suchen, denn erst dann bekommen seine Fossilienlieblinge ein gesichertes Heim und sind geschützt vor dem Herunterfallen und schliesslich auch Hinauswerfen. Mit dem Aufstellen und Ordnen der Sammlung in einem Schranke beginnt gewissermassen eine neue Aera, denn damit hat sie sich mindestens eine gesicherte Stellung im Hause erworben und der Weg zu einer richtigen Anordnung ist gegeben. Es gibt Geschäfte*), welche fertige Schränke nach verschiedenen Mustern liefern, aber man kann sich auch ohne wesentlich höhere Kosten seinen Schrank bei jedem tüchtigen Schreiner bauen lassen. Dies gewährt den Vorteil, dass man dann auf die Eigenheiten des gesammelten Materiales besser Rücksicht nehmen kann, denn es kommt natürlich darauf an, den Platz möglichst gut auszunützen, ohne dass die Ordnung darunter notleidet. Es ist dies aber gar nicht so einfach, da die Fossilien in der Grösse ausserordentlich verschieden sind und natürlich nicht nach ihrer Grösse, sondern nach ganz anderen Gesichtspunkten eingereiht werden müssen. Die mittlere Höhe der betreffenden Fossilien ist aber massgebend für die Höhe der Schubfächer, und es muss wohl überlegt sein, dass diese nicht zu niedrig, aber auch nicht zu hoch sind, denn in dem einen Falle sperren sich alle grösseren Stücke, durch deren Ausscheidung die Anordnung und das Gesamtbild notleidet, im anderen Falle vergeuden wir den Raum wegen weniger Stücke, die über das Normalmass hinausgehen und haben wegen der grossen Höhe entsprechend weniger Schubfächer in unserem Schranke.

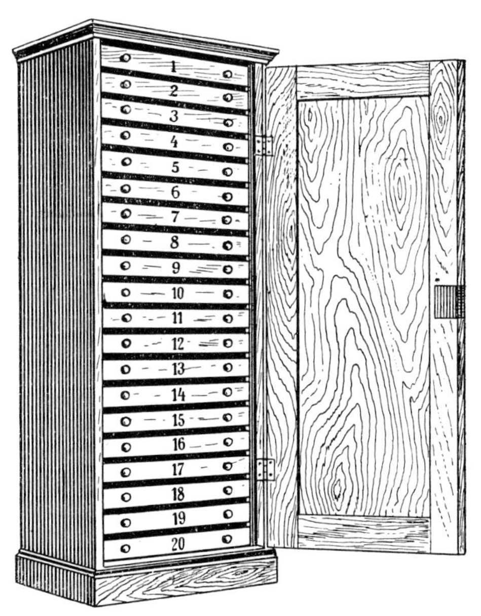

Fig. 2. Einfacher Steinschrank (Normalschrank von Droop).

Nach den Erfahrungen, welche ich in meinem Museum gemacht habe, genügt im allgemeinen eine lichte Höhe der Schubfächer von 7—8 cm, doch ist

*) Mineralienhaus Droop, Dresden-Plauen, zeigt Steinschränke in verschiedener Grösse und Ausstattung an (man verlange Preisverzeichnis).

es recht praktisch, wenn man das unterste Schubfach höher, etwa 12 cm (lichte Höhe) gestaltet, um dort die aussergewöhnlich hohen Stücke unterzubringen. Dieses Mass ändert sich natürlich, wenn der Sammler z. B. sein Material aus Schiefern und Platten entnimmt, die nur ganz geringe Höhe beanspruchen, oder wenn die Sammlung vorwiegend sehr zierliches kleines Material beherbergt. In solchem Falle wird man am besten die obere Hälfte mit niederen Schubfächern ausstatten.

Was die Grösse des Kastens und der Schubfächer anbelangt, so ist auch hier ein gewisses Mittelmass zu empfehlen. Womöglich soll der Schrank nicht über mannshoch, d. h. über 1,80 m sein, damit auch die oberen Schubfächer noch leicht zugänglich sind. Die einzelnen Schubfächer dürfen auch nicht zu gross sein, da sie sonst zu sehr belastet werden, und es empfiehlt sich deshalb die Anordnung in zwei Reihen, wobei eine Breite des Schrankes von 1,30 m bei einer Tiefe von 0,45 m angenommen ist. Ich brauche wohl kaum zu bemerken, dass der Schrank schon wegen der Belastung mit Steinen sehr solid und fest gebaut sein muss und dass man darauf zu achten hat, dass die Schubfächer staubdicht abschliessen. Ein einfaches, treppenförmiges Gestell auf der Oberseite des Schrankes ist sehr angenehm, denn es erlaubt das Aufstellen von grösseren Stücken, die in den Schubfächern keinen Platz finden.

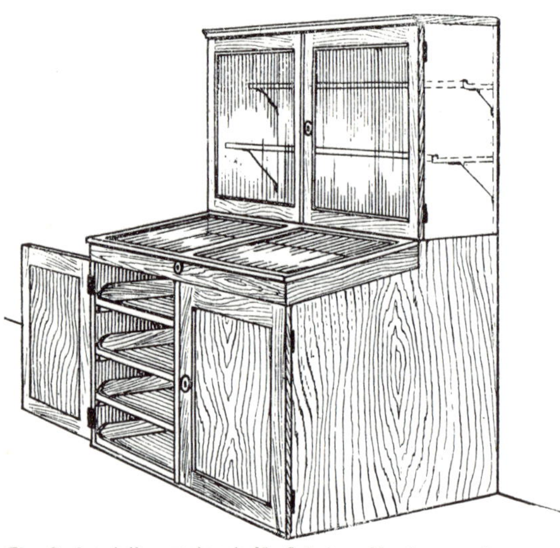

Fig. 3. Ausstellungsschrank für Schul- a. Vereinssammlungen. Gesamthöhe 2 m.

Für Privatsammler sind derartige Steinschränke mit Schubfächern immer am meisten zu empfehlen, da es sich dabei in den seltensten Fällen um eine Schausammlung handelt. Auch bei Schulsammlungen ist im allgemeinen ein verschliessbarer Steinschrank vorzuziehen, wenn nicht die Möglichkeit vorliegt, einen Teil der Fossilien in einem den Schülern zugänglichen Raume so zur Aufstellung zu bringen, dass dieselben jederzeit besichtigt werden können. In diesem Falle, aber noch mehr bei **Vereinssammlungen**, handelt es sich, ebenso wie in den Museen, darum, einem weiteren Publikum ein Bild der versteinerten Tier- und Pflanzenwelt vorzuführen und hierzu bedarf es eines **Schaukastens**. Ich möchte jedem naturhistorischen Vereine, der über eine geologische Sammlung verfügt, dringend raten, dieselbe in Schaukästen zur Aufstellung zu bringen, da sie nur auf diese Weise den Vereinsmitgliedern wirklich vor Augen geführt werden kann und ihrem Zwecke entspricht. Vereinssammlungen, welche in Schränken verschlossen aufbewahrt sind, werden erfahrungsgemäss niemals benützt und angesehen und würden viel besser an Schulen und Private abgegeben. Dessen sollten sich die Vereinsvorstände immer bewusst sein und lieber einen Teil der verfügbaren Mittel für eine zweckmässige Aufstellung als für Vermehrung des Sammlungsmateriales aufwenden, das sonst doch nur als totes Kapital daliegt und weder Freude noch Interesse erweckt. Es ist natürlich, dass man nicht jedes Stück als Schaustück zu bewerten hat und da es in jeder Sammlung neben einzelnen guten auch viele minderwertige Stücke gibt, so ist auch für deren Aufbewahrung zu sorgen. Ich habe deshalb für Vereinsmuseen einen Schauschrank vorgeschlagen und bauen lassen, der sich recht gut bewährt hat und nicht allzu teuer kommt. Derselbe besteht aus einem niederen, 1,20 m hohen Schranke, welcher oben die Schausammlung unter verschliessbaren Glasscheiben aufnimmt. Die Fläche für die Aufstellung ist ebenso wie die Glasfläche etwas geneigt, um das Spiegeln zu verhindern. In dem unteren Raume des Schrankes sind sogenannte „englische Schubfächer“ oder Vitrinen angebracht, d. h. Bretter, die auf Leisten laufen und herausgezogen werden können. Für dieselben wähle man eine Breite von nicht mehr als 1 m, bei einer Tiefe von ca. 1 m und einem gegenseitigen Abstand von ca. 0,20 m. Dieser untere Teil des Schrankes wird durch Türen verschlossen und ist zur Aufnahme des Materiales im allgemeinen bestimmt, während die Schaufläche nur mit den besten Stücken belegt wird, welche auch für das allgemeine Publikum Anregung und Interesse bieten. In einem Aufsatz mit verschliessbaren Glasflügeln werden die grösseren Schaustücke wirkungsvoll zur Geltung gebracht. Das Mass des Schrankes ebenso wie das des Aufsatzes richtet sich natürlich nach den lokalen Verhältnissen. Ein einzelner derartiger Schrank wird gegen die Wand gestellt, es können aber auch zwei Schränke mit der Rückseite zusammengerückt in der Mitte des verfügbaren Raumes schön aufgestellt werden.

Ebenso wie wir auf diese Art Raum geschaffen haben für die Aufbewahrung und Aufstellung der Sammlung im ganzen, so haben wir auch für ein ordentliches Unterbringen der einzelnen Stücke innerhalb der Schubfächer Sorge zu tragen. Es ist unbedingt erforderlich, dass die einzelnen Fossilien, oder wenigstens die zusammengehörigen Stücke in kleinen Partien von anderen abgetrennt werden, da sonst eine Ordnung überhaupt nicht einzuführen und aufrecht zu erhalten ist. Zu diesem Zwecke werden am besten Pappkästchen verwendet. Wer Zeit und Lust hat, kann dieselben ohne allzugrosse Schwierigkeiten selbst anfertigen, aber es lohnt kaum die immerhin recht langwierige Klebearbeit und ich empfehle mehr die Anschaffung aus einer Kartonnagenhandlung*). Sowohl beim Selbstanfertigen wie beim Ankauf ist darauf zu achten, dass die Formate der Pappschachteln aufeinander passen, da man natürlich dadurch viel Raum spart. Die Fossilien sind ja verschieden in der Grösse und dementsprechend bedarf man auch verschieden grosser Kästchen. Die Höhe des aufgebogenen Randes soll stets gleich gross, am besten 1,5 cm hoch sein; bezüglich der Grösse der Schachteln bevorzuge ich folgende Formate:

2,5 × 2,5 cm	75 × 100 cm
2,5 × 50 „	100 × 100 „
50 × 50 „	75 × 150 „
75 × 50 „	100 × 150 „
75 × 75 „	150 × 150 „
50 × 100 „	

Eine derartige Einteilung der Grösse hat den grossen Vorteil, dass man stets geschlossene Reihen herstellen kann. Man wähle auch immer dieselbe Farbe seiner Pappkasten und zwar hat sich lichtblaues und dunkelgrünes Glanzpapier als Ueberzug am besten bewährt. Bei den Aufstellungen von Schau-

*) Dreyspring, Kartonnagenfabrik, Lahr i. Baden. — Mineralienhaus Droop, Dresden-Plauen. — F. Krantz, Bonn a. Rh.

sammlungen sind auch Blechkasten*) in denselben Formatgrössen zu empfehlen, da sie solider sind, noch schärfer aneinanderpassen und auch ausgewaschen werden können.

Auch die Etiketten, d. h. die Zettel mit dem Vermerk über das betreffende Stück, sind, ganz abgesehen von dem Inhalt, nicht gleichgültig zu behandeln, sondern auch hierbei wird ein guter Sammler stets auf Sauberkeit und Ordnung sehen. Vor allem sehe man dabei auf Gleichmässigkeit im Papier und Format; man wähle ein weisses, nicht allzu starkes, aber gutes Papier, kein Kartonpapier, da man die Etiketten beim Versenden oder Verpacken der Stücke zuweilen auch aufrollen oder falten muss. Als Format genügen meist zwei bis drei Grössen und zwar entsprechend den Kästchen 2,4 × 2,4, 2,4 × 4 und 3 × 6 cm; wer auch hier eine kleine Ausgabe nicht scheut, der lasse sich die Zettel mit einer kleinen schwarzen Umrandung, der Aufschrift seines Namens und der Vormerkung für die Formation und den Fundort drucken und schneiden. Insbesondere wird sich dies bei Vereinssammlungen empfehlen; für deren Schausammlungen kommen auch Etiketten in Betracht, welche mittels Etikettenhalter**) so angebracht sind, dass sie nicht durch das betreffende Stück verdeckt werden, sondern sofort leserlich sind. Auf der Etikette ist ausser dem wissenschaftlichen Namen der betreffenden Versteinerung stets der Fundort und die Formation, aus welcher das Stück stammt, zu vermerken. Besonders die genaue Fundortsangabe ist dringend erforderlich und es empfiehlt sich, bei wichtigen Fundstücken den Fundort mit Tusche oder Tinte auf das Stück selbst in unauffälliger Weise zu bemerken, damit diese wichtigste Angabe nie verwechselt wird oder verloren geht.

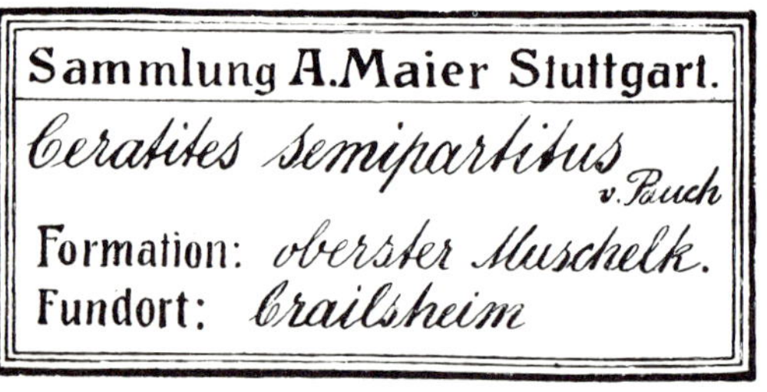

Fig. 4. Schema der Etikette.

Es wird wohl mancher meiner Freunde etwas erstaunt sein über die grossen, rein äusserlichen Anforderungen, welche ich an eine gut gehaltene Petrefaktensammlung stelle, aber ich möchte nochmals betonen, dass in der peinlichen Ordnung und Sauberkeit einer der grössten Reize der Sammlung besteht und dass wir uns selbst und unsere Jugend daran gewöhnen und dazu zwingen sollen, in einer Petrefaktensammlung nicht bloss eine vorübergehende Spielerei und eine Aufhäufung von Material zu sehen, sondern dass es eine Vorbereitung zu ernsterem wissenschaftlichem Studium mit dauerndem Werte sein soll. Eine Sammlung, die nicht von Anfang an pünktlich gehalten ist, wird sich nie schön und gut ausbauen und sie wird auch bald an Reiz verlieren und dem Sammler überdrüssig werden. Man unterschätze also diese Aeusserlichkeiten nicht, denn sie geben die Gewähr für Ordnungs- und Schönheitspflege und sichern den Bestand der Sammlung für die Zukunft.

Das Sammeln der Versteinerungen. Während wir bisher die äusserlichen Fragen über das Anlegen einer Petrefaktensammlung behandelt haben, kommen wir nun auf die mehr geistige Arbeit zu sprechen und zwar haben wir uns zunächst der Frage zuzuwenden, wo wir unser Material zu suchen haben, d. h., wo die Fundstellen liegen. Die Versteinerungen, als versteinerte Ueberreste aus vergangenen

*) Anton Reiche, Dresden-Plauen.
**) Mineralienhaus Droop und A. Reiche, Dresden-Plauen.

geologischen Perioden sind in ihrer ursprünglichen Lagerstätte, d. h. den Gesteinen und Gesteinschichten eingeschlossen und tief im Schosse der Erde begraben. An der Erdoberfläche aber arbeitet ununterbrochen zerstörend das Wasser, es zieht tiefe Furchen in den Boden, die sich zu Schluchten und Tälern erweitern, ja ganze Berge und Gebirgsteile werden abgewaschen und fortgeführt. Dadurch werden auch fortwährend neue Schichten an der Oberfläche entblösst und aus deren Gesteinen werden gar häufig die Versteinerungen ausgewaschen. Je frischer die Entblössung des Gesteines oder wie der Geologe sagt, der Aufschluss ist, desto mehr Aussicht haben wir auf gute Ausbeute und wir müssen deshalb unsere Schritte dahin lenken, wo durch das Wasser die Humusschichte losgerissen ist und das Gestein zutage liegt. Solche natürliche Aufschlüsse finden wir an Wasserrissen, an den Böschungen von Bächen und Flüssen, an Steilhalden der Täler und der Berge, wo die Vegetation nicht Wurzel fassen kann, wo grössere oder kleinere Teile des Berges abgestürzt oder gerutscht sind und dergleichen mehr. Neben diesen natürlichen Aufschlüssen bieten auch die künstlichen, d. h. von Menschenhand gemachten, zuweilen wichtige Fundstätten. In den Bergwerken, Schachtbauten und Tunnels dringen wir oft tief in das Innere der Erdkruste ein, und auf den ausgeworfenen Schutthalden sammeln wir am besten das aus den Schichten ausgewitterte Material; Steinbrüche geben reichliche Gelegenheit zur Ausbeutung der betreffenden Schichten, aber auch die Grabungen bei Weg- und Eisenbahnbauten, bei Anlage von Häusern, Brunnen u. dgl. müssen stets ins Auge gefasst werden und der eifrige Sammler wird sich keine derartige Gelegenheit entgehen lassen. Unser treuester Begleiter und Berater über die Natur der Formationen ist die geologische Karte und sie gehört daher stets in die Tasche des wandernden Geologen. Es ist das beste Geschenk, das die Wissenschaft dem Sammler in die Hand geben kann, denn die Karte weist ihm den Weg und klärt ihn im allgemeinen über alles das auf, was der Sammler zu wissen braucht, zumal da bei uns in Deutschland den Karten auch Begleitworte beigegeben werden, in welchen die Schichten und ihre Fossilien zusammengestellt und besprochen sind. Eine geologische Spezialkarte der nächsten Umgebung von dem Heimatsorte des Sammlers leistet die besten Dienste für denselben. Ausserdem wird er sich auch um Hilfskräfte umsehen und die Bergleute, Steinbrucharbeiter, Aufseher an den Strassen und bei Grabungen zu gewinnen suchen, die natürlich manchen schönen Fund machen und selbst Freude an dem Sammeln bekommen, wenn man ihnen die Sachen erklärt und abnimmt. Ohne Trinkgelder und kleine Entschädigungen geht es natürlich nicht ab, aber die wird auch jeder Sammler gerne hingeben für die Freude, einen neuen Fund mit heimzubringen. Freilich wer nur an den materiellen Wert denkt, der wird oft bittere Enttäuschungen erleben und selten gute Geschäfte machen, wenn er alle seine Unkosten zusammenrechnet, ganz abgesehen von den vergossenen Schweisstropfen und der geopferten Zeit. Von diesen gewerbsmässigen Sammlern will ich aber hier absehen.

Die Ausbeutung der Fundstellen wird uns bald eine Ueberfülle von Material liefern, aber wie ich schon an anderer Stelle bemerkt habe und auch immer wieder betonen möchte, zeigt sich in der Beschränkung der Meister, und schon ein gewisses Mitgefühl mit unseren nachfolgenden Freunden sollte uns davon abhalten, alles fortzutragen und nach Hause zu schleppen. Durch die Ueberfülle von minderwertigem Materiale wird eine Sammlung nur unübersichtlich und zum Studium ungeeignet und da uns doch immer der Zweck der Sammlung als Mittel zur Selbstbelehrung und zur Darstellung einer einst vorhandenen Tierwelt vor Augen steht, so ergibt es sich von selbst, dass wir dieses Bild nicht trüben, sondern möglichst klar gestalten wollen. Daraus ergibt sich auch, dass in einer Privatsammlung nicht alles Platz finden kann;

eine Uebersicht über die Formationen der ganzen Erde anzustellen, ist Sache der grossen Museen; eine Privatsammlung hat die Aufgabe, ein möglichst vollständiges Bild der nächsten Umgebung des Sammlers zu geben, und je mehr sie dieser Aufgabe gerecht wird, desto grösser wird auch ihr wissenschaftlicher Wert sein. Bei dieser Beschränkung kann der Privatsammler eine Vollständigkeit erreichen, welche selbst den Museen fehlt und welche bei einer wissenschaftlichen Bearbeitung von grösstem Wert und Interesse ist. Trotz dieser Beschränkung auf lokale Vorkommnisse wird auch der Privatsammler stets gerne einiges Material aus weiterer Ferne und aus anderen Formationen zur eigenen Belehrung und zur Vervollständigung der geologischen Bilder bei sich aufnehmen, jedoch sollte dies stets unter dem Gesichtspunkte geschehen, dass dies nur eine gelegentliche Beigabe ohne weiteren wissenschaftlichen Wert ist. Eine derartige Ergänzung nach oben und unten in der Reihe der Formationen, sowie das Vergleichsmaterial aus anderen Gegenden ist entweder auf gelegentlichen geologischen Exkursionen zu sammeln, oder auch durch Tausch und Kauf zu erwerben.

Was nun **die Anordnung der Sammlung** anbelangt, so ist natürlich auch hierbei die Aufgabe und der Zweck derselben massgebend, nämlich ein möglichst abgeschlossenes Bild der Formationen und der in ihnen enthaltenen Versteinerungen zu geben. Um dies zu ermöglichen, müssen zunächst die Formationen und innerhalb dieser die geologischen Horizonte streng auseinandergehalten werden, was sich ja bei der Aufstellung in einem Schranke leicht ermöglichen lässt. In besonderen Fällen wird es sich sogar empfehlen, selbst nach Lokalitäten zu sichten, um diese nicht auseinander zu reissen. Die Anordnung innerhalb der Formationen ist eine paläontologische, d. h. sie folgt dem in der Zoologie üblichen Systeme mit den niedersten Tierformen am Anfang und endigt mit den höchst entwickelten. Auf diese Weise ergibt sich das beste und am meisten übersichtliche Bild der Entwicklung und Aenderung der Formen in den verschiedenen Schichten. Man kann leicht das geologische Bild noch vervollständigen durch Beifügung einiger Handstücke, welche den Gesteinscharakter wiedergeben und womöglich ein Leitfossil enthalten. Man beachte auch bei dem Schlagen der Handstücke, dass dieselben ein einheitliches Format und frische Bruchflächen bekommen und sammle keine beliebigen Gesteinsbrocken. Treten unter anderem vulkanische Gesteine in einem Schichtengliede auf, so kann man auch von diesen Proben in Form von Handstücken beifügen, um das Gesamtbild zu vervollständigen, jedoch wird dieser Fall nur selten bei uns eintreten.

Auch bei der Aufstellung von Vereinssammlungen, welche einem weiteren Publikum zur Belehrung dienen sollen, ist das Schwergewicht auf die nächste Umgebung und das Vereinsgebiet zu legen, da dies natürlich am meisten interessiert. Es wird aber hier der Rahmen noch weiter als bei Privatsammlungen gezogen werden müssen, um die Stellung der lokalen Schichten in dem Gesamtbilde des geologischen Aufbaues zu charakterisieren. Durch einzelne gute Belegstücke in Originalen oder Modellen sind dabei auch fernerstehende Schichten zu berücksichtigen, jedoch immer in solcher Beschränkung, dass der Kern und die Bedeutung der Sammlung als ein Bild der nächstliegenden Formationsglieder sofort vor Augen tritt und das übrige nur als Beiwerk erscheint. Geologische Karten und Profile, sowie Rekonstruktionen der hauptsächlichsten Fossilien und sogar der geologischen Landschaften*) tragen sehr zur Belehrung und Ausschmückung derartiger Sammlungen bei.

*) In 7 farbigen Tafeln mit Schichtenprofilen, Leitfossilien und landschaftlichen Rekonstruktionen (Die Entwicklung der Erde und ihrer Bewohner von E. Fraas, Verlag Lutz, Stuttgart 1906), habe ich versucht, ein derartiges Demonstrationsmaterial zu liefern.

Im erhöhten Masse gilt dies von den Schulsammlungen, welchen noch viel mehr Aufmerksamkeit zugewendet werden sollte, als dies bisher geschieht, denn durch ein weitgehendes Anschauungsmaterial ist nicht nur dem Lehrer der Unterricht ausserordentlich erleichtert, sondern es wird auch dem Schüler das Auge geöffnet und sein Interesse geweckt. Leider leiden gerade diese so wichtigen Sammlungen, wenn solche überhaupt vorhanden sind, meist unter einem unnötigen Ballast von Stücken, welche für die Belehrung durchaus ungeeignet sind und für Lehrer und Schüler so gut wie nichts bieten. Sie setzen sich meist aus dem wertlosen Auswurf aus Privatsammlungen zusammen, der als Danaergeschenk an die Schule abgegeben wurde, statt dass wir daran denken sollten, dass gerade die besten Stücke gut genug sind, um belehrend zu wirken. Der leitende Gedanke bei Anlage der Schulsammlung muss der sein, nur solche Stücke aufzunehmen, welche für den Anschauungsunterricht auch wirklich gebraucht werden können und über welche der Lehrer etwas zu sprechen weiss. Die Anordnung muss genau dem Lehrplan entsprechen, und da die Zeit für den geologischen Unterricht in unseren Schulen sehr beschränkt ist, so wird auch der paläontologische Teil der Schulsammlung, die ja ausserdem Mineralien- und Gesteinslehre umfasst, sehr beschränkt sein. In den Vordergrund müssen stets die für die Heimatkunde wichtigen Vorkommnisse der nächsten Umgebung gestellt werden. Zur Erläuterung der Versteinerungen aber suche man sich entsprechende Vertreter aus der lebenden Tier- und Pflanzenwelt zu verschaffen und lege diese zu den Versteinerungen. Zu einem Farnkraut oder Kalamiten aus der Steinkohle gehört ein entsprechendes rezentes Farnkraut oder Equisetum, eine fossile Muschel oder Schnecke wird stets am besten durch Vergleich mit der lebenden Art veranschaulicht. Für einen Lehrer sollte es nicht allzuschwer fallen, wenigstens von den lokalen Vorkommnissen einige gute Stücke aufzubringen, nicht viele, sondern zum Unterricht geeignete, und der Rest muss anderweitig beschafft werden. Da aber die meisten guten Stücke ziemlich teuer sind, so behelfe man sich mit Gipsabgüssen, welche dieselben Dienste tun und z. B. bei F. Krantz (Mineralienhandlung) erhältlich sind. Insbesondere ist auch beim Schulunterricht für ein gutes bildliches Anschauungsmaterial in Gestalt von Karten und Abbildungen Sorge zu tragen.

Die schwierigste Aufgabe bei einer Petrefaktensammlung ist die wissenschaftliche Bearbeitung, d. h. das **Bestimmen der Versteinerungen**, und doch liegt hierin eigentlich erst der Wert der Sammlung, sowohl für den Sammler wie für den Beschauer.

Es hat gar keinen Wert und keinen Zweck nur zu sammeln und die Stücke aufzubewahren; wer sich nicht die Mühe des Bestimmens geben will, der fange lieber gar nicht an zu sammeln und lasse die Versteinerungen für andere draussen liegen. Die Versteinerungen selbst sind ja ein totes nichtssagendes Material und erst die Bestimmung und Deutung der Reste ruft sie vor unserem geistigen Auge gleichsam ins Leben zurück, und nur dann kann uns die Sammlung etwas besagen und lehren. Wo eine grössere Sammlung in der Nähe ist, können wir uns ja leicht an dieser Rats erholen und durch Vergleichung mit den dort ausgestellten Stücken einen grossen Teil der Bestimmungen treffen, aber dies ist doch nicht immer der Fall und dann sind wir genötigt, uns an die Literatur zu halten. Die Benützung der geologischen und paläontologischen Literatur ist aber meistens sehr schwierig, zumal die einschlägigen Spezialwerke sehr teuer und schwierig zu beschaffen sind.

Der streng wissenschaftliche Ton, in welchem selbstverständlich diese Werke geschrieben sind, setzt auch schon eine weitgehende Schulung und Vorkenntnisse voraus, welche dem Anfänger fehlen. Allgemeine Uebersichtswerke, d. h. Handbücher oder Leitfaden für Geologie und Paläontologie gibt es zwar in grosser Anzahl und in vorzüglicher Ausführung, aber die überwältigende Grösse und Fülle des Stoffes verbietet bei diesen Werken ein Eingehen auf die Einzelverhältnisse bestimmter Lokalitäten oder Faunen, mit welchen es der Privatsammler fast ausschliesslich zu tun hat. Diesen kann natürlich auch mein Buch nicht gerecht werden, denn auch ich muss mich auf das Notwendigste beschränken und kann nur einige wenige paläontologisch oder geologisch wichtige Arten aus Hunderten von Spezies herausgreifen.

Dadurch aber, dass ich mich auf die in Deutschland vorkommenden Fossilien beschränke, komme ich schon den Anforderungen an ein Bestimmungsbuch etwas näher und wer sich die Mühe nimmt, nicht nur nach den Abbildungen zu bestimmen, sondern auch die Hinweise im Texte zu beachten, der wird schon eine grosse Anzahl der wichtigsten Arten herausfinden. Auch ist es kein Staatsverbrechen, wenn nicht jedes Fossil richtig bestimmt ist, — die Gelehrten sind zuweilen auch nicht einig über jede Spezies — und jeder Sammler wird eine mehr oder minder grosse Anzahl von „dubia", d. h. zweifelhaften Stücken in seiner Sammlung beherbergen.

Ueber viele wird er später, sei es durch Vergleichung in anderen Sammlungen, sei es durch Belehrung von Kollegen, Aufschluss bekommen, manche Rätsel werden überhaupt nicht gelöst. In einer Privatsammlung schaden diese „dubia" nichts, in einer Schausammlung sollten sie nach Möglichkeit vermieden und in den Schubfächern untergebracht werden, in eine Schulsammlung gehören sie überhaupt nicht hinein, denn sie belehren nicht, sondern verwirren höchstens.

Die Versteinerungen (Fossilien, Petrefakten).

Die paläontologische Forschung. Als Versteinerungen bezeichnen wir die Ueberreste von Pflanzen und Tieren, welche uns in den Schichten der Erde aus früheren geologischen Perioden erhalten sind. Diese Erhaltung ist jedoch an besonders günstige Bedingungen geknüpft, so dass wir keineswegs in einer Schichte die ganze damals lebende Tier- oder Pflanzenwelt wiederfinden, sondern nur verschwindend kleine Bruchteile derselben.

Und doch haben diese Ueberreste, welche ich schon weiter oben als „Dokumente aus längst vergangenen Perioden unserer Erde" bezeichnet habe, eine grosse Bedeutung und bilden in vieler Hinsicht die Bausteine für die Geologie und die Entwicklungslehre. Das Studium der Versteinerungen wird als Versteinerungslehre oder Paläontologie, d. h. als Lehre von den alten Lebewesen bezeichnet, und setzt gründliche Kenntnisse in der Botanik und Zoologie voraus, denn nur auf Grund der heutigen Pflanzen- und Tierwelt ist es möglich, die zum Teil nur mangelhaften Ueberreste zu entziffern und ihre Bedeutung zu erkennen. Es ist deshalb auch selbstverständlich, dass sich die Anordnung (Systematik) des Stoffes vollständig an diejenige der lebenden Arten anschliesst und in diesem Sinne haben wir die Versteinerungslehre nur als eine Ergänzung der Botanik (Paläophytologie = Lehre der alten Pflanzen) und Zoologie (Paläozoologie = Lehre der alten Tiere) zu betrachten. Gehen wir von einem entwicklungsgeschichtlichen Standpunkte aus, so haben wir logischerweise in den Ueberresten aus früheren Perioden auch die Vorläufer und Ahnen unserer heutigen Lebewelt zu sehen und gerade dieser Gesichtspunkt macht die Paläontologie doppelt interessant, denn es bietet natürlich einen ganz besonderen Reiz, gewissermassen in die Geheimnisse der Frühgeschichte unserer irdischen Bewohner einzudringen und deren Verhältnis zur heutigen

Lebewelt zu untersuchen. Man erwarte aber nicht eine vollständige und befriedigende Lösung dieser vielfachen und grossen Rätsel, denn davon sind wir noch weit entfernt; ja es wird jeder, der diesen entwicklungsgeschichtlichen Fragen ernsthaft und nüchtern entgegentritt, gestehen müssen, dass sich die Schwierigkeiten mit Zunahme des Materiales eher häufen und dass wir noch weit davon entfernt sind, einen klaren Weg in dem Werdegang herauszufinden. Wir dürfen nicht vergessen, dass die von dem grossen englischen Forscher Darwin und seinen Nachfolgern vorgezeichneten Gesetze der Entwicklungsgeschichte auch nur Theorien sind und dass sie an Voraussetzungen gebunden sind, deren Bestätigung vielfach noch aussteht. Klar und wahr sind nur die Tatsachen, das sind für den Paläontologen die uns überlieferten Ueberreste und wenn wir diese nicht in unser entwicklungsgeschichtliches Schema einzupassen wissen, so ist entweder unsere Deutung falsch oder hat die Hypothese einen Fehler. Jeder ehrliche Forscher aber strebt nach Wahrheit, und selbst wenn seine Anschauungen sich nicht bewahrheiten, so tut man doch bitter unrecht, darin eine mehr oder weniger absichtliche Umgehung der Wahrheit zu sehen.

Wer einmal selbst sammelt und zu bestimmen sucht, der weiss, dass die richtige Deutung und Erkenntnis der Versteinerungen auf viele Schwierigkeiten stösst, denn wir haben es ja fast niemals mit ganzen Tieren und Pflanzen, sondern nur mit Teilen derselben zu tun und auch diese sind, wie wir bald sehen werden, abhängig von dem Erhaltungszustande, der zuweilen sehr zu wünschen übrig lässt. Immerhin lassen sich eine grosse Anzahl der Versteinerungen, ja glücklicherweise der grösste Teil derselben, auf heute noch lebende Arten beziehen und selbst bei solchen, welche uns auf den ersten Anblick vollständig fremdartig erscheinen, finden wir meist entweder einen direkten Anknüpfungspunkt an lebende Formen, oder kommen wenigstens auf Umwegen über fossile, genau bestimmte Arten zu einem Anschluss.

Die Wege, die wir dabei einzuschlagen haben, sind uns vorgeschrieben durch die vergleichende Anatomie, d. h. die Lehre von Form und Bau der Lebewesen und ihrer einzelnen Teile, sowie deren Vergleichung untereinander. Sie lehrt uns z. B., dass wir in der fossilen Schale einer Muschel oder Schnecke, welche dieselbe Form wie die heute lebenden Arten aufweist, auch Ueberreste eines ganz ähnlich gestalteten Tieres zu sehen haben. Mit grösster Sicherheit können wir aus dem Fossil darauf schliessen, ob wir es mit einem Bewohner des Wassers oder des Landes zu tun haben und selbst die Unterschiede zwischen Bewohnern des Meeres, Süsswassers oder brackischer Bildungen sind noch sicher ausgeprägt.

Ebenso können wir, um ein weiteres Beispiel anzuführen, durch Vergleichung der Schale fossiler Nautiliden mit dem heute noch im tropischen Meere lebenden Nautilus pompilius darauf schliessen, dass diese Schalen einem ähnlich gebauten Tintenfisch aus der Gruppe der Vierkiemer (Tetrabranchiaten) angehörten und dass die Ablagerung, in der wir den fossilen Ueberrest fanden, eine Meeresbildung ist, denn nach ihrem ganzen Bau können diese Tiere nur im Meere leben. Wir gehen aber noch weiter und werden alle Schalen mit derselben Struktur und innerem Aufbau, auch wenn diese sehr verschiedene äussere Form zeigen, wie z. B. der stabförmige Orthoceras, an Nautilus anreihen und mit diesem zu einer grossen Familie der Nautiliden vereinigen. Nun finden wir aber auch Schalen und Ueberreste von Ammoniten, die zwar vom lebenden Nautilus sehr verschieden sind, aber doch bei manchen Arten grosse Uebereinstimmung mit gewissen fossilen Formen der Nautiliden zeigen und überhaupt im Wesen ihres Aufbaues sich nur mit diesen vergleichen lassen. Mit Recht gruppieren wir deshalb diese im Mittelalter der Erde überaus formenreiche, aber jetzt vollständig ausgestorbene Familie neben die Nautiliden und weisen ihnen eine ganz ähnliche Organisation des Tieres und eine ähnliche Lebensweise zu und erklären auch die Ammoniten für meeresbewohnende Tintenfische mit vier Kiemen, obgleich noch niemals das Tier selbst beobachtet wurde.

Wir sind dabei genötigt, aus einzelnen uns erhaltenen Teilen, in den angeführten Fällen aus den Schalen, auf das ganze Tier zu schliessen und schon der berühmte französische Paläontologe Cuvier (ein Schüler der hohen Karlsschule und Mitschüler von Schiller) hat hierfür das Gesetz der Korrelation aufgestellt, das uns lehrt, dass jeder Organismus ein harmonisches Ganzes bildet und dass alle Teile desselben, sowohl untereinander wie mit dem Ganzen in gesetzmässigem Zusammenhang stehen und dass deshalb aus jedem einzelnen Teile bei richtiger Erkenntnis auf das Ganze geschlossen werden darf. Dieses Gesetz hat sich noch immer als richtig bewährt und erlaubt uns z. B. mit Sicherheit nach einem Zahn oder Knochen das Tier zu bestimmen und zwar mit um so grösserer Sicherheit, je charakteristischer der betreffende Teil für das Tier ist. Dies hängt, wie uns zuerst Lamarck gezeigt hat, in erster Linie von dem Gebrauch und der Anwendung des betreffenden Körperteiles ab, da dieser sich jederzeit den an ihn gestellten Forderungen anpasst. So werden wir an den scharf schneidenden Zähnen leicht den Fleischfresser, an den flachen Mahlzähnen den Pflanzenfresser erkennen, ebenso wie ein Flugfinger oder Flügel auf die Bewegung in der Luft, eine Flosse auf die im Wasser hinweist u. dergl. mehr.

So interessant und reizvoll diese Fragen sind, so möchte ich mich doch auf die wenigen Andeutungen beschränken, da sie genügen, um zu zeigen, dass die Paläontologie auf sicheren Füssen steht und dass die Schlüsse, welche sie aus den fossilen Ueberresten auf die einstigen Lebewesen zieht, voll berechtigt sind. Ueberblicken wir nun die ganze grosse Reihe fossiler Arten, so erkennen wir zweifellos eine ununterbrochene Umformung und Veränderung, und zwar wird das Bild der Lebewelt auf unserer Erde immer ähnlicher der heutigen, je jünger die Formationen sind, d. h. je mehr wir uns zeitlich der Jetztzeit nähern. Dass wir hierin einen entwicklungsgeschichtlichen Gang zu sehen haben, steht wohl ausser Frage, wenn wir auch über die Wege, welcher dieser eingeschlagen hat, noch keineswegs klar sind.

Auf diesem entwicklungsgeschichtlichen Prinzip und auf der Beobachtung, dass wir in bestimmten Perioden auch eine entsprechend vorgeschrittene Lebewelt finden, beruht die Bedeutung der Paläontologie für die Geologie. Die Formationslehre baut sich ausschliesslich auf der Kenntnis der Versteinerungen auf, denn nur nach diesen, nicht etwa nach der Art des Gesteines oder den Lagerungsverhältnissen, wird ein geologischer Horizont bestimmt, und nur auf Grund der Versteinerungen ist die in der Geologie angenommene und gebräuchliche Einteilung der Schichten getroffen. Die geologischen Perioden bezeichnen die verschiedenen Stufen der Entwicklungsgeschichte der irdischen Bewohner.

Aus den Fossilien können wir aber auch noch eine Menge interessanter geologischer Rückschlüsse machen, da wir aus der Organisation auf die Lebensweise schliessen können. Wir erkennen aus den Fossilien die Bildung der betreffenden Formation als Meeresbildung, oder als Anschwemmung an grossen Seen, Flüssen u. dergl. Wir bekommen dadurch ein Bild von der Verteilung von Festland und Meer und von den allmählichen Verschiebungen der Kontinente auf unserer Erde, von den Meeresströmungen, klimatischen Verhältnissen, kurz von all dem, was die Fauna und Flora bedingt, die uns in den Fossilien überliefert ist. Dabei ist es überaus wichtig und für die Bestimmung der Formationen ausschlaggebend, dass einzelne Arten mit geringen lokalen Abweichungen sog. Kosmopoliten sind, d. h. eine Verbreitung über die ganze Erde oder doch wenigstens auf weite Erstreckungen besitzen, denn sie ermöglichen uns, die geologische Gleichalterigkeit einzelner Horizonte festzulegen und die Schichten, auch wenn sie noch so verschiedenartiges Gestein aufweisen, auf weite Strecken zu verfolgen. Haben diese Arten, wie es häufig der Fall ist, auch noch ein kurzes Dasein gehabt, so dass sie auf bestimmte Schichten beschränkt sind, so nennen wir sie Leitfossilien, denn sie sind uns leitend für einen genau bestimmten Horizont. Je geringer die vertikale und je grösser die horizontale Verbreitung solcher Fossilien ist, desto besser sind sie als Leitfossilien zu verwerten.

Es ist natürlich, dass den Meeresbewohnern diese Eigenschaft viel mehr zukommt, als den Landbewohnern, denn sie haben mehr Bewegungsfreiheit und finden überall viel leichter dieselben Lebensbedingungen, unter denen sie sich gleichmässig entwickeln konnten, als die Landbewohner, welche in grösserem Masse von lokalen Einflüssen abhängig sind. Selbstverständlich herrschten auch früher, ebenso wie heute, nicht allenthalben auf der Erde dieselben Verhältnisse. Verschiedene Meerestiefen, Strömungen, Temperaturwechsel, vor allem die Unterschiede von Meer Süsswasser und Land mussten zur selben Zeit an verschiedenen Orten ganz verschiedenartige Ablagerungen und verschiedene Lebewesen hervorbringen, welche der Geologe als Fazies, d. h. das eigenartige Gepräge ein und derselben Formation an verschiedenen Orten bezeichnet. Wir sprechen dabei von mariner Fazies, wenn es sich um Meeresgebilde handelt, von terrestrischer Fazies, wenn die Ablagerung auf dem Festlande entstand usw. Ebenso wie heute fanden an einzelnen begünstigten Stellen die Tiere besonders gute Nahrungsbedingungen und entwickelten sich in grosser Formenfülle oder massenhafter Anhäufung einzelner Arten, während andere, oft nahe gelegene Gebiete fast leer ausgingen und dementsprechend spricht man hier wie in der Zoologie von Faunengebieten.

Nicht nur jede Schichte, sondern auch jede Lokalität trägt mehr oder minder ihr eigenes Gepräge und gerade dieser Umstand ist es, welcher das Sammeln so überaus anziehend macht und den Lokalsammlungen ihren wissenschaftlichen Wert verleiht. Je mehr gesammelt wird, desto mehr vervollständigt sich das Bild und desto näher kommen wir der angestrebten Klarheit über die Verhältnisse unserer Erde in früheren Perioden.

Der Erhaltungszustand der Versteinerungen. Leider sind uns die Versteinerungen keineswegs immer so erhalten, dass wir sie ohne weiteres als Ueberreste von Lebewesen erkennen und zur Untersuchung beiziehen können und es ist daher für jeden Sammler von Wichtigkeit, sich mit der Verschiedenartigkeit des Erhaltungszustandes vertraut zu machen, schon um die vielfachen, von der Natur uns gebotenen Zufälligkeiten, die sog. Naturspiele, von den Versteinerungen zu unterscheiden, ebenso wie man vielfach erst unter Berücksichtigung des Erhaltungszustandes das Fossil als solches erkennt.

Betrachten wir zunächst die **Pflanzenversteinerungen**, so sehen wir, dass bei diesen in den meisten Fällen eine Verkohlung eingetreten ist, so dass als letzter Ueberrest nur eine dünne Lage kohliger Substanz übrig blieb. Wenn die Kohlenschichte z. B. bei Blättern auch nur einen dünnen Hauch darstellt, so genügt sie doch, um den Abdruck vom Nebengesteine sauber abzulösen und ihm verdanken wir den schönen Erhaltungszustand der Blätter auf Schiefer und Mergeln, wobei wir häufig noch die zarteste Struktur der Adern erkennen. In den Kohlenflözen selbst ist meistens die Struktur vollständig ausgelöscht, denn hier ging nicht eine Vermoderung unter Zutritt von Sauerstoff, sondern eine Fäulnis unter Abschluss von Sauerstoff vor sich und wir haben deshalb auch die kompakten Braunkohlen und Steinkohlen nur als versteinerte Ueberreste des Faulschlammes (Sapropel) anzusehen. Wenn wir also schöne Abdrücke wünschen, so dürfen wir sie nicht in den Kohlenschichten selbst, sondern in den sie begleitenden Tonen, Mergeln oder Sandsteinen suchen. Auch die widerstandsfähigen Holzmassen der Stämme und Aeste, sowie die Schalen von Früchten fallen, wenn auch langsamer, der allmählichen Verkohlung anheim oder aber verwesen sie bei anhaltendem Zutritt von Sauerstoff vollständig, so dass gar keine brennbaren Kohlenprodukte mehr zurückbleiben. Selbst in diesem Falle ist eine Erhaltung möglich, die entweder aus einem scharfen Abdruck im Gestein besteht, wobei die Stelle des Holzes durch einen Hohlraum gebildet wird, oder aber ist die Holzsubstanz durch ein anderes Mineral, vielfach Kieselsäure, ersetzt und wir sprechen dann von einer

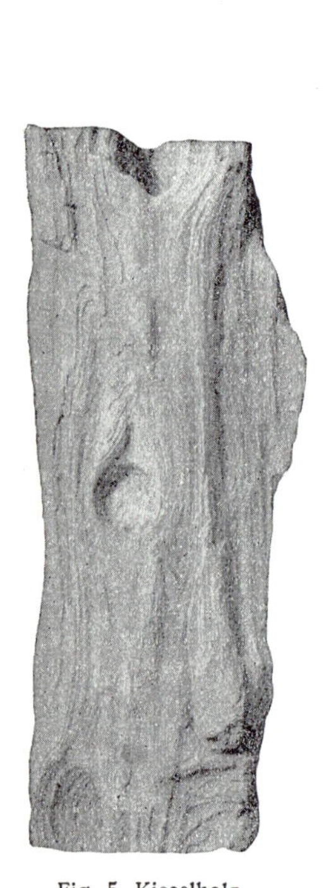

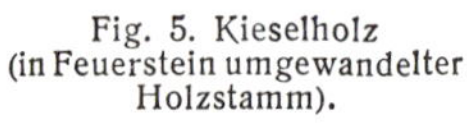

Fig. 5. Kieselholz (in Feuerstein umgewandelter Holzstamm).

Fig. 6. Querschnitt durch ein Kieselholz mit wohlerhaltener Struktur.

Verkieselung. Derartige Kieselhölzer sind ausserordentlich häufig und werden um so leichter gefunden, als dieselben der Verwitterung grossen Widerstand entgegenstellen und deshalb an der Oberfläche ausgewittert herumliegen. Bekannte Beispiele hierfür liefern die versteinerten Wälder von Aegypten und Arizona, aber auch bei uns in Deutschland haben wir reiche Fundplätze von Kieselhölzern in den Schichten der Kohlenformation und des oberen Keupers. Man sollte glauben, dass diese Umänderung der Substanz mit einer vollständigen Zerstörung der Holzstruktur verbunden sein müsste, aber dies ist keineswegs der Fall und zuweilen liefern uns gerade die Kieselhölzer die schönsten Bilder.

Bei den **Tierversteinerungen**, welche unser erhöhtes Interesse beanspruchen, müssen wir uns zunächst vergegenwärtigen, dass im allgemeinen nur die Hartgebilde, wie Knochen, Zähne, Schalen u. dgl. erhaltungsfähig sind

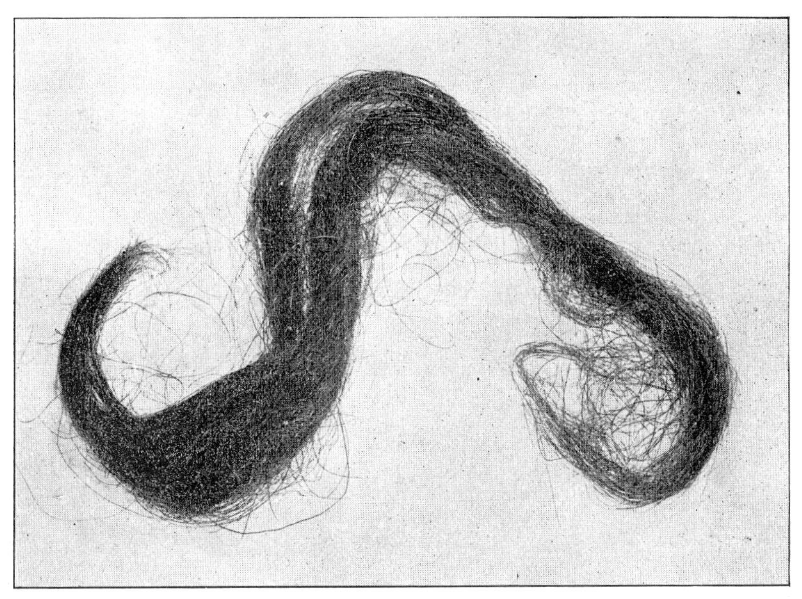

Fig. 7. Mammuthaar aus dem sibirischen Eis.

und dass alle Weichteile verfaulen und vergehen. Nur in den seltensten Fällen sind uns auch noch Weichteile als Versteinerungen aus früheren geologischen Perioden überliefert. Hierher gehören z. B. die Funde im Eise von Sibirien, wo wir Mammut- und Nashornkadaver gewissermassen mit Haut und Haar in diesem natürlichen Eiskeller eingefroren wiederfinden, und ebenso die seltsamen Reste des ausgestorbenen Grypotherium aus der Höhle Esperanza in Südpatagonien. Merkwürdigerweise haben wir auch noch aus sehr alten Ablagerungen, wie der Juraformation, zuweilen Spuren von versteinertem Fleisch und Haut, zwar in der Substanz verändert und durch kohlensauren und phosphorsauren Kalk ersetzt, aber doch in der Struktur wunderbar schön erhalten. So beob-

Fig. 8. Libelle aus dem Solnhofener Schiefer.

achten wir z. B. versteinerte Fleischteile von Tintenfischen, Haien, Fischen und selbst Sauriern in den obern Liasschiefern und den lithographischen Schiefern von Solnhofen.

Derartige Fälle, bei welchen es sich um wirklich materiell erhaltene Fleischsubstanz handelt, sind ausserordentlich selten, häufiger dagegen kommt es vor, dass wir wenigstens den Abdruck oder Hohlraum der sonst vergänglichen Tiere zu sehen bekommen. So kennen wir Abdrücke von Quallen schon aus silurischen Schichten, und in besonderer Schönheit wurden sie auf den lithographischen Kalken von Pfalzpaint bei Eichstädt, sowie in kretacischen Feuersteinknollen bei Hamburg gefunden. Die zarten Körper und Flügel der Insekten sind aus vielen Schichten, besonders auch aus den Solnhofer Schiefern,

Fig. 9. Fährtenplatten, ausgegossene und deshalb erhabene Kriechspuren, links wahrscheinlich von Würmern (sog. Zopfplatten), rechts von einem Labyrinthodonten (Chirotherium).

bekannt und auch die Einschlüsse im Bernstein stellen nur zarte Abdrücke resp. Hohlräume dar, woran der Kenner mit einiger Uebung die vielen Falsifikate von den echten Stücken zu unterscheiden vermag.

In ähnlicher Weise können uns auch die Fährten von Tieren erhalten bleiben, welche über das noch nicht erhärtete Gestein gekrochen oder gegangen sind und dort ihre Spuren zurückgelassen haben. Ein Gang am Meeresstrande belehrt uns, wie zahlreich und verschiedenfach diese Fährten sind, deren Entzifferung meist überaus schwierig ist. Auch beim Sammeln begegnen wir ihnen sehr häufig und haben dann meist den erhabenen Abdruck, d. h. das Negativ des ursprünglichen Eindruckes vor uns, da dieser Ausguss in der harten, aufliegenden Schichte besser erhalten blieb.

Diesen Ausnahmefällen steht die ganze Masse der übrigen Versteinerungen gegenüber, welche aus den Ueberresten von Hartgebilden der Tiere hervorgegangen sind. Diese dienen sehr vielen Geschöpfen entweder als Stütze, wie die zarten Nadeln der Spongien oder die Knochen der Wirbeltiere, oder als Gehäuse, wie die Schalen der Brachiopoden, Muscheln, Schnecken, mancher Würmer, der Krebstiere u. a., oder auch als beides zugleich, wie die Kalkbauten der Korallen oder die Kalkkörper der Strahltiere; hierzu kommen noch die Verstärkungen einzelner Organe, wie die Zähne, Schlundknochen, Stacheln, Panzer u. dgl. Die Substanz, aus welchen die Hartgebilde bestehen, ist in den häufigsten Fällen eine kalkige, wie bei dem Gewebe der Knochen und Knorpel, den Schalen

Fig. 10. Mumie, d. h. eine von einem Kalkmantel umhüllte Schnecke.

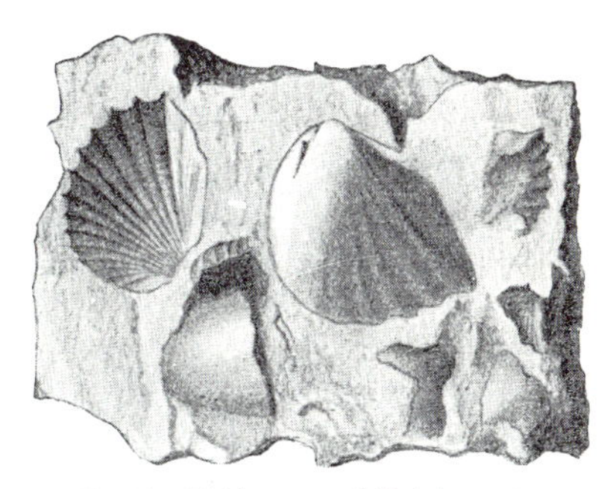

Fig. 11. Hohlraum und Steinkern einer Muschel.

der Muscheln und Schnecken, den Gehäusen der Strahltiere, den Bauten der Korallen, vieler Spongien und Urtierchen, seltener tritt Kieselsäure auf, wie in dem Schmelz der Zähne und Schuppen, sowie im Skelette der Kieselspongien und mancher Urtierchen. In den seltensten Fällen aber finden wir noch das ursprüngliche Gewebe und die ursprüngliche Substanz bei den Versteinerungen, sondern Umwandlungen aller Art, welche bedingt sind durch die chemischen Einflüsse des umgebenden Gesteines und des in den Schichten zirkulierenden Wassers mit seinen verschiedenfachen Minerallösungen.

Der einfachste Fall, den wir aber kaum als wirkliche Versteinerung anerkennen, ist die Inkrustation, d. h. die Einhüllung in einen Kalkmantel, der sich tropfsteinartig um die Schale oder den Knochen herumbaut und diesen einhüllt. Das Fossil selbst, soweit es noch erhalten ist, liegt dann im Innern dieser Mumie.

In vielen Fällen wird die ursprüngliche Schale einfach aufgelöst und abgeführt und es entsteht dadurch ein Hohlraum, der uns einen genauen Abdruck der Oberfläche des Fossiles gibt, während die Schale selbst verschwunden ist. Da aber gewöhnlich bei der ursprünglichen Einbettung des abgestorbenen Tieres im weichen Schlamm alle Hohlräume mit Gesteinsmasse erfüllt wurden, so bekommen wir bei der Auflösung der Schale nicht nur einen Hohlraum, sondern auch einen Kern, welcher die Ausfüllung darstellt und wir nennen dies

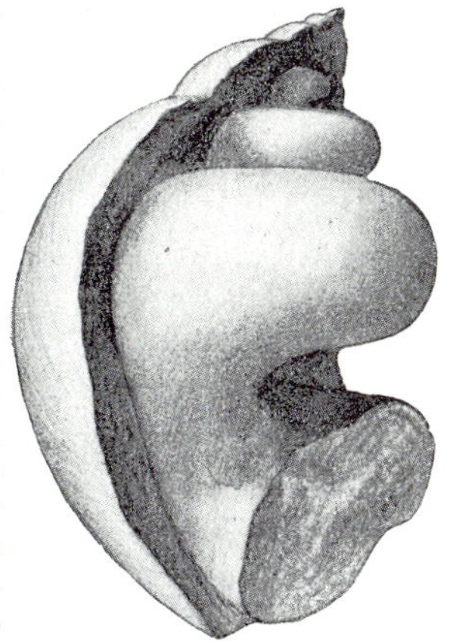

Fig. 12. Steinkern einer Schnecke durch Ausfüllung des Gewindes, der links noch erhaltenen Schale entstanden.

einen Steinkern. Diese Steinkerne spielen eine sehr grosse Rolle unter den Versteinerungen, ja sie sind bei manchen Fossilien, z. B. den Ammoniten, fast wichtiger für die Bestimmung, als die beschalten Exemplare. Wenn aber, was leider auch häufig der Fall ist, die Schale aufgelöst und zerstört wird, ehe das Gestein sich verfestigt hat, oder wenn dieses Gestein sich infolge geologischer Vorgänge verändert, dann geht uns das Fossil vollständig verloren, denn es bleibt keine fassbare Spur mehr von ihm übrig. Ein gutes Beispiel liefern die Korallenriffe, bei denen sich dieser Vorgang vor unseren Augen abspielt; wir sehen, dass das ganze Riff ausschliesslich aus Lebewesen aufgebaut wird und können am Saume desselben leicht den herrlichen Anblick der unzähligen lebenden Korallen, Spongien, Kalkalgen, Seeigel, Seesterne, Muscheln, Schnecken, Krebse und anderer Tiere beobachten, deren Ueberreste in ungeheurer Masse aufgehäuft das Riff bilden. Vergeblich aber suchen wir nach den zierlichen Korallen und anderen Tierresten in den älteren Teilen des Riffkalkes, der eine gleichmässige dolomitische Kalkmasse mit vereinzelten Steinkernen und Hohlräumen grösserer Schalentiere darstellt. Unter dem Einfluss des Seewassers ist hier der zoogene, d. h. tierische Kalk aufgelöst und in einen strukturlosen Kalkstein umgewandelt worden, dem wir selten noch seine Entstehung ansehen. Denken wir nun, dass dieser Riffkalk noch im Laufe geologischer Perioden neuen Umwandlungen ausgesetzt war, so darf es uns nicht wundernehmen, wenn dabei auch die letzte Spur von seinem ursprünglichen Charakter verloren ging. Je früher die Auflösung einsetzt, desto rascher gehen die Spuren der einstigen Tiere verloren, insbesondere wenn diese noch nicht Zeit gehabt haben, einen Abdruck im Untergrunde oder Gestein zu hinterlassen. So beobachten wir nicht selten, dass viele Versteinerungen, wie z. B. die Steinkerne der Ammoniten, auf der nach unten gekehrten Seite sich schön aus dem Gesteine ablösen, während die Oberseite fest verwachsen ist; es rührt dies davon her, dass die Schalen auf den Meeresgrund niedersanken und in den dort liegenden Schlamm durch ihr Gewicht sich einpressten und dort einen scharfen Abdruck hinterliessen, ehe die Schale aufgelöst wurde; der später niedersinkende Schlamm fand keine Schale mehr vor und so konnte sich auch in ihm kein Abdruck erhalten.

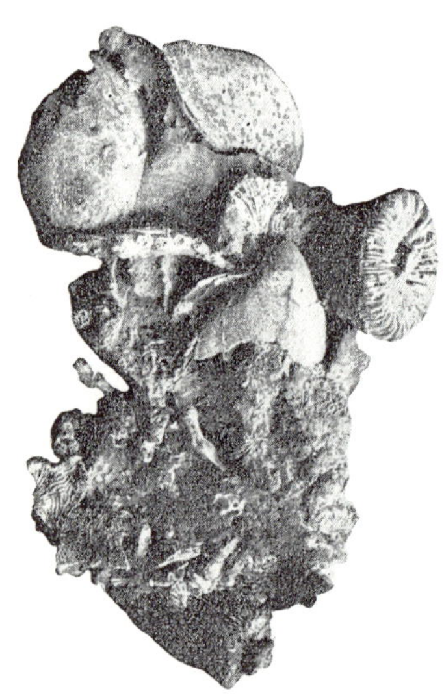

Fig. 13. Fossiler Riffkalk aus dem Jura mit Korallen, Moostieren, Terebrateln und Muscheln.

Zuweilen kommt es auch vor, dass der durch ein Fossil geschaffene Hohlraum wieder von fremder Mineralsubstanz erfüllt wird und wir bekommen dann einen natürlichen Ausguss oder ein Modell der Versteinerung, genau so, wie wir es auch durch ein künstliches Ausgiessen des Hohlraumes mit Gips, Schwefel oder Gutapercha uns anfertigen. Selbstverständlich zeigt ein solches Modell keinerlei Struktur mehr im Inneren, sondern gibt nur die äussere Form wieder.

Nicht minder häufig beobachten wir eine Umwandlung der tierischen Hartgebilde in derselben Art, wie wir sie bei den Kieselhölzern kennen gelernt haben. Wie bei diesen bleibt dann auch die Struktur wunderbar erhalten, ja sie tritt nicht selten infolge der verschiedenen Färbung der in die zarten Kanälchen und Poren eingedrungenen Mineralien noch viel schöner und deutlicher hervor, als bei den frischen Hartgebilden. Dies gilt ganz besonders von den versteinerten Knochen und den porösen Kalkskeletten der Strahltiere, welche im fossilen Zustande geradezu entzückend schöne Strukturbilder liefern. Abgesehen von dieser Infiltration begegnen wir aber nicht selten einer chemischen Umwandlung der Kalk- oder Kieselschalen und zwar können hier die verschiedenartigsten Mineralien auftreten. Am häufigsten finden wir kohlensauren Kalk oder Kalkspat, der an Stelle des organischen Kalkes oder auch der leicht löslichen organischen Kieselsäure (z. B. Verkalkung der Kieselspongien) tritt; ausserdem aber auch Quarz, Opal, Baryt, Flussspat, Gips, Vivianit und Erze, wie Schwefelkies, Markasit, Brauneisenstein u. a. Von besonderer Wichtigkeit für den Sammler sind die Verkieselungen, d. h. Umwandlung in Quarz, welche meist das Herausätzen der Fossilien durch Salzsäure ermöglichen und die Verkiesungen, d. h. Umwandlung in Schwefelkies, welche zwar sehr hübsche, aber in der Sammlung leicht vergängliche Petrefakten liefern (s. S. 9). Bei diesen Umwandlungen machen wir die Erfahrung, dass die Struktur nur dann erhalten ist, wenn diese Umwandlung eine primäre oder ursprüngliche ist, wobei die fremde Minerallösung direkt auf die organischen Hartgebilde eingewirkt hat; handelt es sich aber um eine sekundäre Umwandlung, welche dadurch zustande kommt, dass die neue Mineralsubstanz in den Hohlräumen der aufgelösten Schalen zur Ablagerung kommt, dann ist natürlich, wie beim Modell, jegliches Strukturbild ausgelöscht.

Fig. 14. Echinodermenstruktur im mikroskopischen Bild (20fach vergrössert).

Von der Natur des Materiales hängt auch der Erhaltungszustand ab, nicht nur bezüglich der Erhaltung des Strukturbildes, sondern auch bezüglich der Auswitterung aus dem Gesteine. In der Regel ist das Mineral der Versteinerung verschieden von der Umgebung und bei der allmählichen Verwitterung an der Oberfläche werden natürlich diejenigen Fossilien, welche widerstandsfähiger als das Nebengestein sind, blossgelegt und schliesslich frei herauswittern, bis auch sie von der Zerstörung ergriffen werden, während andere, die weniger fest als das umgebende Gestein sind, schon früher der Auflösung anheimfallen.

Als Anhang möchte ich noch bemerken, dass auch die Natur sich hie und da Scherze erlaubt und sogenannte **Naturspiele** liefert, die zuweilen nicht nur den Anfänger, sondern auch geübte Sammler zu täuschen vermögen. Es handelt sich hierbei stets um zufällige Bildungen, sei es in Form von Konkretionen, d. h. Zusammenballung fester Gesteinsmassen infolge Infiltration von Kalk u. dgl., oder aber noch häufiger in Gestalt von Auswitterungsformen aus

Fig. 15. Naturspiele verschiedener Art.
Oben in der Mitte ein schildkrötenartiges Gebilde durch Auswitterung von Sprungleisten an einer Geode entstanden; links oben ein sog. „Lösskindel", häufige Erscheinung im Löss; rechts oben ein „Damenschuh" infolge zufälliger Auswitterung einer Spongie im Jurakalk; ebenso sind die übrigen Gebilde, welche man mit einiger Phantasie als Fuss, Hand, Huf, Fisch, Pilz und Steinbeil deuten kann, nichts anderes als zufällig geformte Steine, bei welchen keine Versteinerung zugrunde liegt

dem Gesteine. Besonders charakteristisch sind dabei solche Fälle, bei denen ein Gestein von härteren Mineralien durchzogen ist, die natürlich an der Oberfläche bei der Verwitterung hervortreten. Man wird sich jedoch selten täuschen lassen, wenn man daran denkt, dass die Versteinerungen stets auf organische Hartgebilde zurückzuführen sind, während die Naturspiele ganz willkürliche Formen zeigen, die nur von der Phantasie belebt werden können. Im übrigen ist es auch kein Fehler, auch das eine oder andere hübsche Naturspiel aufzubewahren, zum Unterschiede von echten Versteinerungen und insbesondere wirken sie in den Schulsammlungen belehrend.

Anordnung des paläontologischen Materiales. Seit nahezu 200 Jahren wird in Deutschland systematisch gesammelt und die Menge der in unseren Sammlungen aufgehäuften Versteinerungen grenzt an das Ungeheuerliche, aber auch die Zahl der aus deutschen Formationen beschriebenen und bekannten Arten ist längst nicht mehr zu übersehen und dürfte wohl weit über 50 000 betragen. Es ist daher eine überaus schwierige und kaum zu lösende Aufgabe, im Rahmen eines kleinen Leitfadens diese Ueberfülle von Material so zu sichten und zusammenzustellen, dass auch der in streng wissenschaftlicher Paläontologie ungeübte Sammler sich zurechtfindet und es benützen kann. Auf der einen Seite verbietet mir der Charakter des Buches, der ein paläontologischer sein soll, eine geologische Anordnung der Leitfossilien, während andererseits wieder eine Bezugnahme auf die Geologie gerade für den Gebrauch in der Hand des Sammlers unerlässlich ist. Um beiden gerecht zu werden, habe ich mich zunächst bemüht, die Belege für die paläontologische Systematik soweit als möglich aus der Schar der gut charakterisierten Leitfossilien zu wählen und insbesondere bei den Abbildungen auf den Tafeln darauf Rücksicht zu nehmen, so dass der Sammler wenigstens einen grossen Teil der häufigen und wichtigen Versteinerungen Deutschlands abgebildet findet. Ich habe aber weiterhin auch den übergrossen Stoff im Interesse der Uebersichtlichkeit für den Sammler in drei grosse geologische Gruppen getrennt, von welchen die erste das Paläozoikum, d. h. die alten Formationen, Silur, Devon, Karbon und Dyas, die zweite das Mesozoikum mit Trias, Jura und Kreide und die dritte schliesslich das Känozoikum, die Neuzeit mit dem Tertiär und Diluvium umfasst.

Der Sammler wird diese Teilung des Stoffes wohltätig empfinden, denn ich darf voraussetzen, dass er bald soweit in seiner Gegend orientiert ist, um zu wissen, welchem der drei geologischen Zeitalter seine Schichten angehören, zumal gerade bei uns in Deutschland die Kluft zwischen den einzelnen geologischen Perioden ausserordentlich scharf ausgeprägt ist. Auch bei der paläontologischen Behandlung des Stoffes kommt mir diese geologische Gliederung zu statten, da ich ja nicht beabsichtige, eine abgeschlossene Systematik der Paläontologie zu geben, sondern nur eine systematische Gruppierung der deutschen Leitfossilien. Der Sammler, und ich denke dabei mehr an den Liebhaber und Freund der Geologie, als an den wissenschaftlich durchgebildeten Paläontologen, wird es mir auch danken, wenn ich mich in den Diagnosen, insbesondere der grossen zoologischen und botanischen Gruppen, beschränke und mehr Gewicht auf die Charakterisierung bestimmter Spezies und deren Vorkommen lege. Die Aufzählung und Zusammenstellung der bemerkenswerten Fundplätze in dem geologischen Ueberblick erlaubt mir mittels kurzen Verweises auf die geologischen Tabellen auch die hauptsächlichen Fundstellen der einzelnen Fossilien zu berücksichtigen, was wiederum für den Sammler von Wichtigkeit ist und ihm die Bestimmung erleichtert. Abgesehen habe ich von einem eigentlichen Schlüssel zum Bestimmen, denn bei der übergrossen Fülle von Material wird derselbe so umständlich und unübersichtlich, dass er doch nur schwierig zu handhaben wäre und ausserdem habe ich die Erfahrung gemacht, dass doch kein Sammler einen derartigen Schlüssel benützt, sondern sich in erster Linie aus den Abbildungen über die Natur seines Fossiles zu orientieren sucht und wenn er dann im Texte nachschlägt, so wird er sich immer rascher zurechtfinden, als es durch einen Schlüssel erreicht würde.

Ich bin mir nun wohl bewusst, dass eine derartige Behandlung des Stoffes manche Schwächen hat und dass mir sogar der Vorwurf einer gewissen Unwissenschaftlichkeit gemacht werden kann, aber ebenso bin ich mir bewusst, dass mir die grosse Schar der Sammler und Liebhaber dankbar dafür sein wird. Gerade für diese habe ich ja die Arbeit unternommen und ich will zufrieden sein, wenn ich diesem Leserkreise eine Anregung zum Sammeln gebe und ihm das Bestimmen wenigstens bis zu einem gewissen Grade erleichtere und ermögliche. Aus der grossen Literatur werde ich deshalb auch nur auf solche Werke verweisen, welche für den Sammler in Betracht kommen und Zusammenstellungen einzelner Faunengebiete enthalten. Wer in einer derartigen Gegend zu Hause ist, wird sich gerne noch das betreffende Buch zulegen und aus demselben natürlich noch viel mehr Einzelheiten herausfinden, als dies bei diesem gedrängten Ueberblick der gesamten deutschen Versteinerungen der Fall sein kann. Dem wissenschaftlichen Geologen und Paläontologen stehen natürlich andere Wege offen und er wird sich stets an die grossen wissenschaftlichen Originalwerke halten.

Erster Hauptabschnitt.

Das paläozoische Zeitalter
(Zeitalter des alten Lebens).

Geologischer Ueberblick.

Kambrium.

Als solches werden die phyllitischsn Tonschiefer mit eingelagerten Quarziten des Fichtelgebirges und sächsisch-thüringischen Voigtlandes, ebenso wie die Ton- und Dachschiefer, Quarzite und Phyllite der Hohen Venn, südlich von Aachen, angesprochen.

Silurformation.

Die Entwicklung der Silurformation in Deutschland schliesst sich an diejenige von Böhmen an, ist jedoch leider weder so schön gegliedert, noch so petrefaktenreich, wie dort, und der Sammler wird daher nur selten eine reiche Ausbeute machen. Wir haben es mit drei gesonderten Gebieten zu tun, die sich folgendermassen gliedern lassen.

a) Silur im **Thüringer Wald**, Fichtelgebirge, Frankenwald, Voigtland, Erzgebirge und Lausitz.

Untersilur:

1. Leimitzschiefer (Leimitz und Neudorf bei Hof) mit einer reichen Fauna des tiefsten Untersilures (Tremadokschichten) mit zahlreichen Trilobitenarten.

2. Graue phyllitische und quarzitische Schiefer mit Phycodes circinnatus, (Sigmundsburg, Blessberg bei Steinach).

3. Sogenannte Thuringitzone, oolithisches, dunkelgrünes Gestein mit Roteisenstein und Magneteisenerz reich an Orthis. (Lamitzmühle NW von Hof und Leuchtholz bei Hirschberg).

4. Griffelschiefer, mächtige Schieferablagerung, die als Dachschiefer oder auch infolge einer Druckerscheinung als Griffel abspalten und zuweilen grosse, aber verzerrte Exemplare von Conularia, Asaphus und Ogygia enthalten. (Loitsch und Dörendorf bei Weida, Thränitz bei Gera, Naulitz, Russdorf und Raitzhain bei Ronneburg).

5. Lederschiefer, nahezu versteinerungsleere, lederbraun verwitternde, dünnbankige Tonschiefer. (Mielesdorf, Gräfenwarth und Heinrichsruhe bei Schleitz, Steinach.)

Obersilur:

6. Unterer Graptolitenschiefer, Alaun und Kieselschiefer mit zahlreichen Graptoliten, unter welchen die Retiolites und Rastrites besonders bezeichnend sind. (Garnsdorf bei Saalfeld, Plauen, Nobdenitz.)

7. Ockerkalk, helle Knollen- und Flaserkalke mit Spateisenstein oder dessen gelbem Verwitterungsprodukt (Ocker); reich an Crinoidenstielen, seltener Orthoceras bohemicum, Cardiola cornu-copiae. (Saalfeld, Saalburg und Tonna.)

8. Oberer Graptolitenschiefer, Alaun und Tonschiefer mit Monograptusarten, besonders Monogr. Nilsoni, dubius und bohemicus. (Görlitz, Silberberg, Laubau).

b) **Harzgebiet.** Ohne eine genaue Gliederung unterscheidet man von unten nach oben:

1. Grauwacken von Tann mit Plattenschiefern, auf welchen Pflanzenreste (Cyclostigma hercynicum) beobachtet werden. (Lauterberg, Mägdesprung, bis Gernrode.)
2. Versteinerungsleere Kieselschiefer, Wetzschiefer und Plattenkalke.
3. Versteinerungsleere Quarzite.
4. Graptolitenschiefer mit Monograptus und Cardiola interrupta. (Lauterberg, Selketal, Klausberg, Schiebeckgrund, Harzgerode, Thale, Sorge, besonders wichtig die dunkeln feinkristallinischen Kalke beim Mägdesprung mit Tentakuliten und Trilobitenresten.)

c) Im **rheinischen Schiefergebirge** ist das Silur in reicher Gliederung, aber in sehr schwierigen und gestörten Lagerungsverhältnissen im Kellerwald bei Wildungen nachgewiesen und folgendermassen gegliedert worden.

1. Hundshäuser Grauwacke mit Graptoliten.
2. Urfer Schichten, Tonschiefer, Kieselschiefer, Kalke und Grauwacken mit Monograptus, Cardiola und Landpflanzenresten.
3. Möscheider Schiefer mit Zweischalern und Tentakuliten.
4. Kellerwald Quarzite.
5. Steinhornschichten, Plattenkalke mit Kieselknollen und einer ziemlich reichen obersilurischen Fauna.

Devonformation.

So schlecht das deutsche Gebiet bei den Silurformationen weggekommen ist, so reichlich ist nun dafür die Entwicklung der Devonformation und wir haben auch hier wieder einzelne getrennte Bezirke ins Auge zu fassen.

a) **Das rheinische Schiefergebirge** mit seiner weiteren Erstreckung nach Belgien und Nordfrankreich bildet ein grosses Devongebiet und zwar sind die Schichten mehr oder minder zusammengepresst, so dass ein System von Falten entstand, die von SW nach NO streichen und besonders im südlichen Teile meist überkippt sind. Die Gesamtmächtigkeit des Devon wird auf 5000 m berechnet.

Unterdevon besteht aus einer gegen 3000 m mächtigen Schichtenfolge sandigtoniger, fast ganz kalkfreier Gesteine, in welchen die Versteinerungen nur als Hohlraum und Steinkern erhalten sind. Diese sind im allgemeinen selten und auf einzelne Lagen beschränkt, die dann wieder von mächtigen fossilleeren Schichten unterbrochen werden. Unter den Versteinerungen spielen die Brachiopoden die wichtigste Rolle und neben diesen noch die Muscheln und Crinoiden, während die Korallen und Cephalopoden zurücktreten. Wir unterscheiden von unten nach oben folgende Stufen:

1. Gedinneschichten, fossilfreie Schiefer und Sandsteine.

2. Taunusquarzit und Hundsrückschiefer, weisse fossilarme Quarzite mit Spirifer primaevus (Neuhütte bei Stromberg, Katzenloch bei Idar, Leyenküppel bei Rüdesheim), sowie dunkle Tonschiefer und Dachschiefer, die an einigen Lokalitäten (Bundenbach und Gemünden im Hundsrück, Caub a. Rhein, Alles am Semois) schöne Fossilien (besonders Crinoiden, Asterien, Cephalopoden und Trilobiten führen.

2a. Im Siegenerlande, Artal, Rheintal unterhalb Andernach, sowie in einem Teile der Eifel wird derselbe Horizont durch versteinerungsreiche Grauwacken gebildet und als Siegener Grauwacke bezeichnet (vorwiegend Brachiopoden wie Spirifer primaevus, Rensselaeria crassicosta, Strophomena Sedgwicki und Murchisoni, sowie Zweischaler, Crinoiden — Ctenocrinus typus — und Trilobiten — Homalonotus ornatus —). (Lok.: Betzdorf im Siegenerland, Menzenberg, Unkel bei Remagen.)

3. Untere Koblenzschichten, vorwiegend rauhe Grauwacken oder umgewandelten Porphyrtuffe. In den untersten Lagen reich an Zweischalern, besonders Limoptera bifida und Palaeosolen costatus (Singhofen bei Nassau), sonst mit Strophomena plicata, Orthis circularis, Spirifer Hercyniae und Arduenensis, Pleurodictyum problematicum und Homalonotus rhenanus. (Lok.: in der Eifel, Ober-Stadtfeld, Zendscheid und St. Johann, ferner Arrenrath bei Landscheid, Ehrenbreitstein).

4. Koblenzquarzit, weisse plattige Quarzite mit Spirifer carinatus, Homalonotus gigas und einer mehr an die oberen Koblenzschichten anschliessenden Fauna. (Lok.: Umgegend von Koblenz, Ems, Unterlahnstein, Königstuhl bei Rhens, Montabaur, Selters, sowie im Westerwald und der Eifel.)

5. Obere Koblenzschichten. Weiche Grauwackenschiefer, in der Eifel Roteisensteine und sandige Kalke, zuweilen mit sehr reicher Fauna. Besonders bezeichnende Arten sind: Spirifer paradoxus und Arduenensis, Orthis hysterita, Chonetes dilatata, Pterinea costata, Ctenocrinus decadactylus. (Lok.: Koblenz, Ems, Daleiden, alte Papiermühle bei Haiger und Mündung des Ruppachtales bei Diez.)

Mitteldevon. Im allgemeinen herrschen mehr kalkige Gesteine vor und infolge davon finden wir auch nicht nur Steinkerne, sondern guterhaltene Fossilien mit Schalen. Die Einheitlichkeit der Gliederung ist dadurch erschwert, dass wir in den verschiedenen Gegenden grosse Faziesunterschiede haben, welche auf verschiedene Tiefe oder Beschaffenheit des Meeresbodens oder auch auf die Riffbauten der Korallen zurückzuführen sind.

6. Unteres Mitteldevon.

6a. Calceolamergel und Cultrijugatusstufe der Eifel; überaus petrefaktenreiche Mergelkalke in deren unterem Teile Spirifer cultrijugatus und Rhynchonella Orbignyana leitend ist. (Lok.: Prümbachtal bei Elwerath, Nohn, Ahütte, Lissingen, Hillesheim), während die Hauptmasse der Schichten durch Korallen wie Calceola sandalina, Cyathophyllum, Cystiphyllum, Heliolites, Favosites und Stromatopora, ferner Brachiopoden wie Atrypa reticularis, Athyris concentrica, Spirifer speciosus, elegans und curvatus, Cyrtina heteroclita, Pentamerus galeatus und dem Trilobiten Phacops Schlotheimi bezeichnet ist. (Lok.: Weg von Gerolstein nach Roth und Pelm, Korallenkalk der Auburg.)

6b. Lenneschiefer im südlichen Westfalen, sandigtonige, dem Spiriferensandstein ähnliche Gesteine.

6c. Tentakulitenschiefer in der Ausbildung als dunkle Ton- und Dachschiefer mit Tentaculites acuarius und Einlagerung von Kalken. (Lok.: Dill- und Lahngebiet, Wildungen, Olkenbach a. d. Mosel, Stromberg b. Bingen). Als besonders petrefaktenreiche Ausbildung gehören hierher die sog. Wissenbacher Schiefer mit Orthoceras triangularis und Goniatites subnautilinus. (Lok.: Wissenbach bei Dillenburg, Ruppachtal bei Diez) und der Ballersbacher Kalk (Wildungen, Günterrode und Bicken, zwischen Marburg und Herborn) mit Rhynchonella nympha, Phacops fecundus, Bronteus Dormitzeri u. a. Ausserdem gehört hierher der petrefaktenreiche bunte Krinoidenkalk von Greifenstein bei Herborn.

7. Oberes Mitteldevon.

7a. Krinoidenzone und Stringocephalenkalke. Der typische Krinoidenkalk mit Cupressocrinus, Poteriocrinus und Rhodocrinus ist bezeichnend für die Gebiete der Eifel (Nollenbach, Bärendorf, Kerpen, Sonnenberg bei Pelm), während der Stringocephalenkalk eine weite Verbreitung hat und den Charakter eines Riffkalkes mit geradezu staunenswertem Versteinerungsreichtum trägt. Ausser zahlreichen Korallen und Stromatoporen (Cyathophyllum quadrigemminum, Actinocystis, Favosites cristata, Amphipora ramosa, Pachypora), sind besonders hervorzuheben: Stringocephalus Burtini, Uncites gryphus, Macrocheilus arculatus, Murchisonia bilineata, Megalodus cucullatus und Goniatites terebratus. (Lok.: Pelm, Blankenheim, Sötenich, Hillesheim in der Eifel und Paffrath und Berg. Gladbach bei Köln, die Kalke von Elberfeld, Brilon, Finnentrop im südlichen Westfalen, Vilmar a. d. Lahn, Kleinlinden bei Giessen.)

7b. Günterroder Kalk entsprechend dem Ballersbacher Kalk (Wildungen, Günterrode und Bicken) mit zahlreichen Trilobiten und Plakodermen.

7c. Oderhäuser Kalk mit Posidonia hians (Ense bei Wildungen).

7d. Schalstein und Diabase des Lahn- und Dillgebietes gewissermassen als eine eruptive Fazies des Mitteldevons.

Oberdevon. Auch hier spielen wiederum die Unterschiede in der Fazies eine grosse Rolle und wir haben bald Riffkalke, Brachiopodenmergel, Sandsteine und Schalsteine der Flachsee, bald Schiefer und Knollenkalke mit Cephalopoden als Bildungen des tieferen Meeres. Auf Grund der Cephalopoden unterscheidet man zwei Stufen:

8. Stufe des Goniatites intumescens.

8a. In der Eifel (Büdesheim bei Prüm) finden wir zu unterst dolomitische Mergel und dünnplattige Kalke die als Cuboidesschichten nach der leitenden Rhynchonella cuboides bezeichnet werden, darüber die Büdesheimer Goniatitenschiefer mit verkiesten Goniatiten und diese wiederum überlagert von dem sog. Kellerwasser Kalk mit Buchiola angulifera.

8b. In Westfalen, Nassau und Waldeck finden wir graue und rötliche Nierenkalke, die nach der reichen Fundstelle von Adorf im Waldeckschen als Adorfer Kalke bezeichnet werden.

8c. Die Riffkalkfazies wird nach einem Fundplatz im Harz als Iberger Kalk bezeichnet mit Favosites und Phillipsastraea, Rhynchonella cuboides, Athyris concentrica, Atrypa reticularis u. a. (Langenaubach und Breitscheid bei Dillenburg, Biebertal bei Giessen, Haiger, Stollberg-Aachen).

9. Stufe der Clymenia undulata.

9a. Auf der rechten Rheintalseite, sowie in der Büdesheimer Mulde finden wir Cypridinenschiefer, milde, lebhaft rot oder grünlich gefärbte Schiefer mit dem kleinen Schalenkrebs Entomis (Cypridina) serrostriata (Oos bei Büdesheim), zuweilen in weisse Sandsteine — Pönsandsteine — übergehend, die in der Gegend von Aachen durch Spirifer Verneuli charakterisiert sind.

9b. Goniatitenschiefer von Nehden bei Brilon.

9c. Clymenienkalke, mächtige hellgraue oder rötliche Knollenkalke mit Goniatiten und zahlreichen Clymenien, so Cl. laevigata, undulata und striata, ausserdem Zweischaler, wie Posidonia venusta, Buchiola retrostriata und Phacopsarten. (Lok.: Enkeberg bei Brilon, Eibach bei Dillenburg, Kirschhofen bei Weilburg, Wildungen und Kellerwald).

b) Der **Harz** zeigt gleichfalls eine mannigfaltige Gliederung der Devonformation, zwar in recht schwierigen Lagerungsverhältnissen mit Verwerfungen, Ueberkippungen und Ueberschiebungen, aber doch wiederum mit einer Ausbildungsweise, die sich meist mit derjenigen im rheinischen Schiefergebirge in Einklang bringen lässt. Ein gewisser Unterschied in der Fazies macht sich ausserdem zwischen den Schichten im Oberharz und Unterharz bemerkbar.

Unterdevon:

1a. Im Oberharz: Kahlebergsandstein als Vertreter des Koblenzquarzites und der oberen Koblenzschichten (Ramelsbergschichten) mit den leitenden Spiriferen.

1b. Im Unterharz: Untere Wiederschiefer und Hauptquarzit. Während wir im Hauptquarzit die typische Spiriferenfauna der oberen Koblenzschiefer finden (Mägdesprung, Michaelstein, Elend), sind in den Wiederschiefern linsenförmige Kalkeinlagerungen zu beobachten (Mägdesprung, Zorge, Scheerenstieg, Radebeil, Ilsenburg), die eine reiche fremde sog. „herzynische“ Fauna mit Korallen, Brachiopoden, Kapuliden und Trilobiten beherbergen, von welchen Spirifer togatus und Hercyniae, Pentamerus Sieberi, Rhynchonella princeps, Dalmania tuberculata und Phacops fecundus genannt sein mögen.

Mitteldevon:

2. Calceolaschiefer im Ober- und Unterharz, zum Teil auch als Wissenbacherschiefer mit Goniatiten entwickelt und als Kalke, die den Ballersberger (Hasselfelde, Laddekenberg bei Zorge) und den Greifensteiner Kalken (Schwengkopf bei Wernigerode) entsprechen.

3. Stringocephalenschichten; Flaser- und Knollenkalke im Unterharz mit abbauwürdigen Eisensteinen (Hüttenrode, Hartenberg und Buchenberg), die in Wechsellagerung mit Diabasgesteinen auftreten. Die Fauna entspricht derjenigen der rheinischen Stringocephalenschichten. Im Oberharz haben wir typische Entwicklung des Oderhäuser Kalkes mit Posidonia hians.

Oberdevon:

4a. Goniatitenschiefer und Goniatitenkalk (Meiseberg) im Ober- und Unterharz.

4b. Kellerwasser- und Adorferkalk im Oberharz mit Buchiola angulifera, Tentaculites und Entomis.

4c. Iberger Kalk mit der charakteristischen Riffkalkfazies.

5. Clymenienkalk (Büchenberg, Eselsstieg).

7. Cypridinenschiefer.

a) Das Devon im südöstlichen **Thüringen, Voigtlande und Fichtelgebirge.** Auch hier schliesst sich die Entwicklung der rheinischen Ausbildung an, nur fehlt nahezu das ganze Unterdevon, so dass das obere Unterdevon direkt auf das Obersilur zu liegen kommt, was auf eine grosse Transgression des Meeres in jener Zeit schliessen lässt.

Unterdevon:

1. Nur die obersten Horizonte als Quarzite mit Spirifer paradoxus und speciosus (Steinach).

Mitteldevon:

2. Tentakuliten- und Nereitenschiefer, zuweilen mit trilobitenführenden Knollenkalken.

3. Diabastuffe und Breccienschalsteine, zuweilen mit Korallenkalken (Planschwitz und Umgebung von Plauen).

Oberdevon:

4. Goniatitenkalke von Ostthüringen, Diabastuffe und Schalsteine (Planschwitzer Tuff, Kürbitz, Elstertal, Triebtal, Schleiz).

5. Cypridinenschiefer und Clymenienkalke, die letzteren mit reicher Fauna bei Schübelhammer und Saalfeld.

d) In der Fortsetzung gegen Sachsen und Schlesien haben wir noch am Rande des sächsischen Granulitgebirges eine Zone von Tentakulitenschiefern und oberdevonischen Dachschiefern mit Clymenien (Altenmörbitz, Lastau), während in Schlesien nur zwei isolierte oberdevonische Klippen hervortreten (Clymenienkalk von Ebersdorf und Ibergerkalk von Oberkunzendorf).

Karbon- oder Steinkohlenformation.

Während wir uns in den deutschen Silur- und Devonablagerungen ausschliesslich mit marinen Bildungen zu beschäftigen hatten, ändert sich das Bild nun insofern, als vom Karbon ab die echt marinen Gebilde durch Grauwacken, Konglomerate, Sandsteine und Kohlenschiefer ersetzt sind, deren Ursprung als limnisch oder auch terrestrisch anzusehen ist, d. h. als Bildungen in Binnenseen und Binnenmeeren oder auch in Form von Hochmooren auf dem Festlande (vergl. S. 40). Es überwiegen deshalb auch Landpflanzen oder Muscheln, wie Anthracosia, die auf stagnierendes Wasser hinweisen, gegenüber den marinen Arten, die auf einige wenige Lokalitäten und Schichten beschränkt sind.

Unterkarbon oder Kulmformation.

Der eben besprochene Unterschied prägt sich schon in der unteren Abteilung des Karbons aus, welche in vielen Gegenden, z. B. in dem benachbarten Belgien, in einem Teile von England und Frankreich, ebenso wie in Russland als mariner Kohlenkalk mit einer sehr reichen Fauna, die an diejenige des Oberdevon anschliesst, ausgebildet ist. Von dieser marinen Fazies finden wir in Deutschland nur geringe Spuren bei Ratingen, nördlich von Düsseldorf und in den tiefsten Lagen des niederschlesischen Kohlenbeckens (Hausdorf, Altwasser, Silberberg). Als Leitfossil ist Productus giganteus und Chonetes papilionacea zu nennen. In den übrigen Gegenden fehlen diese marinen Kalke, und wir finden die Kulmfazies entweder in der Form von Posidonienschiefer als dunkle Tonschiefer und Kieselschiefer mit Posidonia Becheri und Goniatites sphaericus oder auch in der Form von Kulmgrauwacken und Sandsteinen mit Landpflanzen, unter welchen Lepidodendron Veltheimianum und Volkmannianum, Knorria, Calamites radiatus und transitorius, und eine Anzahl Farnkräuter zu nennen sind.

Die Verbreitung des Kulm in Deutschland ist eine sehr grosse und zwar schliesst sich zunächst an den Kohlenkalk von Ratingen eine breite Zone von Posidonienschiefer an, welche das Liegende des westfälischen Kohlenbeckens bildet; diese Zone erstreckt sich auch nach Süden am Ostrande des rheinischen Schiefergebirges hin (Breitscheid und Erdbach bei Hernborn, Dillenburg, Wetzlar). Im Elsass sind Vorkommnisse bei Thann und Niederburbach. Sehr mächtig ist die Entwicklung im Harz, wo man von unten nach oben unterscheidet:

1. Kieselschiefer und Adinole mit Phillipsia, Productus und Posidonia;
2. Posidonienschiefer mit Pos. Becheri, Goniatites, Phillipsia;
3. Grauwacken mit Landpflanzen, sogenannte Klaustaler Grauwacke.

Diese Schichten, welche den grössten Teil des Oberharzes aufbauen, erstrecken sich auch nach dem Unterharz, und treten noch im Norden in der Gegend von Magdeburg zutage. Im Königreiche Sachsen finden wir den Kulm als kohlenführenden Sandstein mit Pflanzenresten im Revier Chemnitz-Hainichen, dann als Kohlenkalk von Wildenfels bei Zwickau, und als Grauwackensandstein, Tonschiefer und Kohlenkalk im Voigtlande. In ähnlicher Fazies erstreckt sich der Kulm über weite Distrikte des Fichtelgebirges, südöstlichen Thüringens und Frankenwaldes. In Ober- und Niederschlesien bildet er bald als Kohlenkalk, bald als Kulm das Liegende der dortigen Kohlenbecken.

Oberes Karbon oder produktives Steinkohlengebirge.

Noch mehr als im Kulm ist im oberen Karbon von Deutschland die terrestrische Fazies ausgebildet und die Ablagerungen an einzelne Mulden oder Becken gebunden, die bekanntlich wegen ihrer Kohlenführung von grösstem wirtschaftlichen Interesse sind. Im Westfälischen oder Ruhrkohlenbecken lagert auf dem Kulm zunächst gegen 1000 m mächtig der „flözleere“ Sandstein und dann die über 3000 m mächtigen, flözführenden Schichten, mit etwa 70 abbauwürdigen Flözen, unter welchen man von unten nach oben Magerkohlen (830 m), Fettkohlen (250 m), Gaskohlen (700 m) und Gasflammkohlen unterscheidet. In den Zwischenschichten treten in der unteren Abteilung flachgedrückte, marine Reste (Nautilus, Goniatites, Aviculopecten papyraceus, Lingula und Discina), in den höheren Süsswasserkonchylien (Anthrocosia) auf.

Das Saarbecken, am Südabfall des Hundsrück, zeigt eine Schichtenmächtigkeit von gegen 3000 m, mit 88 bauwürdigen Flözen, deren Flora auf die mittlere produktive Steinkohlenformation (Saarbrücker-Schichten) hinweist. Die Vorkommnisse im Elsass (St. Pilten, Laach, Erlenbach, Breuschtal, Urmatt) und im Schwarzwald (Berghaupten) sind technisch von untergeordnetem Interesse, liefern aber zum Teil interessante Pflanzenversteinerungen.

An den Kulm des Harzes schliessen sich im Süden die oberkarbonischen Schichten im Saalkreis (Wettin und Löbejün) und weiterhin das Ilfelder Gebiet an.

Im Königreich Sachsen haben wir das erzgebirgische Becken mit den Kohlenfeldern von Zwickau, Lugau und Flöha.

Sehr wichtig sind die schlesischen Vorkommnisse, und zwar haben wir zunächst die Waldenburger Kohlenmulde in Niederschlesien, mit 30 bauwürdigen Flözen in einer Gesamtmächtigkeit von 40 m. Man unterscheidet dort Waldenburger Schichten (untere produktive Steinkohle), Schatzlacher Schichten (= Saarbrücker Sch.) und Radowenzer Schichten (= Ottweiler Sch.), die ihrerseits wieder durch mächtige flözleere oder doch kohlenarme Sandsteinschichten getrennt sind. Das oberschlesische Kohlenbecken zeigt eine Mächtigkeit des Kohlengebirges von 4500 m mit 104 Flözen mit zusammen 154 m und erstreckt sich weithin nach Polen und Mähren. Die Schichten entsprechen dem unteren und mittleren produktiven Kohlengebirge und werden in die Ostrauer Schichten (= Waldenburger Sch.) und die Orzescher oder Karwiner Schichten (= Saarbrücker Sch.) mit Zwischenlagerung der Sattelflözschichten gegliedert. Wie im Ruhrgebiet finden sich in den Zwischenschichten auch Ueberreste von Zweischalern, Schnecken, Cephalopoden und dem Trilobiten Phillipsia, die bald marinen, bald brackischen und Süsswassercharakter tragen.

Dyasformation.

Die scharfe Trennung in eine konglomeratisch sandige, untere Abteilung mit vielen Porphyrgesteinen, das Rotliegende und eine obere, kalkig-tonige Ablagerung mit Salzbildungen, den Zechstein, rechtfertigt für die deutsche Binnenfazies den Namen Dyas, während man sonst richtiger die Formation als Perm bezeichnet.

Das **Rotliegende** besteht aus einer gegen 500 m mächtigen Schichtenfolge von meist rot gefärbten Konglomeraten, Sandsteinen und Schieferletten, in deren mittleren Lagen sich massenhafte porphyrische Gesteine einschalten, die von einer lebhaften vulkanischen Tätigkeit in jener Periode zeugen. Man gliedert das Rotliegende in zwei Stufen.

Das Unterrotliegende schliesst sich vielfach ohne scharfe Trennung an die obere Steinkohlenformation an und führt auch eine ganz ähnliche Flora mit zum Teil abbauwürdigen Kohlenflözen.

1. Kuseler Schichten (= Manebacher Schichten Thüringens), die Leitformen der Flora sind Callipteris conferta, Calamites gigas, Pecopteris arborescens, Walchia piniformis u. a., welche besonders da häufig auftreten, wo Kohlen entwickelt sind (Saargebiet, im Schwarzwalde Oppenau und Schramberg, in Thüringen Manebach-Kammerberg, Gehlberg, Mordfleck, Ruhla, Stockheim, in Sachsen das Kohlenbecken von Döhlen im Plauenschen Grunde). In den Zwischenschichten findet sich massenhaft Anthracosia.

2. Lebacher Schichten, in der Gesteinsausbildung sehr verschieden, zumal wenn Eruptivgesteine hinzutreten. An manchen Lokalitäten finden sich in kalkigen Schiefern oder Toneisensteinknollen sehr schöne Fossilien, so Callipteris und Odontopteris, vor allem bemerkenswert sind die Fische Acanthodes, Amplypterus und Xenacanthus und die Stegocephalen, Archegosaurus, Branchiosaurus, sowie Reptilien, wie Paläohatteria. (Lok.: Lebacher Toneisensteinknollen, Kalkschiefer bei Oberhof und Friedrichsroda, am reichsten die Stegocephalenkalke im Plauenschen Grunde, sowie die Plattenkalke von Ruppersdorf in Schlesien und dem benachbarten Braunau in Böhmen.)

3. Söterner Schichten (= Oberhofer Schichten in Thüringen und Tholeyer Schichten in Schlesien), meist sehr petrefaktenarme Porphyrtuffe, Sandsteine und Schieferletten.

Oberrotliegendes, die vulkanischen Ergüsse haben ihr Ende erreicht und sind als mächtige Arkosensandsteine und rote Schiefertone verarbeitet.

4. Waderner Schichten (= Tambacher Schichten Thüringens, oberes Rotliegendes von Sachsen und Schlesien); im allgemeinen grosse Petrefaktenarmut. (Lok.: Chirotheriumfährten bei Tambach, südlich von Gotha, verkieselte Hölzer (Starsteine) bei Chemnitz in Sachsen und Radowitz in Schlesien (sogenannter „versteinerter Wald").

Die **Zechsteinformation** ist in Deutschland als eine Bildung aufzufassen, welche mit einem Eindringen der nordöstlichen permischen Meere in die Niederungen des Rotliegenden zusammenhängt. Dadurch kam wieder eine typische marine Fauna zur Entwicklung, aber sie bewohnte ein flaches Binnenmeer und zeichnet sich mehr durch eine Massenhaftigkeit der Individuen als durch Reichhaltigkeit der Arten aus. Infolge Abschnürung des Meereszuflusses kam es bei dem offenbar sehr trockenen Klima zur Ablagerung der mächtigen Salzlager Norddeutschlands. Die Hauptverbreitung liegt im Norden von Deutschland, doch finden wir noch Ablagerungen dieser Periode bis Heidelberg und Albertsweiler in der Pfalz. Die Gliederung ist eine ziemlich scharfe, doch fehlt es nicht an lokalen Abweichungen.

1. Zechsteinkonglomerat, eine sogenannte „basale Fazies“, infolge Aufarbeitung des Untergrundes durch die eindringenden Wasser entstanden.

2. Kupferschiefer, eine $^1/_2$ m mächtige Lage bituminöser Schiefer, mit etwas Kupfergehalt, der zu dem berühmten Mansfelder Bergbau geführt hat. Auf den Schiefern sind nicht selten die Fischabdrücke von Paläoniscus Freieslebeni und Platysomus gibbosus, sowie die Zweigenden von Ullmannia Bronni (zwischen Harz und Thüringerwald bei Mansfeld, Saalfeld, Ilmenau, im Riechelsdorfer Gebirge in Niederhessen, sowie bei Geismar und Frankenberg in Hessen).

3. Zechsteinkalk, petrefaktenreicher Kalkstein mit Productus horridus, Spirifer alatus, Schizodus obscurus, Gervillia ceratophaga, Avicula speluncaria und Fenestella retiformis. (Lok.: Gera, Büdingen). Besonders interessant sind die Bryozoënriffe, östlich von Saalfeld, mit Acanthocladia, Fenestella, Phyllopora, Spiriferen, Terebratula etc. (Pössneck bei Saalfeld.)

4. Mittlerer Zechstein mit Stinkschiefer, Dolomit, Rauchwacken, Gips und Steinsalz. In den Dolomiten zuweilen Steinkerne von Schizodus, Gervillia u. a. (Niedersachswerfen bei Nordhausen.)

5. Oberer Zechstein. Versteinerungsleere Letten, dolomitische Kalksteine, Gips und Salzlager. (Norddeutsche Steinsalz- und Kalilager.)

Die Pflanzenversteinerungen (paläozoische Flora).

Literatur: H. Potonié, Lehrbuch der Pflanzenpaläontologie, Berlin 1899. — E. Weiss, Aus der Flora der Steinkohlenformation, Berlin 1882.

In den älteren Schichten des Paläozoikums, dem Kambrium, Silur und in Deutschland auch im Devon, haben wir nur undeutliche und unsichere Spuren von Pflanzen, die wir vielleicht auf Seetange oder sonstige Wasserpflanzen zurückführen dürfen, doch haben sie für den Sammler nur untergeordneten Wert. Dagegen treten in der Steinkohlenformation und im Rotliegenden Landpflanzen in grosser Fülle und prächtiger Erhaltung auf, so dass wir wohl imstande sind, uns ein Bild der damaligen Pflanzenwelt, die wir als **Flora der Steinkohlenformation** bezeichnen, zu machen. In ihr wird uns am meisten das Fehlen eines jeglichen Blumenschmuckes auffallen, denn die mit den Blüten vergleichbaren Organe entbehrten wohl jeglicher Farbenpracht. Die äusseren Formen dieser längst ausgestorbenen Gewächse erscheinen uns im Vergleich mit unseren heutigen Arten abenteuerlich, fremdartig und von düsterem Aussehen. Die vorherrschenden Arten, wie die Calamariaceen (Calamites) und Lepidophyten (Lepidodendron und Sigillaria) sind zwar mit unseren Schachtelhalmen und Bärlappgewächsen verwandt, aber wir müssen sie uns, abgesehen von sonstigen Abweichungen, in Baumform darstellen. Ebenso zeichnen sich die Farnkräuter durch besondere Grösse aus. Die ganze Flora spricht für ein feuchtes, tropisches Klima, wenigstens würden wir heutzutage eine derartige Entwicklung uns nur in den heissesten Erdstrichen denken können. Der Befruchtungsakt wird im wesentlichen durch das Wasser vermittelt (Zoidiogamen) und nur untergeordnet treten auch schon einige Windblütler aus der Gruppe der Gymnospermen auf.

Die Vertreter dieser alten Pflanzenwelt finden wir hauptsächlich in den Kohlenschiefern, welche die Steinkohlenflöze begleiten, aber nicht in diesen selbst.

Es ist dies eine sehr wichtige Tatsache, welche sich aus der Bildungsweise der Kohlenflöze erklärt. Ohne weiter auf die veralteten Theorien einzugehen, welche zur Erklärung der Kohlenflöze entweder grosse Anschwemmungen oder halb schwimmende Urwälder annahmen, möchte ich nur die von Potonié aufgestellte, sehr einleuchtende Theorie ausführen. Für die autochthone Natur der Kohlen, d. h. die Ansicht, dass die Kohlen auch an der Stelle gebildet wurden, wo wir sie heute finden, sprechen so viele Tatsachen, vor allem die zahlreichen, noch aufrecht stehenden Baumstrünke, dass wir diese als sicher annehmen dürfen. Um aber für das eigenartige Verhältnis von Kohlen und Kohlenschiefer eine Erklärung zu finden, geht Potonié von den heutigen Torfmooren aus. Dort beobachten wir zunächst eine oberflächliche Schichte mit den lebenden Torfpflanzen und zwar nicht allein saure Gräser und Moose wie bei den Flachmooren, sondern auch, wie in den Hochmooren, Sträucher und Bäume. Die lebende Pflanzendecke geht nach unten in eine verfilzte Masse abgestorbener Pflanzen über, welche wir als Torf bezeichnen. Dieser zeigt eine Anreicherung von Kohlenstoff dadurch, dass sich unter dem Abschlusse der Luft Sumpfgas (CH_4) bildet, wobei Wasserstoff und Sauerstoff rascher ausgeschieden wird, als der Kohlenstoff und dieser in dem zurückbleibenden Reste aufgespeichert wird. Erst unter der eigentlichen Torfschichte findet sich der sogenannte Faulschlamm (Saprokoll), eine schwarze, gallertartige Masse, die an der Luft zu einer strukturlosen Kohlenmasse erhärtet, und aus den mit pflanzlichen Zersetzungsprodukten angeschwängerten Torfmassen durch Fäulnis ausgeschieden wird. Dieser Faulschlamm ist es nun, welcher uns im fossilen Zustande als Braunkohle und Steinkohle entgegentritt, während aus der mit Ton, Sand und Schlamm durchsetzten Torfschichte nicht feste Kohle, sondern nur die sie begleitenden Kohlenschiefer hervorgehen. So erklärt es sich auch, dass die eigentlichen Kohlenflöze der Braunkohlen wie der Steinkohlen strukturlose Massen sind, während die Kohlenschiefer voll von versteinerten Ueberresten stecken. Die Wechsellagerungen von Kohlenflözen und Schiefern lassen sich leicht durch mehrfache Sumpfbildungen mit Hochmooren erklären.

Der Erhaltungszustand der Steinkohlenpflanzen ist meist ein sehr schöner, zumal wenn sich die als Abdrücke auf den Schiefern erhaltenen Pflanzen durch ihre dunkle Färbung von dem umgebenden Gesteine abheben. Festere Massen, wie die Früchte und Stämme, sind uns als Steinkerne erhalten und letztere stehen noch zuweilen, wie erwähnt, aufrecht mit weit auslegenden Wurzeln in den Schichten. Besonders schöne Struktur zeigen die Kieselhölzer, zumal wenn wir die Stammstücke schneiden und polieren lassen und am bekanntesten sind unter diesen die als „Starsteine" bezeichneten Stämme von Baumfarn.

Anorganische oder unsichere pflanzenähnliche Bildungen.

Dem Anfänger werden häufig Bildungen im Gestein, insbesondere in Schiefern und sandigen Kalksteinen auffallen, die in ihrem Aussehen an Pflanzen erinnern, ohne dass sie als Pflanzenversteinerungen angesprochen werden dürfen oder wenigstens nicht sicher als solche zu deuten sind. Von diesen möchte ich folgende hervorheben:

Dendriten. Sehr häufig findet man auf den Spaltungsflächen oder Abgängen im Gestein zarte, moosähnliche Figuren von schwarzer oder tiefbrauner Färbung. Es sind dies jedoch keine Versteinerungen, sondern nur Rückstände von eisen- oder manganhaltigen Lösungen, welche auf den Spaltflächen eingedrungen sind und hier die hübschen Figuren zurückgelassen haben. Man er-

Fig. 16. Mangandendriten auf Kalkschiefer.

hält dasselbe Bild, wenn man einen Tropfen gefärbte Flüssigkeit zwischen zwei Glasplatten presst und trocknen lässt.

Bilobiten, Zöpfe u. dergl. finden sich zuweilen in Menge auf der Unterseite sandiger Platten, welche in Wechsellagerung mit Tonen lagern. Auch hier handelt es sich nicht um Pflanzenversteinerungen, sondern um Kriechspuren von Tieren, welche auf dem weichen Boden ihre Abdrücke hinterlassen haben (s. S. 24). Zuweilen entstehen ähnliche Gebilde auch durch Absonderungen des Gesteines infolge von Gebirgsdruck oder Ausscheidungen von Kalk in verborgen kristallinischer Art. Erwähnt seien als Beispiele für erstere Form die Stylolithen, für letztere Entstehung die Duten- oder Nagelkalke.

Dictyodora Liebeana (Weiss) ist ein eigenartiges Problematikum aus den Kulmschiefern von Thüringen, bestehend aus einem Gewirre mäandrisch verschlungener Linien, die sich auf der Schichtfläche bemerkbar machen und mit schiefen Absonderungsflächen in Verbindung stehen, so dass bei günstigem Herausschlagen die seltsamsten Gebilde hervortreten. So sehr auch von manchen Forschern die pflanzliche Natur der Dictyodora verteidigt wird, so dürfte es sich wahrscheinlich doch nur um Druckerscheinungen handeln, denn es ist noch nie gelungen, ein pflanzliches Strukturbild festzustellen.

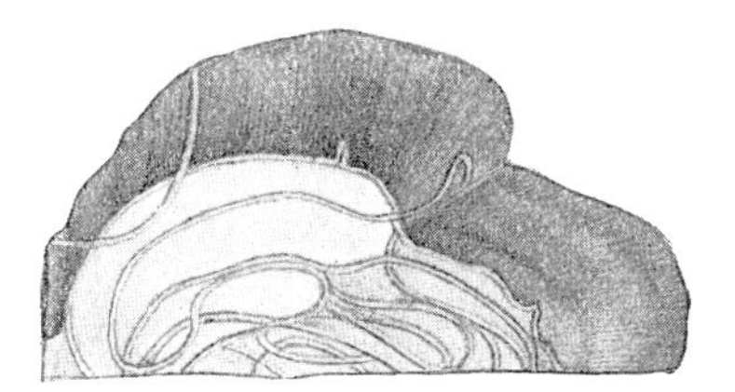

Fig. 17. Dictyodora Liebeana nach Zimmermann.

Spirophyton Eifeliense (Kayser) durchsetzt in Masse den unterdevonischen Sandstein bei Prüm in der Eifel und besteht aus spiralig um eine Achse gedrehten Absonderungsflächen, die eine gewölbte runzelige Oberfläche zeigen. Die einzelnen Gewinde legen sich lappenförmig übereinander und verjüngen sich nach oben, so dass das ganze ein kegelförmiges Gebilde von 10 bis 12 cm Höhe und etwa 10 cm grösstem Durchmesser darstellt. Auch hier gehen die Deutungen weit auseinander, denn die Spirophyten werden von einzelnen mit ähnlich gedrehten Lebermoosen oder Florideen, von anderen mit den Eiernestern von Gasteropoden verglichen, während wieder andere überhaupt deren organische Natur bestreiten und die Bildung auf mechanische Vorgänge, z. B. Strudelbildung bei der Ablagerung und Schichtendruck zurückführen.

Phycodes circinnatus (Richter) [Taf. 1, Fig. 1] stellt sich meist als ein bündelförmig gruppiertes Haufwerk von Stengeln oder Leisten auf dem

Gestein dar, ohne dass eine organische Struktur nachzuweisen wäre. Manche Forscher sehen darin die Steinkerne von algenartigen Pflanzen, während andere auf die Aehnlichkeit mit den Ausfurchungen des rieselnden Wassers hinweisen oder dieselben auf mechanische Vorgänge nach oder bei der Erhärtung des Gesteines zurückführen. Für den Geologen sind die Phycoden von Wichtigkeit, da sie leitend für die oberen quarzitischen Schichten des Kambrium im Fichtelgebirge, Thüringen, Vogtlande und Erzgebirge sind und in Ermanglung von anderen Fossilien hat man diese Schichten als Phycodenschiefer bezeichnet.

Fig. 18. Halyserites Dechenianus (Göpp.) (nach Römer).

Halyserites erfüllt zuweilen Lagen des devonischen Tonschiefers und besteht aus schmalen blattartigen Streifen, die sich zuweilen teilen und als Reste von Pflanzen gedeutet werden.

Nereites Sedgwicki (Murch.) [Taf. 5, Fig. 11] ist eine sehr häufige Kriechspur im Mitteldevon (Nereitenschiefer), die wahrscheinlich auf Gliederwürmer (Anneliden) zurückzuführen ist und gewöhnlich in wurmförmiger Gestalt mit seitlichen, an eine Mittellinie angereihten Wülsten auftritt. Selbst eine derartige Spur ist in Ermangelung anderer Versteinerungen von geologischer Wichtigkeit.

Da die Algen, Pilze und Moose für uns nicht in Betracht kommen, so beginnen wir mit den

Gefässkryptogamen, Pteridophyta,

charakterisiert durch die Entwicklung zweier Generationen, einer geschlechtlichen (Prothallium) und einer ungeschlechtlichen. Die männlichen und weiblichen Prothallien gehen aus Sporen hervor, die sich innerhalb der Sporenkapseln (Sporangien) bei den Gewächsen der ungeschlechtlichen Generation entwickeln.

1. Farne, Filices.

Die wissenschaftliche Bestimmung und Systematik der Farnkräuter ist sehr schwierig und auf die fossilen Arten leider nur selten anwendbar, da die hierfür in Betracht kommenden Sporangien und ihre Anordnung nur in den seltensten Fällen erhalten sind. Der Sammler wird sich daher meist auf die oberflächliche Bestimmung nach der Gestaltung der gefiederten Blätter und ihrer Nervatur beschränken. Aus der grossen Menge des Materiales können wir nur einige besonders charakteristische und häufige Arten herausgreifen.

Reste von Fiederblättern.

Sphenopteris, Schlingfarn mit mehrfach gefiedertem Laub. Die Fiedern letzter Ordnung (letzte Abschnitte) in kreis- oder keilförmigen Lappen endigend. Die Seitennerven entsprechend den Blättchen sich fächerförmig ausbreitend und unter spitzem Winkel abgehend. Die Wedelspindeln zuweilen mit feiner Querriefung (Sph. elegans). Je nach der Gestaltung der Endfiederchen und ihrer Anordnung werden die einzelnen Arten und Artengruppen unterschieden; Formen mit fächerförmig sich ausbreitenden Fiedern sind Sph. (Palmatopteris) furcata (Brongn.); zu den lappenförmigen Fiederblättchen gehört Sph.

elegans (Brongn.), Sph. obtusifolia (Brongn.) [Taf. 1, Fig. 2 und 2a], Sph. trifoliata (Brongn.) mit dreilappigem Endblättchen; andere haben Fiedern, die an zerschlitzte lange Eichenblätter erinnern, Sph. (Alloiopteris) quercifolia (Pot.) und Sternbergi (Pot.), wieder andere endigen mit zugespitzten Fiederblättchen, Sph. (Mariopteris) muricata (Schloth.). Die Sphenopterisarten gehen durch das ganze Paläozoikum durch, erreichen aber in der mittleren produktiven Kohlenformation den Höhepunkt ihrer Entwicklung.

Pecopteris, Schlingfarn mit mehrfach gefiedertem Laub, die Fiedern letzter Ordnung breit ansitzend; die Seitennerven der Fiederblättchen wenig zahlreich, ein- oder zweimal gegabelt. Den Typus bildet P. arborescens (Brongn.), aus der oberen Steinkohlenformation (Taf. 1, Fig. 7), an welchem wir auch ein fertiles Blatt (Fig. 7a) vom Typus Asterotheca kennen lernen, während Fig. 7b die sterilen Blätter mit der Nervatur zeigt. P. dentata (Brongn.) [Taf. 1, Fig. 8] aus dem mittleren Steinkohlengebirge stellt eine Art mit lanzettförmigen Fiederblättern dar.

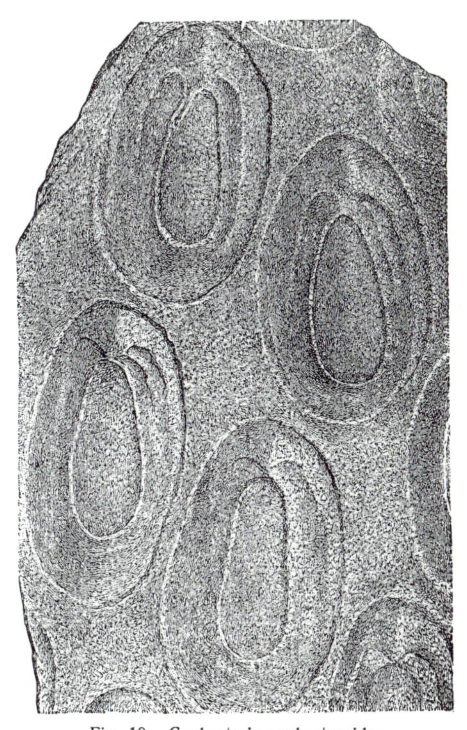
Fig. 19. Caulopteris caulopteroides Farnstamm m. Blattnarben. (Aus Zittel, Paläontolog.)

An die Pekopteriden schliesst sich an: Alethopteris Serli (Brongn.) [Taf. 1, Fig. 6] mit langen Fiederblättern, die am Grunde zusammenhängen, aus dem oberen Steinkohlengebiete. Callipteris conferta (Brongn.) [Taf. 2, Fig. 2], ein Leitfossil für das Rotliegende, Odondopteris obtusa (Brongn.) [Taf. 1, Fig. 3], mit stumpfen Seitenfiederchen und zungenförmigem Endfiederchen, zahlreichen, fast parallel stehenden Nerven, leitend im obersten Karbon und im unteren Rotliegenden.

Auch Pec. (Goniopteris) emarginata (Göpp.) [Taf. 2, Fig. 1], ein Leitfossil der Ottweiler Schichten, gehört hierher, nur sind bei ihm die Fiederblättchen bis zum Rande verwachsen, so dass dieser nur leicht gewellt ist, während die Nerven büschelförmig angeordnet erscheinen.

Die Pekopteriden haben ihre grösste Entwicklung in der oberen Steinkohlenformation, greifen aber auch noch mit mehreren Arten ins Rotliegende über.

Neuropteris schliesst sich in der äusseren Form nahe an Pecopteris an, die Fiederblättchen sind mehr zungenförmig und am Stamme abgesetzt, die Seitennerven gehen von einer Mittelrippe unter spitzem Winkel ab, sind sehr dicht gedrängt und vergabeln sich an ihren Endigungen. Neur. flexuosa (Sternb.) [Taf. 1, Fig. 4], aus dem mittleren Steinkohlengebirge, ist nach dem erwähnten Typus gebaut, ebenso wie die grosse Neur. gigantea (Sternb.), während bei Neur. (Linopteris) Brongnarti (Gutb.) [Taf. 1, Fig. 5] die feinverzweigten Nerven ein Netzwerk bilden. Die Neuropteriden haben ihre Blütezeit in der mittleren Steinkohlenformation.

Stammreste von Farnen.

Je nach dem Erhaltungszustande haben wir es entweder mit meist flachgedrückten Stämmen aus den Kohlenschiefern zu tun, welche uns die Oberfläche der Rinde oder wenigstens des Stammholzes zeigen oder aber mit Kieselhölzern, welche die innere Holzstruktur uns bewahrt haben. Zu der ersten Gruppe gehört Caulopteris, mit grossen, spiralig gestellten Blattnarben und Megaphytum mit nur zwei gegenständigen Reihen von Narben. Häufiger als diese sind die als Starsteine oder Psaronius bekannten Kieselhölzer aus dem Rotliegenden der Umgebung von Chemnitz. Im Querschliff zeigt Psaronius ein schönes Strukturbild, das durch die verschiedenfache Färbung des Quarzes in den einzelnen Organen hervorgehoben ist. Im randlichen Teile sehen wir die Querschnitte von Adventivwurzeln, während der innere eigentliche Stammteil von wurmförmigen Gefässbündeln durchsetzt ist. Es sind dies

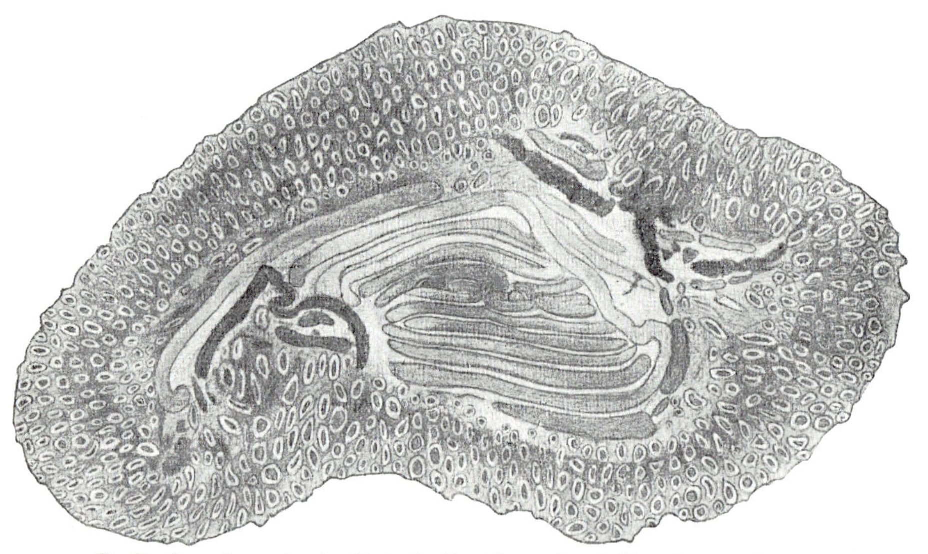

Fig. 20. Psaronius conjugatus (Stertzel). Starstein aus dem Rotliegenden von Chemnitz.

die Querschnitte von Blattspuren, Leitbündel und Skelettsträngen, wie wir sie ähnlich auch heute noch bei den tropischen Baumfarnen aus der Gruppe der Cyatheaceen vorfinden. Je nach der Stellung der Blattspuren (2-, 4-, 5- oder mehrzeilig) werden die Arten unterschieden und es lässt sich dadurch auch die Zusammengehörigkeit mit Megaphytum und Caulopteris nachweisen. Die bekanntesten Spezies sind Psaronius asterolithus (Cotta) mit 4zeiliger Stellung und sternförmiger Anordnung der Gefässbündel in den Adventivwurzeln, sowie der Fig. 20 abgebildete Ps. conjugatus (Stertzel).

Cycadofilices (Cycasfarne).

Unter diesem Namen vereinigt Potonié eine Pflanzengruppe, die man weder zu den echten Farnen noch zu den echten Gymnospermen stellen kann und welche gewissermassen eine Mittelstellung zwischen den Farnen und den Cycaspalmen einnimmt. Man stellt hierzu Medullosa, verkieselte Stammstücke aus dem oberen Karbon und Rotliegenden. Diese zeigen im Querschnitt reichliches zentrales Mark und darin eingebettet Holzkörper, welche im inneren Teile sternförmig angeordnet sind.

N o e g g e r a t h i a f o l i o s a (Sternberg) [Taf. 3, Fig. 9], aus dem oberen Karbon (Radnitzer Schichten in Böhmen), wird auch hier eingereiht. Es sind dies gefiederte Wedel, welche oben einen ährenförmigen fertilen Teil tragen, während die unteren sterilen Blätter breit und spatelförmig mit zahlreichen parallelen Nerven ausgebildet sind.

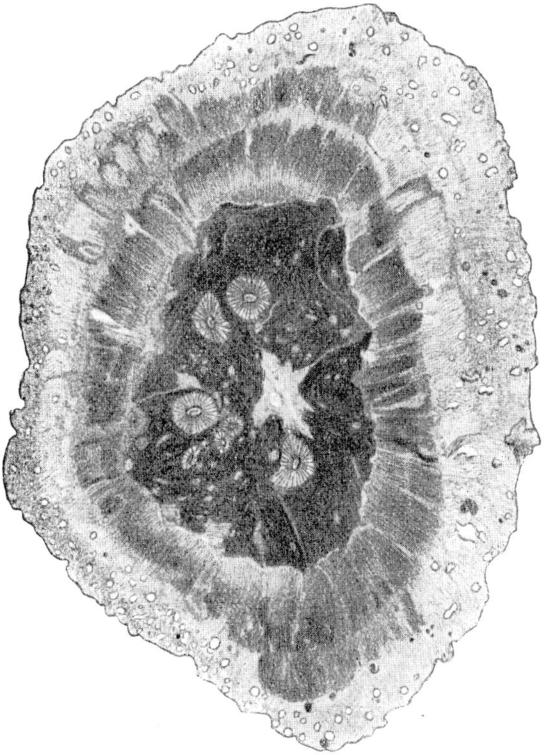

Fig. 21. Medullosa, angeschliffenes Stammstück aus dem Rotliegenden von Chemnitz. Aussen Rinde mit Adventivwurzeln übergehend in Holz; im inneren Teile Mark mit sternförmigen Holzkörpern.

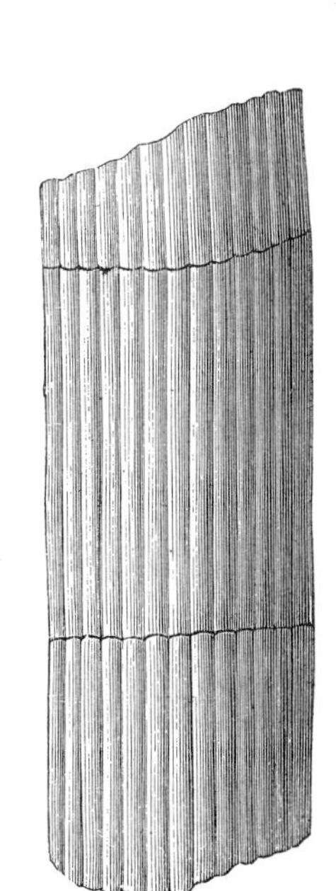

Fig. 22. Archaeocalamites radiatus Brugt. (Zittel, Paläontolog.)

2. Schachtelhalme, Equisetinae.

Die im Paläozoikum auftretenden schachtelhalmähnlichen Gewächse schliessen sich nahe an die heute noch lebenden Equiseten an, unterscheiden sich aber von diesen durch die Art ihres nachträglichen Dickenwachstums des Holzkörpers.

Die Hauptgruppe bilden die C a l a m a r i e n, welche sich nach P o t o n i é aus den P r o t o c a l a m a r i e n entwickelt haben. Eine schon im Mitteldevon, aber besonders häufig im Kulm auftretende Art aus dieser Gruppe ist A r c h ä o c a l a m i t e s r a d i a t u s (Brongn.), der ebenso wie Asterocalamites scrobiculatus (Schloth.) daran kenntlich ist, dass die Steinkerne der grossen hohlen Stengel an der Oberfläche Längsfurchen zeigen, welche zwar von Querfurchen (Nodiallinien) unterbrochen werden, diese aber glatt durchschneiden, ohne Unterbrechung ihres geraden Verlaufes im Gegensatz zu den Kalamiten, bei denen die Längsfurchen an der Nodiallinie absetzen und alternieren, so dass eine Zickzacklinie entsteht.

Die echten Calamarien sind sehr häufige Versteinerungen in dem mittleren und oberen Kohlengebirge und bilden Ueberreste von grossen, oft baumförmigen Pflanzen, mit einer Höhe bis zu 12 m. Am unteren Ende verjüngen sie sich rasch zu einem spitzen Kegel. Der Stengel ist in der Jugend mit Mark gefüllt, im ausgewachsenen Zustande hohl und wird durch einen Holzzylinder ohne Jahresringe gebildet. Die leistenförmig angeordneten Gefässbündel des Holzes hinterlassen auf dem Steinkerne Längsfurchen, welche durch Querfurchen, entsprechend den Nodiallinien, an welchen auch die Zweige und die quirlförmig gestellten Blätter ansetzen, unterbrochen werden (Zickzacklinie). Man findet die Stammstücke, beblätterten Zweige und Fruchtstände fast immer getrennt.

Die Stammstrünke nennt man Calamites und erkennt in ihnen die meist flachgedrückten, mit einer Kohlenrinde bedeckten Ausfüllungen des Markzylinders, während verkieselte, mit Struktur erhaltene Stücke bei uns zu den grossen Seltenheiten gehören. Das Bild der Oberfläche zeigt ein verschiedenes Aussehen, je nachdem die Kohlenrinde noch aufliegt oder abgebrochen ist.

Die häufigste Art ist Calamites Suckowi (Brongn.) [Taf. 2, Fig. 5], der im ganzen Steinkohlengebirge und Rotliegenden gefunden wird. Bei Cal. arborescens (Sternb.) [Taf. 2, Fig. 6], einer häufigen Art des oberen Karbon und unteren Rotliegenden, sind die Internodien kurz, die Rippen schmal und gewölbt. Cal. gigas (Brongn.), ein Leitfossil des Rotliegenden, zeigt auf den dicken Steinkernen sehr kurze Internodien, mit breiten, stark gewölbten Rippen, die in einer sehr steil zickzackförmigen Nodiallinie gegeneinander stossen. Diese Arten sind durch Zweigarmut gekennzeichnet (Stylocalamites), während andere, wie Cal. ramosus (Artis) aus dem mittleren Karbon und der gleichfalls häufige Cal. cruciatus (Sternb.) mit viel kürzeren Internodien sich durch die vielen Zweigansätze an den Knotenlinien auszeichnen (Eucalamites). Bei anderen Arten (Calamophyllites) sind zwar nicht alle Knoten bezweigt, aber dafür stehen die Aeste resp. Astnarben an einzelnen Knotenlinien dicht gedrängt. Hierher gehört Cal. varians (Sternb.) vom mittleren Karbon bis zum Rotliegenden.

Die Beblätterungen der Calamarien laufen unter den Bezeichnungen Asterophyllites und Annularia. Asterophyllites equisetiformis (Schloth.) [Taf. 2, Fig. 10], nicht selten im oberen Karbon und Rotliegenden, zeigt uns ein Stammstück mit belaubten Zweigen; die schmalen, wirtelständigen Blätter sind mehr oder minder nach aufwärts gerichtet, während sie bei Annularia in der Ebene ausgebreitet liegen, und am Grunde zu einer scheibenförmigen kurzen Scheide verbunden sind. A. stellata (Schoth.) = A. longifolia (Brongn.) [Taf. 2, Fig. 8], mit seinen langen, lanzettförmigen Blättern und A. sphenophylloides (Ung.) [Taf. 2, Fig. 7] sind Leitfossilien für die Flora des mittleren Karbons bis zum Rotliegenden.

Die Blüten sind ähnlich denen der Equisetaceen und werden zuweilen noch im Zusammenhange mit den Calamiten und Annularien gefunden, gehören natürlich aber immer zu den Seltenheiten. Calamostachys tuberculata (Sternberg) [Taf. 2, Fig. 9] ist eine derartige Fruchtähre, welche vielleicht zu Annularia longifolia gehört und deutlich die grossen runden Sporangien zeigt.

Sphenophyllum bildet eine selbständige Gruppe, die aber am besten an die Calamarien angegliedert wird. Es sind nach Potonié kleine Wasserpflanzen mit wirtelständigen Blättern, die stets in Dreizahl auftreten, ebenso wie der massive Stengel dreikantig angelegt ist. Sphenophyllum tenerrimum (Ettingh.) [Taf. 2, Fig. 3], mit einem zarten, fast linienförmigen Blättchen, tritt in Kulm auf; Sph. Schlotheimi (Brongn.) [Taf. 2, Fig. 4], mit breiten, reichlich geäderten Blättern, ist eine häufige Art im oberen Karbon.

3. Schuppen- und Siegelbäume, Lepidophytae.

Baumförmige Pflanzen aus der Gruppe der Bärlappgewächse (Lycopodien und Selaginellen), von diesen nicht allein durch die Art des Wachstums, sondern auch durch die Ungleichartigkeit der Sporen unterschieden. Nach Abfall der Blätter bleiben auf dem Stamme Blattnarben und Blattpolster in bestimmter Anordnung und Ausbildung zurück. Die Fruchtstände sind ähren- oder zapfenförmig.

Lepidodendron (Schuppenbaum).

Stammreste von grossen, zweiteilig verzweigten Bäumen, mit spiralig angeordneten Blättern, welche auf dem Stamm und den Aesten rhombische Blattpolster, oben mit einer ovalen, quergestellten Blattnarbe hinterlassen haben, während das Blattpolster selbst durch einen Spalt in zwei „Wangen" geteilt ist. Nach der Gestalt und Grösse dieser Polster (Schuppen) werden die einzelnen Arten unterschieden. Ihre Hauptverbreitung liegt im unteren produktiven Kohlengebirge (Lepidodendronstufe), doch beginnen sie schon im Devon und gehen bis zur Trias durch.

L. dichotomum (Sternb.) [Taf. 3, Fig. 3] zeigt genau die rhombische Form der grossen, wohlausgebildeten Blattpolster; von ihm unterscheidet sich L. Veltheimianum (Sternb.) [Taf. 3, Fig. 1], aus dem Kulm und den Waldenburger Schichten, durch seine zierlichen kleinen Polster, während L. Volkmannianum (Sternb.) [Taf. 3, Fig. 2] aus dem unteren Kohlengebirge mit seinen grossen Narben und mehr vertikal gestellten Polstern, welche ineinander verfliessen, einen abweichenden Typus darstellt. Ausser diesen drei ab-

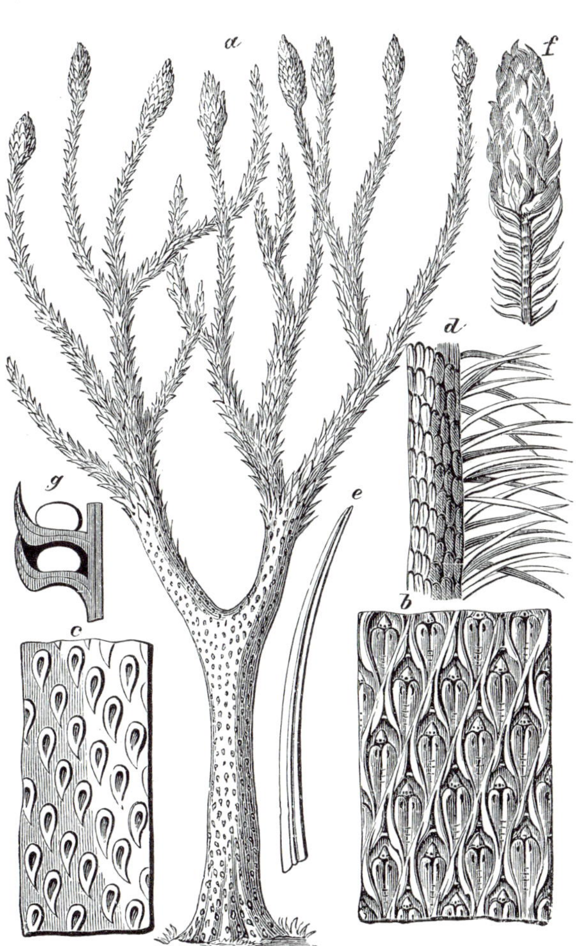

Fig. 23. Lepidodendroa.
a) Restaurierter Baum, b) Rinde mit erhaltener, c) mit abgefallener Schichte (Knorria), d) Zweig mit Blättern, e) Blatt, f) Blütenstand (Lepidostrobus), g) Sporangien (vergrössert). (Zittel, Paläontolog.)

gebildeten Arten möge noch auf L. rimosum (Sternb.), mit langgestreckten, schmalen Polstern und L. elegans (Brongn.), mit sehr regelmässigen, zierlichen, rhombischen Polstern, hingewiesen sein. Von der letzteren Art werden auch Zweige mit anhängenden, nadelförmigen Blättern gefunden.

Eine besondere Schwierigkeit beim Bestimmen liegt aber in der Art des Erhaltungszustandes, denn nur wenn die Oberfläche der Rinde vorliegt, zeigen sich die oben beschriebenen Merkmale. Ganz verschieden aber gestaltet sich das Aussehen, wenn die oberste oder mehrere Rindenschichten abgefallen oder sonstwie zerstört sind, denn dann gehen die Blattpolster verloren und bleiben nur mehr oder minder deutliche Kerben oder Eindrücke der Narben übrig. Man nennt Bergeria den Erhaltungszustand nach blossem Verlust des Hautgewebes, Aspidaria sind Stammreste mit den im Ausguss erhaltenen Blattpolstern an der Oberfläche, Knorria entspricht den Steinkernen hohler Mittel- oder Aussenrinden und zeigt noch durch spiralig angeordnete Wülste die Stellung der Blattpolster (s. Textfig. 23c). Dieser Erhaltungszustand ist besonders häufig im Kulm, wo Knorria imbricata (Sternb.) mit dicht gedrängten, dachziegelförmigen Wülsten und Knorria acicularis (Sternb.) [Fig. 23c] mit kleinen, schmalen, spitz zulaufenden Wülsten besonders häufig sind.

Die Blütenstände von Lepidodendron (Lepidostrobus) sind zapfenförmig und meist endständig, doch kommen auch stammbürtige Formen vor, welche nach dem Abfallen zwei gegenständige Längszeilen grosser, schüsselförmiger Narben hinterlassen und als Ulodendron bezeichnet werden.

Die Lepidodendren waren ausserdem mit grossen, unterirdischen Organen, sogenannten Rhizomen, ausgestattet, deren Ueberreste als Stigmaria uns erhalten sind. Es sind dies zum Teil sehr weit ausladende, zweiteilig verzweigte Gebilde, deren Oberfläche mit runden, spiral angeordneten Narben, die weit auseinander stehen und zuweilen noch runde Würzelchen tragen, bedeckt sind. Stigmaria ficoides (Sternb.) [Taf. 3, Fig. 7], eines der allergewöhnlichsten Fossilien im unteren Kohlengebirge, zeigt uns diese Struktur; um aber einen Begriff von der Grösse und Gestalt einer Stigmaria zu bekommen, muss man sich das gewaltige Stück im Lichthofe der Bergakademie in Berlin betrachten, welches einen Strunk von 2 m Höhe, mit einer Ausladung der Rhizome von 5 m aufweist.

Sigillaria (Siegelbaum).

Wie Lepidodendron baumförmig, aber weniger verzweigt; die meist sechseckigen Blattpolster und Narben stehen in Längsreihen und gleichzeitig spiralig; sie haben dieselbe Bedeutung wie bei Lepidodendron und rühren von langen, schmalen Blättern her. Auch hier wird die Unterscheidung der Arten nach der Stellung und Gestaltung der Polster auf der Rinde vorgenommen, aber bei der grossen Formenfülle ist dies nicht immer leicht. Dazu kommt noch der schon bei Lepidodendron besprochene, verschiedenartige Erhaltungszustand, je nachdem die Hautschichte oder die Rindenlagen fehlen. Von diesen ist besonders der als Syringodendron bezeichnete Erhaltungszustand wegen seiner Häufigkeit bemerkenswert, der einen Steinkern mit dem Abdruck der Innenseite der Rinde darstellt.

Die zahlreichen Arten der Sigillarien hat man nach folgendem Schema gruppiert, das zugleich auch einen Anhaltspunkt für die Bestimmung gibt:

1. Eusigillariae: die Rinde mit breiten, flachgewölbten Rippen, welche durch Längsfurchen getrennt sind.
   a) Rhytidolepisskulptur: die Längsfurchen gerade, die Blattnarben weitläufig, ohne Querfurchen.
   Beispiel: Sigillaria elongata (Brongn.) [Taf. 3, Fig. 5], mit

verlängerten ovalen Narben, die unter sich durch zwei Linien verbunden sind.

b) Tesselataskulptur: die Längsfurchen ziemlich gerade, die Blattnarben gedrängt mit Querfurchen.

Beispiel: S. tesselata (Brongn.) (Textfig. 24 d).

c) Favulariaskulptur: Längsfurchen zickzackförmig, Blattnarben gedrängt mit Querfurchen.

Beispiel: S. hexagona (Brongn.) [Taf. 3, Fig. 4], Narben breiter als hoch. S. elegans (Brongn.) mit zierlichen sechseckigen Narben, die ebenso hoch wie breit sind, so dass das Bild einer Bienenwabe ähnlich ist. S. Dournaisi (Brongn.), die Narben höher als breit.

2. Subsigillariae: die Rinde ohne Rippen resp. Furchen, die Narben in mehr oder minder rhombischen Polstern.

a) Leiodermariaskulptur: Blattnarben getrennt.

Beispiel: S. Brardi Brongn. var. denudata.

b) Clathrariaskulptur: Blattnarben zusammenstossend.

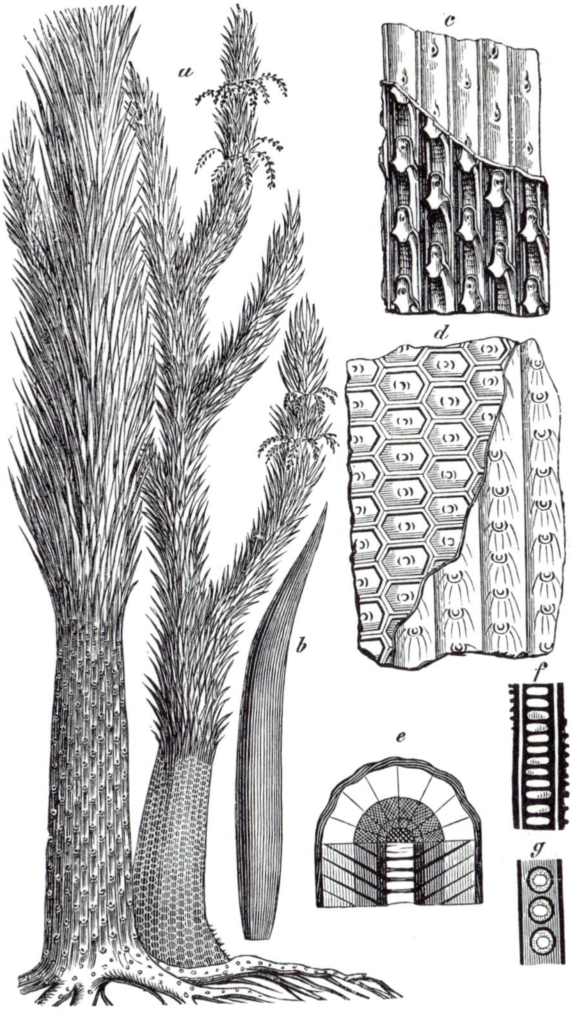

Beispiel: S. Brardi (Brongn.) [Taf. 3, Fig. 6], je nach dem Dickenwachstum des Stammes sind beide Typen an ein und demselben Stamme ausgebildet.

Fig. 24. Sigillaria.
a) Restaurierte Bäume, b) Blatt, c) Rinde und Abdruck von S. pachyderme Brngt., d) dasselbe von S. tessellata Brngt., e) Stammdurchschnitt, f) Holz im Längsschnitt, g) dasselbe im Flachschnitt. (Zittel, Paläontolog.)

Von geologischem Interesse ist, dass die Eusigillarien vorwiegend im mittleren Steinkohlengebirge (Sigillarienstufe) auftreten, während die Subsigillarien erst im oberen Kohlengebirge häufig werden und bis zur Trias durchgehen.

Die Blüten sind wie bei Lepidodendron zapfenförmig, stammbürtig und gestielt.

(3, 8. 10.)

Die Rhizome sind ähnlich Stigmaria, jedoch viel verzweigter, mit nach unten gehenden Rhizomzweigen. Man unterscheidet sie als Stigmariopsis von den gewöhnlichen Stigmarien (St. rimosa [Gold.]). Auch die im Buntsandstein von Bernburg häufig gefundenen rhizomähnlichen Gebilde (Pleuromeia) gehören wohl hierher.

Gymnospermen, Nacktsamige Blütenpflanzen.

Nur wenige Vertreter dieses ersten Stammes der Blütenpflanzen oder Phanerogamen kommen für das Paläozoikum in Betracht. Die Gymnospermen sind dadurch charakterisiert, dass die Samenknospen nicht in einem Fruchtknoten eingeschlossen, sondern frei an der „Fruchtschuppe", einem schuppenförmigen Blattorgan, liegen. Von den drei Klassen der Cordaitaceen, Cycadeen und Koniferen fällt die zweite für das Paläozoikum weg und auch die letzte hat nur untergeordnete Bedeutung; um so wichtiger ist die erste Klasse.

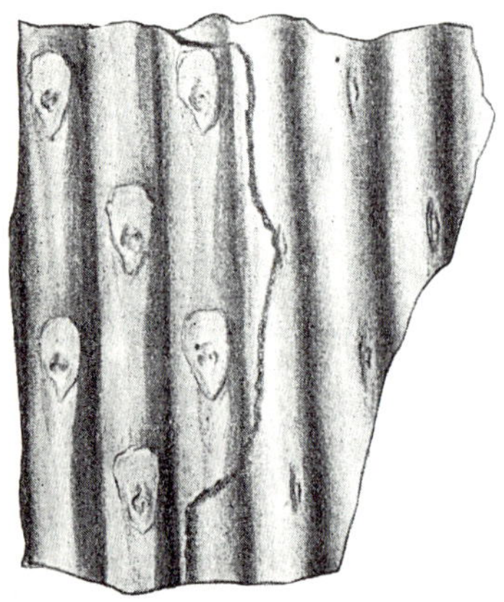

Fig. 25. Sigillaria elongata. Links mit Rindenschicht; rechts als Syringodendron.

1. Cordaitaceen.

Diese sind ausschliesslich auf die paläozoischen Schichten vom Devon bis zum Rotliegenden beschränkt und treten besonders in der oberen Steinkohlenformation in solcher Menge auf, dass ihre Ueberreste wohl wesentlich zur Kohlenbildung beigetragen haben.

Zu Cordaites werden Blätter, Blüten, Früchte und Stammstücke von 20—30 m hohen, schlanken, unregelmässig verzweigten Bäumen, mit horizontal verlaufendem Wurzelwerk, gestellt. Die Blätter sind lang oder kurz bandförmig, parallelnervig, und sitzen spiralig an den Zweigen und Stämmen. Als Cordaites principalis (Germ.) [Taf. 3, Fig. 8] bilden sie oft ganze Lagen in den oberen Kohlenschiefern. Die Stämme, mit starkem Holzzylinder um einen grossen Markkörper, sind entweder als Steinkerne (Artisia) mit querverlaufenden, ringförmigen Furchen oder als Kieselholz (Cordaioxylon) mit einer an Araucaria erinnernden Struktur ohne Jahresringe oder auch als flachgedrückte Kohlenstrünke mit quergestellten Blattnarben erhalten. Die seltenen Blüten (Cordaianthus) weisen auf traubig-ährige Blütenstände mit getrennt geschlechtlichen Blüten hin. Die Samen hatten ein Steingehäuse in fleischiger Hülle und sind nicht selten, an manchen Punkten (St. Ingbert bei Saarbrücken) sogar in Menge angehäuft. Nach ihrer äusseren Gestalt unterscheidet man die dreikantig gebauten Trigonocarpus Noeggerathi (Brongn.) [Taf. 3, Fig. 10], die abgeflachten, faltigen und fein gekörnelten Rhabdocarpus disciformis (Sternb.), die ähnlich geformten, aber glatten Carpolithes Cordai (Geinitz) und die herzförmigen Cardiocarpus Gutbieri (Geinitz).

2. Coniferae, Zapfenträger, Nadelhölzer.

Die Nadelhölzer kennen wir vom Devon ab, aber erst vom oberen Karbon an und im Rotliegenden gehören sie zu den häufigen Pflanzenversteinerungen. Meist handelt es sich um Hölzer in verschiedenem Erhaltungszustand oder um belaubte Zweige, während Fruchtzapfen zu den grossen Seltenheiten gehören.

(3, 11. 12.)

Es ist daher meist sehr schwierig und unsicher, eine genaue botanische Einreihung unter die jetzt lebenden Nadelhölzer durchzuführen, doch scheint vor allen die Gruppe der Araukarien für die paläozoischen Arten in Betracht zu kommen.

Araucarioxylon werden die Kieselhölzer mit Araukarienholzstruktur ohne Jahresringbildung genannt, welche freilich zum Teil auch zu den Kordaiten gehören mögen. Besonders charakteristisch sind sie unter den Kieselhölzern der Dyas. Zuweilen besitzen diese Stämme einen grossen Markkörper und die Steinkerne dieser ausgefaulten Markröhren (Tylodendron) haben eine gleichfalls

Fig. 26. Araucarioxylon saxonicum (Stertzel). Rotliegendes bei Chemnitz. Angeschliffenes Stammstück.

Fig. 27. Araucarioxylon, verkieseltes Stammstück mit Astnarben aus dem Rotliegenden des Taunus.

an Araukaria erinnernde Oberflächenskulptur mit langgezogenen, oben und unten zugespitzten rhombischen Feldern. Ebenso werden zu den Araukarien die als Walchia bezeichneten belaubten Zweige gestellt, welche zuerst im unteren Rotliegenden auftreten und daher als wichtige Leitfossile zur Feststellung der Grenze zwischen Karbon und Dyas gelten dürfen (Walchienschichten). Die kleinen, nadelförmigen Blätter stehen mehr oder minder dicht um die Aeste und man unterscheidet Walchia piniformis (Sternb.) [Taf. 3, Fig. 11], mit schräg abstehenden, W. filiciformis mit senkrecht abstehenden, nadelförmigen und W. imbricata mit kurz schuppenförmigen Blättern.

Ullmannia Bronni (Goepp.) [Taf. 3, Fig. 12] tritt spärlich im Rotliegenden, sehr häufig im Kupferschiefer (Frankenberger Fruchtähren) auf und besteht aus Zweigen mit kurz zungenförmigen, dicht gedrängten, spiralig gestellten Blättchen. Ihre systematische Stellung ist noch unsicher.

Die Tierversteinerungen (paläozoische Fauna).

Die Fauna der paläozoischen Periode trägt durchgehend einen fremdartigen, von der heutigen Tierwelt abweichenden Charakter und ist entwicklungsgeschichtlich durch das allmähliche Hervortreten der Wirbeltiere, dagegen den vollständigen Mangel von Säugetieren bezeichnet. Dies ist eine bemerkenswerte Tatsache, denn im übrigen entspricht die Fauna nur wenig dem Bilde, das wir vom entwicklungsgeschichtlichen Standpunkte aus gerne sehen würden. Wir müssen uns damit begnügen, dass wir von den Anfängen der Tierwelt nichts wissen und auch aus den paläozoischen Fossilien wenig erfahren; wohl sehen wir innerhalb einzelner Tiergattungen eine reiche Entfaltung von Formen, die sich allmählich auseinander herausgestalten, auch tragen manche paläozoische Gruppen einen einfacheren (primitiven) Charakter des Aufbaues gegenüber den späteren, aber die vom entwicklungsgeschichtlichen Gesichtspunkte aus verlangten Grundtypen oder Anfänge bestimmter Formenreihen sind es nicht. Wir dürfen uns der Tatsache nicht verschliessen, dass die ganze wirbellose Fauna schon in den ältesten versteinerungsführenden Schichten in ihren Grundzügen fertig uns entgegentritt, ja dass sogar schon einige Gruppen der höchstentwickelten Wirbellosen, der Gliedertiere und Insekten, einen gewissen Höhepunkt ihrer Entwicklung erreicht hatten. Eine Erklärung dafür können wir allerdings darin finden, dass der paläozoischen Periode die unendlich lange Zeit der archäischen Formationsgruppen vorangegangen ist, in welcher die viele tausend Meter mächtigen Ablagerungen der kristallinischen Schiefer (Gneiss, Glimmerschiefer und Phyllit) vor sich gegangen sind. Dass uns in diesen Gesteinen keinerlei organische Reste erhalten sind, erklärt sich einerseits dadurch, dass diese Gesteine Umwandlungen durchgemacht haben, bei denen die Versteinerungen zugrunde gehen mussten, anderseits dürfen wir auch annehmen, dass gerade die Urformen durch Mangel oder schwache Ausbildung von harten Skeletteilen ausgezeichnet waren und dass deren zarte Ueberreste um so leichter der Zerstörung anheimfielen. Ich möchte diese Frage nur erwähnt haben, ohne näher darauf einzugehen, da sie den Sammler nur insofern berührt, als er keine vergebliche Mühe darauf zu verwenden braucht, in den kristallinischen Schiefern nach Versteinerungen zu suchen.

Was nun die Fauna selbst betrifft, so haben wir es weitaus vorwiegend mit Meerestieren zu tun, insbesondere in dem Silur und Devon Deutschlands. Im Karbon und Rotliegenden freilich überwiegen, wie wir schon aus der reichen Landflora entnehmen können, in Deutschland terrestrische Ablagerungen oder solche in Binnenseen und Binnenmeeren und wir finden dementsprechend in diesen Schichten auch Land- uud Süsswasserbewohner oder solche, die für stark übersalzene Binnenmeere leitend sind, aber sie gehören immer zu den seltenen Erscheinungen. Wir werden sehen, dass unter den Korallen und Hydroidpolypen noch recht fremdartige Typen herrschend sind, die sich in ihrem Gesamtaufbau wesentlich von den heute lebenden Arten unterscheiden, bei den Strahltieren oder Echinodermen fehlen die Seeigel so gut wie gänzlich, die Seesterne sind zwar vorhanden, weisen aber noch einen gewissen ursprünglichen Typus auf, der die eigentlichen Seesterne mit den Schlangensternen verbindet, dagegen erreichen die Seelilien einen Höhepunkt der Entfaltung. Von den Weichtieren oder Mollusken sind die Brachiopoden ungemein formenreich und ebenso finden wir die Nautiliden in der schönsten Entfaltung, wogegen die Muscheln und Schnecken zurücktreten und auch die im Mesozoikum so wichtige Cephalopodengattung der Ammoniten erst in den Anfängen ihrer Entwicklung steht. Ganz eigenartig für das Paläozoikum sind die Trilobiten, eine Familie der Gliedertiere. Sie sind auf diese Periode beschränkt, treten aber schon in den ältesten Schichten in ungeheurer Menge auf, so dass wir über deren Herkunft vollständig auf Hypothesen angewiesen sind. Entwicklungsgeschichtlich sehr wichtig ist das Verhalten der Wirbeltiere, denn ihr Auftreten entspricht am meisten den Gesetzen unserer Entwicklungslehre. Wir finden in der Tat, und zwar erst mit dem Obersilur beginnend, die Spuren der niedersten Formen in Gestalt von Knorpel- und Ganoidfischen, während die höherstehenden Knochenfische noch ganz fehlen. Erst später treten Vierfüssler auf und zwar zunächst eine Gruppe der Amphibien, die sogenannten Stegocephalen, und dann erst die weiter vorgeschrittenen Reptilien in wenigen, recht einfach (primitiv) gebauten Formen.

Wie schon aus dem geologischen Ueberblicke hervorgeht, sind zwar die paläozoischen Formationen in Deutschland weit verbreitet, aber für den Sammler bieten sie nicht immer ein erfreuliches und dankbares Gebiet, da die Versteinerungen, abgesehen von einigen guten Lokalitäten, meist selten und nicht sehr schön erhalten sind. Dafür ist es aber um so dankenswerter, wenn sich auch die Privatsammler dieser Stiefkinder annehmen, denn gerade hierbei werden nicht selten wissenschaftlich bedeutungsvolle Funde gemacht. Mit einem gewissen Neide sehen wir dabei auf die prächtige Entwicklung z. B. im böhmischen Kambrium und Silur, oder dem alten Paläozoikum von England, Skandinavien und den russischen Ostseeprovinzen; für die paläontologische Zusammenstellung wäre es natürlich auch angenehmer gewesen, die fremden Vorkommnisse beizuziehen, um das Bild zu vervollständigen, aber die Beschränkung auf die für unsere deutschen Schichten wichtigen Arten hat wiederum den Vorteil, dass ich dadurch dem Sammler mehr an die Hand gehe, und ich ziehe deshalb fremde Arten nur insoweit heran, als sie für das paläontologische Bild erforderlich sind. Es gilt dies besonders von einigen wichtigen Fossilien, welche zwar dem schwedischen oder russischen Silur eigentümlich sind, die aber doch auch in dem norddeutschen Diluvium als Erratika durch Gletscherverfrachtung gefunden werden.

Der Erhaltungszustand und in gewissem Sinne auch die Fauna steht im Zusammenhange mit der Gesteinsausbildung der einzelnen Schichten. In den älteren Schichten des Kambrium und Silur überwiegen glimmerige Tonschiefer, in welchen Versteinerungen sehr selten und als schlechte Abdrücke auftreten. In den Grauwacken, Quarziten und Sandsteinen finden sich zuweilen grössere Anhäufungen, insbesondere von Krinoiden, Brachiopoden, Muscheln und Trilobiten, aber die Erhaltung besteht aus Hohlformen und Steinkernen. In den kalkigen Tonschiefern sind zuweilen die Fossilien sehr hübsch verkiest. Die besten Fundstellen aber sind im Kalkstein, wo die Fossilien vielfach unverdrückt und mit der Schale erhalten sind; durch einen geradezu erstaunlichen Reichtum und schöne Erhaltung zeichnen sich insbesondere die Riffkalke aus und unter diesen nehmen diejenigen des Mitteldevones, z. B. in der Eifel oder bei Paffrath, die erste Stelle ein. An solchen Plätzen ist es eine Lust zu sammeln, denn fast jeder zweite Stein, den man in die Hand nimmt, birgt eine Versteinerung. Diese Riffkalke sind die Reste ehemaliger Korallenriffe und dementsprechend überwiegen auch die fossilen Korallen und Stromatoporen, aber ebenso wie sich auf unseren lebenden Korallenriffen eine Menge anderer Tiere aufhalten, so wimmelte es zuweilen auch dort von Brachiopoden, Schnecken, Nautiliden, Trilobiten u. dergl.

I. Urtiere, Protozoa.

Obgleich die zarten, meist mikroskopischen Schälchen der Urtierchen schon in den ältesten paläozoischen Schichten nachweisbar sind, so kommen sie doch für den Sammler kaum in Betracht und ich hebe aus der grossen Schar derselben nur die einzige Art Fusulina cylindrica (Fisch.) hervor, obgleich auch diese nicht in den deutschen Schichten gefunden wird. Sie ist aber in dem russischen oberen Kohlenkalk (Fusulinenkalk) so massenhaft, dass sie dort mächtige Ablagerungen vollständig erfüllt und als eines der besten Leitfossile gelten darf. Die Fusulina ist eine verhältnismässig sehr grosse Foraminifere, mit durchbrochener Kalkschale und stellt ein spindelförmig um eine Achse gerolltes Gehäuse dar, das durch wellig gefaltete Querscheidewände in kleine Kammern geteilt ist.

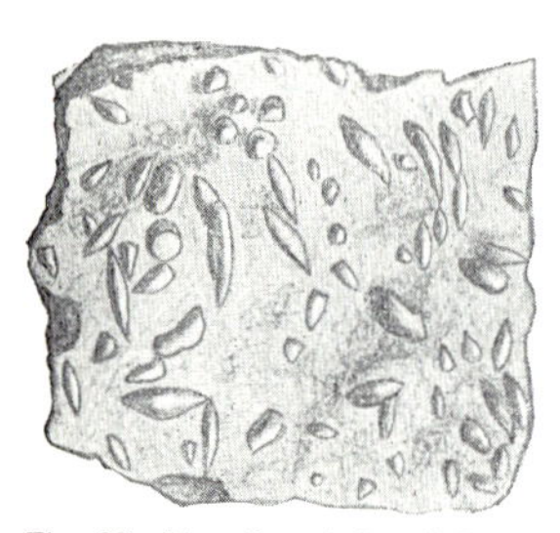

Fig. 28. Fusulinenkalk mit Fusulina cylindrica (russischer Kohlenkalk).

II. Pflanzentiere, Coelenterata.

A. Schwämme, Spongiae.

Wir werden diesen Stamm in der mesozoischen Tierwelt genauer kennen lernen und beschränken uns hier auf einige wenige Arten, welche zwar auch nicht in den anstehenden deutschen Schichten auftreten, aber doch nicht selten

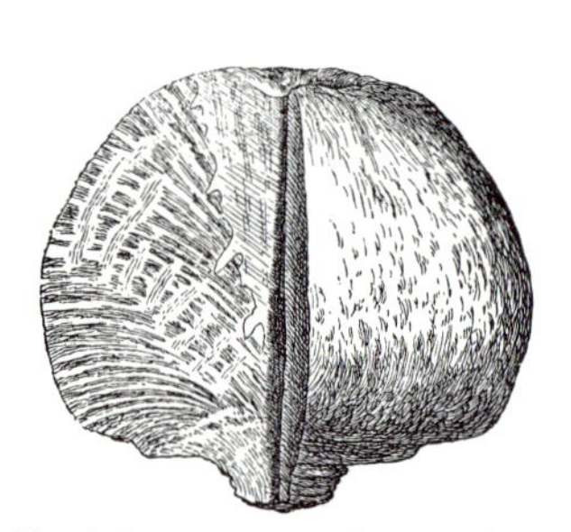

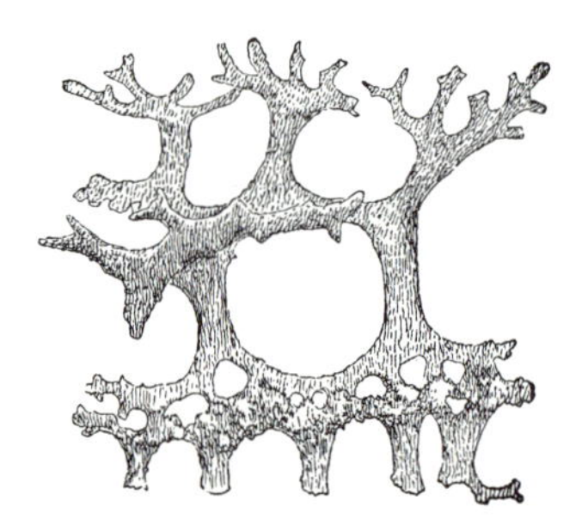

Fig. 29. Aulocopium aurantium; rechts Skelettnadeln vergrössert. (Aus Zittel, Paläontolog.)

in den diluvialen Geröllen Norddeutschlands gefunden werden, wohin sie aus den nordischen Silurkalken verschleppt worden sind. Es sind kugel- oder schüsselförmige Gebilde, welche uns als harte feste Steine erscheinen, ihrem mikroskopischen Aufbaue nach jedoch aus zarten, wurzelförmigen, vier- und einstrahligen Kieselnadeln sich zusammensetzen, die unter sich fest verbunden sind. (Lithistidae.)

Aulocopium aurantium (Osew). Kugelförmige, faustgrosse Schwammkörper mit einer tiefen, trichterförmigen Zentralhöhle und unten mit einem, wenn auch kleinen Stielansatz. Die Unterseite mit konzentrisch runzeliger Deckschichte, während am oberen Teile und in der Zentralhöhle die Ausmündungen feiner Kanäle sichtbar werden. Je nach der Art der Auswitterung entstehen zuweilen eigenartige Gebilde, die stets ein zerfressenes, wabenartiges Aussehen annehmen und als Varietät variabile bezeichnet werden.

Astylospongia praemorsa (F. Röm). Wie Aulocopium, kugelige, zuweilen auch etwas abgeflachte, jedoch kleinere Schwammkörper, mit weiter, seichter Zentralhöhle, in welche die Kanäle in radialer Anordnung ausmünden. Dieselben werden auch an der Oberfläche deutlich sichtbar und verlaufen als runzelige Furchen von oben nach unten. An der Basis fehlt die Deckschichte und der Ansatzpunkt eines Stieles.

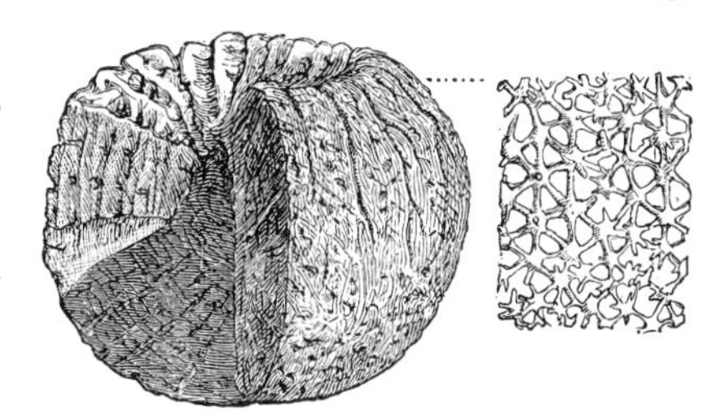

Fig. 30. Astylospongia praemossa, rechts Skelett vergr. (Aus Zittel, Paläontolog.)

Diese Gebilde finden sich nicht selten vollständig in Feuerstein umgewandelt in den diluvialen nordischen Geschieben.

B. Korallentiere, Anthozoa.

Es ist natürlich, dass die Korallentiere mit ihren vielfach kräftigen Kalkbildungen zu den wichtigen Versteinerungen gehören und ihre Reste sind uns aus allen Schichten vom Kambrium an bekannt.

Wie auch heute noch, so lebten die für uns hauptsächlich in Frage kommenden Steinkorallen und ihre Verwandten in grossen Kolonien beieinander, deren Ueberreste sich von Jahr zu Jahr anhäuften und zur Bildung von Korallenriffen führten. Man muss sich aber nicht denken, dass ein solches Korallenriff aus nichts anderem als den schönen Korallenstöcken und sonstigen Bewohnern des Riffes besteht, sondern wir machen schon unsere unliebsamen Erfahrungen an den lebenden Riffen, indem wir beobachten, dass nur die äusserste, dem Meere zugekehrte Zone unseren Erwartungen entspricht, während der dem Meere abgekehrte Teil nur ein Haufwerk von Trümmern und von der Brandung abgerollten Stücken enthält. Noch mehr aber werden wir enttäuscht, wenn wir einen Blick in das Innere der Riffmasse werfen können; wir sehen dort überhaupt kaum mehr eine deutliche Spur der korallogenen Natur, denn von all den schönen Gebilden sind nur noch einige Höhlräume oder kaum erkennbare Reste übrig geblieben und der Riffkalk erscheint uns als eine strukturlose Masse von dolomitischem Kalkstein. Unter dem Einfluss des Meerwassers ging hier eine Auflösung der Korallen, verbunden mit einer Absonderung des kohlensauren Kalzium und Magnesium als strukturloser Kalkstein und Dolomit vor sich. Diese Erscheinung an den lebenden Korallenriffen beobachten wir auch an den fossilen Riffen und sie ist für den Sammler von Bedeutung. Meist wird er vergeblich innerhalb der grossen dolomitischen Kalkfelsen nach Korallen suchen und muss sich mit schlechten Andeutungen von Hohlformen derselben begnügen, erst wenn es ihm gelingt, die sog. Vorriffzone eines solchen alten Riffes aufzufinden, die dadurch bezeichnet ist, dass der Kalk in Wechsellagerung oder Verbindung mit tonigen Schichten kommt, dann wird er ein reiches Feld zum Sammeln finden. In diesen Schichten ist auch vielfach der Erhaltungszustand der Korallen ein vorzüglicher, denn dort ist noch die alte Struktur erhalten, während man sich in den sandigen und schieferigen Gesteinen mit

Abdrücken begnügen muss. In den Riffkalken haben wir es den Lebensbedingungen entsprechend mehr mit koloniebildenden Stöcken, in den übrigen Gesteinen mehr mit Einzelkorallen zu tun.

Wie aus dem geologischen Ueberblick hervorgeht, haben wir leider in Deutschland weder kambrische noch silurische Riffbildungen zu verzeichnen und auch im Unterdevon, ebenso wie im Karbon und der Dyas fehlen dieselben. Wir sind demgemäss auf die Riffkalke des Mittel- und Oberdevon angewiesen und dementsprechend sind auch die im folgenden besprochenen Arten in der Hauptsache diesen Schichten entnommen. Der Sammler in den nordischen Diluvialgeröllen wird freilich manche Gattung vermissen, die dem ausserdeutschen Paläozoikum angehört und deshalb hier weggelassen wurde und ebenso wird der Sammler in den Schiefergesteinen des Fichtelgebirges, Thüringens und des Kellerwaldes zuweilen auf den Hohlraum einer Koralle stossen, der einer hier nicht genannten Form angehört, aber zur Beruhigung möge ihm dienen, dass er sie nach den hier leitenden Grundzügen doch nicht bestimmen kann, da ich sonst viel zu sehr in die Einzelheiten eingehen müsste.

Die Korallentiere im allgemeinen bilden in zoologischer Hinsicht eine überaus formenreiche Tiergruppe, deren wesentliche Grundzüge darin bestehen, dass die Tiere einen einfachen, radial gebauten Schlauch darstellen, der zugleich als Magen- und Leibeshöhle dient und durch radial gestellte Scheidewände in Kammern geteilt ist, innerhalb derer sich die Fortpflanzungsorgane entwickeln. Die von Tentakeln umstellte Oeffnung dient ebenso zur Einfuhr wie zur Ausfuhr der Nahrung, wie auch die Geschlechtsteile aus ihr hervorgehen. Besonders bezeichnend sind die zahllosen Nesselzellen, welche auf der äusseren Zellschichte (Ektoderm) entwickelt sind. Bei den Steinkorallen oder Madreporariern wird vom Ektoderm aus ein festes, meist kalkiges Skelett ausgeschieden, das uns fossil erhalten ist, und es kommen deshalb für uns auch nur derartige Formen in Frage.

Ohne auf die etwas schwierige und nicht immer ganz feststehende Systematik einzugehen, wollen wir sofort die für unser deutsches Paläozoikum wichtigen Gruppen herausgreifen.

1. Tetracoralla.

Es ist dies eine für das Paläozoikum leitende Gruppe der Madreporarier oder Steinkorallen, deren Polypen ein kräftiges Kalkskelett abscheiden. Dieses Skelett bekleidet einerseits die Aussenwand und hüllt so das Tier in einen mehr oder minder dickwandigen Kelch ein, anderseits aber kommt es auch an den Scheidewänden der Leibeshöhle zur Ausbildung und bildet dementsprechende Vorsprünge (Septa) innerhalb des Kelches. Es ist nun recht eigenartig, dass bei den jüngeren Madreporariern diese Septen nach der Zahl 6 angeordnet sind (Hexacoralla), während die Anordnung bei den paläozoischen Arten auf die Zahl 4 und ihr Vielfaches zurückzuführen ist (Tetracoralla).

Die Septen sind aber nicht immer wie z. B. bei Cyathophyllum radial gleichmässig entwickelt und gestellt (vgl. Taf. 4, Fig. 1), sondern häufig herrscht ein Septum vor — Hauptseptum —, ihm gegenüber steht das oft viel kleinere Gegenseptum; die 2 Seitensepten sind unter sich gleich; beim Wachstum schalten sich zwischen diese sog. „Primärsepten“ immer wieder neue Gruppen ein und es entsteht dann eine bilaterale Anordnung, wie wir sie z. B. bei Zaphrentis erkennen. Bei vielen Arten sind ausserdem noch Querböden innerhalb des Kelches entwickelt, welche zuweilen im Querschnitt den Eindruck eines blasigen Gewebes machen. Recht charakteristisch ist ferner, dass die Aussenwand gewöhnlich mit einer dicken runzeligen Deckschichte

(Epithek) bekleidet ist (Rugosa). Bald sind es Einzelformen, bald Kolonien, ja selbst in ein und derselben Spezies (z. B. Cyathophyllum helianthoides) begegnen wir beiden Ausbildungen.

Zaphrentis, Einzelkelche von kreiselförmiger oder spitzkonischer Gestalt mit tiefem Kelch, in welchem das in einer Furche gelegene Hauptseptum

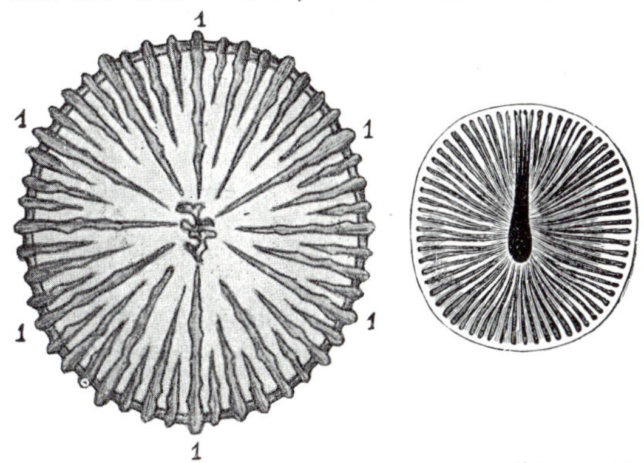

Fig. 31. Anordnung der Septen bei Hexacoralla und Tetracoralla.

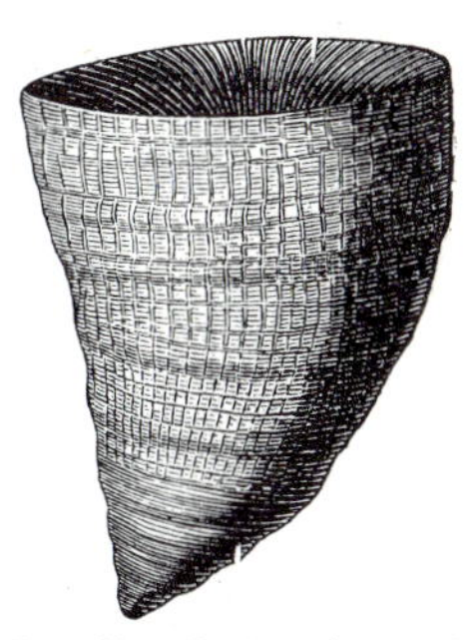

Fig. 32. Zaphrentis cornicula (Losueur) Devon. (Aus Zittel, Paläontolog.)

besonders hervortritt, während die übrigen Septen fiederförmig angeordnet sind. Im Kohlenkalk von Ratingen und Niederschlesien.

Cyathophyllum, Einzelkelche oder Kolonien von bündelförmigen oder auch massiv geschlossenen Stöcken; zahlreiche radiär geordnete Septen in den mässig vertieften Kelchen; im Querschnitt sieht man im zentralen Teile Querböden, gegen den Rand ein blasiges Gewebe. Die Cyathophyllen bilden eine formenreiche Familie und sind bei uns be sonders in den mittel- und oberdevonischen Riffkalken · häufig. C. helianthoides (Goldf.) [Taf. 4, Fig. 1], einfache Kelche wie der abgebildete, oder auch zu massiven Stöcken vereinigt. C. hexagonum (Goldf.) [Taf. 4, Fig. 2] bildet geschlossene, massive Stöcke mit unregelmässig 6eckiger Gestalt der Kelche. C. caespitosum (Goldf.) [Taf. 4, Fig. 3] zeigt den Typus eines büschelförmigen Stockes. C. vermiculare (Goldf.) [Taf. 4, Fig. 4] bildet Einzelkelche mit runzeliger Oberfläche, die zuweilen recht lang und wurmförmig gekrümmt gefunden werden.

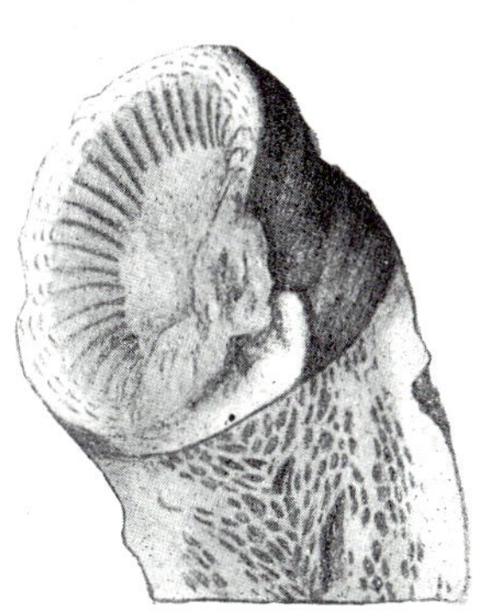

Fig. 33. Actinocystis maxima (unterer Teil des Kelches im Längsschnitt). Mitt. Devon, Geroldstein.

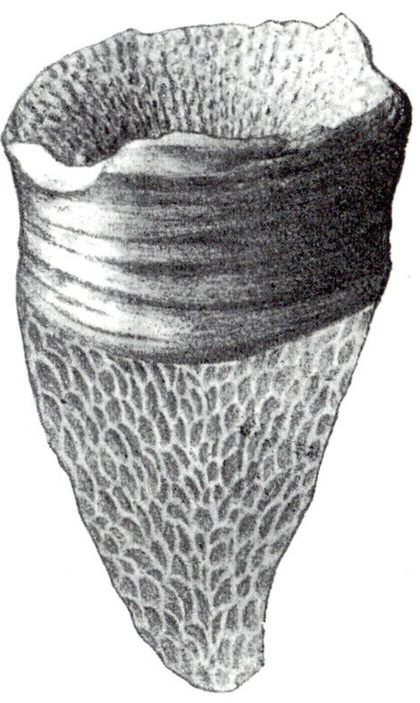

Fig. 34. Cystiphyllum vesiculosum (unt. Teil des Kelches im Längsschnitt) mitt. Devon Geroldstein.

Actinocystis, in Struktur und Aufbau ähnlich wie Cyathophyllum, jedoch im zentralen und peripheren Teile blasiges Gewebe. A. maxima (Schlüter) und grandis (Schlüter), weit verbreitet im deutschen Mittel- und Oberdevon. Grosse Einzelkelche wie Cyath. vermiculare.

Cystiphyllum, gekrümmte, spitzkonische Einzelkelche mit blasigem Gewebe, das radiär zum Zentrum gestellt ist und die Septen nahezu gänzlich verdrängt. C. vesiculosum (Goldf.) häufig im Mitteldevon.

Fig. 35. Phillipsastraea ananas. Mitt. Devon Geroldstein.

Phillipsastraea. Die Stöcke massiv, geschlossen, wie z. B. bei Cyathoph. hexagonum, die Einzelkelche sind zierlich und untereinander durch sog. „Sternleisten", d. h. durch Septen, die von einem Kelch in die Nachbarkelche verlaufen, verbunden. Ph. pentagona und ananas häufig im oberdevonischen Riffkalk.

Calceola mit dem Leitfossil für das Mitteldevon, C. sandalina (Lam.) [Taf. 4, Fig. 5a und b], eigenartig pantoffelförmig gestaltete Einzelkelche mit dickem Deckel. In dem tiefen Kelche sind die Septen nur durch feine Linien angedeutet, nur das Hauptseptum tritt als Leiste hervor.

2. Helioporidae.

Es sind dies Vertreter der 8strahligen Korallen (Alcyonaria), zu welchen z. B. auch die rote Edelkoralle gehört, aber während diese lange, ungegliederte Aeste bildet, handelt es sich hier um Korallenstöcke, die einen festen steinigen Körper bilden, in welche die Wohnräume der Polypen als feine Röhrchen eingesenkt sind. Ganz ähnlich der heute noch im indischen Ozean häufigen Heliopora ist

Heliolites aufgebaut. Kugelige bis faustgrosse Steinkörper mit zart gekörnelter Oberfläche und rundlichen Oeffnungen der Kelche, welche seitlich zarte Septen (Fig. 6b) und im Längsschnitt (Fig. 6a) zahlreiche Querböden aufweisen. Heliolites porosa (Goldf.) [Taf. 4, Fig. 6] ist recht häufig im Mittel- und Oberdevon.

3. Tabulata.

Eine fast ausschliesslich auf das Paläozoikum beschränkte Gruppe, deren Anschluss an die heutigen Korallen schwierig und unsicher ist. Sie bilden stets Stöcke, die aus verschiedenartig gestalteten Zellen mit Querböden aber ohne Septen aufgebaut sind. Wir vereinigen unter den Tabulaten eine Anzahl von Familien, obgleich deren Zusammengehörigkeit unsicher ist.

Favosites (= Calamopora) meist massive, kugelförmige oder ästige Stöcke von prismatischem Aufbau. Die polygonalen, den einzelnen Kelchen entsprechenden Prismen zeigen zahlreiche Querböden und Poren, die in Längsreihen angeordnet sind. Die Favositen sind in allen paläozoischen Riffbildungen sehr häufig und besonders an den prismatischen Querbrüchen leicht zu erkennen. F. basalticus (Goldf.) (= F. polymorphus) [Taf. 4, Fig. 7a und b] bildet faust- bis kopfgrosse kugelförmige Kolonien, deren Aufbau an die Anordnung von Basaltsäulen erinnert. Er gehört zu der grossen Gruppe von F. polymorphus (Goldf.), von welchem wir Taf. 5, Fig. 3 eine ästige Varietät aus dem oberdevonischen Riffkalk abgebildet haben.

Alveolites, knollige, rindenförmig oder ästig aufgebaute, massive Stöcke aus seitlich zusammengedrückten schrägen Röhren mit Querböden bestehend; die Röhrenöffnungen erscheinen dreieckig oder halbmondförmig. A. suborbicularis (Lam.) häufig in den mitteldevonischen Riffkalken.

Pleurodictyum mit der Spezies Pl. problematicum (Goldf.) [Taf. 4, Fig. 8] ist ein wichtiges Leitfossil der unteren Koblenzschichten der Eifel und wird stets nur als Steinkern gefunden, an welchem wir den Aufbau aus wabenartigen Zellen mit Verbindungsporen in den Zellwandungen erkennen. Fast immer finden wir den Abdruck einer Serpula im Zentrum, was auf ein Zusammenleben (Symbiose) mit diesem Röhrenwurm hinweist.

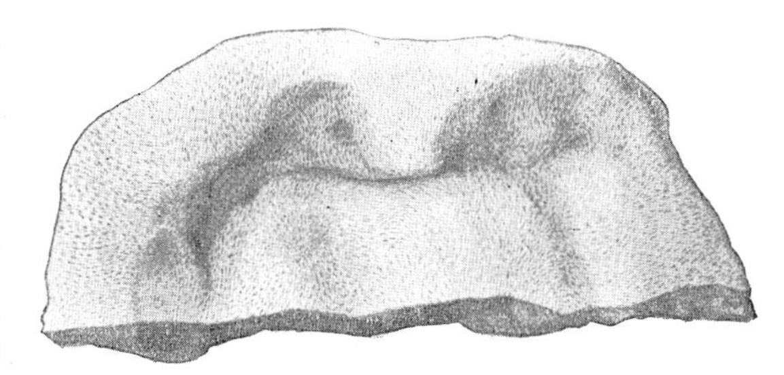

Fig. 36. Alveolites suborbicularis. Mitt. Devon Geroldstein.

Aulopora, kriechende, zuweilen netzförmige Kolonien, welche auf anderen Stöcken, z. B. Stromatopora, Heliolites oder Alveolites aufgewachsen sind. Die einzelnen Zellen sind dütenförmig mit kreisrunder Oeffnung, unter welcher die jungen Aeste hervorsprossen. A. serpens (Schl.) [Taf. 4, Fig. 9], mit netzförmiger Ausbreitung der Kolonie, während A. tubaeformis (Goldf.) etwas grössere, dütenförmige Zellen hat und verästelte, aber nicht netzförmige Kolonien bildet.

An Aulopora schliessen sich einige silurische Arten an, die auch als Diluvialgeschiebe gefunden werden, so Halysites catenularia (E. H.), deren röhrenförmige Zellen in Reihen stehen und in der Auswitterungsfläche ein Netz von Ketten bilden und Syringopora cancellata u. a. Arten, deren Röhrenzellen bündelförmig stehen.

4. Stromatoporidae.

Diese Gruppe gehört nicht mehr zu den eigentlichen Korallen, sondern zu den Hydroidpolypen, zu welchen auch die Quallen gehören. Die stockbildenden Arten sind meist überaus zarte Polypentierchen, die anatomisch durch den Mangel eines inneren Schlundrohres durch das Fehlen der Falten und damit zusammenhängenden Septen in der Leibeshöhle und einen äusserst verwickelten Geschlechtswechsel charakterisiert sind. Die nackten Polypen sitzen auf einer festen kalkigen Basis (Hydrocorallina), in deren feine röhrenförmige Vertiefungen sie sich zurückziehen können.

Stromatopora, mehr oder minder grosse Stöcke von unregelmässig knolliger Gestalt, zuweilen auch Krusten auf anderen Kolonien und Fremdkörpern bildend, mit konzentrisch schaligem Aufbau. Im Querschnitt sehen wir eine feinzellige Struktur und auf der bald glatten, bald wellig gebogenen oder mit Pusteln bedeckten Oberfläche erkennen wir zahllose feine Poren. Die Stromatoporen ,treten in den paläozoischen Riffbildungen massenhaft auf und bilden in der Hauptsache die Riffe. Die Unterscheidung der Spezies ist ausserordentlich schwierig und wir bestimmen die grosse Masse der für uns in Frage kommenden mittel- und oberdevonischen Arten am besten als Str. concentrica (Goldf.) [Taf. 4, Fig. 10], nach dem schaligen Aufbau so genannt. Die mit Pusteln versehenen unterscheiden wir als Varietät confusa (Goldf.).

(4, 11; 5, 1. 2. 4—10.)

Amphipora, meist ästige Stöcke; das zellige Skelettgewebe, das an der Oberfläche in ziemlich grossen, dicht gedrängten Grübchen (ähnlich Favosites) endigt, ist um eine Mittelröhre angeordnet. Amph. ramosa (Phill.) [Taf. 5, Fig. 2] ist in ungeheuren Massen im Stringocephalenkalk (z. B. Paffrath) angehäuft. Zugleich mit ihr findet sich auch Pachypora cristata (Blumenb.) [Taf. 5, Fig. 1], eine etwas unsichere Art, die man entweder an Amphipora oder Favosites anreiht.

5. Graptolithidae.

Die fast ausschliesslich auf das Silur beschränkten Graptolithen sind für unsere deutschen Schichten besonders bezeichnend und stellen sich meist als ein zarter, aber durch Färbung scharf hervorgehobener Hauch auf den Schiefergesteinen dar. Es sind die Ueberreste von dünnen chitinösen Achsenstäben, welche mit feinen becherförmigen Chitinzellen besetzt sind. Dieselben führten aber vermutlich keine selbständige Existenz, sondern entsprossten entweder einer gemeinsamen Haftscheibe, oder waren es Anhängsel eines freischwimmenden quallenartigen Tieres in der Art, wie es unsere Textfigur darstellt. Von diesem Schwimmkörper sind aber nur in den seltensten Fällen Spuren erhalten und für uns kommen auch von den zahlreichen Untergruppen nur wenige in Betracht.

Fig. 37. Rekonstruktion einer Grapholithen-Qualle.

Monograptus, zu dieser Gruppe gehören unsere meisten Arten aus den Graptolithenschiefern des Obersilurs; gekennzeichnet durch einen Achsenstab, an welchem einseitig die Zellen dichtgedrängt sitzen, so dass eine sägeförmige Aussenlinie entsteht. M. priodon (Barr.) [Taf. 5, Fig. 4] zeigt deutlich die kleinen becherförmigen Zellen, während sich der häufige M. colonus (Barr.) [Taf. 5, Fig. 6] mehr als ein gerades Sägeblatt darstellt, ebenso wie M. Nilsoni (Barr.) [Taf. 5, Fig. 5], nur sind hier die Zellen noch zierlicher. M. turriculatus (Barr.) [Taf. 5, Fig. 7] ist eine schraubenförmig gewundene Form.

Diplograptus zeigt eine zweizeilige Anordnung der dichtgedrängten Zellen um einen Achsenstab. Die häufigste im oberen Untersilur und unteren Obersilur vorkommende Art ist D. palmeus (Barr.) [Taf. 5, Fig. 8].

Rastrites aus dem unteren Obersilur zeigt einen gekrümmten Achsenstab mit dünnen, senkrecht abstehenden Zellen. R. Linnei (Barr.) [Taf. 5, Fig. 10].

Retiolites ist in seiner Form wie Diplograptus gestaltet, aber von dem Skelett ist meist nur ein feines Maschennetz der Chitinfasern erhalten, wie es R. Geinitzianus (Barr.) [Taf. 5, Fig. 9] in achtfacher Vergrösserung wiedergibt.

Dictyonema hat sich nach besonders gut erhaltenen Exemplaren als zu den Graptolithen im weiteren Sinne gehörig erwiesen, und zwar handelt es sich um ein korbförmiges Geflecht von feinen verzweigten Stämmchen, die durch Querfäden untereinander verbunden und an einer Haftscheibe befestigt sind. An dem Aussenrande des Korbes endigen die Aestchen in Stäbchen, die wie bei Monograptus einseitig mit Zellen besetzt sind. D. bohemica (Barr.) [Taf. 4, Fig. 11] zeigt den Erhaltungszustand, wie wir diese vom Cambrium bis Unterdevon verbreitete Art in den sog. Dictyonemaschiefern finden.

6. Receptaculitidae.

Als Anhang an die Korallentiere mögen hier auch die Rezeptakuliten aus dem Silur und Devon angeführt sein, obgleich wir uns über deren Organisation und systematische Stellung noch kein klares Bild machen können. Die in Deutschland nicht allzuselten im Mittel- und Oberdevon auftretende Art Receptaculites Neptuni (Nils.) ist ein schüsselförmiges oder flach becherförmiges Gebilde, dessen Aussen- und Innenseite von rhombischen Täfelchen gebildet wird, die unter sich durch kräftige Stäbe verbunden sind, und in bogenförmigen Reihen um ein sternförmiges Basalplättchen angeordnet sind. Auf den Täfelchen selbst sieht man bei günstigem Erhaltungszustand 4 diagonal vom Mittelpunkt nach den Ecken verlaufende Linien.

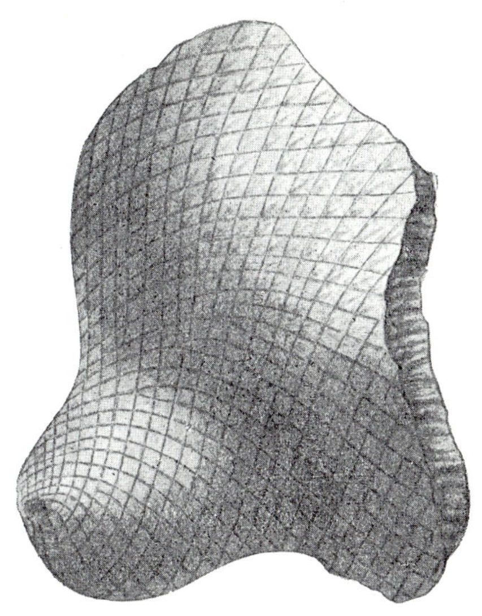

Fig. 38. Receptaculites Neptuni. Ob.Devon Kunnersdorf (Oberschlesien).

III. Stachelhäuter, Echinodermata.

Bei allen Echinodermen ist als Grundzug ein fünfstrahliger Aufbau des Körpers ausgebildet, wenn auch die übrige Gestaltung bei den einzelnen Gruppen ausserordentlich verschieden ist. Im inneren Aufbau des Tieres finden wir schon viel mehr Feinheiten und Gliederung als bei der vorhergehenden Gruppe der Korallentiere; wir sehen ein geschlossenes Darm-, Blutgefäss- und Nervensystem und ausserdem noch ein eigenartiges Wassergefäss- oder Ambulakralsystem, welches die Bewegung vermittelt. Für den Paläontologen von besonderer Wichtigkeit ist der starre Hautpanzer, welcher den meisten Stachelhäutern eigen ist und aus einzelnen gesetzmässig angeordneten Kalkkörperchen besteht; diese bilden zusammen das Gerüste resp. Gehäuse des Tieres und nach ihm vermögen wir die einzelnen Arten scharf auseinander zu halten. Leider zerfällt das Kalkgerüste des Körpers nach dem Absterben leicht und es bleiben nur unzählige kleine Stückchen übrig, aber selbst diese haben vielfach eine so gesetzmässig ausgebildete Gestalt, dass wir unschwer die Art nach ihnen bestimmen können. Jedenfalls fällt es nicht schwer, auch die kleinsten Reste eines Echinodermes als solche zu erkennen und zwar im mikroskopischen Bilde an dem eigenartigen, maschenförmigen Aufbau des Kalkes, oder auch schon makroskopisch daran, dass der Kalk der Stachelhäuter sehr bald im fossilen Zustande umkristallisiert und zu gesetzmässig angeordneten Kalkspatkristallen wird. Dabei entspricht jedes einzelne Kalkkörperchen einem Kalkspatindividuum, dessen glänzende Spaltungsflächen uns im Querbruche unverkennbar entgegenglitzern. Die Anhäufung zerfallener Echinodermenreste ist zuweilen eine so grosse, dass mächtige Schichten davon erfüllt, ja durch diese gebildet erscheinen und man spricht dann von Echinodermenbreccien oder Krinoidenkalken, falls sich die Kalkkörperchen auf Krinoiden beziehen lassen. Da die Echinodermen ausschliesslich Meerestiere sind, so lassen sich aus ihrem Vorhandensein sichere Schlüsse über die Bildung des betreffenden Horizontes als einer marinen Bildung ziehen.

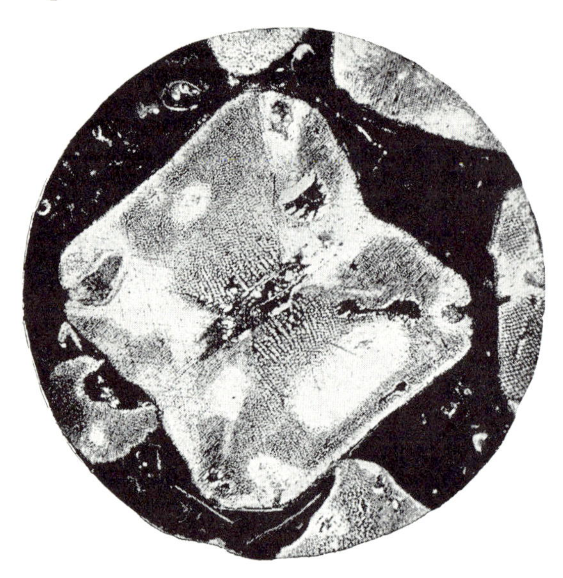

Fig. 39. Echinodermenstruktur in 20facher Vergrösserung.

In unseren paläozoischen Formationen kommen von den 4 grossen Hauptgruppen der Echinodermen, den Krinoiden oder Seelilien, den Asteriden oder Seesternen, den Echiniden oder Seeigeln und den Holothurien oder Seegurken, in erster Linie die Krinoiden in Betracht, Asteriden treten untergeordnet, wenn auch an einigen Fundstellen häufig auf, dagegen kennen wir von den Seeigeln nur wenige Spuren, während sie in den späteren Formationen und besonders in der Jetztzeit weitaus in den Vordergrund treten. Von den Seegurken haben wir wenig zu erwarten, da sie kein festes Skelett bilden und die zarten, in der Haut eingestreuten Kalkkörperchen sich meistens der Beobachtung entziehen.

A. Crinoidea, Seelilien.

Die Seelilien sind im Unterschiede von den übrigen Gruppen der Echinodermen meist festsitzende, d. h. mit einem Stiele auf dem Untergrunde festgewachsene Formen. Dementsprechend unterscheiden wir einen Stiel und auf diesem aufsitzend den Kelch.

Der Stiel, der zuweilen sehr lang ist, endigt unten mit der Wurzel und besteht selbst aus rundlichen Kalkstückchen, die gleich Säulentrommeln aufeinander aufsitzen und von einem Kanal durchzogen sind, der die Ernährungsgefässe aufnimmt. Der Kelch oder die Krone bildet eine kugel- oder becherförmige Kapsel, welche das Tier umschliesst und ist aus Täfelchen in bestimmter Anordnung aufgebaut. An die Basalplatte, die Ansatzstelle des Stieles, gliedern sich ein (monozyklisch) oder zwei (dizyklisch) Reihen von Basaltäfelchen an, über welchen sich die Radialtäfelchen erheben, während zwischen diesen die Interradialtafeln eingeschaltet sind. Auf den Radialtafeln setzen die 5 Arme an, mit den Arm- oder Brachialtafeln.

Die Arme selbst sind meistens wiederum vielfach gegliedert und verästelt und mit zarten seitlichen Anhängen, den Pinnulae versehen. Der Kelch ist oben durch eine mehr oder minder verkalkte Kelchdecke geschlossen, welche eine zentrale Mundöffnung und eine seitliche Afteröffnung aufweist; bei vielen paläozoischen Arten ist die Kelchdecke mehr oder minder röhrenförmig ausgezogen.

Auffallenderweise beobachten wir auch bei den Krinoiden, wie bei den Korallen, durchgreifende Unterschiede zwischen den paläozoischen und den später auftretenden und heute noch lebenden Arten. Jene sind meist gestielt, haben einen starren Kelch, der aus dünnen, unbeweglich verbundenen Tafeln zusammengesetzt ist und tragen kurze, ziemlich starre Arme — Tesselata — während die mesozoischen und jüngeren Arten eine gelenkartige Verbindung der Kelch- und Armtäfelchen aufweisen — Articulata — und neben sehr langgestielten auch stiellose, freischwimmende oder kriechende Arten in grösserer Fülle entwickeln.

Obgleich die Seelilien sehr leicht nach dem Tode zerfallen, so findet man doch zuweilen auch wohlerhaltene, vollständige Exemplare und diese bilden stets eine besondere Zierde unserer Sammlungen. Freilich müssen wir uns nicht selten auch mit dürftigen Ueberresten und Bruchstücken der Kelche oder Arme begnügen, deren Bestimmung oft recht schwierig ist, zumal die Abbildungen auf den Tafeln natürlich nach ausgesucht schönen Exemplaren hergestellt werden mussten.

1. Haplocrinus, kleine, kugelige Kelche, von einfachem Aufbau aus 2—3 Tafelzonen; die Kelchdecke durch 5 Oralplatten gebildet, die eine Pyramide bilden. H. mespiliformis (Goldf.) [Taf. 5, Fig. 14], einer kleinen Gewürznelke vergleichbar, nicht selten im Mitteldevon der Eifel.

2. Pisocrinus, kleiner, becherförmiger Kelch, aus wenigen dicken Täfelchen bestehend, 5 lange, einfach gebaute und ungegliederte Arme. P. angelus (de Kon.) [Taf. 5, Fig. 15] kommt sehr hübsch in vollständigen Exemplaren in den devonischen Schiefern von Bundenbach vor.

3. Triacrinus ähnlich wie Pisocrinus, aber die Basis aus nur 3 Täfelchen zusammengesetzt. Tr. altus (Müll.) [Taf. 5, Fig. 16], aus dem Mitteldevon, zeigt uns zugleich den Abschluss der Kelchdecke durch seitliche Umbiegung der Radialia und Einschaltung kleiner Oralstückchen.

4. Cupressocrinus, eine ziemlich grosse Seelilie von einfachem Bau des Kelches (1 Zentrodorsale, 5 Basalia und 5 Radialia) und der Arme, welche mit breiter Basis an dem Kelche ansitzen und ohne Gliederung verlaufen. Der Kelch ist an seiner oberen Oeffnung durch blattförmige Vorsprünge der Oraltafeln verstärkt und die Auswitterung dieser Partie bietet ein eigenartiges Bild (Taf. 5, Fig. 18). Die Cupressocrinen sind leitend für das Mitteldevon und gehören namentlich in der Eifel zu den häufigeren Funden, doch sind vollständige Kronen immer selten. C. elongatus (Goldf.) [Taf. 5, Fig. 17], mit langen Armen und fein punktierter, sammetglatter Oberfläche; C. crassus (Goldf.) hat kürzere Arme und eine glatte Oberfläche der leicht aufgewölbten Kelchtafeln; Fig. 19 zeigt uns einen Querschnitt durch die Arme mit den zierlichen, nach innen gerollten Pinnulae, Fig. 20 u. 20a stellt Stielglieder mit verschieden gestalteter Oberfläche dar, wie wir sie häufig finden. C. abbreviatus (Goldf.) [Taf. 5, Fig. 18] ist eine sehr niedere Form mit kurzen, sich rasch verjüngenden Armen; die einzelnen Kelchtafeln sind mit konzentrischen Linien, wie die Schilder einer Schildkröte, versehen. Unsere Figur zeigt uns die Kelchöffnung mit dem eigentümlichen „Verstärkungsapparat“.

5. Gasterocoma, zierliche, kleine Kelche auf vierkantigem Stiel aufsitzend, mit 5 kleinen, ungeteilten Aermchen. Meistens findet man nur die isolierten Kelche, welche einen einfachen Aufbau mit solider Kelchdecke und seitlich verschobenem After zeigen. G. antiqua (Goldf.) [Taf. 5, Fig. 21] ist eine der häufigeren Arten aus dem oberen Mitteldevon der Eifel; zugleich mit Gasterocoma finden sich die gleichfalls sehr zierlichen und ähnlich gebauten

Kelche von Achradocrinus mit birnförmigem, bauchigem, Codiacrinus mit umgekehrt glockenförmigem Kelche, und der kleine, unregelmässig knollige Nanocrinus.

6. Cyathocrinus, eine weitverbreitete, vom oberen Silur bis zum Zechstein vorkommende Gruppe mit niedrigem, becherförmigem Kelche und langen, vielfach verzweigten Armen ohne Pinnulae. Bei uns gehören ganze Kronen zu den grössten Seltenheiten und nur die Stielglieder sind häufig. C. ramosus (Schl.) [Taf. 6, Fig. 1] ist leitend für das Zechsteinriff bei Pössneck.

7. Poteriocrinus, die Kelche becherförmig mit dizyklischem Bau, die Kelchdecke zu einer langen, getäfelten Analröhre ausgezogen, die Arme lang, wechselzeilig gegabelt, mit langen Pinnulae, die Stiele rund oder abgerundet fünfkantig. P. geometricus (Goldf.) [Taf. 6, Fig. 2], aus dem Devon der Eifel, zeichnet sich durch die geometrischen Linien aus, welche in keiner Weise von der Anordnung der Täfelchen abhängig sind. In denselben Schichten P. curtus (Müll.) mit glattem, becherförmigem Kelche und hoher Analröhre; zu dieser Spezies werden auch die abgerundet fünfkantigen Stielglieder mit Radialstrahlen an den Gelenkflächen gerechnet.

Fig. 40. Ctenocrinus typus als Hohlraum i. d. rhein. Grauwacke. 1/2 nat. Gr.

8. Bactrocrinus, walzenförmige, hohe, schmale Kelche von dem Aufbau des Poteriocrinus, B. tenuis (Jäkel) [Taf. 6, Fig. 6], aus dem oberen Devon, zeigt uns sehr klar den Aufbau des Kelches, der auf fünfkantigem Stiele aufsitzt.

9. Platycrinus, becherförmige Kelche mit monocyklischem Bau, wobei meist nur 2 oder 3 Basaltafeln, die zusammen ein Fünfeck bilden, auftreten, die Radialia sehr gross und hoch, mit tiefem Ausschnitt für die Arme; diese gegabelt und mit Pinnulae versehen, die solide Kelchdecke mit Analröhre. P. fritilus (Müll.) [Taf. 6, Fig. 3] ist eine zierliche, aber recht seltene Art aus dem Mitteldevon der Eifel.

10. Hexacrinus, ganz ähnlich wie Platycrinus gebaut, ohne Verlängerung der Kelchdecke; von H. elongatus (Goldf.) [Taf. 6, Fig. 4] werden in dem Mitteldevon der Eifel nicht allzuselten die vollständigen Kelche gefunden, während H. spinosus (Müll.) [Taf. 6, Fig. 5] charakteristische, mit Stachelreihen versehene Stielglieder besitzt.

11. Ctenocrinus (Melocrinus), birnförmige Kelche von monozyklischem Aufbau, der sich aber durch die zahlreichen Radialia und Superradialia sehr kompliziert darstellt. Die Kelchdecke ist mit soliden Täfelchen bedeckt und leicht ausgezogen; die 10 Arme stehen paarweise nebeneinander und sind in der ganzen Länge verwachsen, von ihnen zweigen rechtwinklig zarte Seitenäste ab, die ihrerseits die Pinnulae tragen. C. typus (Br.) [Taf. 6, Fig. 8] ist eine sehr häufige und verbreitete Art im Spiriferensandstein und wird nicht selten mit vollständigen Kronen gefunden, leider sind uns aber nur die Hohlräume im Sandstein erhalten, doch sind diese zuweilen von wunderbarer Schärfe. Besonders häufig und charakteristisch sind die als „Schraubensteine“ (Taf. 6, Fig. 8 b) bekannten Hohlräume der Stiele, mit dem Ausguss des weiten Zentralkanales und den Zwischenräumen zwischen den einzelnen Stielgliedern.

12. Rhipidocrinus (Rhodocrinus), schüsselförmige Kelche von dizyklischem, recht verwickeltem Aufbau, der sogar zu einer Ungleichseitigkeit des Kelches führt. Kelchdecke flach, aus zahlreichen, festen Täfelchen gebildet; die 10 Arme mit dichtgedrängten, beiderseitigen Nebenästen besetzt, die ihrerseits die Pinnulae tragen. R. crenatus (Goldf.) [Taf. 6, Fig. 7] ist eine schöne, häufige Art im Mitteldevon der Eifel; vollständige Kronen, wie Fig. 7, gehören natürlich zu den grössten Seltenheiten und man muss sich meist mit einzelnen Teilen, wie dem Fig. 7 a abgebildeten Kelchboden, begnügen. Sehr häufig sind dagegen die Stielglieder, wie sie Fig. 7 b—e darstellen.

13. Eucalyptocrinus zeigt einen abweichenden und eigenartigen Bau, indem die unteren Täfelchen nach dem Innern des Kelches eingestülpt sind, so dass an dem äusseren sichtbaren Teil nur Radialia und Interradialia teilnehmen. Auf dem Kelche erheben sich zwischen den Armansätzen 10 flügelartige Kalkblätter, welche oben eine Decke bilden. In den Nischen zwischen den Kalkblättern liegen die 20 paarweise verwachsenen, unverzweigten Arme. E. rosaceus (Goldf.) [Taf. 7, Fig. 1] zeigt uns eine vollständige Krone aus dem Mitteldevon der Eifel und es lassen sich danach auch einzelne frei gefundene Teile des Kelches bestimmen.

Anhang.

Cystoidea, Beutelstrahler.

Eine auf das Silur beschränkte formenreiche Familie, die sich an die Krinoiden anreiht. Es sind kugelige oder eiförmige Kelche, welche aus zahlreichen, meist regellos angeordneten Täfelchen zusammengesetzt sind und auf einem kurzen Stiele aufsassen. Die Arme fehlend oder doch nur schwach entwickelt. Ausser der rundlichen Mundöffnung haben wir noch eine getäfelte Afteröffnung und vielfach noch eine dritte kleinere Genitalöffnung. Häufig sind die Täfelchen mit feinen Poren versehen.

Die Cystoideen sind zwar in unseren deutschen Silurschichten noch nicht gefunden, doch müssen sie schon wegen ihrer systematischen Bedeutung angeführt werden. Als Beispiel wähle ich Echinosphärites, der in grosser Menge das baltische Untersilur erfüllt (Echinosphäritenkalk) und nicht selten verschleppt im norddeutschen Diluvium gefunden wird.

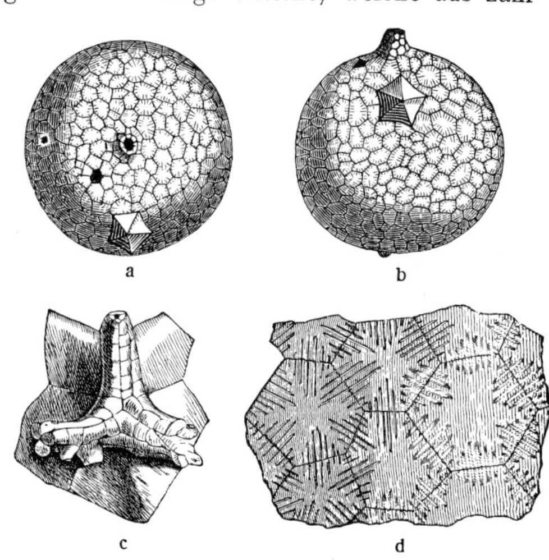

Fig. 41. Echinosphaerites aurantium (His.).
a) von oben, b) von der Seite, c) Mund (vergr.), d) Kelchtäfelchen (vergr). (Aus Zittel, Paläontol.)

Blastoidea, Knospenstrahler.

Diese Familie beginnt im oberen Silur, hat aber ihre Hauptverbreitung erst im Kohlenkalk. Es sind knospenförmige, fünfstrahlige, regelmässig gebaute Kelche, die meist auf kurzen Stielen aufsitzen. Am Kelche beobachten

(6, 9; 7, 2. 3. 5. 6.)

wir 3 Basaltäfelchen, 5 gabelförmige Radialia und 5 trapezförmige Interradialia. In den Gabelausschnitten finden wir ein quergestreiftes Lanzettstück und zwei zarte Porenstücke, welche die nach innen gekehrten Pinnulae tragen.

Pentremites ist die wichtigste Gruppe der Knospenstrahler und von ihr haben wir im Devon der Eifel einen freilich recht seltenen Vertreter, P. Eifeliensis (Röm.) [Taf. 7, Fig. 2], der eine schlanke, zierlich gebaute Art darstellt, während P. ovalis (Goldf.) [Taf. 6, Fig. 9] aus dem Kohlenkalk von Ratingen eine abgerundete, eiförmige Form besitzt, wie wir sie bei den meisten subkarbonischen Pentremiten, die in Belgien und besonders in Amerika sehr häufig sind, wiederfinden.

B. Asteridae, Seesterne.

Fossile Seesterne gehören im allgemeinen zu den seltenen Versteinerungen, insbesondere wenn es sich um vollständig erhaltene Körper handelt. So beschränkt sich auch unsere Kenntnis paläozoischer Seesterne fast ausschliesslich auf die unterdevonischen Dachschiefer von Bundenbach und ähnliche Lokalitäten, sowie auf einige im Hohlraum erhaltenen Abdrücke aus der unterdevonischen Grauwacke. In den Bundenbacher Schiefern sind meistens vollständige, in Schwefelkies umgewandelte Exemplare erhalten, welche zwar einer sorgfältigen Ausarbeitung bedürfen, dann aber ein sehr klares Bild geben, und mit Erstaunen sehen wir dort eine Fülle von Arten und Gruppen, die auf eine weitgehende Entwicklung dieses Tierstammes hinweist. Wir beobachten dabei, dass die heute scharf geschiedenen Gruppen der eigentlichen Seesterne, bei welchen die Arme allmählich in die Scheibe übergehen und die Ophiuren oder Schlangensterne, bei welchen Scheibe und Arme scharf abgetrennt sind, im Paläozoikum durch Uebergänge vermittelt werden. Ausserdem beobachtet man ein Alternieren der Ambulakralplättchen bei den Asteriden, während diese bei den späteren Arten einander gegenüber stehen.

Vom zoologischen Standpunkte aus bilden die Seesterne eine Abteilung der Echinodermen, die frei leben und einen flachen, fünfstrahligen oder sternförmigen Bau aufweisen. Der Körper besteht aus einer Mittelscheibe und den Armen, und ist in ein kalkiges Hautskelett eingehüllt, das aus zahlreichen festen Plättchen besteht. Bei den echten Seesternen unterscheiden wir zwei Reihen den Körper einfassender Randplatten, sowie die Bauch- und Rückentäfelchen, deren Anordnung schwankend ist. Besonders wichtig sind ferner die Ambulakralplatten auf der Bauchseite, welche eine Stütze für das Wassergefässsystem bilden. Je nachdem die Leibeshöhle mit den Darmanhängen und Genitalorganen in die Arme hineinreicht oder nicht, unterscheiden wir echte Seesterne und Schlangensterne, doch sind diese Unterschiede, wie schon erwähnt, bei den paläozoischen Arten verwischt.

1. Aspidosoma ist eine der verbreitetsten Arten und schliesst sich am meisten an die echten Seesterne an. Die Scheibe ist gross, aber die eigentliche Leibeshöhle scheint auf den zentralen Teil beschränkt und nur das Ambulakralsystem greift in die Arme hinein. A. Tischbeinianum (F. Römer) [Taf. 7, Fig. 5] ist in Bundenbach nicht allzuselten, während aus der Grauwacke A. petaloides mit lanzettförmigen Armen beschrieben ist.

2. Helianthaster rhenanus (F. Römer) [Taf. 7, Fig. 3] ist eine vielarmige Art mit zentraler Scheibe, ähnlich wie wir auch unter den lebenden Seesternen solche vielstrahligen Arten finden, z. B. Plumaster und Solaster.

3. Roemeraster asperula (F. Römer) [Taf. 7, Fig. 6], bildet schon einen gewissen Uebergang zu den Schlangensternen, gehört aber doch wohl noch zu den Asteriden, während

4. Furcaster palaeozoicus (Stürtz) [Taf. 7, Fig. 4] den Typus einer paläozoischen Ophiure darstellt, obgleich das Mittelstück nicht, wie bei den späteren echten Ophiuren, eine scharf abgetrennte Scheibe darstellt.

C. Echinidae, Seeigel.

Am schärfsten tritt der Unterschied zwischen der alten und späteren Zeit bei dieser dritten Gruppe der Echinodermen hervor, die dadurch kurz zu charakterisieren ist, dass das Tier stets frei und niemals gestielt ist, keine Arme besitzt, sondern in einer festen Kalkhülle von rundlicher oder herzförmiger Gestalt eingeschlossen ist. Während nun bei allen mesozoischen und späteren Arten die Schale aus 20 Reihen von Plättchen sich aufbaut, von denen je 5 Paare dem Ambulakralsystem dienen und die anderen 5 Paare interambulakral liegen (s. S. 132), finden wir bei den paläozoischen Arten eine Ausnahme von dieser Regel, denn es sind hier mehr als 5 Paare von Interambulakralen vorhanden und zuweilen auch die Ambulakralreihen verdoppelt, ausserdem sind die Täfelchen nicht fest miteinander verbunden, sondern gegenseitig verschiebbar.

In unserem deutschen Paläozoikum spielen die auch sonst sehr seltenen Echiniden keine Rolle und dem Sammler kommen nur zuweilen losgelöste Plättchen in die Hand.

Lepidocentrus rhenanus (Beyr.) [Taf. 7, Fig. 7a—d] wird in isolierten Täfelchen, an welchen wir deutlich die schief abgestutzten Seitenflächen erkennen, im Mitteldevon der Eifel gefunden. Nur aus Analogie mit ähnlichen Formen kommen wir zu dem Schluss, dass diese Täfelchen zusammen den kugelförmigen Körper eines Echiniden bildeten, denn es ist noch niemals ein ganzes zusammenhängendes Stück gefunden worden.

IV. Würmer, Vermes.

Abgesehen von den als Nereites (Taf. 5, Fig. 11) bezeichneten Kriechspuren, welche wir S. 42 behandelt haben, ist diese Gruppe im deutschen Paläozoikum ohne Bedeutung und wir gehen deshalb auch nicht näher darauf ein.

V. Moostiere, Bryozoa.

In Beziehung auf ihre Lebensweise und die Art ihrer Bauten haben die Moostierchen viel Aehnlichkeit mit den Korallen und speziell den Hydroidpolypen, denn sie bilden, wie jene, Kolonien in Form eines kalkigen Stockes, in dessen feine Poren sich die sehr kleinen Tierchen zurückziehen. Die verschiedene zoologische Stellung ergibt sich aus dem Aufbau und der Organisation des Tieres, welches viel höher entwickelt ist als die Polypen. Wir beobachten einen von Fühlern umgebenen Mund, der durch eine gesonderte Speiseröhre in den Magen und Darmkanal führt, auch ist die Fortpflanzung schon eine recht komplizierte. Die Kolonien der Moostiere sind meist klein und nur selten gewinnen sie eine gewisse geologische Bedeutung, wie z. B. in den

(5, 12. 13.)

Bryozoenkalken des Zechsteines, östlich von Saalfeld. Es ist auch nicht ausgeschlossen, dass manche von uns zu den Korallen und Stromatoporen gestellte Arten zu den Bryozoen gehören. Ohne näher auf die überaus schwierige Systematik einzugehen, mögen hier nur die wenigen für unser deutsches Paläozoikum wichtigen Arten genannt sein.

1. Fenestella, ziemich grosse, trichter- oder fächerförmige Stöcke mit verästelten, von der Basis ausstrahlenden Aesten, welche durch Quersprossen untereinander verbunden sind und so ein feines Netz bilden. Die Fenestellen finden sich schon im Silur und Devon, bei uns aber hat namentlich Fenestella retiformis (Schl.) [Taf. 5, Fig. 12] eine Bedeutung, da sie sehr häufig und schön erhalten in den Bryozoenkalken des Zechsteines auftritt.

2. Acanthocladia anceps (Schl.) [Taf. 5, Fig. 13], aus denselben Schichten, ist eine zierliche, fein verästelte Art, deren Stöcke sich in einer Ebene ausbreiten und aus mehreren Hauptästen bestehen, von welchen kleine Seitenzweige abstehen. Die Poren stehen nur auf einer Seite, so dass sie auf der Fig. 13a abgebildeten Rückseite nicht sichtbar sind.

VI. Armkiemer, Brachiopoda.

Eine für die Sammler überaus wichtige Gruppe ist die der Brachiopoden, da deren Schalen nicht nur sehr häufig in allen marinen Formationen gefunden werden, sondern auch, weil sie sich besonders gut als Leitfossilien eignen. Es sind ausschliessliche Meeresbewohner, welche, wie die Muscheln, von einer zweiklappigen Schale umschlossen werden, die ihrerseits durch einen Stiel am Untergrunde festgehalten wird. Die faserige Struktur der Kalkschale bringt es mit sich, dass dieselbe meist leicht aus dem Gestein herausspringt, was das Sammeln wesentlich erleichtert. Aeusserlich betrachtet, besteht die Schale aus zwei ungleichen Klappen, von welchen die grössere die Bauchklappe, die kleinere die Rückenklappe darstellt; beide Klappen stossen vorne am Schlossrande zusammen und sind meist durch ein zahnförmiges Gelenk verbunden. Die Bauchklappe läuft nach vorne in einen Schnabel aus, der zum Durchtritt des Stieles durchbrochen ist; der Durchbruch ist entweder ein rundes Loch an der Spitze, oder aber liegt er unter dem Schnabel in dem sogenannten Schlossfeld, als ein kleiner Schlitz zwischen zwei kleinen Blättchen, die im Alter zu einem sogenannten Deltidium verwachsen. Im Inneren der Schalen sehen wir bei günstiger Erhaltung das Armgerüste, das vorn an der kleinen Rückenklappe ansetzt und als Träger der vielfach spiralgerollten, kiemenartigen Mundanhänge dient. Die Gestalt des Armgerüstes bildet ein wichtiges Merkmal für die Unterscheidung der Untergruppen, aber es ist natür-

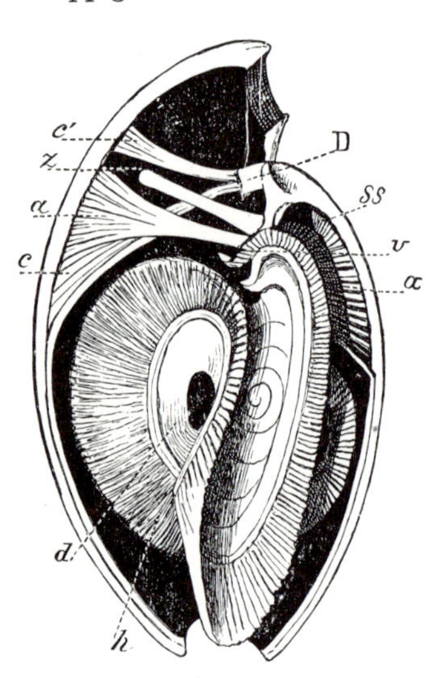

Fig. 42. Brachiopodentier aufgeschnitten. Links Bauchklappe, rechts Rückenklappe. D Schlossfortsatz mit den Schlossmuskeln (c u. c') und den Schliessmuskeln (a); ss = Septum; d = Armgerüste mit den Anhängen (h); v = Mund; z = Darm. (Aus Zittel, Paläontol.)

lich meist recht schwierig, diese zarten Gebilde herauszuarbeiten. Ausserdem beobachten wir auf der Innenseite der Schalen Muskeleindrücke, welche von den Oeffnungs- und Schliessmuskeln herrühren und vielfach verzweigte Gefässeindrücke; beide treten namentlich an den Steinkernen hervor.

Obgleich die Brachiopoden durch alle Formationen bis zur Jetztzeit hindurchgehen, so finden wir doch in den paläozoischen Formationen eigene Gruppen, die im Mesozoikum entweder ganz fehlen oder doch bald aussterben, ebenso wie umgekehrt die im Mesozoikum herrschenden Gruppen der Rhynchonellen und Terebrateln zwar schon früher auftreten, aber noch keine nennenswerte Rolle spielen.

Die Einteilung der Brachiopoden wird nach der Art der Schalenverbindung, der Ausbildung des Armgerüstes und der Art des Stiellochverschlusses vorgenommen.

1. Lingulidae. Vertreter aus der ersten Hauptgruppe der Brachiopoden, welche sich durch den Mangel einer Schlossverbindung und eines Schlossfortsatzes von der zweiten, weit grösseren und formenreichen Gruppe unterscheiden. Lingula (Zungenmuschel), wohl der schönste Dauertypus, welchen wir in unserer Tierwelt kennen, denn ohne wesentliche Veränderung der Form gehen dieselben vom Kambrium bis zur Jetztzeit durch. Die Schale ist nicht kalkig, sondern hornig, die beiden Klappen nahezu gleich von zungen- oder spatelförmiger Gestalt. In ungeheuren Massen erfüllen die Schalen der Linguliden manche Schichten des Kambriums und Silurs von Russland, England und Amerika, während sie bei uns im alten Paläozoikum weniger leitend sind. Sehr bezeichnend ist dagegen Lingula Credneri (Taf. 8, Fig. 1), aus dem Kupferschiefer und Zechstein, eine kleine zierliche Art, deren glänzende Schälchen zuweilen in Masse auftreten.

2. Strophomenidae, Brachiopoden mit kalkiger Schale und Schlossfortsatz. Die auf das Paläozoikum beschränkte formenreiche Gruppe der Strophomenidae ist bezeichnet durch den geraden Schlossrand, über welchem sich ein Schlossfeld mit meist geschlossenem Deltidium erhebt; die kalkigen Armgerüste fehlen.

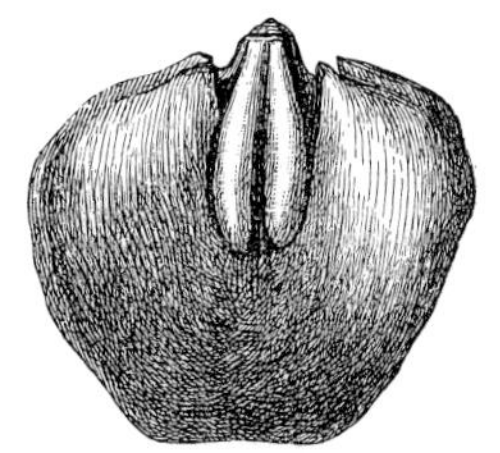

Fig. 43. Steinkern von Orthis vulvaria (Schl.) aus dem Spiriferensandstein. (Aus Zittel, Paläontol.)

Orthis, rundliche oder abgerundet vierseitige Schalen, radial gestreift oder gerippt; Schlossfeld auf beiden Klappen vorhanden, mit offener Spalte für den Stieldurchtritt. Der Schlossrand ist kürzer als die Schalenbreite. Sehr bezeichnend für die in unserer devonischen Grauwacke häufigen Steinkerne sind die starken Zahnplatten der Bauchklappe und die entsprechenden tiefen Zahngruben der Rückenklappe, sowie ein kräftiges Medianseptum in beiden Klappen, das sich natürlich im Steinkerne als Furche bemerkbar macht. Von den zahlreichen Arten seien erwähnt Orthis vespertilio (Sow.) aus dem Untersilur, eine flache Form mit langem Schlossrand und medianer Einbuchtung der Rückenklappe; O. elegantula (Dalm.) aus dem Obersilur, eine kleine, feingestreifte rundliche Art, mit stark vorspringendem Schnabel; O. striatula (Schl.) [Taf. 8, Fig. 2] und O. Eifeliensis (Verneuil) [Taf. 8, Fig. 3], aus dem Mitteldevon der Eifel, wo wir in den Kalken und Kalkmergeln beschalte Exemplare in Menge sammeln können, während in den Grauwacken die bezeichnenden Steinkerne auftreten.

Strophomena, Schalen flach, radial gestreift, die kleine Klappe konkav eingesenkt, der gerade Schlossrand lang, so dass die Schale vorne abgeschnitten erscheint, beiderseits mit Schlossfeld und im Alter mit geschlossener Stielöffnung; für die Steinkerne bezeichnend sind die kurzen Zähne, das schwache Medianseptum und die zuweilen deutlich hervortretenden Gefässeindrücke. Str. rhomboidalis (Wahlenb) [Taf. 8, Fig. 4] tritt schon im Obersilur auf und ist besonders im Mitteldevon der Eifel häufig; bezeichnend sind die abgestutzten Ränder und die konzentrischen Runzeln auf der Schale. Str. Sedgwicki (d'Arch.) [Taf. 8, Fig. 5]. aus dem Devon, mit kräftigen Radialfurchen neben der zarten Streifung.

Streptorhynchus, ähnlich Strophomena, aber meist beide Klappen flach gewölbt, Bauchklappe mit hoher Area; im Steinkern erkennen wir auf

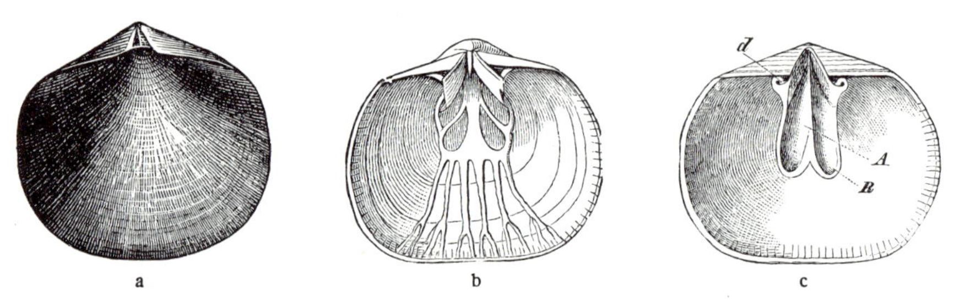

Fig. 44. Orthis striatula (Schl.). a) von aussen, b) grosse Schale von innen mit Gefässeindrücken, c) kleine Schale von innen mit Medianseptum (R), Muskeleindrücken (A) und Schlossfortsatz (d). (Aus Zittel, Paläontol.)

der Rückenschale einen starken, mehrfach gespaltenen Schlossfortsatz. S. umbraculum (Schl.) [Taf. 8, Fig. 6], eine im Mitteldevon häufige Art mit fein gekörnelten Radialstreifen.

Davidsonia, dicke, mit der grossen Klappe festgewachsene Schalen, von der Gestalt der Strophomena, aber mit glatter Oberfläche. D. Verneuili (Bonchard) [Taf. 8, Fig. 7], aus dem Devon von Geroldstein, zeigt zuweilen im Innern der grossen Klappe zwei konisch erhabene Spiraleindrücke der fleischigen Arme, ausser den kräftigen Muskeleindrücken.

3. Productidae. Bauchklappe hoch gewölbt, Rückenklappe flach oder eingesenkt, auf der Schale und besonders an dem geraden Schlossrande sind hohle Stacheln entwickelt. Schlosszähne schwach oder verkümmert, die fleischigen Arme hinterlassen zuweilen spirale Eindrücke.

Chonetes, zusammengedrückte, quer verlängerte Schalen mit langem, geradem Schlossrand, radialer Streifung und Stacheln am Schlossfelde. Ch. sarcinulata (Schl.), eine sehr häufige Art im mitteldevonischen Spiriferensandstein; an dem Schalenexemplare (Taf. 8, Fig. 8) sehen wir die Stacheln, während der Steinkern der grossen Klappe (Fig. 8 a) das Mediansystem erkennen lässt. Ch. dilatata (F. Römer) [Taf. 8, Fig. 9], aus denselben Schichten, unterscheidet sich, abgesehen von der Grösse, durch den lang ausgezogenen Schlossrand. Ch. Laguessiana (de Kon.) [Taf. 8, Fig. 10] ist eine der jüngsten Arten, von zierlicher Gestalt, aus dem Kulm und Kohlenkalk.

Productus, hochgewölbte Bauchklappe, mit grossem, gekrümmten, undurchbohrten Wirbel und flacher oder auch tief eingesenkter Rückenschale. Schlossfeld und Zähne fehlen. Die im Kohlenkalk und Zechstein besonders häufigen Produktiden sind wichtige Leitfossilien, da sie meist eine sehr charakteristische Form besitzen. P. subaculeatus (Murch.) [Taf. 8, Fig. 13], eine kleine, rundliche Art mit glatter, aber von Stacheln besetzter Schale, ist leitend im Mitteldevon; P. giganteus (Mart.) [Taf. 8, Fig. 14] ist eine stattliche, bis 10 cm breite Art aus dem Kohlenkalk, mit kräftigen Längsrippen und Falten und kleinen Stacheln. P. semireticulatus (Mart.) [Taf. 8, Fig. 15] ist gleichfalls gross und durch die Verzierung der Schale ausgezeichnet, an welcher in der vorderen Hälfte ausser den Radialrippen auch noch Querfalten auftreten; leitend für den Kohlenkalk. P. horridus (Sow.) [Taf. 8, Fig. 16] ist im deutschen Zechstein ein häufiges und leitendes Fossil; die meist abgebrochenen, röhrenförmigen Stacheln am Schlossrande erreichen die doppelte Länge der Schale.

Strophalosia ist wie die Davidsonia eine festgewachsene und dementsprechend umgestaltete Art. Die Schalen sind kräftig und reichlich mit Stacheln besetzt, das Schlossfeld gegenüber Productus gross, aber der Schlossrand kurz. Für uns sind besonders die Arten des Zechsteines wichtig, wo sie als echte Riffbewohner auftreten. Str. Goldfussi (Münst.) [Taf. 8, Fig. 11] und Str. excavata (Gein.) [Taf. 8, Fig. 12], beides kleine Formen, unter denen sich die erstere durch ihre zahlreichen Stacheln, die letztere durch die tief eingesenkte Rückenschale auszeichnet.

4. Spiriferidae. Das charakteristische Merkmal für diese im Paläozoikum überaus formen- und artenreiche Gruppe bildet das Armgerüst, welches aus zwei spiral aufgerollten Bändern besteht, die am Schlossrande der kleinen Schale befestigt sind und zwei Hohlkegel bilden. Die Klappen sind beide aufgewölbt. Je nach der Ausbildung des Schlossrandes, des Schlossfeldes, der Struktur der Schale und der Stellung der Armgerüste werden eine Anzahl von Untergruppen unterschieden.

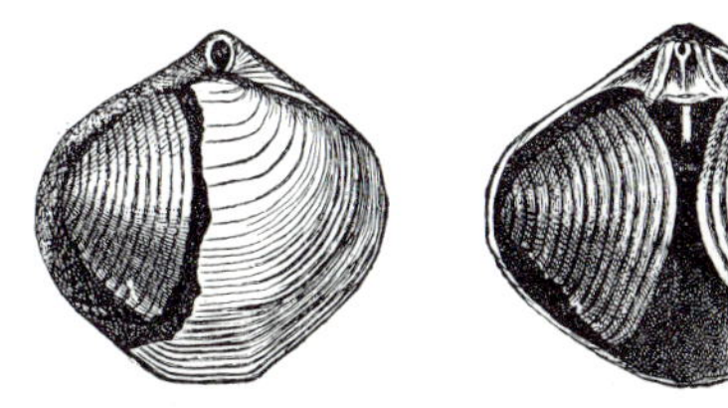

Fig. 45. Armgerüste der Spiriferen (Athyris concentrica). (Aus Zittel, Paläontol.)

Spirifer. Die aufgewölbten Schalen meist quer verlängert mit Sattel und Bucht in der Mitte, langer gerader Schlossrand, wohlausgebildetes dreieckiges Schlossfeld mit dreieckigem Spalt unter dem Schnabel, die Spiralkegel des Armgerüstes nach aussen gerichtet. Von den etwa 300 bis jetzt beschriebenen Arten stehen sich manche natürlich sehr nahe und sind schwer zu unterscheiden, es können auch hier nur einige der wichtigsten angeführt werden, die sich bei uns besonders in den devonischen Schichten finden. Da wir es in dem Unterdevon mit Schichten zu tun haben, in welchen wir uns mit Steinkernen begnügen müssen, so sind auch nur solche auf der Tafel zur Darstellung gebracht. An diesen tritt stets der Schnabel mit den hakenförmigen Vorsprüngen des Schlosses und dem Medianseptum (natürlich als Einschnitte) deutlich hervor. Sp. hystericus (Schl.) [Taf. 9, Fig. 1], eine häufige Art der Siegener Grauwacke, Sp. primaevus (Steining.) [Taf. 9, Fig. 2], eine aufgeblähte Form mit wenigen, aber kräftigen Rippen, Sp. carinatus (Schnur.) [Taf. 9, Fig. 3], hochgewölbt mit langem Schnabel und zahlreichen Rippen und Sp. Hercyniae (Gieb.) [Taf. 9, Fig. 4] mit langem Schlossrand und flügelartig ausgezogener Schale. Im Mitteldevon ist der Erhaltungszustand wieder günstiger und wir bekommen Schalenexemplare zuweilen von tadelloser Erhaltung. Sp. Maureri (Holzapfel) [Taf. 9, Fig. 5] ist eine rundliche Art mit glatter Schale aus dem oberen Mitteldevon, Sp. cultrijugatus (F. Röm.) [Taf. 9, Fig. 6], eine grosse, charakteristische Art, mit hoch aufgewölbter Rückenklappe bildet ein Leitfossil für die nach ihr benannte Cultrijugatusstufe des Mitteldevon, Sp. speciosus (Taf. 9, Fig. 7), Sp. arduennensis (Schnur.) [Taf. 9, Fig. 8] und Sp. paradoxus (Schl.), häufig auch als Sp. macropterus bezeichnet (Taf. 9, Fig. 9) sind quer verlängerte, einander ähnliche Arten, die zuweilen in grosser Menge gefunden werden. Sp. hians (v. Buch) [Taf. 9,

Fig. 10] ist der Steinkern einer zierlichen, aber weit verbreiteten und deshalb als Leitfossil wichtigen Art; aus denselben Schichten stammt auch Sp. undifer (F. Röm.) [Taf. 9, Fig. 11]. Aus dem Oberdevon haben wir zu beachten Sp. deflexus (A. Röm.) [Taf. 9, Fig. 12]. Sp. bifidus (A. Röm.) [Taf. 9, Fig. 13] und Sp. Verneuili (March.) [Taf. 9, Fig. 14], von welchen namentlich der letztere eine wichtige Rolle als Leitfossil spielt. Den Schluss unserer Spiriferen bildet eine im Zechstein zusammen mit Productus horridus vorkommende Art, Sp. alatus (Schl.) [Taf. 9, Fig. 15], die sich noch vollkommen an die devonischen Arten angliedert.

Cyrtina, abgerundet dreieckige Schalen, von welchen die kleine Klappe flach, die grosse hoch aufgewölbt ist, so dass ein weites dreieckiges Schlossfeld gebildet wird. Die kräftigen Zahnplatten vereinigen sich zu einem Medianseptum, welches die ganze Bauchklappe durchsetzt. Von dieser Untergruppe findet sich die charakteristische Cyrtina heteroclita (Defr.) [Taf. 9, Fig. 16] nicht selten im Mitteldevon der Eifel.

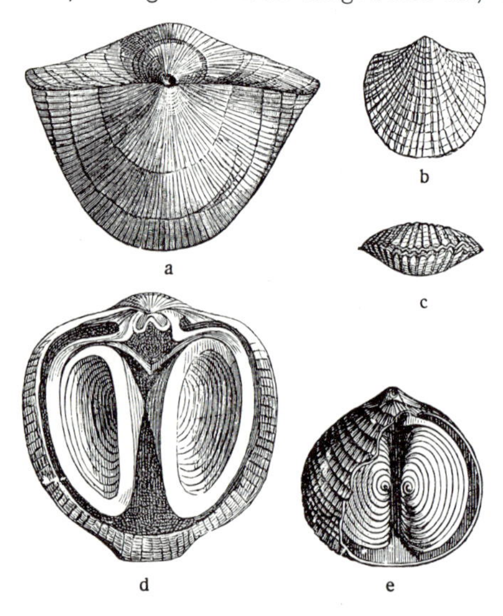

Fig. 46. Atrypa reticularis (Linn.). a—c) Grosse und kleine Exemplare, d) Armgerüst nach entfernter Bauchklappe, e) aufgebrochene Rückenklappe. (Aus Zittel, Paläontol.)

Retzia, die zierlichen, scharf radial gerippten Schalen haben im Innern zwar noch dieselbe Ausbildung des Armgerüstes wie Spirifer, aber der Schlossrand ist gebogen und im Wirbel zeigt sich ein rundes Stielloch. Ein Vertreter der im ganzen Paläozoikum vorkommenden Gruppe ist R. ferita (v. Buch) [Taf. 10, Fig. 1] aus dem Mitteldevon der Eifel.

Spirigera (Athyris), die rundlichen Schalen sind glatt oder konzentrisch gestreift, der Schlossrand gebogen, unter dem kurzen, gebogenen und durchlochten Schnabel ist kein Schlossfeld entwickelt; die Armspiralen wie bei Spirifer gestellt. Hierher gehört eine der häufigen Arten des Mitteldevon Spirigera concentrica (v. Buch) [Taf. 10, Fig. 2 und Textfig. 45].

Uncites, grosse aufgewölbte, radial gestreifte Form mit gebogenem Schlossrand und hochausgezogenem Wirbel der Bauchklappe, unter welchem ein tief eingesenktes Deltidium liegt. Uncites gryphus (Schl.) [Taf. 10, Fig. 3] ist ein überaus charakteristisches Fossil der Stringocephalenkalke.

Atrypa, beide Schalen gewölbt mit gebogenem Schlossrand, kleinem spitzigem, fein durchlochtem Schnabel, kein Schlossfeld; die Spiralkegel des Armgerüstes sind nicht wie bei Spirifer nach aussen, sondern gegen die Medianlinie gerichtet. Atrypa reticularis (Linn.) [Taf. 10, Fig. 4], sehr häufig im Mitteldevon, ist äusserlich leicht an der Berippung zu erkennen, indem die Radialrippen von konzentrischen Anwachsstreifen unterbrochen werden, so dass eine gegitterte Schalenoberfläche entsteht.

5. Pentameridae, kugelige, beiderseits gewölbte Schalen mit gebogenem Schlossrand, ohne Schlossfeld und Deltidium. Im Innern zwei kräftige konvergierende Zahnplatten, die sich zu einem Medianseptum vereinigen, keine Armspirale.

P e n t a m e r u s g a l e a t u s (Dalm.) [Taf. 10, Fig. 5] ist ein wichtiges Fossil der devonischen Kalke und zeichnet sich durch die hoch aufgewölbte Bauchklappe mit spitzigem, herabgekrümmtem Schnabel aus.

6. R h y n c h o n e l l i d a e, vorwiegend zierliche, radial gefaltete, beiderseits gewölbte Schalen mit spitzem, umgebogenem Wirbel der Bauchklappe; die Schlosszähne von kleinen Zahnplatten gestützt; Armgerüste aus 2 kurzen Haken bestehend, die an der Schlossplatte der Rückenklappe ansetzen.

C a m a r o p h o r i a nimmt eine Mittelstellung zwischen den echten Rhynchonellen und den Pentameriden ein, indem zwar die äussere Form schon ganz derjenigen der Rhynchonellen gleicht, dagegen der Bau der Zahnplatten und Mittelleiste mehr an Pentamerus erinnert. C a m. f o r m o s a (Schnur) [Taf. 10, Fig. 6] ist eine bezeichnende Art aus dem unteren Oberdevon, während die zierliche C a m. S c h l o t h e i m i (v. Buch) [Taf. 10, Fig. 7] aus den Riffkalken des Zechsteines stammt.

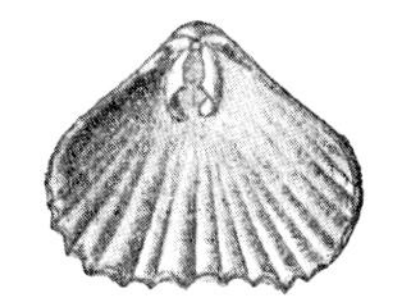

Fig. 47. Rhynchonella. Kleine Schale von innen mit Armgerüst.

R h y n c h o n e l l a, diese formenreiche, vom Silur bis zur Jetztzeit vertretene Gruppe, werden wir noch eingehender im Mesozoikum kennen lernen, aber auch schon in den paläozoischen Formationen gibt es zahlreiche Vertreter. Abgesehen von den bereits erwähnten Familienmerkmalen zeigt die faserige, radial gefaltete Schale meist eine Einbuchtung in der Bauchklappe und eine entsprechende Ausbuchtung in der Rückenklappe. Im Innern sehen wir kräftige Zähne in der Rücken- und eine Mittelleiste in der Bauchklappe. Die Bestimmung der auf die Ausbildung der Rippen, der Einbuchtung und Form der Schalen und des Schnabels gegründeten Arten ist oft sehr schwierig. R h. p i l a (Schnur) [Taf. 10, Fig. 8], aus dem Spiriferensandstein, ist eine feingerippte Art mit doppelter Einbuchtung, von welcher uns meistens nur die Steinkerne erhalten sind, R h. O r b i g n y a n a (Verneuil) [Taf. 10, Fig. 9], aus dem Mitteldevon, unterscheidet sich von der Rh. pila durch den mehr ausgezogenen Schnabel und die schärfere Ausbildung der medianen Doppelfalten. R h. N y m p h a (Barr.) [Taf. 10, Fig. 10] ist eine scharf gerippte, eckige Art mit hoch aufgetriebener Rückenklappe; R h. p a r a l l e l e p i p e d a (Br.) [Taf. 10, Fig. 11] ist an dem scharf abgestutzten Rande kenntlich; beide sind leitend im Unterdevon. R h. D a l e i d e n s i s (F. Röm.) [Taf. 10, Fig. 12], aus den oberen Koblenzschichten, hat wiederum viel Aehnlichkeit mit der Rh. Nympha, jedoch sind die Rippen zahlreicher und der Schnabel mehr ausgezogen. R h. c u b o i d e s (Sow.) [Taf. 10, Fig. 13] ist ein wichtiges Leitfossil, nach welchem eine Cuboidesstufe im unteren Oberdevon ausgeschieden wird.

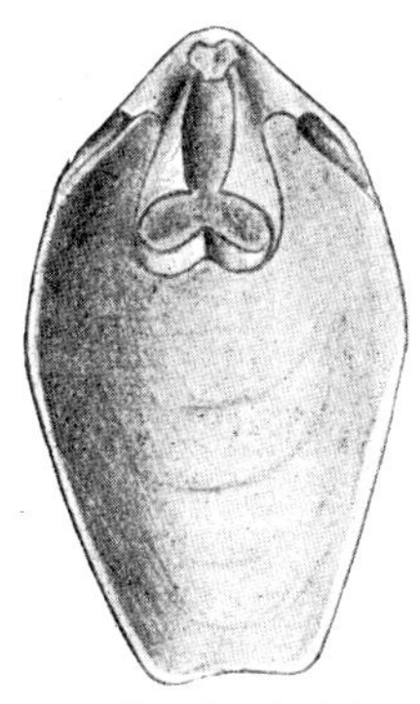

Fig. 48. Terebratula. Kleine Schale von innen mit Armgerüst.

7. S t r i n g o c e p h a l i d a e, grosse glatte Schalen mit übergebogenem Schnabel, grosser Area mit rundlichem, durch zwei Platten begrenztem Stielloch. In der grossen Klappe eine hohe Mittelleiste, welche von einem gespaltenen Schlossfortsatz der Rückenklappe umfasst wird. Das Armgerüste schleifenförmig an hakenförmigen Fortsätzen befestigt, die ihrerseits wieder durch eine niedrige Mittelleiste gestützt werden.

S t r i n g o c e p h a l u s B u r t i n i (Defr.) [Taf. 10, Fig. 14], aus den Riffkalken des oberen Mitteldevon (Stringocephalenkalk), ist der einzige wichtige Vertreter dieser Gruppe; er erreicht die bedeutende Grösse von 8 cm und wird zuweilen mit prächtig ausgewitterten inneren Skeletteilen gefunden.

(10, 15.)

8. Terebratulidae, mit dieser im Mesozoikum wichtigsten Familie werden wir uns später noch eingehend zu beschäftigen haben, während uns für das Paläozoikum nur die Untergruppe Rensselaeria näher berührt. Es sind eiförmig gestaltete Arten ohne Stirnfalten oder Buchten mit spitzem, vorragendem Wirbel und Stielloch. Im Inneren die für die Terebrateln charakteristische Schleife des Armgerüstes und zwei Schlosszähne, die durch Zahnplatten gestützt werden. R. strigiceps (F. Röm.) [Taf. 10, Fig. 15], aus dem Mitteldevon ist ein guter Vertreter dieser Gruppe.

VII. Muscheln, Lamellibranchiata (Bivalvia).

Die Muscheln bilden die erste Abteilung der Weichtiere oder Mollusken und sind für den Sammler besonders wichtig wegen der festen erhaltungsfähigen Kalkschalen, welche von den Mantellappen des Tieres abgesondert werden und aus zwei, meist gleichartig gestalteten Klappen bestehen. Die Klappen umschliessen seitlich das Tier, welches zwar keinen Kopf, aber sonst wohlentwickelte innere Organe mit Mund, Darm, Afterröhre, Herz und Fortpflanzungsorganen aufweist, die ihrerseits von grossen blattförmigen Kiemenblättern umschlossen werden; ausserdem ist noch vielfach vorn ein muskelförmiger Fuss entwickelt und die Mund- und Afteröffnung in röhrenförmige Siphonen ausgezogen, die nach hinten hervorragen und entweder feststehen oder zurückziehbar sind. Bei der Bestimmung der Arten hat man eine Reihe von Punkten zu beobachten, welche teilweise eng mit der Organisation des Tieres im Zusammenhang stehen und dann für die Einteilung in Familien und Gruppen verwendbar sind, teils auch nur auf Lebensverhältnisse und besondere Eigenheiten und Verzierungen sich beziehen.

Die beiden Klappen sind oben am sog. Wirbel miteinander verbunden und öffnen sich unten; man stellt die Schalen so, dass der Wirbel nach vorne gekehrt ist und hat nun eine rechte und eine linke Klappe. Die äussere Form der Schale ist sehr verschiedenartig gestaltet, gleichklappig oder ungleichklappig, meist seitlich flach zusammengedrückt und von abgerundeter Gestalt. Die Aussenseite ist gekennzeichnet durch die Schalenverzierung, welche entweder fehlt, so dass wir glatte Oberfläche mit nur schwacher Andeutung der Anwachsstreifen haben, oder aber sind ± ausgeprägte Längsrippen oder konzentrische Linien, oder auch eine Mischung beider vorhanden.

Die Innenseite der Schale ist für die systematische Stellung von Wichtigkeit, da auf ihr die Merkmale ausgeprägt sind, welche mit der Organisation des Tieres zusammenhängen, jedoch ist es meist schwierig, zuweilen überhaupt unmöglich, die Innenseite der Schalen mit dem Schloss blosszulegen, so dass der Sammler häufig nur auf die äusserlichen Merkmale angewiesen ist. Die Verbindung der beiden Klappen am Oberrand erfolgt durch das Band (Ligament), ein elastisches Band, welches die Klappen zum Klaffen bringt. Das Band liegt entweder äusserlich oder innerlich, in letzterem Falle in einer sog. „Bandgrube“, welche sich stets hinter dem Wirbel befindet.

Ausser dem Ligament dient zur Befestigung der Klappen das Schloss mit den Schlosszähnen und entsprechenden Zahngruben, deren Beschaffenheit wichtige systematische Merkmale liefert. Fehlen die Zähne vollständig, wie z. B. bei den Osteiden und Mytiliden, so nennen wir die Form dysodont; sind die Zähne nur durch leichte Grübchen und Kerben angedeutet, so ist sie kryptodont (Praecardiidae); stehen zahlreiche gleichartige Kerbzähne und entsprechende Gruben senkrecht oder schräg zum Schlossrand (Nuculidae Arcidae), so haben wir einen taxodonten, bei symmetrischer Stellung von 2 Zahnpaaren einen isodonten Bau des Schlosses (Spondyliden). Am häufigsten ist das heterodonte Schloss, bei welchem in jeder Klappe einige wenige, radial zum Wirbel

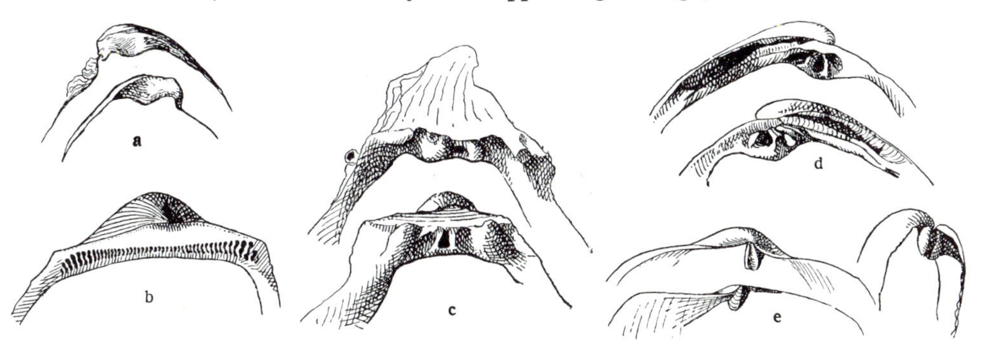

Fig. 49. Schlösser der Bivalven.
a) dysodont (ohne Zähne), b) taxodont (Kerbzähne), c) isodont (symmetrisch gestellte Zähne), d) heterodont (ungleicher Bau der Zähne), e) desmodont (löffelartiger Zahnvorsprung).

gestellte Leisten- oder Hakenzähne ausgebildet sind, welchen Zahngruben in der Gegenklappe entsprechen; man unterscheidet dabei die mittleren Hauptzähne und die Seitenzähne. Schliesslich bezeichnet man noch als desmodontes denjenigen Schlossbau, bei welchem eigentliche Zähne fehlen und nur zahn- oder

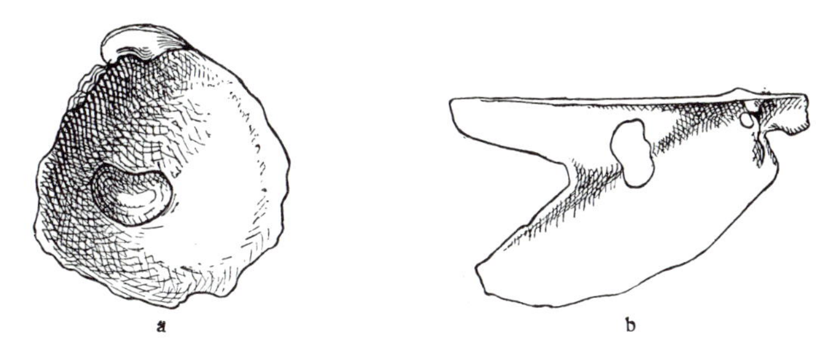

Fig. 50. Muskeleindrücke der Anisomyarier.
a) Monomyarier (Muskeleindr.), b) Heteromyarier (ungleiche Muskeleindr.).

löffelartige Vorsprünge an der Klappe das innere Band aufnehmen (Myiden, Corbuliden u. a.).

Auf der Innenseite der Klappen haben wir weiterhin die Eindrücke der Muskeln, welche als Schliessmuskeln (adductores), dem Band entgegenarbeiten; sie sind bei den Homomyariern (Textfigur 51) beiderseitig, d. h. vorn und hinten annähernd gleich ausgebildet, bei den Heteromyariern ist der vordere Muskelansatz sehr klein gegenüber dem mehr nach der Mitte gerückten hinteren Muskel, während bei den Monomyariern schliesslich nur noch ein einziger in der Mitte gelegener Muskel zu beobachten ist. Man fasst die beiden letzteren zusammen als Anisiomyarier.

Auch die Mantellappen hinterlassen ihre Spur als Mantellinie auf der Innenseite der Schale; sie bezeichnet die Grenze des festanliegenden Mantels, während der Mantelsaum frei aus der Schale hervorragen kann. In dem Falle nun, wo Siphonen ausgebildet sind und durch Muskeln zurückgezogen werden können, oder frei aus der Schale herausragen, ist die Mantellinie am Hinterrande eingebuchtet und es entsteht eine Mantelbucht; wir bezeichnen derartige Formen als Sinupalliata gegenüber den Integripalliata, bei welchen die Siphonen entweder ganz fehlen oder klein und unbeweglich sind.

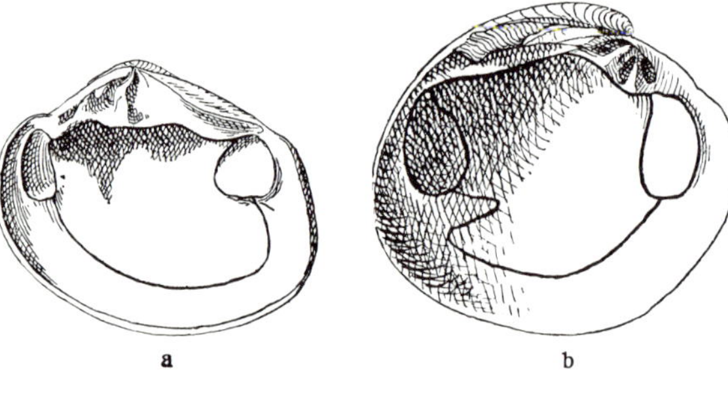

Fig. 51. Mantellinie der Bivalven.
a) Integripalliata (ganzrandig), b) Sinupalliata (mit Mantelbucht).

Diese verschiedenen Merkmale auf der Innenseite der Schale werden für die Systematik der Muscheln verwendet, von denen man bis jetzt etwa 5000 lebende und doppelt so viele fossile Arten unterscheidet, und man ist dabei zu folgender Gruppierung gekommen:

A. Anisomyarier (Monomyarier und Heteromyarier) mit verschieden grossen, oder auch nur einem einzigen Schliessmuskel,
B. Homomyarier mit zwei gleich grossen Schliessmuskeln,
   a) taxodonta (Reihenzähne),
   b) heterodonta (verschiedene Zähne),
      1. Integripalliata (Manteleindruck ganzrandig),
      2. Sinupalliata (mit Mantelbucht),
   c) desmodonta (zahnartige Fortsätze),
      1. Integripalliata,
      2. Sinupalliata.

Die Muscheln treten schon in den tiefsten paläozoischen Schichten auf und zeigen eine so wohlausgebildete Trennung und Sonderung, dass wir deren Stamm viel weiter zurückverlegen müssen. Immerhin unterscheiden sich im ganzen die paläozoischen Formen von den späteren und tragen gewisse primitive Merkmale; so sind die Zähne meist flach und unbestimmt, die taxodonte Bezahnung wiegt vor, die Schalen sind dünn und wenig verziert, das Band liegt äusserlich; sinupalliate Formen fehlen noch ganz. Einzelne Formenkreise sind auf das Paläozoikum beschränkt, andere dürfen wir als Vorläufer späterer Geschlechter betrachten und wie gewöhnlich stellen sich mit dem Ende dieser Periode neue Arten ein, welche gewissermassen das Mesozoikum einleiten. Die Muscheln sind ausschliessliche Wasserbewohner, aber sie sind nicht auf das Meer beschränkt, sondern passen sich auch dem brackischen und süssen Wasser an.

Anisomyaria.

1. Aviculidae. Die rechte Klappe flacher als die linke, der zahnlose, oder doch nur schwach bezahnte Schlossrand ist lang, gerade und nach hinten in einen langen, nach vorne in einen kurzen flügelartigen Fortsatz ausgezogen. Das Band in seichten Rinnen entlang dem Schlossrande verlaufend. Zu den Aviculiden gehört eine Menge paläozoischer Formenreihen, ja sie erreichen sogar im Devon den Höhepunkt ihrer Entwicklung und bilden gewissermassen

den Grundstamm zahlreicher späterer Geschlechter. Man unterscheidet mehrere Untergruppen.

Avicula kommt erst später zu voller Entfaltung, doch werden hierher auch schon einige paläozoische Arten gestellt, so die für die unteren Koblenzschichten der Eifel und des rheinischen Schiefergebirges charakteristische A. crenato-lamellosa (Sandbg.) [Taf. 11, Fig. 3].

Pterinea, mit hinten weit ausgezogenem Ohr und kleinen, leistenartigen, auseinanderstehenden Zähnen unter dem Wirbel, umfasst die meisten und wichtigsten Arten der paläozoischen Aviculiden. Pt. lineata (Goldf.) [Taf. 11, Fig. 1], aus den oberen Koblenzschichten, ist neben der in der linken Klappe hoch aufgewölbten Pt. ventricosa (Goldf.) und der glatten Pt. laevis (Goldf.) die verbreitetste Art; Pt. costata (Goldf.) [Taf. 11, Fig. 2] stellt einen hochgewölbten, scharfgerippten Typus aus denselben Schichten dar. In den Grauwacken finden wir gewöhnlich nur die Steinkerne, welche an der einseitigen Aufwölbung und den seitlichen Flügeln kenntlich sind.

Limoptera unterscheidet sich von Pterinea durch das Fehlen des vorderen Flügels, während der hintere sehr stark ausgebildet ist; L. bifida (Sandberg.) [Taf. 11, Fig. 6] ist ein wichtiges Leitfossil für die untersten Schichten der Koblenzstufe im Nassauischen, die nach dieser Art als Limopteraschiefer bezeichnet werden.

Kochia, mit der charakteristischen K. capuliformis (Koch) [Taf. 11, Fig. 5a und b] aus denselben Limopteraschiefern, ist eine Aviculide mit ausserordentlich hochgewölbter linker Klappe, so dass die flache rechte Klappe nur wie ein Deckel aufsitzt.

Pseudomonotis, ungleichklappige, kleine rundliche Schalen mit kaum entwickelten Ohren und kurzem, zahnlosem Schlossrande. Einen Vorläufer dieser erst im Mesozoikum voll entwickelten Gruppe finden wir im Zechstein als Ps. speluncaria (Schloth.) [Taf. 11, Fig. 4].

Posidonomya, dünne, annähernd gleichklappige, flache und gerundete Schalen mit charakteristischer, konzentrischer Furchung, geradem Schlossrand, ohne Ohren und Zähne. Die Posidonomyen sind meist sehr gute Leitfossilien, da sie fast immer in Masse auftreten und die Schichtflächen erfüllen. So findet sich die kleine P. venusta (Münst.) [Taf. 11, Fig. 8] zuweilen in Menge in den Cypridinenschiefern des Oberdevons und die schöne P. Becheri (Br.) [Taf. 11, Fig. 7] ist eines der besten Leitfossilien für die Nassauischen Kulmschiefer.

Aviculopecten tritt ganz ähnlich wie Posidonomya in den Karbonschiefern auf, wo besonders A. papyraceum (Sow.) [Taf. 11, Fig. 9] grosse Verbreitung hat. Die papierdünnen Schalen zeigen Radialrippen und einen geraden Schlossrand mit vorderem und hinterem Ohr.

2. Pernidae. Wir werden diese formenreiche Gruppe erst später im Mesozoikum kennen lernen, denn hier beschäftigt uns nur ein einziger Vorläufer aus dem Zechstein, die Gervillia ceratophaga (Schloth.) [Taf. 11, Fig. 10]. Es ist eine kleine, an die Aviculiden erinnernde Art mit schiefem Wirbel und langem, vorn und hinten ausgezogenem Schlossrande, in welchem das Band in einzelnen Bandgruben eingesenkt ist.

3. Pectinidae. Auch von dieser Familie haben wir im Paläozoikum nur wenige Vorläufer, unter welchen Pecten grandaevus (Goldf.) [Taf. 11, Fig. 11), aus den Kulmschiefern mit Posidonomya Becheri eine gewisse Bedeutung hat. Es ist schon ein typischer, radial gestreifter Pectinide mit gleichen Klappen, zahnlosem geradem Schlossrand, vorderem und hinterem Flügel und einem einzigen Muskeleindruck.

4. Mytilidae. Einen paläozoischen Vertreter der Miesmuscheln lernen

wir in der Modiomorpha lamellosa (Sandb.) [Taf. 11, Fig. 12], aus der rheinischen Grauwacke kennen, und sehen hier schon den später bei Modiola wiederkehrenden Typus ausgeprägt mit länglich ovaler, glatter Schale, der Wirbel vorn an der abgerundeten Spitze, das Schloss mit einem leistenförmigen, nach hinten gerichteten Zahn.

Homomyaria.

a) taxodonta.

5. Nuculidae, kleine ovale, meist nach hinten ausgezogene Schalen; der Schlossrand im Wirbel abgebogen und mit dichtgedrängten, kammförmigen Kerbzähnchen besetzt. Diese liefern sehr charakteristische Abdrücke auf den Steinkernen. Die Nuculiden gehören zu den Dauerformen in der Tierwelt, denn wir finden sie schon im älteren Paläozoikum und ohne grosse Schwankungen gehen sie bis auf die Jetztzeit durch.

Nucula, abgerundete dreieckige Schalen mit den oben genannten Merkmalen. N. cornuta (Sandb.) [Taf. 11, Fig. 13] aus dem unteren Mitteldevon ist eine Form, wie sie in allen Formationen wiederkehrt, N. (Ctenodonta), Maueri (Busch.) [Taf. 11, Fig. 14], aus den unteren Koblenzschichten ist durch die bei den Nuculiden ungewöhnliche konzentrische Faltung der Schale kenntlich. N. (Ctenodonta) Krotonis (A. Röm.) [Taf. 11, Fig. 15] ist eine zierliche, eiförmige Art mit zart gestreifter Schalenverzierung aus denselben Schichten, während N. (Cucullella) solenoides (Goldf.) [Taf. 11, Fig. 16] und die mit ihr fast gleiche N. cultrata (Sandb.) sich durch die weit nach hinten ausgezogenen Schalen auszeichnen. Sie sind häufige Fossilien im Mitteldevon.

6. Arcidae, der taxodonte Schlossrand gerade, darüber ein dreieckiges Feld unter dem Wirbel zur Aufnahme des äusserlichen Bandes. Die Gruppe der Arciden hat ihre Hauptentwicklung erst später, doch fehlt es auch im Paläozoikum nicht an Vertretern, auf welche wir jedoch nicht eingehen. Erwähnt sei nur Arca striata (Schloth.) [Taf. 11, Fig. 17], aus dem Zechstein als ein Vorläufer der typischen Arciden.

b) heterodonta.

Unter den heterodonten Formen kommen nur solche ohne Mantelbucht in Betracht, da die Sinupalliata erst später auftreten.

7. Anthracosiidae, ovale glatte oder fein konzentrisch gestreifte Schalen, Wirbel im vorderen Drittel der Klappen, Schlossrand gebogen, Schlosszähne unbestimmt und schwankend. Die Anthrakosien erinnern an unsere Süsswassermuscheln und waren wohl auch Bewohner des brackischen und süssen Wassers; meist treten sie in grossen Massen auf. So finden wir einige tonige Zwischenschichten der Kohlenflöze bei Essen erfüllt mit Anthracosia acuta (King) [Taf. 11, Fig. 19], während in den kohlenführenden Schichten des unteren Rotliegenden A. carbonaria (Goldf.) [Taf. 11, Fig. 18] grosse Verbreitung besitzt.

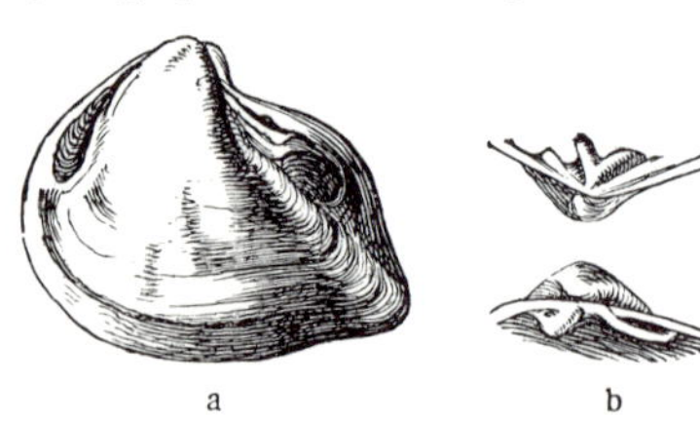

Fig. 52. Schizodus obscurus.
a) Steinkern, b) das schizodonte Schloss.
(Aus Zittel, Paläontol.)

8. Trigoniidae, kräftige gleichklappige, abgerundet dreieckige Schalen; im Schloss der linken Klappe ein kräftiger, dreieckiger, häufig gespaltener (schizodonter) Hauptzahn, der in der rechten Klappe von zwei auseinanderstehenden Hauptzähnen umschlossen wird; die Zähne meist seitlich gerieft. Erst im Mesozoikum kommt diese Gruppe mit ihren schönen, reich verzierten

Formen zur Entfaltung, während die paläozoischen Arten nur die Vorläufer darstellen.

Schizodus, Schalen glatt, der grosse Dreieckzahn der linken Klappe tief ausgeschnitten, aber seitlich nicht gerieft. Sch. obscurus (Sow.) [Taf. 12, Fig. 1] ist ein gutes und häufiges Leitfossil des Zechsteins, wird aber meist nur in Steinkernen, wie es auch unsere Abbildung zeigt, gefunden.

Myophoria schliesst sich in der Form nahe an Schizodus an; auch sind die paläozoischen Arten alle glatt; der Hauptzahn ist weniger kräftig und kaum gespalten. Riefung der Zähne tritt erst bei den jüngeren (triassischen) Arten auf. M. truncata (Goldf.) [Taf. 12, Fig. 2] wird mit wohlerhaltener Schale in den Riffkalken des oberen Mitteldevon gefunden, während M. inflata (A. Röm.) [Taf. 12, Fig. 3] einen Steinkern aus der rheinischen Grauwacke darstellt.

9. Astartidae, dickschalige, gleichklappige Muscheln mit kräftigen Schlosszähnen, der Hauptzahn sitzt vorne und wird von einigen hinteren Seitenzähnen begleitet. Auch bei dieser Gruppe fällt die Hauptentwicklung in das Mesozoikum, während die paläozoischen Arten als Vorläufer zu betrachten sind.

Pleurophorus, mit quer verlängerter, abgerundet vierseitiger Schale und nach vorne gerichtetem Wirbel, weicht in der Form stark von den Astartiden ab und wird nur wegen seiner Schlossbildung dazu gestellt. Steinkerne von Pl. costatus (King.) [Taf. 12, Fig. 4] sind im Zechstein häufig, während Cypricardinia lamellosa (Goldf.) [Taf. 12, Fig. 5] ein Vertreter der mannigfachen und in zahlreiche Untergruppen geschiedenen Astartiden des Devon ist.

10. Megalodontidae, meist grosse, dickschalige Muscheln mit glatter Oberfläche und ausgezogenem Wirbel, unter welchem sich die grosse

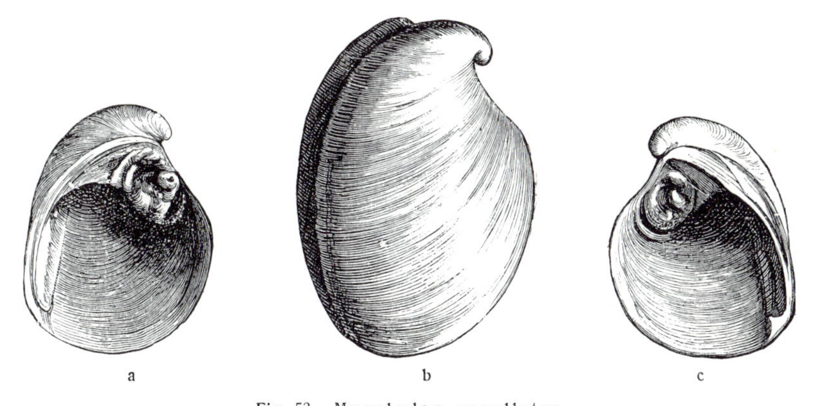

Fig. 53. Megalodon cucullatus.
a) linke Klappe, b) von aussen, c) rechte Klappe von innen mit dem Schloss.
(Aus Zittel, Paläontol.)

Schlossplatte mit je zwei kräftigen Schlosszähnen und entsprechenden Gruben befindet. Das äussere Ligament und ebenso der hintere Muskeleindruck auf einer langen Leiste. Wir finden diese Muscheln, welche wir in der Trias noch näher kennen lernen werden, schon im Devon, wo Megalodon abbreviatus (Schloth.) (= M. cucullatus, Goldf.) [Taf. 12, Fig. 6] ein häufiges und schönes Fossil der Stringocephalenkalke bildet.

(12, 7—17.)

11. Lucinidae, meist rundliche, flache, gleichklappige Muscheln, mit konzentrischer Schalenverzierung; Band äusserlich, Schloss sehr verschiedenartig gebaut, jedoch meist mit 2 Haupt- und 2 Seitenzähnen. Als Vertreter führen wir zwei devonische Arten an, welche zu der Unterfamilie Paracyclas gestellt werden, L. rugosa (Goldf.) [Taf. 12, Fig. 7] und L. proavia (Goldf.) [Taf. 12, Fig. 8].

12. Cardiidae. Die eigentlichen Cardien oder Herzmuscheln treten zwar erst später auf, doch vereinigen wir mit dieser Gruppe einige paläozoische Familien, die man als Vorläufer betrachten kann.

Lunulicardium, dreieckige oder rundliche, dünnschalige Muscheln, mit einem abgeflachten Felde (Area) unter dem Wirbel. L. ventricosum (Sandb.) [Taf. 12. Fig. 9], aus dem Mitteldevon.

Conocardium, kleine, charakteristisch herzförmige Muscheln mit langem hinteren und kurzem vorderen Flügel; scharfe radiale Rippen. C. clathratum (d'Orb.) [Taf. 12, Fig. 11 und 11 a] ist nicht selten im oberen Mitteldevon der Eifel und zeigt alle Uebergänge von lang ausgezogenen, bis zu stark abgestutzten Formen. C. alaeforme (Sow.) [Taf. 12, Fig. 10] ist eine leitende Art des Kohlenkalkes.

Buchiola und Cardiola sind kaum auseinanderzuhalten; es sind kleine, hochgewölbte, rundliche oder eiförmige Schalen mit dreieckigem Felde unter dem Wirbel und kräftiger Schalenverzierung. Buchiola retrostriata (v. Buch) [Taf. 12, Fig. 12] ist ein verbreitetes und gutes Leitfossil in den sogenannten Adorfer Schichten und den Clymenienkalken des Oberdevons. In dem etwas tieferen Horizonte des Goniatites intumescens ist Cardiola concentrica (v. Buch) [Taf. 12, Fig. 14] leitend, während Cardiola interrupta (Sow.) (= C. corun-copiae, Goldf.) [Taf. 12, Fig. 13], ein weitverbreitetes gutes Leitfossil des Obersilur, an der charakteristischen Zeichnung der Schale leicht zu erkennen ist.

c. desmodonta.

Wir finden diese dünnschaligen Muscheln mit den zahnartigen Bandträgern auch schon im Paläozoikum ausgebildet.

13. Solenopsidae, eine paläozoische, an die Meerscheiden (Solen) erinnernde Familie mit langen dünnen Schalen, zahnlosem Schlossrande und äusserem Band. Solenopsis pelagica (Goldf.) [Taf. 12, Fig. 15] ist eine bezeichnende Art im Mitteldevon.

14. Grammysiidae, paläozoische, dünnschalige, ovale, beiderseits gewölbte Muscheln mit ± kräftiger konzentrischer Verzierung; Schlossrand zahnlos; Wirbel hoch und nach vorne gerückt.

Grammysia anomala (Goldf.) [Taf. 12, Fig. 16] ist eine Spezies aus einer grossen Formenreihe des Mitteldevons; je nachdem die konzentrischen Streifen und das Zwischenfeld ± deutlich hervortritt, werden zahlreiche Arten unterschieden.

Allerisma inflatum (Steiniger) [Taf. 12, Fig. 17], aus denselben Schichten, schliessen wir hier an, da eine sichere systematische Stellung bei dem Mangel von Schlosszähnen und bestimmten Merkmalen erschwert ist.

VIII. Schnecken, Gasteropoda.

Als zweite Abteilung der Weichtiere behandeln wir die Schnecken und vereinigen mit ihnen die von manchen Forschern als gleichwertige selbständige Klassen aufgestellten Grabschnecken (Dentalium) und Käferschnecken (Chiton). Es handelt sich bei den Schnecken um Weichtiere mit gesondertem Kopf, welcher Fühler, Augen und Mund trägt, einem muskulösen Fuss auf der Unterseite und einem einfachen, ungeteilten Mantel, welcher ein einschaliges, spiral gewundenes, zuweilen auch napfförmiges Gehäuse absondert. Eigenartig für die ganze Klasse ist ein Kauapparat in der Mundhöhle, welcher aus hornigen Kiefern und einer Reibplatte oder Radula besteht; nach dieser Einrichtung bezeichnet man die Schnecken auch als Zungenträger (Glossophora). Die inneren Organe, Nervensystem, Herz, Verdauungs-, Atmungs- und Fortpflanzungsorgane sind noch feiner ausgebildet als bei den Muscheln. Für uns kommt natürlich im wesentlichen nur die Schale in Betracht, welche meist aus Kalk besteht und daher erhaltungsfähig ist. Man unterscheidet symmetrische und spiral gewundene Schalen und zwar herrschen bei den letzteren die rechtsgewundenen Formen weit vor. Dabei hält man die Schale so, dass die Spitze oben und die Mündung dem Beschauer zugekehrt ist; liegt die Mündung rechts, so haben wir eine rechtsgewundene, liegt sie links, eine linksgewundene Form vor uns. Um eine solide Spindel oder auch eine hohle Achse legt sich das Gewinde, welches aus einzelnen Umgängen besteht. Die Grundfläche des Gehäuses ist entweder geschlossen oder aber zeigt sich hier eine trichterförmige zentrale Vertiefung, welche als Nabel bezeichnet wird und wir reden dementsprechend von genabelten und ungenabelten Formen. Die Mündung ist bald vollständig vom Mundsaum umschlossen (ganzrandig), bald unten ausgeschnitten oder mit einem Ausguss versehen, welcher als Rinne neben der Spindel verläuft und die Atemröhre aufnimmt. Vielfach haben wir auch sogenannte Lippenbildungen, d. h. Kalkanlagerungen, am Aussenrand oder Innenrand des Mundsaumes; auch die Ausscheidung eines hornigen oder kalkigen Deckels kommt bei manchen Arten vor. Verzierungen der Schale in Gestalt von Linien, Rippen, Falten, Knoten, Stacheln u. dgl. sind sehr häufig und für die Bestimmung der Spezies wichtig, sind dieselben entlang des Gewindes angeordnet, so sprechen wir von Längsverzierungen, während die Querverzierungen schief- oder rechtwinklig auf das Gewinde gestellt sind.

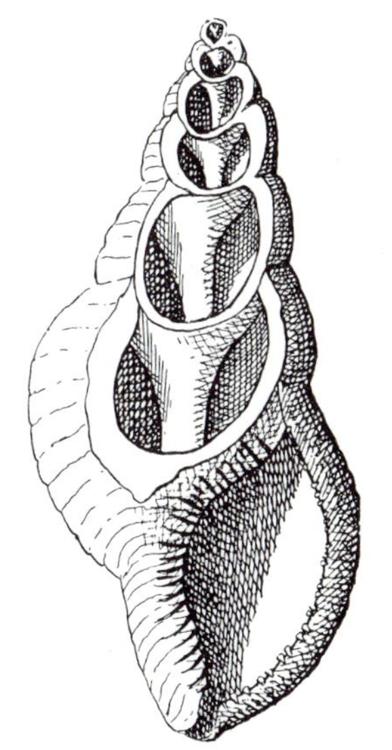

Fig. 54. Aufgeschnittene Schneckenschale. Im Innern die Spindel mit den Umgängen, die Mündung mit Aussenlippe und Ausguss.

Die Schnecken scheinen erst in der Jetztzeit den Höhepunkt ihrer Entwicklung erreicht zu haben und sind deshalb auch die Lieblinge unserer Konchyliensammler, schätzt man doch die Zahl der lebenden Spezies auf etwa 15000. Demgegenüber spielen die Schnecken in den älteren Formationen und ganz besonders im Paläozoikum eine untergeordnete Rolle, sowohl was die Familien, als auch was die einzelnen Arten betrifft. Sie treten uns zwar schon in dem ältesten Paläozoikum in zahlreichen Formenreihen entgegen, so dass wir auch hier, wie bei den Muscheln, den Grundstamm viel weiter rückwärts zu suchen haben, und mehrere neue Familien gesellen sich im Silur bis zur Dyas bei, aber alle diese bilden doch nur eine verhältnismässig kleine Zahl gegenüber den heute lebenden Mengen. Entwicklungsgeschichtlich sind die Schnecken nur schwierig zu verwenden, da wir aus der Schale keine sicheren Schlüsse auf die Organisation des Tieres machen können und aus demselben Grunde ist auch die zoologische Systematik der Schnecken für den Paläontologen in vielen Fällen schwierig zu verwerten, zumal wenn es sich um vollständig ausgestorbene Familien handelt, über deren Organisation wir nichts wissen. Es möge nur bemerkt sein, dass die zoologische Systematik auf die verschiedene Beschaffenheit und Lage der Atmungsorgane, die Ausbildung des Fusses als Kriechfuss oder Schwimmfuss begründet ist, ausserdem liefern die Fortpflanzungsorgane, der Bau des Herzens und des Nervensystemes wichtige Anhaltspunkte. Man unterscheidet dementsprechend Prosobranchia (Kiemen vor dem Herzen), mit den Untergruppen der Rundkiemer, Schildkiemer und Kammkiemer, Heteropoda (Kielfüsse), Opistobranchia (Kiemen hinter dem Herzen), Pulmonata (Lungenschnecken) und Pteropoda (Flossenfüssler).

Vom praktischen Standpunkte der Sammler aus schliesse ich mich der von Steinmann aufgestellten Systematik an, welche die Ausbildung der Schale zugrunde legt und für welche er folgenden Schlüssel gibt:

A. Schale vollständig symmetrisch, nicht spiral, kein Schlitz oder Loch . . . . 1. Patellacea.

B. Schale symmetrisch, meist spiral, mit Schlitz oder Loch, zuweilen mit Kanal . . . . 2. Schizostomata.

C. Schale unsymmetrisch, weder Schlitz, noch Loch, noch ausgeprägter Kanal.

 a) Schale weitnabelig, kreiselförmig bis niedergedrückt. 3. Euomphalacea.

 b) Schale engnabelig.

  α) Schale kegel- oder kreisförmig, Umgänge langsam anwachsend. 4. Trochacea.

  β) Schale ± kugelig oder mützenförmig, mit wenig Windungen. 5. Capulacea.

  γ) Schale ± turmförmig mit zahlreichen, langsam anwachsenden Windungen . . . . 6. Turritellacea.

D. Schale sehr verschieden gestaltet, meist reich verziert, mit deutlichem Ausguss oder Kanal, aber ohne Schlitz (marin). 7. Siphonostomata.

E. Schale sehr verschieden gestaltet, ohne Kanal und Schlitz, fast nie verziert (durch Lungen atmende Land- und Süsswasserschnecken). 8. Pulmonata.

F. Schale verschieden gestaltet, dünn oder fehlend, Fuss zu einem Flossenpaar umgewandelt (marin) . . . . 9. Pteropoda.

1. Scaphopoda (Grabfüssler), röhrenförmige Schalen mit glatter oder längsgerippter Oberfläche; diese im Sande oder Schlamm des tiefen Meeres steckende Röhre beherbergt ein Tier ohne abgesonderten Kopf, Augen und Kiemen und nur die Kauplatte im Munde verrät die Zugehörigkeit zu den Schnecken (Glossophora). Die einzige Familie dieser Klasse ist Dentalium, nach der Aehnlichkeit mit dem Stosszahn eines Elefanten so genannt, ein Dauertypus, der schon im Silur bekannt ist und sich bis heute erhalten hat. D. antiquum (Goldf.) [Taf. 13, Fig. 1] ist eine der häufigeren Arten im Mitteldevon.

2. Placophora (Käferschnecken), gleichfalls eine vereinzelt stehende Klasse mit der einen Familie

Chiton; der Körper schneckenartig, mit breitem Fuss; auf dem Rücken 8 bewegliche Kalkschuppen, welche gelenkartig ineinander greifen und isoliert schon im Paläozoikum gefunden werden. Ch. virgifer (Sandb.) im Devon, Ch. priscus (Münst.) im Karbon.

I. Patellacea (Napfschnecken), symmetrische, napfförmige Schalen ohne Deckel; Patella als Seltenheit auch im Paläozoikum.

II. Schizostomata.

a) Schale symmetrisch.

3. Bellerophontidae, dicke, in einer Ebene stark eingerollte Schalen, ohne viel Verzierung; Aussenlippe mit einem Schlitz, welchem ein medianes Schlitzband auf der Schale entspricht.

Bellerophon ist eine ausgesprochen paläozoische Familie, welche die schönste Entwicklung im Kohlenkalk erreicht. B. striatus (Goldf.) [Taf. 13, Fig. 2], mit kugeliger, leicht gestreifter Schale, findet sich im Mitteldevon der Eifel; seltener ist B. macrostoma (F. Röm.) [Taf. 13, Fig. 3], mit trompetenförmiger Mundöffnung, während B. Urii (Flem.) [Taf. 13, Fig. 4] ein gutes Leitfossil im deutschen Kohlenkalk bildet und an seiner Längsstreifung leicht kenntlich ist.

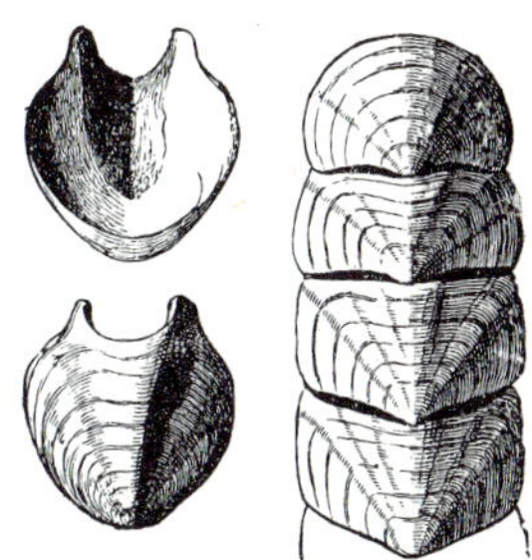

Fig. 55. Chiton priscus (Münst.). Kalkschuppen der gegliederten Käferschnecke. (Aus Zittel, Paläontol.)

4. Porcellidae, mit der einzigen Gattung Porcellia, bildet gewissermassen den Uebergang von den symmetrischen zu den spiral gewundenen Formen, denn ihre innersten Windungen sind schneckenförmig und erst später nimmt sie die symmetrische, scheibenförmige Gestalt an. Die Schalen sind weit genabelt, mit Querverzierung. P. primordialis (Schloth.) [Taf. 13, Fig. 6] aus dem Oberdevon.

b) Schale unsymmetrisch, spiral gewunden.

5. Pleurotomariidae, eine für den Sammler sehr wichtige Gruppe, die schon im Paläozoikum beginnt, im Mesozoikum ihre grösste Entfaltung bekommt, aber auch noch seltene Vertreter in der heutigen Tiefsee aufweist. Meist kegelförmige Schalen mit dem charakteristischen Schlitz am Mundsaum und entsprechendem Schlitzband auf der Schale.

Pleurotomaria, Schale breit kegelförmig, mit oder ohne Nabel, Mündung rundlich, ohne Ausguss. Pl. delphinuloides (Schloth.) [Taf. 13, Fig. 5], aus den Stringocephalenkalken, zeichnet sich dadurch aus, dass der letzte Umgang frei wird.

Murchisonia, turmförmige Schalen mit zahlreichen, bald glatten, bald verzierten Umgängen; eine ausschliesslich paläozoische Untergruppe. M. bilineata (Münst.) [Taf. 13, Fig. 7] und M. intermedia (d'Arch. und Vern.) [Taf. 13, Fig. 8] sind die vorwiegenden Arten im Stringocephalenkalk.

III. Euomphalacea.

6. Euomphalidae, niedrige, weitgenabelte Formen, zum Teil mit aufgerollten Umgängen.

Straparollus, kegelförmig, mit gerundeten, fein quergestreiften Umgängen. Str. circinalis (Goldf.) [Taf. 13, Fig. 10], aus dem Stringocephalenkalk und Str. Dionysii (Br.) [Taf. 13, Fig. 9], eine für den Kohlenkalk besonders leitende Art.

Euomphalus, niedriger im Gewinde, vielfach scheibenförmig. Eu. Goldfussii (d'Arch. und Vern.) [Taf. 13, Fig. 11] als Typus einer scheibenförmigen

Schale, während Eu. laevis (d'Arch. und Vern.) [Taf. 13, Fig. 13] wurmförmig aufgerollt ist und Eu. circinalis (Goldf.) [Taf. 13, Fig. 12] eine offene Spirale darstellt; alle drei Arten stammen aus den Stringocephalenkalken, doch finden sich auch im Kohlenkalk, besonders dem von Belgien, eine Menge von Arten.

IV. Trochacea.

Diese weitgefasste und formenreiche Gruppe hat auch im Paläozoikum eine Reihe von Vertretern, welche wir jedoch wegen ihrer Seltenheit und der Schwierigkeit ihrer sicheren Feststellung übergehen.

V. Capulacea.

a) Kugelige Schalen mit wenig Umgängen, von denen der letzte sehr gross und umfasssend ist.

7. Naticidae, kugelige, meist glatte oder wenig verzierte Schalen mit ovaler Mündung und wenig ausgeprägter Innenlippe. Die Hauptgruppe Natica erst von der Trias an. Von paläozoischen Arten, deren Stellung zu den Naticiden übrigens keineswegs erwiesen ist, reihen wir hier ein:

Turbonitella subcostata (Münst.) [Taf. 13, Fig. 14], eine häufige und leicht kenntliche Art aus dem Mitteldevon.

Umbonium heliciforme (Schloth.) [Taf. 13, Fig. 15], aus denselben Schichten.

Turbonilla Altenburgensis (Geinitz) [Taf. 13, Fig. 21], eine indifferente kleine, aber weit verbreitete und leitende Schnecke im Zechstein.

b) Mützenförmige Schalen.

8. Capulidae, meist festsitzende Tiere von unregelmässig mützenförmiger Gestalt, mit spiral gekrümmtem Wirbel, zuweilen mit mehreren niederen Umgängen. Man findet sie häufig fest verwachsen mit Muschelschalen, Krinoiden oder Korallen.

Capulus (Platyceras) priscus (Phil.) [Taf. 13, Fig. 16] ist häufig im mitteldevonischen Riffkalk, C. (Platyceras) trilobatus (Phil.) [Taf. 13, Fig. 17], eine zierliche Art aus dem Kohlenkalk und C. (Platystoma) naticoides (A. Röm.) [Taf. 13, Fig. 18], eine devonische Art mit wenigen, wohlausgeprägten, aber rasch anwachsenden Windungen.

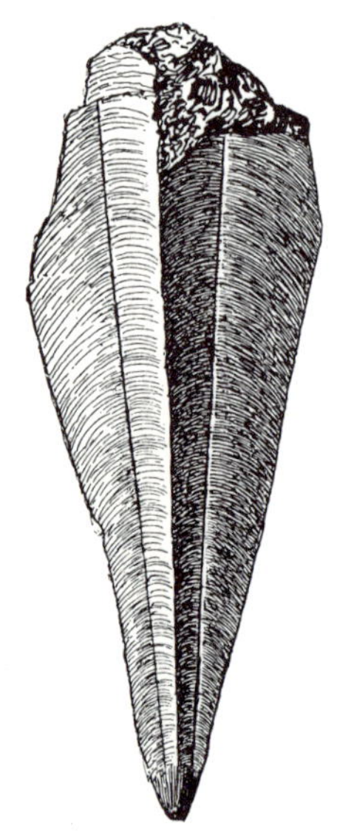

Fig. 56. Conularia anomala (Barr.). Untersilur. (Aus Zittel, Paläontol.)

VI. Turritellacea.

9. Pyramidellidae, turmförmige oder länglich ovale Schalen mit ovaler, vorn gerundeter Mündung und scharfer Aussenlippe.

Macrocheilus arculatus (Schloth.) [Taf. 13, Fig. 19] ist die grösste Schnecke aus den Stringocephalenkalken und wegen ihrer Dickschaligkeit häufig wohlerhalten.

Loxonema Leferei (de Kon.) [Taf. 13, Fig. 20], eine turmförmige, scharf zugespitzte Art mit sichelförmig gebogenen Zuwachsstreifen; leitend für den Kohlenkalk.

VII. Siphonostomata und VIII. Pulmonata.

Im Paläozoikum nicht vertreten.

IX. Pteropoda.

Zu den zierlichen, freischwimmenden Meeresmollusken, deren Fuss in ein Flossenpaar umgewandelt ist und deren Schalen, wenn überhaupt ausgebildet, dünn und durchscheinend sind, stellt man einige paläozoische Formen.

10. Tentaculitidae, mit der einzigen Gattung Tentaculites. Wie schon aus dem geologischen Abschnitt hervorgeht, spielen die Tentakuliten in einzelnen deutschen Ablagerungen des Unterdevon eine wichtige Rolle und sind

vielfach die einzigen Fossilien in diesen Schiefern. Ihre überaus zierlichen, konischen Röhrchen von ursprünglich rundem Querschnitt, aber meist flachgedrückt mit Querstreifung, bedecken zu Tausenden die Schichtflächen. Hierher gehört der spitzige T. acuarius (Richt.) [Taf. 13, Fig. 23] und der etwas breiter konische T. laevigatus (Richt.) [Taf. 13, Fig. 24]. Eine grössere und zuweilen im Hohlraum sehr gut erhaltene Art ist T. scalaris (Schl.). [Taf. 13, Fig. 22.]

11. Conularia und Hyolithes mögen hier der Vollständigkeit halber noch erwähnt sein, obgleich dieselben in den deutschen silurischen Ablagerungen zu den grossen Seltenheiten gehören. Es sind, wie die Tentakuliten, dutenförmige Gebilde mit offenbar sehr dünner Schale. Hyolithes erinnert in Form und Grösse an Dentalium, war aber gedeckelt; Conutaria ist bedeutend grösser, mit scharfkantigem, quadratischem Querschnitt, jede der quergestreiften Seiten ist ausserdem durch eine Medianfurche geteilt.

IX. Kopffüsser oder Tintenfische, Cephalopoda.

Diese dritte und am höchsten entwickelte Abteilung der Weichtiere ist für den Sammler von grosser Bedeutung, denn die schönsten und als Leitfossilien wichtigsten Versteinerungen, wie die Nautiliden, Ammoniten und Belemniten, gehören dieser Tiergruppe an. Die Cephalopoden sind ausschliessliche Meeresbewohner und bewegen sich bald schwimmend, bald mit dem Kopfe abwärts kriechend. Während aber die heute lebenden Tintenfische bis auf ganz wenige Ausnahmen unbeschalt sind und nur eine mehr oder minder stark verkalkte Stütze (Schulp) innerhalb des Körpers tragen, überwiegen in den paläozoischen und mesozoischen Formationen die beschalten Formen so sehr, dass den zwei lebenden Arten (Nautilus und Argonauta) mit etwa zehn Spezies viele Tausende (gegen 10000 Spezies) fossiler Arten gegenüberstehen. Dabei ist freilich zu berücksichtigen, dass die unbeschalten Tintenfische weniger erhaltungsfähig sind und deshalb seltener fossil gefunden werden, doch bleibt es eine unbestrittene Tatsache, dass die Cephalopoden im ganzen Haushalt der Natur früher eine viel grössere Rolle spielten, als heute und der jeweiligen marinen Fauna ihr Gepräge gaben.

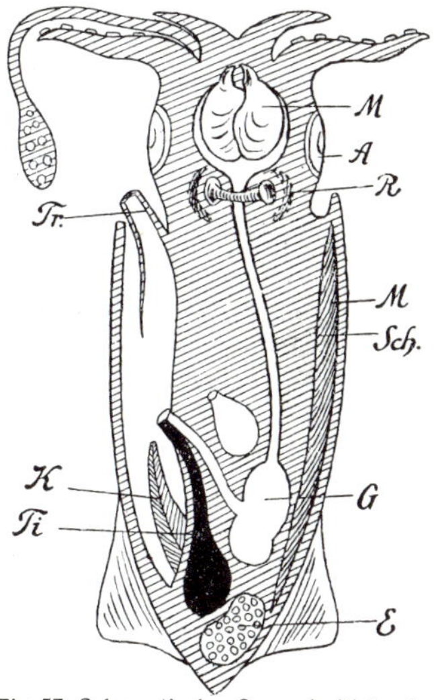

Fig. 57. Schematischer Querschnitt durch einen Tintenfisch (der Kopf nach unten gericht.). A = Auge, M = Mund u. Gebiss, R = Schlundring, G = Magen, E = Eierstock, M = Mantel, Sch = Schulp, K = Kiemen, Ti = Tintenbeutel, Tr = Trichter.

Bei den Tintenfischen ist schon äusserlich der Kopf mit den Fangarmen und einer mit Kieferplatten versehenen Mundöffnung von dem übrigen Körper scharf abgeschieden; der letztere wird von einem sackförmigen Mantel, mit einem Flossenpaar umschlossen und weist wohlentwickelte Verdauungs- und Sekretionsorgane (Magen, Darm, Leber, Nieren etc.), sowie Nerven (Herz und Blutgefässe) auf. In dem Hohlraum zwischen dem Körper und Mantelsack befinden sich die Kiemen, neben welchen der After nnd der Tintenbeutel mit seiner schwarzfärbenden Flüssigkeit mündet. Den Abschluss dieses Hohlraumes nach aussen bildet der Trichter, ein eigenartiges Organ, durch welches das Tier das in den Hohlraum eindringende Wasser mit grosser Kraft hinausstösst, und dadurch sich selbst eine Rückwärtsbewegung im Wasser verleiht.

Die Cephalopoden zerfallen in eine Anzahl Gruppen, welche in ihrem Aufbau, insbesondere auch in der Ausbildung der für den Paläontologen wichtigen Hartgebilde grosse Abweichungen zeigen.

1. Nautiloidea mit 4 Kiemen, einer gekammerten Schale und einfachen Kammerscheidewänden.

2. Ammonoidea, Schalen gekammert, mit verzweigten Kammerscheidewänden.

3. Octopoda, meist unbeschalte Formen mit 2 Kiemen und 8 Armen.

4. Belemnoidea, in dem äusserlich nackten Körper ein Schulp mit harter Spitze.

5. Sepioidea, zweikiemige Tintenfische mit innerlichem Schulp und 10 Armen.

In den paläozoischen Formationen kommen zunächst nur die beiden ersten Gruppen in Frage.

A. Nautiloidea.

Den Ausgangspunkt für diese in dem Paläozoikum sehr verbreiteten und formenreichen Gruppe bildet der heute noch in den tropischen Meeren lebende Nautilus. Das Tier schliesst sich in seinem inneren Aufbau dem der übrigen Tintenfische an, hat jedoch im Unterschied von allen anderen 4 Kiemen. Der Kopf endigt in zahlreichen kurzen Tentakeln oder Fangarmen, welche den mit kräftigem Schnabel versehenen Mund umschliessen. Ein breiter muskulöser Hautlappen, der sogenannte Fuss, schliesst die Schale ab, wenn das Tier zurückgezogen ist. Von Wichtigkeit ist namentlich die Schale, welche aus einer Wohnkammer und einem gekammerten Teile besteht. In der Wohnkammer ist das Tier durch zwei Haftmuskeln und eine Verwachsung des Mantels befestigt; der äussere Rand ist der Mundsaum, der namentlich bei fossilen Arten verschiedenartig gestaltet ist. Der gekammerte Teil ist leer und man spricht deshalb von Luftkammern der Schale, welche offenbar dazu dienen, das spezifische Gewicht des Tieres zu erleichtern und es so zum Schwimmen zu befähigen. Die einzelnen Luftkammern werden getrennt durch Kammerscheidewände, welche bei den Nautiliden im Medianschnitt nach vorne gerichtet sind; ihre Ansatzstelle an der Aussenschale bildet eine einfach geschwungene oder leicht gewellte Linie und tritt an dem meist im Steinkerne erhaltenen Fossil deutlich als Sutur oder Lobenlinie deutlich hervor; ihr einfacher Verlauf bildet ein wichtiges Unterscheidungsmerkmal gegenüber den

Fig. 58. Lebender Nautilus auf dem Meeresboden kriechend.

Ammonoidea, bei welchen die Lobenlinie stets in regelmässigen Bogenlinien, zum Teil mit verwickelten Verästelungen verläuft Die einzelnen Kammerscheidewände werden durchbrochen von dem Sipho, einem schlauchartigen Anhängsel des Mantels, der bis zu der innersten Kammer, der Anfangs- oder Embryonalkammer verläuft. Der Sipho ist zuweilen verkalkt und uns dann erhalten, jedenfalls aber bildet sein Durchbruch durch die Kammerscheidewand eine dutenförmige Ausstülpung, die Siphonaldute, welche bei den Nautiliden, im Unterschiede zu den Ammoniten, stets nach hinten gerichtet ist.

Während der lebende Nautilus eine in der Ebene aufgerollte Schale hat, finden wir unter den fossilen, vorwiegend paläozoischen Arten, alle möglichen Uebergänge von der einfachen Stabform bis zu den vollständig aufgerollten Arten, ja einzelne Formen sind sogar spiral, wie die Schnecken, aufgerollt. Für unsere deutschen Formationen kommen freilich nur einige wenige in Betracht, wer aber Gelegenheit hat, in den Silurkalken Böhmens oder in den Diluvialgeschieben zu sammeln, der wird bald seine Sammlung mit zahlreichen eigenartigen Formen bereichern können, welche hier als ausserdeutsche Vorkommnisse nur kurz erwähnt werden.

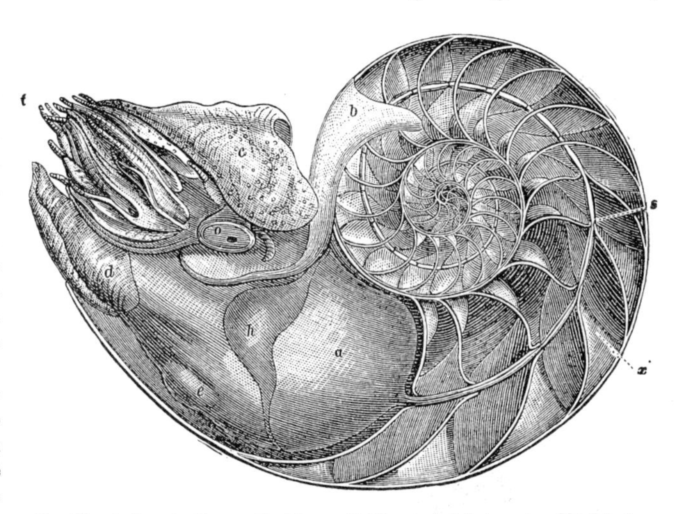

Fig. 59. Aufgeschnittener Nautilus mit Tier und Schale. a = Mantel, b = Rückenlappen, c = Kopfkappe, d = Trichter, t = Arme, o = Auge, h = Haftmuskel, x = Luftkammern, s = Sipho. (Aus Zittel, Paläontol.)

1. Orthoceras, gerade, stabförmige, langsam sich verjüngende Schalen von runden, selten abgerundet dreieckigem Querschnitt; grosse Wohnkammer mit einfacher Mündung; Suturlinien einfach, so dass die Ausfüllungen der Kammern leicht in einzelne uhrglasförmige Abschnitte zerfallen. Lage des Sipho verschieden, ebenso die Verkalkung desselben und die Ausbildung der Siphonalduten. Bei den älteren (kambrischen und silurischen) Arten meist verdickte und verkalkte Siphonen.

Die zahlreichen, aus unserem deutschen Paläozoikum beschriebenen Arten sind vielfach sehr schwierig zu unterscheiden, zumal wenn sie nicht ganz gut und mit Schale erhalten sind. Die Lage des Sipho, der Abstand der Suturen, die Zunahme der Dicke und die Verzierung der Schale sind besonders für die Bestimmung massgebend. O. lineare (Münst.) (= planicanaliculatum, Sandb.) [Taf. 14, Fig. 1], ist ein gewisser Grundtypus der mitteldevonischen Orthoceren, der in vielfachen Abarten wiederkehrt; man erkennt leicht die ungekammerte, gestreifte Wohnkammer und den unteren gekammerten Teil mit ziemlich weitstehenden Kammerscheidewänden. O. planoseptatum (Sandb.) [Taf. 14, Fig. 2] findet sich häufig in den devonischen Kalken der Eifel und weist eine wesentlich engere Kammerung auf. O. rapiforme (Sandb.) [Taf. 14, Fig. 4]

(14, 3. 5—9. 12.)

zeigt ein rasches Dickenwachstum gegenüber den anderen Arten. O. nodulosum (Schloth.) [Taf. 14, Fig. 5], eine charakteristische Art aus dem Eifelkalk, ist leicht an den ringförmig angeordneten Knoten auf der Schale kenntlich, während O. triangulare (d'Arch.) [Taf. 14, Fig. 3], ein Leitfossil der mitteldevonischen Günterroder Kalke, sich durch einen abgerundet dreieckigen Querschnitt und unregelmässige Knotenbildungen auszeichnet. O. (Bactrites) gracilis (Sandb.) [Taf. 14, Fig. 12] findet sich nicht selten in hübschen, verkiesten Exemplaren in den Devonschiefern und unterscheidet sich von den echten Orthoceren durch den dünnen, randständigen Sipho mit ausgezogenen Siphonalduten. Man fasst diese Form auch als einen stabförmig gestreckten Goniatiten auf.

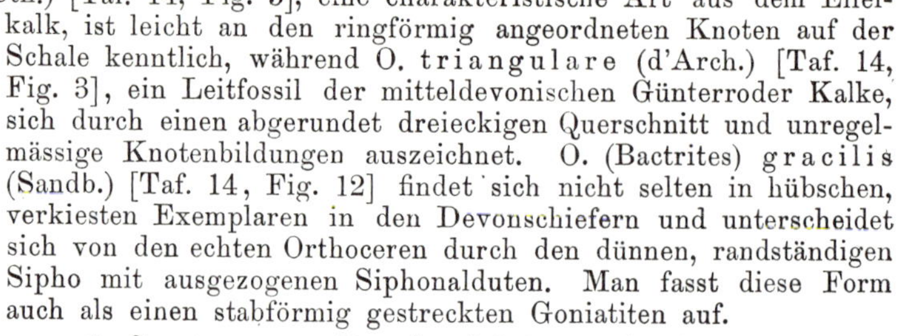

2. Cyrtoceras; Bau der Schale wie bei Orthoceras, aber mit rascherem Dickenwachstum und einfacher Krümmung; die Wohnkammer ziemlich kurz, mit einfachem Mundsaum, der Sipho meist nach der Aussenseite gerückt. C. depressum (Goldf.) [Taf. 14, Fig. 6] bildet in Bruchstücken keine Seltenheit in den mitteldevonischen Kalken. Auch von Cyrtoceras kennt man eine erstaunliche Menge von Arten, welche hauptsächlich in den Silurkalken gefunden werden. An Cyrtoceras schliesst sich der silurische Phragmoceras an, welcher ähnlich wie Cyrtoceras aufgerollt ist, aber eine zusammengedrückte Mundöffnung hat, welche zuweilen bis auf einen schmalen, T-förmigen Spalt verschlossen ist.

3. Gomphoceras, kurze, gedrungene Schalen von birnförmiger Gestalt. Die Wohnkammer nimmt etwa die Hälfte der Schale ein und ist oben stark zusammengezogen, so dass nur eine schmale, T-förmige, an den Rändern leicht aufgebogene Mundöffnung ausgebildet ist. Von den mehr als 100 Arten aus dem Silur und Devon gibt uns G. inflatum (Römer) [Taf. 14, Fig. 7] aus dem Mitteldevon ein gutes Beispiel.

4. Nautilidae. Die Gruppe der eigentlichen Nautileen weist eine spiral in der Ebene aufgewundene Schale mit einfacher, selten etwas verengter Mündung auf. Wir finden aber in den alten Formationen auch noch Formenreihen, welche von dem echten Typus des Nautilus abweichen und deshalb als Untergruppen abgetrennt werden. So sehen wir bei Gyroceras die Schale zwar aufgerollt, aber die Umgänge berühren sich noch nicht. G. nodosum (Gieb.) [Taf. 14, Fig. 8] ist eine häufige mitteldevonische Art. An Gyroceras schliesst sich der silurische Lituites an, welcher zwar in den Anfangskammern scheibenförmig aufgerollt, dagegen im letzten Umgang aus der Spirale gerade gestreckt ist. L. lituus (Mondf.) in den silurischen Geschieben Norddeutschlands nicht selten. Hercoceras subtuberculatus (Sandb.) [Taf. 14, Fig. 9] leitet schon zum echten Nautilus über, nur haben wir es hier noch mit einer sehr evoluten Form zu tun, während die echten Nautilusarten engnabeliger sind.

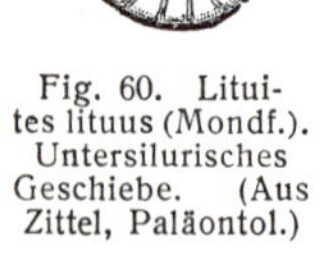

Fig. 60. Lituites lituus (Mondf.). Untersilurisches Geschiebe. (Aus Zittel, Paläontol.)

Der Vollständigkeit halber möge noch erwähnt sein, dass es auch schraubenförmig aufgewundene Schalen von Nautiloideen gibt, welche als Trochoceras bezeichnet werden; ihre Hauptverbreitung liegt im Silur, doch gehen sie bis in das Devon durch und werden als Seltenheit auch im Eifelkalk gefunden.

B. Ammonoidea.

Die Ammoniten sind eine vollkommen erloschene Gruppe der Tintenfische und wir können deshalb auch über die Organisation des Tieres nichts Bestimmtes sagen. Aber die vielfachen Aehnlichkeiten der Schale mit denen der Nautiliden lassen es sehr wahrscheinlich erscheinen, dass auch das Tier ähnlich wie Nautilus gebaut war und wir können uns deshalb die Ammoniten wohl als kriechende und schwimmende beschalte Tintenfische denken. Wie bei Nautilus ist die Schale, abgesehen von einigen Zerrformen, spiral scheibenförmig eingerollt, zerfällt in eine Wohnkammer mit geradem oder lappenförmig ausgezogenem Mundsaum und in einen gekammerten Teil, der von einem Sipho durchzogen ist. Im Unterschiede von Nautilus sind aber die Kammerscheidewände im Medianschnitt nach vorne gerichtet, ebenso wie die Siphonalduten nach vorne ausgebogen sind. Der Sipho liegt stets auf der Aussenseite. Besonders charakteristisch sind die Suturlinien, welche bei den einfachen Formen wellig oder zackig gebogen, meist aber wie die Knochennähte am Schädel fein verästelt und zerschlitzt sind. Man nennt nun die nach vorne gerichteten Erhebungen „Sättel", die nach hinten gehenden Ausbiegungen „Loben".

Fig. 61. Ammonit mit Tier, rekonstruiert. (E. Fraas, Führer.)

Fig. 62. Ammoniten-Bruchstück mit ausgewitterten Suturlinien.

Die echten Ammoniten sind eine ausgesprochen mesozoische Tiergruppe, welche uns später noch eingehend beschäftigen wird, aber schon am Abschlusse des Paläozoikums finden wir interessante Vorläufer, welche in gewissem Sinne die Ammoniten mit den Nautiliden verbinden.

1. Clymenia, eine kleine, ausschliesslich auf das Oberdevon beschränkte Formenreihe, welche mit den Nautiliden die Lage des Sipho auf der Innenseite und nach rückwärts gerichtete Siphonalduten gemeinsam hat. Die Schalen sind flach scheibenförmig, weitgenabelt und ohne Verzierung; die Suturlinie ist sehr

einfach, meist nur mit einem Seitenlobus. C. undulata (Münst.) [Taf. 14, Fig. 10] und C. laevigata (Münst.) [Taf. 14, Fig. 11] sind die beiden am häufigsten im Oberdevon bei Hof vorkommenden Arten. Die Unterscheidung der einzelnen Spezies ist hauptsächlich auf die verschiedene Ausbildung der Suturlinie begründet, welche bei C. undulata einen ausgezackten, bei C. laevigata einen gerundeten Lobus aufweist. C. speciosa (Münst.) von derselben Gegend ist an den geraden Rippen zu erkennen.

2. Goniatites. Die auf die obere Hälfte des Devons beschränkten Goniatiten bilden eine formenreiche und zur Bestimmung der Horizonte wichtige Gruppe. Als Merkmale für die Goniatiten gilt die mehr oder minder stark eingerollte, meist glatte und gerundete Schale, die Suturlinie aus einfachen zickzackförmigen Loben und Sätteln bestehend; der Sipho am Aussenrande gelegen, die Siphonalduten nach rückwärts gerichtet. Freilich ist die Unterscheidung der Arten und Feststellung der Spezies meist sehr schwierig, da die Unterschiede oft nur geringe sind. Ich habe versucht, auf unserer Taf. 15 wenigstens die häufigsten und wichtigsten Arten unter den vielen aus Deutschland beschriebenen herauszugreifen; für die einzelnen Formenreihen wurden Untergruppen aufgestellt, deren Bezeichnung in Klammern beigefügt ist.

Anarcestes-Untergruppe; weitgenabelte Formen mit einfacher Suturlinie, die nur einen einzigen Laterallobus aufweist. G. lateseptatus (Beyr.) [Taf. 15, Fig. 1], bezeichnet durch seine zahlreichen übereinander hergelegten (reitenden) Windungen und den weit auseinander stehenden Suturlinien; G. subnautilinus (Schloth.) [Taf. 15, Fig. 2], ähnlich wie der obige, aber mit engeren Suturlinien; häufig verkiest in den Wissenbacher-Schiefern; G. compressus (Goldf.) [Taf. 15, Fig. 3] eine weitgenabelte Art, deren innerste Windungen eine offene Spirale bilden. Agoniatites, enggenabelte, seitlich abgeplattete Formen mit einem einzigen flachen Seitenlobus; G. inconstans (Phil.) = G. occultus (Barr.) [Taf. 15, Fig. 4]. Pinacites enggenabelte, etwas abgeflachte Schalen mit leicht geschwungenen Lobenlinien. G. Iugleri (A. Röm.) [Taf. 15, Fig. 5] ist ein gutes, freilich nicht allzuhäufiges Leitfossil im unteren Mitteldevon (Wissenbacher Schiefer und Günterroder Kalk). Gephyroceras, meist ziemlich enggenabelte Formen mit scharf ausspringenden Loben und Sätteln. Hierher gehört G. intumescens (Beyr.) [Taf. 15, Fig. 6] ein Leitfossil für die tiefere Stufe des Oberdevon, welche nach diesen Goniatiten als Intumescensstufe bezeichnet wird und der niedliche formenreiche G. retrorsus (v. Buch) [Taf. 15, Fig. 9 und 10], der sich verkiest in den Büdesheimer Goniatitenschiefern findet. Aus denselben Schichten stammt auch G. (Tornoceras) simplex (v. Buch) [Taf. 15, Fig. 8], G. (Maeneceras) terebratus (Sandb.) [Taf. 15, Fig. 7], ein wichtiges Leitfossil der Stringocephalenkalke des oberen Mitteldevon mit enggenabelter und am Rücken abgeflachter Schale. G. lunulicosta (Sandb.) [Taf. 15, Fig. 11] gehört zur Gruppe Prolecanites, welche sich durch flache, weitgenabelte Gehäuse mit vielfach gewellten Lobenlinien auszeichnen. G. (Sporadoceras) bidens (Sandb.) = Münsteri (v. Buch) [Taf. 15, Fig. 12), eine fast kugelige, enggenabelte Form mit scharf ausgeschweiften Loben und Sätteln ist häufig in den Clymenienkalken des Oberdevon. G. (Beloceras) multilobatus (Beyr.) [Taf. 15, Fig. 13] ist eine sehr bezeichnende Art der Intumeszensstufe, ausgezeichnet durch die flache, aber enggenabelte Schale mit den zahlreichen zugespitzten Loben und Sätteln. G. (Glyphioceras) sphaericus (Goldf.) [Taf. 15, Fig. 14] zeichnet sich durch seine kugelige enggenabelte Schale mit scharf zickzackförmiger Lobenlinie aus und ist ein häufiges Fossil in den marinen unterkarbonischen Bildungen Westfalens.

X. Gliedertiere, Arthropoda.

Die grosse und formenreiche Klasse der Gliedertiere hat als gemeinsames Merkmal die Einteilung des Körpers in ungleiche Abschnitte (Kopf, Brust und Hinterleib) und die Gliederung der fussartigen Anhänge an den Körperabschnitten. Bekanntlich stellen die Gliedertiere unter der heutigen Tierwelt weitaus die grösste Anzahl von Arten, wobei besonders die unendliche Schar der Insekten ausschlaggebend ist, es ist aber natürlich, dass sie unter den Fossilien keine grosse Rolle spielen, handelt es sich doch meist um zarte, leicht vergängliche Geschöpfe, deren chitinöse Haut nur gelegentlich durch Aufnahme von Kalksalzen einen schwachen Grad von Erhaltungsfähigkeit bekommt. Ausserdem ist zu berücksichtigen, dass der grösste Teil der Gliedertiere, insbesondere die durch Tracheen atmenden Formen nicht im Meere, sondern in der Luft und dem Süsswasser leben, und wir wissen ja, wie sehr die terrestrischen und limnischen Ablagerungen hinter den marinen zurücktreten. Es wäre deshalb falsch, aus der Seltenheit der Gliedertiere in älteren Formationen etwa auf eine geologisch jüngere Entwicklung derselben zu schliessen; wir dürfen im Gegenteile annehmen, dass diese Gruppe eine uralte ist und gelegentliche glückliche Funde, z. B. in karbonischen Baumstämmen u. dgl., erlauben uns einen Blick in diese alte Fauna zu tun, wobei wir mit Staunen sehen, dass auch die Insektenwelt damals schon eine hochentwickelte war. Das hohe Alter der Gliedertiere wird ja am besten auch dadurch bewiesen, dass gerade die ältesten Tierfunde, die Trilobiten, denselben angehören.

Für unsere Betrachtungen genügt die Einteilung der Gliedertiere in die kiemenatmenden Branchiaten, mit der Hauptgruppe der Crustacea oder Krebstiere und in die durch Tracheen, d. h. durch feine, mit Luft gefüllte Hautröhren oder Säckchen atmenden Tracheaten, mit der Hauptgruppe der Insekten. Die letzteren fallen ausserdem für unser deutsches Paläozoikum weg, so dass wir es ausschliesslich mit Krebstieren zu tun haben.

Krebstiere, Crustacea.

1. Trilobitae.

Die Trilobiten sind ausschliesslich paläozoische, marine Krebstiere, welche am meisten Aehnlichkeit mit den heutigen Isopoden oder Asseln haben und auch als deren Vorläufer betrachtet werden können. Der wohlgegliederte Körper, von welchem übrigens mit ungemein seltenen Ausnahmen stets nur die Rückenseite erhalten ist, zerfällt in drei Abschnitte: erstens das Kopfschild, mit einem medianen Kopfbuckel, den facettierten Augen und den seitlichen Wangen, zweitens das Rumpfschild, das in zahlreiche Glieder zerfällt und auch in der Längsachse in eine mediane „Spindel" und zwei Seitenteile geteilt ist, und drittens das Schwanzschild oder Pygidium, das aus einer Verschmelzung ± zahlreicher Gliederstücke hervorgegangen ist. Die überaus selten erhaltene Unterseite lässt erkennen, dass sich unter jedem Gliede ein Paar von gegliederten Spaltfüssen befindet, an deren innerem Ast sich die Kiemen anlegten; unter dem Kopfschild sind die Spaltfüsse in Kaufüsse umgewandelt und ausserdem sind zwei kurze Antennen zu erkennen.

Die Trilobiten erscheinen, wie schon erwähnt, als älteste Bewohner unserer Erde schon im Kambrium und erreichen rasch eine grosse Mannigfaltigkeit, so dass wir deren Höhepunkt der Entwicklung im unteren Silur annehmen können.

Im Devon sind sie schon stark reduziert und sterben im Karbon und Perm vollständig aus. Interessant ist, dass die ältesten Vertreter noch keine deutlich ausgebildeten Augen besitzen, sondern dass diese sich erst allmählich entwickeln, ebenso wie das Einrollungsvermögen, das erst bei einzelnen jüngeren Arten auftritt.

Die systematische Gliederung und die Bestimmung der Trilobiten ist natürlich mit Schwierigkeiten verbunden und es wird hierbei der Verlauf der Gesichtsnaht, die Entwicklung der Augen, die Form des Mittelschildes u. a. verwendet. Abgesehen von einigen Arten im Silur des Fichtelgebirges und Kellerwaldes, sowie im Devon sind Trilobiten in unseren deutschen Formationen selten und wir müssen uns schon in das böhmische Kambrium und Silur begeben, wenn wir den richtigen Eindruck von dieser interessanten Tiergruppe bekommen wollen.

Von den zahlreichen Untergruppen mögen zu den durch Abbildungen vertretenen noch einige als besonders charakteristisch und paläontologisch interessant beigefügt sein.

Agnostus, zierliche, im Kambrium sehr verbreitete Arten, von welchen meist nur die getrennten, einander ähnlichen Kopf- und Schwanzschildchen in Massen angehäuft gefunden werden.

Fig. 63. Agnostus pisiformis (Lin.) Kambrium. (Aus Zittel, Paläontol.)

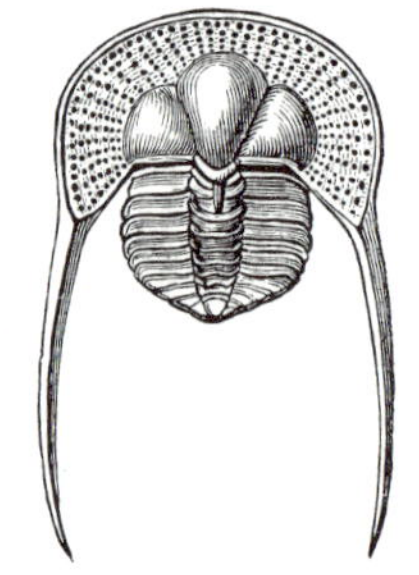

Fig. 64. Trinucleus Goldfussi (Barr.) Untersilur. (Aus Zittel, Paläontol.)

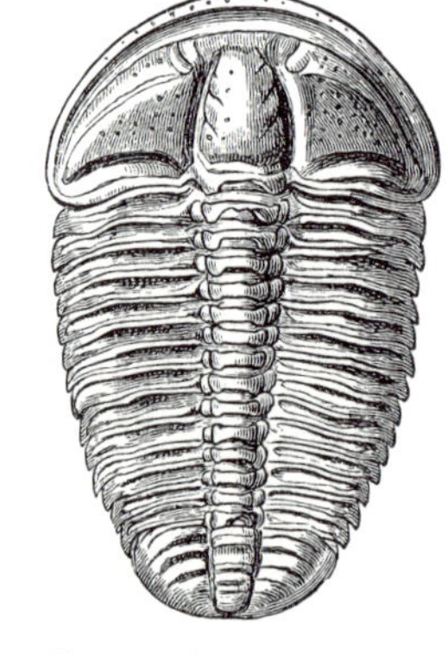

Fig. 65. Conocephalites Sulzeri (Barr.) Kambrium. (Aus Zittel, Paläontol.)

Trinucleus, kleine Arten des Untersilurs mit grossen, in lange Stacheln auslaufenden Kopfschildern und kurzem, 5—6fach gegliedertem Körper.

Conocephalites, verhältnismässig grosse Kopfschilder ohne Augenhügel mit seitlich ausgezogenen Wangen; der Rumpf mit 14—16 Gliedern und kleinem, abgerundetem Schwanzschild. Der im Kambrium Böhmens sehr häufige C. Sulzeri (Textfig. Nr. 65) möge zugleich als Ergänzung des Kopfschildes von C. Geinitzii (Barr.) [Taf. 16, Fig. 1] aus dem Silur von Hof dienen.

Olenus, ähnlich wie Conocephalites gebaut, mit halbmondförmigen, nach hinten zuweilen in Stacheln ausgezogenem Kopfschild, kleinen, nach vorne gerückten Augen und dickem, verziertem Kopfbuckel. Die Kopfschilder von O. (Bavarilla) Hofensis (Barr.) [Taf. 16, Fig. 2] und O. frequens (Barr.) [Taf. 16 Fig. 3] können am besten nach der Textfig. 65 ergänzt werden. In die Gruppe der Oleniden gehört auch der schöne und häufige Paradoxides Bohemicus aus dem Kambrium von Böhmen.

Homalonotus, meist grosse, längliche Trilobiten mit undeutlich ausgeprägter Spindel und annähernd gleichgrossem Kopf- und Schwanzschild; die Augen klein, der Kopfbuckel ohne Furchen und Verzierung. Hierher gehören stattliche Arten aus den unterdevonischen Schiefern, wie H. planus (Sandb.) [Taf. 16, Fig. 4] und H. crassicauda (Sandb.) [Taf. 16, Fig. 5], der erstere mit nahezu glattem, der letztere mit kräftig gegliedertem Schwanzschild. Beide erreichen zuweilen mehr als doppelte Grösse der abgebildeten Exemplare.

(16, 6—13. 15; 17, 1. 2.)

Asaphus ist eine im Kambrium und Untersilur sehr verbreitete Gruppe, welche im offenen und besonders in zierlichen, eingerollten Exemplaren nicht selten im norddeutschen Diluvialgeschiebe gefunden wird. Die Schale ist glatt, Kopf- und Schwanzschild gross und deutlich abgesetzt; die Augen glatt und gross; der Rumpf meist mit 8 Gliedern.

Bronteus. Der Körper breit oval, der Kopfschild breit mit scharf begrenztem, dreifach durchfurchtem Kopfbuckel, Rumpf mit 10 Gliedern. Besonders charakteristisch sind die grossen Schwanzschilder mit kurzer medianer Achse, von deren Ende aus palmettenartig Radialfurchen ausstrahlen. Ich habe solche von B. alutaceus (Goldf.) [Taf. 16, Fig. 6] und B. granulatus (Goldf.) [Taf. 16, Fig. 7] als besonders häufig und leitend abgebildet.

Phacops, Kopf und Schwanzschild fast gleich gross; am Kopfschild ein hoher, scharf abgesetzter Kopfbuckel, daneben auf Buckeln die schön facettierten Augen; Rumpf mit 11 Gliedern, deren Seitenteile gefurcht sind; auf dem Schwanzschild eine kräftige Achse und Querfurchen. Die häufigste Art ist Ph. latifrons (Bronn) [Taf. 16, Fig. 8—10], der in den mitteldevonischen Kalken der Eifel meist eingerollt in überaus zierlichen Exemplaren gesammelt werden kann, während er in den Schiefern, z. B. von Bundenbach, gewöhnlich aufgerollt gefunden wird. Ph. fecundus (Barr.) [Taf. 16, Fig. 11] ist leitend für das Unterdevon.

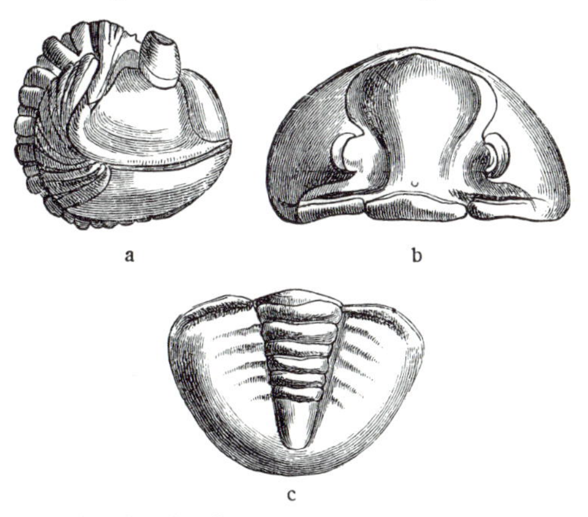

Fig. 66. Asaphus expansus (Lin.) Untersilur.
a) eingerollt, b) Kopfschild, c) Schwanzschild.
(Aus Zittel, Paläontol.)

Dalmania schliesst sich in ihrem Bau an Phacops an, ist aber meist viel grösser und hat einen in Stacheln ausgezogenen Kopfschild, ebenso wie das Schwanzschild in Spitzen endigt. D. tuberculata (A. Röm.) [Taf. 17, Fig. 1 u. 2] ist eine häufige und leitende Form im Unterdevon.

Cheirurus, grosser Kopfschild mit scharf begrenztem, zuweilen hervorstehendem Kopfbuckel und breiten Wangen, an deren Seite die kleinen Augen versteckt liegen. Das Rumpfstück hat etwas Spinnenartiges, da die Seitenglieder an dem Rande als Spitzen hervortreten. Ch. Sternbergi (Boekh) [Taf. 16, Fig. 12] ist leitend für das Mitteldevon.

Acidaspis ist besonders durch die Stacheln und Höcker charakterisiert, welche sowohl am Kopfschild, als auch an den Seiten des Rumpfes und besonders am Schwanzstück entwickelt sind. A. (Gryphaeus) punctatus (A. Röm.) [Taf. 16, Fig. 13] ist eine zierliche Art aus dem Mitteldevon, mit langen Stacheln am Schwanzschild.

Harpes, eine eigenartige Form mit sehr grossem Kopfschild, dessen nach hinten gezogene Ränder fast den ganzen zierlich gebauten Körper mit sehr kleinem Schwanzschild umfassen. H. socialis (Holzapfel) [Taf. 16, Fig. 15] stellt ein derartiges Kopfschild dar, während der Körper meist zerfallen ist.

Proëtus, meist kleine, abgerundet ovale Formen; an dem mässig grossen Kopfschild ein abgesonderter Rand und glatter Kopfwulst. Augen schön facettiert. Der Schwanzschild gerundet, mit glattem Rande und deutlicher

Querteilung. P. orbitatus (Barr.) [Taf. 16, Fig. 14] stammt aus dem Mitteldevon, doch gehen einzelne Arten auch noch bis in das Karbon. In dieselbe Gruppe gehört auch

Phillipsia, mit den jüngsten Vertretern der Trilobiten aus dem Karbon und Perm. In den deutschen Ablagerungen ist Phillipsia selten, doch ist des geologischen Interesses halber eine Art Ph. acuminata (Frech) [Taf. 17, Fig. 3] zur Abbildung gebracht. Unsere Art stammt aus dem Kohlenkalk von Oberschlesien, doch sind auch solche aus dem Kulm von Herborn beschrieben.

2. Ostracoda oder Muschelkrebse.

Die kleinen, von einer zweiklappigen Schale vollständig umschlossenen Krebstierchen, welche uns von den Süsswasser-Ostrakoden, Cypris, her bekannt sein dürften, treten schon in den ältesten Formationen auf und spielen sogar in einzelnen Schichten wegen ihrer Massenhaftigkeit eine Rolle als Leitfossilien. Paläontologisch ist natürlich mit den kleinen, ziemlich gleichartig gestalteten Schälchen wenig anzufangen, doch gehören sie der Vollständigkeit halber gleichfalls in unsere Sammlungen aufgenommen.

Leperditia ist die grösste Art, welche im oberen Silur als L. Hisingeri bis 22 mm Länge erreicht und einem glänzenden Bohnenkerne gleicht, sie findet sich nicht selten im baltischen Diluvium; unsere in Taf. 17, Fig. 4 abgebildete Art stammt aus dem Mitteldevon der Eifel und zeigt etwas kleinere Verhältnisse. Eine geologisch wichtige Rolle spielt

Entomis serrato-striata (Sandbg.) [Taf. 17, Fig. 6], welche einzelne Bänke des Oberdevons, die nach diesen Krebsen Cypridinenschiefer genannt werden, erfüllen.

3. Phyllopoden, Blattfüssler.

Auch hier handelt es sich meist um kleine Krebstiere, deren Bau uns an den in unseren Süsswassertümpeln lebenden Arten wie Daphnia, Apus und Branchipus am besten vergegenwärtigt wird. Es sind gestreckte, oft deutlich gegliederte Tierchen, welche durch eine schildförmige oder flache zweiklappige Schale geschützt sind. Diese zarten Schalen, welche mit der Muschel Posidonomya (s. S. 77) viel Aehnlichkeit haben, sind uns zuweilen erhalten und werden der Gattung

Estheria zugeschrieben. Hierher gehören auch die kleinen, zierlichen Klappen aus der Steinkohlenformation, welche als E. (Leaea) Baentschiana (Gein.) [Taf. 17. Fig. 5] bezeichnet werden.

4. Malacostraca.

Es ist die grosse Klasse der Krebstiere mit regelmässiger Zahl von Gliedern und Gliedmassen, zu welcher auch die echten Krebse im engeren Sinne gehören. Diese finden wir jedoch erst vom Mesozoikum an, dagegen haben wir aus den unteren Rotliegenden eine zuweilen in Masse auftretende Art,

Gampsonyx fimbriatus (Jordan) [Taf. 17, Fig. 7] zu erwähnen, welche an unsere Brunnenkrebse (Gammarus) erinnert und zu den Schizopoden oder Spaltfüsslern gehört.

5. Gigantostraca.

Diese eigenartige, auf das Paläozoikum beschränkte Klasse von Gliedertieren darf schon aus paläontologischem Interesse nicht übergangen werden, obgleich deren Reste in den deutschen Schichten noch nicht gefunden wurden.

Die **Gigantostraca** umfassen die grössten **bekannten** Gliedertiere, **welche** eine Länge **von** $1^1/_2$—2 m erreichen und sind **bezeichnet** durch einen **langgestreckten, gegliederten**, hinten mit einem Stachel besetzten Körper; die 6 **Fusspaare** liegen **unter dem** Kopfschild; das vorderste derselben trägt zuweilen kräftige **Scheren**, **das hinterste zeichnet** sich durch besondere **Stärke** und Grösse aus. In gewisser

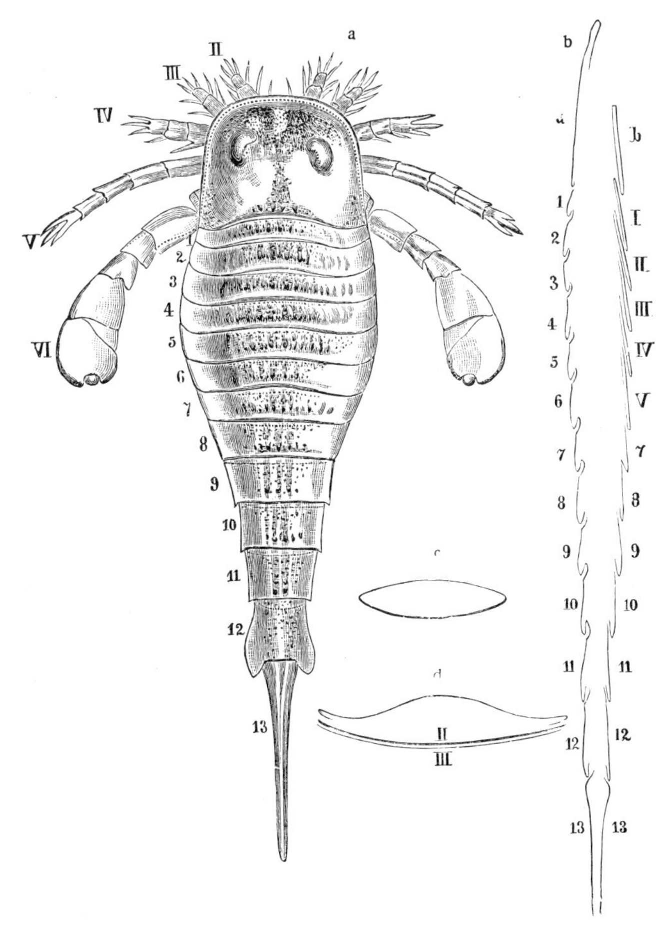

Fig. 67. Eurypterus Fischeri (Eichwald) Obersilur. $^1/_5$ nat. Gr.
a) Rückenseite des Tieres mit den Fusspaaren (II—IV) und den Gliederstücken (1—13), b) Längsschnitt, c) und d) Querschnitte. (Aus Zittel, Paläontol.)

Hinsicht schliessen sie sich an die fremdartigen Limulus oder **Molukkenkrebse** unserer heutigen Tierwelt an. Die Hauptformen sind Eurypterus, Pterygotus und Stylonurus; ihre Reste findet man besonders im oberen Silur und dem „alten roten Sandstein“ von England und im obersilurischen Mergelschiefer der Insel Oesel; von dort aus wurden sie in den diluvialen Geschieben auch nach Norddeutschland verschleppt.

XI. Wirbeltiere, Vertebrata.

Gegenüber der unendlichen Zahl und Formenfülle der wirbellosen Tiere ist in den paläozoischen Formationen das Reich der Wirbeltiere nur spärlich vertreten und die Reste derselben gehören meist zu den seltenen Funden. Aber diese Fundstücke verdienen um so grössere Aufmerksamkeit, da es sich um die hochentwickelten Glieder, also gewissermassen um die Spitzen der Tierwelt handelt, und da wir hoffen können, an ihnen den allmählichen Fortschritt in der Entwicklung zu beobachten. In der Tat entspricht auch das geologische Auftreten der Wirbeltiere im allgemeinen dem entwicklungsgeschichtlichen Bilde, das uns vor Augen steht. In dem alten Paläozoikum fehlen sie gänzlich und erst im Obersilur finden wir die ersten seltenen Spuren mit eigenartigen, heute vollständig ausgestorbenen Fischarten, die einen sehr niederen und einfachen (primitiven) Bau aufweisen. Diese Fischwelt nimmt im Devon an Menge und Formenreichtum zu, stirbt aber im Karbon und Rotliegenden grösstenteils wieder aus, dafür stellen sich neue, höher entwickelte Formen ein, welche den Uebergang zu der späteren mesozoischen Fischwelt bilden, aber auch hier handelt es sich durchgehends um Arten, welche heute nicht mehr vertreten sind. Die nächsthöhere Wirbeltiergruppe der Amphibien setzt erst im Karbon mit der eigenartigen, seit der Trias wieder erloschenen Klasse der Stegocephalen ein und im Rotliegenden schliesslich finden wir die ersten, recht einfach gebauten Reptilien. So harmonisch dieses Gesamtbild auch aussieht, so dürfen wir uns doch nicht verleugnen, dass es ausserordentlich lückenhaft ist, und uns namentlich über die Anfänge und Stammesgeschichte nur wenig sicheren Anhaltspunkt bietet; wir müssen uns darüber klar sein, dass uns eben nur einige wenige Hartgebilde, wie Schuppen und Zähne, später auch Knochen erhalten sind und dass für die Stammesgeschichte in erster Linie die einfachen (primitiven) Arten in Frage kommen, welche dieser Hartgebilde entbehren. Es ist auch nicht Sache des Sammlers, sich allzusehr in diese mehr oder minder theoretischen Spekulationen einzulassen, sondern sein Bestreben muss darauf gerichtet sein, durch Fleiss und Ausdauer neue Bausteine beizubringen, welche ihm und anderen Aufschluss über die ältesten Wirbeltiere bringen können. Unter diesem Gesichtspunkte wird es auch einleuchtend sein, dass alle paläozoischen Wirbeltierfunde mit Ausnahme weniger allgemein bekannter Fische von grösstem wissenschaftlichen Interesse sind und möglichst bald einem Fachmanne unterbreitet werden sollten.

Ich kann hier natürlich nur eine gedrängte Uebersicht im Anschluss an die bei uns in Deutschland gemachten Funde geben.

1. Pisces, Fische.

Von der Klasse der Fische kommen für das Paläozoikum zunächst die Knorpelfische oder Selachii in Betracht, deren bekannteste Vertreter unter der heutigen Tierwelt die Haie und Rochen sind. Sie unterscheiden sich von den übrigen Fischen dadurch, dass ihr Skelett nicht aus Knochen, sondern aus Knorpel besteht, welcher nur dann erhalten bleiben kann, wenn er verkalkt ist. Ausserdem ist die Haut nicht mit richtigen Schuppen, sondern mit feiner Chagrinschichte, d. h. mit feinen, meist rhombischen Plättchen (sog. Plakoidschuppen) bedeckt. Gewöhnlich sind von den Selachiern nur die harten Zähne und Flossenstacheln erhalten, dagegen kennen wir aus den Kupferschiefern und den Brauneisensteinknollen des Rotliegenden von Lebach auch Spuren des gesamten Körpers. Diese beweisen uns, dass diese alten Selachier recht abweichend von den echten Haien gebaut sind und eine gesonderte Stellung beanspruchen.

Pleuracanthus (Xenacanthus) Decheni (Goldf.) [Taf. 17, Fig. 9] ist ein bis $^1/_2$ m langer Fisch, dessen schlecht erhaltene Ueberreste gewöhnlich nur eine undeutlich gegliederte Wirbelsäule, Spuren der Flossen und einen mit einem kräftigen Stachel versehenen breiten Kopf erkennen lassen.

Acanthodes Bronni (Ag.) [Taf. 17, Fig. 10] kommt gemeinsam mit dem zierlichen A. gracilis nicht selten in dem Rotliegenden vor, aber gute Exemplare, welche den Körper deutlich zeigen, sind doch sehr selten und die Deutung der einzelnen, meist wirr durcheinandergeworfenen Skeletteile ist überaus schwierig. Abgesehen von der feinen Chagrinhaut gleicht A. wenig einem Selachier. Der kurze Kopf mit einem grossen Maul ist, wie der Körper, mit Schüppchen bedeckt, an dem spindelförmigen Körper treten die Stacheln der Flossen deutlich hervor.

Dipnoi, Lurchfische, d. h. jene eigenartig organisierten Fische, welche zeitweilig die Kiemenatmung gegen solche durch Lungen umtauschen und dabei das Wasser verlassen, gehören auffallenderweise auch schon zur paläozoischen Fischfauna und lassen darauf schliessen, dass die Lurchfische ein uralter Stamm sind. Ihre Reste, unter welchen besonders die Kammzähne (ähnlich Ceratodus, s. S. 189) auffallen, werden im Devon und Karbon von England und Schottland gefunden.

Placodermi, Panzerfische, sind eine auf das Silur und Devon beschränkte Gruppe von fremdartigem, unbeholfenem Aussehen. Der Kopf und vordere Teil des Rumpfes war mit festen Knochenplatten bedeckt; an Stelle der Flossen finden wir ein Paar plumper, gleichfalls gepanzerter Ruderorgane, welche hinter dem Schädelabschnitt in Gelenken befestigt sind. Das Innenskelett des Fisches war nur wenig verknöchert. In Deutschland haben wir im Devonkalk von Bicken eine der schönsten und reichsten Fundstellen für Panzerfische; von dort stammt auch das Armstück von Coccosteus [Taf. 17, Fig. 8], welches uns besonders gut die mit Sternchen bedeckte Oberfläche des Knochens zeigt. An vollständig erhaltenen Stücken erkennen wir den eigenartigen Bau dieser Tiere, in welchem man Anklänge an Ganoidfische, Chimären, aber auch an die Stegocephalen zu erkennen glaubt.

Ganoidei, Schmelzschuppfische. Diese besonders im Mesozoikum weit verbreitete und formenreiche Gruppe ist dadurch gekennzeichnet, dass deren Schuppen aus einer mit glänzendem Schmelz überzogenen Knochenplatte bestehen. Im übrigen ähneln sie in ihrer äusseren Form sehr den heutigen Knochenfischen, nur ist ihr Innenskelett, insbesondere die Wirbelsäule, nur wenig verknöchert.

Eine besondere Unterabteilung unter den Ganoiden bilden die sogenannten „heterozerken“ Arten, bei welchen die Schwanzflosse aus zwei verschieden starken Lappen besteht und zwar ist der obere Lappen der weitaus stärkere. In diese Gruppe der heterozerken Ganoidfische gehören eine Anzahl von Arten, welche überaus häufig sowohl im Mansfelder Kupferschiefer, als auch in den Schiefern des Rotliegenden von Thüringen, Sachsen, Saargebiet und den Toneisensteinen von Lebach gefunden werden. Palaeoniscus Freieslebeni (Ag.) [Taf. 18, Fig. 1] ist so häufig in den Kupferschiefern, dass man schon auf den Gedanken kam, den Bitumen- und Schwefelgehalt dieser Schiefer auf die zahllosen Fischleichen zurückzuführen. Dem schlanken Palaeoniscus gegenüber fällt Amplypterus macropterus (Ag.) [Taf. 18, Fig. 2] durch seine breite Gestalt auf. Diese Spezies, zusammen mit dem noch etwas breiteren, aber kleineren A. latus und A. Duvernoyi, finden wir besonders häufig im Rotliegenden.

Echte Ganoidfische (Euganoidei) und Knochenfische (Teleostei) spielen im Paläozoikum noch keine Rolle.

2. Amphibia, Amphibien, Lurche.

Während wir unter den heute lebenden Amphibien nur die beiden Abteilungen der Schwanzlurche (Urodela) und Froschlurche (Anura) kennen, finden wir in den Schichten vom Karbon bis zur Trias eine andere Abteilung, welche

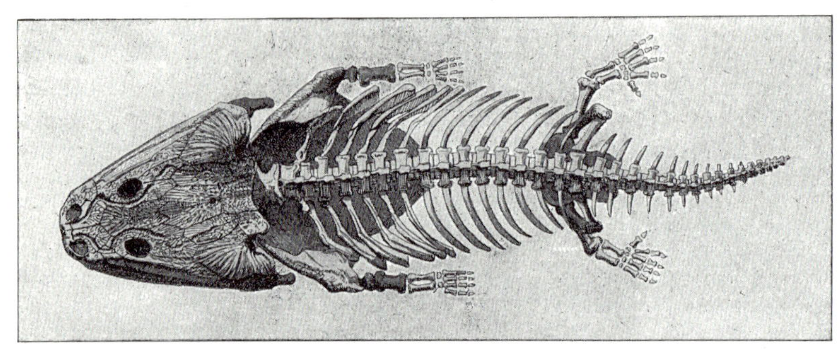

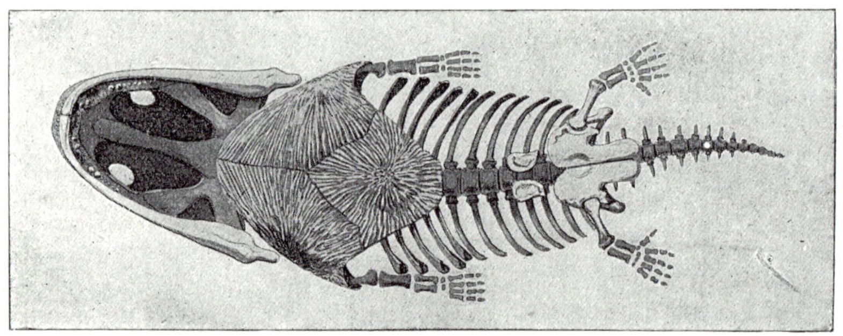

Fig. 68. Metopias diagnosticus H. v. Mey.
Restauriertes Skelett von oben und unten als Beispiel für einen Panzerlurch.
(E. Fraas, Führer.)

man als Stegocephalia oder Panzerlurche bezeichnet hat. Es sind meist salamanderartige, geschwänzte Lurche, in der Grösse von wenigen Zentimetern bis zu mehreren Metern Länge wechselnd. Bezeichnend für sie ist, dass der Kopf mit einem geschlossenen Schädeldache bedeckt ist, das sich aus soliden Hautverknöcherungen zusammensetzt. Auch einzelne Knochen des Brustgürtels sind in grosse, sogenannte „Kehlbrustplatten“ umgewandelt und hierzu kommt noch bei vielen Arten ein schuppiger Bauchpanzer. Die Zähne zeigen infolge verwickelter Schmelzfalten einen eigenartigen Querschnitt, der als Labyrinthstruktur bezeichnet wird und der besonders bei den grossen, als Labyrinthodonten bezeichneten Arten zum Ausdruck kommt. Man kennt eine grosse Anzahl verschiedener Arten von Stegocephalen, die sich auf verschiedene Untergruppen verteilen: sie stammen zum grössten Teile aus dem Rotliegenden und zwar kennen wir als berühmte Fundplätze die Kalkschiefer von Niederhässlich im Plauenschen Grund, wo H. Credner über 1000 Exemplare sammelte, ferner die Brandschiefer von Oberhof und Friedrichsroda in Thüringen, sowie von Kusel, Heimkirchen und Lauterecken in der Pfalz und die Toneisensteinknollen von Lebach bei Saarbrücken.

Branchiosaurus amblystomus (Credner) [Taf. 18, Fig. 3] ist die wichtigste und am besten bekannte Art der kleinen Stegocephalen, mit unvollkommener Verknöcherung der Wirbelsäule; er wird bis 12 cm lang, bleibt jedoch meist weit hinter diesem Masse zurück. Seine Gestalt erinnert an die eines Molches mit dickem Kopfe.

Archegosaurus Decheni (Goldf.) [Taf. 18, Fig. 4], aus den Lebacher Knollen, erreicht schon die stattliche Grösse von 1,5 m und gleicht dann eher einem kleinen Krokodil, zumal auch der Körper eidechsenartig gestreckt und auf dem Bauche mit einem Schuppenpanzer versehen war. Die Wirbel zeigen zwar starke Verknöcherung, bestehen aber noch aus einzelnen Knochenstückchen. Unser abgebildetes Stück gehört einem ganz jungen Exemplare an, während im Alter die Schnauze verlängert ist, so dass der Schädel ausgewachsener Exemplare eine Länge von 30 cm erreicht. Von derartigen oder noch grösseren Labyrinthodonten mögen wohl auch die Fährten stammen, welche sich im Sandstein des Oberrotliegenden bei Gotha finden und dort auf den Platten weithin in grosser Menge verfolgt werden können. Man bezeichnet sie als Fährten, Ischnium, und unterscheidet nach der Stellung und Form der Fingerabdrücke verschiedene Arten, von welchen I. sphaerodactylum (Papst) [Taf. 18, Fig 5] besonders bezeichnend ist.

B. Reptilia, Reptilien.

Es möge nur der Vollständigkeit halber darauf hingewiesen sein, dass vom Rotliegenden an auch schon echte Reptilien auftreten. Sie schliesssn sich an die heute noch auf Neuseeland lebende Brückenechse (Hatteria punctata) an und zeigen in jeder Hinsicht sehr einfache (primitive) Merkmale im Skelettbau. Aus dem Rotliegenden von Niederhässlich ist uns Palaeohatteria, aus dem Kupferschiefer von Mansfeld Proterosaurus bekannt geworden.

Zweiter Hauptabschnitt.

Das mesozoische Zeitalter

(Zeitalter des mittleren Lebens.)

Geologischer Ueberblick.

Triasformation.

Die eigenartige Ausgestaltung des europäischen Kontinentes am Schlusse des paläozoischen Zeitalters veranlasste zwei verschiedenartig gestaltete Ausbildungsweisen der Schichten und ihrer Einschlüsse (Fazies), von welchen die eine den Ablagerungen auf dem Lande und in grossen Binnenmeeren entspricht, während die andere auf eine Ablagerung des offenen Ozeans hinweist. Die erstere umfasst hauptsächlich Deutschland und wird deshalb als die deutsche Trias, die letztere wegen ihrer Ausbildung in den Alpen als alpine Trias bezeichnet.

A. Die deutsche Trias.

1. Buntsandstein.

Eine 200—500 m mächtige, fast petrefaktenleere rote Sandsteinbildung von weiter Verbreitung in Deutschland (Vogesen, Eifel, Schwarzwald, Spessart, Hessen, Thüringen, Südharzrand, Weserbergland und vielfach unter dem norddeutschen Diluvium und in Oberschlesien). Mehr nach der Gesteinsausbildung als auf Grund von Versteinerungen unterscheidet man Unteren Buntsandstein mit lichtgefärbten Sandsteinen und am Südharz mit kalkigen Rogensteinen (versteinerungsleer); Mittleren oder Hauptbuntsandstein mit vorwiegend roten Sandsteinen und Konglomeraten (zuweilen undeutliche Steinkerne von kleinen Muscheln — Gervillia Murchisoni — sowie Fährten und Knochenreste grosser Labyrinthodonten — Cheirotherien von Hildburghausen, Kahla; Knochenreste von Bernburg a. d. Saale); Oberen Buntsandstein oder Röth mit roten dünnplattigen Sandsteinen und Mergeln; am Harzrand und in Thüringen mit Gips- und Steinsalz (Schönigen und Salzgitter). Versteinerungen treten zuweilen auf und zwar Pflanzenreste bei Sulzbad in den Vogesen, Fährten (Chirotherien) in den Vogesen, Spessart, Thüringen und bei Kulmbach, vor allem aber zahlreiche Meeresbewohner, welche die Fauna des Muschelkalkes vorbereiten

(Lingula tenuissima, Myophoria costata und vulgaris, und Ammonites [Beneckeia] tenuis). Diese marinen Vertreter häufen sich im oberen Buntsandstein, je weiter wir nach Nordosten und Osten kommen, wo zugleich auch die rote Färbung der Mergel in eine lichtgelbe übergeht (südl. Harzrand, Pforta in Thüringen, Rüdersdorf, Oberschlesien).

2. Muschelkalk.

250—350 m mächtige Ablagerung von meist grauen Kalksteinen, Mergeln und Dolomiten; Versteinerungen sind zuweilen in einzelnen Schichten angehäuft, lassen sich aber meist nur schlecht aus dem Gesteine herausarbeiten. Am besten sammelt man die auf den Schichtflächen ausgewitterten oder in den Mergeln frei liegenden Ueberreste. Die Fauna ist eine marine, aber dem Charakter eines Binnenmeeres entsprechend einförmige und artenarme.

Unterer Muschelkalk oder Wellengebirge; in der unteren Hälfte vorwiegend Dolomit und dolomitische Mergel, in der oberen Hälfte graue Kalke mit welliger, gerunzelter Oberfläche (Wellenkalk) und einzelnen Lagen von sog. „Schaumkalk", einem porösen Kalkstein mit zahlreichen und besonders gut erhaltenen Versteinerungen. Als häufigste Fossilien mögen genannt sein: Dadocrinus gracilis (Krappnitz in Oberschlesien) und Encrinus Carnalli (Freiburg a. d. Unstrut), Terebratula vulgaris, sehr viele Zweischaler meist in Steinkernen erhalten (Lima radiata, Myophoria vulgaris, laevigata, cardissoides und orbicularis, Gervillia costata und socialis, Pecten discites und laevigatus), auch Steinkerne von Schnecken sind häufig (Dentalium torquatum, Chemnitzia (Loxonema) obsoleta und Schlotheimii) während Nautilus dolomiticus und Ammoniten (Beneckeia Buchi und Ceratites antecedens) mehr oder minder zu den Seltenheiten gehören.

Mittlerer Muschelkalk oder Anhydritgebirge. Vorwiegend dolomitische Kalke und Mergel mit Lagern von Anhydrit, Gips und Steinsalz (süddeutsche Steinsalzformation). Annähernd versteinerungsleer.

Oberer Muschelkalk oder Hauptmuschelkalk. Meist graue Kalksteine mit einzelnen Muschelbänken. In der unteren Stufe erfüllt von den meist zerfallenen Resten von Encrinus liliiformis (Trochitenkalke). Gute Fundorte für ganze Kelche sind: Gaismühle bei Crailsheim, Schwäb. Hall, Erkerrode in Braunschweig. In der oberen Stufe ist Ceratites nodosus leitend (Nodosuskalk), zu welchem sich in Südwestdeutschland noch Ceratites semipartitus in den obersten Schichten gesellt. Diese werden zuweilen auch durch dolomitische Bänke mit Trigonodus Sandbergeri vertreten (Trigonodus-Dolomit).

Ausser den bereits genannten Fossilien finden sich im oberen Muschelkalk zuweilen in massenhafter Anhäufung Brachiopoden (Terebratula vulgaris, Spiriferina fragilis) und Bivalven (Ostrea complicata, Pecten discites und laevigatus, Lima striata, Gervillia socialis, Myophoria laevigata, vulgaris und Goldfussi, Nucula Goldfussi, Corbula gregaria u. a. Gasteropoden sind seltener (Chemnitzia Hehlii, Natica gregaria); in der Crailsheimer Gegend sind auch Krebse (Pemphix Sueurii) nicht selten und ebenso stellen sich im oberen Muschelkalk (Bayreuth, Crailsheim, Halle) Knochen und Zähne von Fischen und Sauriern (Acrodus, Hybodus, Colobodus, Labyrinthodonten, Nothosaurus und Simosaurus) ein, die zuweilen so angehäuft sind, dass wir von einem Bonebed (Knochenschichte) sprechen. (Crailsheim).

Bei der weiten Verbreitung und gleichartigen Ausbildung des Muschelkalkes würde es schwer fallen, eine Aufzählung aller Lokalitäten zu geben und jeder Sammler in den Muschelkalkgebieten wird bald seine eigenen Fundplätze ausfindig machen.

3. Keuper.

Im Gegensatz zu der marinen Fauna des Muschelkalkes überwiegen in der Keuperformation Pflanzen und Tiere, welche auf dem Lande oder im Süss- oder Brackwasser gelebt haben, und auch die Ausbildung der Schichten mit gipshaltigen, vielfach bunt gefärbten Mergeln und Sandsteinen weist darauf hin, dass in jener Periode das Meer grösstenteils aus den deutschen Triasgebieten zurückgewichen war.

Lettenkohle oder Kohlenkeuper (Unterer Keuper). Eine 10—40 m mächtige Schichtengruppe mit grauen dolomitischen, vielfach vergipsten Mergeln, in welchen zuweilen ein Band von schlechter Kohle auftritt, ebenso wie vielfach Sandsteine entwickelt sind. In den Dolomiten und Mergeln finden wir ein Ausklingen der Muschelkalkfauna (Myophoria Goldfussi, transversa, laevigata, Gervillia costata), jedoch ohne Crinoiden und Ceratiten; dünnschalige, meist schlecht erhaltene Muscheln (Cardinia brevis, Anodonta lettica), sowie kleine Schalenkrebse (Estheria minuta) und Zungenmuscheln (Lingula tenuissima) erfüllen zuweilen einzelne Bänke. Auch Fische (Ceratodus) und Saurierreste werden gefunden (Hoheneck bei Ludwigsburg). In den Sandsteinen tritt eine typische Keuperflora mit Farnen (Pecopteris, Anotopteris, Dānaeopsis) Cycadeen (Pterophyllum), Schachtelhalmen (Equisetum arenaceum) und Nadelhölzern (Voltzia und Widdringtonites) auf. (Bibersfeld bei Hall.)

Gipskeuper oder bunter Keuper (mittlerer Keuper). Die Hauptmasse wird aus blaugrauen oder bunt (rot, grün, grau und lichtgelb) gefärbten gipshaltigen Mergeln gebildet, welche von Steinmergelbänken und Gipslagen durchzogen sind. Ausserdem treten Sandsteine in bestimmten Zonen und zuweilen in grosser Mächtigkeit auf, wodurch sich z. B. in Süddeutschland noch weiter gliedern lässt in:

Unterer Gipskeuper (im Elsass mit Steinsalz), Fossilien sehr selten (Corbulabank),

Schilfsandstein mit Landpflanzen wie im Lettenkohlensandstein und Labyrinthodonten (Metopias, Cyclotosaurus),

Mittlerer Gipskeuper (Berggipse, rote Wand), nahezu fossilleer,

Semionotussandstein, fester Kieselsandstein mit Afterkristallen nach Steinsalz, Fischresten (Semionotus und Ceratodus und zuweilen einer kleinen Muschelbank (Gervillia, Anoplophora, Trigonodus).

Stubensandstein, weisse Sandsteine mit Kieselholz (Araucarioxylon) und seltenen Landsauriern (Phytosaurus, Aetosaurus, Schildkröten und kleinen Dinosauriern),

Knollenmergel (oberer Gipskeuper) mit seltenen Resten von grossen Dinosauriern (Zanclodonten).

Besondere Fundplätze sind für den mittleren Keuper kaum namhaft zu machen; der Schilfsandstein bei Stuttgart und Heilbronn ist reich, der Semionotussandstein hat bei Koburg und Stuttgart, der Stubensandstein bei Stuttgart, Aixheim bei Rottweil, Pfaffenhofen im Stromberg, die Knollenmergel bei Stuttgart, Tübingen und Erlangen besonders reiche Ausbeute geliefert.

Rhaet (oberer Keuper). Ein lichter feiner Sandstein und dunkle Pflanzenschiefer; im Schwaben- und im Wesergebirge zuweilen vertreten durch ein dünnbankiges Bonebed.

In den Pflanzenschiefern eine reiche Flora mit Farnen, Equiseten und Koniferen (Theta bei Baireuth, Veitlahn bei Kulmbach, Nürnberg). Im Sandstein Steinkerne und Abdrücke von marinen Muscheln und Schnecken, die als Vorläufer der liassischen Fauna und im Vergleich mit den alpinen Vorkommnissen wichtig sind, so Avicula contorta, Trigonia postera, Modiola minuta, Protocardia rhaetica, Taeniodon Ewaldi (Umgegend von Nürtingen, Gotha, Baireuth). Im Bonebed (Bebenhausen bei Tübingen, Degerloch und Nellingen bei Stuttgart) Anhäufung von Koprolithen, Knochenstückchen, Fischschuppen und Zähne von Acrodus, Hybodus, Labyrinthodonten und Sauriern. In dieser Schichte sind auch die ersten Spuren von Säugetieren (Micolestes) gefunden.

B. Die alpine Trias.

Wie schon erwähnt sehen wir in den Schichten der alpinen Trias Gebilde im offenen Ozean und als solche sind sie für die allgemeine Geologie und für die Vergleichung mit den analogen Schichten anderer Gegenden der Erde von viel grösserer Bedeutung als unsere deutsche Trias. Trotzdem sollen sie aber hier nur kurz behandelt werden, da sie für den deutschen Sammler im allgemeinen nur wenig in Betracht kommen. Die überaus schwierigen Lagerungsverhältnisse, der rasche, zuweilen durch die Tektonik bedingte Wechsel im Aussehen ein und derselben Schichte, der meist schlechte Erhaltungszustand und die im allgemeinen vorherrschende Armut an Versteinerungen bringen es mit sich, dass dieses Gebiet mehr nur von Fachgeologen als von Liebhabern untersucht wird, und es möge deshalb folgende kurze Uebersicht genügen:

1. Buntsandstein, Werfnerschichten,

rötliche oder graue glimmerreiche Schiefer mit Posidonomya Clarai und Ceratites cassianus.

2. Muschelkalk

meist lichtgraue Kalke oder Dolomite, deren untere Stufe (Virgloria und Rekoarokalk, Mendola Dolomit) etwa unserem unteren Muschelkalk entspricht und als Leitfossilien Retzia trigonella, Terebratula vulgaris, Gervillia socialis und Ceratites binodosus führt. Die obere Stufe (Buchensteiner Kalk, Cephalopodenkalk von Reutte) mit Ceratites trinodosus und Ptychites flexuosus entspricht mehr dem oberen Muschelkalk.

3. Keuper.

Hier ist eine, abgesehen vom Rhaet, strenge Parallelisierung mit den ausseralpinen Schichten überhaupt ausgeschlossen.

Ladinische Stufe mit Wengener-, St. Kassianer- und Partnachschichten, welche eine zuweilen sehr petrefaktenreiche Mergelfazies darstellen, und den mächtigen riffartigen Kalk- und Dolomitmassen, die als Wetterstein-, Arlberg-, Esinokalk oder Ramsau- und Schlerndolomit bezeichnet werden.

Karnische Stufe mit den Raibler-, Torer- und Lunzerschichten.

Norische Stufe mit Hauptdolomit und Dachsteinkalk, welchem bei Berchtesgaden und Hallstatt die an Brachiopoden und Ammoniten reichen Hallstätter Kalke entsprechen.

Rhaetische Stufe oder Kössener Schichten mit Avicula contorta, Protocardium rhaeticum, Modiola minuta, wie in Schwaben, dazu gesellen sich aber noch viele Brachiopoden (Spirigera oxycolpos, Terebratula gregaria) und Ammoniten (Choristoceras Marshi). (Ochsenalp bei Hindelang, Kotalp am Wendelstein, Kössener Schlucht bei Reit i. Winkel.)

Juraformation.

Dieses Schichtenglied ist der Liebling aller Sammler und liefert auch zweifellos die interessanteste und schönste Ausbeute. Im Gegensatz zu der deutschen Trias erkennen wir in der Juraformation wiederum Gebilde des offenen Ozeans und finden Formen, deren Verbreitung um die ganze Erde unsere Versteinerungen zu vorzüglichen universellen Leitfossilien stempelt. In Deutschland haben die Schichten des Jura eine grosse Verbreitung und die Gleichartigkeit der Ausbildung lässt darauf schliessen, dass das Jurameer mit kleinen, inselartigen Unterbrechungen den ganzen mitteleuropäischen Kontinent bedeckte.

Von der grossen Schichtendecke sind jedoch nur noch einzelne Ueberreste erhalten, während der weitaus grössere Teil teils durch Abschwemmung verloren gegangen ist, teils durch Absinken infolge von Gebirgsstörungen oder durch Ueberdeckung mit jüngeren Formationen, insbesondere auch mit den diluvialen Schichten, sich unserer Beobachtung entzieht. Das grösste im Zusammenhang erhaltene Gebiet haben wir in der langen Kette des fränkisch-schwäbischen Jura, der im Anschluss an den Schweizer Jura von Südwest nach Nordosten quer durch ganz Süddeutschland bis zum Bayerischen Wald und Fichtelgebirge sich erstreckt. Ein weiteres grösseres Gebiet bildet fernerhin der nordwestdeutsche Jura vom Teutoburger Wald bis in die Gegend von Helmstedt und Quedlinburg und ebenso der oberschlesisch-polnische Jura, der sich von Krakau bis Kalisch erstreckt. Hierzu kommen noch die Vorkommnisse von Elsass-Lothringen und zahlreiche isolierte Punkte, die teils als Schollen in Verwerfungsspalten uns erhalten geblieben sind, teils als isolierte Punkte aus der Decke des Diluviums herausragen.

Die Gliederung der Juraformation besteht in einer Dreiteilung und zwar in Lias, Dogger und Malm. Jede dieser Stufen ist wiederum in zahlreiche Unterstufen geteilt, welche nach Oppel und den meisten jetzigen Geologen nach den sie beherrschenden Leitfossilien benannt werden, während Quenstedt für diese Unterstufen die Buchstaben des griechischen Alphabetes von α bis ζ benützt. Diese Quenstedtsche Einteilung wird besonders in Süddeutschland angewendet, da sie dieser Gegend angepasst ist.

Der alpine Jura, auf den wir allerdings hier nur ganz kurz eingehen können, ist nicht nur von der ausseralpinen Fazies recht verschieden entwickelt, sondern er zeigt auch selbst wieder in ein und derselben Schichte verschiedenartige Ausbildungsweisen. So finden wir den Lias entweder als grauen Mergel (sog. Fleckenmergel oder Allgäuschichten), oder als rote Ammonitenkalke (Adnedterkalke), oder auch als lichte Brachiopodenkalke (Hierlatzkalke) entwickelt, während der übrige Jura in Form von roten oder lichten Hornsteinen und hellen Aptychenkalken ausgebildet ist. Als besonders reiche Lokalität im Dogger sind die brachiopodenführenden Vilserkalke bei Füssen im Allgäu anzusehen.

Gliederung im ausseralpinen Gebiet:

1. Lias oder schwarzer Jura.

Vorwiegend dunkle Kalke, Kalkmergel und Schiefer, zuweilen auch Kalksandsteine.

Unterer Lias.

In demselben werden folgende Zonen auseinandergehalten:

1. Psilonotenkalk (Unter α) mit Ammonites psilonotus und Johnstoni (Nellingen, Bebenhausen, Salzgitter, Ammelsen).
2. Angulatenschichten (Mittel α) mit Ammonites angulatus und Cardinien (Vaihingen a. F., Göppingen, Helmstedt, Halberstadt).
3. Arietenschichten (Ober α) mit Amm. Bucklandi, rotiformis, Conybeari, Gryphaea arcuata (Balingen, Vaihingen a. F., Gmünd, Herford, Harzburg).

4. Turneritone (β) = Schichten des Ammonites planicosta und Ammonites Turneri mit Amm. planicosta (= capricornus), bifer, oxynotus, raricostatus (Nürtingen, Göppingen, Balingen, Herford, Falkenhagen, Goslar).

Mittlerer Lias.

5. Numismalismergel (γ), Schichten des Ammonites brevispina mit Terebratula numismalis, Gryphaea cymbium, Amm. Jamesoni, brevispina und Davoei (Kirchheim, Balingen, Herford, Salzgitter, Eisenoolithe von Schöppenstedt).
6. Amaltheentone (γ) mit Amm. margaritatus, spinatus, Belemnites paxillosus (Eislingen, Reutlingen, Nedensdorf bei Banz, Goslar, Göttingen).

Oberer Lias.

7. Posidonienschiefer (ε); bituminöse Schiefer mit verdrücktem, aber sonst vorzüglichem Erhaltungszustand der Fossilien. Leitfossilien: Posidonia Bronni, Monotis substriata, Pentacrinus briareus, Amm. communis, bollensis, lythensis, serpentinus und Bel. acuarius (Holzmaden, Reutlingen, Banz, Amberg, Dörnten).
8. Jurensisschichten (ζ), graue Mergel und knollige Kalkbänke, reich an Amm. jurensis, insignis, dispansus, radians, Aalensis, Bel. irregularis (Reutlingen, Boll, Amberg, Donau-Main-Kanal, Fallersleben, Goslar, Untere Minette von Lothringen).

2. Brauner Jura oder Dogger.

Unterer Dogger.

1. Opalinustone (α), schwarze, fette Tone mit Amm. opalinus, torulosus, affinis, Trigonia navis, Nucula Hammeri und Astarte Voltzi (Gundershofen i. Elsass, Minette in Lothringen, Boll, Holm bei Halberstadt, Wenzen).
2. Murchisonaeschichten (β), = Zone des Inoceramus polyplocus, oder Personatensandstein; in Süddeutschland Eisensandsteine. Leitfossilien: Amm. Murchisonae, Pecten pumilus (= personatus), Inoceramus polyplocus (Minette von Diedenhofen, Eisenerze von Wasseralfingen, Achdorf a. d. Wutach, Klein-Schöppenstedt, Dohnsen).

Mittlerer Dogger.

3. Sowerbyischichten (γ); in Süddeutschland blaue Kalke und Sandmergel mit Amm. Sowerbyi und Gervilli (Eningen a. d. Achalm).
4. Humphresianus- oder Coronatenschichten (δ), petrefaktenreiche Kalke mit Amm. Humphresianus, Coronatus, Bel. giganteus, Ostrea cristagalli (Ipf, Balinger Alb, Fallersleben, Hildesheim).

Oberer Dogger.

5. Parkinsonischichten = Hauptoolith in Baden und Elsass (Unter ε). Leitfossilien: Amm. Parkinsoni, Trigonia costata. (Badenweiler, Ipf, Deinsen, Osterwald).
6. Varians- oder Ostrea Knorrischichten (Mittel ε) mit Rhynchonella varians und Ostrea Knorri.

7. Eisenkalke (Cornbrash) von Norddeutschland mit Pseudomonotis echinata (Wettbergen in der Weserkette).
8. Macrocephalenschichten (Ober ε oder Unterkelloway) mit Amm. macrocephalus, anceps, triplicatus (Eichberg im Randen, Lauffen bei Balingen, Uetzing, Osterfeld bei Goslar).
9. Ornatentone (ζ oder Oberkelloway) mit Amm. ornatus, Lamberti, Jason und Astarte depressa (Lautlingen bei Balingen, Staffelstein und Uetzing, Hersum, Hannover).

3. Weisser Jura oder Malm.

In Süddeutschland vorwiegend lichte Kalkmergel und Kalke, in welchen sich von unten nach oben an Häufigkeit zunehmend massige Riffkalke einstellen, die in den unteren Zonen aus Spongienkalken, in den oberen aus Dolomit und Korallenkalk bestehen. Die Ausbildung in Norddeutschland weicht zuweilen sehr ab und ebenso ist die Gliederung und Bezeichnung des norddeutschen Malm eine andere als in Süddeutschland und schliesst sich an die der englischen Geologen an.

Unterer Malm-Oxford.

1. Südd.: Impressaschichten (α), Kalkmergel mit Terebratula impressa, Amm. alternans.
   Nordd.: Oxfordschichten mit Amm. perarmatus und cordatus (Harzburg).
2. Südd. Bimammatuskalke (β), wohlgeschichtete Kalke mit Amm. bimammatus und zahlreichen Perisphincten; untere Riffkalke der Balinger Alb.
   Nordd.: Korallenoolith mit Ostrea rastellaris, Cidaris florigemma, Pecten varians und Nerinea Visurgis (Ith und nördlicher Harzrand).

Mittlerer Malm-Kimmeridge.

3. Südd.: Tenuilobatusschichten (γ), tonige Kalke mit zahlreichen Riffeinlagerungen, sehr petrefaktenreich, mit Amm. tenuilobatus, polyplocus, Reineckianus, inflatus, Rhynchonella lacunosa.
4. Südd.: Mutabiliskalke (δ), feste geschlossene Kalke in mächtige, kieselige Riffkalke übergehend, mit Amm. pseudomutabilis und inflatus, Cnemidiastrum.
   Nordd.: Für γ und δ Kimmeridgekalke mit Nerineen, Terebratula humeralis (Ith) und Pteroceras Oceani (Tönjesberg und Limmer bei Hannover).
5. Südd.: Weissjura (ε), Korallenkalke und Dolomite (Frankendolomit), neben Kieselspongien viele Kalkspongien und Korallen (Nattheim).
   Nordd.: Oberes Kimmeridge mit Exogyra virgula (Deister, Wesergebirge und Porta).

Oberer Malm-Tithon.

6. Südd.: Weissjura (ζ), Plattenkalke, Krebsscherenkalke (glatte Fazies des ε) mit Amm. ulmensis, Astarte minima, Krebsen, Fischen und Sauriern, (Schnaitheim, Nusplingen, Kehlheim, Solnhofen und Eichstätt).
   Nordd.: Portland mit Amm. gigas (Vorwohle, Holzen) und Eimbeckhäuser Plattenkalk mit Corbula inflexa.
7. Purbeck, nur in Nordd., am Deister mit Münder Mergel und Serpulit,

einem Kalkstein voll Serpula coacervata, dazu Süsswasserschnecken (Planorbis, Valvata). Es ist das eine Süsswasserfazies, welche ohne bestimmte Grenze in die entsprechende Fazies der Kreide übergeht.

Kreideformation.

Die deutsche Kreideformation ist ausserordentlich verschieden, sowohl in ihrem Gesteinscharakter, als auch in Beziehung auf die Fossilienführung ausgebildet. Bezüglich der Gesteine unterscheidet man Kreidekalke mit Feuersteinen (Schreibkreide), Grünsande, Quadersandsteine, Kalke und Kalkmergel (sog. Pläner), Flammenmergel, ausserdem Tone mit Kohlen und Eisensteine. In Beziehung auf die Fazies ist die südliche Kreidezone, welche bei uns in untergeordneter Weise in den nördlichen Kalkalpen auftritt, scharf unterschieden von der norddeutschen Kreide. Bezüglich der Gliederung haben wir zunächst die untere und die obere Kreide auseinanderzuhalten, welche sowohl in ihrer Ausbildung als auch ihrer Verbreitung sehr verschieden sind und deshalb auch gesondert behandelt werden müssen.

A. Untere Kreide.

Die südliche (alpine) Fazies kann hier unberücksichtigt bleiben, und es möge nur erwähnt sein, dass dieselbe durch das Führen von dickschaligen Muscheln (Caprotinen) ausgezeichnet ist.

In Norddeutschland ist die untere Kreide beschränkt auf den Nordrand des Teutoburger Waldes, das Weser- und Deistergebirge und die Gegend von Hannover, Hildesheim, Braunschweig bis gegen Halberstadt.

1. Wealden oder Deister.

Als direkte Fortsetzung des Purbecks können wir diese Schichten als eine Deltafazies des unteren Neocom (Berriasien) betrachten. Wealdentone mit Kohlen und Sandsteinen, reich an Farnen und Zykadeen, Unio Waldensis, Melania strombiformis (Deister, Osterwald, Bückeburg und Schaumburg).

2. Hils (Neocom).

Man unterscheidet unteren Hils (Valanginien) mit Bel. subquadratus, Toxaster complanatus, Aucella Kayserlingi (Salzgitter) und Amm. heteropleurus (Gronau); oberen Hils (Barremien) mit Crioceras elegans, Exogyra Couloni und Bel. brunsvicensis (Eisenerze von Salzgitter, Braunschweig, Hildesheim, Ith, Hils).

3. Gault.

Unterer Gault (Aptien), Zone des Bel. Ewaldi und Amm. Deshayesi (Bentheimer Asphalt, Ilsede, Ahaus).

Mittlerer Gault (unteres Albien), Zone des Bel. Strombecki, Amm. tardefurcatus und Milletianus (Gross-Bülten, Ilsede, Hersum).

Oberer Gault (Oberalbien), Zone des Bel. minimus, entwickelt als Minimustone und Flammenmergel mit Amm. auritus, interruptus (Halberstadt, Goslar, Börsum).

B. Obere Kreide.

In der südlichen oder alpinen Fazies haben wir hier die Hippuritenkalke der sog. Gosaukreide zu beachten, welche mit einer Fülle von

Versteinerungen auch an einzelnen Punkten der bayerischen Alpen auftreten, obgleich ihre Hauptentwicklung in die östlichen alpinen Gebiete fällt. Besonders charakteristische Formen sind unter den Korallen die Cykloliten, unter den Muscheln die Hippuriten und Radioliten und unter den Schnecken die Nerineen und Aktäonellen (Untersberg bei Salzburg, Hinteres Sonnenwendjoch).

In Norddeutschland haben wir folgende Verbreitungsgebiete zu beachten: das Senongebiet von Aachen, das nordwestdeutsche oder niedersächsische Kreidegebiet (Westfalen, Teutoburger Wald, Wesergebirge und die Gegenden von Hannover bis Halberstadt); das sächsisch-böhmische Gebiet mit dem Elbsandsteingebirge, die oberschlesische Kreide von Oppeln und Leobschütz und schliesslich die baltische Kreide von Rügen, Pommern, Mecklenburg und Lüneburg. Die Gliederung lässt sich folgendermassen zusammenfassen:

4. Cenoman. (Unterer Pläner.)

Zone des Pecten asper und Catopygus carinatus. Hierher gehört die Tourtia oder der Grünsand von Essen, die Credneriensandsteine von Blankenburg und Quedlinburg und der untere Quader von Sachsen.

Stufe des Amm. varians und Mantelli, Exogyra columba (Braunschweig, Hannover).

Stufe des Amm. Rhotomagensis (unterer Pläner von Sachsen mit Holaster subglobosus, Ostrea carinata und Actinocamax plenus (Osterwieck, Dresden-Plauen).

5. Turon. (Oberer Pläner.)

Labiatus oder Roter-Pläner mit Inoceramus labiatus und Amm. nodosoides.

Brongniarti-Pläner = Haupt- oder Oberquader von Sachsen, mit Inoceramus Brongniarti und Galerites albogalerus.

Scaphiten-Pläner, mit Scaphites Geinitzi, Amm. peramplus und Spondylus spinosus (Grünsand von Soest, Unna und Dortmund, ausserdem Salzgitter, Quedlinburg Zatschke und Strehlen).

Cuvieri-Pläner, mit Inoceramus Cuvieri und Epiaster brevis (Kleiner Fallstein).

6. Senon.

Zerfällt in eine untere Abteilung mit Actinocamax und eine obere Abteilung mit Belemnitellen.

Emscher- oder Westfalenkreide, Stufe des Actonicamax Westfalicus, Ueberquader von Sachsen, leitend A. Westfalicus, Inoceramus involutus, Amm. texanus und margae, Inoceramus Haenleini (Ilsede, Sudmerberg bei Goslar, Halberstadt, Aachener Sande, Kisslingswalde in Schlesien).

Granulatenkreide, mit Actinocamax granulatus, Inoceramus lobatus und Crispi, Marsupites ornatus (Salzberg bei Quedlinburg, Sudmerberg, Dülmen, Haltern, Aachen).

Quadratenkreide, mit Actinocamax quadratus und Becksia Soekelandi (Blankenburg).

Mukronatenkreide (Obersenon), Stufe der Belemnitella mucronata, Heteroceras polyplocum und Ananchytes ovata (Ahlten, Lemföhrde, Schinkel, Mastricht, baltische Kreide von Lüneburg und Rügen, Oppeln i. Schlesien).

Die Pflanzenversteinerungen (mesozoische Flora).

In dem mittleren Zeitalter der Erde geht auch eine Umwandlung der Pflanzenwelt vor sich, welche dadurch charakterisiert ist, dass viele der leitenden Formen des Paläozoikums, so vor allem die Lepidophyten, aussterben, so dass Farne, Equisetaceen, Zykadeen und Koniferen die Flora bilden. Hierzu kommen von der oberen Kreide an noch die Angiospermen, welche ja unsere heutige Pflanzenwelt charakterisieren.

1. Algen, Algae.

Aus der Gruppe der Algen kommen nur solche Formen in Betracht, bei welchen sich der Thallus der lebenden Pflanze mit Kieselsäure oder Kalkkarbonat imprägniert und dadurch erhaltungsfähig wird.

Diatomaceae, Kieselalgen. Diese zarten, mikroskopisch kleinen, einzelligen Algen, deren Membran von amorpher Kieselsäure imprägniert ist und ein ausserordentlich zierliches Gebilde darstellt, sind uns auch aus den mesozoischen Schichten erhalten und können z. B. in feinen Dünnschliffen durch die sogenannten Chondriten der Posidonienschiefer gefunden werden.

Siphoneae, Schlauchalgen. Thallus zuweilen ganz regelmässig verzweigt und bei den für uns in Frage kommenden Formen mit kohlensaurem Kalk imprägniert. Hierher gehört Sphaerocodium, rundlich-knollige Körper von konzentrisch schaligem Aufbau, welche zuweilen in grosser Masse im Gestein auftreten. So bildet für die Raiblerschichten der alpinen Trias ein wichtiges Leitfossil S. Bornemanni (Rothpletz) [Taf. 19, Fig. 2].

Gyroporella, welche man gleichfalls hierher stellen kann, bildet zarte, fein punktierte Wülste oder Röhrchen, welche von zahlreichen, ringförmig angeordneten Kanälchen durchbrochen sind. Diese zarten Gebilde treten oft in ungeheurer Masse auf und bilden dann den wesentlichen Bestandteil mächtiger Kalkablagerungen. Dies gilt insbesondere für G. annulata (Gümb.) [Taf. 19, Fig. 1], welche im Wettersteinkalk der alpinen Trias gesteinsbildend auftritt, ebenso wie wir auch in den tieferen Schichten der alpinen Trias (alpiner Muschelkalk) Gyroporellen finden, welche schon durch ihren geringeren Umfang sich unterscheiden und als G. pauciforata (Gümb.) bezeichnet werden.

Chondrites oder Fucoides. Thallus dichotom oder unregelmässig verzweigt, an die rezente Gattung Chondrus erinnernd. Die Chondriten sind wegen ihres dürftigen Erhaltungszustandes zwar im ganzen fragwürdige Gebilde, und es ist keineswegs festgestellt, ob dieselben auch in der Tat immer pflanzlicher Natur sind. Der Einfachheit halber aber wollen wir sie doch hier behandeln, zumal sie jedem Sammler sehr bald unter die Augen kommen werden, denn viele Schichten sind geradezu erfüllt und charakterisiert durch die Chondriten oder Fukoiden. In der Liasformation finden wir sie schon in den oberen Arietenkalken als lichte Flecken und Stengelchen im Kalkmergel. Sehr charakteristisch treten sie in den unteren Posidonienschichten auf, wo sie in solcher Masse entwickelt sind, dass die ganze Schichte von Quenstedt als Seegrasschiefer bezeichnet wird. Aus dieser Schichte stammt auch Ch. Bollensis (Kurr.) [Taf. 19, Fig. 3]. Aber es liessen sich nach der Grösse und der Art der Verzweigung noch eine ganze Anzahl ähnlicher Formen unterscheiden (Ch. granulatus, elongatus, caespitosus, divaricatus), doch haben die Bestimmungen nur zweifelhaften Wert. In Württemberg bildet auf der Grenze zwischen Weissjura α und β der Ch. Hechingensis (Qu.) einen guten Leithorizont.

2. Farne, Filices.

Von den meisten Farnen der mesozoischen Formation gilt leider das S. 42 Gesagte, dass wir infolge der schlechten Erhaltung nur auf ganz oberflächliche Bestimmung nach äusseren Merkmalen angewiesen sind.

Neuropteris. Diese uns schon aus der mittleren Steinkohlenformation bekannte Gruppe ist auch noch in der Lettenkohlenformation vertreten durch N. remota (Prsl.) = Anomopteris distans (Schimper) [Taf. 19, Fig. 4] und zeigt die für Neuropteris charakteristische Stellung der Fiederblättchen und die von einer Mittelrippe unter spitzem Winkel ausgehenden Seitennerven.

Pecopteris. Zu dieser Gruppe werden eine Anzahl von Farnkräutern aus dem unteren Keupersandstein gestellt, von denen das häufigste P. (Lepidopteris) Stuttgartiensis (Jäg.) [Taf. 19, Fig. 5] ist. Es ist nicht ausgeschlossen, dass wir auch hier, wie bei den karbonischen Arten, Schlingfarne vor uns haben. Je nach der Länge der Fiederblättchen unterscheidet man noch eine Anzahl anderer Arten, von denen P. Schönbeiniana (Brgt.) [Taf. 19, Fig. 6] ebenso wie P. rigida und gracilis sich durch die Zierlichkeit ihrer Wedel unterscheiden.

Nahe verwandt mit den Pecopteriden sind die Farnblätter, welche uns besonders aus der rhätischen Formation von Baireuth und Forchheim bekannt sind und von welchen wir Sagenopteris elongata (Göppert) [Taf. 19, Fig. 7] und Kirchneria rhomboidalis (Fr. Braun) [Taf. 19, Fig. 8] als besonders häufige und charakteristische Formen abgebildet haben.

Taeniopteris (Danaeopsis) marantacea (Schimp.) [Taf. 20, Fig. 1], deren schöne, grosse Blätter zuweilen mit Fruchtständen in den Sandsteinen der Lettenkohle und im Schilfsandstein gefunden werden, schliesst an die rezente Gattung Danaea an und wird in die Gruppe der Marattiaceen gestellt.

Clathropteris platyphylla (Brgt.) [Taf. 20, Fig. 2] gehört zu den schönsten Pflanzenversteinerungen des Keupers und ist mit ihren grossen, eichenblattähnlichen Blättern eine der charakteristischsten Formen für die Keupersandsteine und das Rhät (Cl. meniscoides [Brgt.]).

Chiropteris digitata (Schimper) [Taf. 20, Fig. 3], aus dem Lettenkohlensandstein, ist gleichfalls eine sehr charakteristische Form, welche wahrscheinlich in die Gruppe der Zykasfarne (Cycadofilices) einzureihen ist und sich durch ihre langgezogenen, fingerförmig ausgebreiteten Blätter auszeichnet.

Die Hauptverbreitung der Farnkräuter finden wir zunächst in den Sandsteinen (Lettenkohlensandstein, Schilfsandstein) des Keupers und in den pflanzenführenden Mergeln der rhätischen Formation. In der Juraformation sind bei uns im ganzen die Farne selten, treten dagegen wieder in grosser Menge in den Pflanzenschiefern des Wealden auf, und es ist hervorzuheben, dass auch diese Flora noch vollständig den Charakter der jurassischen und rhätischen bewahrt hat, wobei besonders die breitblätterigen Formen aus der Gruppe Sagenopteris und Clathropteris vorherrschen.

3. Schachtelhalme, Equisetinae.

Den Kalamarien der paläozoischen Formation entsprechen im Mesozoikum die Equisetaceen, an denen besonders die Keuperformation reich ist. Hat ja doch ein Schichtenglied derselben, der Schilfsandstein, durch die in demselben augenfällige Häufigkeit der schilfartigen Ueberreste seinen Namen bekommen.

Equisetum arenaceum (Jäg.) [Taf. 21, Fig. 3, 4, 5] ist der häufigste und schönste Vertreter aus dieser Gruppe und kommt sowohl im Lettenkohlen- wie Schilfsandstein sehr häufig vor. Die Stengel erreichen zuweilen ganz ausserordentliche Länge und Dicke und dürften wohl mehrere Meter hoch geworden sein. Abgesehen von den mehr oder minder glatten, zuweilen auch verzweigten Stammstücken sind besonders gesucht von den Sammlern die Wurzelstöcke, mit den Ansätzen der Rhizome, ferner die knollenförmigen Rhizomglieder und die überaus zierlich gebauten Endigungen der Stämme.

Schizoneura schliesst sich sehr nahe an Equisetum an und besteht, wie jene, aus Stammstücken mit scharf ausgeprägten Internodien, an welchen nicht selten noch die langen, dünnen, schilfartigen Blätter erhalten sind. Im Buntsandstein wird bei Sulzbad im Elsass Sch. paradoxa (Schimp.) nicht selten gefunden, noch häufiger ist Sch. Meriani (Brgt.) [Taf. 21, Fig. 1 und 2] aus der Keuperformation. Die Stengel dieser Art unterscheiden sich von Equisetum arenaceum durch ihre tiefe Furchung; die lanzettförmigen Blätter sind häufig erhalten und bedecken zuweilen einzelne Lagen des Schilfsandsteines als losgerissene Fetzen. Sehr ähnlich ist Sch. hoerensis (Schimp.), welches für die rhätischen Ablagerungen besonders charakteristisch ist und eine nahezu universelle Verbreitung hat. Die Blätter dieser Art sind im Durchschnitt schmäler und weniger zahlreich im Wirtel, als bei Sch. Meriani.

4. Zykaspalmen, Cycadeae.

Blattreste von Zykadeen treten von der Trias an in ziemlich reicher Entfaltung auf, dagegen gehören Frucht- oder Blütenstände zu den ausserordentlichen Seltenheiten.

Pterophyllum ist die häufigste Form des Keupers und kommt sowohl in den alpinen Schichten (Lunzer Schichten) als auch im ausseralpinen Keupersandstein und im Rhät häufig vor. Je nach der Länge und Stellung der Fiederblätter werden einzelne Arten unterschieden, von denen die häufigste P. Jaegeri (Brgt.) [Taf. 20, Fig. 5] ist, während die zierlichen Arten als P. elegans und brevipenne, die langblätterigen als P. longifolium beschrieben sind.

Pterozamites (Nilsonia) hat zum Unterschied von Pterophyllum ganze Wedel, die aber meist in kleinere oder grössere Abschnitte, wie etwa bei den Bananenblättern, zerschlitzt sind. Die Arten kommen im Rhät und Jura vor; als besonders charakteristisch für das Rhät von Bayreuth darf P. Münsteri (Fr. Braun) [Taf. 20, Fig. 4] gelten.

Otozamites erinnert schon sehr an die rezenten Zamien und ist eine im Rhät und Jura verbreitete Gattung. Hierher gehört O. gracilis (Kurr.) [Taf. 20, Fig. 6] aus den Posidonienschiefern und O. brevifolius (Fr. Braun) [Taf. 20, Fig. 7] aus dem Rhät von Baireuth.

5. Nadelhölzer, Coniferae.

Die Nadelhölzer, welche schon am Schluss der paläozoischen Periode eine gewisse Rolle gespielt haben, bekommen noch viel mehr Bedeutung in der mesozoischen Zeit, da sie hier gewissermassen die Baumflora bilden und so die Lepidodendren und Sigillarien vertreten. Es möge nur erwähnt sein, dass von den Lepidodendren zwar noch Spuren in der Keuperformation gefunden werden, dass dieselben aber im allgemeinen für den Sammler belanglos sind.

Von den Nadelhölzern kommen vertile Zapfen, allerdings als grosse Seltenheiten vor und wurden z. B. im Schilfsandstein in recht guter Erhaltung gefunden (Voltzia Coburgensis).

Viel häufiger und wichtiger sind die mit Blättern resp. Nadeln versehenen Sprossen, welche durch die Art des Ansatzes der Blätter und durch die Form derselben einen gewissen Anhaltspunkt und Anschluss an die lebenden Arten erlauben. Am häufigsten werden derartige Sprossen in den Sandstein- und den sie begleitenden Mergelschichten gefunden. Sie kommen aber auch zuweilen in festem Kalkstein und in den Schiefern vor, ja man kennt auch Vorkommnisse aus den festen Gipsen des unteren Keupers (Crailsheim).

Fig. 69. Araucarioxylon (verkieseltes Stammstück eines Nadelholzes).

Gingko. An den heute noch in China und Japan wachsenden Gingko mit seinen eigenartigen, fächerförmig verbreiterten, blattförmigen Nadeln schliessen sich eine Anzahl von Formen aus dem Mesozoikum an, sind aber doch immer rechte Seltenheiten. So ist Baiera Münsteriana mit zerschlitzten fingerförmigen Nadeln leitend für das Rhät, im Jura und Wealden Gingko multipartita.

Cupressites mit gegenständigen, schuppenförmigen Blättern und meist kugeligen Zapfen. Hierher gehört C. haliostychus (Ung.) [Taf. 21, Fig. 6] aus den Plattenkalken von Solnhofen und Nusplingen. Ebenso dürfen wir hierher eine in der Keuper- und Liasformation auftretende Cypressenart stellen, die als Widdringtonites keuperianus und liasinus bezeichnet wird.

Voltzia. Infolge der spiraligen Anordnung der Blätter und Zapfenschuppen stellt man Voltzia zu den Taxodineen. Am häufigsten ist V. heterophylla (Brgt.) [Taf. 21, Fig. 7] aus den oberen Buntsandsteinschichten (Sulzbad i. Elsass). Die Verschiedenheit der Blätter an den einzelnen Zweigen ist bei dieser Art sehr stark ausgeprägt. Aehnliche Formen finden sich im oberen Muschelkalk und der Lettenkohle (V. Weissmanni und Fraasi) und im Keuper (V. Coburgensis), während die Formen des Jura sich durch breitere Blätter unterscheiden und als Plagiophyllum bezeichnet werden (P. Kurrii Schimp.).

Während wir es hier mit Sprossen zu tun hatten, kommen auch häufig Stammstücke, zum Teil von bedeutender Grösse, vor. Nach der Struktur des Holzes werden dieselben gewöhnlich zu den Araukarien gestellt und als Araucarioxylon bezeichnet. Sehr häufig sind derartige Stämme in dem Stubensandstein in verkieseltem, seltener in kohligem Erhaltungszustand zum Teil mit recht schöner Struktur (Peuce keuperina); auch im unteren Lias finden

(21, 8. 9.)

sich nicht selten derartige Stämme, meistens aber mit kohliger Struktur. In den Posidonienschiefern kommen als Treibholz Stämme von mehreren Meter Länge vor, die in Gagatkohle umgewandelt und zuweilen von Mytilus und Pentacrinus überwuchert sind.

6. Laubhölzer, Angiospermen.

Die echten Dikotyledonen treten erst mit der Kreide auf und zwar kennen wir bereits in der unteren Kreide von Nordamerika eine reichhaltige Flora. In Deutschland dagegen haben wir echte Laubhölzer erst in der oberen Kreide (Cenoman). Als wichtigste Form haben wir Credneria, ziemlich grosse, gestielte Blätter von rundlichem Umriss mit reich verzweigter Nervatur, die am meisten an die Blätter der Platanen erinnern. Wahrscheinlich waren die Crednerien Schlingpflanzen. Die wichtigste Art ist C. triacuminata (Hampe) [Taf. 21, Fig. 8] und eine sehr schöne Varietät C. integerrima (Zenk.) [Taf. 21, Fig. 9], beide aus dem Cenoman, wo sie einen leitenden Horizont (Crednerienstufe) bilden.

Die Tierversteinerungen (mesozoische Fauna).

Literatur: (für Trias) Karl Walther, Zwölf Tafeln der verbreitetsten Fossilien aus dem Buntsandstein mit Muschelkalk der Umgebung von Jena. (Jena 1907.) (Für Jura) Quenstedt, Der Jura. (Tübingen 1856—58.) (Für Kreide) Wanderer, Die wichtigsten Tierversteinerungen aus der Kreide des Königreichs Sachsen. (Jena 1909.)

Die mesozoische Tierwelt entwickelte sich naturgemäss aus der paläozoischen und wie bei den Pflanzen, so sehen wir auch hier ein Verschwinden oder wenigstens Zurücktreten mancher Gruppen, wogegen neue Arten und Gattungen auftreten. So sterben unter den Korallen die Tetracoralla und Tabulata, unter den Echinodermen die Blastoideen und Cystidea gänzlich aus, ebenso verlieren die Krinoiden, Brachiopoden und Nautiliden zahlreiche Familien, und die Trilobiten sind vollständig ausgestorben. Dafür treten nun eine Reihe neuer Geschlechter in den Vordergrund. Es bilden sich unter den Korallen die Hexakorallen aus, unter den Echinodermen nehmen die echten Seeigel die erste Stelle ein, auch unter den Zweischalern und Gastropoden ändern sich viele Familien; bei den Cephalopoden treten die Ammoniten und Belemniten in wunderbarer Formenfülle in den Vordergrund. An Stelle der Trilobiten haben wir echte Krebse und die paläozoischen Panzerganoiden und heterozerkalen Formen werden nun durch echte Ganoidfische, zu denen sich auch Knochenfische gesellen, vertreten. Besonders charakteristisch für die mesozoische Periode ist die Herrschaft der Saurier. Als Endglied der paläozoischen Stegocephalen haben wir in der Trias mächtig grosse Labyrinthodonten, unter den Reptilien bilden sich die heute noch lebenden Geschlechter der Krokodile, Schildkröten, Eidechsen und Schlangen aus und hierzu kommt noch eine Reihe anderer auf das Mesozoikum beschränkter Geschlechter wie die Dinosaurier, die Flugsaurier und zahlreiche Meersaurier, unter denen die Ichthyosaurier, Plesiosaurier und Mosasaurier besonders wichtig sind. Von Vögeln und Säugetieren finden sich zwar schon die ersten Spuren, für die Zusammensetzung der Fauna aber sind sie noch von untergeordneter Bedeutung.

In unseren deutschen Formationen tritt der Unterschied zwischen Mesozoikum und Paläozoikum besonders deutlich hervor, da wir, abgesehen von den Alpen, in der germanischen Trias einen abgesonderten tiergeographischen Bezirk vor uns haben, der nur wenig mit den universellen ozeanischen Faunen in Verbindung zu bringen ist.

Der Erhaltungszustand der Fossilien ist im allgemeinen in den mesozoischen Schichten Deutschlands ein recht guter und insbesondere wird jeder durch die Fülle der Versteinerungen und die Schönheit mancher Formen entzückt sein.

I. Urtiere, Protozoa.

Wir konnten bei der Besprechung des Paläozoikums die Gruppe der Urtiere nahezu unberücksichtigt lassen, müssen aber nun doch etwas näher darauf eingehen. Die Urtiere sind einzellige, meist mikroskopisch kleine, wasserbewohnende Tierchen mit einem aus Sarkode (Protoplasma) bestehenden Körper, welcher sich mit Hilfe von Flimmerhaaren oder Pseudopodien fortbewegt. Bei vielen Arten wird innerhalb der Sarkode ein Kieselgerüst oder ein Kalkgehäuse ausgeschieden und natürlich kommen nur solche Formen für den Paläontologen in Frage.

Das Sammeln derartiger kleiner Fossilien erfordert natürlich grosse Geduld und Uebung. Die sehr kleinen Arten, wie z. B. die ganze Gruppe der Radiolarien, sind überhaupt nur unter dem Mikroskop sichtbar und es müssen zu ihrer Beobachtung mikroskopische Präparate hergestellt werden. Besteh das Gestein aus weichen Mergeln ode Kreidekalken, so macht man Schlemm präparate, indem man von dem Materia eine kleine Menge im Wasser auflös und auf den Objektträger bringt. I manchen Kalken sind die Radiolarie und auch Foraminiferen verkieselt er halten und können dann in dem Rück stand des mittels Salzsäure aufgelösten Gesteines in Form von Schlemmpräparaten gefunden werden. In vielen Fällen aber ist man auf Dünnschliffe angewiesen, wobei es natürlich dem Zufall überlassen bleibt, ob man gerade besonders schöne Exemplare in sein Präparat bekommt. Besser als bei den Radiolarien liegen die Verhältnisse bei den Foraminiferen, die meist schon mit blossem Auge oder wenigstens mit Hilfe der Lupe sichtbar sind, ja zuweilen sogar eine Grösse von mehreren Millimetern erreichen. Im harten Gestein können sie natürlich auch nur im Dünnschliff beobachtet werden, falls sie sich nicht herausätzen lassen. In den weichen Mergeln und Tonen aber kann man sie leicht durch Ausschlemmen bekommen. Man setzt zu diesem Zweck eine grössere Portion des Gesteines mit Wasser an, hilft durch Kneten und Drücken nach, bis das Gestein als feiner Schlamm zum grössten Teil im Wasser suspendiert und mit diesem abgegossen werden kann. Die Schalen der Foraminiferen bleiben dann nach öfterem Auswaschen als Rückstand im Gefässe zurück. Wer einmal ein Auge für diese Art der Versteinerungen bekommen hat, der wird gewiss seine Freude an den zierlichen Gebilden haben und zugleich erstaunt sein über die Häufigkeit und Mannigfaltigkeit der ihm entgegentretenden Formen. Natürlich ist hier ganz besonders beim Einreihen in die Sammlung die grösste Pünktlichkeit und Sorgfalt zu beobachten; wenn die Stücke sortiert sind, so werden sie am besten aufbewahrt entweder durch Aufkitten auf Karton, an dem die Etikette anzubringen ist, oder besser noch in kleinen Glastuben, oder auf Objektträgern unter einem Deckglas, das durch einen Ring den nötigen Abstand von dem Objektträger bekommt; genaue Angabe der Formation und des Fundortes

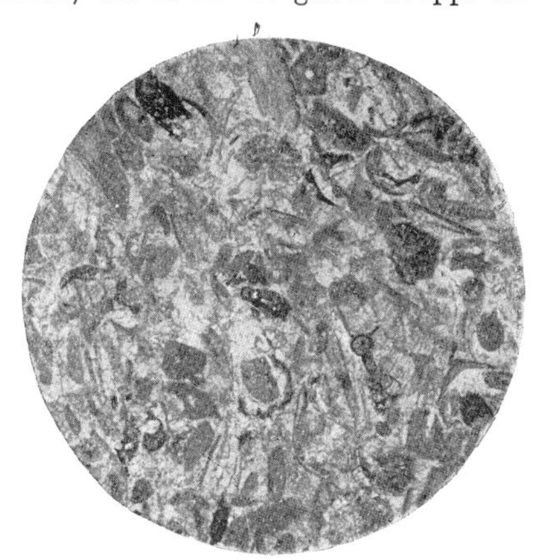

Fig. 70. Mikroskopisches Bild eines Dünnschliffes von Liaskalk mit Schalendurchschnitten von Radiolarien und Foraminiferen, 40fach vergr.

ist unbedingt erforderlich. Die genaue Bestimmung ist ohne Spezialwerke nicht möglich, aber es wird im allgemeinen auch für den Sammler genügen, wenn er sich mit den Haupttypen vertraut macht und es wurden deshalb nur einige wenige charakteristische Formen zur Abbildung gebracht.

A. Foraminifera.

Urtierchen ohne häutige Zentralkapsel, aber meistens mit kalkigen, seltener kieseligen oder chitinösen Schalen.

Nodosaria. Schale stabförmig oder leicht gekrümmt, mit geradlinig in einer Reihe angeordneten Kammern. N. communis (d'Orb.) [Taf. 22, Fig. 1] und N. raphanus (L.) [Taf. 22, Fig. 2] aus dem mittleren Lias und N. pyramidalis (Koch) [Taf. 22, Fig. 3] sind besonders häufige Formen.

Cornuspira. Schale aus zahlreichen, in einer Ebene spiral aufgewundenen Umgängen bestehend. C. tenuissima (Gümb) [Taf. 22, Fig. 4] weicht von den üblichen, meist tellerförmig ausgebildeten Schalen ab und ist mehr schlauchförmig in die Länge gezogen.

Fig. 71. Calcarina (Siderolites) calcitrapoides (Lam.).

Cristellaria. Die kalkige, von feinen Kanälchen durchbrochene Schale ist spiral aufgerollt mit umfassenden Umgängen. C. suprajurassica (Schwager) [Taf. 22, Fig. 5].

Frondicularia. Schale flach, abgeplattet, die Kammern zopfförmig angeordnet. F. solea (Hagenow) [Taf. 22, Fig. 6].

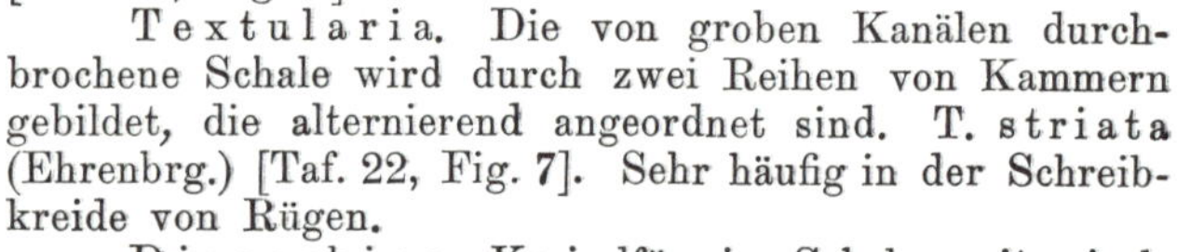

Textularia. Die von groben Kanälen durchbrochene Schale wird durch zwei Reihen von Kammern gebildet, die alternierend angeordnet sind. T. striata (Ehrenbrg.) [Taf. 22, Fig. 7]. Sehr häufig in der Schreibkreide von Rügen.

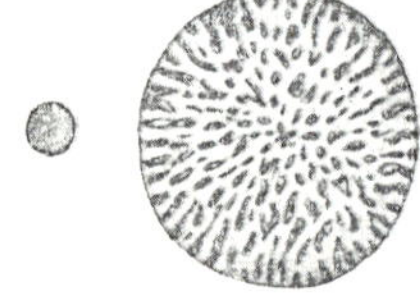

Fig. 72. Orbitolina lenticularis, links in nat. Gr.

Discorbina. Kreiselförmige Schalen mit spiralförmig angeordneten, sehr kleinen Kammern. D. globosa (Hagenow) [Taf. 22, Fig. 8].

Rotalia. Die Kammern gleichfalls spiral angeordnet, die Schale ausserordentlich fein porös, meist kreiselförmig. Eine hübsche 3—4 mm grosse sternförmige Art ist Calcarina (Siderolites) calcitrapoides (Lam.) aus der Tuffkreide von Maastricht. Rotalia umbilicata (Reuss) [Taf. 22, Fig. 9] ist häufig in der oberen Kreide.

Haplophragmium (Lituola). Eine ziemlich grosse, bis 4 mm lange Schale, welche aus feinem, zusammengebackenem Sand und Fremdkörpern aufgebaut ist. Die Kammern sind ziemlich unregelmässig angeordnet, unten aufgerollt und dann in einen Fortsatz auslaufend. H. inflatum (Beissel) [Taf. 22, Fig. 10] ist sehr häufig im Senon von Aachen.

Globigerina. Die kalkige Schale ist von groben Kanälen durchbohrt, die kugeligen Kammern sind entweder einzeln oder zu einem kleinen Haufen zusammengeballt. Die Kammern münden in einen gemeinsamen Kanal. G. cretacea (d'Orb.) [Taf. 22, Fig. 11]. Viel häufiger als diese fossilen Globigerinen finden wir diese Form in den heutigen Meeren, wo sie in ungeheurer Menge in der Tiefsee den sog. Globigerinenschlamm bilden.

Orbitolina, eine linsengrosse, flachschüsselförmige Art mit zahlreichen, spiral aufgerollten Kammern, ähnlich den Nummuliten des Tertiaers findet sich massenhaft in der unteren alpinen Kreide (Orbitolinenschichten). O. lenticularis (Kaufm.) und O. concava (Lam.).

B. Radiolaria.

Meist mikroskopisch kleine marine Urtierchen mit Zentralkapseln, feinen radialen Fortsätzen und meist mit zierlichem Kieselskelett.

Die Radiolarien sind im allgemeinen nur im Dünnschliff oder in Schlemmproben unter starker Vergrösserung zu erkennen. Man ist aber dann stets erstaunt über die Zierlichkeit und Schönheit der glocken-, kugel- oder radförmigen Gebilde, welche aus einem überaus zarten, feinen Gitter aufgebaut sind. Die beistehende Textfigur gibt das Bild eines reich mit Radiolarien durchsetzten oolithischen Gesteines, das aus einem Koprolithen gewonnen wurde und zeigt uns abgesehen von den eiförmigen Oolithkörnern eine Anzahl verschiedener Radiolarien, die wir an den zarten Gittergerüsten erkennen. Die Radiolarien leben bekanntermassen auch heute noch in ungezählter Menge in unseren Ozeanen und bilden dort in der Tiefe von 4000—8000 m einen feinen, aus Kieselerde bestehenden Radiolarienschlamm. Man darf wohl annehmen, dass auch in früheren Perioden die Radiolarien unter ähnlichen Bedingungen gelebt haben und dementsprechend können wir Ablagerungen, wie z. B. die radiolarienreichen Hornsteine des alpinen Dogger (Radiolarit), als Tiefseeablagerungen ansprechen. Dünnschliffe aus solchen Hornsteinen geben sehr schöne Präparate. Aber fast noch schönere bekommt man aus den Koprolithen der Kreide, z. B. von Ilsede bei Peine und Zilli bei Wasserleben (Provinz Sachsen).

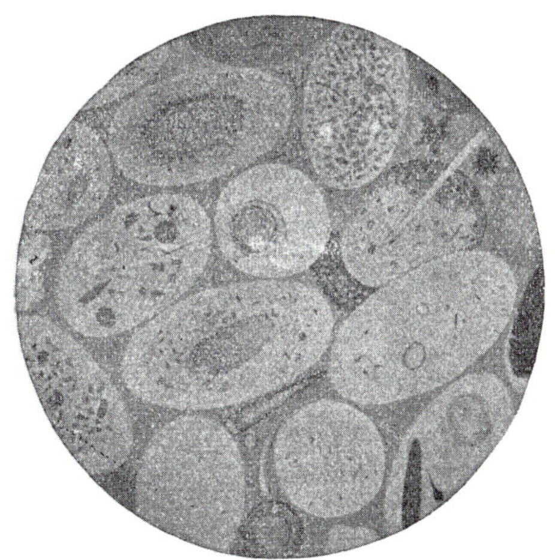

Fig. 73. Mikroskopisches Bild eines Dünnschliffes durch einen Koprolithen aus der Kreide von Zilli mit Oolithen und Radiolarien. 200fach vergrössert. (Nach Rüst.)

II. Pflanzentiere, Cölenterata.

A. Seeschwämme, Spongiae.

Auch dieser Tierstamm ist im vorigen Abschnitt nur flüchtig behandelt und muss hier nachgeholt werden, da er für das Mesozoikum von sehr grosser Bedeutung ist. Werden doch insbesondere im weissen Jura viele hundert Meter mächtige Kalksteine aus Seeschwämmen aufgebaut, ebenso wie auch die Kreideformationen eine Fülle interessanter Formen aus dieser Tiergruppe liefern.

Die Spongien sind meist festsitzende, im Wasser und zwar vorwiegend im Meerwasser lebende, sehr einfach gebaute Tiere von mannigfacher, auch bei derselben Spezies wechselnder Grösse und Gestalt. Die Verwertung der äusseren Form für die Bestimmung ist deshalb nur in beschränktem Masse zulässig, aber die Gestalt ist doch im allgemeinen und grossen Ganzen so charakteristisch, dass derjenige, welcher sich nicht auf eine spezielle wissenschaftliche Bestimmung einlassen will, auch schon aus dem Aeusseren wenigstens die Gruppe bestimmen kann. Der Bau des Tieres ist überaus einfach und stellt einen vielzelligen, von einem Kanalsystem durchzogenen Körper dar, an welchem wir auf der Aussenseite eine grosse Menge von Einlassporen beobachten, welche in die Kanäle führen und sich im Inneren zu einer grossen Ausfuhrhöhle (Magenhöhle) vereinigen, die mit einem Oskulum mündet. In dem weichen Gewebe wird meistens ein Skelett ausgeschieden, das als Stütze für den an sich gallertartigen Körper dient und je nachdem dieses Skelett aus Horn, Kiesel oder Kalk besteht, unterscheiden wir Hornschwämme (Ceratospongiae), Kieselschwämme (Silicispongiae) und Kalkschwämme (Calcispongiae), wozu noch die skelettlosen Myxospongiae treten.

Fig. 74. Lebende Kieselspongie aus der Tiefsee bei Japan.

Das Skelett setzt sich aus einfachen oder verästelten Nadeln zusammen, die bei den einzelnen Gruppen von ganz bestimmter Form und Anordnung sind und deshalb die Grundlage auch für die Systematik abgeben. Nach der Form der Nadeln unterscheidet man Einstrahler (Monactinellidae) mit einachsigen, meist gerade gestreckten, zuweilen auch wurzelförmig gestalteten Nadeln, ferner Vierstrahler (Tetractinellidae) mit vierachsigen Nadeln, von denen meist eine sehr lang ist, während die drei unteren unter sich gleichmässig und kurz sind. An sie schliessen sich die Lithistiden an, mit dickwandigen, unregelmässigen, knorrigen oder wurzelförmigen Skelettelementen und schliesslich haben wir noch die Sechsstrahler (Hexactinellidae), bei denen wir sechs Strahlen beobachten, die nach dem Achsenkreuze eines Oktaeders angeordnet sind. Da aber infolge ungenügender Erhaltung die Nadeln der Spongien nur in seltenen Fällen erhalten und sichtbar sind, so ist auch die auf sie begründete Systematik für den Sammler sehr erschwert, und er wird sich oft mit dem Aeusseren behelfen und auf eine genaue wissenschaftliche Bestimmung verzichten müssen.

Der Erhaltungszustand ist ein recht verschiedenartiger. Die Hornmassen sind natürlich vollständig vergangen, und auch die Kiesel- und Kalknadeln sind meist in ihrer ursprünglichen Art zerstört, aber zuweilen wieder durch sekundäre Verkieselung in einer Art Pseudomorphose erhalten. In dem ersteren Falle bilden die Spongien nur mehr oder minder unregelmässige, zuweilen aber hübsch ausgewitterte Gebilde, an denen zwar die äussere Form deutlich zu erkennen ist, die aber für die wissenschaftliche Untersuchung nur geringes Interesse haben. Im Falle der Verkieselung jedoch können wir die Spongien aus dem Kalkgesteine mittels Salzsäure herausätzen und erhalten dann Präparate, welche an Schönheit denen der rezenten Glasschwämme kaum nachstehen. Es ist dabei zu bemerken, dass zu dem Herausätzen Salzsäure in nicht allzugrosser Verdünnung, so dass das Gestein noch aufschäumt, verwendet wird; an solchen Stellen, wo die Aetzung zu tief eingegriffen hat, kann man den Prozess durch Bestreichen mit Vaselin oder Wachs eindämmen. Derartige schöne Erhaltungszustände finden sich in der Juraformation nur an wenig

Lokalitäten, z. B. Streitberg und Engelhardsberg in Franken, Sontheim und Nattheim auf der schwäbischen Alb, aber auch hier wird man die Erfahrung machen, dass nur einige wenige Stücke sich schön ätzen lassen, während die meisten anderen unter der Einwirkung der Salzsäure zugrunde gehen. Besonders gute Lokalitäten in der Kreide sind Misburg bei Hannover, Oberg bei Hildesheim, der Sudmerberg bei Goslar und Cösfeld bei Münster.

1. Hornschwämme, Ceratospongiae.

Obgleich die Hornschwämme, deren bekanntester Vertreter der Badeschwamm ist, an sich nicht erhaltungsfähig sind, so werden doch auf sie einige Gebilde bezogen, welche zwar keinerlei Spongiennadeln mehr erkennen lassen, aber doch in ihrer äusseren Form am meisten an diese Tiere erinnern. Hierher gehört Rhizocorallium Jenense (Zenk.) [Taf. 22, Fig. 12], ein im Muschelkalk recht häufiges und charakteristisches Fossil, das aus mehr oder minder gebogenen oder schlangenartig hin und her gewundenen Wülsten besteht, die auf ihrer Oberfläche bei günstiger Erhaltung eine faserige Struktur erkennen lassen. Auch im Quadersandstein Sachsens kommen recht häufig zylindrische, verschiedenfach gestaltete, grosse Wülste vor, welche an Spongien erinnern und als Spongites saxonicus bezeichnet sind. Es ist natürlich nicht ausgeschlossen, dass diese fraglichen Gebilde auch von anderen Organismen herrühren können oder teilweise wenigstens überhaupt anorganischer Natur sind.

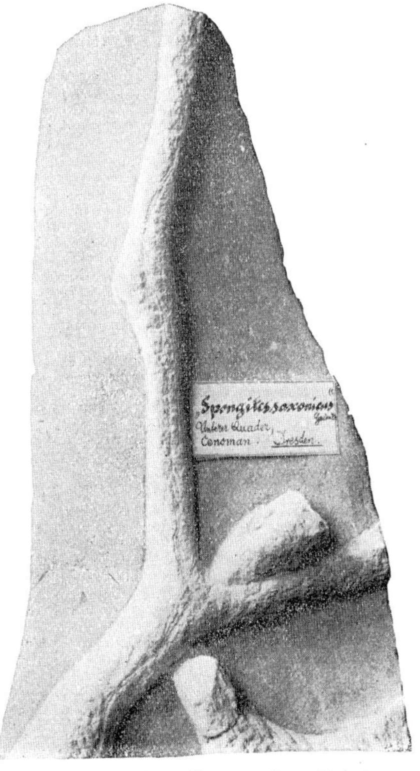

Fig. 75. Spongites saxonicus (Gein.). (Stark verkleinert.)

2. Kieselschwämme, Silicispongiae.

Die Nadeln bestehen aus Kieselsäure oder auch aus Hornsubstanz mit Einlagerung von feinen Kieselnadeln. Wie bereits erwähnt, unterscheidet man nach der Form der Nadeln **Einstrahler oder Monactinellidae.** Da die Nadeln nicht fest zu einem zusammenhängenden Skelette verbunden sind, so zerfallen sie nach dem Tod des Tieres und stecken nur lose im Gestein, wo sie zuweilen beim Anätzen in grosser Menge getroffen werden. Dasselbe gilt auch von den **Vierstrahlern oder Tetractinellidae.**

Steinschwämme oder Lithistidae. Die wurzelförmigen, fest miteinander verbundenen Nadeln bilden dickwandige und fest zusammenhängende Gerüste, die uns fossil erhalten sind und einen grossen Teil der uns bekannten mesozoischen Spongien umfassen. Nach der Ausbildung und Anordnung der Skelettelemente werden zahlreiche Unterabteilungen unterschieden.

Cnemidiastrum (Cnemidium) bildet fest geschlossene, zylindrische, feigen- oder schüsselförmige Schwammkörper mit einfacher oder trichterförmiger Zentralhöhle und zarten, über den ganzen Schwamm weglaufenden Längsrinnen. Die Skelettnadeln sind einachsig, aber mit wurzelförmigen Auswüchsen. C. rimulosum (Goldf.) [Taf. 22, Fig. 13], mit trichterförmiger Mundöffnung und das mehr geschlossene C. Goldfussi (Qu.) [Taf. 22, Fig. 14] sind recht häufige Arten des mittleren weissen Jura.

Hyalotragos. Meist abgeflachte oder schüsselförmige Schwammkörper mit weiter Zentralhöhle, in welche die senkrecht den Schwamm durchziehenden Kanäle münden. Die häufigsten Arten in den Spongienriffen des weissen Jura sind H. patella (Goldf.) [Taf. 22, Fig. 15] und H. rugosum (Münst.) [Taf. 22, Fig. 16].

Chonella schliesst sich an Hyalotragos an und gleicht diesem auch am meisten in der äusseren Form, ist aber hauptsächlich in der oberen Kreide verbreitet. Ch. tenuis (A. Röm.) [Taf. 22, Fig. 18].

Cylindrophyma (Scyphia), meist zylindrisch geformte, häufig zusammengewachsene, dickwandige Schwammkörper mit weiter, den ganzen Körper durchziehender Zentralhöhle. Die Oberfläche mit kleinen Oeffnungen bedeckt. Die Skelettnadeln aus kurzen, glatten Stielen mit kugeligen Verdickungen bestehend. C. milleporata (Goldf.) [Taf. 22, Fig. 17] ist eine der häufigsten Formen im oberen Schwammkalk des weissen Jura.

Doryderma. Meist grosse, birnförmig, plattig oder tief schüsselförmig gestaltete Schwammkörper, an denen schon mit blossem Auge die sehr grossen, wurzelförmigen Skelettnadeln sichtbar sind. Hierher gehören die grosse und häufige D. infundibuliformis (Goldf.) [Taf. 22, Fig. 19] aus der Tourtia und zahlreiche Arten der oberen Kreide (D. dichotoma).

Siphonia. Feigen-, birn- oder apfelförmig gestaltete Körper mit mehr oder minder langem Stiel und seichtem Oskulum, in welchen eine grosse Anzahl von Radialkanälen münden. S. ficus (Goldf.) [Taf. 22, Fig. 20] und S. (Jerea) pyriformis (Lamx.) [Taf. 22, Fig. 21] sind besonders charakteristische Vertreter dieser Gruppe aus der oberen Kreide.

Sechsstrahler oder Hexactinellidae. Die sechsstrahligen Skelettnadeln sind gitterförmig miteinander verschmolzen und zeigen an den Verbindungsstellen ein überaus zierliches Achsenkreuz. Neben den Lithistiden bilden sie die Hauptmasse der mesozoischen Spongien.

Ventriculites. Ausgesprochen becherförmige, unten häufig in Wurzeln auslaufende Schwammkörper, im Querschnitt mäandrisch gefaltet. V. cribrosus (Röm.) [Taf. 22, Fig. 22] aus der oberen Kreide.

Rhizopoterium schliesst sich trotz der Verschiedenartigkeit der äusseren Form im Skelettbau eng an Ventriculites an. Ausser den becherförmigen, gegen unten in einen sehr langen verlängerten Stamm übergehenden Formen ist für die obere Kreide besonders charakteristisch Rh. cervicornis (Goldf.) [Taf. 23, Fig. 2] mit reich verästelten, an ein Geweih erinnernden Schwammkörpern.

Sporadopyle. Zierliche, kleine, becher- bis trichterförmige Schwammkörper mit breiter Basis, die sich namentlich im unteren weissen Jura häufig finden. Sp. obliquum (Goldf.) [Taf. 22, Fig. 23].

Tremadityon. Schön geformte, becherförmige Schwammkörper, an deren Oberfläche häufig eine grob ausgebildete Gitterstruktur sichtbar ist, welche durch die zahlreichen, in alternierenden Reihen eintretenden Kanäle hervorgerufen wird. Eine der häufigsten Arten im weissen Jura ist T. recticulatum (Goldf.) [Taf. 23, Fig. 1].

Craticularia schliesst sich im Skelettbau an Tremadictyon an und zeigt gleichfalls meist becherförmige Schwammkörper. Die kleinen rundlichen

Mündungen der Kanäle an der Aussenseite sind in horizontalen Reihen angeordnet. C. cylindritexta (Qu.) [Taf. 23, Fig. 3] und C. paradoxa (Mstr.).

Guettardia. Schwammkörper sternförmig gefaltet, so dass nach oben auslaufende Lappen entstehen, die Oberfläche fein gitterförmig, von Radialkanälen bedeckt. Das Kieselskelett ausserordentlich zart aufgebaut. G. trilobata (Röm.) [Taf. 23, Fig. 4] und G. stellata (Mich.), sind besonders charakteristische Formen aus der oberen Kreide.

Coscinopora. Dünnwandige, becherförmige Schwammkörper, zuweilen mit wurzelförmigen Verdickungen aufgewachsen. Die Kieselnadeln wie bei Guettardia überaus zierlich, an der Oberfläche infolge der zahlreichen Kanälchen eine feine Gitterstruktur zeigend. C. infundibuliformis (Goldf.) [Taf. 23, Fig. 5] kommt bei Cösfeld in sehr schönen verkieselten Exemplaren vor, welche sich aus dem Gestein herausätzen lassen.

Pachyteichisma, sehr dicke, unregelmässig gestaltete und vielfach eingefaltete Schwammkörper, mit kleiner zentraler Oeffnung. P. lopas (Qu.) [Taf. 23, Fig. 6]. Häufig im weissen Jura.

Cypellia, kreisel- oder mützenförmige, zuweilen auch schüsselförmige, dicke Schwammkörper mit runzeliger Oberfläche und unregelmässig angeordneten, gekrümmten Kanälen. Hierher gehören die häufigsten Spongien des mittleren weissen Jura. C. dolosa (Qu.) [Taf. 23, Fig. 8], C. rugosa, fungiformis u. a.

Porospongia, meist plattig ausgebreitete, grosse Schwammkörper mit weit auseinanderstehenden, rundlichen Kanalöffnungen. P. (Stauroderma) Lochense (Qu.) [Taf. 23, Fig. 7].

Coeloptychium, sehr schöne, schirm- oder pilzförmig gestaltete Schwämme mit glatter Oberseite und tief gefalteter Unterseite, auf welcher zahlreiche Kanäle ausmünden. Das Skelett sehr regelmässig ausgebildet. C. agaricoides (Goldf.) [Taf. 23, Fig. 9] ist eine der charakteristischsten Formen der oberen Kreide und wird, z. B. in Cösfeld bei Münster und Vordorf bei Braunschweig in verkieseltem Zustand gefunden.

3. Kalkschwämme, Calcispongiae.

Das Skelett aus Kalknadeln, von verschiedenstrahliger Form und zwar in der Weise, dass die Skelettelemente frei im Weichkörper liegen. Da jedoch diese Kalknadeln fast immer vergangen und zerstört sind, so lässt sich nur in den seltensten Fällen der zartere Aufbau des Schwammkörpers feststellen. Im allgemeinen erreichen die Kalkschwämme nur eine geringe Grösse und sind meist knolliger und fester gebaut als die Kieselschwämme, sind im übrigen aber ebenso vielgestaltet, wie jene und erinnern am meisten an die Lithistiden. Die Systematik hat für den Sammler nur einen untergeordneten Wert, und es möge genügen, hier eine Anzahl der wichtigeren Formen zusammenzustellen, von denen auch ein Teil zur Abbildung gelangt ist.

Peronella cylindrica (Goldf.) [Taf. 23, Fig. 10) und P. radiciformis (Qu.) kommen, und zwar nicht selten verkieselt (Sontheim, Nattheim) im oberen weissen Jura vor, während P. furcata (Goldf.) [Taf. 23, Fig. 17] ungemein häufig in der Tourtia von Essen auftritt.

Stellinspongia semicincta (Qu.) [Taf. 23, Fig. 11] und St. glomerata (Qu.), Blastinia costata (Goldf.) [Taf. 23, Fig. 12], sowie Myrmecium rotula (Qu.) [Taf. 23, Fig. 16] und M. indutum (Qu.) sind überaus zierliche und hübsche Formen des weissen Jura. Hierzu gesellt sich als eine der häufigsten Arten die Corynella astrophora (Goldf.) [Taf. 23, Fig. 13]. Elasmostoma bildet eine wichtige und sehr formenreiche Gruppe der Kreide, mit meist lappigen, ohrförmigen oder halboffen becherförmigen Schwammkörpern. Hierher gehört E. consobrinum (Goldf.) [Taf. 23, Fig. 14], E. peziza (Goldf.) [Taf. 23, Fig. 18], Normannianum, stellatum und cupula.

An Myrmecium rotula schliesst sich Achilleum glomeratum (Goldf.) [Taf. 23, Fig. 15] an, das in der baltischen Kreide häufig gefunden wird.

B. Korallentiere, Anthozoa.

Das allgemeine Bild über den anatomischen Bau der Korallen und deren Bedeutung als riffbildende Tiere wurde schon S. 55 gegeben. Während wir aber im Paläozoikum es meist mit den fremdartigen und in ihrem Bau von den heutigen Formen abweichenden Arten der Tetracoralla, Tabulata und Stromatoporidae zu tun hatten, finden wir nunmehr im Mesozoikum die Entwicklung und Ausbildung der heute noch herrschenden Gruppe der Hexacoralla. Diese sind dadurch gekennzeichnet, dass die Septen in dem Kelche nach der Sechszahl angeordnet sind und zwar in der Weise, dass wir zunächst sechs Hauptsepten in meist radialer, selten bilateral-symmetrischer Anordnung haben. Diese sechs Hauptsepten bilden den ersten Zyklus und zwischen ihnen schalten sich als zweiter Zyklus sechs Septen zweiter Ordnung ein, so dass nun zwölf Zwischenräume entstehen, welche ihrerseits wieder von den Septen dritter Ordnung, d. h. dem dritten Zyklus, ausgefüllt werden. Durch Einschaltung neuer Septen entstehen neue Zyklen und damit eine proportionale Zunahme der Septen, welche unter Umständen eine ausserordentlich hohe Anzahl erreichen können.

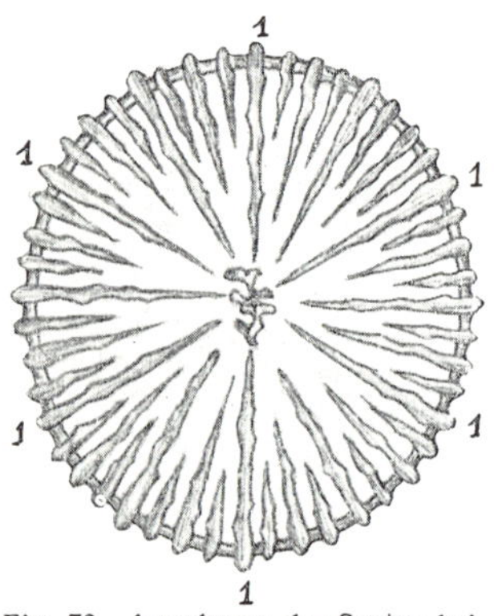

Fig. 76. Anordnung der Septen bei den Hexacoralla. (1 = Hauptsepten, dazwischen d. Septen 2.—4. Ordnung.)

Die Vorkommnisse der Korallen sind ausserordentlich charakteristisch, denn als tropische (Wassertemperatur nicht unter 18—20° C.) Meerestiere, welche sowohl bezüglich der Meerestiefe (nicht unter 35—40 m) als auch bezüglich des Salzgehaltes des Wassers sehr empfindlich sind, geben sie uns auch in geologischer Beziehung einen Anhaltspunkt über die Art und Weise der Bildung der betreffenden korallenführenden Schichten. Wo Korallen in grösserer Anzahl fossil gefunden werden, wissen wir bestimmt, dass wir es mit ozeanischen Ablagerungen von nur geringer Tiefe zu tun haben, und es kann uns deshalb auch nicht wundernehmen, dass derartige Vorkommnisse stets nur auf kleinere Bezirke lokalisiert auftreten.

Der ganzen Natur der Ablagerung entsprechend, fehlen die Korallen im Buntsandstein und Keuper vollständig und gehören auch im Muschelkalk der germanischen Trias zu den grossen Seltenheiten. Ganz anders in der alpinen Trias, wo wir ozeanische Fazies und Riffbildungen vor uns haben. Dort spielen die Korallen eine sehr wichtige Rolle und wir dürfen wohl annehmen, dass jene mächtigen Dolomite und Dachsteinkalke nichts anderes sind als strukturlos gewordene Riffkalke. Ganz entsprechend den heutigen Verhältnissen an den Korallenriffen dürfen wir auch dort nur in den sogenannten Vorriffzonen einen günstigen Erhaltungszustand der Korallen erwarten und in der Tat kennen wir derartige korallenreiche Lokalitäten im Anschluss an die Riffkalke und Riffdolomite aus den St. Cassianer- und Kössenerschichten.

Im Lias und im unteren Dogger, welche im wesentlichen bei

uns Tiefseebildungen sind, kommen keine riffbildenden Korallen, sondern nur Einzelkorallen vor; nur als grosse Seltenheiten sind Vorkommnisse aus dem schwäbischen Angulaten- und Arietenkalk zu erwähnen. Im mittleren Dogger fand offenbar ein Rückzug des Meeres statt, so dass sich von Westen her einwandernd Korallen in grösserer Menge auch in Süddeutschland ansiedeln konnten. Hierher gehören die Vorkommnisse im Hauptoolith von Elsass und von Baden (Badenweiler) und die korallenführenden Schichten von Braunjura γ/δ der schwäbischen Alb (Oberalfingen, Hohenzollern). In den höheren Schichten des Dogger finden wir wiederum nur tiefseebewohnende Einzelkorallen. Den Spongienriffen des unteren weissen Jura von Süddeutschland entsprechen in Norddeutschland die korallenreichen Ablagerungen der Oxfordschichten. Erst im oberen weissen Jura werden auch in Süddeutschland die Spongienriffe ersetzt durch Korallenriffe und zwar haben wir die Dolomite des Weissjura als die strukturlosen Korallenriffmassen anzusehen, und zu ihnen gehören gewissermassen als Vorriffzonen die überaus reichen Fundplätze von Blaubeuren, Nattheim und Kehlheim. Der Erhaltungszustand der Nattheimer Korallen ist besonders erfreulich dadurch, dass dieselben vielfach sekundär verkieselt sind und ebenso wie die Spongien aus dem Gestein herausgeätzt werden können.

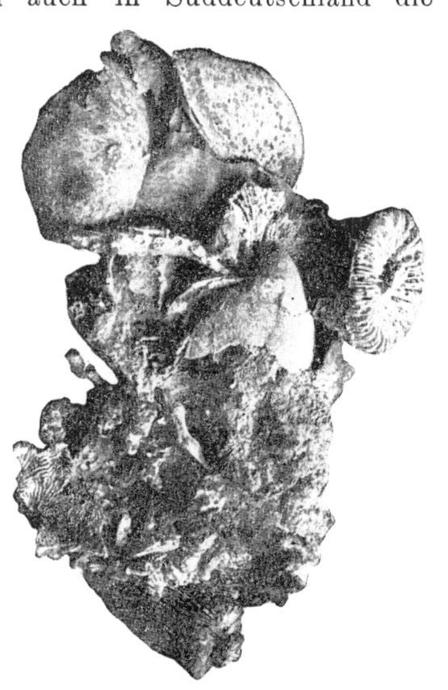

Fig. 77. Nattheimer Korallenkalk stark angeätzt.

Die Kreideformation liefert uns nur in der südlichen alpinen Fazies eine reiche Korallenfauna, welche zugleich mit den Hippuriten in den Gosauschichten erhalten geblieben ist. Dagegen treten Korallen in der ganzen norddeutschen Kreide zurück und gehören immer zu den spärlichen Einzelfunden.

Die Systematik der Hexacoralla ist eine recht schwierige und beruht im wesentlichen auf der Organisation des Tieres, der Anordnung der Septen und der das Kalkgerüst begleitenden Elemente, wie Epithek, Säulchen u. dgl. So kommt es auch, dass oft scheinbar sehr verschiedenartige Formen zu einer Gruppe vereinigt werden müssen, weil ihre Artenmerkmale gleichmässig sind und der Unterschied nur dadurch hervorgerufen ist, dass die Art bald als Einzelkoralle, bald als stockbildende Kolonie auftritt.

Hexacoralla.

1. Oculinidae.

Stets zusammengesetzte, durch seitliche Knospung entstehende Stöcke, die Aeste sind durch kompakte Kalkmasse verdichtet und an ihnen sitzen die vereinzelten Knospen. Diese selbst mit wenigen weitgestellten Septen. Hierher gehören sehr schöne Formen von Nattheim, Tiaradendron germinans (Qu.) [Taf. 24, Fig. 2] mit weit hervorstehenden Kelchen und Enalohelia compressa (Goldf.) [Taf. 24, Fig. 3], mit kleinen, nach der Seite gerichteten Knospen.

2. Astraeidae.

Viel verzweigte, formenreiche Gruppe, in welcher sowohl Einzelkorallen als stockbildende Kolonien auftreten.

Montlivaultia. Einfache Kelche von kreiselförmiger oder konischer Form, unten meist zugespitzt oder mit breiter Basis aufgewachsen, Septen zahlreich, am Oberrande gezackt, das Epithek dick und runzelig, aber leicht abfallend. M. helianthoides (Milsch.) [Taf. 24, Fig. 4] und M. obconica (Münst.) [Taf. 24, Fig. 5] sind die häufigsten Nattheimer Formen, während M. sessilis (Münst.) für die Oxfordschichten von Norddeutschland und M. Delabechii (M. Edw.) für den mittleren Dogger von Süddeutschland charakteristisch sind.

Latusastraea. Die Kolonien entstehen dadurch, dass die Knospen auf einer gemeinsamen Stockausbreitung sitzen, die Kelche sind kurz und so nach der Seite geneigt, dass sie eine halbkreisförmige Form mit vorspringender Lippe annehmen. L. alveolaris (Goldf.) [Taf. 24, Fig. 6] (sog. Taschenkorallen) von Nattheim.

Isastraea. Massive Stöcke, die dadurch gebildet sind, dass die Zellen dicht gedrängt stehen, wobei die Zellwände durch Verwachsung der Septen gebildet werden. Eine überaus wichtige und charakteristische Gruppe, von welcher wir Formen in der Trias (I. norica [Frech]), im Lias (I. favoides [Qu.]), mittleren Dogger (I. tenuistriata [M'Coy], Oxford (I. helianthoides [Goldf.]) und in den Nattheimer Schichten I. crassisepta (Goldf.) [Taf. 24, Fig. 7] und I. explanata (Goldf.) [Taf. 24, Fig. 8], als wichtigere Arten kennen.

Lithodendron. Durch Selbstteilung entstandene ästige Stöcke, deren Einzelkelche jedoch die charakteristischen Merkmale der Astraeiden zeigen. Hierher gehört L. (Calamophyllia) clathratum (Emmerich) [Taf. 24, Fig. 10], die wichtigste Art aus der alpinen Trias, welche mit ihren langen, bündelförmigen Stöcken ganz gewaltigen Umfang annimmt und den wesentlichen Bestandteil der alpinen Korallenkalke (Lithodendronkalk) bildet. Gleichfalls sehr häufig im oberen weissen Jura ist L. (Thecosmilia) trichotomum (Goldf.) [Taf. 24, Fig. 11], das in allen möglichen Stadien der Knospung und und Verzweigung gesammelt werden kann. Während bei dieser Art die einzelnen Kelche weit heraustreten, bleiben sie bei Thecosmilia suevica (Qu.) [Taf. 24, Fig. 12] vereinigt und bilden nur lappige Abzweigungen am Kelche.

3. Turbinolidae.

Einzelkorallen mit zahlreichen radiär geordneten Septen, welche in der Mitte sehr häufig zu einem sog. Säulchen verschmelzen, die Wand dicht, zuweilen mit Epithek bedeckt.

Trochocyathus. Wahrscheinlich Tiefseebewohner mit kleinen kreiselförmigen Kelchen. Hierher gehört wohl die zierliche Turbinolia impressae (Qu.) [Taf. 24, Fig. 1] aus den unteren Weissjuratonen und die in denselben Schichten vorkommende Stephanophyllia florealis (Qu.) [Taf. 25, Fig. 10].

Thecocyathus. Niedere, mehr oder minder schüsselförmige kleine Kelche mit starker Wand, zahlreichen Septen, welche in der Mitte zu einem bündelförmigen Säulchen verwachsen. Auch hier handelt es sich wahrscheinlich um eine Tiefseeform, welche in den Tonen des Lias und Dogger gefunden wird. Th. mactra (Goldf.) [Taf. 25, Fig. 11] aus dem Opalinuston.

Coelosmilia. Kreiselförmige, unten zugespitzte oder festgewachsene Kelche mit kräftigen, weit vorragenden Septen. C. centralis (Edw. und

Haine) [Taf. 25, Fig. 1], eine der wenigen Korallen der oberen baltischen Kreide.

Placosmilia. Der Kelch keilförmig, unten zugespitzt und seitlich zusammengedrückt, mit zahlreichen Septen. P. complanata (Goldf.) [Taf 25, Fig. 2] ist eine der charakteristischsten Formen der Gosaukreide. Zugleich mit ihr kommt auch Diploctenium vor, bei welchem die Seitenteile des Kelches verlängert und abwärts gebogen sind, so dass eine eigenartige hufeisenförmige Gestalt entsteht.

Epismilia. Kreiselförmige freie Kelche mit kräftigem, aber meist abgefallenem Epithek und zahlreichen Septen, welche seitlich gekörnelt sind. E. cuneata (Becker) [Taf. 25, Fig. 3].

Stylosmilia (Placophyllia) bildet verästelte bündelförmige Stöcke, welche durch Sprossung der Kelche entstehen. Das Epithek faltig und dick. St. dianthus (Goldf.) [Taf. 25, Fig. 4].

4. Stylinidae.

Massive Stöcke mit zahlreichen Kelchöffnungen, die Septen kurz und wenig zahlreich.

Stylina. Vielgestaltige, massive Stöcke, die Zellen durch übergreifende Rippen verbunden, die Septa wohl entwickelt. Eine in Trias, Jura und Kreide sehr häufig vertretene Gattung, am häufigsten im oberen weissen Jura. St. Labechi (Edw. und Haine) [Taf. 25, Fig. 5], St. limbata (Goldf.) [Taf. 25, Fig. 6], St. tubulosa (Goldf.), und St. micrommata (Qu.), sämtliche von Nattheim.

Stephanocoenia können wir am besten hier anreihen. Zusammengesetzte massive ästige Stöcke mit dichtgedrängten polygonalen Zellen, welche durch eine Wand voneinander getrennt sind. St. pentagonalis (Goldf.) [Taf. 25, Fig. 7].

5. Thamnastraeidae.

Wie die Astraeiden eine überaus formenreiche Gruppe mit Einzelnkorallen und koloniebildenden Stöcken.

Cyclolites. Einfache scheibenförmige, hoch aufgewölbte Kelche mit flacher, mit runzeligem Epithek überzogener Basis, Septa sehr dünn und ausserordentlich zahlreich, nach oben kraterförmig eingezogen. C. undulata (Goldf.) [Taf. 25, Fig. 8], sehr häufig und charakteristisch für die Gosaukreide.

Microbatia. Zierliche, hoch aufgewölbte Kelche mit flacher Basis und zahlreichen Septen. M. coronula (Goldf.) [Taf. 25, Fig. 12], aus dem Grünsand von Essen.

Thamnastraea. Zusammengesetzte, flach ausgebreitete und gestielte oder pilzförmige Stöcke von einem gemeinsamen auf die Unterseite beschränkten Epithek umgeben, die Septen der einzelnen Kelche miteinander zusammenfliessend. Hierher gehören eine grosse Menge mesozoischer Korallen. Th. Terquemi (Edw. und Haine) [Taf. 25, Fig. 13] ist für den mittleren Dogger, Th. concinna (Goldf.) für den Korallenkalk des norddeutschen Oxfordien charakteristisch, während im oberen weissen Jura Th. foliacea (Qu.), major (Becker) und microconus (Goldf.) besonders häufig auftreten.

Latimaeandra. Lappige Stöcke mit verlängerten, in Reihen geordneten Kelchen, deren Septen teils ineinanderfliessen, teils aber auch gegeneinander absetzen. L. Sömmeringi (Goldf.) [Taf. 24, Fig. 9], und Chorisastraea dubia (Goldf.) [Taf. 25, Fig. 9] aus den Nattheimer Schichten.

Dimorphastraea. Ganz ähnlich wie Thamnastraea gebaut, aber die

(25, 9. 15.)

Kelche konzentrisch um eine zentrale Zelle angeordnet. D. concentrica (Becker) [Taf. 25, Fig. 14].

Astraeomorpha. Im Bau wiederum ganz ähnlich der Thamnastraea, mit knolligen oder flach ausgebreiteten Stöcken und kleinen Zellen, welche durch kräftige, dicke Kostalsepten verbunden sind. A. robusteseptata (Becker) [Taf. 25, Fig. 15] im oberen weissen Jura.

Anhang.

Medusen oder Quallen.

Freischwimmende, scheiben- oder glockenförmige, aus durchsichtiger gallertartiger Masse bestehende Meerestiere mit abwärts gerichtetem Mund, der von langen Tentakeln und Nesselzellen umgeben ist.

Fig. 78. Rhizostomites admirandus (Häckel), eine Qualle aus dem oberen Jura von Eichstätt.

Infolge des vollständigen Mangels an Hartgebilden sind natürlich die Quallen an sich nicht erhaltungsfähig, hinterlassen aber doch unter günstigen Bedingungen zuweilen Abdrücke im Gestein.

Als Seltenheiten finden wir solche in den Sandsteinen des mittleren braunen Jura, besonders schön aber in den lithographischen Schiefern von Solnhofen, Eichstätt und Pfahlspeunt (Rhizostomites admirandus [Häckel]).

III. Stachelhäuter, Echinodermata.

A. Seelilien, Crinoidea.

Allgemeines und anatomischer Bau siehe S. 62.

Gegenüber der Formenfülle der paläozoischen Seelilien tritt die mesozoische Krinoidenfauna zurück, aber wie bei den Korallen finden wir auch hier im grossen ganzen einen fundamentalen Unterschied zwischen den alten und diesen jüngeren Formen. Während wir nämlich die paläozoischen Formen als sog. Tesselata mit starren, aus unbeweglichen Tafeln zusammengesetzten Kelchen erkannt haben, zeigen die meisten mesozoischen Formen gelenkartige Verbindung der Kelch- und Armtafeln und werden daher Articulata genannt. Die Kelche dieser Krinoiden sind einfach, regulär aus dicken Platten zusammengesetzt, die Kelchdecke ist häutig oder mit losen kleinen Täfelchen bedeckt, der Mund offen, ebenso wie die Ambulagralfurchen.

Fig. 79. Krinoidenkalk (Trochitenkalk), zerfallene Encrinus liliiformis aus dem oberen Muschelkalk von Hall.

Vorkommnisse. Als echt marine Tiere finden wir Krinoidenreste nur in Meeresablagerungen, zuweilen aber in massenhafter Anhäufung als Krinoidenkalke. Allerdings sind die Skelette meist zerfallen und besteht dann das Gestein aus einem Haufwerk einzelner kleiner Kalktäfelchen oder Säulenstückchen, an denen aber jederzeit immer die charakteristische Echinodermenstruktur hervortritt (s. Textfig. 39). Ganze zusammenhängende Kelche gehören schon zu den grösseren Seltenheiten und noch mehr vollständig erhaltene Exemplare, wie wir sie z. B. in den Posidonienschiefern in prachtvoller Erhaltung vorfinden. Was die einzelnen Formationen anbelangt, so sei bemerkt, dass die alpine Trias im ganzen arm an Krinoiden ist und dass auch Krinoidenkalke darin zurücktreten. In der deutschen Trias liefert der Muschelkalk sehr schönes Material an Enkriniten und zwar finden wir sie sowohl im unteren Muschelkalk (Oberschlesien) wie im oberen Muschelkalk. Im Jura und Kreide sind zuweilen Reste von Pentakriniten und Apiokriniten zu einem Krinoidenkalke angehäuft, wobei aber die Skelette meistens zerfallen sind. Eine Ausnahme bildet, wie schon erwähnt, der Posidonienschiefer des oberen Lias. Sehr interessant sind die riffliebenden Formen in den Riffkalken des weissen Jura, welche meist kleine, kurzstielige Arten von festem Bau des Stieles und der Kelche darstellen und deshalb auch nicht selten im Zusammenhang gefunden werden. Für den Sammler bilden die Seelilien stets erfreuliche und gesuchte Stücke.

Encrinus. Mässig grosse Krinoiden mit niedrigen, schüsselförmigen Kelchen von einfachem Bau mit 5 Basal- und 5 Radialplatten, an welche 10 (selten 20) Arme ansetzen, die sich nicht mehr teilen und kräftige Pinnulae tragen. Die Stiele sind rund, ohne Anhänge, auf der Gelenkfläche radial gestreift (Trochiten) und haften mit einer breiten, wurzelförmigen Basis am Boden. Eine schöne und häufige Form ist E. liliiformis (Lam.) [Taf. 27, Fig. 1], welche in der unteren Abteilung des oberen Muschelkalkes leitend ist und dort den Trochitenkalk bildet. Als Fundstellen für vollständige Kelche seien genannt: Hall, Crailsheim und Erkerode. Als Seltenheit findet sich im unteren Muschelkalk (Oberschlesien, Freiburg a. d. Unstrut, Halle a. d. S.) E. Carnalli (Beyr.), die einzige Art mit 20 Armen. Ausserordentlich zierliche, kleine Formen mit langen, offenen Armen finden sich im unteren Muschelkalk, besonders schön und im vollständigen Zusammenhang zu Sakrau bei Gogolin (Oberschlesien) und werden als E. (Dadocrinus) Kunischi (W. und Spring) [Taf. 27, Fig. 2], E. gracilis (Buch) und E. Grundeyi (Jaek.) bezeichnet.

Fig. 80. Encrinus Carnalli (Beyr.), 20armige Kelche. Unter Muschelkalk, Schleberode.

Fig. 81. Pentacrinus (vorn aufgebrochener Kelch) aus der japanischen Tiefsee.

Pentacrinus bildet die wichtigste und formenreichste Gruppe, welche in der Trias beginnt und sich bis auf die Jetztzeit erhalten hat, die Pentacrinen scheinen in Meerestiefen bis zu 4000 m an der Küste von Japan und Florida ganze

Krinoidenwälder zu bilden. Die einfach gebauten Kelche sind klein und vielfach versteckt unter den sehr langen, meist stark verästelten Armen. Der Stiel ist lang und meist mit Nebenranken (Cyrren) versehen. Besonders charakteristisch ist der Querschnitt der Stiele, welcher fünfeckig ist und auf den Gelenkflächen eine fünfblätterige Vertiefung mit gekerbten Rändern aufweist. Im Muschelkalk sind die Pentakriniten noch selten und nur in Stielgliedern bekannt (P. dubius [Goldf.]). Im unteren Lias tritt als Leitfossil P. tuberculatus (Mill.) [Taf. 27, Fig. 3], im mittleren und oberen Lias der scharfkantige P. basaltiformis (Mill.) [Taf. 27, Fig. 4] und der abgerundete P. subangularis (Mill.) [Taf. 27, Fig. 5] häufig auf. Von letzterem ist in den Posidonienschiefern von Boll, Holzmaden und Ohmenhausen eine Schichte geradezu bedeckt und zwar finden sich hier ganze Tiere, die mit bis 9 m langen Stielen auf Treibholz aufsitzen und mächtige ausgebreitete Kronen in vollständiger Erhaltung zeigen (Medusenhaupt von Quenstedt). In derselben Schichte finden sich auch prächtig erhaltene Exemplare von P. Briareus (Mill.) [Taf. 27, Fig. 13], dessen Stiel durch zahlreiche Nebenranken charakterisiert ist. Auch diese Art kommt zuweilen in Kolonien vor, von denen sich eine Gruppe mit 153 Exemplaren im K. Naturalienkabinett von Stuttgart befindet. Im Opalinuston ist zuweilen in massenhafter Anhäufung P. Württembergicus (Qu.), im mittleren Dogger P. cristagalli (Qu.) [Taf. 27, Fig. 6], aber beide nur in zerfallenen Exemplaren zu finden. Nicht viel besser ist der Erhaltungszustand in den Zonen des weissen Jura mit P. subteres und cingulatus (Münst.) [Taf. 27, Fig. 7 und 8], von welchen Kelche zu den grössten Seltenheiten gehören. In der Kreide treten die Pentakrinen sehr zurück; als einigermassen wichtig möge P. Bronni (Hagenow) [Taf. 27, Fig. 9] aus der weissen Schreibkreide erwähnt sein.

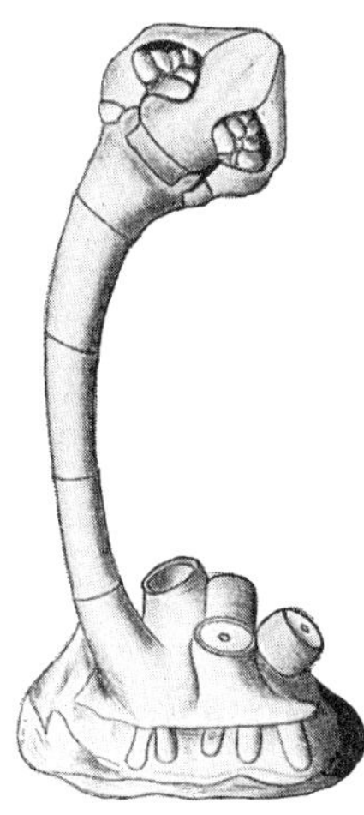

Fig. 82. Zusammengestellter, vollständiger Eugeniacrinus.

Eugeniacrinus. Bei dieser Gattung handelt es sich um zierliche Riffbewohner, vom Typus des an den Riffen der Antillen lebenden Holopus. Auf kurzem, sehr festen und wenig gegliederten Stiel mit breiter Basis sitzen zierliche, kleine Kelche, deren Arme durch 5 breitlappige Armstücke gebildet, resp. umschlossen werden. In den Riffkalken des unteren weissen Jura ist recht häufig E. caryophyllatus (Schloth.) [Taf. 27, Fig. 10], dessen Kelchstücke an Gewürznelken erinnern und E. Hoferi (Münst.) [Taf. 27, Fig. 11] mit rundlich abgesonderten Stielgliedern. Hierher gehört auch E. (Cyrtocrinus) nutans (Goldf.), kleine Formen mit kugelförmigen Kelchen, welche in einem Winkel von dem geraden, fast ungegliederten Stiele abbiegen.

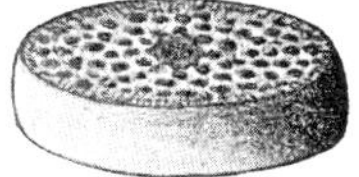

Fig. 83. Mespilocrinus macrocephalus (Qu.). Ob. Dogger.

Millericrinus. (Apiocrinus). Die echten Apiokriniden haben einen birnförmigen, aus dicken Tafeln bestehenden Kelch, der sich aus 5 Basalia und 3 Kränzen von Radialia zusammensetzt und 10 abgesetzte, je einmal gegabelte Arme trägt. Der Stiel ist rund und meist radial gekerbt. So häufig diese Formen im mittleren Dogger von England, Frankreich und der Schweiz sind, so kommen sie doch in Deutschland nur äusserst selten vor. Vielleicht gehört hierher Mespilocrinus aus dem mittleren Dogger mit niedrigen Säulentrommeln, welche auf der Oberfläche gekörnelt sind. Im oberen weissen Jura, offenbar auch als riffliebende Form, haben wir Millericrinus mit kurzen und gedrungenen Kelchen, beweglichen, langen Armen und runden, radial gekerbten Stielgliedern. Nicht selten sind diese durch die Stiche und Röhrengänge einer Milbe (Myzostoma) deformiert und aufgeschwollen. M. Milleri (Schloth.) [Taf. 27, Fig. 14 und 15] mit abgerundet fünfeckigem Kelch, M. rosaceus (d'Orb.) [Taf. 27, Fig. 16] mit schüsselförmigem Kelch und M. mespiliformis (Schloth.) [Taf. 27, Fig. 17] mit kugelförmigem Kelche bilden die wichtigsten Arten.

Bourguetocrinus. Kleine birnförmige Kelche mit 5 dünnen, einzeiligen, mit sehr langen Pinnulae versehenen Armen. Der Stiel aus hohen, gelenkig verbundenen Gliedern zusammengesetzt. B. ellipticus (Taf. 28, Fig. 2) häufig in der oberen weissen Kreide.

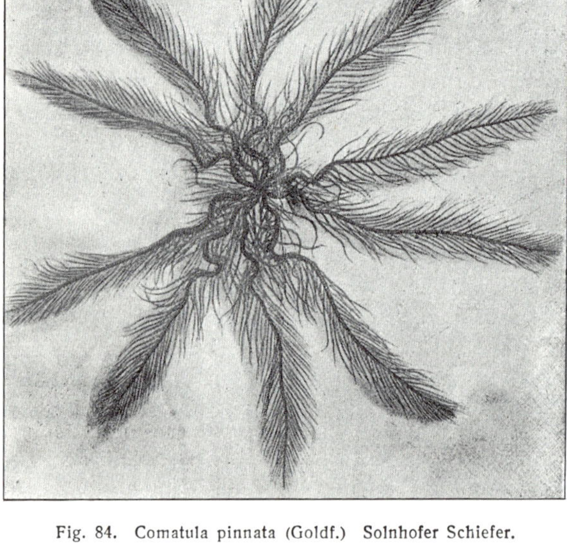

Fig. 84. Comatula pinnata (Goldf.) Solnhofer Schiefer.

Solanocrinus (Comatula). Zu den Komatuliden gehörig und wie diese nur in frühester Jugend gestielte, später freischwimmende, ungestielte Formen. Der Kelch aus einer knopfförmigen, mit Ranken besetzten Platte bestehend, die Arme lang, ungegabelt, mit Pinnulae versehen. S. costatus (Goldf.) [Taf. 27, Fig. 12] und S. scrobiculatus (Goldf.) werden fast immer nur ohne Arme gefunden, dagegen kommt in den Solnhofener Schiefern Comatula pinnata (Goldf.) keineswegs selten in vollständigen mit Armen erhaltenen Exemplaren vor und zeigt dann ganz dieselben Verhältnisse wie die lebende Comatula.

Masurpites. Auch hier handelt es sich um eine freischwimmende, ungestielte Form, welche aber in ihrem Bau einen altertümlichen Typus darstellt, der an Poteriocrinus (S. 64) erinnert. Es sind runde kugelförmige Kapseln aus dünnen, grossen Platten ohne Gelenkverbindung zusammengesetzt; an den Kelch schliessen sich kleine, vergabelte Arme an, die aber äusserst selten erhalten sind. M. ornatus (Münst.) [Taf. 28, Fig. 1] aus der oberen Kreide.

Saccocoma ist gleichfalls eine ungestielte, freischwimmende Art mit kleinem, halbkugeligem Kelch und 10 langen, dünnen, ungeteilten, mit den Spitzen eingerollten Armen. Auch diese Form, welche als S. pectinata (Goldf.) [Taf. 28, Fig. 3] in ungezählten Massen auf einzelnen Schichtflächen der Solnhofener Schiefer vorkommt, trägt einen sehr altertümlichen Typus und lässt sich auf die Familie Plicatocrinus beziehen, die gewissermassen als Reliktenform sich im weissen Jura findet. Die hohen, trichterförmigen Kelche des Plicatocrinus zeigen zahlreiche Abweichungen, so dass wir 4—5- und 6strahlige Kelche haben. — Plicatocrinus hexagonus (Münst.).

B. Seesterne, Asteridae.

Der anatomische Bau wurde schon S. 66 besprochen. Auch im Mesozoikum spielen die Seesterne, welche in der Jetztzeit zu den häufigsten Vertretern der Echinodermen gehören, nur eine untergeordnete Rolle und im grossen ganzen bilden sie für den Sammler Seltenheiten. Zuweilen kommt es freilich vor, dass einzelne Schichten Ueberreste von Seesternen, besonders Schlangensternen in ausserordentlicher Menge enthalten. Die Seesterne finden sich in den marinen Ablagerungen der Trias, des Jura und der Kreide in ziemlich gleichmässiger, seltener Verteilung.

1. Ophiuridae, Schlangensterne.

Seesterne mit langen, dünnen Armen, die von der Zentralscheibe scharf abgesetzt sind und aus losen, gelenkartig ineinandergreifenden Scheibchen bestehen. Derartige isolierte Stücke findet man nicht selten in den Tonen des unteren und mittleren Lias und stellt sie zu der in diesen Schichten vorkommenden Ophiura Egertoni (Qu.) [Taf. 28, Fig. 4].

Aspidura. Zierliche Formen aus dem Muschelkalk mit sternförmig auf der Zentralscheibe angeordneten Täfelchen. A. Ludeni (Hagenow) [Taf. 28, Fig. 5] aus dem unteren Muschelkalk. A. loricata (Goldf.) [Tag. 28, Fig. 6], eine kleine zierliche Art und die etwas grössere A. scutellata (Blumenb.) kommen zuweilen in grösseren Anhäufungen im oberen Muschelkalk vor (Wachbach und Crailsheim).

Ophiocoma. Im Bau vollständig an die lebenden Arten sich anschliessend. Als Hohlräume finden sie sich häufig im Rhät von Nürtingen (O. Bonnardi [Opp.]), und in den Angulatensandsteinen von Göppingen O. ventrocarinata (O. Fraas) [Taf. 28, Fig. 7]. Als rohe, kaum näher zu bestimmende Abgüsse und Steinkerne sehen wir, zusammen mit den zopfartigen Fährten, Seesterne aus der Gruppe der Ophiuren auf den Platten des Angulatensandsteines. Man bezeichnet sie im allgemeinen als Asterias lumbricalis (Schloth.) [Taf. 28. Fig. 8].

2. Asteridae, Seesterne, im engeren Sinne.

Bei den echten Seesternen sind die Arme nicht abgegrenzt von der Scheibe und enthalten Ausstülpungen des Darms und der Genitalien. Das ganze Tier ist abgeplattet, auf der Unterseite mit offenen Ambulakralfurchen, welche in die Arme übergehen und zum Austritt der schlauchartigen Ambulakralfurchen dienen. Unter den einzelnen Plättchen, welche das Gerüst des Seesterns zusammensetzen und die häufig isoliert gefunden werden, unterscheiden wir Rücken- und Bauchplatten von verschiedenartiger Form mit einer grösseren porösen Madreporenplatte, sodann zwei Paare von grossen seitlichen Marginalplatten, welche in einer unpaarigen, tief ausgeschnittenen Augenplatte endigen. Die Ambulakralrinne wird durch Ambulakralbalken bekleidet.

Trichasteropsis. Eine sehr schöne, aber immerhin recht seltene Form aus dem oberen Muschelkalk mit schwach entwickelten Randplatten und tiefen Ambulakralfurchen. T. cilicia (Qu.) [Taf. 28, Fig. 9] und T. Weissmanni (Münst.) kommen bei Crailsheim zuweilen auf Stylolithen aufsitzend vor.

Goniaster. Flache, fünfseitige Scheiben mit nur gering ausgezogenen Armen, breiten Marginalplatten und kleinen Ausfüllungstäfelchen. G. regularis (Forb.) [Taf. 28, Fig. 10] wird in der weissen Kreide gewöhnlich nur in zerfallenen Kalktafeln, selten so schön im Zusammenhang gefunden, wie es unsere Abbildung zeigt. Auch im weissen Jura finden sich nicht selten isolierte Täfelchen von Asterien, welche als Asterias jurensis (Qu.) [Taf. 28, Fig. 11] und A. impressae (Qu.) [Taf. 28, Fig. 12—14] bezeichnet werden. Auf unserer Tafel haben wir davon Randplatten, eine Augentafel und einen Ambulakralbalken zur Abbildung gebracht. Es ist wahrscheinlich, dass diese Formen zu Goniaster oder Asteropecten, einer im mittleren braunen Jura zuweilen sehr schön vorkommenden Art (A. prisca [Goldf.]) gehören. Dicke, rundliche Tafelstücke, mit gekörnelter Oberfläche, werden zu Oreaster primaevus (Zittel) [Taf. 28, Fig. 15 und 16] gestellt.

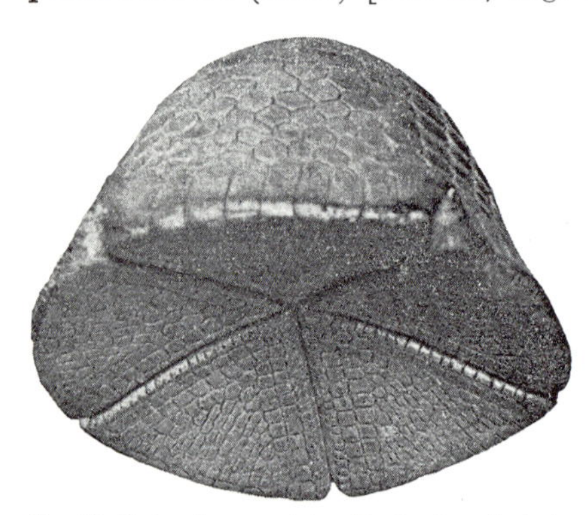

Fig. 85. Sphaerites punctatus (Qu.), rekonstruiert nach Schöndorf.

Sphaerites. Eine eigenartige Gruppe des weissen Jura bilden die Sphäriten, welche noch niemals im Zusammenhang, sondern immer nur in einzelnen Tafeln oder kleinen, zusammenhängenden Gruppen gefunden wurden. Sph. scutatus (Goldf.) [Taf. 28, Fig. 17 und 18] werden grosse, rundliche Scheiben genannt, in deren Mitte ein langer, rundlicher Stachel lose aufsitzt. Die Platten erinnern am meisten an die Deckplatten der heute noch lebenden Art Nidorellia. Ganz fremdartig sind die Plättchen von Sph. tabulatus (Qu.), punctatus (Qu.) und pustulatus (Qu.) [Taf. 28, Fig. 19—21], welche nach neueren Untersuchungen zu ein und demselben Seestern gehören, der eine hoch aufgewölbte, unten flach abgestutzte Scheibe besessen haben musste. Auch Sph. stelliferus (Qu.) und digitatus (Qu.) [Taf. 28, Fig. 22 und 23] gehören wohl zu ähnlichen Gebilden.

C. Seeigel, Echinidae.

Das Auftreten der echten Seeigel fällt in das Mesozoikum, und es ist deshalb auch hier das allgemeine über den Bau des Tieres nachzutragen. Die Seeigel sind kugelige oder ovale Echinodermen, deren Eingeweide von einer soliden und mit beweglichen Stacheln bedeckten Schale umschlossen sind. Die Schale oder Kapsel besteht aus Kalktäfelchen, welche zu einer festen Kapsel zusammengefügt sind. Diese selbst zeigt zwei Oeffnungen, von denen die eine, welche stets unten liegt, dem Mund entspricht, während die andere dem After zum Austritt dient und entweder im Scheitel oder in der Mittellinie gegen unten verschoben gelagert ist. Der Scheitel selbst ist aus meist 10 kleinen, durchbohrten Täfelchen (Genitaltäfelchen) und einer porösen Madreporenplatte gebildet. Die Kapsel baut sich aus 10 Doppelreihen von Täfelchen auf, von denen 5 Doppelreihen als Ambulakralfelder ausgebildet sind und von Poren durchsetzt werden, durch welche die kleinen Ambulakralfüsschen austreten. Zwischen diesen liegen die fünf Interambulakralfelder, welche gleichfalls aus Doppelreihen von ungelochten Täfelchen bestehen. Die einzelnen Tafeln zeigen warzenförmige Erhöhungen, auf welchen die Stacheln gelenkartig aufsitzen. Die Stacheln selbst, welche unter sich sehr verschiedenartig gestaltet sind, werden unten, am sogenannten Stachelhalse, durch Muskeln festgehalten, sind aber beweglich.

Im Innern der Kapsel befinden sich die Weichteile des Tieres, bestehend aus dem Darm-, Genital- und Wassergefässsystem, ausserdem ist aber auch bei vielen Arten ein festes, kalkiges Kiefergerüst entwickelt, mit fünf scherenförmigen Zähnen, die ihrerseits durch eine Reihe von Stäbchen zusammengehalten werden und an hakenförmigen Fortsätzen der Schale mittels Muskeln befestigt sind (Laterna Aristotelis).

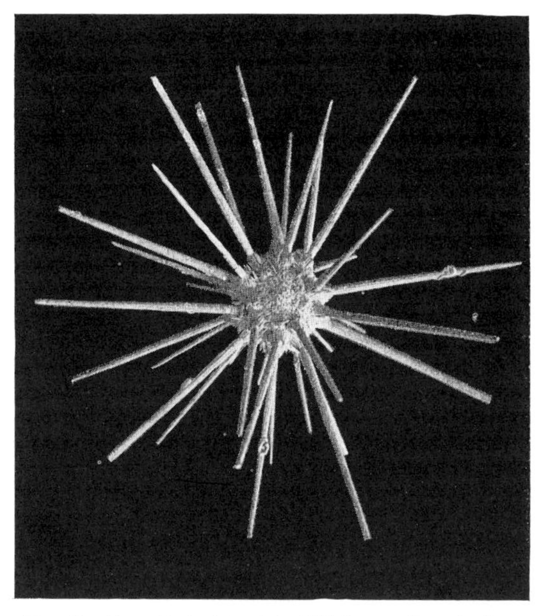

Fig. 86. Dorocidaris, lebend im Mittelmeer. Kapsel mit Stacheln besetzt.

Der Erhaltungszustand der Seeigel ist im grossen ganzen ein recht günstiger. Freilich finden wir fast niemals eine Kapsel im Zusammenhang mit den Stacheln, da diese nach dem Tode abfallen. Die Zusammengehörigkeit von Stacheln und Kapsel muss daher aus dem gemeinsamen Vorkommen und aus der Vergleichung mit lebenden Arten gefolgert werden. Häufig aber ist eine Zusammengehörigkeit der Stacheln mit den Kapseln überhaupt nicht festzustellen und diese werden eben dann als eigene Spezies solange weitergeführt, bis uns ein glücklicher Fund Aufschluss gibt. Obgleich auch die Kapseln häufig zerfallen und namentlich bei den regulären Formen die häutig verbundenen feinen Täfelchen der Mund- und Afteröffnung, sowie die Teile des Kiefergebisses verlieren, so gehören doch ganze Exemplare keineswegs zu den Seltenheiten und bilden ein beliebtes Sammelobjekt. In den meisten Fällen ist die Kalkmasse des Seeigels noch erhalten und nur in spätigen Kalkspat umgewandelt. Zuweilen kommen auch Verkieselungen vor und ebenso haben wir es häufig nur mit Steinkernen oder Hohlräumen zu tun. Besonders in der oberen Kreide von Norddeutschland sind Steinkerne aus Feuerstein häufig, welche wegen ihrer Dauerhaftigkeit auch als diluviale Geschiebe weithin verschleppt gefunden werden.

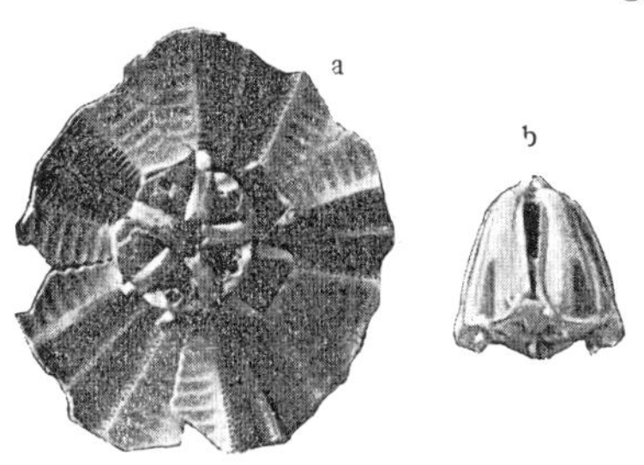

Fig. 87. Kiefergerüste (Laterna) eines Echiniden. a) von oben, in natürlicher Stellung, b) von der Seite.

Die Vorkommnisse der Seeigel sind auf die marinen Schichten beschränkt und häufen sich entsprechend dem jüngeren Alter der Formation. In der Trias und dem Lias finden wir nur reguläre Formen, zu denen sich im Dogger und weissen Jura in untergeordneter Weise auch irreguläre gesellen. In der Kreide haben wir ein allmähliches Vorherrschen der irregulären Arten, das besonders in der oberen Kreide zum Ausdruck kommt; massenhaftes Auftreten und teilweise sehr schöner Erhaltungszustand stempelt hier die Seeigel zu wichtigen und beliebten Leitfossilien.

(29, 1—8. 12—24.)

Die Einteilung der Seeigel erfolgt nach der Anordnung der Ambulakralfelder, der Lage und gegenseitigen Stellung von Mund und After, sowie nach dem Vorhandensein oder Fehlen des Gebisses.

Regulares.

Mund und Afteröffnung jeweils zentral auf der Unter- resp. Oberseite.

1. Cidaridae.

Regelmässig gebaute, rundliche Kapseln mit grosser ventraler Mundöffnung, während im Scheitel ebenso eine grosse runde Oeffnung mit dem von Genitaltäfelchen umgebenen After vorhanden ist. Die Ambulakralia sind schmal, bandförmig mit kleinen, einfachen Porentäfelchen.

Cidaris. Die häufigste und schönste Form, die schon in der Trias mit C. grandaevus (Qu.) [Taf. 29, Fig. 8] beginnt und sich durch alle Formationen bis zur Jetztzeit fortsetzt. Die schönste und häufigste Form ist C. coronata (Goldf.) [Taf. 29, Fig. 1], aus dem weissen Jura, und zwar besonders häufig in den Riffkalken. Vollständige Schalen, zum Teil sogar mit noch erhaltenen Oraltäfelchen und in der Schale sitzendem Kiefergebiss, sind keineswegs grosse Seltenheiten. Besonders schön sind die verkieselten Vorkommnisse von Sontheim, Nattheim und dem Nollhaus bei Sigmaringen, da hier die Schalen herausgeätzt werden können. Recht häufig finden sich einzelne isolierte Tafeln der Schale oder des Kiefergebisses [Taf. 29, Fig. 2—4]. Die Stacheln [Taf. 29, Fig. 5—7] sind je nach der Lage und Stellung verschiedenartig, zeigen aber immer eine keulenförmige Gestalt mit Parallelreihen von Körnern. Nahe verwandt ist C. florigemma (Phil.) [Taf. 29, Fig. 12 u. 13], welcher im Korallenoolith des Oxfordien von Norddeutschland die C. coronata zu vertreten scheint. Die Schale ist höher, und die Stacheln mehr aufgebläht. An C. coronata anschliessend finden wir im süddeutschen Weissjura noch eine Reihe weiterer Arten, so C. elegans (Münst.), eine kleine, der coronata ausserordentlich ähnliche Form. C. Blumenbachi (Münst.), eine grosse, an B. florigemma erinnernde Art. C. suevica (Qu.), mit zahlreichen kleinen Täfelchen. C. laeviusculus (Ag.) mit geringer Anzahl der Tafeln. Ausserdem haben wir noch zahlreiche Stacheln, die zu Cidaris gestellt werden: C. filograna (Ag.) [Taf. 29, Fig. 14], grosse, keulenförmige, fein gekörnelte Stacheln; C. propinqua (Münst.) [Taf. 29, Fig. 15], kurze, keulenförmige Stacheln mit hohen Warzen; C. histricoides (Qu.) [Taf. 29, Fig. 23], lange, stabförmige Stacheln und C. spinosa (Ag.) [Taf. 29, Fig. 24], mit stachelförmigen Fortsätzen. In der Kreide treten die Cidarisarten zurück, und es mögen nur noch die oben abgestutzten Stacheln von C. vesicularis (Goldf.) [Taf. 29, Fig. 16] und die kugelförmigen Stacheln von C. globiceps (Goldf.) [Taf. 29, Fig. 17] aus dem Grünsand von Essen erwähnt sein.

Rhabdocidaris. Meist sehr grosse, wie Cidaris gestaltete Formen, jedoch mit gejochten Poren und kräftigen, stabförmigen, meist dornigen Stacheln. Hierher gehört eine Form aus dem mittleren Lias, Rh. amalthei (Qu.); im mittleren Dogger sind isolierte Tafeln und lange, leicht gedornte Stacheln von Rh. maxima (Qu.) [Taf. 29, Fig. 18 u. 19] häufig. Im weissen Jura kommt Rh. nobilis (Münst.) [Taf. 29, Fig. 20. u. 21] und gigantea (Ag.) in Exemplaren vor, die bis 10 cm Durchmesser erreichen; eine sehr seltene, aber prächtige Art ist Rh. (Diplocidaris) pustuliferus (Qu.) [Taf. 29, Fig. 22], aus dem oberen weissen Jura von Nattheim und Sontheim a. Brenz.

2. Diademidae.

Im ganzen ähnlich wie die Cidaridae gebaut, nur ist die Mundöffnung ausgeschnitten und die Ambulakralfelder, welche sich nach unten verbreitern, tragen gleichfalls Warzen. Der Scheitelschild ist geschlossener als bei Cidaris und deshalb vielfach erhalten.

Diadema. Meist kleine, niedrige Schalen mit grosser Mundöffnung und meist ausgebrochenem Scheitelschild. Die Ambulakralia mit zwei Reihen von durchbohrten Warzen. An die rezente Gattung Diadema schliessen sich eine Reihe fossiler Formen an, die als Pseudodiadema bezeichnet werden. Hierher gehören glatte Stacheln und kleine, isolierte Täfelchen aus dem Arietenkalk und Amaltheenton, welche als P. arietis (Qu.) [Taf. 29, Fig. 9] und amalthei (Qu.) bezeichnet werden. In den tonigen Schichten des Lias β finden sich zuweilen in Haufen die sehr kleine P. minutum (Buckmann) [Taf. 29, Fig. 10] und ebenso bedecken zuweilen die flachgedrückten, mit Stacheln erhaltenen Schalen von P. (Mesodiadema) criniferum (Qu.) [Taf. 29, Fig. 11] einzelne Lagen der Posidonienschiefer. Im mittleren Dogger kommt eine grössere, flachgedrückte Art P. depressum (Ag.) vor, welche grosse Aehnlichkeit mit der Weissjuraform P. subangulare (Goldf.) [Taf. 29, Fig. 26] hat.

Hemicidaris. Sehr schöne, hoch aufgewölbte Schalen mit geschlossenem Scheitel und kräftigen Warzen auf den Interambulakralfeldern und den sich nach unten erweiternden Ambulakralfeldern. Die Stacheln sind glatt und kantig. H. crenularis (Lam.) [Taf. 29, Fig. 25], aus dem weissen Jura von Norddeutschland. Sehr nahe mit dieser Form verwandt sind einige Arten aus den Nattheimer Korallenkalken, die aber immer als grosse Seltenheiten gelten, so H. serialis (Qu.) und scolopendra (Qu.).

Clypticus. Kleine, unten abgeflachte Schalen mit geschlossenem Scheitel, die Ambulakralia werden nach unten breiter und tragen dort Warzen. C. sulcatus (Goldf.) [Taf. 29, Fig. 28] und C. hieroglyphicus (Goldf.), letzterer mit unregelmässig zerrissenen Warzen, sind häufige Formen im oberen weissen Jura, besonders von Franken.

Cyphosoma. Niedrige, runde Schalen von ansehnlicher Grösse, bei welchen die Ambulakral- und Interambulakralfelder gleichmässig mit Warzen bedeckt sind. Hierher gehört die schöne C. granulosa (Goldf.) [Taf. 29, Fig. 27], aus der weissen Kreide von Rügen.

3. Echinidae.

Echinus. Die Ambulakralia ebenso breit wie die Interambulakralia; die Mundöffnung ausgeschnitten und mit einer häutigen Membrane bedeckt; die Warzen und dementsprechend die Stacheln sehr klein. E. nodulosus (Goldf.) [Taf. 30, Fig. 1], eine kleine, nicht sehr seltene Form des weissen Jura und der grosse, allerdings recht seltene E. (Stomechinus) lineatus (Goldf.) [Taf. 30, Fig. 2], der sich besonders schön in verkieseltem Zustand bei Sontheim an d. Brenz findet.

Irregulares.

Bilateral symmetrische Formen mit nach hinten gerücktem After.

a) Formen mit Kiefergebiss (Gnathostomata).

4. Echinoconidae.

Die hier in Frage kommenden Gattungen zeigen alle einen ähnlichen Aufbau. Die Mundöffnung befindet sich in der Mitte der Unterseite, der Scheitel liegt zentral, dagegen ist die Afteröffnung nach dem Rand oder der Unterseite verschoben. Das Kiefergebiss ist zwar vorhanden, aber ausserordentlich selten erhalten. die Warzen und dementsprechend auch die Stacheln sind stets klein. Die Ambulakralia unter sich gleichförmig und bandförmig vom Scheitel zum Munde reichend.

Discoidea. Mund und After auf der Unterseite, die Porenstreifen bandförmig über die ganze Schale laufend. Auf der Innenseite der Schale sind vom Mundrande ausstrahlend zehn Radialleisten vorhanden, welche sich besonders an den häufigen Steinkernen, die meist als Feuerstein erhalten sind, als tiefe Einschnitte abheben. D. cylindrica (Lam.) [Taf. 30, Fig. 3] ist die häufigste Form der oberen Kreide, während in dem Grünsand von Essen sich die zierliche D. subulcus (Goldf.) [Taf. 30, Fig. 5] findet.

Holectypus (Galerites). Ganz ähnlich wie Discoidea, nur fehlen jene Radiärleisten. H. depressus (Phil.) [Taf. 30, Fig. 4] ist recht häufig im weissen Jura und kommt namentlich auch als Feuersteinkern erhalten vor. Ein solcher ist auch auf unserer Tafel zur Abbildung gebracht. In der oberen Kreide ausserordentlich häufig ist H. (Galerites) vulgaris (Lam.) [Taf. 30, Fig. 6].

Echinoconus, abgerundet kegelförmige, unten abgeflachte Schalen mit sehr kleinen Wärzchen und Stacheln. Einige Arten, wie E. abbreviatus (Lam.) und albogalerus (Lam.) [Taf. 30, Fig. 7 u. 8], sind sehr häufig in der Kreide.

b) Formen ohne Kiefergebiss (Atelostomata).

5. Cassidulidae.

Mit mehr oder weniger zentral gelegenem Mund, die Ambulakralia sind unter sich gleich, band- oder blattförmig, der Scheitelschild ist klein und rundlich.

Pyrina. Ziemlich kleine, eiförmige Schalen mit schmalen, bandförmigen Porenstreifen, die vom Scheitel bis zum Mund verlaufen. Der After auf dem Hinterrande. Häufig in der Kreide, P. pygmaea (Desor) [Taf. 30, Fig. 9] und P. Gehrdenensis (Röm.) [Taf. 30, Fig. 11].

Echinobrissus. Ziemlich flache Schalen, hinten abgestutzt, die Porenstreifen auf der Unterseite verlaufend. Der After auf der Oberseite in einer tiefen Furche. E. scutatus (Lam.) [Taf. 30, Fig. 10], im Hauptoolith von Elsass und Baden häufig.

6. Holasteridae.

Charakteristisch für diese Formen ist der in die Länge gezogene Scheitelschild, der zuweilen durch eingeschaltete Täfelchen getrennt wird, so dass die Ambulakralia in eine vordere und hintere Gruppe zerlegt werden. Die Ambulakralia selbst sind einfach mit sehr schmalen Porenstreifen, der Mund in der Regel nach vorne gerückt, der After an der unteren Kante.

Dysaster (Collyrites), abgerundet herzförmige Schalen, bei welchen das Scheitelschild durch Zwischenlagerung von Radialtäfelchen soweit auseinandergezogen ist, dass die vorderen und hinteren Ambulakralfelder getrennt erscheinen. D. carinatus (Leske) [Taf. 30, Fig. 12], mit einer Kante, die in der Mittellinie vom Scheitel nach hinten verläuft und D. granulosus (Goldf.) [Taf. 30, Fig 13], eine vollständig gerundete Form, sind häufig Arten im weissen Jura.

Ananchytes. Hoch aufgewölbte, unten abgestutzte Schalen mit grossen

Ambulakraltafeln, auf denen winzig kleine Porenpaare sichtbar sind. Der Scheitelschild etwas verlängert, der Mund nahe dem Vorderrand quer gestellt, der After am Hinterrande. A. ovata (Leske) [Taf. 30, Fig. 14] ist eine der häufigsten und überaus charakteristischen Arten der oberen Kreide.

Holaster. Oval herzförmige Schalen mit etwas verlängertem Scheitelschild, die Ambulakralia leicht blattförmig, das vordere in einer seichten Furche. Der After auf dem Hinterrande, der Mund weit nach vorne gerückt. Auch diese Formen sind sehr häufig in der Kreideformation. H. Hardyi (Dub. Montp.) und H. laevis (Ag) [Taf. 31, Fig. 1 u. 2].

7. Spatangidae.

Ausgesprochen herzförmige Schalen, mit weit nach vorn gerücktem, quergestelltem Mund und blattförmigen Porenreihen.

Toxaster. Die Porenstreifen blattförmig, der vordere in einer schmalen Furche, die Poren gejocht, der After oval auf dem abgestutzten Hinterrand liegend. Hierher gehört der für das Neokom charakteristische T. complanatus (Ag.) [Taf. 31, Fig. 3].

Micraster. Herzförmige, nach vorn abgeflachte Schalen mit kurzen, blattförmigen Porenreihen, welche in Vertiefungen eingesenkt sind. Der Mund quergestellt, mit vorspringender Lippe, der After an dem hohen, abgestutzten Hinterrande. Die hierher gehörigen Formen M. cortestudinarium (Goldf.) [Taf. 31, Fig. 4] und M. coranguinum (Lam.) sind häufige und gute Leitfossilien der oberen Kreide.

IV. Würmer, Vermes [1]).

Aus der grossen und vielgestalteten Gruppe der Würmer kommen für den Paläontologen und Sammler natürlich nur solche Formen in Frage, welche als Röhrenwürmer eine harte und erhaltungsfähige Kalkschale abgesondert haben.

Serpula bildet solide, unregelmässig gebogene, zuweilen spiral aufgerollte, freie oder aufgewachsene Röhren. Als ausschliessliche Meeresbewohner können sie nur in marinen Ablagerungen erwartet werden, und treten im Jura wie in der Kreide zuweilen recht häufig und in ckarakteristischen Formen auf, so dass sie selbst als Leitfossile eine gewisse Rolle spielen. S. grandis (Goldf.) [Taf. 26, Fig. 18] bildet grosse, bis 20 cm lange Röhren, welche entweder frei vorkommen oder noch häufiger aufgewachsen auf Muscheln, Ammoniten oder Belemniten im mittleren braunen Jura gefunden werden. S. lumbricalis (Schloth.) [Taf. 26, Fig. 19], sehr ähnlich der vorigen Form, aber mit einer wulstartigen Leiste, findet sich häufig auf Spongien und Korallen des weissen Jura. S. coacervata (Blum.) [Taf. 26, Fig. 20] bildet kleine, dünne Röhrchen, welche als zerbrochene Stückchen in ungeheuren Massen in den Schichten des Purbeck auf der Grenze zwischen Jura und Kreide angehäuft sind und das als Serpulit bezeichnete Gestein bilden. S. socialis (Goldf.) [Taf. 26,

[1]) Entgegen der strengen zoologischen Systematik haben wir die Moostiere und Würmer auf Taf. 26 im Anschluss an die Korallen zusammengestellt, da erfahrungsgemäss der Sammler schon wegen der äusseren Aehnlichkeit die Moostiere stets mit den Korallen zusammen zu bestimmen sucht.

Fig. 21), bündelförmig zusammengehäufte Röhren von langer, dünner Form; recht häufig im mittleren Dogger, aber auch in der Kreideformation nicht selten. S. gordialis (Goldf.) [Taf. 26, Fig. 22], lange, unregelmässig aufgerollte Wurmröhren, welche entweder frei oder auf Muscheln u. dergl. aufgewachsen in der Jura- und Kreideformation sich finden, ohne einen bestimmten Horizont einzuhalten. S. tetragona (Sow.) [Taf. 26, Fig. 23], kleine, mit der Spitze aufgerollte Wurmröhren von viereckigem Querschnitt mit 4 Längsrinnen; häufig und charakteristisch in den Schichten des oberen Dogger. S. convoluta (Goldf.) [Taf. 26, Fig. 25]. Im Bau ganz ähnlich wie die obige Form, nur bedeutend grösser und die Röhren mit gerundetem Querschnitt. Vorkommnis gleichfalls im oberen Dogger. S. Philippsi (Römer) [Taf. 26, Fig. 24], auffallend regelmässige, schneckenförmig aufgerollte Röhren mit rundem Querschnitt, welche in einzelnen Gegenden Norddeutschlands (Hildesheim) charakteristisch für das Neokom sind.

Ganz eigenartige Gebilde finden sich häufig in den Solnhofener Schiefern und erinnern bei der als S. filaria (Münst.) [Taf. 26, Fig. 26] bezeichneten Art an die bekannten Fadenwürmer des Süsswassers, während die als Lumbricaria intestinum (Goldf.) [Taf. 26, Fig. 27] bezeichneten wurmförmigen Anhäufungen wahrscheinlich nichts anderes sind als die zu einem Haufwerk aufgerollten Exkremente von Würmern.

V. Moostiere, Bryozoa.

Aufbau und Anatomie s. S. 67.

Vorkommnisse: Die für uns in Frage kommenden Bryozoen sind Meerestiere und im Jura und Kreide keineswegs Seltenheiten. Die vorwiegend zierlichen Arten bilden entweder selbständige, aber aufgewachsene Stöcke oder sitzen als Schmarotzer auf anderen Fossilien. Besonders häufig finden wir Bryozoen im mittleren Dogger, im oberen Malm, der Tourtia des Cenoman und in den Bryozoenriffen der oberen Kreide von Maastricht.

Chaetetes. Grosse, knollige Stöcke, die aus einzelnen Lagen von faseriger Struktur sich aufbauen. Die Oberfläche ist rauh und mit feinen Poren durchsetzt. Die Stellung von Chaetetes ist unsicher und erinnert an die paläozoischen Favositiden und Stromatoporiden. Ch. polyporus (Qu.) [Taf. 26, Fig. 1] ist nicht selten in den Korallenkalken des oberen weissen Jura und bildet zuweilen kopfgrosse Knollen.

Porosphaera ist ebenso wie Chaetetes in seiner zoologischen Stellung unsicher. P. globularis (Phil.) [Taf. 26, Fig. 2] häufig in der oberen Kreide, bildet kugelige, um einen Fremdkörper als Kruste gelagerte Kalkkörper mit radial-faseriger Struktur und ausserordentlich feinen radialen Kanälchen, welche an der Oberfläche münden.

Defrancia. Kleine, nach oben aufgewölbte, unten flache Stöcke, deren röhrenförmige Zellen auf radial gestellten Erhöhungen münden. D. infraoolithica (Waag.) [Taf. 26, Fig. 3] aus dem mittleren braunen Jura und D. diadema (Goldf.) aus der oberen Kreide.

Berenicea tritt meistens inkrustierend auf und bildet rundliche oder ohrförmige Scheiben, bei denen die Zellenröhren mit den Mundöffnungen aufgerichtet sind. B. compressa (Goldf.) [Taf. 26, Fig. 4] und B. diluviana (Lamx.) sind häufig im mittleren Dogger.

Ceriopora ist weitaus die wichtigste und formenreichste Gruppe unter den Bryozoen. Die Kolonien treten selten inkrustierend, sondern gewöhnlich als selbständige Stöcke von knolliger, lappiger oder baumförmiger Form auf. Die Poren sind meist sehr klein, und auf die ganze Oberfläche verteilt. C. spongites (Goldf.) [Taf. 26, Fig. 5], zierliche, schüsselförmige Stöcke mit kräftigen Poren. C. alata (Goldf.) [Taf. 26, Fig. 6], drei- oder vierfach gelappte Stöcke mit sehr kleinen Poren. C. polymorpha (Goldf.) [Taf. 26, Fig. 7], eine häufige und formenreiche Gruppe im Grünsand mit lappigen, unter Umständen vielfach verzweigten oder unregelmässig gefalteten Stöcken. Die Poren sind sehr klein, so dass die Kalkmasse hart und porzellanartig erscheint. C. angulosa (Goldf.) [Taf. 26, Fig. 8], kleine, einfache oder reich verzweigte Stöcke mit kantigen, oben zugespitzten Aesten, nicht selten im oberen weissen Jura. C. clavata (Goldf.) [Taf. 26, Fig. 9] aus dem Grünsand, bildet knollenförmige Stöcke mit schaligem Aufbau. C. radiciformis (Goldf.) und gracilis (Goldf.) [Taf. 26, Fig. 10 u. 11] sind zierliche, verästelte Stöcke mit deutlich sichtbaren Poren.

Radiopora bildet knollige oder pilzförmige Stöcke mit oben rundlichen und mit Poren bedecktem Felde. Ein guter Typus ist R. substellata (Goldf.) [Taf. 26, Fig. 12].

Cellepora. Unregelmässige, knollige Stöcke, die sich von Ceriopora durch ihre schaumige Struktur unterscheiden lassen. Es rührt dies davon her, dass die Zellen nicht röhrenförmig durchsetzen, sondern ein Haufwerk von ovalen Bläschen bilden. C. escharoides (Goldf.) [Taf. 26, Fig. 13], mächtige bis faustgrosse knollige Stöcke, sehr häufig im Grünsand von Essen. C. radiata (Goldf.) [Taf. 26, Fig. 14] ist leicht kenntlich an den pustelartigen, mit sternförmigen Leisten bedeckten Erhöhungen.

Eschara. Im Bau an Cellepora sich anschliessend, mit blasenförmigen, ziemlich grossen Zellen. E. bipunctata (Goldf.) [Taf. 26, Fig. 15], aus der weissen Kreide, bildet dünne Blättchen mit feiner, meist wohlerhaltener Struktur. E. (Escharites) rhombifera (Waag.) [Taf. 26, Fig. 16] gehört zu den baumförmigen, verästelten Arten, während E. cepha (d'Orb.) [Taf. 26, Fig. 17] charakteristische, kleine, flach schüsselförmige Stöcke mit radial gestellten Rippen bildet.

VI. Armkiemer, Brachiopoda.

Allgemeines über den Bau der Schale und des Tieres S. 68.

Wir haben die Brachiopoden schon im Paläozoikum als sehr wichtige Leitfossilien und geeignete Objekte für den Sammler kennen gelernt und uns von der Formenfülle der dort vertretenen Arten überzeugt. Im Mesozoikum tritt die Menge der Gattungen zurück und konzentriert sich gewissermassen auf die beiden Gruppen Rhynchonella und Terebratula, während die anderen Gattungen entweder ganz fehlen, allmählich aussterben oder doch in der Gesamtfauna zurücktreten. Vollständig verschwunden im Mesozoikum sind die Strophomeniden, Produktiden, Pentameriden und Stringocephaliden. Allmählich im Trias und im Lias aussterbend sind die Spiriferen. Die Linguliden, welche wir als einen Dauertypus schon im Paläozoikum kennen gelernt haben, gehen zwar auch durch die mesozoischen Formationen hindurch, spielen aber, ebenso wie einige andere neu auftretende Gattungen, nur eine untergeordnete Rolle. Um so reicher ist nun die Entfaltung der Rhynchonelliden und Terebratuliden,

(31, 5–7).

deren Formenfülle und Massenhaftigkeit des Auftretens erstaunlich ist. Bei der leichten Veränderlichkeit der Form sind die einzelnen Arten meist nur auf bestimmte Horizonte beschränkt und deshalb auch als Leitfossilien wichtig.

Vorkommnis: Die Brachiopoden sind ausschliessliche Meeresbewohner und offenbar kalkliebende Formen. Wir finden sie deshalb auch in allen marinen Kalk- und Kalkmergelablagerungen häufig und zwar lässt sich die Beobachtung machen, dass dieselben Arten im Kalk viel grössere Formen ausbilden als im Mergel. Nimmt der Ton- oder Sandgehalt in den Schichten zu, so tritt die Brachiopodenfauna zurück und fehlt deshalb in allen Sandsteinen, Schiefern und kalkarmen Tonen.

Der Erhaltungszustand der Brachiopoden ist meist ein recht guter, da die Gehäuse in der Regel mit der Schale erhalten sind, die sich infolge ihrer faserigen Struktur leicht von dem Nebengestein ablöst. Freilich sind die inneren Armgerüste nur sehr selten sichtbar, da die Schalen vom Gestein fest ausgefüllt sind; dass sie aber vorhanden sind, erkennen wir, wenn wir die Stücke am Schnabel anschleifen, oder wenn es uns gelingt, bei Verkieselung Präparate durch Ausätzen zu erhalten. Natürlich sind derartige Stücke von ganz besonderem Interesse.

1. Lingulidae.

Die hornigen, glänzenden, flachen Schälchen dieser schon vom Paläozoikum her uns bekannten Gattung finden sich auch im Mesozoikum, aber entgegengesetzt dem sonstigen Auftreten der Brachiopoden nicht in den reinen Kalkablagerungen, sondern in tonigen Schichten.

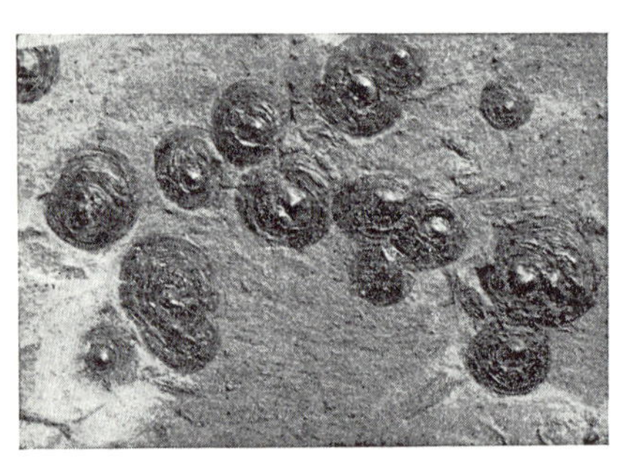

Fig. 88. Orbicula papyracea, oberer Lias, Boll.

Lingula (Zungenmuschel), zuweilen sehr häufig im oberen Muschelkalk und in der Lettenkohle. L. tenuissima (Bronn) X [Taf. 31, Fig. 5], meist viel zierlicher und kleiner als das zur Abbildung gewählte Stück.

Discina, rundliche, flach kegelförmige Schalen von horniger, glänzender Struktur. Wir finden sie als Seltenheiten im Muschelkalk D. silesiaca (Gein.); in den Posidonienschiefern dagegen zuweilen in grossen Massen angehäuft, D. (Orbicula) papyracea (Schm.)

2. Craniadae.

Crania (Totenkopfmuschel), kleine, rundliche, kalkige Schalen; die untere Klappe festgewachsen, die obere napfförmig, Schloss fehlend und ersetzt durch 4 starke Muskeln und einen nasenartigen, in der Mitte vorspringenden Fortsatz. Diese hierdurch entstandene Verzierung auf der Innenseite der Schale erinnert an einen Totenkopf. Im weissen Jura sind die Cranien selten (C. velata [Qu.] und corallina [Qu.]), häufig und charakteristisch dagegen in der oberen Kreide. C. ingabergensis (Retz) [Taf. 31, Fig. 6] und C. nummulus (Lam.) [Taf. 31, Fig. 7].

3. Thecideidae.

Kleine, dickschalige, für die Kreide charakteristische Brachiopoden.

Thecidea mit langem, geradem Schlossrand, darüber ein Schlossfeld, die grosse untere Klappe hoch gewölbt, die obere Klappe klein und flach, im

Innern fingerartig verzweigte Brachialschleifen. Th. digitata (Goldf.) [Taf. 31, Fig. 8] aus dem Grünsand, während in der weissen Kreide die ähnlich geformte Th. vermicularis (Schloth.) leitend ist.

4. Spiriferidae.

Diese im Paläozoikum sehr verbreitete und formenreiche Gruppe, deren Hauptmerkmal das spiral aufgerollte Armgerüste bildet (S. 71), stirbt im Mesozoikum aus, liefert aber doch noch im Muschelkalk und im Lias einige bemerkenswerte Vertreter.

Koninckina bildet eine eigenartige, vielleicht selbständige Gattung. Es sind kleine Schalen, die wie bei Productus (S. 70) konvex-konkav geformt sind und zwar so, dass die untere Klappe hoch aufwärts, die obere Klappe dagegen einwärts gewölbt ist. Im Innern beobachtet man ein spiral aufgerolltes Armgerüste. K. Leonhardi (Wissm.) [Taf. 31, Fig. 9] bildet die einzige Spezies und ist sehr leitend für die St. Cassianer und Partnachschichten der alpinen Trias (Wendelstein).

Retzia. Schalen hoch gerippt, das Schloss im Wirbel scharf abgebogen, im Innern spiral aufgerollte Arme. R. trigonella (Schl.) [Taf. 31, Fig. 10] mit 4 hohen Rippen, welche die Schalen in 3 Felder zerlegen. Leitfossil im alpinen Muschelkalk (Wendelsteingebiet), selten im deutschen Muschelkalk.

Spirigera. Rundliche, glatte oder konzentrisch gestreifte Schalen mit gebogenem Schlossrand, ohne Schlossfeld. S. oxycolpos (Suess) [Taf. 31, Fig. 14], sehr grosse, hochgewölbte, fast glatte Schalen, ein Leitfossil für das alpine Rhät (Pfonsjoch am Achensee).

Spiriferina. Punktierte Schalen mit langem, geradem Schlossrand, darüber ein dreieckiges Schlossfeld mit Deltidium. Hierher gehören die wichtigsten Arten aus Muschelkalk und Lias, die gewissermassen als letzte Ausläufer der Spiriferen betrachtet werden können. Sp. Menzelii (v. Buch) [Taf. 31, Fig. 11], Leitfossil im alpinen Muschelkalk. Sp. hirsuta (Alb.) [Taf. 31, Fig. 12], mit sehr feinen Rippen, ist eine leitende, wenn auch recht seltene Form aus dem unteren Muschelkalk. Sp. fragilis (Schloth.) [Taf. 31, Fig. 13], mit scharf ausgeprägten Rippen, ist häufig im unteren und oberen Muschelkalk und bildet im letzteren einen leitenden Horizont auf der Grenze zwischen den Trochiten- und Nodosuskalken. Sp. Walcotti (Sow.) [Taf. 31, Fig. 15], eine grosse, kräftig gerippte Art mit hohem Schlossfeld, welche im unteren Lias verbreitet ist. An sie schliesst sich die Gruppe von Sp. verrucosa (v. Buch) [Taf. 31, Fig. 16] an, die alle möglichen Varietäten, von scharf gerippten bis nahezu glatten Formen darstellt und im mittleren Lias verbreitet ist. Sp. rostrata (Ziet.) [Taf. 31, Fig. 17], eine schöne, grosse Form mit glatter, fein punktierter und mit Röhrchen versehener Schale bildet das Schlussglied der Spiriferenreihe in den Amaltheentonen des mittleren Lias.

5. Rhynchonellidae.

Rhynchonella, mit einer sehr grossen Formenreihe, ist gekennzeichnet durch faserige Schale, die dreieckig, rundlich oder quer verlängert ist, mit scharfen Radialfalten und einer Einsenkung auf der unteren Klappe, welcher auf der oberen Klappe eine entsprechende Aufwölbung entspricht. Der Schnabel spitz und meist hervorragend, unter demselben ein schwach ausgebildetes Schlossfeld mit kleinem Deltidium. Im Innern der kleinen Klappe zwei kurze, aufwärts gekrümmte Fortsätze zum Ansatz der fleischigen Anhänge. In der Trias ist Rhynchonella recht selten, fehlt in der deutschen Ausbildung überhaupt und ist auch in der alpinen Fazies nur durch wenige Formen vertreten. Die Hauptentwicklung fällt in die Juraformation, wo die Rhynchonellen überaus häufig und formenreich auftreten; bei der Gleichartigkeit der Merkmale und den vielen Varietäten fällt die Bestimmung und Festlegung der einzelnen Spezies ausserordentlich schwer, und es ist für den Sammler angezeigt, hier mehr oder minder nur die Gruppen zusammenzustellen. Zur Abbildung konnten natürlich nur besonders charakteristische Typen ausgewählt werden, deren Anordnung nach den Formationen getroffen wurde.

Fig. 89. Rhynchonella lacunosa. Innenseite der kleinen Klappe mit Armgerüst.

Im unteren Lias Rh. gryphitica (Qu.) (= triplicata juv.) [Taf. 32, Fig. 1], eine kleine mit wenig Falten verzierte Art, die zuweilen massenhaft im oberen Arietenkalk auftritt. An sie schliesst sich Rh. belemnitica (Qu.) [Taf. 32, Fig. 2] an, eine grössere, ähnlich gefaltete Form, welche insbesondere auch im alpinen Lias leitend ist. Im mittleren Lias haben wir eine grosse Menge gleichartiger Formen, die meist nur als Steinkerne erhalten sind. Die wichtigsten hiervon sind Rh. rimosa (v. Buch) [Taf. 32, Fig. 3] mit feinen, vom Wirbel ausgehenden Rippen, welche in kräftige Falten am Rande übergehen und Rh. variabilis (Ziet.) [Taf. 32, Fig. 4), eine überaus formenreiche Gruppe mit zahlreichen Abarten je nach der Anzahl und Ausbildung der Rippen (Var. acuta (einfaltig), bidens (zweifaltig), triplicata (dreifaltig), quinqueplicata (fünffaltig), multiplicata (mehrfaltig), juvenis u. a.). Die kalkarmen Schichten des oberen Lias und unteren Dogger, ebenso wie die Sandsteine von Dogger β und γ beherbergen so gut wie keine Brachiopoden, um so reicher ist dagegen die Entfaltung im mittleren Dogger (δ und ε). Die wichtigsten Arten sind hier Rh. spinosa (Schloth.) [Taf. 32, Fig. 5), eine nur wenig eingebuchtete Art mit feinen röhrenförmigen Stacheln auf der Schale. Rh. acuticosta (Ziet.) [Taf. 32, Fig. 6], quer verlängert mit scharfen Rippen und spitzigem Schnabel. Rh. varians (Schloth.) [Taf. 32, Fig. 7], eine zuweilen massenhaft in bestimmtem Horizonte (Variansschichten) auftretende kleine Form mit tiefer mittlerer Bucht. Auch hier zahlreiche Abarten (Rh. Fürstenbergensis, Stuifensis, arcuata). Rh. quadriplicata (Ziet.) [Taf. 32, Fig. 8] wiederum mit zahlreichen Varietäten (triplicosa, angulata, concinna, inconstans, media und in den Kalken die grosse Rh. Eningensis). Im weissen Jura treffen wir die Rhynchonellen wiederum am schönsten entfaltet in den Riffkalken und haben hier als wichtigste Gruppe Rh. lacunosa (Schloth.) [Taf. 32, Fig. 9—11] mit einer erstaunlichen Formenfülle, bei welcher der Unterschied in der Grösse, in der Einbuchtung und der Berippung für die Aufstellung der Abarten massgebend ist, so die var. sparsicosta (Qu.) [Taf. 32, Fig. 11] und multicostata (Qu.) (Taf. 32, Fig. 10) mit allen nur denkbaren Uebergängen. Zuweilen treten diese Rhynchonellen in solcher Masse auf, dass sie das ganze Gestein erfüllen (Lakunosenkalk im mittleren weissen Jura). Zusammen mit diesen Arten finden wir die kleine, an die liassischen Formen erinnernde Rh. triloboides (Qu.) [Taf. 32, Fig. 14] und die zartgestreifte, zierliche Rh. striocincta (Qu.). In den höheren Schichten des weissen Jura tritt an Stelle der Lakunosen Rh. inconstans (Sow.) = difformis (Ziet.) [Taf. 32, Fig. 12], die durch ihre ungleichmässige Ausbildung der rechten und linken Hälfte und durch engere Faltung von den Lakunosen verschieden ist und wiederum zahlreiche Varietäten (Asteriana, recta, rostrata, optusa) bildet. Auch Rh. trilobata (Ziet.) [Taf. 32, Fig. 13] ist mehr oder minder nur als eine Abart der Rh. inconstans mit stark ausgezogenem Mittelflügel anzusehen. In der Kreideformation treten im allgemeinen die Rhynchonellen etwas zurück, doch gibt es auch hier noch gute

Leitformen, so Rh. depressa (d'Orb.) [Taf. 32, Fig. 15] aus der unteren Kreide, Rh. difformis (Schloth.) [Taf. 32, Fig. 16] aus dem Grünsand; die kleine, hoch aufgewölbte Rh. Cuvieri (d'Orb.) [Taf. 32, Fig. 17] im Touron, die schöne, grosse Rh. Hagenowi (Lundgr.) [Taf. 32, Fig. 18], die scharf in den Flügeln ausgezogene Rh. vespertilio (d'Orb.) [Taf. 32, Fig. 19] und die hoch gewölbte, feingerippte Rh. plicatilis (Sow.) [Taf. 32, Fig. 20] aus dem Senon.

6. Terebratulidae.

Die Schale länglich, eiförmig, meist glatt, mit durchbohrtem Schnabel, darunter ein Deltidium; das Armgerüst wird gebildet durch eine am Schlossrand der oberen Klappe befestigte, zurückgebogene Schleife. Die Terebratuliden sind noch häufiger und formenreicher als die Rhynchonellen, wobei man nach der Ausbildung des Armgerüstes und nach äusseren Merkmalen der Schale eine Anzahl von Untergruppen unterscheidet. Es möge jedoch bemerkt sein, dass diese Unterscheidung zuweilen für den Sammler ausserordentlich schwierig ist und dass es im grossen ganzen wohl auch genügt, die Terebrateln als solche zu erkennen und zu bestimmen.

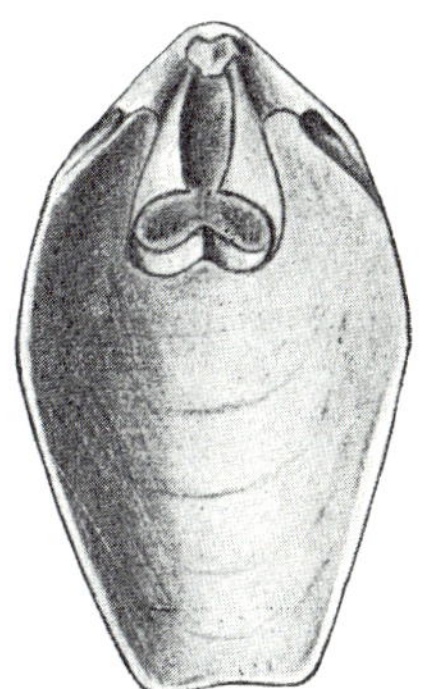
Fig. 90. Terebratula insignis. Innenseite der kleinen Klappe mit Armgerüst.

Terebratula. Länglich ovale oder rundliche Schalen mit glatter Oberfläche und einer mehr oder minder stark ausgebildeten Einbuchtung. Das Armgerüste klein. T. vulgaris (Schloth.) [Taf. 32, Fig. 21], weitaus die wichtigste Form des Muschelkalkes und zwar durch alle Glieder desselben verbreitet und zum Teil in grossen Anhäufungen (Terebratelnkalke). Dies gilt besonders auch von der kleinen rundlichen Varietät cycloides (Zenk) [Taf. 32, Fig. 22], welche im oberen Muschelkalk einen guten Leithorizont bildet (Cykloidesbank). T. gregaria (Suess) [Taf. 32, Fig. 23], etwas höher aufgebläht als T. vulgaris und mit stärkerer Bucht, sehr charakteristisch und leitend für das alpine Rhät (Kössenerschichten). Im Lias sind echte Terebrateln recht selten und werden dort mehr durch Waldheimiaarten vertreten; erst im mittleren braunen Jura finden wir wieder eine reiche Fauna. T. perovalis (Suess) [Taf. 32, Fig. 24] bildet hier eine grosse Formenreihe, unter denen als wichtigste Arten T. intermedia (Sow.), globata (Sow.), die grosse gerundete T. omalogastyr (Ziet.) [Taf. 32, Fig. 25] und die hoch aufgewölbte T. bullata (Sow.) [Taf. 32, Fig. 26] hervorgehoben sein mögen. Im weissen Jura haben wir zunächst eine Anzahl von zierlichen kleinen Formen, so die dicke T. gutta (Qu.) [Taf. 32, Fig. 27], die flache, fast kreisrunde T. orbis (Qu.) [Taf. 32, Fig. 28] und die abgerundet fünfseitige T. humeralis (Roem.) = pentagonalis (Qu.) [Taf. 32, Fig. 29]. Die wichtigste Formenreihe ist die der T. bisuffarcinata (Schloth.) [Taf. 33, Fig. 1] mit zahlreichen Abarten, die im oberen weissen Jura überführen zu der grossen, schön geformten T. insignis (Ziet.) [Taf. 33, Fig. 2], von welcher Exemplare bis zu 9 cm Länge bekannt sind. Nicht selten kommt diese Art auch in verkieseltem Zustand (Sontheim a. d. Brenz und Nattheim) vor und liefert dann herrliche Präparate des Armgerüstes (s. Textfigur 89). Für die untere Kreide ist in Norddeutschland T. sella (Sow.) [Fig. 33, Fig. 3] mit scharf ausgeprägter Bucht und die stattliche T. Moutoniana (d'Orb.) [Taf. 33, Fig. 4] leitend. Im Touron haben wir T. Becksii (A. Roem.) [Taf. 33, Fig. 5] mit abgestutztem Schnabel und hoch aufgewölbter Oberklappe und T. semiglobosa (Sow.) [Taf. 33, Fig. 6). Eine sehr schöne, kreisförmig gerundete, mit kräftigen konzentrischen Streifen versehene Art ist T. carnea (Sow.) [Taf. 33, Fig. 7] aus der oberen weissen Kreide.

Terebratulina. Diese Formenreihe, durch kleine ringförmige Armschleifen charakterisiert, ist äusserlich leicht erkennbar an den länglichen, schwach gewölbten und fein gestreiften Schalen. Wir finden sie in wenigen und einander ähnlichen Arten vom weissen Jura ab bis zur Jetztzeit. T. substriata (Schloth.) [Taf. 33, Fig. 8 und 9], in den verschiedensten Grössen im oberen weissen Jura, nicht gerade selten. T. chrysalis (Schloth.) [Taf. 33, Fig. 10], eine ziemlich grosse, fein gestreifte Art und die kleine, rundliche und kräftig gestreifte T. gracilis (Schloth.) [Taf. 33, Fig. 11] sind leitend im Senon.

Waldheimia. Das Armgerüste ist gross und bildet eine weit zurückgebogene Schleife. Aeusserlich sind die Waldheimien den Terebrateln sehr ähnlich und in vielen Fällen sogar ohne Studium des Armgerüstes überhaupt nicht zu unterscheiden. Der Sammler wird in solchen Fällen die Formen stets am besten zu Terebratula stellen. Als äusseres Merkmal lässt sich angeben, dass die Seiten des Schnabels nicht wie bei Terebratula gerundet sind, sondern in einer Kante verlaufen. In der Form sind die Waldheimien noch abwechslungsreicher als die Terebrateln. W. angusta (Schloth.) [Taf. 33, Fig. 12] ist im alpinen Muschelkalk sehr verbreitet, kommt aber auch im deutschen unteren Muschelkalk als Seltenheit vor (Rohrdorf bei Nagold, Goggolin in Oberschlesien). Im unteren Lias ist vor allem die Gruppe von W. vicinalis (Qu.) [Taf. 33, Fig. 13] zu nennen, in welcher wir von hochgewölbten, tief eingebuchteten Arten alle Uebergänge bis zu der flachen W. numismalis (Lam.) [Taf. 33, Fig. 14], dem Leitfossil von Lias γ finden. W. digona (Sow.) [Taf. 33, Fig. 15], mit scharf ausgezogenen Ecken, ist eine charakteristische Form für den französischen und englischen Dogger, greift aber auch noch nach Deutschland über. W. lagenalis (Schloth.) [Taf. 33, Fig. 16], eine grosse, langgestreckte Art, welche vom Schweizer Jura herüberkommt und im oberen Dogger (Macrocephalenschichten) des Randen und der badischen Fazies gefunden wird. Auch im weissen Jura kehrt diese Art, nur in verkleinerter Form, als W. lampas (Sow.) wieder. W. pala (v. Buch) [Taf. 33, Fig. 17] mit geradem Hinterrand und flacher oberer Schale und W. antiplecta (v. Buch) [Taf. 33, Fig. 18] mit gefaltetem Hinterrand sind ausgesprochen alpine Formen und kommen in dem Brachiopodenkalk des oberen Dogger bei Vils in ungeheurer Menge vor, werden aber auch noch in der ausseralpinen Fazies im Randengebiete als Seltenheit gefunden. W. carinata (Lam.) [Taf. 33, Fig. 20], eine tief eingebuchtete Form mit einer abgerundeten Kante auf der Unterschale, findet sich im oberen Dogger. Ein häufiges Leitfossil für die Mergelfazies des unteren weissen Jura (Impressatone) ist W. impressa (Bronn.) [Taf. 33, Fig. 21], eine kleine, gerundete und auf der oberen Schale eingebuchtete Art. Sehr charakteristisch durch die tiefe Einbuchtung ist W. nucleata (Schloth.) [Taf. 33, Fig. 22]. W. trigonella (Schloth.) [Taf. 33, Fig. 19] ist eine sehr auffallende Form mit 4 scharfen, gratförmigen Rippen, welche die Schale in 3 Felder teilt, ganz ähnlich wie bei Retzia trigonella aus dem Muschelkalk, sie findet sich nicht selten auch in verkieseltem Zustand im oberen weissen Jura. In der Kreideformation treten die Waldheimien sehr zurück, und es sind hier nur noch die kleine, hoch aufgewölbte W. hippopus (Roem.) [Taf. 33, Fig. 23] und die gerundete W. tamarindus (Sow.) [Taf. 33, Fig. 24], beide aus der unteren Kreide, zu nennen.

Magas, mit der einzigen wichtigen Art M. pumilus (Sow.) [Taf. 33, Fig. 25] aus der oberen Kreide, ist von Waldheimia und Terebratula nur durch das eigenartige, mit hohem Medianseptum versehene Armgerüst zu unterscheiden.

T e r e b r a t e l l a. Meist zierliche, kleine Formen mit rundlicher, radial gestreifter und mehr oder minder tief gefalteter Schale, geradem Schlossrand und kleinem Schlossfeld. Das Armgerüst kurz, ringförmig, durch ein Medianseptum gestützt. T. K u r r i (Oppel) = reticulata (Qu.) [Taf. 33, Fig. 26], hoch aufgewölbte, kleine Formen mit feiner, radial und konzentrischer Streifung, wodurch eine gitterförmige Zeichnung der Schale entsteht. T. (Megerlea) l o r i c a t a (Schloth.) [Taf. 33, Fig. 29], kleine, scharf gerippte, dazwischen fein konzentrisch gestreifte Arten. T. (Megerlea) p e c t u n c u l u s (Schloth.) [Taf. 33, Fig. 28], mit zahlreichen feinen Radialrippen und T. p e c t u n c u l o i d e s (Schloth.) [Taf. 33, Fig. 30], mit kräftigen Radialfalten der Schale, gehören zu den zierlichsten Brachiopoden des weissen Jura, während, T. o b l o n g a (Sow.) [Taf. 33, Fig. 27] mit einfachen, kräftigen Rippen für die untere Kreide leitend ist.

VII. Muscheln, Lamellibranchiata.

(Zweischaler, Bivalvia.)

Das für den Sammler Wissenswerte über den Bau des Tieres und der Schale, über die Bezeichnungen der einzelnen Teile und die Gliederung der Muscheltiere auf Grund des Schlosses und der Manteleindrücke wurde schon S. 74 zusammengestellt, so dass ich hier darauf Bezug nehmen kann.

Auch bei den Muscheln geht mit dem Mesozoikum eine auffallende Veränderung der Fauna vor sich, die sich nicht nur im Aussterben und Zurücktreten einzelner Formenreihen und Familien kundgibt, sondern mehr noch in einer allgemeinen Umwandlung der mehr oder minder primitiven und verschwommenen Charaktere der paläozoischen Arten, welche nun im Mesozoikum voll ausgebildet und gefestigt erscheinen. Man macht also auch bei den Muscheln wie bei den meisten andern Tiergruppen die Beobachtung, dass die mesozoischen Formen sich zwar in verwandtschaftlicher Beziehung mit den paläozoischen befinden, aber dass doch ein neuer selbständiger Weg eingeschlagen wird, der die heutige Fauna anbahnt.

V o r k o m m n i s s e: Die Muscheln zeigen im Mesozoikum eine ziemlich allgemeine, gleichmässige Verbreitung, sind nicht ausschliesslich auf die marinen Ablagerungen beschränkt, sondern finden sich auch in brackischen und Süsswasserablagerungen. Bei der leichten Anpassungsfähigkeit dieser Tiere finden wir bezüglich der Gesteinsart, in welcher die Muscheln gefunden werden, keinen solchen Unterschied wie bei den Brachiopoden, obgleich natürlich auch einzelne Arten mehr kalk-, andere mehr tonliebend sind. Gegenüber der Jetztwelt treten die fossilen Muscheln im Gesamtbild der Fauna mehr zurück und nur in einzelnen Lagen finden wir zuweilen ausserordentlich grosse Anhäufungen einzelner Arten, welche damals den Meeresboden ähnlich wie die heutigen Austernfelder bedeckten. Im grossen ganzen sind die Muscheln Dauerformen, die nur in Ausnahmefällen auf ganz bestimmte Horizonte beschränkt sind, dann aber, wie z. B. die Cardinien und Inoceramen, sehr gute Leitfossilien darstellen.

E r h a l t u n g s z u s t a n d. Jeder Sammler wird bald die eigenartige Beobachtung machen, dass selbst in ein und derselben Schichte die Muscheln verschieden erhalten sind und zwar findet man dabei in der Regel die Anisomyarier mit der Schale, während bei den Homomyariern die Schale verschwunden und nur Steinkerne übrig geblieben sind. Es rührt dies davon her, dass die Ausbildung des Kalkes in den Muschelschalen bei den Anisomyariern in der Form von Aragonit, bei den Homomyariern in der Form des Kalkspates vorhanden ist und dass der letztere leichter der Auflösung anheimfällt als der Aragonit. Damit soll aber natürlich nicht gesagt sein, dass die Anisomyarier stets mit Schale gefunden werden, sondern auch hier gibt es häufig nur Steinkerne, ebenso wie umgekehrt an zahlreichen Lokalitäten die Schalen auch der Homomyarier prächtig erhalten sind. Ein besonderes Augenmerk beim Sammeln ist darauf zu richten, dass man Exemplare mit erhaltenem Schloss zu bekommen sucht, und zwar wird man dieses zuweilen herausgewittert finden, zuweilen kann es auch durch Präparation gewonnen werden, besonders aus weichen Mergeln und Tonschichten; am schönsten werden die Präparate bei verkieselten Exemplaren, die sich aus dem Gestein mittels Salzsäure herausätzen lassen (Nattheim, Aachen).

Anisomyarier.

Nur ein kräftiger Muskeleindruck, keine Siphonen.

1. Ostreidae.

Schale ungleichklappig, dick, blätterig, mit der grösseren linken Schale häufig aufgewachsen, Schlossrand zahnlos, das Band in einer dreieckigen Grube unter dem Wirbel. Die im Paläozoikum noch fehlende Familie der Ostreiden ist im Mesozoikum wohl entwickelt und formenreich mit verschiedenen Untergruppen.

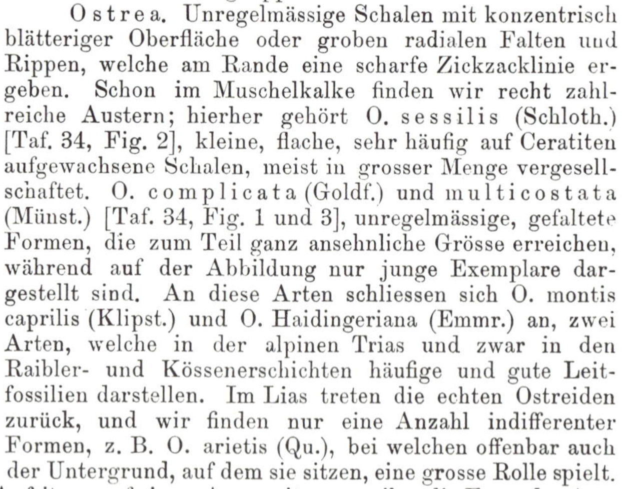

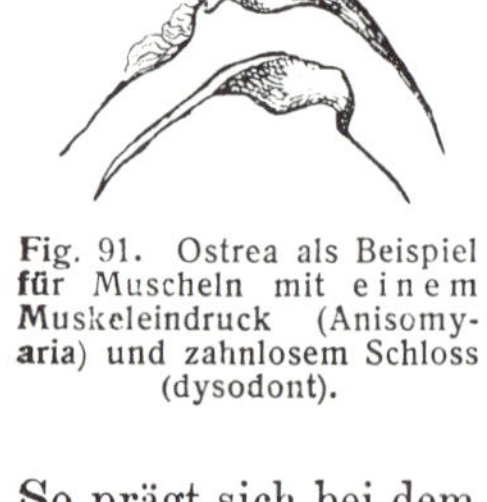

Fig. 91. Ostrea als Beispiel für Muscheln mit einem Muskeleindruck (Anisomyaria) und zahnlosem Schloss (dysodont).

Ostrea. Unregelmässige Schalen mit konzentrisch blätteriger Oberfläche oder groben radialen Falten und Rippen, welche am Rande eine scharfe Zickzacklinie ergeben. Schon im Muschelkalke finden wir recht zahlreiche Austern; hierher gehört O. sessilis (Schloth.) [Taf. 34, Fig. 2], kleine, flache, sehr häufig auf Ceratiten aufgewachsene Schalen, meist in grosser Menge vergesellschaftet. O. complicata (Goldf.) und multicostata (Münst.) [Taf. 34, Fig. 1 und 3], unregelmässige, gefaltete Formen, die zum Teil ganz ansehnliche Grösse erreichen, während auf der Abbildung nur junge Exemplare dargestellt sind. An diese Arten schliessen sich O. montis caprilis (Klipst.) und O. Haidingeriana (Emmr.) an, zwei Arten, welche in der alpinen Trias und zwar in den Raibler- und Kössenerschichten häufige und gute Leitfossilien darstellen. Im Lias treten die echten Ostreiden zurück, und wir finden nur eine Anzahl indifferenter Formen, z. B. O. arietis (Qu.), bei welchen offenbar auch der Untergrund, auf dem sie sitzen, eine grosse Rolle spielt. So prägt sich bei dem Aufsitzen auf einem Ammoniten zuweilen die Form des Ammoniten auf das deutlichste an der Schale aus. Einen grossen Reichtum an Austern liefert der mittlere Dogger. O. eduliformis (Schloth.) [Taf. 34, Fig. 4] bildet dicke bis handgrosse flache Schalen, welche in der Form an die lebende Speiseauster erinnern. O. cristagalli (Schloth.) = O. Marshi (Sow.) [Taf. 34, Fig. 5] die Hahnenkammuschel, ist ein sehr häufiges und überaus bezeichnendes Leitfossil für diese Schichten. Die Schalen erreichen zuweilen eine Grösse von über 15 cm und gegen 5 cm Dicke an dem gefalteten und in scharfen Zickzacklinien ineinandergreifenden Aussenrande. Im weissen Jura haben wir zunächst Formen von dem gewöhnlichen Austerntypus in der O. Roemeri (Qu.), aber noch häufiger findet sich die sichelförmige, scharf gefaltete O. gregaria (Sow.) = hastellata (Schloth.) [Taf. 34, Fig. 6], eine Formenreihe, welche nicht nur durch den ganzen weissen Jura durchgeht, sondern sich auch in der Kreide findet. (O. carinata (Lmck.) [Taf. 34, Fig. 9] aus dem Grünsand). O semiglobosa (Gein.) [Taf. 34, Fig. 7] ist eine häufige, kleine Form im Untersenon, mit dünner, glatter Schale und mangelndem Schloss und Ligamentgrube (Anomia). Ueberaus häufig in der oberen Kreide ist der Typus der O. diluviana (d'Orb.) = O. flabellata (Goldf.) [Taf. 34, Fig. 8], grosse, dickschalige Arten mit gefaltetem und scharf ausgezacktem Rande. Im unteren Senon sind besonders häufig und leitend O. laciniata (Goldf.) [Taf. 34, Fig. 10], mit wenigen, sehr grossen Falten und die flache O. semiplana (Sow.) [Taf. 34, Fig. 11].

Gryphaea. Austern mit hochgewölbter linker Schale, während die rechte Schale flach als Deckel ausgebildet ist. Die Gryphaeen bilden eine typische mesozoische Formenreihe und treten fast immer gesellig, zuweilen ungeheuer massenhaft, in ganz bestimmten Horizonten auf. G. arcuata (Lmck.) [Taf. 34, Fig. 12], ausgezeichnet durch die hoch aufgewölbte linke Klappe mit tief eingerolltem Wirbel und einem seitlich vorspringenden Wulste. In unglaublicher Menge erfüllt diese Auster die Kalke des unteren Lias (α) in ganz Südwestdeutschland (Gryphitenkalk) und gehört somit zu den allergewöhnlichsten Fossilien. Selbstverständlich wird ein guter Sammler hier nur mit Auswahl solche Stücke in seine Sammlung aufnehmen, welche tadellos mit dem Deckel erhalten sind. G. cymbium (Lmck.) [Taf. 34, Fig. 13], eine meistens sehr grosse, bis 10 cm lange Schale, welche nur wenig eingebogen, dagegen verbreitert und ohne Seitenwulst ausgebildet ist. Sie ist leitend auf der Grenze von Lias β zu γ. G. calceola (Qu.) [Taf. 35, Fig. 1], leitend im braunen Jura β und γ, eine schmale, sehr hoch aufgewölbte linke Klappe mit schwachem Seitenwulst. Ausserdem kommt im mittleren Dogger noch die der G. cymbium entsprechende, sehr grosse und breite G. dilatata (Sow.) = lobata (Qu.) vor. In wenig charakteristischen Formen finden wir auch in den höheren Schichten noch Gryphaeen bis zur oberen Kreide, wo nochmals eine Form G. vesicularis (Lmck.) [Taf. 35, Fig. 9] in grosser Häufigkeit und als Leitfossil auftritt.

Exogyra. Wie Gryphaea, nur beide Wirbel spiral nach der Seite gedreht. Sie scheint im wesentlichen die Gryphaeen in den jüngeren Formationen zu vertreten und ist besonders im oberen Jura und in der Kreide vertreten. E. spiralis (Qu.) = Bruntrutana (Thurm) und virgula (Defr.) [Taf. 35, Fig. 2] ist eine kleine, scharf konzentrisch gestreifte Form mit flachem, stark aufgerolltem Deckel, welche im oberen weissen Jura von Süddeutschland, ganz besonders aber im Hannoverischen leitend auftritt. E. auriformis (Goldf.) [Taf. 35, Fig. 3], ganz ähnlich wie die obige, nur weniger gestreift. E. Couloni (d'Orb.) [Taf. 35, Fig. 4], eine bis 15 cm grosse, stark runzelige Art, welche leitend ist für die Neokomschichten der alpinen Kreide, aber auch in Norddeutschland auftritt. Im Grünsand des Cenomans haben wir die flache, an die lebende Haliotis erinnernde E. halitoidea (Sow.) [Taf. 35, Fig. 5], sowie die sichelförmige, auf der linken Klappe scharf gekielte E. sigmoidea (Sow.) [Taf. 35, Fig. 6] und die hochgewölbte, breite E. subcarinata (Münst.) [Taf. 35, Fig. 7]. E. columba (Sow.) [Taf. 35, Fig. 8], eine grosse, glatte Form mit kleinem Wirbel und leicht eingesenkter Deckelklappe, ist ein häufiges und gutes Leitfossil der oberen Kreide von Bayern und Sachsen.

2. Spondylidae.

Rechte Klappe meist festgewachsen, unter dem geraden Schlossrand ein isodontes Schloss, in jeder Klappe zwei hakenförmige Zähne.

(35, 10–13; 36, 1–7.)

Plicatula. Kleine, flache, runzelig gefaltete Schalen, vielfach mit röhrenförmigen Fortsätzen, treten schon in der Trias der Alpen auf (P. itusstriata [Emm.]). Sehr häufig und leitend ist im mittleren Lias (Lias δ) P. spinosa (Sow.) [Taf. 35, Fig. 10]. Auch im übrigen Jura und Kreide kommt Plicatula, jedoch immer untergeordnet und als Seltenheit vor.

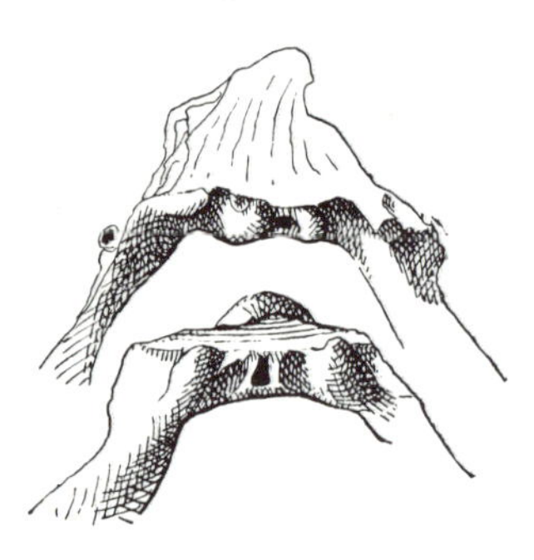

Fig. 92. Isodontes Schloss der Spondyliden.

Spondylus. Mit typisch ausgebildetem, isodonten Schloss (Textfig. 92). Die in der Jetztzeit so überaus formenreiche und häufige Gruppe beginnt zwar schon im oberen Jura, aber erst in der oberen Kreide haben wir eine häufige und charakteristische Form in Sp. spinosus (Sow.) [Taf. 35, Fig. 11], mit meist aufgewachsener rechter und flacher linker Klappe, die Schale radial gerippt und mit röhrenförmigen, zuweilen sehr langen Dornen besetzt.

3. Limidae.

Gleichklappige, mehr oder minder schiefe, am Vorderrand etwas klaffende Schalen mit kurzem vorderem und etwas längerem hinterem Ohr.

Lima, aufgewölbte, radial gerippte oder glatte (Plagiostoma) Schalen. Hierher gehören zunächst häufige und charakteristische Fossilien aus dem Muschelkalk, und zwar im unteren Muschelkalk L. lineata (Desh.) [Taf. 35, Fig. 12], mit zahlreichen Rinnen in der sonst glatten Schale, und im oberen Muschelkalk L. striata (Schloth.) [Taf. 35, Fig. 13], gleichmässig und schön gerippt. Im Rhät beginnen die glatten Plagiostomaarten (L. praecursor [Qu.]), fast übereinstimmend mit der unterliassischen L. punctata (Sow.) [Taf. 36, Fig. 1]. Neben dieser tritt zugleich die sehr grosse, bis 20 cm lange L. gigantea (Sow.) aus der Gruppe der punctata auf. Diese glatten Arten finden wir durch den ganzen Lias hindurch gehend, aber neben ihnen kommen auch gerippte Formen vor, so die kleine, quer verlängerte und scharf gerippte L. dupla (Qu.) [Taf. 36, Fig. 3] und die grosse, flach gerippte L. Hermanni (Goldf.). Im mittleren braunen Jura finden wir stets in Gesellschaft mit Ostrea eduliformis und cristagalli sehr häufig L. pectiniformis (Schloth.) (= L. proboscidea Sow.) [Taf. 36, Fig. 2], eine grosse, dickschalige Form mit groben, runzeligen Faltenrippen und röhrenförmigen Fortsätzen. Auch in der Kreide treten Limaarten nicht allzuselten auf, von welchen die kleine, langgestreckte und zart gerippte L. semisulcata (Nilss.) [Taf. 36, Fig. 4], die breite und scharf gerippte L. canalifera (Goldf.) [Taf. 36, Fig. 5] und die vollständig glatte L. Hoferi (Mant.) [Taf. 36, Fig. 6] besonders leitend sind.

4. Pectinidae.

Diese schon im Karbon beginnende Gruppe entwickelt sich im Mesozoikum zu grossem Formenreichtum. Die Schalen oval oder rund, der Schlossrand gerade, zahnlos und vorne und hinten in eine ohrförmige Verlängerung auslaufend.

Hinnites. Dünnschalige, runzelige, radial gerippte Schalen, von welchen die rechte meist aufgewachsen ist. Eine typische Form ist im oberen Muschelkalk H. comptus (Gieb.) [Taf. 36, Fig. 7], der im Alter fast die doppelte Grösse wie das abgebildete Exemplar, sowie überaus kräftige Runzelung aufweist.

(36, 8—17; 37, 1—11.)

Pecten. Nicht aufgewachsen, mit fast gleichseitigen, radial gerippten, gestreiften oder ganz glatten Schalen. Im Muschelkalk findet sich P. Albertii (Goldf.) [Taf. 36, Fig. 8], eine kleine, flache, radial gestreifte Form, P. discites (Schloth.) [Taf. 36, Fig. 9], etwas grösser und vollständig glatt und P. laevigatus (Schloth.) [Taf. 36, Fig. 10], eine grosse, glatte, etwas schief gezogene Art mit flacher linker und aufgewölbter rechter Klappe, auf der zuweilen noch zarte, radiale Farbenstreifen sichtbar sind. Im Rhät bildet P. Valoniensis (Defr.) [Taf. 36, Fig. 11] eine mittelgrosse, gleichklappige, feingestreifte Art ein gutes Leitfossil. P. glaber (Ziet.) [Taf. 36, Fig. 12] bildet eine stets glatte Formenreihe, welche durch den ganzen Lias durchgeht. Hierzu kommt im mittleren Lias P. priscus (Schloth.) [Taf. 36, Fig. 13], eine kleine, kräftig gerippte Art und P. aequivalvis (Sow.), eine grosse, gleichklappige, radial gerippte Art, welche vollständig den Typus von P. priscus trägt. Als Leitfossil in den oberen Schichten der Posidonienschiefer tritt in ungeheuren Massen der kleine, rundliche P. contrarius (v. Buch) [Taf. 36, Fig. 14] auf (Contrariusbank). P. textorius (Schloth.) [Taf. 36, Fig. 15] bildet eine durch den ganzen Jura hindurchgehende Formenreihe, gekennzeichnet durch konzentrische Anwachsstreifen, welche sich mit Radialrippen zu einer Gitterstruktur verbinden. P. personatus (Ziet.) (= P. pumilus [Lmck.]), [Taf. 36, Fig. 16], ein Leitfossil für Braunjura β (Personatensandstein), wo die zierlichen, meist nur im Steinkern erhaltenen Schälchen mit wenigen, auch auf der Innenseite ausgeprägten Radialrippen in grosser Menge auftreten. P. demissus (Goldf.) [Taf. 36, Fig. 17], glatte, glänzende, gleichklappige und flachgewölbte Schalen mit gleichmässigen Ohren, gleichfalls häufig im unteren und mittleren Dogger. P. lens (Sow.) [Taf. 37, Fig. 1], von ähnlicher Form wie P. demissus, aber mit ungleichen Ohren und feinen, gekrümmten, vom Wirbel nach aussen divergierenden Streifen. P. velatus (Goldf.) [Taf. 37, Fig. 2] bildet eine durch den ganzen Jura hindurchgehende Formenreihe, welche sich an Hinnites anschliesst und dünnschalige, runzelige, ungleichklappige Schalen aufweist (Velopecten). P. cingulatus (Phill.) [Taf. 37, Fig. 3], eine häufige Form des weissen Jura, mit zugespitzten, flachen Schalen und anliegenden Ohren. P. subspinosus (Schloth.) [Taf. 37, Fig. 4], grobrippige, zuweilen stachelige Art des weissen Jura, welche in P. subarmatus (Münst.) [Taf. 37, Fig. 5] ihre extreme Form im Alter mit langen, röhrenförmigen Dornen ausbildet. Auch in der Kreide sind noch echte Pektiniden wie im Jura verbreitet, so aus der Gruppe des P. textorius, der im Grünsand häufige P. asper (Goldf.); P. Beaveri (Sow.) [Taf. 37, Fig. 6] schliesst an Velopecten an. P. curvatus (Gein.) [Taf. 37, Fig. 10] entspricht der Gruppe des P. lens, während P. septemplicatus (Nilss.) [Taf. 37, Fig. 11] eine flache Form mit sieben kräftigen, hoch aufgefalteten Rippen ist.

Vola. Besonders charakteristisch für die Kreide ist die als Vola bezeichnete Untergruppe der Pektiniden, mit hoch aufgewölbten rechten und flachen, sogar einwärts gewölbten linken Klappen, beide mit kräftiger Radialberippung und symmetrischem Bau. V. aequicostata (Lam.) [Taf. 37, Fig. 7] bildet gewissermassen die Grundform mit gleichmässigen, radialen Rippen. Bei V. quadricostata (Sow.) [Taf. 37, Fig. 8] treten 4—6 Hauptrippen hervor, zwischen welchen je 3 Nebenrippen verlaufen, so dass jeweilig 4 Felder von den Hauptrippen umgrenzt werden. V. quinquecostata (Sow.) [Taf. 37, Fig, 9] zeigt gleichfalls 6 Hauptrippen, dazwischen aber je 4 Nebenrippen, wodurch jeweils 5 Zwischenfelder entstehen.

5. Aviculidae.

Diese schon im Paläozoikum formenreiche Gruppe setzt sich auch im Mesozoikum fort.

Avicula. Meist kleine Formen mit gewölbter linker und flacher rechter Schale, mit kurzem vorderem und langem hinterem Ohr. Die Avikuliden treten meist vergesellschaftet in grossen Massen und in bestimmten Horizonten auf, so dass sie als Leitfossile von Wichtigkeit sind. Dies gilt in erster Linie von A. contorta (Portl.) [Taf. 37, Fig. 12], einer charakteristischen, scharf gedrehten Art, welche im Rhät sowohl innerhalb wie ausserhalb der Alpen (Nürtingen) leitend ist. A. Sinemuriensis (d'Orb.) (= A. inaequivalvis [Qu.]) [Taf. 37, Fig. 13], eine sehr hübsche, gerippte Art mit grossem hinterem Flügel, die rechte Klappe flach und fast glatt, ist leitend im unteren Lias. A. Münsteri (Bronn.) [Taf. 37, Fig. 14], weit verbreitete Art im mittleren Dogger, mit hoch gewölbter, scharf gerippter linken und flacher, fast glatter rechten Schale. A. Cornueliana (d'Orb.) [Taf. 37, Fig. 15], häufig im Neokom von Norddeutschland.

Pseudomonotis. Aehnlich der Avicula, nur gerundeter und das vordere Ohr noch mehr verkürzt. Ps. echinata (Sow.) [Taf. 37, Fig. 16], eine hochgewölbte, gerundete Form, häufig im mittleren Dogger. Ps. substriata (Münst.) [Taf. 37, Fig. 18] erfüllt in ungeheuren Massen eine Kalkbank in den Posidonienschiefern, insbesondere in Franken.

Posidonia. Dünne, zusammengedrückte, konzentrisch gefurchte Schalen, die uns schon aus dem Paläozoikum als wichtige Leitfossilien bekannt sind. Im oberen Lias bedeckt sie zuweilen als P. Bronni (Voltz) [Taf. 37, Fig. 17] die Schichtflächen der nach ihr benannten Schiefer.

Monotis. Gleichklappige, radial gerippte Schalen mit geradem Schlossrand, vorn abgerundetem und hinten schief abgestutztem Ohr. Als gesellig lebende und offenbar kalkliebende Form erfüllt Monotis zuweilen einzelne Lagen der Kalksteine. So tritt im alpinen Keuper M. salinaria (Schloth.) [Taf. 37, Fig. 19] in der Fazies der Hallstädter Kalke in Masse auf, aber auch im weissen Jura finden wir zuweilen Bänke mit Monotis erfüllt (M. lacunosae [Qu.]).

6. Pernidae.

Bei der weitgefassten Familie der Perniden finden wir als gemeinsames Merkmal, dass das Ligament oder Band nicht einheitlich, sondern in eine Reihe von einzelnen Streifen aufgelöst ist, welche in Bandgruben auf dem meist geraden, breiten Schlossrande liegen.

Gervillia. Schief verlängerte, ungleichklappige Muscheln mit kräftigem Schlossrand und mehreren Bandgruben, auf das Mesozoikum beschränkt. G. Albertii (Credn.) [Taf. 38, Fig. 1], eine langgestreckte, schmale Form, tritt schon im unteren Muschelkalk auf. Am häufigsten und leitend für den ganzen Muschelkalk ist G. socialis (Schloth.) [Taf. 38, Fig. 3], eine ziemlich grosse, glatte, schiefgebogene Art mit langem, geradem Schlossrand, Bandgruben und kleinen Zähnen unter dem Wirbel. G. subcostata (Goldf.) [Taf. 38, Fig. 2] und die ihr sehr ähnliche G. costata (Schloth.) sind kleine Muschelkalkformen, bei welchen die linke, hochgewölbte Schale radial gerippt ist. Im Rhät haben wir G. praecursor (Qu.) als Vorläufer der glatten liassischen Arten. Im Lias treten die Gervillien zurück, dagegen finden wir wiederum im Dogger sehr schöne, meist grosse Arten, so G. pernoides (Deslongch.) [Taf. 38, Fig. 4], mit langem Schlossrand und grossen Bandgruben, vielfach schön mit Schale erhalten im unteren Dogger. Ausserdem ist zu erwähnen die gekrümmte, langgestreckte G. tortuosa (Phil.) und die gleichfalls langgezogene G. aviculoides (Sow.). Im weissen Jura, ebenso wie in der Kreide, gehören die Gervillien zu den Seltenheiten.

Aucella. Vorwiegend hoch gewölbte Schalen mit stark hervortretendem, eingerolltem Wirbel und konzentrischer Streifung. Die Aucellen sind ausgesprochen nordische Formen und treten selten in den deutschen Jura- und Kreideformationen auf (A. impressae [Qu.], im unteren weissen Jura); nur im Hils haben wir ziemlich häufig die schöne grosse A. Keyserlingi (Lah.) [Taf. 38, Fig. 5].

Inoceramus. Grosse, abgerundete, konzentrisch gefaltete, meist dünne Schalen mit vorragendem Wirbel und geradem, vielfach zu einem Ohr verlängerten Schlossrand. Die Inoceramen treten schon im Jura auf, bilden aber besonders in der Kreide sehr wichtige Leitfossilien und finden sich dort hauptsächlich in den Mergel- und Sandsteinablagerungen. Im mittleren Lias haben wir eine grosse glatte Form, die als I. nobilis (Goldf.) bezeichnet wird. Im oberen Lias tritt I. dubius (Sow.) [Taf. 38, Fig. 6 u. 7] in grossen Mengen auf, zeigt aber eine recht verschiedene Erhaltung, je nachdem derselbe in den Schiefern oder Kalken gefunden wird. Bei den Exemplaren der Schiefer tritt nämlich die konzentrische Faltung deutlich hervor, während die Exemplare aus den Kalken und Mergeln glatt erscheinen. I. laevigatus (Münst.) (= I. fuscus [Qu.]), [Taf. 38, Fig. 8], eine langgezogene, fast glatte Art, welche besonders im norddeutschen mittleren Dogger häufig auftritt. Von den sehr formenreichen, aber nicht immer leicht zu unterscheidenden Kreide-Inoceramen mögen nur die hauptsächlichsten und die als Leitfossilien wichtigsten genannt sein. I. labiatus (Schloth.) [Taf. 38, Fig. 9], schön abgerundet, eiförmig, mit leichter, konzentrischer Faltung. I. Cuvieri (Lam.) [Taf. 38, Fig. 10], eine breite, schief nach vorne ausgezogene Art. I. Brongiarti (Sow.) [Taf. 38, Fig. 11] bildet sehr grosse, dickschalige, grob gefaltete Muscheln mit stark ausgezogenem Ohr. I. Cripsii (Mantell) [Taf. 38, Fig. 12], mit langem geradem Schlossrand und quer verlängerter, sehr gleichmässig konzentrisch gefalteter Schale. Wie schon erwähnt, bilden alle diese Arten gute Leitfossilien, nach welchen auch die Horizonte benannt sind.

Perna. Gleichklappig, oval oder abgerundet vierseitig, mit weit ausgezogenem Wirbel, breitem, mit zahlreichen Bandgruben versehenem Schlossrand und dicker, blätteriger Schale. Im Mesozoikum kommt den Pernaarten nur untergeordnete Bedeutung zu, und es ist als häufigere, zuweilen sehr schön erhaltene Form nur P. mytiloides (Ziet.) [Taf. 39, Fig. 1] aus dem mittleren Dogger zu nennen.

7. Mytilidae.

Ein sehr alter, weit ins Paläozoikum zurückgehender Stamm mit ziemlich gleichartigen Formen. Die Schale dünn, mit dicker Epidermis bedeckt, länglich eiförmig, schief und zahnlos.

Mytilus, mit spitzigem Wirbel, tritt in typischer Form erst im Tertiär auf, doch werden einige Formen aus der Trias, wie M. vetustus (Goldf.) und M. eduliformis (Schloth.) hierher gestellt.

Modiola, mit gerundetem Wirbel und hinten ausgebauchtem Flügel. M. minuta (Goldf.) [Taf. 39, Fig. 2], sehr häufig als Steinkern erhalten im ausseralpinen Rhät. Auch im Lias tritt Modiola als untergeordnete Form in den meisten Horizonten auf und wird nach diesen genannt (M. psilonoti [Qu.], numismalis [Qu.], amalthei [Qu.]). Im mittleren Dogger ist recht häufig die gerundete und stark nach hinten ausgebauchte M. modiolata (Qu.) = M.

gregaria (Ziet.) [Taf. 39, Fig. 3], etwas seltener die langgestreckte und hübsch verzierte M. plicata (Sow.) [Taf. 39, Fig. 4].

8. Pinnidae.

Grosse, gleichklappige, langgestreckte Schalen mit spitzigem Wirbel und weitklaffendem Hinterrand.

Trichites. Die Schale sehr dick, gross und fast ganz aus der Prismenschicht gebildet. Bruchstücke dieser Schalen, welche an ihrer prismatischen Struktur leicht kenntlich sind, findet man häufig im mittleren Dogger und bezeichnet sie als T. nodosus (Lycett). Im oberen weissen Jura tritt in den Kehlheimer Kalken T. Seebachi (Böhm), eine grosse, an Ostrea erinnernde Art auf, während wir in den tonigen, obersten Weissjuraschichten Schwabens und in Hannover Trichites (Mytilus) amplus (Sow.), von der Gestalt eines übergrossen Mytilus, zuweilen recht häufig finden (Einsingen b. Ulm).

Fig. 94. Mytilus amplus 1/5 nat. Gr. Oberster Weissjura, Einsingen.

Fig. 93. Trichites nodosus, Schalenbruchstück.

Pinna, dünnschalige, langgestreckte, spitz konische Muscheln. Sie kommen als Seltenheiten schon im Muschelkalk vor, finden sich aber erst häufig im unteren Lias. P. Hartmanni (Ziet.) [Taf. 39, Fig. 5]. In den übrigen Schichten des Jura und der unteren Kreide spielt Pinna keine Rolle und tritt häufiger erst wieder in der oberen Kreide auf. P. cretacea (Schloth.) [Taf. 39, Fig. 6] und P. pyramidalis (Goldf.), beides langgestreckte, radial gefurchte Schalen von rhombischem Querschnitt.

Homomyarier.

Zwei annähernd gleichmässige Muskeleindrücke.

a) **Taxodonte Formen**, d. h. Schloss mit einer grösseren Anzahl gleichartiger Zähne besetzt.

9. Arcidae.

Der mit zahlreichen kleinen Zähnen besetzte Schlossrand gerade, darüber ein dreieckiges Feld mit Streifung zur Aufnahme des äusseren Bandes.

Arca. Schale abgerundet vierseitig, meist radial gerippt, grosses, dreieckiges Feld mit geknickten Bandfurchen unter dem Wirbel, Zähne zahlreich und gleichartig. Arca stellt einen Dauertypus dar, der vom Silur bis zur Jetztzeit durchgeht, aber im Mesozoikum doch nur von untergeordneter Bedeutung ist. Im Muschelkalk finden sich kleine, glatte, gerundete Arten (A. [Macrodon] Beyrichi [Strombeck]), im Jura seltene Arten (A. reticulata [Qu.] von Nattheim) und erst im Neokom, freilich meist nur als Steinkerne erhalten, kommt häufig und leitend A. securis (Leym.) [Taf. 39, Fig. 7] vor.

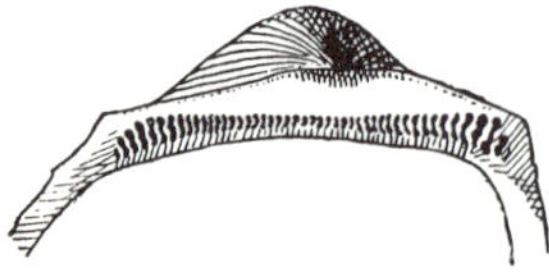

Fig. 95. Taxodontes Schloss der Arciden.

(39, 8–19.)

Cucullaea. Abgerundet rhombische Schalen mit geradem Schlossrand und schiefen, seitlichen Leistenzähnen, Bandfeld mit geknickten Furchen. Im Jura und in der Kreide nicht selten, aber leider meist nur als Steinkern erhalten. C. Münsteri (Ziet.) [Taf. 39, Fig. 8], kleine, hoch aufgeblähte Steinkerne aus dem mittleren Lias. In Opalinustonen des unteren braunen Jura finden sich Schalenexemplare von C. inaequivalvis (Goldf.), einer kleinen, glatten, mit scharfer Kante ausgebildeten Form, ganz ähnlich der C. concinna (Phill.) [Taf. 39, Fig. 9], aus dem oberen braunen Jura.

Pectunculus. Dicke, kreisförmige Schalen mit gekerbtem Rand, einem dreieckigen Bandfeld und schiefen, in Bogen stehenden Zähnen. Obgleich die Hauptverbreitung erst im Tertiär und der Jetztzeit liegt, so finden sich doch schon einige gute Formen in der oberen Kreide. P. dux (J. Böhm) [Taf. 39, Fig. 10] liefert charakteristische Steinkerne mit dem Abdruck der beiden Muskeleindrücke, den schiefen Zähnen und dem gekerbten Rande. Das Positiv einer derartigen Form zeigt das verkieselte Exemplar von P. Geinitzi (d'Orb.) [Taf. 39, Fig. 11] aus der Aachener Kreide.

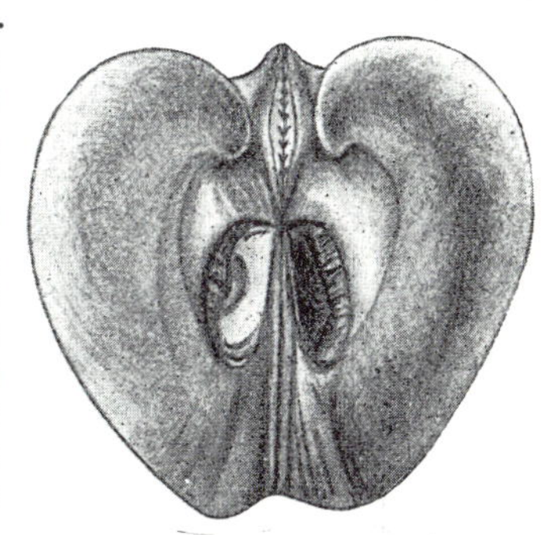

Fig. 96. Isoarca helvetica. Steinkern mit Abdruck der Zähne und der kräftigen Muskelansätze.

Isoarca. Glatte, hoch aufgewölbte Schalen mit eingekrümmtem, weit vorspringendem Wirbel. Diese im oberen Jura und der Kreide verbreitete Gruppe findet man besonders häufig als Steinkerne im weissen Jura. Die häufigste Form ist I. helvetica (Lor.).

10. Nuculidae.

Kleine ovale, nach hinten ausgezogene Schalen mit im Wirbel abgebogenem Schlossrande, der mit Kerbzähnen besetzt ist. Auch hier handelt es sich um Dauerformen, die vom älteren Paläozoikum bis zur Jetztzeit mit im ganzen gleichbleibenden und indifferenten Arten durchgehen.

Nucula. Klein, abgerundet, dreieckig oder oval. In der alpinen Trias N. strigillata (Goldf.), im Muschelkalk N. Goldfussi (Alberti), in den Mergeln vom Lias und Dogger häufig N. palmae (Sow.) [Taf. 39, Fig. 12], ein Sammelname für zahlreiche, verkieste Steinkerne. N. Hammeri (Defr.) [Taf. 39, Fig. 13], ist eine etwas grössere Art, in den Opalinustonen mit Schale erhalten; N. variabilis (Sow.) [Taf. 39, Fig. 14 u. 15], hoch aufgewölbte Art mit kräftiger Bezahnung. N. lacrymae (Sow.) [Taf. 39, Fig. 16], kleine, hinten ausgezogene Steinkerne. Eine zierliche, flache Art aus dem Untersenon von Aachen ist N. Försteri (G. Müller) [Taf. 39, Fig. 17].

Leda. Ganz wie Nucula gebaut, nur am hinteren Rande stark ausgezogen und meist zusammen mit den erwähnten Nuculaarten vorkommend. L. complanata (Sow.) [Taf. 39, Fig. 18] mit glatter und L. claviformis (Sow.) [Taf. 39, Fig. 19] mit leicht konzentrisch gestreifter Schale.

b) **Heterodonte Formen**, d. h. Schloss mit wenigen, verschiedenartigen Zähnen und entsprechenden Zahngruben.

1. Gruppe. **Integripalliata.**

Manteleindruck ganzrandig.

11. Trigonidae.

Die Lieblinge der Sammler, mit kräftigen, zuweilen sehr reich verzierten Schalen und charakteristischem Schloss, das auf der linken Schale einen dreieckigen, häufig gespaltenen Hauptzahn und zwei Seitenzähne, auf der rechten Schale zwei divergierende Hauptzähne aufweist.

Myophoria. Triassische Trigoniden von vorwiegend geringer Grösse, glatten oder einfach verzierten Schalen, meist mit einer vom Wirbel zum Hinterrand verlaufenden Kante, wodurch ein hinteres Feld abgesondert wird. M. costata (Zenk) (= M. fallax Seeb.) [Taf. 40, Fig. 1], eine der ältesten Formen, die in Buntsandsteinschichten der alpinen und der germanischen Trias auftritt und sich durch kräftige Radialrippen auszeichnet. Dieselbe Formenreihe kehrt im obersten Muschelkalk und der Lettenkohle als M. Goldfussi (Alb.) [Taf. 40, Fig. 2] wieder. M. laevigata (Alb.) [Taf. 40, Fig. 3 u. 4], glatt, ziemlich gross, von abgerundet dreieckiger Form und meist nur im Steinkern erhalten. Besonders schöne Schalenexemplare mit Schlosspräparaten finden sich in Rüdersdorf bei Berlin und Schwieberdingen bei Stuttgart. M. orbicularis (Goldf.) [Taf. 40, Fig. 5], flache, gerundete Schalen, sind in Masse angehäuft auf der Grenze zwischen unterem und mittlerem Muschelkalk (Orbicularisbank). M. cardissoides (Schloth.) [Taf. 40, Fig. 6], aus dem unteren Muschelkalk, mit hochgewölbten, hinten scharf abgestutzten Schalen[1]). M. transversa (Bornemann) [Taf. 40, Fig. 8], mit zwei Radialkanten, leitend in der Lettenkohle von Norddeutschland, in Süddeutschland recht selten. M. vulgaris (Schloth.) [Taf. 40, Fig. 9 u. 10], die häufigste und verbreitetste Form im Muschelkalk mit doppelt ausgebildetem Grat und zarten, aber scharfen konzentrischen Streifen, welche an dem Seitengrate abbiegen. Denselben Typus finden wir im Rhät als M. postera (Qu.) [Taf. 40, Fig. 12], nur sind bei dieser Art die Rippen auf der Vorderseite schärfer ausgeprägt und das hintere Feld durch feine Streifung scharf abgetrennt, so dass wir sie als eine Zwischenform zwischen den triassischen Myophorien und den jurassischen costaten Trigonien ansehen können. M. pes anseris (Schloth.) [Taf. 40, Fig. 11], sehr grosse, durch vier Radialgrate in Felder geteilte Schalen (Gänsefuss), welche sich als Steinkerne im Muschelkalk von Norddeutschland häufig, in Süddeutschland dagegen sehr selten finden. M. Kefersteini (Münst.) (M. Raibliana [Bué]) [Taf. 40, Fig. 13] ist eine bezeichnende Form der Raiblerschichten im alpinen Keuper.

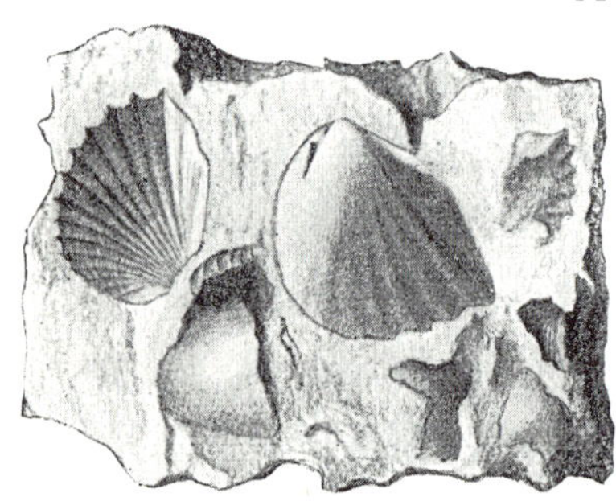

Fig. 97. Steinkerne von Myophoria Goldfussi (Alb.).

Trigonia. Meist grosse, kräftig verzierte Schalen und zwar entweder mit Knotenreihen oder mit Rippen, die sich von dem seitlichen Grate aus konzentrisch oder divergierend anlegen, das hintere Feld ist scharf abgetrennt und für sich verziert. Der Hauptzahn der linken Klappe tief gespalten und

[1]) Der Taf. 40, Fig. 7 abgebildete Trigonodus Sandbergeri gehört zu den Cardinien, s. S. 155.

ebenso wie die Hauptzähne der rechten Klappe seitlich gerieft. Die Hauptverbreitung dieser schönen Muscheln, von denen heute nur noch kleine Formen an der australischen Küste als Seltenheit gefunden werden, liegt in der Jura- und Kreideformation. Die ersten Trigonien treten bei uns im Opalinuston auf mit T. navis (Lam.) [Taf. 40, Fig. 14], einem häufigen und allgemein verbreiteten Leitfossil mit knotenbesetzter, scharf abgestutzter Vorderkante, auf dem vorderen Felde divergierende Knotenreihen, das hintere Feld leicht konzentrisch gestreift. T. clavellata (Park.) [Taf. 40, Fig. 15 u. 16], aus dem mittleren Dogger mit divergierenden Knotenreihen auf dem Vorderfelde, während das Hinterfeld ausser der konzentrischen Streifung wenige Radialrippen aufweist. In dieselbe Gruppe der Clavellaten gehören auch Formen aus dem weissen Jura (T. suevica [Qu.]). Bei T. striata (Qu.) [Taf. 41, Fig. 2] verschmelzen die Knotenreihen zu Rippen und leiten über zu der Formengruppe der T. costata (Park.) [Taf. 41, Fig. 1] mit scharfen, konzentrischen Rippen auf dem Vorderfeld, während das hintere Feld gekörnelte Radialstreifen aufweist. In dieselbe Gruppe gehört die in Norddeutschland in den Parkinsonischichten häufige (Bielefeld) T. interlaevigata (Qu.), welche zwischen den konzentrischen Rippen und der Seitenkante noch ein freies Feld zeigt und ebenso T. silicea (Qu.) [Taf. 41, Fig. 3] aus dem oberen weissen Jura. T. vaalsiensis (J. Böhm) (T. aliformis [Park.]) [Taf. 41, Fig. 4] ist ein typischer Vertreter der weit nach hinten ausgezogenen Kreidetrigonien mit divergierenden, zu Rippen verschmolzenen Knotenreihen, welche auch auf das hintere Feld als Querrippen übergehen.

12. Anthracosiidae.

Ovale, glatte Formen mit unbestimmter Bezahnung.

Anthracosia haben wir schon im Paläozoikum (s. S. 78) als eine im brackischen oder Süsswasser lebende Form kennen gelernt. Sie wird in der Trias vertreten durch Anoplophora, dünnschalige, glatte, längliche Muscheln, die offenbar in brackischem Wasser lebten und in der Lettenkohle und im Keuper massenhaft, jedoch meist in sehr schlechtem Erhaltungszustand, gefunden werden. A. lettica (Qu.) [Taf. 41, Fig. 5] und A. keuperina (Qu.).

13. Cardiniidae.

Dickschalige, meist ovale, glatt oder konzentrisch gestreifte Muscheln mit kräftigen Schlosszähnen und langem, hinterem Seitenzahn.

Trigonodus. Glatte, ovale Schalen mit starkem, zuweilen gespaltenem Hauptzahn wie bei den Myophorien. T. Sandbergeri (Alb.) [Taf. 40, Fig. 7], ein Leitfossil in den obersten Dolomiten des Hauptmuschelkalkes (Trigonodusdolomit), gewöhnlich nur im Steinkern erhalten.

Cardinia (Thalassites). Dickschalige, ovale Formen mit nach vorn gekehrtem Wirbel, in der Bezahnung treten besonders die kräftigen, leistenförmigen Seitenzähne hervor. Die Cardinien treten nur im unteren Lias auf, sind aber dort sehr häufig und leitend. C. Listeri (Sow.) [Taf. 41, Fig. 6], kurze, konzentrisch gestreifte Art. C. donacinna (Sow.) [Taf. 41, Fig. 7], langgestreckte, ziemlich glatte Form. An sie schliessen sich noch an C. hybrida (Sow.) mit scharfen, konzentrischen Streifen, die grosse C. latiplex (Goldf.) und die breite, kräftig konzentrisch gestreifte C. crassissima (Sow.)

14. Astartidae.

Dickschalige, gleichklappige Muscheln mit kräftigen Schlosszähnen.

Astarte. Dicke, schwachgewölbte Schalen, meist mit konzentrischer

Streifung, unter dem Wirbel eine schwache, halbmondförmige Vertiefung (Lunula), Schlosszähne sehr kräftig. Die Astartiden zeigen ihre Verbreitung vom Jura an und treten ziemlich häufig auf. A. opalina (Qu.) [Taf. 41, Fig. 8], eine fast kreisrunde, konzentrisch gestreifte Art. A. depressa (Münst.) [Taf. 41, Fig. 9], flach konzentrisch gestreift mit ausgezogenem Wirbel und darunter kräftige Lunula. A. Voltzi (Goldf.) [Taf. 41, Fig. 10], eine kleine, scharf konzentrisch gestreifte Form, häufig und leitend im untersten braunen Jura. A. minima (Goldf.) [Taf. 41, Fig. 11], von demselben Typus wie die obige, nur etwas kleiner und im oberen weissen Jura verbreitet. Sehr hübsche Schlosspräparate liefern die zierlichen, verkieselten Exemplare von A. similis (Münst.) [Taf. 41, Fig. 12] aus der oberen Kreide von Aachen.

Aus denselben Schichten stammt auch die flache A. (Eriphyla) lenticularis (Goldf.) [Taf. 41, Fig. 13], mit feinen, konzentrischen Rippen.

Opis. Herzförmige, konzentrisch gefurchte Formen mit hohem, nach vorn gekrümmtem Wirbel und einer tiefen, kantig begrenzten Lunula. Von dieser hübschen, aber im allgemeinen recht seltenen Gruppe erwähnen wir zwei schöne Vertreter aus dem Korallenkalk von Nattheim, O. cardissoides (Goldf.) und O. lunulata (Sow.) [Taf. 41, Fig. 14. u. 15].

Cardita. Astartiden mit radialen, meist etwas schuppigen Rippen und gekerbten Rändern. Hierher gehören namentlich zwei wichtige Leitfossilien der alpinen Trias: C. crenata (Münst.) [Taf. 41, Fig. 16] aus den Kassianer- und Raiblerschichten und C. austriaca (Emmr.) aus dem Rhät.

15. Cyrenidae.

Abgerundet herzförmige, konzentrisch gestreifte Schalen mit starker Epidermis.

Cyrena. Im brackischen oder süssen Wasser lebend. C. ovalis (Defr.) [Taf. 41, Fig. 19] in grossen Mengen in den Wealdertonen Westfalens auftretend.

16. Isocardiidae.

Eine kleine Formenreihe mit hoch aufgedrehtem und nach vorn gekrümmtem Wirbel.

Isocardia. Herzförmig oder ovale, hoch aufgewölbte, konzentrisch gestreifte oder glatte Schalen. Die Zähne liegend und nach hinten verlängert. I. rostrata (Sow.) [Taf. 41, Fig. 21] wird meist in Steinkernen zusammen mit I. tenera (Sow.) im weissen Jura gefunden, während im mittleren Dogger die grosse I. Aalensis (Qu.) auftritt. In grossen Massen angehäuft findet sich in den Hilsschichten die zierliche I. angulata (Phil.) [Taf. 41, Fig. 20].

17. Megalodontidae.

Wir haben diese grossen, dickschaligen Muscheln mit kräftigen Schlosszähnen und entsprechenden Zahngruben schon im Paläozoikum (s. S. 79) kennen gelernt. Die devonischen Megalodonten finden ihre Fortsetzung in der alpinen Trias, wo sie zuweilen und zwar meist in den festen Kalken und Dolomiten in grosser Menge auftreten. In den Kalken sind zwar die Schalen erhalten, aber sehr schwer herauszuarbeiten, im Dolomit dagegen finden wir nur Steinkerne, wie es der abgebildete Megalodus triqueter (Wulf) [Taf. 41, Fig. 17] aus dem oberen Triasdolomit zeigt.

18. Diceratidae.

Eigenartige, auf das Mesozoikum beschränkte Gruppe, welche an die lebende Familie Chama anschliesst. Es sind dickschalige, ungleichklappige, nach vorn eingerollte, meist aufgewachsene Formen mit stumpfen, durch eine Zahngrube getrennten Zähnen.

Diceras. Etwas ungleichklappig, beiderseits mit ausgezogenem und nach vorn gekrümmtem Wirbel. Diese offenbar riffbewohnenden Formen treten im obersten weissen Jura bei Kehlheim häufig auf, während sie in Schwaben sehr selten sind. D. arietinum (Lam.) [Taf. 41, Fig. 18], meist nur als Steinkern von charakteristischer Form bei uns erhalten, während wir im Tithon von Frankreich und von Mähren auch beschalte Exemplare finden, bei denen sich die Schlösser sehr schön präparieren lassen.

An Diceras schliessen sich eine Reihe von Formen der südlichen Fazies der unteren Kreide an, bei welchen die Ungleichheit der Schalen immer mehr hervortritt, so dass schliesslich die linke Klappe nur noch einen Deckel auf der grossen, kegelförmig gestalteten oder gewundenen, meist aufgewachsenen rechten Klappe bildet. Hierher gehört Caprina, Requienia und Monopleura. Es ist zwar nicht erforderlich, auf diese in der deutschen Fazies nicht vorkommenden Formen näher einzugehen, sie sind aber paläontologisch von Wichtigkeit, weil sie den Uebergang zu der nächsten eigenartigen Gruppe bilden.

19. Rudistae.

Fremdartige, kaum mehr wie Muscheln aussehende, grosse Formen mit kegelförmigen, aufgewachsenen Unterschalen, auf welchen deckelförmig eine durch grosse Zähne verzapfte flache Klappe aufliegt. Die Rudisten sind wichtige Leitformen der südlichen oberen Kreide und bilden dort die Hippuritenkalke der Gosauformation. Für die deutschen Vorkommnisse sind sie zwar untergeordnet, bilden aber doch eine paläontologisch so interessante Formenreihe, dass sie auch hier Erwähnung finden müssen. Man kann den Bau der Rudisten als eine Anpassung an das festsitzende Leben auf dem Meeresgrunde auffassen, wodurch als Konvergenzerscheinung eine korallenähnliche Form entstanden ist.

Fig. 98. Gruppe von zusammengewachsenen Hippuriten (stark verkleinert), obere Kreide, Charente.

Hippurites. Meist sehr grosse, lang kegelförmige oder hornförmige, mit der Spitze festgewachsene untere Schalen, welche durch einen flachen, mit langen Zähnen verzapften Deckel verschlossen sind, so dass nur ein sehr kleiner Raum für das Tier übrig bleibt. Der untere Teil der Schale ist durch Lamellen ausgefüllt, über welche sich eine dicke, radial faserige Deckschichte legt. Auf der Aussenseite der Schale sehen wir Längsriefen und drei kräftige Längsfurchen. Beim Zerschlagen fällt leicht die faserige Deckschichte ab und die Längsrinnen auf dem inneren Kerne erinnern dann an grosse Pferdezähne, worauf der Name hinweist. Als wichtigste Formen mögen erwähnt sein: der hornförmige, gekrümmte H. cornu vaccinum (d'Orb.), der langgestreckte H. organisans (Montf.), der becherförmige H. Gosaviensis (Douvillé).

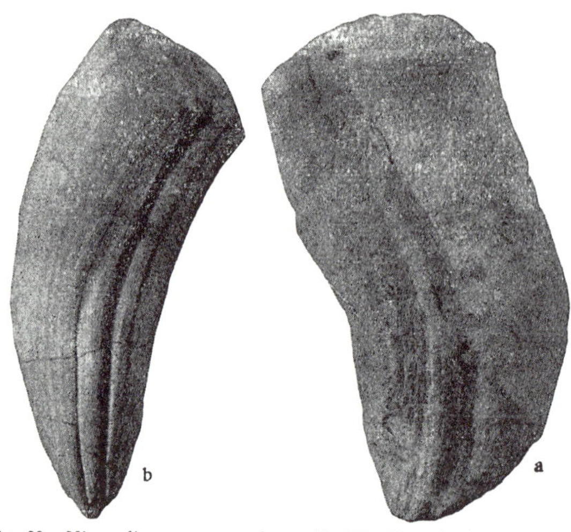

Fig. 99. Hippurites cornu-vaccinum (Goldf.) Gosaukreide 1/5 nat. Gr. a) mit Schale, b) Steinkern mit abgesprengter Deckschichte.

Radiolites (inkl. Sphaerulites) mit zwei Längsfurchen und zelliger Schalenstruktur, sowie vielfach mit aufgeblätterter Schalenoberfläche (Sphaeru-

Fig. 100. Radiolites. a) R. cornu-pastoris (d'Orb.) mit Schale, Gosaukreide; b) Steinkern von R. saxonicus (Geinitz), Quadersandstein.

lites), im übrigen aber dem Hippurites sehr ähnlich. Kleine, becherförmige Radioliten kommen im Cenoman von Sachsen vor und werden R. saxonicus (Geinitz) genannt. Viel häufiger und schöner entwickelt aber finden wir sie in der südlichen Kreide. R. cornu pastoris (d'Orb.)

20. Lucinidae.

Eine formenreiche, aber etwas indifferente Gruppe, den Sinupalliaden ähnlich, aber ohne Mantelbucht. Das Schloss von wechselnder Beschaffenheit, Schalen gleichklappig.

Lucina. Kreisförmige, konzentrisch gestreifte, meist flache Schalen. Im Lias L. pumila (Münst.) im unteren Dogger schöne Schalenexemplare von L. plana (Ziet.) [Taf. 42, Fig. 1], im mittleren Dogger die auffallend grosse L. Zieteni (Qu.) und schliesslich in der oberen Kreide die hübsche L. numismalis (d'Orb.) [Taf. 42, Fig. 2].

Corbis. Hochgewölbt, rundlich, mit zwei kräftigen Schlosszähnen; wichtig in der alpinen Trias; C. Mellingi [Hauer]), aus den Raiblerschichten.

Tancredia. Dreieckige, nach vorn ausgezogene Schalen mit glatter Oberfläche. T. oblita (Phil.) [Taf. 42, Fig. 7], häufig im sogenannten Trümmer-Oolith des Braunjura β.

21. Cardiidae.

Gleichklappige, herzförmige, meist radial verzierte Schalen mit gekerbten Rändern und zwei konischen, kreuzweis gestellten Schlosszähnen. Auch diese Formen sind bei schlechtem Erhaltungszustand recht schwierig zu bestimmen.

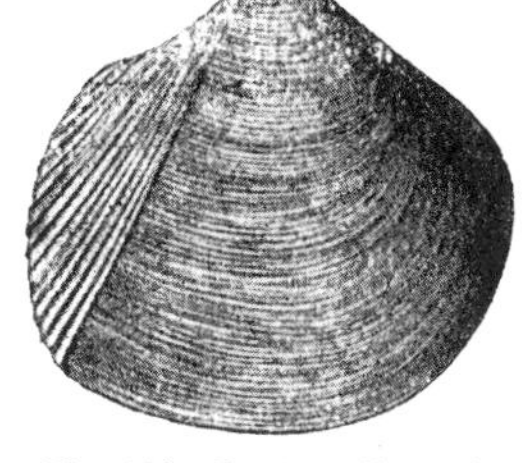

Fig. 101. Protocardium hillanum (Sow.).

Cardium. Hierher werden Steinkerne aus Jura und Kreide von herzförmiger Gestalt gestellt. Zur Abbildung haben wir zwei verkieselte Schlosspräparate aus der Aachener Kreide gebracht und zwar C. productum (Sow.) [Taf. 42, Fig. 3], eine auch in der Gosaukreide wichtige Art mit stark gekörnelten Radialrippen und C. Becksi (Müller) [Taf. 42, Fig. 4].

Protocardium. Die Schalenverzierung in ein vorderes Feld mit konzentrischen und ein hinteres mit radialen Rippen eingeteilt. Hierher gehört das im Rhät häufige Pr. rhäticum (Qu.) und das für die obere Kreide leitende und weit verbreitete Pr. hillanum (Sow.).

2. Gruppe. Sinupalliata.

Mantelbucht und lange, zurückziehbare Siphonen vorhanden.

22. Veneridae.

Diese Gruppe dient gewöhnlich im Mesozoikum als Zusammenfassung zahlreicher, meist nur als Steinkern erhaltener Muscheln, welche sich an Venus anschliessen, deren Entwicklung aber erst in das Tertiär und die Jetztzeit fällt, so Venus suevica [Qu.], Venulites aalensis [Qu.] u. a.

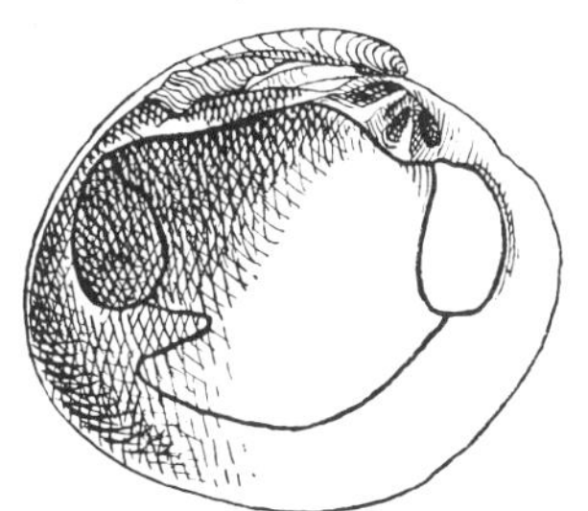

Fig. 102. Venus. Beispiel für eine sinupalliate Muschel mit heterodontem Schloss.

Cytherea. Oval abgerundete, glatt oder konzentrisch gestreifte Schalen mit 2—3 Schlosszähnen, wozu noch ein vorderer liegender Seitenzahn tritt. C. ovalis (Goldf.) [Taf. 42, Fig. 5], eine häufige Form im Senon von Aachen.

Tellina, bildet eigentlich eine selbständige Gruppe mit quer ovalen, dünnen, hinten klaffenden Schalen mit kleinen Zähnchen. Auch hier sind die mesozoischen Formen nur unsicher. T. zetae (Qu.) [Taf. 42, Fig. 6] aus dem oberen weissen Jura.

(42, 8—21.)

c) **Desmodonte Formen**, d. h. Schloss zahnlos oder mit einem zahnartigen Fortsatz zur Aufnahme des Ligamentes.

Während wir im Paläozoikum nur integripalliate Formen hatten, stellen sich im Mesozoikum zahlreiche Sinupalliata ein.

23. Myacites.

Als Zusammenfassung zahlreicher, vielfach gestalteter Muscheln, welche sich an die lebende Panopaea angliedern. Die fossilen Gruppen haben dünne, hinten klaffende Schalen mit äusserem Ligament und zahnlosem Schloss.

Panopaea. Meist grosse, konzentrisch gestreifte oder glatte, hinten weitklaffende Muscheln. Hierher wird in Ermanglung besserer Bestimmung gestellt: P. Albertii (Voltz) [Taf. 42, Fig. 8], Steinkerne aus dem unteren Muschelkalk, P. praecursor (Qu.) aus dem Rhät und die grosse, weitklaffende P. dilatata (Phil.) aus dem mittleren Dogger.

Pholadomya. Sehr dünne, gleichklappige, hochgewölbte Schalen, deren Oberfläche mit radialen, häufig knotigen Rippen verziert ist, die von konzentrischen Streifen gekreuzt werden. Als Steinkerne sehr häufig im Jura. Ph. decorata (Ziet.) [Taf. 42, Fig. 9], mit scharfen Wirbel- und Knotenreihen. Ph. fidicula (Sow.) [Taf. 42, Fig. 10], lang ausgezogen, vorn gerundet und fein gestreift. Ph. Murchisoni (Goldf.) [Taf. 42, Fig. 11], die häufigste Form im mittleren Dogger, mit hoch aufgewölbter, kurzer Schale und groben, knotigen Rippen. Ph. donacina (Goldf.) [Taf. 42, Fig. 12], mit spitzigem Wirbel, kommt zusammen mit Ph. acuminata (Hartm.) und clathrata (Münst.) häufig als Steinkern im weissen Jura vor. Ein gutes Leitfossil im Senon bildet Ph. Esmarki (Nilss.) [Taf. 42, Fig. 13], eine grosse, schön gewölbte Art mit Gitterstruktur.

Goniomya. Langgestreckte, dünnschalige Muscheln mit hübschen, V-artig geknickten Rippen. G. angulifera (Sow.) [Taf. 42, Fig. 14) ist ein Typus, der mit seinen geknickten Rippen im ganzen braunen und weissen Jura in ähnlichen Formen wiederkehrt [G. proboscidea (Ag.), G. ornata (Goldf.) und G. marginata (Ag.)]. Auch durch die Kreide geht dieselbe Formenreihe hindurch (G. consignata (Goldf.) [Taf. 42, Fig. 15]).

Myacites. Dünne, gleichklappige Schalen mit glatter oder konzentrisch gestreifter Oberfläche, hinten, zuweilen auch vorn etwas klaffend, Schlossrand zahnlos und in der rechten Klappe über die linke Klappe übergreifend. In Trias und Jura sehr häufige, meist als Steinkern erhaltene Muscheln. M. musculoides (Schl.) [Taf. 42, Fig. 16], durch den ganzen Muschelkalk durchgehend. Im Lias häufig M. liasinus (Ziet.) [Taf. 42, Fig. 17], im braunen Jura überaus häufig M. gregarius (Ziet.) [Taf. 42, Fig. 18] und der kurze, zuweilen mit der Schale erhaltene M. abductus (Phil.) [Taf. 42, Fig. 19], auch im weissen Jura finden sich noch Steinkerne von Myaciten (M. donacinus [Goldf.]).

24. Myidae.

Ziemlich dicke, vorn und hinten geschlossene Schalen mit innerlichem, auf einem Schlossfortsatz liegenden Band.

Corbula. Meist klein, oval oder nach hinten ausgezogen, sehr ungleichklappig, und zwar ist die rechte Klappe grösser und höher gewölbt als die linke. Von der Trias bis zur Jetztzeit verbreitet und vergesellschaftet auftretend. Im Muschelkalk findet sich in Steinkernen häufig die kleine C. gregaria (Münst.) [Taf. 42, Fig. 20], während C. Sandbergeri (Taf. 42, Fig. 21) in hübschen Schalenexemplaren bei Schwieberdingen erhalten ist. Im

Keuper erfüllt die offenbar im Süsswasser oder Brackwasser lebende C. Keuperina (Qu.) [Taf. 42, Fig. 22] einen bestimmten Horizont des unteren Gipskeupers. Im Rhät bezeichnen wir die meist undeutlichen Steinkerne einer Corbulaart als Taeniodon Ewaldi (Bornem) [Taf. 42, Fig. 23]. C. substriatula (d'Orb.) [Taf. 42, Fig. 24], aus dem Senon von Aachen, liefert sehr gute Schlosspräparate mit kräftigem Zahn und tiefer Grube in der rechten Klappe zur Aufnahme des Ligamentfortsatzes der linken Klappe.

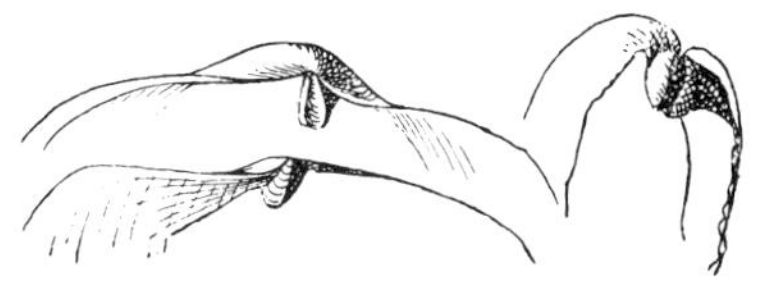

Fig. 103. Desmodontes Schloss der Mya.

Liopistha, eine dünnschalige Kreideform, die äusserlich am meisten an die Panopaeen erinnert, aber einen Ligamentzahn aufweist. Die Steinkerne von der scharf radial gerippten L. aequivalvis (Goldf.) [Taf. 42, Fig. 25] und der fast glatten L. frequens (Zitt.) sind gute Leitfossilien in der oberen Kreide.

VIII. Schnecken, Gastropoda.

Bezüglich des Baues von Tier und Schale, der Bezeichnungen an dem Gehäuse, sowie der Gliederung und des hierzu gebräuchlichen Schlüssels möge auf die Ausführungen S. 81 verwiesen sein.

Vorkommnisse: Wie im Paläozoikum, so spielen auch im Mesozoikum die Schnecken im Gesamtbild der Fauna eine untergeordnete Rolle, besonders im Vergleich zur Tertiär- und Jetztzeit. Immerhin wird die Schneckenfauna gegenüber der paläozoischen im Mesozoikum reicher, da nur wenige Familien, wie die Bellerophonten, Euomphaliden, Capuliden und die Pteropodengattungen der Tentakuliten und Conularien aussterben oder wenigstens stark zurücktreten, dafür aber eine Reihe formenreicher Familien wie die Pleurotomarien, Naticiden, Nerineen und vor allem die ganze Gruppe der Siphonostomata zur Entwicklung kommen.

Erhaltungszustand: Der Sammler hat im ganzen wenig Freude an den meist seltenen und schlecht erhaltenen Schnecken und es ist leicht erklärlich, dass dieselben fast in allen Privatsammlungen zurücktreten und auf wenige charakteristische Arten beschränkt sind, wenn nicht zufällig ein Fundplatz in der Nähe ist, der ausnahmsweise reiche und gute Ausbeute liefert. Ebenso werde ich mich auch hier bei der Besprechung kurz fassen und auf die wichtigsten Arten beschränken. Wie bei den Muscheln überwiegen die Steinkerne, und es gehören vollständige, gut erhaltene Exemplare von Schnecken zu den grossen Seltenheiten. Das beste Material liefern natürlich auch hier weiche Mergel und Tone, in denen sich noch Schalen finden und ganz besonders die Kalkschichten, in welchen die Schalen in verkieseltem Zustand vorkommen und herausgeätzt werden können (Nattheim, Aachen).

1. Scaphopoda (s. S. 82).

Dentalium. Die langen, leicht gebogenen Röhren finden sich mehr oder minder häufig in allen marinen Schichten. Im Muschelkalk tritt D. laeve (Schloth.) [Taf. 43, Fig. 1] zuweilen in Massen auf. Aus dem oberen Dogger möge als besonders häufig und schön erhalten D. entalloides (Deslong.) [Taf. 43, Fig. 2] genannt sein.

(**43**, 3—18. 28.)

Schizostomata.

2. Pleurotomariidae.

Die wichtigste und interessanteste Gruppe der Schizostomata, die namentlich in der Juraformation sehr schön entwickelt ist. Die Gehäuse kegelförmig, mehr oder minder hoch gewunden, zuweilen reich verziert und mit einem charakteristischen sog. Schlitzband versehen, welches durch alle Windungen hindurchgeht und von einem Ausschnitt am Mundsaum herrührt.

Pleurotomaria rotellaeformis (Dunk.) [Taf. 43, Fig. 3 und 4], niedrige, glatte, ungenabelte Gehäuse, die sich häufig besonders als Steinkern im Lias α finden. Pl. expansa (Sow.) [Taf. 43, Fig. 5], von demselben Typus, nur etwas flacher. Pl. anglica (Sow.) [Taf. 43, Fig. 6], eine wichtige Form, durch den ganzen Lias hindurchgehend, mit grosser, hoher Schale, reich verziert mit Radialstreifen und Knotenreihen. In den Mergelschichten des Lias δ finden wir nicht selten Schalenexemplare, während sich aus den Kalken meist nur die Steinkerne herausschälen. Im Dogger ist zunächst wichtig die Gruppe der Pl. Palaemon (d'Orb.) [Taf. 43, Fig. 7], flache Gehäuse, auf der Kante mit einem Doppelstreifen und im übrigen mit feiner Querstreifung. Seltener ist Pl. granulata (Qu.) [Taf. 43, Fig. 8], kreiselförmige Schalen, verziert durch Quer- und gekörnelte Längsstreifen. Zahlreich sind im mittleren Dogger Steinkerne wie diejenigen von Pl. clathrata (Münst.) [Taf. 43, Fig. 9] und der grossen Pl. armata (Münst.) mit hohen Wülsten auf der reich gestreiften Schale. Auch im weissen Jura finden wir zahlreich Steinkerne, sehr selten dagegen Schalenexemplare, hierher gehören Pl. speciosa (Goldf.) [Taf. 43, Fig. 10], kreiselförmige Schalen, bei welchen die einzelnen Gewindumgänge nicht gegeneinander absetzen; Pl. jurensis (Qu.), niedrige Formen, mit gerundeten Umgängen; Pl. suprajurensis (Qu.) und Pl. bijuga (Qu.) sind hohe Formen mit kantigen Umgängen. In der Kreide treten die Pleurotomarien schon zurück und liefern meist nur indifferente Steinkerne.

Trochacea.

3. Trochidae.

Vorwiegend kleine kegel- bis kreiselförmige Gehäuse mit abgeplatteter Basis, die Mundränder nicht zusammenhängend, klein. Im Lias werden zahlreiche, meist als Steinkern erhaltene, hoch aufgewundene Arten zu Trochus imbricatus (Münst.) [Taf. 43, Fig. 11 und 12] gestellt. Eine schöne, grosse und weit verbreitete Form ist Tr. capitaneus (Münst.) [Taf. 43, Fig. 13] aus dem oberen Lias. Im mittleren Dogger finden wir in hübscher Erhaltung und recht häufig den zierlichen Tr. biarmatus (Goldf.) [Taf. 43, Fig. 14] und Tr. duplicatus (d'Orb.) [Taf. 43, Fig. 15]; im weissen Jura, namentlich in Nattheim schön erhalten Tr. monilitectus (Qu.) [Taf. 43, Fig. 16]. Hierher gehört auch die in der oberen Kreide häufige Margarita radiatula (Forbes) [Taf. 43, Fig. 28].

4. Turbinidae.

Aehnlich wie Trochus, die Umgänge jedoch gerundet und der Mundsaum zusammenhängend, fast kreisrund mit kalkigem Deckel. Hierher gehören die im mittleren Lias sehr häufigen Steinkerne von Turbo cyclostoma (Ziet.) [Taf. 43, Fig. 17]. Sehr charakteristisch ist T. reticularis (Phil.) [Taf. 43, Fig. 18], eine grosse, leitende Form im Neokom.

Delphinula, meist niedrige kleine Formen mit kreisrunder, stark hervortretender Mündung und kräftiger Aussenlippe. Hübsche, reich verzierte Arten finden sich im Korallenkalk von Nattheim und werden als D. funata (Goldf.) und D. tegulata (Gold.) [Taf. 43, Fig. 26 und 27] bezeichnet.

5. Paludinidae.

Brackische und Süsswasserschnecken mit mässig hohen Gehäusen, mit gewölbten, glatten Umgängen und gerundeter Mündung. Als einzigen Vertreter haben wir die massenhaft im Wealden auftretende Paludina fluviorum (Sow.) [Taf. 43, Fig. 19] zu nennen.

Capulacea.

6. Naticidae.

Kugelige Gehäuse mit wenig Windungen und grossem letztem Umgang.

Natica. Meist glatte, selten spiral gestreifte kugelige Schalen, im Muschelkalk zahlreich und zuweilen in Menge angehäuft. Dies gilt insbesondere von der kleinen N. gregaria (Schloth.) [Taf. 43, Fig. 21], während die etwas grössere N. pulla (Goldf.) [Taf. 43, Fig. 22] seltener und meist nur vereinzelt auftritt. Im Jura und in der Kreide sind Naticaarten im ganzen recht selten, wichtig ist nur im obersten weissen Jura eine sehr grosse Art, welche als Ampullaria gigas (Stromb.) [Taf. 43, Fig. 24] bezeichnet wird und recht häufig in Kehlheim, ebenso wie im hannoverischen Jura vorkommt.

Nerita. Wie Natica gestaltet, aber mit wulstiger Innenlippe und kalkigem Deckel. Hierher gehört Protonerita spirata (Schloth.) [Taf. 43, Fig. 23] aus dem Muschelkalk und eigenartige, früher als Peltarion bezeichnete Gebilde aus dem weissen Jura, welche als die Deckel von Neritopsis jurensis (Qu.) [Taf. 43, Fig. 25] erkannt worden sind.

Turritellacea.

7. Pyramidellidae.

Turmförmige Gehäuse mit ovaler, vorn gerundeter Mündung.

Chemnitzia. Hohe glatte Schalen, die leider meistens als Steinkerne gefunden werden, aber im Muschelkalk nicht unwichtig sind. Ch. obsoleta (Schloth.) [Taf. 43, Fig. 29], mit gerundeten Umgängen. Ch. scalata (Schloth.) mit kantigen, eng aneinander anschliessenden Windungen und die grosse, bis 15 cm lange Ch. Hehli (Ziet.).

Phasianella, mit bauchigem letztem Umgang und meist spiral gestreift. Ph. striata (d'Orb.) [Taf. 43, Fig. 30], mit ausgeprägter Längsstreifung findet sich häufig im mittleren Dogger von Norddeutschland.

8. Melaniidae.

Brackische und Süsswasserschnecken mit mehr oder minder turmförmigen Gehäusen, dicker Epidermis und wohlausgeprägter Schalenverzierung. Hierher gehört Pyrgulifera corrosa (Frech) [Taf. 43. Fig. 20], kurze, mit Querfalten verzierte und stets am Wirbel korrodierte Schalen, und Glaukonia strombiformis (Sow.) [Taf. 44, Fig. 1], eine ausgesprochene Süsswasserform, welche in Massen im Wealden auftritt.

9. Turritellidae.

Hohe, turmförmige Gehäuse mit zahlreichen, meist spiral gerippten Umgängen und rundlicher Mündung. Diese im Tertiär und der Jetztzeit ausserordentlich verbreitete Gruppe ist im Mesozoikum noch recht selten. Erwähnt möge sein Turritella Zieteni (Qu.) [Taf. 44, Fig. 2] aus dem mittleren Lias und T. opalina (Qu.) [Taf. 44, Fig. 3] aus dem unteren Dogger.

10. Cerithidae.

Turmförmige, meistens verzierte Schalen mit länglicher Mündung, vorne mit kurzem Kanal. Auch diese Gruppe hat ihre Hauptverbreitung erst im Tertiär und der Jetztzeit, doch haben wir schon im Jura einige wichtige und häufige kleine Arten zu erwähnen, wie Cerithium vetustum (Will.) [Taf. 44, Fig. 4], C. muricatum (Sow.) [Taf. 44, Fig. 5] und C. turritella (Dunk.) [Taf. 44, Fig. 6].

11. Nerineidae.

Schale turmförmig, zuweilen ausserordentlich langgestreckt, die einzelnen Umgänge gewöhnlich nicht abgesetzt. Die Mündung vorn mit kurzem Kanal, besonders charakteristisch ist die mit kräftigen durchlaufenden Falten versehene Spindel, ebenso wie auch die dicke Schale an der Innenseite Falten aufweist, so dass der Hohlraum für das Tier sehr beengt und unregelmässig gestaltet ist. Die Nerineen sind auf den oberen Jura und die Kreide beschränkt, bilden aber dort häufige und wichtige Leitfossilien. In Deutschland finden wir die wichtigsten Arten im oberen weissen Jura von Süd- und Norddeutschland. Nerinea suevica (Qu.) [Taf. 44, Fig. 7], eine schlanke Form mit kantigem Gewinde. N. pyramidalis (Münst.) [Taf. 44, Fig. 8], spitz kreiselförmig. N. bruntrutana (Thurm.) [Taf. 44, Fig. 9], eine glatte, turmförmige, besonders häufige Art in Nord- und Süddeutschland. N. Desvoidyi (d'Orb.) bildet sehr grosse, bis 40 cm lange Gehäuse. Bei dem Durchschnitt von N. subbruntrutana (Thurm.) [Taf. 44, Fig. 10] kommen deutlich die eingeengten, lappigen Hohlräume innerhalb der Schale zum Ausdruck, während uns die ausgewitterte Spindel von N. succedens (Zitt.) [Taf. 44, Fig. 11] sehr deutlich die Verdickungen an der Spindel zeigt.

Siphonostomata.

12. Tritonidae.

Dicke Schalen mit mässig hohem Gewinde und Querwülsten auf den Umgängen. Die Mündung mit verdickter Aussenlippe und offenem Kanal. Die Vertreter dieser Gruppe sind im Mesozoikum noch sehr selten, und es möge nur Tritonium ranellatum (Qu.) [Taf. 44, Fig. 12] als eine besonders schöne, im Korallenkalk von Nattheim auftretende Form genannt sein.

13. Strombidae.

Konische oder spindelförmige Gewinde mit sehr grossem letztem Umgang und weit auslegender, flügelartiger verbreiteter Aussenlippe, Kanal meist lang und nach rückwärts gedreht.

Alaria. Turmförmige Gehäuse, die Mündung mit langem Kanal und flügelartigen Fortsätzen an der Aussenlippe. In den Tonen des Lias und Dogger finden wir zuweilen Schalenexemplare mit langen Fortsätzen. Hierher gehört Alaria subpunctata (Goldf.) [Taf. 44, Fig. 14], während A. bicarinata (Goldf.) [Taf. 44, Fig. 13] nur einen Steinkern aus dem Weissjura darstellt.

Spinigera. Die Umgänge gekielt mit zwei einander gegenüberstehenden Reihen von Stacheln, die auch noch an den Steinkernen, wie z. B. bei Sp. alba (Qu.) [Taf. 44, Fig. 15] zu sehen, besonders schön aber an den ausgeätzten Exemplaren aus der Aachener Kreide erhalten sind.

Aporrhais. In der Form wie Alaria, nur mit der Innenlippe nach oben über die Umgänge hinweg greifend. Sehr schöne Arten kommen in der oberen Kreide vor, so A. granulosa (Müll.) [Taf. 44, Fig. 16] mit flügelförmig verbreiteter Mündung und A. Buchii (Münst.) [Taf. 44, Fig. 18] mit langen, am Ende verbreiterten Fortsätzen.

Pterocera. Kugeliges Gewinde, der letzte Umgang sehr gross mit zurückgebogenem Kanal, die Aussenlippe mit zahlreichen langen, fingerförmigen Fortsätzen. P. Oceani (Roem.) [Taf. 44, Fig. 17], ein gutes Leitfossil im obersten weissen Jura von Hannover.

14. Fusidae.

Mehr oder minder hohe Gewinde mit ovaler Mündung und langem, offenem Kanal. Diese im Tertiär und der Jetztzeit sehr verbreitete Gruppe ist im Jura und der Kreide noch recht selten und nur im Senon tritt Fusus coronatus (Roem.) [Taf. 44, Fig. 19] als häufigere Form auf.

IX. Kopffüssler oder Tintenfische, Cephalopoda.

Allgemeines über den Bau und die Einteilung s. S. 85.

Unter der niederen Tierwelt des Mesozoikums sind es in erster Linie die beschalten Cephalopoden, welche der Meeresfauna ihr eigenartiges Gepräge verleihen und den der heutigen Fauna gegenüber geringen Bestand an Muscheln und Schnecken ergänzen.

A. Nautiloidea.

Ueber die Organisation des Tieres und die Bezeichnungen der Schale s. S. 86.

Die Nautiliden haben im Paläozoikum ihre grösste Entwicklung und Formenfülle erreicht, was wir im Mesozoikum von ihnen finden, gehört nur jener als Dauerform erkannten Gruppe von Nautilus selbst mit vollständig in einer Ebene aufgerollter Schale an. Immerhin finden wir in den mesozoischen Formationen eine recht ansehnliche Zahl verschiedener Arten, unter welchen aber nur einige, der alpinen Trias angehörige und hier nicht berücksichtigte Formen ein altertümliches Gepräge aufweisen, während die Nautiliden der germanischen Trias, des Jura und der Kreide sich im wesentlichen vollständig an die lebenden Arten anschliessen.

Bezüglich der Vorkommnisse sei erwähnt, dass Nautilus als echt mariner Bewohner nur in Meeresablagerungen gefunden wird und zwar in ziemlich gleichmässiger Verteilung durch alle Formationen hindurch.

Die Erhaltung ist selten so dass wir noch die Schale selbst vorfinden, sondern meistens liegt nur der Steinkern vor, welcher auf der Aussenseite die charakteristischen, einfach geschwungenen Suturlinien aufweist, die wir als die Endigungen der Kammerscheidewände anzusehen haben. Die einzelnen, mit Gesteinsmasse ausgefüllten Luftkammern zerfallen leicht, und es spalten sich dann uhrglasförmige Stücke heraus, an denen wir in der Regel auch den Ansatzpunkt des Sipho erkennen.

Fig. 104. Durchschnitt durch die Schale eines Nautilus mit Tier.

N a u t i l u s. Schale spiral in einer Ebene eingerollt, meist engnabelig, Mündung und Suturlinie einfach, der Sipho mehr oder minder zentral gelegen, die Siphonaldute kurz nach hinten gerichtet, die Oberfläche der Schale meist glatt oder mit zarten Längsstreifen verziert, seltener Querfalten und Knoten. In der Muschelkalkformation finden wir N. b i d o r s a t u s (Schloth.) [Taf. 45, Fig. 1], meist grosse Steinkerne, welche einen Durchmesser bis zu 30 cm erreichen. Charakteristisch ist der abgestutzte und leicht eingesenkte Rücken, der entweder gerundet oder mit leichter Knotenbildung in den Seitenteil übergeht. Der Sipho liegt zentral, ist aber eigenartig eingeschnürt, so dass er im Steinkern einer Perlschnur gleicht, welche sich durch den Nautilus hindurchzieht. Zuweilen werden diese Siphoschnüre auch isoliert gefunden. Von N. bidorsatus kennen wir auch die eigenartigen, aus verkalkter Citinmasse bestehenden M u n d t e i l e (R h y n c h o l i t e s), welche, wie beim lebenden Nautilus, einem Papageischnabel nicht unähnlich sind. Der Unterkiefer mit weiten Flügeln wird als R h y n c h o l i t e s a v i r o s t r i s (Schloth.) [Taf. 45, Fig. 5], der ungeflügelte Oberkiefer als R h y n c h o l i t e s h i r u n d o (Faure-Biguet) [Taf. 45, Fig. 4] bezeichnet. In der Lettenkohle und im unteren Keuper ist Nautilus sehr selten, häufig dagegen wieder im Lias, wo uns gleich in den Arietenkalken häufig der grosse N a u t i l u s s t r i a t u s (Sow.) [Taf. 45, Fig. 2]

Fig. 105. Perlschnurartiger Sipho bei Nautilus bidorsatus (Schloth.).

entgegentritt. Er erreicht eine Grösse bis zu 25 cm und ist engnabelig und am Rücken gerundet. Nicht selten gelingt es uns, an angewitterten Exemplaren innere Kerne mit erhaltener Schale, die eine feine, gitterförmige Verzierung zeigt, herauszuschlagen. An ihn schliesst sich der fast gleich gestaltete, nur etwas flachere N. intermedius (Sow.) im mittleren und im oberen Lias an. Im Dogger haben wir den flachen N. lineatus (Sow.) und die dick aufgeschwollene Art des N. aperturatus (Schloth.). Im weissen Jura sind die Nautiliden im ganzen seltener und zeichnen sich durch zickzackförmigen Verlauf der Suturlinie aus. Hierher gehört N. aganiticus (Qu.), N. franconicus (Opp.) [Taf. 45, Fig. 3]. In der Kreideformation haben wir teils indifferente runde und glatte Formen, wie N. aequalis (Goldf.), teils aber auch solche mit feinen, sichelförmigen Rippen (N. sublaevigatus [d'Orb.], N. elegans [Sow.] und N. rugatus [Schlönb.]).

B. Ammonoidea.

Im Mesozoikum bilden zweifellos die Ammoniten die beliebtesten Stücke für den Sammler, denn sie üben jederzeit besonderen Reiz aus sowohl durch die Häufigkeit ihres Auftretens, als auch durch die Schönheit und Mannigfaltigkeit der Form und weiterhin dadurch, dass sie infolge der leichten Veränderlichkeit vorzügliche Leitfossilien darstellen und deshalb für die Bestimmung der Horizonte von grösster Bedeutung sind.

Fig. 106. Ammonitentier, rekonstruiert. (Aus E. Fraas, Führer.)

Wie schon S. 89 ausgeführt, kennen wir das Ammonitentier selbst nicht, sondern schliessen nur aus der Gleichartigkeit des Aufbaues der Schale mit derjenigen der Nautiliden auf eine nahe Verwandtschaft und dürfen wohl als sicher annehmen, dass wir es mit beschalten Cephalopoden, nicht etwa mit schneckenartigen Tieren zu tun haben. Ueber die Unterschiede der Nautiliden und Ammoniten s. S. 89. Betrachten wir die Schale eines Ammoniten näher, so erkennen wir scheibenförmig aufgerollte Gehäuse, welche in der Trias und im Jura vorwiegen, während in der Kreideformation gleichsam als ein Anzeichen des Aussterbens Nebenformen aller Art auftreten. Die Gestalt der Schale ist überaus mannigfach und zeigt alle Uebergänge von scheibenförmig flachen, bis zu kugelig aufgetriebenen Formen. Ausserdem sind die Umgänge bald gerundet, bald kantig, bald weit-, bald engnabelig, der Rücken entweder glatt oder gekielt, die Schale mit Rippen, Knoten, Dornen der verschiedensten Art verziert oder auch ganz glatt. An der Schale unterscheiden wir weiter einen gekammerten inneren und einen ungekammerten äusseren Teil. Der letztere entspricht der Wohnkammer, welche das Tier aufnahm und zeigt verschiedene Grösse von einem halben bis zu anderthalb Umgängen. Besonders interessant sind Exemplare mit erhaltenem Mundsaum, der entweder einfach ist oder vorgebogene Seitenränder zeigt, oder auch in ohrförmige Lappen ausläuft. Ausserdem treten bei einzelnen Formen hornartige Verlängerungen des Kiels oder Einschnürungen kurz vor der Mündung auf, welche auf eine verschiedenfache Gestaltung des Tieres selbst schliessen lassen. Manche Ammonitenarten waren durch Deckel (Aptychen) vorn abgeschlossen, andere hatten offenbar keine derartigen verkalkten oder verhornten Deckel. Der innere gekammerte Teil war nur mit Luft gefüllt und diente offenbar zur Erleichterung des Tieres beim Schwimmen.

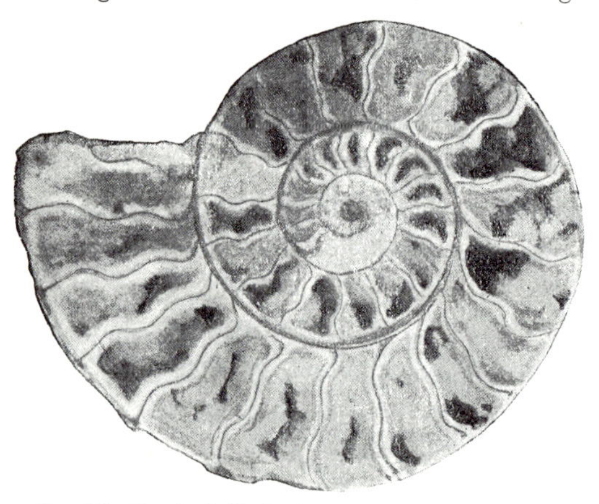

Fig. 107. Durchschnitt durch den gekammerten Teil eines Ammoniten.

Die einzelnen Kammern sind von einem randlich gelegenen Sipho durchzogen. Für die Bestimmung ist der gekammerte Teil von besonderer Wichtigkeit, weil im Steinkern die Ansatzstellen der Kammerscheidewände an die Innenseite der Schale sichtbar werden; es sind dies die sogenannten Sutur- oder Lobenlinien. Wir haben diese bei den paläozoischen Clymenien und Goniatiten als einfach geschweift oder in Wellen- und Zickzacklinien gebogen erkannt; bei den mesozoischen Ammoniten ist die Suturlinie meist vielfach und oft ausserordentlich fein zerschlitzt und bildet baumförmig verästelte, nach hinten gerichtete Loben und nach vorn gehende Sättel.

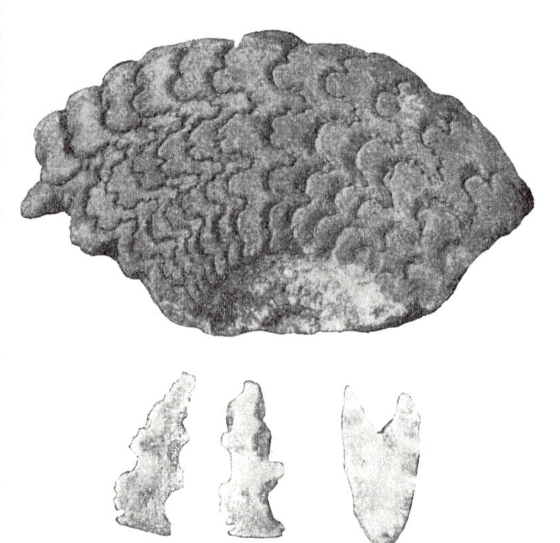

Fig. 108. Stark ausgewitterter Teil eines Ammoniten mit deutlich sichtbarer Lobenlinie; unten einzelne Kammerausfüllungen

Für die Einteilung und die Bestimmung der Ammoniten kommt zunächst die allgemeine Form der Schale, sodann die Verzierung mit einfachen oder gegabelten, geraden oder geschweiften Rippen, die Ausbildung des Rückens mit oder ohne Kiel, sowie die Ausgestaltung der Lobenlinien in Betracht. Da diese Merkmale in der Regel sehr deutlich ausgeprägt sind, so ist die allgemeine Bestimmung, ganz besonders wenn wir auch noch den geologischen Horizont kennen, leicht. Sehr schwierig dagegen, ja nach dem heutigen Stand unserer Kenntnisse zuweilen kaum zu ermöglichen, ist die spezielle Bestimmung, denn hier ist die Unterscheidung der Arten von den Spezialisten aufs äusserste getrieben, unterscheidet man doch über 5000 verschiedene Spezies, von denen fast die Hälfte auf deutsche Vorkommnisse fällt. Erschreckend für den Sammler ist fernerhin die grosse Anzahl der Subgenera, welche die Systematik erschweren. Der Sammler wird im allgemeinen gut daran tun, unter geologischem Gesichtspunkt einzelne Gruppen und Formenreihen zusammenzustellen, und auch ich musste mich natürlich schon aus praktischen Gründen auf ein Mindestmass der Abbildungen beschränken und habe aus der Fülle des Materiales nur einzelne grundlegende Typen herausgegriffen, um welche sich jedesmal eine ganze Gruppe herumgliedert.

Die Verbreitung und die Erhaltung der Ammoniten gleicht vollständig derjenigen der Nautiliden, denn auch sie sind auf marine Schichten beschränkt. Die besten Exemplare finden wir meist in den Kalksteinen oder in weichen Kalkmergeln, aus denen wir zuweilen auch Schalenexemplare bekommen. Auch in den Schiefern sind die Ammoniten zuweilen mit der Schale, aber in papierdünn flachgedrücktem Zustande erhalten. In weitaus den meisten Fällen finden wir jedoch nur Steinkerne, aber auch diese sind für die Untersuchung sehr brauchbar, da die Form des Ausgusses bei der Dünnheit der Schale fast genau dem Schalenexemplare selbst entspricht. In gewissem Sinne sogar sind die Steinkerne für die Bestimmung noch wichtiger als die Schalenexemplare, da wir an ihnen die Lobenlinien beobachten können. Wie z. B. bei den Brachiopoden, machen wir auch bei den Ammoniten die Erfahrung, dass dieselbe Art in den kalkarmen Tonen und Mergeln viel kleiner ausgebildet ist, als in den Kalkschichten, was darauf schliessen lässt, dass auch die Ammoniten kalkliebende Tiere waren.

1. Ceratites.

Triasammoniten mit mehr oder minder weitnabeliger Schale, die entweder glatt ist oder einfache Querrippen und Knoten am Rücken aufweist. Die Suturlinie wellenförmig mit gezackten Loben und glatten Sätteln. Die Ceratiten umschliessen die wichtigste Formenreihe des germanischen Muschelkalkes und beginnen schon in den untersten Schichten mit C. Buchi (Alb.) [Taf. 45, Fig. 6 u. 7], engnabeligen, scheibenförmigen, scharf gekielten Schalen, die meist sehr klein sind, während Exemplare wie Fig. 6 schon zu den grossen Seltenheiten gehören. C. nodosus (Schloth.) [Taf. 45, Fig. 8] ist der Leitammonit des deutschen Muschelkalkes und kommt sehr häufig, aber meistens in unvollständigen Steinkernen im oberen Muschelkalk vor. Der Rücken breit, auf der Seite weit auseinanderstehende Rippen, welche am Rücken in Knoten auslaufen. Man unterscheidet zahlreiche Abarten, wie den kleinen flachen C. compressus (Sandb.), den glatten C. enodis (Buch.) und den flachen, am Rücken scharf abgestutzten C. dorsoplanus (E. Phil.) [Taf. 45, Fig. 10], welcher den Uebergang zu dem im obersten Hauptmuschelkalk leitenden C. semipartitus (Montf.) [Taf. 45, Fig. 9], mit grossen, scheibenförmigen, scharf gekielten Schalen bildet.

In der alpinen Trias haben wir gleichfalls Formen aus der Gruppe des C. nodosus, wie C. binodosus (Mojs.) und trinodosus (Mojs.), als gute leitende Formen im alpinen Muschelkalk. In den Kassianerschichten findet sich häufig der kleine C. Cassianus (Qu.) [Taf. 46, Fig. 6] und ebenso gehört noch in die Gruppe der Ceratiten der interessante Choristoceras Marschi (Hauer) [Taf. 46, Fig. 5] aus den Kössenerschichten, bei welchem der letzte Umgang abgelöst ist.

An diese echten Ceratiten schliessen wir einige besonders wichtige Ammoniten der alpinen Trias an; diese führt in der Fazies der Hallstätter Kalke eine reiche Ammonitenfauna, die in eine grosse Anzahl von Familien und Untergruppen zerfällt. Wir gehen auf diese Familien nicht näher ein, sondern behandeln nur einige besonders wichtige Arten: Arcestes cymbiformis (Wulfen) [Taf. 46, Fig. 1], rundliche, glatte, nur mit einzelnen Einschnürungen versehene Schalen, bei welchen die einzelnen Umgänge übereinander hergelegt sind. Wir bekommen Anschliffe und Durchschliffe dieses Ammoniten häufig bei den Händlern von Reichenhall und Salzburg. Ptychites Studeri (Hauer) [Taf. 46, Fig. 2] ist wichtig für die unteren Hallstätter Kalke und gekennzeichnet durch die flache Schale mit Sichelrippen und einfach gebauten Lobenlinien. Cladiscites tornatus (Bronn.) [Taf. 46, Fig. 3], sehr engnabelig, mit abgerundet vierkantigen Umgängen und feiner Radialstreifung. Trachyceras Aon (Münst.) [Taf. 46, Fig. 4], hübsche Formen mit geperlten Rippen, welche auf dem Rücken eine Furche freilassen. In Menge, aber stets zierlich und klein kommt diese Form in den Cassianer Mergeln vor, während in den Kalken grosse Arten, wie Tr. austriacum (Mojs.) und Aonoides (Mojs.) gefunden werden.

2. Psiloceras (Psilonoten).

Leitformen des untersten Lias α mit weit genabelter Schale und flachen, glatten oder mit einfachen Rippen verzierten Umgängen, Rücken gerundet, ohne Kiel. Gewissermassen die Grundform bildet Ammonites planorbis (Sow.) (= A. psilonotus Qu.) [Taf. 46, Fig. 7], eine glatte, scheibenförmige Art, von welcher, wenn auch als grosse Seltenheit, Exemplare mit einem einfachen, hornigen Aptychus gefunden worden sind [Taf. 46, Fig. 7 a]. Neben den glatten Arten treten auch solche mit einfachen Rippen, aber stets mit glattem, gerundetem Rücken auf (A. psilonotus plicatus [Qu.], A. Johnstoni [Sow.]).

3. Schlotheimia (Angulaten).

Die Leitfossilien der zweiten Stufe von Lias α mit geraden, ungeteilten, am Rücken umbiegenden Rippen, welche an der Medianlinie aussetzen und eine Furche bilden. A. angulatus (Schloth.) [Taf. 46, Fig. 8], weitgenabelte, meist kleine Scheiben mit scharfen Rippen, während die grossen Formen ausgeflacht sind, wie der bis zu 70 cm Durchmesser erreichende A. Charmassei (d'Orb.) (= A. compressus [Qu.]) [Taf. 46, Fig. 9].

4. Arietites (Arieten).

Eine Gruppe aus dem oberen Lias α und Lias β. Die zuweilen sehr grossen Schalen sind flach, weit genabelt, mit zahlreichen Umgängen, auf diesen ungeteilte, gerade oder leicht nach vorn gekrümmte Rippen und ein scharfer Mediankiel mit zwei Furchen auf dem Rücken. Die Lobenlinie weit auseinandergerückt mit nur zwei zerschlitzten Seitenloben. Von den zahlreichen, meist schwer zu trennenden Arten mögen folgende hervorgehoben sein. A. spiratissimus (Qu.) [Taf. 47, Fig. 1], ziemlich kleine, flache Scheiben mit zahlreichen Umgängen. An diesen anschliessend A. Conybeari (Sow.), bedeutend grösser, mit weniger zahlreichen Rippen und gerundeten Umgängen. Die grössten Formen bildet A. Bucklandi (Sow.) [Taf. 47, Fig. 2], mit Scheiben von 60 cm Durchmesser und breitem, schön gefurchtem Rücken und kräftigen, gegen den Rücken zu verdickten Rippen. An ihn schliesst sich der in Süddeutschland besonders häufige A. rotiformis (Ziet.) mit gerundeten Umgängen und der in Norddeutschland (Harzburg) sehr häufige A. multicostatus (Ziet.), mit ziemlich hohen, am Rücken abgeflachten Umgängen an. A. geometricus (Opp.) [Taf. 47, Fig. 3] bildet eine auch im alpinen Lias verbreitete Formenreihe mit kleinen, flachen, scharf gekielten Schalen. Im oberen Lias α und in Lias β treffen wir eine Gruppe hochmündiger Arten, welche in den Kalken ausserordentlich gross sind, wie A. stellaris (Sow.), A. Brooki (Sow.) und A. obtusus (Sow.), welch letzterem in den β-Tonen der kleine, meist verkieste A. Turneri (Sow.) [Taf. 47, Fig. 4] entspricht.

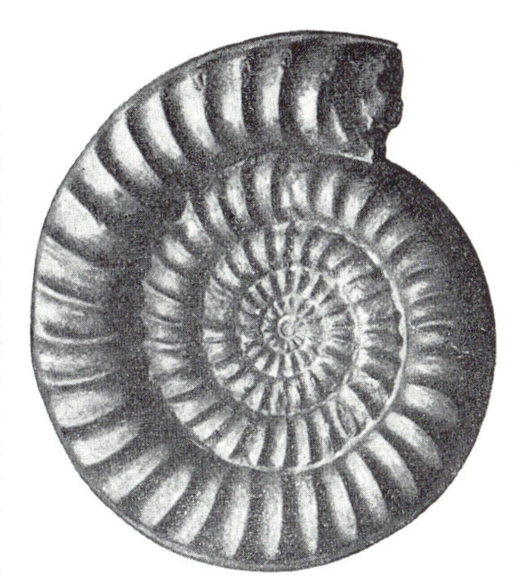

Fig. 109. Ammonites rotiformis, Lias α.

5. Aegoceras (Capricorner).

Für diese Gruppe charakteristisch ist der breite, gerundete Rücken, über welchen die ungeteilten Rippen weggehen und vielfach flache Wülste bilden. Das Verbreitungsgebiet dieser meist kleinen Arten ist Lias β und γ. A. raricostatus (Ziet.) [Taf. 47, Fig. 5], kommt zusammen mit A. bifer (Qu.), bei welchem die Rippen über dem Rücken wegsetzen, häufig in verkiestem Zustand in Lias β vor. Sehr hübsch zeigt A. planicosta (Sow.) (= capricornus [Schloth.]) [Taf. 47, Fig. 6] die Verbreiterung der Rippen auf der Rückenlinie und in noch erhöhtem Masse ist dies bei dem für den mittleren Lias leitenden A. maculatus (Qu.) der Fall.

Eine weitere Gruppe (Deroceras) bildet A. Birchii (Sow.), A. armatus (Sow.), A. ziphus (Ziet.) und A. Davoei (d'Orb.) [Taf. 47, Fig. 13], meist ziemlich grosse, flache Scheiben mit abgeflachtem Rücken und seitlichen Knotenbildungen an den Rippen.

6. Polymorphites.

Ammoniten des mittleren Lias. In Form und Verzierung der Schale vielfach abweichend, die Suturlinie mässig geschlitzt, mit einem Hilfslobus neben den beiden Seitenloben.

a) Gruppe des A. Jamesoni (Sow.) [Taf. 47, Fig. 7], (Dumortieria) mit einfachen, über den Rücken wegsetzenden Rippen. Hierher gehören weiterhin die im Lias γ häufigen Arten A. natrix (Qu.) und A. brevispina (Opp.).

b) Gruppe des A. Bronni (Röm.) [Taf. 47, Fig. 12], A. Valdani (d'Orb.) [Taf. 47, Fig. 8] und A. Maugenesti (d'Orb.) [Taf. 47, Fig. 9] (Cycloceras), ziemlich flache Umgänge mit Knotenbildung an den Rippen und einem gekielten Rücken.

(47, 10. 11. 14—18; 48, 1—3.)

c) Gruppe des A. striatus (Rein.), A. Henleyi (Sow.) [Taf. 47, Fig. 11] und A. Taylori (Sow.) [Taf. 47, Fig. 10] (Liparoceras), dicke, engnabelige, meist mit kräftigem Knoten verzierte Arten.

7. Oxynoticeras (Oxynoten).

Eine Untergruppe der Amaltheen, mit flachen, engnabeligen, nahezu glatten Scheiben und scharfem Rücken. Die Oxynoten beginnen im Lias β mit A. oxynotus (Qu.) [Taf. 47, Fig. 14], einer kleinen, meist verkieselten Form, an welche sich in Lias γ der bedeutend grössere A. lynx (d'Orb.) (= Oxynotus numismalis [Qu.]) anreiht. Im Lias ζ finden wir gleichfalls Oxynoten, wie A. serrodens (Qu.) und A. affinis (Seeb.) [Taf. 47, Fig. 18], einer besonders in Norddeutschland häufigen Art. Im braunen Jura β haben wir den scheibenförmigen A. discus (Sow.) und auch noch in der Kreide können wir als einen Vertreter der Oxynoten den A. heteropleurus (Neum. u. Uhl.) [Taf. 47, Fig. 17] ansehen.

8. Amaltheus (Amaltheen).

Eine im mittleren Lias leitende Ammonitengruppe mit einfachen Sichelrippen und einem perlschnurartigen Kiel, der als Horn über den Mundsaum hervorragt. Die Grundform ist der in Lias δ überaus häufige A. margaritatus (Montf.) [Taf. 47, Fig. 15], an welchen sich eine grosse Menge von Varietäten mit allen möglichen Uebergängen von ganz flachen und glatten (A. laevis und nudus [Qu.]) Arten bis zu dem weitnabeligen, dornigen und dicken A. spinosus (Qu.), A. gibbosus (Ziet.) und A. spinatus (Brug.) [Taf. 47, Fig. 16] anschliessen. Eine besondere Art in denselben Schichten bildet der grosse, flache A. Engelhardti (d'Orb.) (= Amaltheus gigas [Qu.]).

9. Hammatoceras.

Scharf gekielte, weitnabelige Ammoniten, bei welchen die Rippen von einer Knotenreihe ausgehen und nach vorne geschweift sind, die Loben stark geschlitzt.

a) Gruppe des Ammonites Masseanus (d'Orb.) [Taf. 48, Fig. 1] mit zarten, nach dem Rücken hin vielfach geteilten Rippen, im mittleren Lias auftretend.

b) Gruppe des A. insignis (Schübl.) [Taf. 48, Fig. 2] (Hammatoceras), Leitfossilien im Lias ζ mit dicken oder auch flachen, mehr oder minder scharf gerippten Varietätenreihen, Var. trigonatus (Qu.) und ovalis (Qu.) [Taf. 48, Fig. 2 a und 2 b].

c) Gruppe des A. Sowerbyi (Mill.) [Taf. 48, Fig. 3] (Sonninia), Leitfossilien im mittleren Dogger. Auch bei dieser Gruppe sind eine grosse Anzahl von Formen zu unterscheiden, die im allgemeinen durch die zu Seitenknoten anschwellenden, von dort ab gespaltenen Rippen kenntlich sind.

10. Phylloceras (Heterophyllen).

Eine von der oberen Trias bis zur unteren Kreide durchgehende Ammonitengruppe, die besonders in den südlichen Juragebieten häufig auftritt und der dortigen Ammonitenfauna ihr Gepräge verleiht, während sie in unseren deutschen Juraablagerungen immer zu den Seltenheiten gehören. Die Schale ist charakterisiert als engnabelig, mässig hoch, meist glatt, mit gerundetem Rücken; an der Suturlinie fallen die blattförmigen Endigungen der tief zerschlitzten Sättel auf. Im mittleren Lias findet sich der schöne, grosse A. zetes (d'Orb.) (= A. heterophyllus [Qu.]) [Taf. 48, Fig. 4], der gewissermassen den Grundtypus darstellt. Eine besonders charakteristische Art von Lias γ ist A. ibex (Qu.) [Taf. 48, Fig. 6], mit gewelltem, an ein Steinbockhorn erinnerndem Rücken. Im Dogger und Malm sind die Heterophyllen bei uns sehr selten und meist nur durch kleine, zuweilen eingeschnürte Arten vertreten (A. tortisulcatus (d'Orb.) in Weissjura β). Im alpinen Jura, besonders in der ammonitenreichen Adnether Fazies gehören die Heterophyllen zu den allerhäufigsten und gewöhnlichsten Ammoniten; ausser den glatten, an A. zetes anschliessenden Arten finden wir besonders auch solche mit Einschnürungen, wie A. Nilsoni (Hauer) [Taf. 48, Fig. 5], oder Formen, bei welchen spärliche Falten über den Rücken wegsetzen (A. ptychoicus [Qu.]).

11. Lytoceras (Lineaten).

Weitgenabelte Schalen mit rundlichen, niemals gekielten, meist glatten Umgängen, die Lobenlinie tief zerschlitzt mit zwei Seitenloben, welche in zwei annähernd gleiche Aeste gegabelt sind. Die geschlossenen Formen der Lytoceraten sind auf den Jura beschränkt, aber aus ihnen gehen in der Kreide zahlreiche aufgelöste und selbst turmförmig gewundene Formenreihen hervor, welche wir jedoch erst später besprechen werden. Die ersten Lineaten finden wir im mittleren Lias (A. aequistriatus [Qu.]), im oberen Lias haben wir als besonders häufig und leitend A. fimbriatus (Ziet.) [Taf. 48, Fig. 7 u. 8], mit runden Umgängen und feingefältelten Streifen. Ein Leitfossil von Lias ζ ist der etwas engnabelige A. jurensis (Ziet.) [Taf. 48, Fig. 9], an welchen sich im unteren Dogger A. dilucidus (Opp.) [Taf. 48, Fig. 11] anschliesst. Eine weitere Formenreihe ist charakterisiert durch zahlreiche, kräftige Einschnürungen, die rund um die ganze Windung herumlaufen. Hierher gehört A. hircinus (Schloth.) [Taf. 48, Fig. 10] und A. Germainii (d'Orb.) im obersten Lias, sowie A. torulosus [Taf. 48, Fig. 12], ein Leitfossil für den untersten Dogger.

12. Harpoceras (Falciferen).

Eine artenreiche, im oberen Lias und Dogger verbreitete Gruppe, die Schalen mit scharfem, glattem Kiel, sichelförmig gebogenen Rippen oder Zuwachsstreifen, die Lobenlinien ziemlich einfach.

a) Formenreihe des A. radians, meist weitgenabelte Formen mit einfachen Sichelrippen. Sie beginnen im Lias δ mit A. Algovianus (Opp.) [Taf. 48, Fig. 14], der besonders im alpinen Lias häufig und leitend ist. Im obersten Lias haben wir A. radians (Rein.) [Taf. 48, Fig. 15] als sehr häufiges Leitfossil und mit allen möglichen Varietäten, vom flachen, engnabeligen A. Eseri (Opp.) [Taf. 48, Fig. 17] bis zum dicken, weitnabeligen A. quadratus (Qu.) [Taf. 48, Fig. 16]. Weiter gehört hierher A. Aalensis (Ziet.) [Taf. 48, Fig. 13], mit feinen Sichelrippen und A. costula (Rein.) aus dem untersten Dogger.

b) Formenreihe des A. bifrons (Brug.) [Taf. 48, Fig. 18], mit zwei Rinnen neben dem Kiel, scharf geschwungenen Rippen, welche an der Umbiegungsstelle durch eine Furche unterbrochen sind. Die Formen gehören dem oberen Lias an und kommen in den Posidonienschichten in verdrücktem Zustand vor (A. Walcotti [Sow.]), während sie in den Mergeln und Kalken voll gerundet erhalten sind.

c) Formenreihe des A. Lythensis. Scheibenförmige, hochmündige und engnabelige Formen mit feinen Sichelrippen. Auch hier ist der Erhaltungszustand sehr verschiedenartig, je nachdem dieselben flachgedrückt in den Posidonienschiefern oder als volle Steinkerne in den Kalken und Mergeln auftreten. Sehr charakteristisch für die Posidonienschiefer ist A. Lythensis (Young und Bird) [Taf. 49, Fig. 7], der nicht selten noch mit Mundsaum und dem schwarzen, hornigen Aptychus gefunden wird. Nahezu dieselbe Form im unverdrückten Zustand geht unter der Bezeichnung A. elegans (Sow.). Gleichfalls häufig im Lias ε ist A. serpentinus (Schloth.), während A. discoideus (Ziet.) zu den seltenen Arten im Lias ζ gehört. Wichtig und häufig wiederum ist im Braunjura α A. opalinus (Rein.) [Taf. 49, Fig. 3] und der in Norddeutschland häufige A. concavus (Sow.) [Taf. 49, Fig. 4]. Die beiden letzteren führen über zur

d) Formenreihe des A. Murchisonae (Sow.) [Taf. 49, Fig. 5], den Leitfossilien im Braunjura β, wo sie in grosser Häufigkeit und in allen denkbaren Varietäten vom flachen, scheibenförmigen A. acutus bis zu den dicken, weitnabeligen und grobrippigen Formen der Var. obtusus (Qu.) [Taf. 49, Fig. 6] auftreten.

e) Formenreihe des A. hecticus, meist kleine, weitnabelige Schalen mit ovalen bis vierseitigen, aussen gekielten Umgängen. Die Rippen scharf abgebogen. Diese Formenreihe tritt im obersten Dogger und unteren Malm auf und umfasst A. hecticus (Rein.) [Taf. 49, Fig. 9], A. lunula (Qu.) [Taf. 49, Fig. 8], A. parallelus (Qu.) und zahlreiche, ähnlich gestaltete Formen der Ornatentone, während im untersten weissen Jura A. arolicus (Opp.) [Taf. 49, Fig. 10] und A. subclausus (Opp.) leitend sind.

13. Oppelia (Flexuosen).

Ammoniten des oberen braunen und des weissen Jura; meist flache, engnabelige Schalen mit Sichelrippen, die sich gabeln und häufig am Rande in Knoten endigen. Der Kiel gezackt oder gekörnelt, die Suturlinie fein zerschlitzt.

a) Formenreihe des A. dentatus (Rein.) (A. Renggeri [Opp.]) [Taf. 49, Fig. 11], kleine, glatte Ammoniten mit medianen Zacken auf der Wohnkammer, leitend für den obersten Dogger und unteren Malm. A. bidentatus (Qu.) [Taf. 49, Fig. 12], mit glatter Wohnkammer, dagegen zwei Reihen von Zähnen auf dem gekammerten inneren Teil. A. bipartitus (Ziet.) [Taf. 49, Fig. 1], mit feinen Rippen, zwei Knotenreihen und niedrigem Kiel. In denselben Schichten finden wir auch den dicken, mit Knotenreihen versehenen A. pustulatus (Rein.), während A. lithographicus (Opp.) [Taf. 49, Fig. 15] für den obersten weissen Jura leitend ist.

b) Formenreihe des A. canaliculatus (Buch.) [Taf. 49, Fig. 14], engnabelige Schalen mit fein gesägtem Kiel, die Sichelrippen an der Umbiegungsstelle durch eine Furche unterbrochen, am häufigsten im unteren weissen Jura. An A. canaliculatus schliesst sich A. hispidus (Opp.) mit dicken, scharf ausgeprägten Rippen an, während A. tenuilobatus (Opp.) [Taf. 49, Fig. 13] und A. pictus (Schloth.) sehr flache, fast glatte Arten umfasst.

c) Formenreihe des A. flexuosus (Buch.) [Taf. 49, Fig. 16], mehr oder minder dicke, engnabelige Schalen, mit ausgeflachten Sichelrippen und meistens mit Knoten an der Aussenseite. Es ist die häufigste und verbreitetste Gruppe, welche schon im oberen Dogger mit dem flachen und fast glatten A. fuscus (Qu.) [Taf. 49, Fig. 2] und dem ihm ähnlichen A. subradiatus (Sow.) beginnt. Im Braunjura ζ haben wir eine Reihe zierlicher Arten von Flexuosen, welche bald schmal und glatt (A. inermis [Qu.]) oder mit Knoten versehen (A. dentosus [Qu.]), bald dick aufgebläht (A. suevicus [Opp.] und A. velox [Opp.])

gefunden werden. Die schönste Entwicklung finden wir im unteren und mittleren weissen Jura. Auch hier haben wir alle möglichen Uebergänge von ausgeflachten Formen (flexuosus typus) zu dicken, aufgeblähten Arten (A. Hauffianus [Opp.], und A. pinguis [Qu.]), besonders auch solche mit wohlausgebildeten Knotenreihen (A. trachynotus [Opp.] und A. auritus [Qu.]). Im obersten weissen Jura ist A. steraspis [Opp.] mit flachen, stark abgebogenen Sichelrippen leitend.

14. Haploceras.

Glatte, ungekielte, engnabelige Ammoniten mit fein zerschlitzten Suturlinien und langen Seitenohren an der Mundöffnung. Diese kleine Gruppe beginnt schon im mittleren Dogger mit A. oolithicus (d'Orb.). Geradezu massenhaft tritt sodann im weissen Jura der kleine A. lingulatus (Schloth.) [Taf. 49, Fig. 17] mit einer Anzahl ähnlicher, kaum zu unterscheidenden Arten (A. nimbatus [Opp.], A. Lochensis [Opp.]) auf. Im Thiton der Alpen ist von besonderer Wichtigkeit der gleichfalls hierher gehörige A. elimatus (Opp.) [Taf. 49, Fig. 18].

15. Stephanoceras.

Meist dicke Ammoniten mit scharfen, nach aussen mehrfach gespaltenen Rippen, welche über den gerundeten Rücken wegsetzen, die Suturlinie stark zerschlitzt.

a) Formen des mittleren und oberen Lias (Coeloceras). A. pettos (Qu.) [Taf. 50, Fig. 1], eine dicke, weitgenabelte Art, tritt schon in Lias γ auf, eine entsprechende Form in Lias ζ ist A. crassus (Phil.). Häufiger sind im oberen Lias flache Formen, wie A. communis (Sow.) [Taf. 50, Fig. 2], der unverdrückt in den Kalken, dagegen in den Posidonienschiefern flachgedrückt gefunden wird. Sehr ähnlich und nur durch die feinere Berippung unterschieden ist A. annulatus (Sow.) [Taf. 50, Fig. 3]. A. Bollensis (Ziet.) [Taf. 50, Fig. 4], gleichfalls in den Posidonienschiefern häufig, ist durch feine Knotenbildung an der Teilungsstelle der Rippen gekennzeichnet.

b) Formen des mittleren Dogger (Stephanoceras im engeren Sinn). Eine leitende Form bildet hier A. Humphresianus (Sow.) [Taf. 50, Fig. 5] und der etwas mehr hochmündige A. Braickenridgii (Sow.) [Taf. 50, Fig. 8], an welchen sich der ausserordentlich hochmündige, mit kräftigen Knoten versehene A. coronatus (Schloth.) (A. Blagdeni [Sow.]) [Taf. 50, Fig. 6] anschliesst.

c) Gruppe Sphaeroceras. Mehr oder minder kugelige Formen mit vorne verengter Wohnkammer und eingeschnürtem Mundsaum. Hierher gehören als leitende Ammoniten des mittleren Dogger A. Gervillii (Sow.) [Taf. 50, Fig. 9] und A. Sauzei (d'Orb.) [Taf. 50, Fig. 7], letzterer mit langen Ohren, welche die Mundöffnung verengen. Im Braunjura ε haben wir A. bullatus (d'Orb.) und A. microstoma (d'Orb.), beides dicke, runde, nahezu glatte Ammoniten mit stark verengter Wohnkammer.

d) Gruppe des A. macrocephalus (Schloth.) [Taf. 50, Fig. 11], engnabelige Formen, deren Rippen dicht am Nabel sich zahlreich, jedoch ohne Knotenbildung gabeln. Die Macrocephalen gehören zu den wichtigsten, über die ganze Erde verbreiteten Leitfossilien und zeigen eine Formenreihe von dem relativ flachen, weitnabeligen A. compressus (Qu.) bis zum dicken, kugeligen A. tumidus (Rein.) [Taf. 50, Fig. 10].

16. Cardioceras.

Schalen mit geschweiften, gegabelten Rippen und kantigem oder gekieltem Rücken.

a) Gruppe des A. Lamberti (Sow.) [Taf. 50, Fig. 12]. Der Rücken zugeschärft, aber nicht gekielt, wobei die Rippen über den Rücken wegsetzen. Die Lambertigruppe bildet gute Leitfossilien in der Grenzzone vom braunen und weissen Jura und liefert dort Arten, welche vom flachen A. Lamberti bis zu dicken und involuten Formen überführen (A. Mariae [d'Orb.] und A. Goliathus [d'Orb.] = A. Lamberti pinguis [Qu.]).

b) Gruppe des A. cordatus (Sow.) und A. alternans (Buch) [Taf. 50, Fig. 13 u. 14]. Zum Unterschied von der Lambertigruppe mit wohlausgebildetem, perlschnurartigem Kiel. A. cordatus als Leitfossil der unteren Oxfordschichten, A. alternans leitend im unteren weissen Jura. Die letzteren bilden kleine hübsche Formen mit mehr oder minder engstehenden, scharfen Rippen, nach welchen eine Reihe von Unterarten unterschieden werden.

c) Kreideformen aus der Gruppe des A. varians (Sow.) [Taf. 51, Fig. 1] (Schloenbachia). Wichtige Leitfossilien für das Cenoman mit kräftigen, knotigen Rippen und wohlausgebildetem, glattem Kiel.

17. Parkinsonia (Parkinsonier).

Leitfossilien im unteren Braunjura ε mit kräftig gespaltenen Rippen, die am Rücken absetzen und eine Furche bilden. A. Parkinsoni (Sow.) [Taf. 51, Fig. 3] mit zahlreichen Abarten, so der weitgenabelte, scheibenförmige A. Parkinsoni planulatus (Qu.) (= ferrugineus [Opp.]) und der enggenabelte, ausgeflachte A. Park. compressus [Qu.] (= Württembergicus [Opp.]). Weiterhin A. Park. densicosta (Qu.) mit scharfen Rippen und der aufgeblähte A. Park. inflatus (Qu.) (= A. polymorphus (d'Orb.) [Taf. 51, Fig. 4]).

18. Cosmoceras (Ornaten).

Sehr schöne, meist kleine Ammoniten aus dem obersten braunen Jura (Ornatenton), die Rippen wie bei Parkinsonia scharf und gespalten, aber durch Knotenreihen an den Gabelungsstellen und am Rücken reich verziert. A. bifurcatus (Qu.) [Taf. 51, Fig. 8] mit kräftigen, weitstehenden Rippen, ein gutes Leitfossil im unteren Braunjura ε (Bifurkaten-Oolith). A. Jason (Rein.) [Taf. 51, Fig. 7], flache, enggerippte Formen mit zierlichen Seiten- und Rückenknoten und scharfer Rinne an Stelle des Kiels. A. ornatus (Schloth.) [Taf. 51, Fig. 6] mit kräftigen Seiten- und Rückenknoten bildet eine schöne Formenreihe mit Uebergängen von dem ausgeflachten A. Duncani (Sow.) bis zu scharf stacheligen Arten (A. decoratus [Ziet.], A. Castor [Rein.] und A. Pollux [Rein.]).

19. Perisphinctes (Planulaten).

Eine überaus schwierig zu bestimmende, formenreiche Gruppe von Ammoniten des oberen Dogger und des weissen Jura. Im allgemeinen weitgenabelt, mit zahlreichen, gegabelten Rippen und gerundeten Umgängen ohne Kiel.

a) Formenreihe mit Rückenfurche und Knotenbildung an der Gabelungsstelle der Rippen (Reineckia). Hierher gehört A. anceps (Rein.) [Taf. 51, Fig 5] im oberen Dogger und die formenreiche Gruppe von A. mutabilis

(Sow.) [Taf. 51, Fig. 11] mit dem an A. bifurcatus erinnernden A. Eudoxus (d'Orb.), gute Leitfossilien in Weissjura δ.

b) Mehr oder minder weitgenabelte Formen, bei denen die Umgänge mehr breit als hoch, die Rippen vielfach gespalten und ohne Unterbrechung über den Rücken wegsetzend sind (Holcostephanus). Hierher gehört der zierliche, kleine A. platynotus (Rein.) (= A. Reinecki [Qu.]) [Taf. 51, Fig. 10] mit verengter, glatter Wohnkammer und lang ausgezogenen Ohren. A. stephanoides (Opp.) [Taf. 51, Fig. 9] im unteren weissen Jura und der grosse im obersten Malm von Norddeutschland leitende A. Portlandicus (Loriol) [Taf. 50, Fig. 15] und A. gigas (Ziet.).

Auch die dick aufgeblähten Kreideammoniten (Pachydiscus) können wir hier angliedern und erwähnen von ihnen den A. peramplus (Mant.) [Taf. 51, Fig. 2], zu welchem die grössten bis jetzt bekannten Ammonitenformen gehören (ein Riesenexemplar von 2 m Durchmesser ist im zoologischen Garten von Münster i. Westf. aufgestellt).

c) Typische Planulaten, meist weitgenabelt, mit Gabelrippen, welche über den Rücken wegsetzen. Im Braunjura ε A. funatus (Opp.) (= A. triplicatus [Sow.]) [Taf. 51, Fig. 12]. Im Braunjura ζ die Gruppe des A. convolutus (Schloth.) [Taf. 52, Fig. 1], charakterisiert durch runde Umgänge mit einzelnen Einschnürungen und zuweilen sehr langen Ohren (A. parabolis [Qu.] = A. curvicosta [Opp.]). Die Schwierigkeiten der Bestimmung stellen sich für den Sammler insbesondere bei dem überaus häufigen und einander sehr ähnlichen Planulaten des weissen Jura ein, und es kann sich der Sammler damit trösten, dass diese Schwierigkeiten auch bei den Fachleuten vorhanden sind. Sind doch allein aus dem schwäbisch-fränkischen Malm über 100 Arten beschrieben, deren Unterscheidungsmerkmale, zumal bei ungünstigem Erhaltungszustande, kaum ausfindig zu machen sind. Einige der häufigsten und wichtigsten Arten, deren jede eine Formenreihe für sich darstellt, sind: A. striolaris (Qu.) [Taf. 52, Fig. 3] mit feinen, stark nach vorn gerichteten Rippen, A. polygyratus (Rein.) (= A. biplex [Sow.]) [Taf. 52, Fig. 2], häufigste Art im unteren weissen Jura; A. colubrinus (Rein.) [Taf. 52, Fig. 4], mit kreisrundem Querschnitt der Umgänge und kräftigen, zweispaltigen Rippen; A. polyplocus (Rein.) [Taf. 52, Fig. 5], leitend im Weissjura γ, sehr ähnlich dem A. polygyratus, aber etwas gerundeter, in der Wohnkammer vor der Mündung tiefe Einschnürungen und ausserdem lange Ohren (Kragenplanulaten); A. involutus (Qu.) [Taf. 52, Fig. 6], engnabelige Formen mit hohen Umgängen; A. planula (Hehl) [Taf. 52, Fig. 7], mit weit auseinandergerückten Rippen, welche auf dem Rücken wie bei Holcostephanus aussetzen. A. Ulmensis (Opp.) [Taf. 52, Fig. 8], mit zahlreichen feinen Rippen, ein Leitfossil für den oberen Malm von Süd- und Norddeutschland.

20. Peltoceras (Armaten).

Eine schöne, aber immer etwas seltene Gruppe im oberen braunen und unteren weissen Jura. Die inneren Umgänge gerippt wie bei den Perisphinkten, an den äusseren Umgängen dagegen Randknoten und zuweilen Dornen. A. annularis (Rein.) [Taf. 52, Fig. 11], mit gerundetem Rücken, ohne Knotenbildung. Diese Form ist in Uebergängen verbunden mit A. athleta (Phill.) [Taf. 52, Fig. 9], der im inneren Teile vollständig dem A. annularis gleicht, später aber einen abgeflachten Rücken und auf der Wohnkammer kräftige Knotenbildung aufweist. A. caprinus (Schloth.) [Taf. 52, Fig. 12], mit scharf nach rückwärts gebogenen Rippen, ebenso wie bei dem freilich sehr seltenen Leitfossil des untersten weissen Jura A. transversarius (Qu.) [Taf. 52, Fig. 13]. Bei

(52, 10. 14—16; 53, 1—8.)

A. bimammatus (Qu.) [Taf. 52, Fig. 10], einem leitenden Ammoniten von Weissjura β/γ, sehen wir nur noch einfache Rippen, die am Rücken in breiten Knoten endigen.

21. Aspidoceras (Inflaten).

Weissjura-Ammoniten mit dicken, aussen breit gerundeten Umgängen, die Rippen nur in den innersten Umgängen ausgebildet, sonst durch zwei Reihen von Knoten oder Stacheln vertreten. Im unteren weissen Jura die Gruppe des A. perarmatus (Sow.) [Taf. 52, Fig. 15] mit verschiedenen Abarten (A. Oegir [Opp.], A. corona [Qu.], A. Meriani [Opp.]), bei welchen die beiden Knoten durch flache Rippen verbunden sind. Im mittleren und oberen Weissjura haben wir A. liparus (Opp.) [Taf. 52, Fig. 14], ziemlich evolute Formen mit ausgeflachten Knoten. A. circumspinosus (Opp.), eine dicke, runde Form, mit einer Knotenreihe dicht am Nabel. A. longispinus (Sow.) [Taf. 52, Fig. 16], sowie A. bispinosus (Qu.) und A. acanthicus (Opp.), grosse Arten mit zwei Knotenreihen, die zuweilen als starke Dornen entwickelt sind.

22. Acanthoceras.

Kreideammoniten mit hochgewölbten, dicken Umgängen; die einfachen oder gespaltenen Rippen sind gerade und nehmen nach aussen an Dicke zu, meistens Seiten- und Randknoten ausgebildet, der Rücken breit und zuweilen mit einer medianen Knotenreihe, die Lobenlinie tief zerschlitzt. Diese auf das Gault und Cenoman beschränkte Gruppe weist einen grossen Formenreichtum auf, von welchem wir als wichtigste Arten erwähnen: A. rhotomagensis (Defr.) [Taf. 53, Fig. 1], ein Leitfossil im Cenoman; stattliche, dicke Ammoniten mit scharf abgeflachtem Rücken, einfachen, geraden Rippen, zwei Knotenreihen auf der Seite und drei Reihen auf dem Rücken; A. Mantelli (Sow.) [Taf. 53, Fig. 2], eine etwas engnabelige Form mit gespaltenen Rippen, die Seitenknoten zurücktretend, dagegen zwei Reihen von kräftigen Rückenknoten. An ihn schliessen wir als eine im Gault häufige Form A. mammillaris (Schloth.) an, bei welcher die Rippen vollständig in Knotenreihen aufgelöst sind; A. Cornuelianus (d'Orb.) [Taf. 53, Fig. 3], mit kräftigen, gegabelten Rippen und Knotenbildung an der Gabelungsstelle; A. Renauxianus (d'Orb.) [Taf. 53, Fig. 4], leitend für die Flammenmergel des Gault, zeigt eine flache Schale mit innerer Knotenreihe und daran anschliessenden, ausgeflachten Gabelrippen.

23. Hoplites.

Eine gleichfalls formenreiche, im Gault verbreitete Ammonitengruppe mit geschweiften, meist gespaltenen Rippen, welche über den Rücken wegsetzen oder durch eine Furche unterbrochen werden; zuweilen Rand- und Nabelknoten ausgebildet. Als besonders häufig und wichtig für die norddeutsche Kreide mögen genannt sein: A. Bodei (v. Koen.) [Taf. 53, Fig. 5], flach, mit schön geschweiften, gegabelten Rippen ohne Knoten- oder Rückenfurche; A. tardefurcatus (Leym.) [Taf. 53, Fig. 6] mit einfachen, geschweiften Rippen ohne Knoten, aber mit Rückenfurche. A. Deshayesi (Leym.) [Taf. 53, Fig. 7], niedrige Umgänge mit gespaltenen Rippen ohne Furche. A. pulcher (Stolley) [Taf. 53, Fig. 8], mit gespaltenen Rippen und zierlichen Seitenknoten.

24. Ammonitische Nebenformen.

Während die bis jetzt behandelten Ammoniten geschlossene, symmetrische Spiralen aufweisen, zeigen die Nebenformen eine Neigung zum Aufgeben der geschlossenen Form. Dabei löst sich zuerst die Wohnkammer ab und ihr folgen nach und nach die inneren Windungen, die sich mehr und mehr bis zur vollständigen Stabform strecken. Meistens bleibt die Spirale in der Ebene, windet sich aber auch turmförmig nach der Art einer Schneckenschale aufwärts. Nach der Verzierung der Schale und den Suturlinien lassen sich die Nebenformen mehr oder minder genau auf Stammformen der Ammoniten beziehen, und wir erkennen, dass es hauptsächlich die Familien der Lytoceraten und der Cosmoceraten im weiteren Sinne sind, aus welchen Nebenformen hervorgehen. In der Juraformation sind derartige Nebenformen noch sehr selten, nehmen dagegen in der Kreide so überhand, dass deren Ammonitenfauna durch die Zerrformen ein besonderes Gepräge bekommt.

a) Crioceras. Eine Nebenform der Cosmoceraten, bei welchen die in einer Ebene aufgerollte Schale nur aus wenigen offenen Umgängen besteht. Hierher gehört zunächst die älteste und einzige wichtige Nebenform des Jura, welche als Spiroceras (Hamites) bifurcati (Qu.) [Taf. 53, Fig. 9 u. 10] bezeichnet wird und nesterförmig in den weichen Tonen des Braunjura δ, insbesondere an einer Stelle bei Eningen a. d. Achalm gefunden wird. Er schliesst sich vollständig an Ammonites bifurcatus (s. S. 176) an und kann als direkte Nebenform dieses Ammoniten betrachtet werden. In dem oberen Neokom findet sich als besonders charakteristische Form Crioceras variabile (v. Koen.) [Taf. 53, Fig. 15] und im Cenoman Cr. ellipticum (Mant.) [Taf. 53, Fig. 11].

b) Ancyloceras. In den inneren Windungen vollständig wie Crioceras, dagegen der letzte Umgang zuerst verlängert und dann zu einem Haken umgebogen. Ein Bruchstück aus dem verlängerten Teile zeigt unser Exemplar von Anc. elatum (v. Koen.) [Taf. 53, Fig. 12], während das vollständig erhaltene Exemplar von Anc. Matheronianum (d'Orb.) [Taf. 53, Fig. 14] die gesamte Form vor Augen führt.

c) Hamites. Nebenform der Lytoceraten, aus einer hakenförmig gekrümmten Schale mit zwei parallelen Schenkeln bestehend, verbreitet in der unteren Kreide. H. elegans (d'Orb.) [Taf. 53, Fig. 16] aus dem Gault. Bei dem abgebildeten Exemplare hat man sich beide Schenkel um etwa das Doppelte verlängert zu denken, um ein vollständiges Bild zu erhalten.

d) Baculites. Vollständig stabförmige Nebenform der Lytoceraten. Da die Schalen meistens an beiden Enden abgebrochen sind, so bleiben nur mehr oder minder lange, seitlich abgeplattete Bruchstücke übrig, an welchen wir den gekammerten Teil mit Lobenlinien und eine lange Wohnkammer unterscheiden. Als grosse Seltenheiten werden Bakuliten schon im Braunjura δ zusammen mit Spiroceras gefunden. Eine Häufigkeit erreichen sie aber erst in der oberen Kreide. B. vertebralis (Lam.) [Taf. 53, Fig. 13] und B. anceps (Lam.) kommen am häufigsten und am besten erhalten vor.

e) Scaphites. Meist kleine, in der oberen Kreide verbreitete Nebenformen der Cosmoceraten. Der gekammerte Teil zeigt ein engnabeliges, geschlossenes Gewinde, von welchem sich die Wohnkammer ablöst und einen verlängerten und hakenförmig zurückgebogenen Umgang darstellt. Die Scaphiten bilden gute Leitfossilien, z. B. Sc. aequalis im Cenoman, Sc. Geinitzi (d'Orb.) [Taf. 54, Fig. 2] im Turon, Sc. binodus (A. Roem.) [Taf. 54, Fig. 1] mit doppelter Knotenreihe, Sc. spiniger (Schlüt.) mit vier Knotenreihen und Sc. tenuistriatus (Kner.) [Taf. 54, Fig. 3] mit feinen Rippen im Senon.

f) Turrilites. Turmförmige, zu stattlicher Grösse ausgewachsene Nebenform der Lytoceraten mit schraubenförmigen Schneckengewinden, bei welchen die einzelnen Umgänge aneinander anschliessen. Die Hauptverbreitung fällt in die obere Kreide. Von den linear quergerippten Arten haben wir den im Cenoman häufigen T. saxonicus (Schlüt.) [Taf. 54, Fig. 4] gewählt, während T. cenomaniensis (Schlüt.) [Taf. 54, Fig. 5] eine mit Knoten verzierte Art darstellt.

g) Heteroceras. Wie Turrilites schraubenförmig gewunden, aber die einzelnen Umgänge ganz offen oder wenigstens im letzten Umgang abgelöst. Der im Untersenon häufige grosse H. polyplocum (A. Roem.) [Taf. 54, Fig. 6] hat eine frei heraustretende Wohnkammer, während H. Reussianum (d'Orb.) [Taf. 54, Fig. 7] eine gänzlich aufgelöste, unregelmässig gewundene Form darstellt.

Anhang.

Deckel der Ammoniten oder Aptychen.

Wir haben schon S. 168 bemerkt, dass die Schale der Ammoniten mit einem Deckel verschlossen war, der bald weich, und dann nicht erhaltungsfähig, bald aber chitinös oder verkalkt war. Wir haben auch schon einzelne Exemplare mit aufliegenden Deckeln kennen gelernt, wie den seltenen einklappigen Deckel von A. psilonotus (Taf. 46, Fig. 7 a) und den hornigen von Apt. Lythensis (Taf. 49, Fig. 7). Auch in den lithographischen Schiefern von Solnhofen und Nusplingen finden wir sehr häufig die Aptychen noch im Zusammenhang mit den Ammoniten, wie es uns die Oppelia sp. mit Aptychus (Taf. 54, Fig. 11) zeigt. Nicht selten finden wir die Aptychen auch isoliert, ja zuweilen erscheinen sie ohne zugehörige Ammoniten in grosser Menge im Gestein, wie z. B. Apt. gracilicostatus (Gieb.) [Taf. 54, Fig. 13] in den alpinen Aptychenschichten des oberen Jura und der unteren Kreide. Wir können dies nur dadurch erklären, dass die Deckel nach dem Absterben und Verfaulen der Tiere aus der Schale herausfielen, während diese selbst, da sie zum Teil mit Luft gefüllt war, noch eine Zeitlang im Meere herumtrieb und an einem andern Ort niedersank und eingebettet wurde. Von den häufiger vorkommenden Aptychen seien erwähnt Apt. Lythensis (Qu.) [Taf. 54, Fig. 8], hornige schwarze Klappen, nicht selten in Posidonienschiefern. Apt. latus (Park.) [Taf. 54, Fig. 9 und 10], Deckel der Aspidoceraten (Inflaten) aus dem Weissjura sehr feste, dicke Klappen mit punktierter Aussenseite und gestreifter Innenseite. Apt. lamellosus (Park.) [Taf. 54, Fig. 12], gefaltete dünne Klappen, deren Zugehörigkeit zur Gruppe Oppelia durch viele Funde erwiesen ist.

Haken der Fangarme von Tintenfischen oder Onychiten.

Dem Sammler fallen zuweilen, wenn auch immer als Seltenheiten, schwarze, krallenartige Gebilde in die Hände, welche besonders in den zarten Tonen und in den Schiefern gefunden werden und welche als die Haken an den Fangarmen von Tintenfischen zu deuten sind. Dieselben gehören sicherlich nicht zu den Ammonitentieren, denn sonst müssten sie viel häufiger und in grösserer Mannigfaltigkeit gefunden werden, sondern es ist eher anzunehmen, dass dieselben von achtarmigen Tintenfischen (Octopoden) oder vielleicht auch von belemnitenartigen Tintenfischen herrühren. Erwähnt seien hier der grosse Onynchites amalthei (Qu.) [Taf. 54, Fig. 14] aus Lias δ und der zierliche O. rostratus (Qu.) aus dem unteren weissen Jura. In den Solnhofener Schiefern hat man schon ganze Exemplare von achtarmigen Tintenfischen (Acanthoteuthis speciosus [Münst.]) gefunden, deren Fangarme mit Onynchiten besetzt waren.

C. Belemnoidea.

Nächst den Ammoniten sind die Belemniten charakteristisch für die Jura- und Kreideformation und bilden überaus häufige und wichtige Fossilien. Was uns von dem Belemnitentier erhalten ist, ist meistens nur ein stachelartiges Gebilde von bituminösem, strahligem Kalkspat, der beim Reiben einen eigentümlichen, an Katzenpiss erinnernden Geruch von sich gibt. Dies hat auch zu dem vielfach im Volke landläufigen Namen „Katzenstein" geführt, neben dem auch die Ausdrücke „Teufelsfinger" und „Donnerkeil" gebraucht werden. Der uns als Belemnit erhaltene Teil bildet die Scheide und in ihr ist unten eine tiefe Alveole eingesenkt, welche einen gekammerten konischen Zapfen, den sog. Phragmokon aufnimmt. Es gelingt uns nicht selten, wie es z. B. Taf. 55, Fig. 16 darstellt, den Phragmokon blosszulegen, und wir erkennen dann die einzelnen uhrglasförmigen Kammerausfüllungen, welche von einer sehr dünnen Schale bedeckt sind und von einem Sipho durchsetzt werden. Die Analogie dieses Phragmokones mit dem gekammerten Teil eines Orthoceras ist unverkennbar. Nur in seltenen Fällen, in den lithographischen Schiefern und Posidonienschiefern, beobachten wir noch weitere Teile und sehen dann, dass der Phragmokon sich noch ein Stück weit über die Scheide hinaus fortsetzt und eine dorsale, blattförmig gestaltete und vorn abgerundete Verlängerung bildet, die als Proostrakum bezeichnet wird. Dieses letztere entspricht dem Schulp der heutigen Sepien und erlaubt uns, abgesehen von einigen seltenen, bis zum Kopf erhaltenen Exemplaren, einen sicheren Schluss auf die Organisation des Tieres, das einen echten Tintenfisch mit 10 gleichmässig gestalteten und mit Haken besetzten Fangarmen darstellte. Der Belemnit war also nur ein kleiner Teil des Tieres und betrug kaum mehr als $1/5$ der Gesamtlänge, so dass wir z. B. bei dem gegen $1/2$ m langen Belemnites giganteus auf Tiere von 2 bis 2,5 m Länge schliessen dürfen.

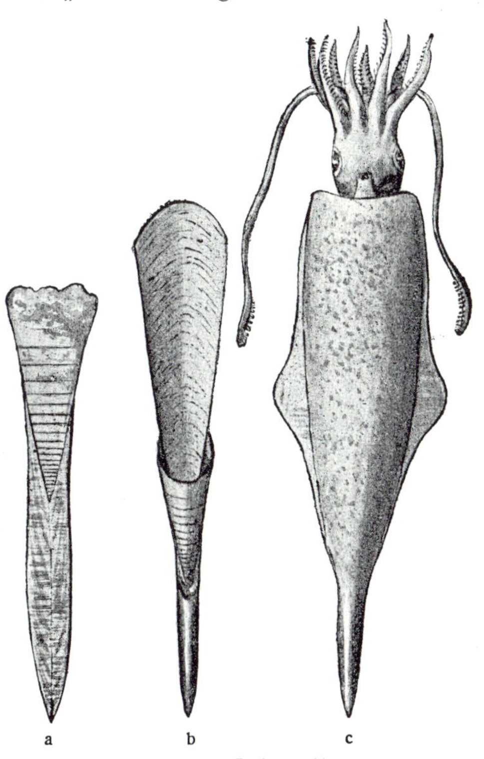

Fig. 110. Belemnit.
a) Längsschnitt mit Rostrum und Phragmokon, b) der ganze Schulp, c) restauriertes Tier. (E. Fraas, Führer.)

Die Vorkommnisse der Belemniten schliessen sich an die der Ammoniten an. In manchen Schichten sind sie ausserordentlich häufig, ja zuweilen zu solchen Massen angehäuft, dass Quenstedt von „Belemnitenschlachtfeldern" redet. Auf den ersten Anblick erscheinen die Belemniten allerdings sehr gleichartig, und es ist auch richtig, dass die einzelne Spezies nicht leicht zu bestimmen ist, dagegen können wir ohne Schwierigkeit einzelne Gruppen auseinanderhalten, welche gut charakterisiert und deshalb auch nicht schwierig zu bestimmen sind. Während wir in der alpinen Trias gewisse Vorläufer der Belemniten finden, die in ihrem gekammerten Teile vollständig einem Orthoceras gleichen, fehlen die Belemniten in der ausseralpinen Trias vollständig. Sie beginnen erst im unteren Lias, zunächst mit kleinen Formen und gehen dann in verschiedenen Gruppen bis zur oberen Kreide durch, wo sie, ebenso wie die Ammoniten, vollständig verschwinden.

1. Breviformes.

Kleine Arten ohne Ventralfurchen, gedrungene, scharf zugespitzte Kegel bildend. Belemnites acutus (Mill.), nach Quenstedt B. brevis primus in Lias α und secundus in Lias β (Taf. 55, Fig. 1) sind die ältesten uns bekannten Arten. Demselben Typus begegnen wir wieder im obersten Lias als B. brevirostris (d'Orb.) [Taf. 55, Fig. 2] und im mittleren Dogger als B. gingensis (Opp.) (= B. breviformis [Qu.]) [Taf. 55, Fig. 3].

2. Acuarii.

Eine im oberen Lias verbreitete Gruppe mit sehr langen Scheiden, die offenbar nicht fest verkalkt und daher an der Spitze meist korrodiert oder zusammengedrückt erscheinen. B. acuarius (Schloth.) [Taf. 55, Fig. 4] findet sich in sehr schönen, vollständig erhaltenen Exemplaren in den Posidonienschiefern, während die als Varietät B. macer (Qu.) [Taf. 55, Fig. 5] bezeichneten Stücke aus den Jurensismergeln den grössten Teil der Scheide verloren haben.

3. Digitales.

Dicke, fingerförmige, vorn abgestumpfte oder gerundete Arten, im Lias δ mit B. ventroplanus (Voltz) beginnend, im oberen Lias B. digitalis (Blainv.) [Taf. 55, Fig. 6], häufig in verschieden gestalteten, meist fingerförmig und oben abgerundeten Formen, zum Teil von ganz ungleichmässigem Aufbau. In diese Gruppe gehört auch der kleine B. pygmaeus (Ziet.) [Taf. 55, Fig. 9] aus dem oberen Lias.

4. Clavati.

Kleine Formen, welche unten dünn beginnen, dann keulenförmig anschwellen und in einer scharfen Spitze endigen. Ventralfurche nicht ausgebildet. Hierher gehören aus dem mittleren Lias B. clavatus (Blainv.) [Taf. 55, Fig. 7], aus dem oberen Lias B. subclavatus (Voltz.) [Taf. 55, Fig. 8] und aus dem unteren weissen Jura der zierliche B. pressulus (Qu.) [Taf. 55, Fig. 10 und 11].

5. Paxillosi.

Stattliche Formen, mässig schlank gebaut, an der Spitze vielfach Furchen. In diese Gruppe gehören die häufigsten Belemniten des oberen und mittleren Lias. B. paxillosus (Schloth.) [Taf. 55, Fig. 12], kräftige Belemniten ohne Furchen an der Spitze, von rundem Querschnitt. B. tripartitus (Schloth.) [Taf. 55, Fig. 13], gekennzeichnet durch 3 kurze, von der Spitze ausgehende Furchen; eine der verbreitetsten Belemnitenarten im oberen Lias, von dem z. B. ein Klumpen von über 250 Stücken in dem Körper eines Haifisches gefunden wurde, der offenbar die Belemnitentiere in solcher Menge verzehrte und daran zugrunde ging. B. spinatus (Qu.) [Taf. 55, Fig. 14], eine leitende Form im Braunjura β, gekennzeichnet durch die etwas angeschwollene Scheide, die sich rasch nach der Spitze zu verjüngt. Gruppe des B. giganteus (Schloth.) [Taf. 55, Fig. 15—17], Riesenbelemniten aus dem mittleren Dogger von verschiedenartiger Form, bald schlank (B. procerus [Qu.]), bald unten dick angeschwollen und gekürzt (B. ventricosus [Qu.]). Der obere Teil war offenbar wenig verkalkt und wird infolgedessen fast immer korrodiert oder verdrückt gefunden; die von der Spitze ausgehenden Furchen sind lang und tief. Zuweilen erhält man von angewitterten Exemplaren sehr schöne Alveolenpräparate mit dem Phragmokon (Fig. 16) oder auch zerfallen die einzelnen Kammerausfüllungen in uhrglasförmige Scheibchen (Fig. 17). Riesenexemplare erreichen eine Länge von über $1/2$ m und Phragmokone sind schon bis zu einem Durchmesser von 12 cm gefunden. Auch in der unteren Kreide haben wir zahlreiche Vertreter aus der Gruppe der Paxillosen, wie B. subquadratus (A. Roem.) [Taf. 56, Fig. 4], aus dem Neokom mit abgerundet quadratischem Querschnitt und B. brunsvicensis (Stromb.) [Taf. 56, Fig. 7], der den Typus der liassischen Paxillosen bewahrt hat.

6. Canaliculati.

Sie beginnen im oberen Dogger und bilden dort, ebenso wie im weissen Jura, die leitenden Formen. Die Scheide ist wie bei den Clavaten im unteren Teil etwas eingezogen, dann keulenförmig angeschwollen, aber mit einer langen, tiefen Ventralfurche, die sich beinahe durch ein Drittel des Belemniten hindurchzieht. Im mittleren Dogger beginnend mit B. fusiformis (Park.) [Taf. 56, Fig. 1], an den sich im oberen Dogger B. calloviensis (Opp.) [Taf. 56, Fig. 3] anschliesst. Die wichtigste Form für den obersten braunen und den ganzen weissen Jura ist B. hastatus (Blainv.) [Taf. 56, Fig. 2] der in allen Grössen von kaum 2 cm Länge bis zu den stattlichen Exemplaren von über 20 cm Länge vorkommt. Im Hils haben wir B. pistilliformis (Blainv.) [Taf. 56, Fig. 5], der fast immer in charakteristischer Weise abgewittert vorkommt, so dass er hinten und vorn zugespitzt erscheint. Sehr häufig im Gault ist B. Strombecki (G. Müller) [Taf. 56, Fig. 6] und ein weiteres Leitfossil im Gault bildet B. minimus (Stromb.) [Taf. 56, Fig. 8]. Schliesslich gehört hierher auch der jüngste echte Belemnit B. ultimus (d'Orb.) [Taf. 56, Fig. 9], der bis in das Cenoman hinaufreicht.

7. Actinomcamax.

Belemniten der oberen Kreide mit schuppiger, rauher Oberfläche, die Scheide hinten zugespitzt, vorn mit kurzer, aber tiefer Ventralfurche. Der Phragmokon ist kurz und füllt die Alveole nicht vollständig aus, so dass ein Zwischenraum freibleibt. A. quadratus (Blainv.) [Taf. 56, Fig. 10] im unteren Senon leitend, mit abgerundet quadratischer Alveole.

8. Belemnitella.

Wie Actinocamax gestaltet, die Endspitze gleichsam aufgesetzt, die Oberfläche mit deutlich erhaltenen Gefässeindrücken, die Alveole kurz und ihr entsprechend ein durch die Scheide hindurchgehender Ventralschlitz. B. mucronata (Schloth.) [Taf. 56, Fig. 11], ein Leitfossil für das obere Senon. Dieser häufige Belemnit wird vielfach aus honiggelbem Kalkspat gebildet gefunden.

D. Sepioidea (echte Tintenfische).

Verschiedene Uebergangsformen führen uns von den Belemniten zu den echten Tintenfischen, bei welchen der Phragmokon und die Scheide vollständig verkümmert oder gänzlich geschwunden sind, so dass nur ein dem Proostrakum entsprechender Schulp übrigbleibt, der als hornige oder verkalkte Platte in den Mantel des Tieres eingebettet ist. In den Posidonienschiefern des oberen Lias sind derartige echte Tintenfische mit hornigen Schulpen und zum Teil vortrefflich erhaltenem Fleisch und Tintenbeutelsubstanz keineswegs selten und schon sehr formenreich. Als Beispiele seien erwähnt Geotheutis bollensis (Ziet.) [Taf. 56, Fig. 13], bei welchem wir ausser dem Schulp auch noch den prall gefüllten Tintenbeutel beobachten. Ausserdem kommen als wichtige Formen Belotheutis Schübleri (Qu.) und Geotheutis coriaceus (Qu.) vor. Auch in den lithographischen Schiefern von Solnhofen und Nusplingen bilden derartige Tintenfische keine Seltenheiten und zeigen auch hier denselben wunderbaren Erhaltungszustand. Plesiotheutis prisca (Rüpp.) [Taf. 56, Fig. 12] hat einen langen, schmalen, hinten zugespitzten Schulp, ausserdem sind zu erwähnen der über 1 m grosse Leptotheutis gigas (Meyer) und der dickschalige Trachytheutis hastiformis (Rüpp.).

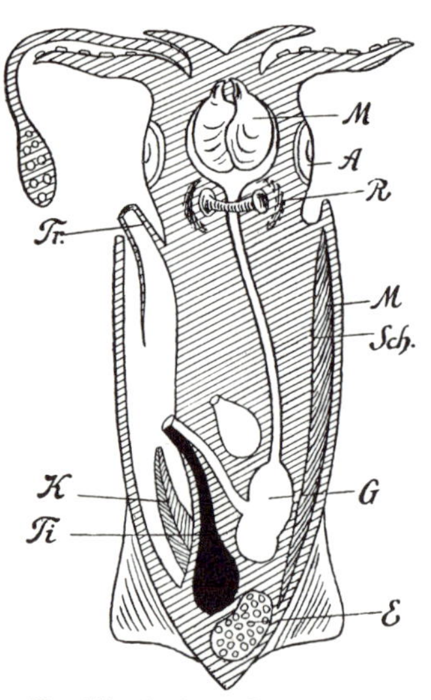

Fig. 111. Sepia im Durchschnitt. A = Auge, M = Mund, R = Ringmuskel, T = Trichter, M = Mantel, Sch = Schulp, K = Kiemen, T = Tintenbeutel, G = Magen, E = Eierstock.

X. Krebstiere, Crustacea.

Diese erste Abteilung der kiementragenden Gliedertiere haben wir schon im Paläozoikum kennen gelernt (s. S. 91), wo sie insbesondere durch die formenreiche, aber ausschliesslich paläozoische Gruppe der Trilobiten eine wichtige Rolle spielen. Im Mesozoikum haben wir ausser der untergeordneten Familie der Rankenfüssler und Blattfüssler vor allem die Entwicklung der langschwänzigen echten Krebse zu beachten, welche im Paläozoikum noch vollständig fehlten. Sie sind aber keineswegs so häufig und als Leitfossilien wichtig wie die Trilobiten, sondern bilden im grossen ganzen immer Seltenheiten, insbesondere in gutem, vollständigem Erhaltungszustand. Der Natur unserer mesozoischen Formationen entsprechend haben wir es stets mit marinen Formen zu tun, wie ja wohl überhaupt die Krebse ihre Entwicklung im Meere durchgemacht und nur in einzelnen Formen sich in das Süsswasser verirrt haben.

Die Erhaltung ist im allgemeinen nicht ungünstig, da der mit Kalk imprägnierte Chitinpanzer sich vom Nebengestein abhebt und sich herauspräparieren lässt. In den Kalken und Mergeln ist zwar die Rundung des Tieres voll erhalten, aber dafür finden wir in diesen Schichten fast immer nur Bruchstücke;

in den Schiefern dagegen kommen häufig ganze Exemplare vor, aber diese sind leider flachgedrückt. Weitaus die beste Fundstelle bilden die lithographischen Schiefer von Solnhofen und Nusplingen, aus denen wir eine sehr reiche Krebsfauna mit meist prachtvoll erhaltenen vollständigen Exemplaren kennen. Die Bestimmung ist zwar bei gutem Erhaltungszustand auf Grund der Spezialwerke (A. Oppel, Jurassische Krustazeen. Paläontologische Mitteilungen aus dem Museum des bayerischen Staates. Stuttgart 1862) leicht, um so schwieriger und unsicherer dagegen, wenn wir nur einzelne Teile des Krebses vor uns haben.

a) Blattfüssler, Phyllopoda.

Aufbau und systematische Stellung s. S. 94.

Wie im Paläozoikum kommt auch im Mesozoikum nur die Familie Estheria in Frage. Es sind dies kleine, stets massenhaft auftretende Schälchen mit konzentrischen Falten oder Streifen und geradem Schlossrand, welche wahrscheinlich brackisch oder in Süsswasser lebenden Blattfüsslern angehörten. E. minuta (Goldf.) [Taf. 57, Fig. 1] erfüllt nicht selten die Schichtflächen der dolomitischen Mergel in der Lettenkohle und bildet dort ein gutes Leitfossil. E. laxitexta (Sandb.) [Taf. 57, Fig. 2], eine etwas grössere Form mit kräftiger, konzentrischer Faltung, findet sich in den Steinmergeln des mittleren Keupers dicht unter dem Semionotensandstein.

b) Entenmuscheln, Lepadiden.

Eigenartige, auf Stielen aufsitzende Krebstiere aus der Ordnung der Rankenfüssler (Cirripedia), welche von einer aus zahlreichen Stücken bestehenden Schale umschlossen sind, aus der die rankenartigen Kiemen hervorragen. Am bekanntesten ist die rezente Entenmuschel (Lepas anatifera). Da die einzelnen Schalenstücke nach dem Tode zerfallen, so gehören ganze, zusammenhängende Exemplare zu den grössten Seltenheiten; einzelne Schalenstücke dagegen finden sich nicht allzuselten, wie Pollicipes Bronni (A. Roem.) [Taf. 57, Fig. 3] im Cenoman und der ihm ähnliche Scalpellum fossula (Darwin) im Senon.

c) Krebse, Decapoda.

Wie schon erwähnt, haben wir es mit ausschliesslich marinen, langgeschwänzten Arten zu tun. Kopf und Brust von einem Cephalothorax umschlossen, die Augen gestielt, unter dem Cephalothorax 10 grosse, gegliederte, mit Nägeln oder Scheren endigende Füsse, das vordere Beinpaar vielfach mit grosser Schere.

Die älteste Form, Pemphix Sueuri (Desm.) [Taf. 57, Fig. 4], tritt im oberen Muschelkalk auf und wird besonders in der Gegend von Cannstatt und Crailsheim nicht selten gefunden. Der Cephalothorax ist reich verziert mit Buckeln und Furchen, dagegen sind Exemplare mit den mit Nägeln besetzten Füssen und den langen Fühlern recht selten.

An ihn schliesst sich die jurassische Familie Glyphea an mit ähnlich verziertem Cephalothorax und Nägeln an Stelle der Scheren. Einzelne Arten kommen als Seltenheiten im Lias (Gl. grandis [Meyer]), im Dogger (Gl. pustulosa [Meyer]) und weissen Jura (Gl. pseudoscyllarus [Schloth.]) vor. In den Ornatentonen findet sich in kleine Kalkknauer eingeschlossen Mecochirus socialis (H. v. Mey.) [Taf. 57, Fig. 7], ausgezeichnet durch sehr lange, in Nägeln endigende Vorderbeine, die wir besonders an vollständigen Exemplaren aus den Solnhofener Schiefern (M. longimanus [Schloth.]) kennen.

Eryma. Im Bau des Cephalothorax ähnlich der Glyphaea, nur mit weniger Verzierung, zeichnet sich durch kräftige Scheren an den Vorderbeinen aus. E. Mandelslohi (Opp.) [Taf. 57, Fig. 8] kommt im oberen Dogger in hübscher Erhaltung, aber stets unvollständigen Exemplaren vor, während die Solnhofener Schiefer zahlreiche Arten vom Typus der E. leptodactylina (Germ.) [Taf. 57, Fig. 6] liefern. Hierher gehört auch die kleine Magila suprajurensis (Qu.) [Taf. 57, Fig. 11], deren Scheren zuweilen in grosser Menge in dem obersten Weissjurakalk (Krebsscherenkalk) gefunden werden und früher zu Pagurus gestellt wurden, bis vollständige Exemplare aus den Solnhofener Schiefern Aufschluss gaben.

Sehr reich entfaltet ist die Familie der Garneelen, mit dünnen, seitlich zusammengedrückten Schalen, gezahntem vorderem Fortsatz und langen, dünnen, in Nägeln oder kleinen Scheren endigenden Füssen. Von ihnen kennen wir viele und schöne Vertreter in den lithographischen Schiefern und zwar finden wir in Nusplingen besonders häufig Pennaeus speciosus (Münst.), eine stattliche, gegen 30 cm lange Form. In den Solnhofener Schiefern ist am häufigsten Aeger elegans (Münst.) [Taf. 57, Fig. 5] und Ae. tipularius (Schloth.) mit dornigen vorderen Beinpaaren und vier langen inneren Fühlern unter den äusseren Antennen.

Fig. 112. Pennaeus speciosus (Münst.) von Nusplingen.

Der Uebergang von den langschwänzigen zu den kurzschwänzigen Krebsen oder Krabben wird durch die sogenannten Maskenkrebse (Prosoponiden) des weissen Jura vermittelt. Es sind dies zierliche kleine, meist nur im Cephalothorax bekannte Arten mit reicher Verzierung durch Furchen und Buckeln. Zu den häufigsten Arten gehören Prosopon ornatum (H. v. Mey.) und Pr. Wetzleri (H. v. Mey.) [Taf. 57, Fig. 9 u. 10].

Zu erwähnen ist noch, dass auch Limulus, die eigenartige, an der Küste von Nordamerika und Ostindien lebende Gruppe der Schwertschwänze schon im Mesozoikum vertreten ist und zwar kennen wir vortrefflich erhaltene Exemplare von L. Walchi (Desm.) aus den Solnhofener Schiefern, welche von den lebenden Arten kaum unterschieden sind. Charakteristisch für sie ist der grosse, nach oben gewölbte Kopfschild, an den sich ein einfacher, gleichfalls grosser Rückenschild und ein langer beweglicher Schwanzstachel anschliesst.

XI. Insekten, Insecta.

Es wurde schon S. 91 ausgeführt, dass die Insekten jedenfalls schon sehr alt sind und gewiss auch schon in dem Paläozoikum und Mesozoikum überaus artenreich und vielgestaltet waren. Es ist aber selbstverständlich, dass die zarten, aus häutiger und chitinöser Substanz gebildeten Körper nur selten erhalten sind und meist zugrunde gingen. Dazu kommt noch, dass die meisten

Insekten Landbewohner sind, und dass wir schon deshalb wenig Aussicht haben, dieselben in unseren meist marinen Ablagerungen zu finden. Es fallen deshalb die Insekten so gut wie vollständig für den Petrefaktensammler weg und nur der Vollständigkeit halber möge erwähnt sein, dass die lithographischen Schiefer von Solnhofen keineswegs selten Ueberreste von Insekten als zarte Abdrücke

Fig. 113. Petalia longialata (Münst.), eine Libelle, aus den Solnhofener Schiefern.

bewahrt haben, welche in den dortigen feinen Kalkschlamm der Lagunen durch Wind und Wetter verschlagen wurden. Besonders bemerkenswert sind die zuweilen bis in die feinste Nervatur erhaltenen Ueberreste von Heuschrecken (Locusta speciosa [Münst.]), Netzflüglern (Aeschna, Petalia longialata [Münst.]), Wasserwanzen, wie Scarabaeeides deperditus (Germ.) [Taf. 57, Fig. 12] und den langfüssigen grossen Wasserspinnen (Pygolampis gigantea [Münst.]).

XII. Wirbeltiere, Vertebrata.

Im Anschluss an die allgemeinen Ausführungen S. 96 sei bemerkt, dass die Wirbeltierreste auch im Mesozoikum stets mehr oder weniger zu den Seltenheiten gehören, aber dafür um so höheres Interesse beanspruchen, da wir an ihnen am besten den Fortschritt in der Entwicklung kennen lernen.

Gegenüber der ganzen niederen Tierwelt unterscheiden sich die Wirbeltiere, wie schon der Name besagt, dadurch, dass bei ihnen eine Wirbelsäule und ein nach gleichmässigen Gesichtspunkten angelegtes inneres Knorpel- oder Knochenskelett vorhanden ist.

A. Fische, Pisces.

Wasserlebende, kaltblütige, kiemenatmende Wirbeltiere mit knorpligem oder verknöchertem Skelett, an welchem stets ein Kopf- und Rumpfabschnitt zu unterscheiden ist. Die Extremitäten paarig angeordnet und als Flossen ausgebildet, die Oberfläche meist mit Schuppen- oder Knochenbildungen bedeckt.

1. Haifische, Selachii.

Schon im Paläozoikum haben wir einige fremdartige Formen der Selachier kennen gelernt, von welchen aber nur wenige in das Mesozoikum, gar keine in die Jetztzeit herübergehen. Dagegen sehen wir im Mesozoikum die Ausbildung derjenigen Arten und Gruppen, welche auch heute noch herrschend sind oder wenigstens in einzelnen Ueberresten vorkommen. Da das Skelett der Haie knorpelig ist, so können wir es auch nur in den seltensten Fällen, wie z. B. in den Posidonien- und lithographischen Schiefern auffinden; um so fester und erhaltungsfähiger dagegen sind einzelne Hautgebilde, wie die Zähne und Flossenstacheln. Glücklicherweise sind gerade diese Organe auch für die Systematik so wichtig und ausreichend, dass wir schon aus einem einzelnen Zahn eine gute Bestimmung der Art treffen können. Der Erhaltungszustand ist meistens vorzüglich, da die Zahnsubstanz geradezu unverwüstlich genannt werden darf und auch in der Versteinerung noch denselben glatten und glänzenden Anblick bietet, wie beim lebenden Tier. Deshalb sind Haifischzähne auch immer beliebt bei den Sammlern. Auf die Systematik näher einzugehen, erscheint mir nicht tunlich, sondern ich begnüge mich mit der Erwähnung einzelner für den Sammler wichtiger und nicht allzu seltener Gruppen und Arten.

Fig. 114. Gebiss des lebenden Cestracion Philippi.

Notidanidae. Vielzackige Zähne mit breiten Zahnsockeln, zu den heute lebenden Grauhaien gehörend, bei welchen wir mehrere Zahnreihen hintereinander in Ober- und Unterkiefer mit mehr als 100 Zähnen beobachten. Notidanus Münsteri (Ag.) [Taf. 57, Fig. 13] im oberen Jura.

Cestracionidae. Nach dem einzig lebenden Vertreter Cestracion bezeichnet, an welchen sich im Mesozoikum ausserordentlich formenreiche und verbreitete Gruppen anschliessen. Sie zeichnen sich alle durch ein eigenartiges, aus Pflasterzähnen zusammengesetztes Gebiss und zwei kräftige Stacheln an den Rückenflossen aus. Hierher gehören zahlreiche Zähne und Stacheln, die namentlich in den sogenannten Bonebeds, d. h. Knochenschichten der Trias häufig gefunden werden. So bezeichnet man als Hybodus Pflasterzähne mit kräftigen Mittel- und kleinen Seitenspitzen. H. longiconus (Ag.) und plicatilis (Ag.) [Taf. 57, Fig. 14 u. 15], in den Bonebeds des Muschelkalks und der Lettenkohle, der zierliche H. minor (Ag.) [Taf. 57, Fig. 16], im rhätischen Bonebed häufig. Ebenso werden in denselben Schichten auch Flossenstacheln (Ichthyodorulithen) mit langem Wurzelstück und geriefter, hinten gezackter Spitze gefunden. Sehr schöne Exemplare wurden in den Posidonienschiefern (H. Hauffianus [E. Fraas] [Taf. 57, Fig. 17]) gefunden und zwar zuweilen sogar in ganz vollständigen, selbst mit den Umrissen der Haut erhaltenen Exemplaren. Die Zähne von H. (Polyacrodus) rugosus (Plien.) [Taf. 57, Fig. 18] haben niedere Spitzen und leiten über zu den ausgeflachten, aber noch mit einer Mittelkante versehenen Zähnen von Acrodus, von welchem als häufigste Arten der Trias A. lateralis (Ag.) und A. Gaillardoti (Ag.) [Taf. 57, Fig. 19 u. 20] genannt sein mögen. Bei Strophodus reticulatus (Ag.) [Taf. 57, Fig. 21], aus dem oberen weissen Jura, ist auch die Mittelkante geschwunden. Sehr schön sind die grossen, fast quadratischen, mit Querfurchen ausgestatteten Zähne von Ptychodus mammillaris (Ag.) [Taf. 57, Fig. 22], welche häufig im Senon von Oppeln vorkommen.

Lamnidae oder Riesenhaie. Heute eine der verbreitetsten Gruppen der Haifische mit den grössten und gefrässigsten Arten, gekennzeichnet durch ihre scharf zugespitzten, scharfkantigen Zähne, von welchen viele Hundert in mehreren Reihen hintereinander im Rachen stecken. Im Jura beginnen dieselben mit Sphenodus longidens (Ag.) [Taf. 57, Fig. 23], während in der Kreide der mit zwei Nebenspitzen versehene Otodus appendiculatus (Ag.) [Taf. 57, Fig. 24] häufig ist.

2. Lurchfische, Dipnoi.

Wir haben diese interessante Fischgruppe schon im Paläozoikum S. 97 erwähnt und auf deren eigenartige Organisation mit Lungen und Kiemen hingewiesen.

Ceratodus. Als „Barramundi“ heute noch in den Flüssen von Queensland lebend, mit einfachem Bau der Flossen, grossen runden Schuppen und je einem grossen Kammzahn in jeder Kieferhälfte. Derartige, hornartig schwarz im Gestein sich abhebende Zähne sind nicht allzu selten im oberen Muschelkalk und der Lettenkohle und zwar unterscheiden wir den tief gezackten Ceratodus runcinatus (Plien.) [Taf. 58, Fig. 1] und den mehr ausgeflachten C. Kaupii (Ag.) [Taf. 58, Fig. 2]. Auch im Keuper, aber immer als rechte Seltenheiten, werden kleine, mässig gezackte Zähne von C. concinnus (Plien.) gefunden.

3. Schmelzschuppfische, Ganoidei.

Diese in der Jetztzeit nur noch durch zwei seltene Arten vertretene Gruppe der Fische ist bezeichnend für das Mesozoikum. Die Schuppen bestehen aus einer mit glänzendem Schmelz bedeckten Knochenplatte (s. S. 97). Die im Paläozoikum auftretenden Panzerganoiden, ebenso wie die heterozerken Ganoidfische sind im Mesozoikum vollständig verschwunden, dafür treten im

Jura in formenreicher Entwicklung die echten Ganoidfische auf. Unter diesen bildet eine wichtige Gruppe die als Sphaerodonten und Pycnodonten bezeichneten Fische mit kugel- oder bohnenförmigen Mahlzähnen. Wir finden solche schon in den triassischen Bonebeds, wie den an den Schneidezahn kleiner Kinder erinnernden Sargodon tomicus (Ag.) [Taf 58, Fig. 5—7] und die mit kugeligen Pflasterzähnen bedeckten Gaumenplatten von Colobodus frequens (Dames) [Taf. 58, Fig. 8], dem wohl auch die als Gyrolepis Albertii (Ag.) [Taf. 58, Fig. 9] bezeichneten Schuppen angehören. Im Lias ε gehören zu den häufigsten Arten die vollständigen, mit glänzenden Schuppen bedeckten Exemplare von Dapedius punctatus (Ag.) [Taf. 58, Fig. 11] u. a. Arten. Einer der schönsten Fische aus dieser Gruppe ist Lepidotus, dessen glänzend geschuppte Exemplare als Lepidotus elvensis (Qu.) [Taf. 58, Fig. 13], in den Stinkkalken und Schiefern von Lias ε gefunden werden. Im oberen weissen Jura haben wir nicht selten Zähne und Kieferplatten mit Zahnwechsel von Lepidotus giganteus (Qu.) [Taf. 58, Fig. 14]. In denselben Schichten finden wir auch die schönen Gaumen- und Kieferplatten von Gyrodus umbilicus (Ag.) [Taf. 58, Fig. 15] und besonders im hannoverschen oberen Jura häufig diejenigen von Pycnodus (Mesodon) didymus (Münst.) [Taf. 58, Fig. 16] und mehreren anderen Arten. Es möge nur bemerkt sein, dass wir von diesen oberen Weissjuraarten auch vollständige Skelette aus den lithographischen Schiefern kennen, ebenso wie die Posidonienschiefer eine Menge vollständig erhaltener Fischskelette geliefert haben. Im sogenannten Semionotensandstein des oberen Keupers, besonders häufig bei Koburg, findet sich ein zierlicher Ganoidfisch, Semionotus Kapfii (O. Fraas) [Taf. 58, Fig. 10], und einige andere Spezies mit glänzenden Ganoidschuppen. Aus den Bonebeds haben wir noch die Zähne von Saurichthys Mougeoti (Ag.) und acuminatus (Ag.) [Taf. 58, Fig. 3 u. 4] nachzuholen, welche zu langschnauzigen, hechtartigen Ganoidfischen gehören, deren langgestreckte Körper uns gleichfalls in ganzen Skeletten bekannt sind.

4. Knochenfische, Teleostei.

Diese Gruppe, welcher weitaus die meisten lebenden Fischarten angehören, entwickelt sich von der Juraperiode an und nimmt dann in der Kreide auf Kosten der Ganoidfische überhand. In der äusseren Form sind die Ganoidfische und Knochenfische vielfach übereinstimmend, aber als Unterschied ist der Bau der Schuppen massgebend, welche bei den Teleostiern aus dünnen, elastischen, dachziegelartig übereinander gelegten Plättchen ohne Zahn- und Knochensubstanz bestehen. Das Skelett ist vollständig verknöchert, die Schwanzflosse nach oben und unten gleichmässig ausgebildet (homozerk).

Aus der Fülle des Materiales greifen wir einen jurassischen Vertreter, Leptolepis, heraus, der zu den Heringen gehört und wie die heutigen Vertreter gesellig und in Scharen lebte und deshalb zuweilen geradezu in Massen gefunden wird. Dies gilt sowohl von Leptolepis Bronni (Ag.) aus dem oberen Lias, als auch besonders von L. sprattiformis (Blainv.) [Taf. 58, Fig. 12], eine der häufigsten Versteinerungen in den Solnhofener Schiefern. Gleichfalls in die Gruppe der Heringe ist der in der oberen Kreide von Sendenhorst häufig vorkommende Sardinoides Monasterii (Ag.) [Taf. 58. Fig. 17] zu stellen.

Anhang.

Koprolithen.

Als solche werden längliche oder gerundete, zuweilen spiral aufgerolite Knollen von vorwiegend phosphorsaurem Kalk bezeichnet, die besonders in den Bonebeds in grosser Menge gefunden werden. Man erklärt sie als Exkremente von Wirbeltieren und zwar wurden sie früher den Sauriern, insbesondere den Ichthyosauriern zugeschrieben. Es ist jedoch viel wahrscheinlicher, dass sie von Fischen herstammen. Bei den Koprolithen aus den Bonebeds [Taf. 58, Fig. 18] hat man wohl am meisten an Haifische zu denken, dagegen werden andere aus dem Cenoman einem Ganoidfisch, Macropoma Mantelli (Ag.) [Taf. 58, Fig. 19] zugeschrieben, da sie im Bauche desselben beobachtet wurden. Die Windungen einzelner, aber keineswegs aller Koprolithen, rühren von spiraligen Klappen des Afters her.

B. Lurche, Amphibia.

Von den Amphibien, diesen im Larvenzustand mit Kiemen, im fertigen Zustand mit Lungen atmenden Wirbeltieren, ist nur die aus dem Paläozoikum herübergehende Gruppe der Stegocephalen von Bedeutung, während Frösche und Salamander auch im Mesozoikum so gut wie unbekannt sind. Wir haben S. 96 gesehen, dass unserer Anschauung vom Entwicklungsgang entsprechend zuerst die Amphibien zur vollen Entfaltung kamen und ebenso ist es charakteristisch, dass die im Paläozoikum so artenreiche Ordnung der Stegocephalen in der Trias mit einigen wenigen, aber mächtig grossen Endgliedern ausstirbt. Wir haben auch schon S. 98 hervorgehoben, dass die Zähne der Stegocephalen durch eigenartige Faltung des Dentins sich auszeichnen, was besonders bei den grossen Formen eine labyrinthische Struktur hervorruft, nach welcher speziell die triassischen Arten als Labyrinthodonten zusammengefasst sind. Auch sie haben, wie die paläozoischen Stegocephalen, ein mit Knochenplatten bedecktes Schädeldach, einen gestreckten, salamanderartigen Körper und grosse Kehlbrustplatten.

Fig. 115. Chirotheriumfährte aus dem Buntsandstein von Hildburghausen.

Zunächst haben wir sehr charakteristische Fährten Ischnium [Taf. 59, Fig. 1] zu erwähnen, wie wir sie schon aus dem Rotliegenden von Thüringen [Taf. 18, Fig. 15] kennen gelernt haben. Derartige handförmige, fünffingerige Fährten sind im Buntsandstein an vielen Orten (Hessberg bei Hildburghausen, Kahla, Kissingen, Kulmbach) nachgewiesen und bilden in Ermanglung besserer Ueberreste sogar Leitfossilien für eine Abteilung des oberen Buntsandsteins.

(59, 2. 3.)

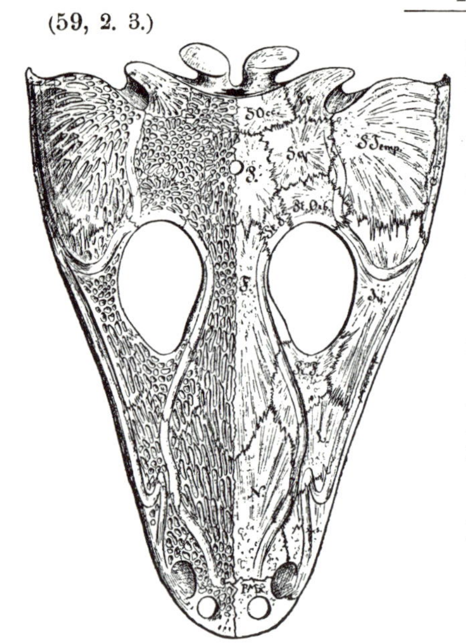

Fig. 116. Mastodonsaurus giganteus (Jäg.), Schädel von oben (rechte Seite mit abgedeckter Hautverzierung). (E. Fraas, Führer.)

Man hat das Tier, von dem die Fährten herrühren, Chirotherium genannt, und sieht darin Labyrinthodonten verschiedener Grösse und Art.

Häufiger werden Ueberreste von Labyrinthodonten erst im oberen Muschelkalk und der Lettenkohle, wo wir den gewaltigsten Riesen Mastodonsaurus giganteus (Jäger) finden, dessen Schädel bis 1 m lang wird und Fangzähne von 12 cm Länge trägt. Der Labyrinthodontenzahn [Taf. 59, Fig. 3] gehört einer etwas kleineren Art an. Ausser Mastodonsaurus haben wir im Buntsandstein von Bernburg an der Saale nicht selten den spitzköpfigen Trematosaurus Brauni (Burm.) und den breitschnauzigen Capitosaurus natutus (Mey.). Im Keuper kommen als Endglieder der Stegocephalen noch Metopias diagnosticus (Mey.) [Taf. 58, Fig. 2], dessen abgebildete Schädelplatte die allen Labyrinthodonten eigene Skulptur zeigt und Cyclotosaurus robustus (Mey.), eine etwas grössere Art, vor.

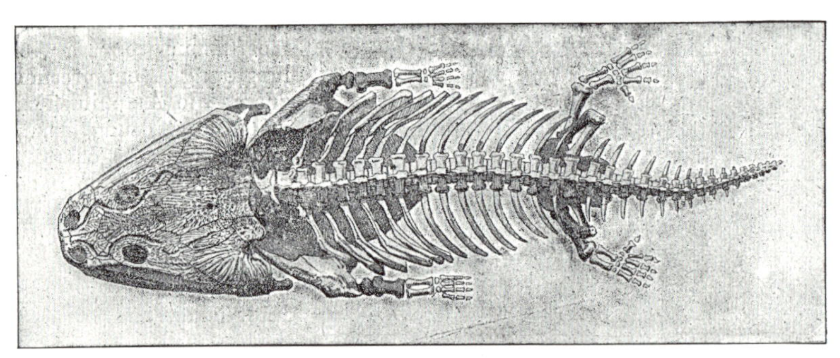

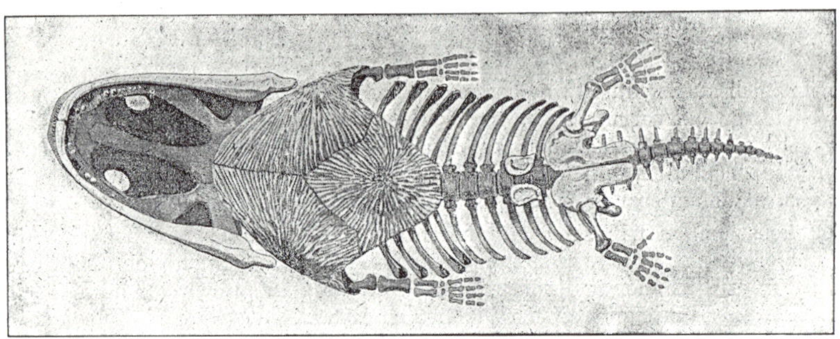

Fig. 117. Skelett von Metopias diagnosticus aus dem Schilfsandstein. (E. Fraas, Führer.)

C. Kriechtiere oder Saurier, Reptilia.

Land- und Wasserbewohner mit ausschliesslicher Lungenatmung, das Hinterhaupt mit einem Gelenkkopf.

An die Spitze der Tierwelt treten im Mesozoikum die Saurier, welche im Gesamtbild der Fauna und dem Haushalt der Natur gewissermassen die Rolle der späteren Säugetierwelt übernommen haben. In rascher Entwicklung stehend zeigen sie in der mesozoischen Periode einen grossen Formenreichtum und ein rasches Wechseln der Arten, wodurch sie natürlich für den Forscher von allergrösstem Interesse sind. Dagegen stehen sie für den Sammler im Hintergrunde und sind teils wegen ihrer Seltenheit, teils wegen ihrer Grösse und der Schwierigkeit des Präparierens und Aufstellens im allgemeinen keine geeigneten Gegenstände für Privatsammlungen. Dazu, möchte ich sagen, sind Saurierskelette zu gut und zu wichtig, denn sie gehören in die grossen, wissenschaftlich geleiteten Sammlungen, und ich möchte die Bitte an die Privatsammler richten, etwaige grössere Funde, deren sie habhaft werden können, möglichst bald dem nächsten grösseren Museum oder den Spezialforschern zur Verfügung zu stellen und diesen womöglich auch die meist sehr schwierige Hebung und Ausarbeitung zu überlassen. Dies schliesst aber natürlich nicht aus, dass auch in den Privatsammlungen einzelne Teile als Vertreter aufgenommen werden und ich habe zur Orientierung einzelne charakteristische und zugleich häufiger vorkommende Ueberreste zur Darstellung gebracht.

1. Placodus. Schwarze, bohnenförmige Pflasterzähne eines im ganzen wenig bekannten Sauriers, werden nicht allzu selten im Muschelkalk (Baireuth) gefunden und als Placodus gigas (Ag.) [Taf.59, Fig.4 u.5] bezeichnet.

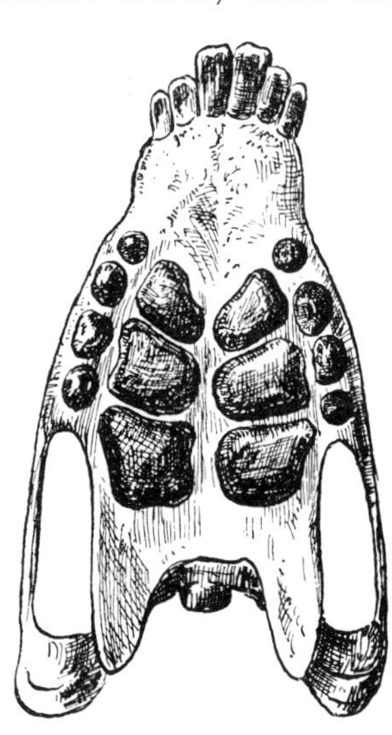

Fig. 118. Placodus gigas, Ag. Schädel mit Gebiss von der Unterseite. (E. Fraas, Führer.)

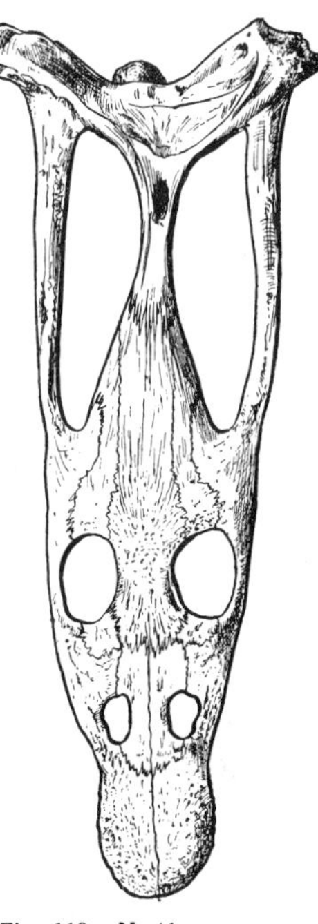

Fig. 119. Nothosaurus. Schädel von oben. (E. Fraas, Führer.)

2. Nothosaurus. Gleichfalls eine Triasform, bei welcher wir die Anpassung eines Landreptiles an das Wasserleben beobachten; es sind meist grosse Reptilien mit gestrecktem Schädel, langem Hals und gedrungenem Körper. Die Fundstücke bestehen meistens nur aus isolierten Skelettstücken im Muschelkalk und der Lettenkohle. Am häufigsten finden wir schlanke, etwas geschweifte, spitzige Zähne [Taf. 59, Fig. 6] und Wirbelkörper [Taf. 59, Fig. 7], welche auf beiden Gelenkseiten flach sind, oben einen tiefen Ansatz des oberen Bogens zeigen, so dass in Verbindung mit dem Rückenmarkskanal eine kreuzförmige Figur entsteht. Die Fussknochen sind kurz und gedrungen.

(59, 9. 10. 14.)

3. Plesiosaurus. Eine vollständig an das Meer angepasste Form, die sich aus den Nothosauriden entwickelt hat und in Jura und Kreide in zahlreichen Formenreihen und Arten auftritt. Die Extremitäten sind in grosse Flossen umgewandelt, der Kopf klein, auf langem Hals aufsitzend. Im allgemeinen sind die Plesiosaurier in Deutschland sehr selten und ganze Skelette

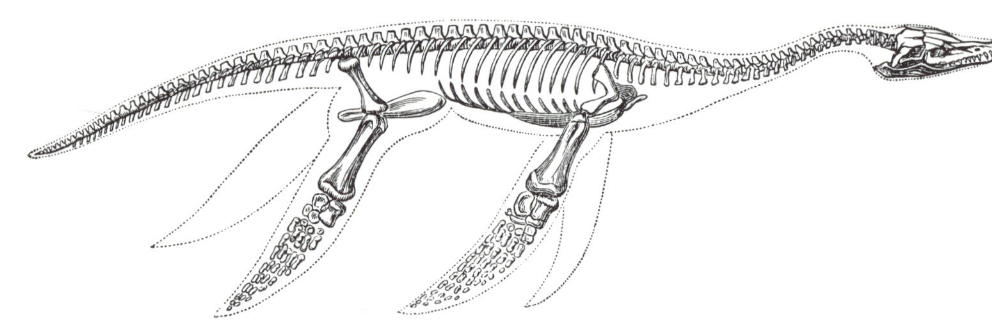

Fig. 120. Plesiosaurus, restauriertes Skelett, 3 m lang. (Zittel, Paläontologie.)

stellen Kostbarkeiten ersten Ranges dar. Der abgebildete Wirbel des oberliassischen Pl. Guilelmi imperatoris (Dames) [Taf. 59, Fig. 14] zeigt die Aehnlichkeit im Bau mit den Nothosauriern.

4. Ichthyosaurus. Gleichfalls ein ausgesprochener Meersaurier von der Gestalt eines Delphins, mit spitzigem Kopf, walzenförmigen, in einen langen

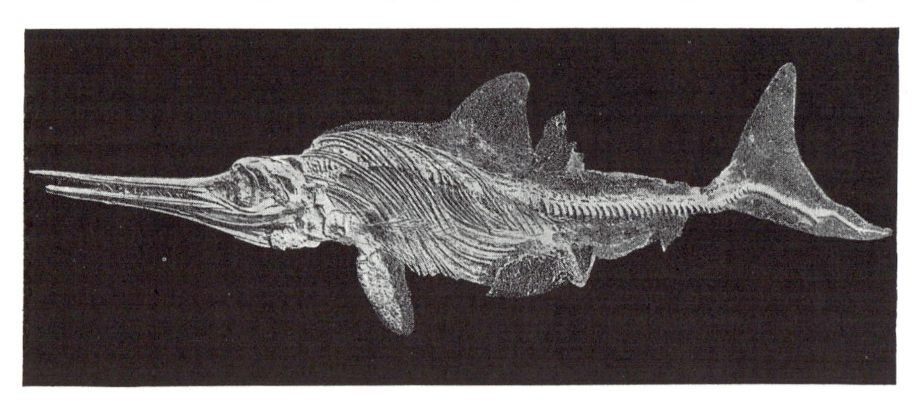

Fig. 121. Ichthyosaurus quadriscissus (Qu.) mit den Umrissen der Haut erhalten, 1,50 m lang, von Holzmaden.

Schwanz auslaufendem Körper und kurzen Flossen. Die Wirbel [Taf. 59, Fig. 9] sind beiderseits auf den Gelenkflächen tief ausgehöhlt, wie bei den Fischen, die Zähne [Taf. 59, Fig. 10] zeigen eine kurze, mit Schmelz bedeckte Krone und lange, meist geriefte Wurzeln. Ichthyosaurusreste kommen im ganzen Mesozoikum vor, aber am häufigsten und bekanntesten sind die prachtvollen, vollständigen, zuweilen sogar noch mit Haut bekleideten Skelette aus den Posidonienschiefern von Holzmaden, Reutlingen und Banz, aus denen wir uns ein vollständig sicheres Bild über die Gestalt und Organisation dieses

Tieres machen können. Es werden zahlreiche Arten unterschieden, von denen die häufigste Ichthyosaurus quadriscissus (Qu.) ist. Grössen bis zu 12 m erreicht I. trigonodon, während I. longirostris durch einen langen, spiessartigen Oberkiefer ausgezeichnet ist.

5. Belodon. Krokodilähnliche, gepanzerte Triassaurier aus dem Stubensandstein. Während ganze Schädel und Skelette zu den grössten Seltenheiten gehören, werden nicht allzu selten die charakteristischen, tief genarbten und mit Buckeln verzierten Panzerschilde und die pfeilförmigen, zweischneidigen Zähne [Taf. 59, Fig. 8] gefunden. Man unterscheidet kurzschnauzige (Belodon) und langschnauzige (Mystriosuchus) Arten.

6. Krokodilier. Die Vorläufer der heutigen Krokodile finden wir vom Jura an und zwar tritt hier in den Posidonienschiefern Teleosaurus auf, der vollständig die Form des im Ganges lebenden, langschnauzigen Gaviales hat. Charakteristisch sind die schlanken, runden Zähne [Taf. 59, Fig. 12]

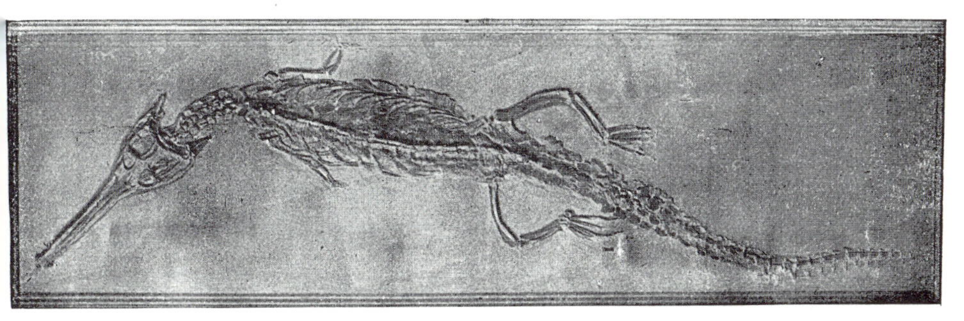

Fig. 122. Teleosaurus bollensis (Cuvier). Vollständiges Skelett von Holzmaden.

und die mit Grübchen bedeckten Hautschilder [Taf. 59, Fig. 13]. Im oberen weissen Jura ist nicht allzu selten (Schnaitheim a. d. Brenz) Dacosaurus maximus (Qu.) [Taf. 59, Fig. 11], ein Meerkrokodilier mit grossen, glänzenden, zweischneidigen Zähnen, während im oberen Jura von Hannover häufiger die gerieften Zähne von Machimosaurus gefunden werden. Mit der Kreide beginnen dann die echten Krokodile, welche sich vollständig an die jetzt lebenden anschliessen.

7. Schildkröten. Es ist auffallend, dass wir bei dieser offenbar sehr alten Gruppe nur eine geringe Entwicklung sehen, denn auch die immer als grosse Seltenheiten im Mesozoikum auftretenden Arten gleichen den heutigen ausserordentlich und gehören meist den Küstenschildkröten und Lungenschildkröten an.

8. Eidechsen. Echte Eidechsen sind aus dem deutschen Mesozoikum überhaupt nicht bekannt, dagegen können wir hier die aus dem Paläozoikum (S. 99) uns bekannten Rhynchocephalen anschliessen, von welchen Reste als grosse Seltenheiten in den lithographischen Schiefern bekannt geworden sind. Gleichfalls hierher gehören die Meersaurier oder Pythonomorpha, mit dem gewaltigen Mosasaurus der oberen Kreide, von welchen einzelne Reste in der norddeutschen Kreide gefunden worden sind.

9. Dinosaurier. Diese sogenannten Schreckenssaurier umfassen die gewaltigsten Landreptilien der Vorzeit und zeigen sowohl pflanzen- wie fleischfressende Formen. Von den letzteren sind zahlreiche Ueberreste aus dem oberen Keuper bekannt, die einer grossen Anzahl von Arten angehören und von

kaum $^1/_2$ m langen Formen bis zu den gewaltigen, bis 12 m langen Zanclodonten alle möglichen Uebergänge zeigen. Die Kralle von Sellosaurus gracilis (v. Huene) [Taf. 59, Fig. 15] gehört einer mittelgrossen Art an. Die Dinosaurier sind auch in der norddeutschen Jura- und Kreideformation bekannt, gehören aber immer zu den grossen Seltenheiten und verdienen ein ausserordentlich grosses wissenschaftliches Interesse.

10. Flugsaurier. Diese sind dadurch ausgezeichnet, dass ein Finger der Hand ausserordentliche Grösse erreicht und als Flugfinger ausgebildet ist.

Fig. 122. Rhamphorhynchus mit Flughaut von Solnhofen.

Es waren Flattertiere wie die Fledermäuse und wir unterscheiden dabei die Gruppe der langgeschwänzten Rhamphorhynchus- und die kurzschwänzigen Pterodactylusarten. Auch die Flugsaurier gehören zu den grössten Seltenheiten und werden in vollständigen Exemplaren sowohl in den Posidonienschiefern von Holzmaden und Banz, wie in den lithographischen Schiefern von Solnhofen und Nusplingen gefunden.

Anhang.

Der Vollständigkeit halber möge noch erwähnt sein, dass wir aus dem Solnhofener Schiefer auch Ueberreste eines Vogels, Archaeopteryx, kennen, der in zwei Exemplaren gefunden wurde und einen ganz eigenartigen Typus eines bezahnten, reptilartigen, aber mit Federn ausgestatteten Vogels darstellt.

Weiterhin ist zu erwähnen, dass auch Säugetierreste in Gestalt sehr kleiner Zähnchen aus dem rhätischen Bonebed bekannt geworden sind; sie sind als Microlestes bezeichnet und werden kleinen Insektivoren oder Beuteltieren zugeschrieben.

Dritter Hauptabschnitt.

Das kainozoische Zeitalter.

(Zeitalter des neueren Lebens.)

Geologischer Ueberblick.

Tertiärformation.

Die Kluft zwischen der Kreide und der Tertiärformation ist besonders bei uns in Deutschland eine viel grössere als zwischen dem Paläozoikum und Mesozoikum und zwar hat dies seinen Grund in erster Linie darin, dass wir keine ununterbrochene Reihenfolge der Schichten in derselben Fazies haben. Während nämlich die Kreideformation mit den marinen Schichten des Obersenon abschliesst, fehlt bei uns vollständig das sich daran angliedernde marine Eocän und auch in dem bei uns entwickelten Oligocän herrschen Süsswasser- resp. Landbildungen vor, während die marinen Gebilde zurücktreten und auf einzelne Meeresbecken beschränkt bleiben. Aber auch sonst ist der Unterschied zwischen der Kreide und dem Tertiär sehr gross, und wir dürfen wohl annehmen, dass mit dem Tertiär eine neue Aera der Erdgeschichte beginnt, in welcher durch Entstehung der Gebirge, verbunden mit intensiven vulkanischen Explosionen sich allmählich die heutigen Kontinente und klimatische Zonen ausgebildet haben. Die Pflanzenwelt nimmt durch das Hervortreten der angiospermen Dicodyledonen, vor allem der Laubhölzer einen vollständig veränderten Charakter gegenüber dem Mesozoikum an. In der Tierwelt haben wir zunächst das Aussterben oder wenigstens Zurücktreten vieler Geschlechter zu beachten. So sehen wir zahlreiche Meeresbewohner, z. B. die Kieselspongien, die Krinoiden und Brachiopoden teils verschwinden, teils in die Tiefenzonen des Meeres abwandern. Unter den Mollusken sterben zahlreiche Familien, wie die Inoceramen, Rudisten, Nerineen aus; insbesondere aber verschwinden die Ammoniten und Belemniten, ebenso wie fast alle Meersaurier (Ichthyosaurier, Plesiosaurier und Mosasaurier). Noch schärfer ist der Unterschied der Fauna auf dem Lande ausgeprägt. Auch hier haben wir zunächst ein Absterben verschiedener Gruppen, wie der Dinosaurier und der Flugsaurier, dafür aber setzt nun eine grossartige Entwicklung der Säugetierwelt ein, welche plötzlich in ungeahntem Formenreichtum auftritt und zwar beobachten wir im Alttertiär sog. Sammeltypen, in denen noch die Charaktereigenschaften von später verschiedenartig entwickelten Tiergruppen vereinigt sind, während vom jüngeren Tertiär an sich die heutige Säugetierwelt vorbereitet.

Man gliedert die Tertiärformation in:

Alttertiär { Eocän, Oligocän }
Jungtertiär { Miocän, Pliocän. }

War es schon schwierig, in der Jura- und Kreideformation die Ausbildungsweisen der Schichten in Süd- und Norddeutschland zusammenzufassen und einheitlich zu behandeln, so scheint dies im Tertiär überhaupt untunlich, da hier lokale Ausbildungen von verschiedener Fazies und verschiedenartigem Charakter zu berücksichtigen sind. Es erscheint deshalb zweckmässiger, im geologischen Ueberblick die einzelnen grösseren Bezirke für sich zu behandeln.

1. Alpines Gebiet (Oberbayern).

Das alpine Tertiär bildet die vorderen Ketten des Alpengebirges und zieht sich von dort aus in die vorgelagerten Ebenen hinaus, wobei die tektonischen Störungen allmählich ausklingen und in horizontale Lagerung übergehen. Zuweilen ohne scharfe Grenze gegen die ganz gleichmässig ausgebildeten Kreideablagerungen haben wir eocänen Flysch, bestehend aus mächtigen sandig-tonigen, nahezu petrefaktenleeren Schichten, nur zuweilen mit Anreicherungen der pflanzenähnlichen Chondriten. Wichtig für den Sammler sind weiterhin die eocänen Nummulitenschichten, welche gewissermassen den Nordrand der weit verbreiteten südlichen Nummulitenfazies darstellen. Das Gestein ist vielfach erfüllt von Nummuliten und einer reichen marinen Fauna mit grossen Echiniden (Conoclypus conoideus), zahlreichen Muscheln, Schnecken und Krabben. Zu erwähnen sind die reichen Fundplätze der bayerischen Alpen am Grünten bei Sonthofen, Neubeuern bei Rosenheim und die Eizenerzgruben von Kressenberg bei Traunstein. Etwas jünger sind die Korallenschichten von Reit im Winkel und die Blätterschichten von Hering bei Kufstein.

Fig. 123. Nummulitenkalk mit grossen und kleinen Nummuliten.

Nach Norden schliesst sich im Vorland der Alpen die oligocäne Braunkohlenbildung mit den Bergwerken von Miesbach, Penzberg und Peissenberg an. Diese wiederum werden überlagert von miocäner Meeresmolasse und mächtigen Sandsteinen und sandigen Tonen des sog. Flins, dessen Bildung bis in das Pliocän reicht.

2. Südwestdeutsches Gebiet (Oberschwaben).

Die eocänen Gebilde sind hier nur in Form von Bohnerztonen und Spaltenausfüllungen im Jura (Eselsberg b. Ulm, Frohnstetten), sehr selten als Süsswasserkalke (Arnegg b. Ulm) ausgebildet. Die geschlossenen Ablagerungen Oberschwabens werden als Molasse bezeichnet und zwar haben wir zunächst eine dem Oligocän angehörige untere Süsswassermolasse, welcher am Rande der Alb der untere Süsswasserkalk mit reicher Fauna von Land- und Süsswasserschnecken (Helix rugulosa und crepidostoma, Planorbis cornu) entspricht (Schiff b. Ehingen, Kuhberg b. Ulm, Thalfingen).

Es folgt nun eine Unterbrechung der Süsswasserbildungen durch die untermiocäne Meeresmolasse, welche weithin nach Norden an der Alb hinaufreicht. Hier finden sich ausser petrefaktenarmen Sanden und Konglomeraten überaus reiche Muschelsandsteine mit Haifischzähnen, Turritella turris, Pecten palmatus und Ostrea crassissima. Besonders reiche Lokalitäten sind Zimmern am Hohenhöwen, Winterlingen b. Ebingen, Siessen b. Saulgau, Ermingen b. Ulm und Dischingen.

Die Meeresbildungen schliessen ab mit brackischen Schichten, bestehend aus weichen Sandsteinen und Sanden mit Dreissensia amygdaloides, Cardium socialae und Unio Eseri (Ober- und Unterkirchberg b. Ulm, Günzburg). Diese Schichten leiten über zu der in Oberschwaben verbreiteten oberen Süsswassermolasse (Mittel- und Obermiocän), welcher wiederum am Rande der Alb die oberen Süsswasserkalke mit Helix silvana, Melania turrita und Planorbis pseudoammonius entsprechen. (Hohenhöwen, Zwiefalten, Günzburg, Steinheim im Aalbuch, einer lokalen Beckenausfüllung mit überaus reichen Schneckensanden [Planorbis multiformis] und Säugetierresten).

3. Mainzer Becken und oberrheinisches Gebiet.

Auch hier treffen wir vom Eocän nur spärliche lokale Süsswasserbildungen (Buchsweiler i. Elsass). Das Unteroligocän wird gebildet durch die petroleumführenden Mergel, welche bei Pechelbronn und anderen Orten ausgebeutet werden. Das Mitteloligocän ist am Rande des Rheintales als sog. Küstenkonglomerat ausgebildet und geht in der Mainzer Bucht in Meeresbildungen über, welche Muschelsandsteine und Meeressande mit grossem Petrefaktenreichtum hinterlassen haben (Weinheim, Alzey). Darüber folgen die mitteloligocänen Septarientone, gekennzeichnet durch Leda Dehaysiana und die als Septarien bezeichneten Kalkknauer, welche netzartig von Kalkspatadern durchzogen sind. Etwas höher lagern die Cyrenenmergel mit Cyrena semistriata, Cerithium margaritatium und plicatum.

Im Oberoligocän beobachten wir eine allmähliche Aussüssung, so dass das Gestein in Cerithienkalk mit Cerithium plicatum, Perna Sandbergeri und zahlreichen Landschnecken übergeht. (Hochheim und Flörsheim b. Mainz.)

Das Miocän wird gebildet durch den Corbicula- und Litorinellenkalk, Gesteine, die geradezu aufgebaut werden aus den Schalen von Corbicula Faujasi und Litorinella acuta. (Umgebung von Wiesbaden, Mainz und Frankfurt a. M., Weissenau, Oppenheim.) In der Wetterau und am Vogelsberg haben wir im Miocän noch zum Teil recht gute, abbauwürdige Braunkohlenbildungen.

Das Pliocän wird dargestellt durch lokale Flussablagerungen in Form von Sanden und Kiesen, zum Teil mit reicher Säugetierfauna (Dinotherium giganteum, Rhinoceros incisivus, Hipparion) — Eppelsheim —.

4. Norddeutschland.

Im norddeutschen Flachland haben zweifellos die tertiären Ablagerungen eine sehr weite Ausbreitung, aber sie sind meist von Diluvialschichten bedeckt und vielfach tektonisch gestört. Gegen Süden zweigen von dem Hauptgebiete einzelne Buchten aus, wie die niederrheinische, die thüring-sächsische und die niederschlesische Bucht. Das Eocän fehlt in Norddeutschland vollständig, und wir haben nur oligocäne und miocäne Ablagerungen, bei welchen wir eine Wechsellagerung von terrestrischen Braunkohlenformationen und marinen sandigen Mergeln beobachten, welche auf mehrfache Hebung und Senkung des Landes hinweist.

Dem Unteroligocän gehört die tiefste Braunkohlenformation an, welche bei Egeln, Helmstadt und Aschersleben abgebaut wird und ebenso dürfen wir hierher die bernsteinführenden blauen glaukonitführenden Sande des Samlandes bei Königsberg rechnen. Ueber ihnen lagert eine marine Stufe mit Ostrea ventilabrum (Lattorf und Egeln), und die etwas jüngeren, aber gleichfalls noch unteroligocänen Braunkohlenformationen von Halle, Leipzig und Kaufungen.

Fig. 124. Sternberger Kuchen. (Oligocäne Muschelanhäufung.)

Im Mitteloligocän haben wir, wie im Mainzer Becken, in weiter Verbreitung Septarientone mit Leda Deshayesiana, zu welchen auch die Stettiner und Söllinger Sande gerechnet werden.

Im Oberoligocän überwiegen wiederum marine Gebilde, zum Teil mit sehr grossem Petrefaktenreichtum (Echinolampas Kleini, Spatangus Hoffmanni, Terebratula grandis, Pecten decussatus). Hierher gehören die bekannten, mit Petrefakten bedeckten sog. Sternberger Kuchen aus dem mittleren Mecklenburg und vor allem der herrliche Fundplatz vom Doberg bei Bünde, sowie die Fundplätze bei Osnabrück und der Umgebung von Kassel.

Das Miocän beginnt anschliessend an das Braunkohlenrevier der Wetterau mit der oberen Braunkohlenformation, welche in weiter Verbreitung sich von Schleswig, Lauenburg, Mecklenburg, Oldenburg über das nördliche Hannover und Westfalen bis zu den Niederlanden hinzieht. Den Abschluss nach oben bilden auch hier wieder marine Sande, Sandsteine und Tone, welche bei Lubtheen und Bokup in Mecklenburg Ausbeute liefern und in Schleswig als Glimmertone, in Posen als Flammentone entwickelt sind.

Als Pliocän dürfen wir wohl die Sande und Flussschotter mit Mastodon arvernensis im Fulda-, Werra-, Ilm-, Gera- und Saaletal ansprechen.

Quartärformation.

Diluvium und Alluvium.

Bekanntlich hat zwischen der Tertiärperiode mit ihrem relativ warmen Klima und der Jetztzeit eine Periode eingesetzt, in welcher wir ganz ausnahmsweis niedere Temperaturen und vermehrte Niederschläge zu verzeichnen haben.

Diese sog. Diluvialperiode ist gekennzeichnet durch grosse Vorstösse der Gletscher sowohl von Norden her aus Skandinavien gegen die norddeutsche Tiefebene, als auch von Süden aus den Alpen gegen die oberschwäbische und oberbayerische Hochebene, ebenso wie die Mittelgebirge Vereisungen und mehr oder minder ausgesprochene Gletscherbildungen aufweisen.

Es ist hier nicht der Platz, näher auf die Ursachen und auch nicht auf die Einzelwirkungen der Eiszeiten einzugehen, sondern es möge nur im allgemeinen darauf hingewiesen sein, dass wir drei Vorstösse der Gletscher und entsprechende Eis- oder Glazialzeiten zu beachten haben, welche ihrerseits von zwei Zwischeneiszeiten (Interglazialzeiten) getrennt waren. In diesen war das ganze deutsche Gebiet wieder eisfrei geworden, ebenso wie auch in der Glazialzeit noch weite Striche von Mittel- und Süddeutschland von den Eisströmen nicht erreicht wurden. Die natürliche Folge davon ist, dass wir im Quartär sehr verschiedenartige Ablagerungen zu beobachten haben, bei deren Bildung die geographische Lage, das Klima, die Höhenlage, Talbildungen u. dgl. von Einfluss waren, so dass die richtige Deutung dieser jüngsten sog. pleistocänen Bildungen zu den schwierigsten Aufgaben der Landeskunde gehört.

Als Ablagerung der Gletscher finden wir zunächst Moränen in Form von Block- und Geschiebelehm mit gekritzten und geschrammten Geschieben, welche in sandiger oder lettiger Packung stecken. Beim Rückzug der Gletscher wurden die Moränen von fliessenden Gletscherwassern ausgewaschen und in den Niederungen und den Flusstälern ausgebreitet, so dass mehr oder minder reine Kiesablagerungen übrig blieben, welche wir als fluvioglaziale Kiese bezeichnen. Die Flussläufe selbst vertiefen sich erst ganz allmählich bis zu ihrem heutigen Bett, während sie früher noch anderweitigen Lauf oder mindestens eine geringere Vertiefung aufwiesen; dies ist gekennzeichnet durch die Schotterterrassen entlang den heutigen Flussläufen, die gegenüber dem heutigen Lauf um so höher liegen, je älter sie sind und man unterscheidet nach den Höhenlagen Deckenschotter, Hoch- und Niederterrassen. In den Interglazialzeiten haben wir in der norddeutschen Tiefebene vielfach Ueberflutungen vom Meer und dementsprechend marine Sande und Tone mit arktischen Muscheln wie Yoldia arctica und Cyprina Islandica. In anderen Gegenden finden wir während der Interglazialzeit eine Aufarbeitung des von den Gletschern und dem Klima verwitterten und verriebenen Materiales durch Wind und dementsprechend sind weite Strecken mit Löss bedeckt; dieser ursprünglich kalkhaltige Staub wird später durch Tagwasser ausgelaugt, und es entsteht der kalkarme Lehm, wobei natürlich auch vielfach Verschleppungen durch das Wasser stattfinden.

Neben diesen allgemeinen Erscheinungen haben wir auch eine Reihe von lokalen Bildungen, welche meist bis in die Jetztzeit hineinreichen. So finden wir Torfbildungen auf dem undurchlässigen Untergrunde, welcher durch den Moränenschlamm gebildet wird. An den Quellen und oberen Flussläufen stark kalkhaltiger Gewässer scheidet sich Kalktuff aus, der zuweilen grosse Mächtigkeit annimmt. Wichtig für den Sammler sind besonders die Höhlenbildungen, da sich in dem dort angesammelten Höhlenlehme, d. h. dem Verwitterungsrückstand des aufgelösten Kalkgesteines und in den Stalaktitenbildungen die Reste der diluvialen Höhlenbewohner vorzüglich erhalten haben.

Die Fauna der Diluvialzeit zeigt eine Annäherung an die heutige Tierwelt, nur überwiegen im allgemeinen nordische Tiere, welche nur wenig beeinflusst von den Menschen zum Teil gewaltige Grössen erreichten. Ein Teil der Diluvialfauna ist ausgestorben oder vom Menschen ausgerottet, wie das Mammut, das Nashorn, das Wildpferd, der Höhlenbär, der Höhlenlöwe, die Höhlenhyäne, der Riesenhirsch und der Auerochs. Andere Tiere sind ausgewandert, wie der Wisent, der Elch, der Wolf, Polarfuchs, das Renn, der Moschusochse, das Murmeltier, der Alpenhase und der Halsbandlemming. Andere Formen leben aber auch noch heute als Wild in denselben Gegenden, wenn auch durch den Menschen mehr oder minder beeinflusst und zurückgedrängt. Den Hauptfaktor aber bildet zweifellos der Mensch, der zwar in den ältesten Zeiten offenbar die Fauna noch wenig beeinflusst, sich aber allmählich immer mehr zum Herrn der gesamten Tierwelt aufschwingt und sie beherrscht.

Als Fundplätze für diluviale Reste, welche auch in Privatsammlungen keineswegs ausgeschieden werden sollen, sondern im Gegenteil ein recht grosses Interesse beanspruchen, kommen lokale Flusssande mit sehr schöner Erhaltung der Knochen in Betracht, in Norddeutschland wird auch schönes Material aus den grossen Torfen gewonnen. Besonders wichtig sind sodann die Reste aus Löss und Lehm, zu deren Aufsammlungen in den Lehmgruben der Ziegeleien Gelegenheit geboten ist. Auch die Kalktuffe liefern wichtige Fossilien, und ebenso wurde schon auf die Bedeutung der Höhlen als Fundplätze hingewiesen.

Der Erhaltungszustand ist recht verschiedenartig, je nachdem die Stücke einer Gesteinsart entnommen sind. In den Torfen und im Höhlenlehm bewahren die Knochen ein nahezu rezentes Aussehen, während sie in den Kalken schon viel brüchiger sind und insbesondere im Löss und Lehm starke Verwitterung und spätere Verhärtung durch Kalk und Lehm aufweisen. Im allgemeinen ist die organische Substanz vollständig verschwunden und wo nicht der Knochen durch nachträgliche Verkalkung gefestigt ist, bedarf es beim Sammeln sorgfältiger Behandlung. Dabei ist zu beachten, dass die der Erde feucht entnommenen Stücke zuerst recht langsam, ohne Einwirkung von Sonnenbestrahlung getrocknet werden müssen, dann werden sie so lange mit stark verdünntem, heissem Leimwasser getränkt, bis der Knochen nichts mehr annimmt und darauf sorgfältig getrocknet.

Gliederung der Quartärformation.

Erste Glazialzeit (Mindeleiszeit nach Penck).

Stark verwitterte und ausgewaschene Moränen, übergehend in Deckenschotter; ausserhalb dem Vereisungsgebiet alte Flusssande von Mosbach, Mauer b. Heidelberg und Süssenborn b. Weimar (Elephas meridionalis, Rhinoceros etruscus, Hippopotamus, Cervus latifrons und palmatus, Ursus Deningeri und Homo Heidelbergensis).

Aeltere Interglazialzeit.

Stufe des Elephas antiquus und Rhinoceros Mercki, seltene Spuren des Menschen in Form von Eolithen. Hierher gehören die Torfe von Homerdingen und Klinge, der Kalktuff von Taubach b. Weimar, die Hochterrassensande von Steinheim a. d. Murr, die Höhlenfauna des Heppenloches. In der norddeutschen Niederung marine Yoldien- und Cyprinentone von Schleswig-Holstein, Hamburg und Elbing.

Zweite Glazialzeit (Risseiszeit).

Hauptvergletscherung mit weitestem Vorstoss der Moränen, unterer Geschiebemergel von Norddeutschland, fluviatile Hochterrassenschotter.

Jüngere Interglazialzeit.

Hauptsächliche Löss- und Lehmbildung, Stufe des Elephas primigenius, Rhinoceros antiquitatis (= tichorhinus), Ursus speläus, Bos primigenius und priscus, arktische Nager; älteres Paläolithikum mit Homo primigenius (Neandertalrasse). Hierher gehören die Mammutfelder von Cannstatt, die Sande von Rixdorf, der Torf von Lauenburg, die marinen Schichten in Ost- und Westpreussen mit Nordseefauna, zahlreiche Höhlenfaunen im schwäbisch-fränkischen Jura, sowie im Harz.

Dritte Glazialzeit (Würm-Eiszeit).

Jüngste innere Moränenzüge und ihnen entsprechend die fluvioglazialen Auswaschungen als Niederterrassen.

An die Eiszeit anschliessend jüngerer Geschiebemergel Norddeutschlands und jüngerer Löss in Süddeutschland, Stufe des Edelhirsches neben Wildpferd und Renn, jüngeres Paläolithikum. Hierher gehören die Höhlenfaunen vom Hohlenfels, Muggendorf, Schweizersbild und Tischoferhöhle bei Kufstein.

Allmählicher Uebergang in die Jetztzeit oder Alluvium. Ausbildung der jetzigen Verhältnisse unter der Herrschaft des Menschen, welcher sich durch die jüngere Steinzeit und Bronzezeit zur Eisenzeit hindurcharbeitet.

Die Pflanzenversteinerungen (Kainozoische Flora).

Die Pflanzenvorkommnisse in den jüngeren Schichten haben im allgemeinen weder ein besonders grosses Interesse für den Sammler, noch auch eine ähnliche wissenschaftliche Bedeutung wie diejenige der früheren Formationen, da es sich meist um Arten handelt, welche sich direkt an die heute lebenden Pflanzen anschliessen. Ihre Bestimmung ist demnach auch mehr Sache des Botanikers als des Paläontologen. Immerhin stehen einige Vertreter der kainozoischen Flora jeder Sammlung gut an, und wer Gelegenheit hat, in seiner Gegend eine Lokalflora zusammenzubringen, wird diese nicht vorübergehen lassen, denn nicht in der Aufsammlung einer einzelnen Spezies, sondern in dem floristischen Gesamtbild einer Lokalität liegt der wissenschaftliche Wert. Was auf Taf. 60 zusammengestellt ist, soll auch nur einige besonders charakteristische und häufige Arten als Belege darstellen und keineswegs den Anspruch irgendwelcher Vollständigkeit machen.

Vorkommnisse und Erhaltung. Selbstverständlich sind die fossilen Pflanzenvorkommnisse auf die terrestrischen Ablagerungen beschränkt und zeigen je nach dem Vorkommen einen ganz verschiedenartigen Erhaltungszustand. Aus den diluvialen Torfen bekommen wir ein Material, das sich im wesentlichen als rezentes Material von mehr oder minder verfaultem Charakter behandeln lässt. In den Braunkohlen ist das Holz schon in einen Lignit umgewandelt, die schönste Ausbeute bekommen wir aber nicht in den Braunkohlenschichten selbst, sondern in den sie begleitenden Mergeln, Tonen und Schiefern, auf welchen die Blätter zum Teil in wunderbar schöner Erhaltung mit einem kohligen Hauch abgedrückt sind. In den Sanden und Sandsteinen sind die Hölzer vielfach verkieselt und haben dann ein ganz ähnliches Aussehen wie diejenigen der älteren Formationen; Blätterabdrücke finden sich in diesen Ablagerungen nur selten und mangelhaft erhalten. Dagegen liefern die Kalke sowohl der tertiären Süsswasserbildungen wie der diluvialen Quellabsätze eine reiche Flora, wobei der Erhaltungszustand stets aus Steinkernen resp. Abdrücken besteht.

Bezüglich der wissenschaftlichen Bewertung und der Bestimmung dieser Pflanzenversteinerungen braucht wohl kaum erwähnt zu werden, dass Früchte und Samen von besonderer Wichtigkeit sind. Leider sind aber gerade diese immer recht selten gegenüber den häufigen Holz- und Blattresten. Nun weiss aber jeder, der sich mit Botanik befasst hat, wie schwierig und minderwertig die Bestimmung eines Holzsplitters ohne zugehörige Baumform und Früchte oder gar die eines Baumes lediglich aus Blättern ist, denn bekanntlich wechselt die Form der Blätter von ein und derselben Spezies, je nach dem Standort, dem Alter und selbst an demselben Baume je nach dem Triebe. Im allgemeinen wird man sich also auf eine generische Bestimmung beschränken müssen, und diese ist ja auf Grund der rezenten Botanik keineswegs allzu schwierig.

An Stelle einer botanischen Systematik möchte ich hier ein Bild der für die einzelnen Altersstufen charakteristischen Floren geben.

Aus der älteren Tertiärflora können wir auf ein warmes, fast tropisches Klima schliessen, finden aber neben den Tropenformen auch solche der subtropischen und gemässigten Zone, so dass wir in charakteristischer Weise ein Zusammenvorkommen von Koniferen, immergrünen Laubbäumen und Palmen vorfinden; man hat deshalb den Habitus der Vegetation teils mit den Sumpflandschaften Floridas, teils aber auch mit der australischen Wüstenvegetation verglichen, je nachdem wir feuchte oder trockene Standorte zu berücksichtigen haben. Unter den Koniferen spielt die Hauptrolle Sequoia, ausserdem finden wir Taxus, Zypresse, Fichte und Lärche, und zwar sind gerade die Nadelhölzer das vorwiegende Element in der norddeutschen Braunkohlenformation. Von den Monokotylen sind besonders charakteristisch die Palmen, welche im Alttertiär bis Ostpreussen gediehen, wobei Sabal, Phönix und Chamerops zu nennen sind. Unter den Laubhölzern haben wir zunächst echte Tropenformen, wie Zimtbäume und Aralien, sodann subtropische Bäume wie Feige, Lorbeer, Magnolie, Juglans (Juglans ventricosa [Ludw.] [Taf. 60, Fig. 4]), als Bäume der gemässigten Zone wären Eichen, Ahorn und Platanen zu nennen.

Das Jungtertiär beginnt zunächst mit warmem und regenreichem Klima, in welchem auch noch Palmen (Chamerops helvetica [Heer] [Taf. 60, Fig. 3]), Kampfer und Zimtbäume (Cinnamomum Scheuchzeri [Heer] und C. polymorphum [A. Braun] [Taf. 60, Fig. 6 u. 7]), Magnolien und Myrthen gedeihen (bemerkenswert die zierlichen Früchte von Grewia (Celtis) crenata [Unger] [Taf. 60, Fig. 14]). Zu diesen subtropischen Gewächsen gesellen sich Platanen, Feigen, Pappeln, Ahorn (Acer trilobatum [A. Braun] [Taf. 60, Fig. 10 u. 11]), Kastanien, Ulmen, Nussbäume, Weiden (Salix angusta [A. Braun] [Taf. 60, Fig. 5]), Birken, Erlen, Eichen (Quercus prolongata [Probst] [Taf. 60, Fig. 9]), Sequoien, Taxodien (Taxodium distichum [Heer] [Taf. 60, Fig. 1]), Tannen (Pinus sp. [Taf. 60, Fig. 2]) und Podogonium Knorri (A. Braun) [Taf. 60, Fig. 12 und 13]. Die ganze Flora zusammen darf als üppig und mannigfaltig bezeichnet werden und gleicht mit ihren zahlreichen universellen Typen der subtropischen Flora von Japan und dem südlichen Nordamerika.

Im Pliocän haben wir mit einer Abkühlung des Klimas zu rechnen, welcher im grossen ganzen eine Flora der gemässigten Zonen entspricht. Das Diluvium zeigt während der Eiszeitperioden eine Flora mit hochnordischen Formen, wie Salix polaris, Betula nana (L.) [Taf. 60, Fig. 15], Polygonium viviparum, Dryas octopetala (L.) [Taf. 60, Fig. 16] und Hypnum Wilsoni. In den interglazialen Torfen finden wir ausser den torfbildenden Pflanzen Fichte, Kiefer, Lärche, Taxus, Birke, Ahorn und Eiche mit 70—90% der heute noch lebenden Arten. Eine ganz ähnliche Flora haben wir auch in den Kalktuffen, z. B. von Taubach und Cannstatt mit massenhaften Blättern und Früchten, unter welchen nur Quercus Mammuthi (Heer) [Taf. 60, Fig. 8], eine sehr stattliche Eichenart, genannt sein möge.

Die Tierversteinerungen (Kainozoische Fauna).

Es ist schon darauf hingewiesen worden, dass nicht nicht nur die Pflanzen-, sondern auch die Tierwelt in der Neuzeit der Erde einen grossen Unterschied gegenüber derjenigen im Mesozoikum aufweist. Dieser Unterschied macht sich im wesentlichen darin geltend, dass viele der alten Formen zurücktreten und dafür im Meer wie auf dem Lande die jetzige Tierwelt sich anbahnt. Für unsere deutschen Ablagerungen fällt besonders ins Gewicht, dass wir es bei den marinen Faunen, die ja stets die Hauptmassen der schalentragenden niederen Tierwelt liefern, nur mit Küsten und Flachseebildungen zu tun haben. In derartigen Ablagerungen finden wir zwar eine grosse Menge von Muscheln und Schnecken, die zuweilen sogar in geradezu erdrückender Ueberfülle vorhanden sind, dagegen gehören die meisten anderen Tiergruppen, insbesondere die Spongien, Korallen, Echinodermen, Brachiopoden und Cephalopoden zu den Seltenheiten. Bei allen den vorkommenden Formen sehen wir die direkten Anklänge an die heute noch lebenden Arten und alle jene fremdartigen Gattungen des Mesozoikums sind verschwunden oder nach der Tiefsee verdrängt. Das Schwergewicht der Aufsammlungen im marinen Tertiär wird demnach auf die Muscheln und Schnecken fallen. In den vielfachen tertiären und diluvialen Landbildungen spielen unter den niederen Tieren eigentlich nur die Land- und Süsswasserschnecken eine Rolle, aber zu diesen gesellen sich noch als wichtige Leitfossilien die Säugetiere, denen wir deshalb gleichfalls unsere Aufmerksamkeit schenken müssen.

I. Urtiere, Protozoa.

Foraminiferen können in vielen marinen tertiären Ablagerungen, zum Teil in grosser Menge und hübscher Erhaltung gesammelt werden, wobei die S. 115 gemachten Angaben über das Sammeln und Präparieren zu beachten sind. Im grossen ganzen schliessen sie sich vollständig an die schon im Mesozoikum besprochenen Formen an, auf welche ich deshalb verweise. Eine Ausnahme machen nur die Nummuliten, die Leitfossilien für das marine Eocän der südlichen Gegenden, in unserem Gebiet also des alpinen Eocänes. In ungezählten Massen erfüllen sie das Gestein, wittern leicht aus den weichen Kalken aus oder zeigen wenigstens an der Abbruchstelle ihre charakteristischen gekammerten Querschnitte. Die schönsten Exemplare sammelt man aus den mergeligen Kalken, weichen Sanden oder den Mergeln (Grünten, Neubeuern und Kressenberg). Hübsche Präparate erhält man durch Anschleifen oder auch dadurch, dass man die Scheiben recht stark erhitzt und dann plötzlich in kaltes Wasser wirft, wobei sie nicht selten in der Medianebene aufbrechen und schön die aufgerollte Kammerung zeigen. Die Nummuliten sind die grössten bekannten Foraminiferen von linsen- oder münzenförmiger Gestalt bis zu Talergrösse. Die kalkige Schale bildet ein System von zahllosen, in spiraler Windung aufgerollten Kammern, die unter sich durch Querscheidewände getrennt, aber wiederum durch feine Porenkanäle untereinander verbunden sind. Zu den wichtigsten, in den bayerischen Alpen auftretenden Arten gehört der grosse, scheibenförmige Nummulites complanatus (Lam.) [Taf. 61, Fig. 1] und der kleine, linsenförmige Nummulites perforatus (Montf.) [Taf. 61, Fig. 2]; eine eigene Gruppe mit sehr feiner Kammerung bildet Orbitoides mit dem bei Kressenberg sehr häufigen O. papyracea (Boubée) [Taf. 61, Fig. 3]. Bei einer andern Gruppe (Assilina) sind die Einzelkammern ziemlich gross und schon auf der Aussenseite sichtbar; hierher A. exponens (Sow.) [Taf. 61, Fig. 4].

II. Pflanzentiere, Coelenterata.

Unter diesen kommt zunächst die erste Hauptgruppe der Seeschwämme vollständig in Wegfall, da alle die im Mesozoikum so charakteristischen Kalk- und Kieselschwämme offenbar in die Tiefsee abgewandert sind und in den deutschen Küstenbildungen des Tertiärs fehlen. Aber auch die zweite Hauptgruppe der Korallentiere tritt ausserordentlich zurück, was gleichfalls auf die geringe Tiefe dieser Küstenbildungen, besonders aber auch auf klimatische Verhältnisse zurückzuführen ist. Nur als grosse Seltenheiten finden wir hie und da kleine, stockbildende Formen, etwas häufiger Einzelkorallen, wie z. B. die im Meeressand des Mainzer Beckens nicht gerade seltene Balanophyllia sinuata (Reuss) [Taf. 61, Fig. 5].

III. Stachelhäuter, Echinodermata.

Die Gruppe der Seelilien, fehlt im Tertiär so gut wie vollständig und zwar ist die Abwanderung in die Tiefsee wohl denselben Ursachen wie bei den Spongien und Korallentieren zuzuschreiben. Auffallenderweise spielen aber auch die Seesterne keinerlei Rolle im Tertiär, sei es nun, dass ihnen die klimatischen Verhältnisse in unserer Zone nicht passten, sei es, dass ihre Formen überhaupt mehr den heutigen, wenig verkalkten Arten angehörten. Einzelne Kalkscheibchen, ähnlich wie im weissen Jura (s. S. 132) werden auch im Tertiär beobachtet und zu Asteropecten gestellt.

Seeigel, Echinidae.

Diese allein sind es, welche an einigen Lokalitäten des Alttertiärs schöne und häufige Vertreter liefern, und zwar kommen hier als beste Lokalitäten die Nummulitenschichten der Alpen und in Norddeutschland der Doberg bei Bünde und die Gruben von Astrup bei Osnabrück in Betracht. An den meisten übrigen Fundplätzen, insbesondere auch in der miocänen Meeresmolasse, gehören Seeigel immer zu den grossen Seltenheiten. Wir haben schon im Mesozoikum beobachtet, dass mit den jüngeren Formationen die irregulären Formen zunehmen und dementsprechend treten auch im Tertiär die Regulares vollständig zurück und die Fauna beschränkt sich auf einige Gruppen der Irregulares.

Conoclypeus ist in der Systematik an die irregulären Formen mit Kiefergebiss (s. S. 135) anzuschliessen. Es sind hochgewölbte, unten flache, oben ziemlich spitz zulaufende Seeigel, die Porenreihen nach unten offen und allmählich verlaufend, die Mundöffnung fünfeckig mit ausstrahlenden Rinnen, der After auf der Unterseite am Rande. In den Nummulitenschichten des Eocän ist der grosse, bis 12 cm hohe Conoclypeus conoideus (Ag.) [Taf. 61, Fig. 7] häufig und charakteristisch.

Clypeaster. Die schönen grossen, sogenannten Schildigel kommen zwar im deutschen Miocän nur als grösste Seltenheiten vor, mögen aber doch genannt sein, da sie dem Sammler aus anderen Gegenden (Wiener Becken, Pyramiden von Gizeh) häufig zu Gesicht kommen.

Zu den irregulären Formen ohne Kiefergebiss gehören Echinolampas aus der Familie der Cassidulidae (s. S. 136), grosse, ovale, mässig hohe Schalen mit leicht blattförmig geschweiften, unten offenen Porenreihen, die Mundöffnung beinahe zentral, fünfeckig, der quergestellte After am Unterrand. E. Kleinii (Goldf.) [Taf. 61, Fig. 8] bildet weitaus die häufigste Form von Bünde und Astrup und wird dort in tadellos schönen Exemplaren in Menge gesammelt.

Spatangus, aus der Familie der Spatangiden (s. S. 137), herzförmige, niedere Schalen, die vordere verwischte Porenreihe liegt in einer Furche, die übrigen blattförmig, der Mund nach vorne gerückt, der After auf der abgestutzten Hinterseite. Sp. (Hemipatagus) Hofmanni (Goldf.) [Taf. 61, Fig. 9] ist gleichfalls nicht selten in Bünde, von den echten Spatangiden unterschieden durch die kräftigen Warzen auf der Oberseite. Mit ihm zusammen, wenn auch etwas seltener, kommt besonders in Astrup der grosse Sp. Desmaresti (Defr.) vor. In der oberschwäbischen Molasse findet sich als Seltenheit (Ursendorf) Sp. delphinus (Defr.).

IV. Würmer, Vermes.

Serpula (s. S. 137) wird auch im Tertiär gefunden, spielt jedoch eine so untergeordnete Rolle, dass wir diese Formen vollständig ausser Betracht lassen können.

V. Moostiere, Bryozoa.

Die S. 67 u. 138 besprochenen Bryozoen gehören in manchen Tertiärablagerungen zu den häufigen Vorkommnissen, ja in Oberschwaben bei Ursendorf zwischen Saulgau und Mengen finden wir sogar miocäne Bryozoenriffe mit zahlreichen, zum Teil gut erhaltenen Arten. Unter diesen mögen als wichtigste genannt sein die grossen, konzentrisch-schaligen und radial strahligen Knollen von Ceriopora simplex (Miller). Ganz ähnlich, aber meist kleiner, von kugeliger Form und schwammiger Beschaffenheit ist Cellepora sphaerica (Miller). Besonders charakteristisch ist die kleine, schüsselförmige, auf der Aussenseite an Himbeeren erinnernde Cellepora polythele (Reuss) [Taf. 61, Fig. 6]. Ausserdem gehören hierher zahlreiche weitere, schwierig zu bestimmende und zum Teil unsichere Arten aus der Gruppe Heteropora, Retepora, Eschara, Myriozoum und Membranipora, auf welche wir jedoch nicht näher eingehen.

VI. Armkiemer, Brachiopoda.

Von dem ganzen Formenreichtum der paläozoischen und mesozoischen Brachiopoden finden wir in unsern deutschen Tertiärablagerungen, abgesehen von einigen seltenen, im marinen Eocän, Oligocän und Miocän auftretenden Arten nur noch einen einzigen Vertreter, der für den Sammler von Wichtigkeit ist. Es ist dies Terebratula grandis (Blumenb.) [Taf. 61, Fig. 10], eine prächtige, sehr grosse, glatte, leicht eingebuchtete Terebratel, die sich besonders schön bei Bünde und Astrup, als Seltenheit aber auch im Miocän von Ursendorf findet.

VII. Muscheln, Lamellibranchiata.

Erst mit den Muscheln beginnt eigentlich das für den Sammler in Betracht kommende Material aus den jüngeren Formationen. Aber hier stellt sich nun auch ein erfreulicher Reichtum an vielfach recht gut erhaltenen Versteinerungen ein. Bezüglich des Erhaltungszustandes ist wie im Mesozoikum zu beobachten, dass die Anisomyarier im allgemeinen die Schalen noch erhalten haben, auch in dem Fall, wenn die Homomyarier bereits aufgelöst sind und nur noch Hohlräume resp. Steinkerne bilden. Im allgemeinen aber ist entsprechend der jüngeren Formation der Erhaltungszustand ein viel besserer als in den älteren Schichten. So sind meistens in den feinen Sanden, den Mergeln und Tonen Schalenexemplare zu finden, zuweilen freilich in weichen, erdigen Kalk umgewandelt, der leicht zerfällt und durch Tränken mit Fixativen (Lösung von Schellack in Alkohol oder Aether, oder in Ermanglung von besserem verdünnter Gummi arabicum) gefestigt werden müssen. In den Eocänkalken und Eisensandsteinen der Nummulitenschichten sind die Homomyarier nur als Steinkerne erhalten, ebenso auch am Doberg bei Bünde und in den meisten miocänen Muschelsandsteinen Oberschwabens und Oberbayerns.

Das Bild der Gesamtfauna gleicht schon sehr der rezenten, da alle die fremdartigen, noch im Mesozoikum herrschenden Familien, wie Gryphaea, Monotis, Gervillia, Inoceramus, Trigonia, Megalodon, Rudistae und Myacites vollständig oder so gut wie vollständig verschwunden sind und dafür andere jüngere Familien, besonders aus der Gruppe der Sinupalliata, in den Vordergrund treten.

Die Vorkommnisse schliessen sich natürlich an die Entwicklung mariner und brackischer Schichten an, während wir in den Süsswasserbildungen nur Unioniden erwarten können.

Ueber den Bau des Tieres und der Schale, die Gliederung und die Merkmale der Familien verweise ich auf die früheren Abschnitte S. 68 u. S. 139.

Anisomyarier.

1. Ostreidae.

Im Tertiär haben wir es nur mit echten Austern zu tun, welche zuweilen in grosser Menge und tadellosem Erhaltungszustand vorkommen. Leitend für das norddeutsche Oligocän ist Ostrea ventilabrum (Goldf.)

und O. flabellula (Lam.) [Taf. 62, Fig. 1 u. 2], beides dünnschalige, mässig grosse Austern mit Radialfalten. Im Oligocän des Mainzer Beckens entspricht ihnen O. cyathula (Lam.) [Taf. 62, Fig. 4], eine etwas dickschaligere Form, bei welcher die Radialfalten mehr oder minder verwischt sind. Im Miocän Oberschwabens haben wir kleine, gefaltete Arten wie O. caudata (Münst.) [Taf. 62, Fig. 3], O. tegulata (Münst.) und O. palliata (Goldf.). Als wichtigste Form tritt weiterhin in diesen Schichten O. Giengensis (Schloth.) [Taf. 62, Fig. 5] auf, eine grosse, dickschalige, langgestreckte Art, welche zuweilen bis 25 cm Grösse erreicht.

2. Spondylidae.

Auch hier kommt nur Spondylus selbst in Betracht, aber ohne die reiche Formenfülle der Jetztzeit zu erreichen, sondern immer vereinzelt und selten. Als Beispiel diene Sp. Buchii (Phil.) [Taf. 62, Fig. 11], an welchen sich einige andere ähnliche Formen anschliessen.

3. Pectinidae.

Nebst Ostrea bildet Pecten die wichtigste und formenreichste Familie im Tertiär. Die Unterschiede der zahlreichen, oft recht ähnlichen Arten sind nicht leicht herauszufinden und die Bestimmungen daher schwierig. Im norddeutschen Oligocän sind als besonders wichtig zu nennen: P. Münsteri (Goldf.) und P. Menkii (Goldf.) [Taf. 62, Fig. 6 u. 7], kleine, feingerippte, dünnschalige Arten. Diesen sehr ähnlich, nur mit feinerer Berippung und grossem hinterem Ohr ist P. decussatus (Münst.), ein Leitfossil besonders im norddeutschen Oligocän. Im Mainzer Becken haben wir ausser diesen Arten häufig den nahezu glatten P. pictus (Goldf.) [Taf. 62, Fig. 9]. Im miocänen Meeressand ist hervorzuheben P. burdigalensis (Lam.) und P. palmatus (Lam.) [Taf. 62, Fig. 10 u. 8]; weiterhin der dem letzteren sehr ähnliche P. Hermanseni (Dunk.) und der kleine, zierliche P. familiaris (May.)

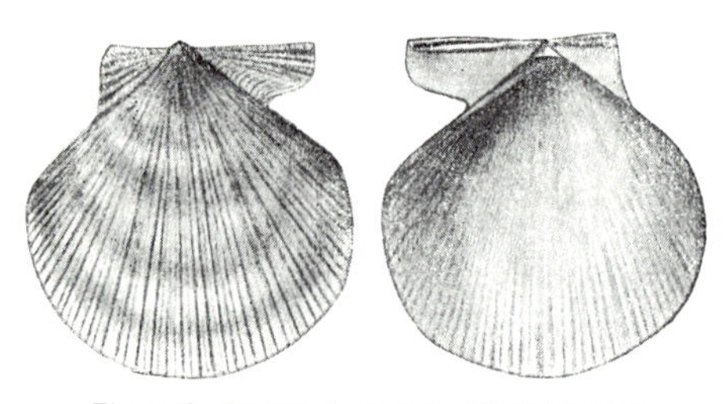

Fig. 125. Pecten decussatus (Münst.) Oligocäner Meeressand.

4. Pernidae.

Auch aus dieser Familie haben wir es nur noch mit der Gruppe von Perna selbst zu tun. Von dieser finden wir im Mainzer Becken einen sehr schönen, grossen Vertreter in Perna Sandbergeri (Desh.) [Taf. 63, Fig. 1], mit dicker, blätteriger Schale und breitem, mit zahlreichen Bandgruben versehenem Schlossrand.

5. Mytilidae.

Als Bewohner des seichten und brackischen Wassers spielen die Mytiliden in unseren Tertiärablagerungen eine wichtige Rolle.

Mytilus, die Miesmuschel, mit spitz verlängertem Wirbel und zahnlosem Schloss, kommt besonders in den noch wenig ausgesüssten Schichten der Oligocänablagerungen vor. M. acutirostris (Sandb.) [Taf. 63, Fig. 3], mit spitz verlängertem Wirbel, findet sich in den Cyrenenmergeln, M. Faujasii

(Brougn.) und M. socialis (Braun) [Taf. 63, Fig. 2 u. 5] erfüllen zuweilen in massenhaften Anhäufungen die Schichten der oberoligocänen Cerithienkalke. Aus den miocänen Meeressanden ist M. aquitanicus (C. May.) zu erwähnen.

Dreissensia. Meist kleine, zierliche Muscheln, in der äusseren Form wie Mytilus, aber mit einer Platte und kleinen Zähnchen unter dem Wirbel. Es sind dies wichtige, meist in Masse auftretende Arten der brackischen Schichten. Dr. clavaeformis (Krauss) und die kleine, zierliche Dr. Brardii (Desh.) [Taf. 63, Fig. 6 u. 7] gehen durch die brackischen Schichten im Mainzer Becken, Oberschwaben und Oberbayern hindurch.

Modiola, mit gerundetem Wirbel, tritt im Tertiär stark zurück und neben einigen anderen Formen haben wir im Meeressand nur noch die abgerundet vierseitige M. micans (Braun) [Taf. 63, Fig. 4].

Homomyarier.

a) Taxodonte Formen.

6. Arcidae.

Auch diese sind als Bewohner der marinen Küstenzonen häufig und formenreich in den oligocänen und miocänen Meeresablagerungen.

Arca haben wir schon früher als einen gewissen Dauertypus bezeichnet und dementsprechend fehlt sie auch nicht in unserem Tertiär. A. Sandbergeri (Desh.) [Taf. 63, Fig. 8], gekennzeichnet durch hoch aufgewölbte Schalen mit grossem, dreieckigem Schlossfeld und zickzackförmigen Bandfurchen, tritt neben einigen andern Arten im Oligocän auf, während für das Miocän A. Fichteli (Desh.) mit niedrigem Schlossrand und scharfen, gleichmässigen Radialrippen leitend ist.

Pectunculus ist uns schon aus der oberen Kreide bekannt, aber seine Hauptentwicklung fällt in die Tertiär- und Jetztzeit. Er gehört zu den häufigsten Fossilien des marinen Tertiärs, aber bei der Gleichartigkeit des Aussehens sind die einzelnen Arten sehr schwierig zu unterscheiden, zumal dieselbe Spezies je nach dem Alter und Standort in der Grösse, Ausbildung der Rippen u. dgl. abweicht. Im norddeutschen Oligocän ist bezeichnend der rundliche, ziemlich dünnschalige P. lunulatus (Nyst.) [Taf. 63, Fig. 11], gekennzeichnet durch die Unterbrechung der Zahnreihe im mittleren Teile. Im Mainzer Becken ist recht häufig der radial gerippte P. angusticostatus (Lam.) [Taf. 63, Fig. 9] und vor allem der fast glatte, dickschalige P. obovatus (Lam.) [Taf. 63, Fig. 10]. Diesem sehr ähnlich ist P. pilosus (L.), aus der oberschwäbischen Meeresmolasse. Eine kleine, etwas schief gestellte Form, mit einer Bandgrube unter dem Wirbel, wird als Limopsis abgetrennt (L. costulata (Goldf.) [Taf. 63, Fig. 12]).

Nucula kommt in verschiedenen kleinen, indifferenten Arten vor. Besonders wichtig ist aber die im Septarienton von Süd- und Norddeutschland verbreitete Leda Deshayesiana (Duch.) [Taf. 63, Fig. 13], eine nur wenig ausgezogene, konzentrisch gestreifte, dickschalige Nuculide. Hier schliesst sich auch die rezente, für das norddeutsche Diluvium wichtige Yoldia arctica (Gray) an, eine kleine, hinten klaffende Nuculide.

Fig. 126. Yoldia arctica (Gray) Diluv.

b) Heterodonte Formen.

1. Gruppe. **Integripalliata.**

7. Unionidae.

Eine in das Süsswasser abgewanderte Formenreihe, welche vielleicht von der Gruppe der Trigonien abzuleiten ist. Es sind dicke, vorwiegend aus blätteriger Perlmutterschicht aufgebaute Schalen, die Oberfläche mit grüner oder brauner Epidermis bedeckt, mit glatten Rändern und äusserlichem Band.

Unio. Dickschalig, mit unregelmässigen Schlosszähnen und langem, hinterem Seitenzahn. Als Süsswassermuschel tritt Unio zuweilen häufig in den brackischen und Süsswasserablagerungen auf. U. flabellatus (Goldf.) [Taf. 64, Fig. 1] und die etwas gestrecktere, ziemlich glatte U. Eseri (Klein) sind typische Vertreter im Miocän, während in den diluvialen Flussablagerungen der rezente U. batavus (Nils.) gefunden wird.

Anodonta. Dünnschalig, länglich und zahnlos. Im Tertiär durch A. anatinoides (Klein) und im Diluvium durch die heute noch lebende A. cygnea (L.) vertreten.

8. Astartidae.

Während die Gruppe Astarte selbst fast gänzlich zurücktritt, kommt Cardita, die Astartide mit radialen Rippen, gekerbtem Rand und überaus kräftigem, nach hinten verschobenem Schloss zur Entfaltung. Für das Oligocän bezeichnend ist C. Dunkeri (Phil.) [Taf. 64, Fig. 2], während wir in der Meeresmolasse die länglich-ovale C. Jouaneti (Bast.) [Taf. 64, Fig. 3] finden.

9. Lucinidae.

Lucina, von welcher als häufigste Art im Mainzer Becken L. tenuistria (Heb.) [Taf. 64, Fig. 4] zu nennen ist, eine mässig grosse, flache Schale mit vorgebogenem Wirbel und scharfen konzentrischen Rippen. Die übrigen Arten im norddeutschen Oligocän und im Miocän bilden meistens Seltenheiten.

10. Cardiidae.

Cardium, die heute noch an den Küsten so verbreitete Herzmuschel, findet sich in untergeordneter Weise in den marinen oligocänen Ablagerungen, so das zierliche C. tenuisulcatum (Nyst.) [Taf. 64, Fig. 5], neben dem grossen C. anguliferum (Sandb.). Besonders wichtig und massenhaft in den brackischen Schichten von Oberschwaben und Oberbayern ist C. sociale (Krauss) [Taf. 64, Fig. 6], eine kleine, mässig gewölbte und scharf radial gerippte Herzmuschel.

11. Cyrenidae.

Cyrena. Brackisch lebende Muscheln mit meist glatter oder leicht konzentrisch gestreifter Schale, von starker, brauner Epidermis bedeckt; 2 bis 3 Schlosszähne und jederseits einen kräftigen Seitenzahn. C. semistriata (Desh.) [Taf. 64, Fig. 7] bildet die leitende Form im Cyrenenmergel des Mainzer Beckens und den entsprechenden Braunkohlenbildungen von Oberbayern und Norddeutschland.

2. Gruppe. **Sinupalliata.**

12. Veneridae.

Wie in der Jetztzeit, so nehmen auch schon im Tertiär die Venusmuscheln einen bedeutenden Anteil an der Zusammensetzung der Muschelfauna und spielen eine viel wichtigere Rolle als im Mesozoikum.

Venus mit 3 einfachen, auseinandergehenden Schlosszähnen ist in zahlreichen Arten besonders aus dem oberschwäbischen Miocän bekannt, jedoch meist nur in unbestimmbaren Steinkernen erhalten. Nur bei Ermingen finden sich gute Schalenexemplare der grossen V. umbonaria (Lam.) und der konzentrisch gerippten V. multilamella (Lam.).

Tapes. Sehr ähnlich Venus, nur etwas quer verlängert, mit schmälerer Schlossplatte und gespaltenem Schlosszahn. Hierher gehört die bei Ermingen häufige T. helvetica (C. May.) [Taf. 64, Fig. 8].

Cytherea, gleichfalls sehr ähnlich Venus, aber mit kleinem, vorderem Seitenzahn in der linken Klappe. In der Mainzer Meeresmolasse findet sich häufig die stattliche C. incrassata (Sow.) [Taf. 64, Fig. 9], eine schöne, hochgewölbte Muschel mit fast glatter Oberfläche, welche bei ausgewachsenen Exemplaren einen Durchmesser von 8 cm erreicht. In denselben Schichten haben wir auch die längliche, glänzend glatte, flache C. splendida (Merian) [Taf. 64, Fig. 10].

Fig. 127. Oben: Pholadenlöcher im Jurakalk eingebohrt. Unten: Ausfüllungen (Steinkerne) der Löcher mit Pholas Dujardini (C. May.).

Fig. 128. Fossiles Holz mit den Bohrgängen von Teredo, Meeresmolasse.

c) Desmodonte Formen.

13. Panopaeidae.

Panopaea ist allein als wichtige und häufige Form zu nennen, da die zahlreichen mesozoischen Myaciten und Pholadomyen ausgestorben sind. Im Mainzer Meeressand findet sich häufig die glatte, langgestreckte, vorn und hinten klaffende P. Heberti (Bosquet) [Taf. 64, Fig. 11].

14. Myidae.

Corbula. Die kleinen, ovalen, geschlossenen, stark ungleichklappigen Muscheln mit kräftigem Schlosszahn sind auch im Tertiär vertreten und zwar haben wir zahlreiche Arten im Oligocän, von welchen C. papyracea (Sandb.), C. nitida (Sandb.) und C. longirostris (Desh.) genannt sein mögen, während im Miocän C. gibba (Olivi) allerdings meist nur als Steinkern vorkommt.

15. Pholadidae.

Pholas. Bohrmuscheln mit kleinen, dünnen, weitklaffenden Schalen. Diese selbst werden allerdings selten gefunden, um so häufiger dagegen die Löcher oder die Ausfüllung derselben, wobei es zuweilen gelingt, wenigstens den Steinkern der Bohrmuschel selbst blosszulegen. Besonders an den alten Küstenlinien der Tertiärmeere bilden die Spuren der Bohrmuscheln überaus charakteristische Erscheinungen, so bei Heldenfingen, Dischingen und anderen Orten der Alb mit Ph. Dujardini (C. May.).

Während Pholas ihre Löcher im Stein oder den festen Mergeln anlegt, sind die fossilen Hölzer vielfach von Teredo, dem Schiffsbohrwurm, durchfressen und auch hiervon finden sich nicht allzu selten Belegstücke.

VIII. Schnecken, Gastropoda.

Im Gegensatz zu den mesozoischen Formationen bilden nunmehr gerade die Schnecken zusammen mit den Muscheln die wichtigsten Bestandteile der Fauna und stehen im Vordergrunde des Sammelns. Dabei haben wir es der Bildungsweise der Schichten entsprechend nicht nur mit marinen, sondern ganz besonders auch mit Land- und Süsswasserbewohnern zu tun. Wie bei den Muscheln, ist aber auch bei den Schnecken das fremdartige Gepräge der Formen ausgelöscht, und das Bild der Fauna erinnert vollständig an dasjenige unserer heutigen Lebewelt, wobei Verschiedenheiten nur in der Spezies, nicht aber in den grösseren Gruppen und Familien hervortreten.

Bezüglich des Erhaltungszustandes ist zu sagen, dass die Schnecken im allgemeinen in ihrer Erhaltung den Homomyariern unter den Muscheln gleichzustellen sind und wie diese recht häufig nur als weicher, kreidiger Kalk vorliegen, wenn die Schale nicht überhaupt ausgelaugt ist und dementsprechend nur einen Hohlraum oder Steinkern hinterlassen hat.

Die Vorkommnisse schliessen sich eng an die Ausbildungsweise der

Schichten an. In den marinen Schichten fehlen bei uns die schönen, reich verzierten Formen, wie wir sie heute in den warmen Meeren vorfinden. Wir haben nur küstenbewohnende Meerschnecken, meist von kleiner, gering verzierter, deshalb mehr oder minder unansehnlicher Gestalt, was jedenfalls mit der kälteren Strömung in den damaligen Meeren und Meeresbuchten zusammenhängt. In den brackischen Meeren und ausgesüssten Ablagerungen treten geradezu gesteinsbildend in unglaublicher Menge Cerithien und Litorinellen auf, während in den Süsswasserablagerungen Melanien, Valvaten Limnaeen und Planorben vorwiegen. Die Landbildungen sind charakterisiert durch Helix, Cyclostoma, Clausilia und Pupa, Schnecken, die offenbar am Ufer oder auf Wasserpflanzen lebten und so in die Kalkabsätze des Süsswassers hineinkamen. Gerade diese Landschnecken fordern unser besonderes Interesse, da bei ihnen eine gewisse Entwicklung oder wenigstens Veränderung der Faunen zu beobachten ist, so dass sie als Leitfossilien für die einzelnen Horizonte geeignet sind. Das Gesamtbild der Land- und Süsswasserfauna entspricht im Tertiär einer etwas wärmeren aber keineswegs einer tropischen oder subtropischen Zone, sondern lässt sich am ehesten mit der der Mittelmeergegenden vergleichen. Im Diluvium haben wir im grossen ganzen vollständig unsere heute noch lebende Schneckenfauna, zu deren Bestimmung am meisten D. Geyer, „Unsere Land- und Süsswassermollusken" (Stuttgart, K. G. Lutzscher Verlag) geeignet ist.

Zur Erleichterung für die Bestimmung habe ich die marinen Schnecken, ebenso wie die Süsswasser- und Landformen in Gruppen für sich zusammengefasst. Die brackischen Arten sind je nach ihrem Anschluss an marine oder Süsswasserformen eingereiht.

a) Meerschnecken.

1. Dentalium.

Diese unverwüstliche Dauerform ist als Küstenbewohner auch in den Tertiärbildungen nicht selten. So im Oligocän Dentalium acutum (Hib.) [Taf. 65, Fig. 1], scharf zugespitzte, fein gestreifte und schwach gebogene Röhren; im Miocän tritt, allerdings fast nur im Steinkern erhalten, D. mutabile (Döderl.) auf.

2. Natica.

Gehört zu den häufigen und schon wegen der dicken Schale meist wohlerhaltenen Fossilien. Im Oligocän N. micromphalus (Sandb.) [Taf. 65, Fig. 2] mit kleinem aber tiefem Nabel und N. crassatina (Lam.) [Taf. 65, Fig. 3], eine sehr grosse, bis 10 cm hohe Art, mit breiter Innenlippe, welche den Nabel verdeckt. Im Miocän häufig N. millepunctata (Lam.) [Taf. 65, Fig. 4], eine verhältnismässig hohe, weitgenabelte Form. Das abgebildete Exemplar ist angebohrt von einer andern Natica, welche mit ihrer Radula in der Zunge derartige scharf umrandete, kreisrunde Löcher aufweist.

3. Nerita.

In der Form wie Natica, aber mit schwulstiger, grosser, zuweilen gekerbter Innenlippe, eine der grössten Arten ist N. Plutonis (Bast.) [Taf. 65, Fig. 5], welche neben zahlreichen kleineren Arten, wie N. costellata (Münst.) und asperata (Duj.), im Miocän auftritt.

4. Turritella.

Die Turmschnecken sind im allgemeinen nicht häufig, dagegen an einer Lokalität auf der sogenannten Turritellenplatte von Ermingen bei Ulm in ungeheurer Masse angehäuft. Die Spezies ist T. turris (Bast.) [Taf. 65, Fig. 7], welche in tadellosen Exemplaren daselbst gesammelt werden kann.

5. Cerithium.

Die turmförmigen, meist reich verzierten Gehäuse mit kurzem Ausguss an der Mündung, bilden die wichtigste Gruppe der Schneckenfauna, insbesondere im Mainzer Tertiär, wo sie nicht nur in zahlloser Menge, sondern auch in grosser Formenfülle auftreten. Obwohl eigentlich Meeresbewohner, zeigen sie doch eine leichte Anpassungsfähigkeit an das ausgesüsste Wasser der brackischen Zonen, ja sie scheinen gerade darin ein besonders reiches Leben entfaltet zu haben. Die Bestimmung ist zuweilen recht schwierig, wenn man nicht, wie es ja im allgemeinen für den Sammler am zweckmässigsten ist, sich auf einige wenige charakteristische Arten beschränkt. Als solche sind zu nennen C. laevissimum (Schloth.) [Taf. 65, Fig. 8], mässig gross mit nahezu glatter Oberfläche. Massenhaft auftretend ist C. plicatum (Brug.) [Taf. 65, Fig. 9], mit Längsrippen und schwachen Querwülsten; je nach der Anzahl und Stärke dieser Wülste werden mehrere Abarten wie C. intermedium, multinodosum, pustulatum u. a. unterschieden. Ebenso massenhaft tritt C. margaritaceum (Brocchi) und C. submargaritaceum (Al. Br.) [Taf. 65, Fig. 10 u. 11] auf, das erstere mit perlschnurartigen Längsstreifen, welche bei dem letzteren in mehr lineare Streifen übergehen. Auch hier werden eine Reihe von Abarten unterschieden. Bei C. dentatum (Defr.) [Taf. 65, Fig. 12], einer grossen Art, haben wir ausser den geperlten Längsstreifen noch einzelne breite Querwülste. Im Miocän treten die Cerithien zurück und ist nur das an C. plicatum erinnernde C. Zelebori (Hörnes) zu nennen.

6. Pleurotoma.

Diese schliesst sich an die uns vom Mesozoikum her bekannten Pleurotomarien an und zeigt wie diese ein Schlitzband, welchem ein Ausschnitt am Mundsaum entspricht. Im übrigen gleichen die hoch aufgewundenen, turmförmigen Schnecken mehr den Cerithien, sind aber von diesen, abgesehen von dem Schlitzband, durch die längere, nach unten in einen Kanal ausgezogene Mundöffnung zu unterscheiden. Es ist eine überaus formenreiche und schwierig zu bestimmende Gruppe, von welcher uns nicht nur das Mainzer Tertiär, sondern auch das norddeutsche Oligocän zahlreiche Vertreter liefert. Von diesen seien als wichtigste erwähnt: P. belgica (Nysst.) [Taf. 65, Fig. 15], eine Formenreihe mit grossem, ziemlich dickem, letztem Umgang und schwacher Schalenverzierung und P. Selysii (de Kon.) [Taf. 65, Fig. 16], eine schlanke, nahezu glatte Art. Aus dem norddeutschen Miocän sind zu nennen P. rotata (Brocchi) und P. cataphracta (Brocchi) [Taf. 65, Fig. 17 u. 18], beide mit reicher Verzierung.

7. Conus.

Die in den heutigen Meeren sehr formenreichen Kegelschnecken erinnern im Jugendzustand an Pleurotoma, später aber entwickelt sich ein hoher, letzter Umgang, welcher die inneren Windungen vollständig umhüllt. Im allgemeinen sind die Kegelschnecken in unserem Tertiär selten und zu erwähnen wäre nur C. Dujardini (Desh.) [Taf. 65, Fig. 19], aus dem Oligocän, während im norddeutschen Miocän C. antediluvianus (Lam.) leitend ist.

8. Cypraea.

Die heutigen Porzellanschnecken mit eiförmig eingerollter Schale, bei welcher die letzte Windung die anderen vollständig umhüllt und eine spaltartige Mundöffnung zwischen schwulstigen, gezahnten Lippen mit oberem und unterem Ausguss bildet. Gegenüber den heutigen, besonders in den warmen Zonen prächtig entwickelten Cypraeen treten diejenigen in unserem Tertiär sehr zurück. C. subexcisa (A. Br.) [Taf. 65, Fig. 6] ist die einzige, etwas häufigere Form.

9. Aporrhais.

Ist uns schon von früher, S. 165, als Strombide bekannt, mit dicker Innenlippe, welche über die Windungen weggreift. Während die andern Strombiden offenbar auf wärmere Zonen sich zurückgezogen haben, haben wir von Apporrhais zwei Arbeiten: A. speciosa (Schloth.) und A. tridactyla (Al. Br.) [Taf. 65, Fig. 13 u. 14], mit den für diese Gruppe charakteristischen Flügeln der Aussenlippe.

10. Buccinum.

Eine Familie der Meerschnecken mit dickbauchigen, niederen Gehäusen, weiter Mündung, die in einen kurzen Kanal ausläuft, und glatter Spindel. Den Typus bildet B. undatum (L.), die heute noch an der norddeutschen Küste allgemein verbreitete Art, welche auch in den marinen Interglazialschichten Norddeutschlands häufig ist. Im Tertiär haben wir am häufigsten B. bullatum (Phil.) [Taf. 65, Fig. 20] und das durch Längsstreifen verzierte B. cassidaria (A. Braun) aus den Cyrenenmergeln. Im Miocän finden wir die Untergruppe Nassa, dickschalige kleine Arten mit kräftiger, schwieliger Innenlippe (N. Basteroti [Mich.]). Wir schliessen ausserdem hier an Columbella, kleine, dickschalige Gehäuse mit schmaler, gestreckter Oeffnung und dicker, innen gekerbter Aussenlippe. C. curta (Duj.) [Taf. 65, Fig. 21], eine glatte, unverzierte Form, findet sich häufig im Miocän von Winterlingen auf der Alb.

11. Fusus.

Mehr oder minder hohe Gewinde mit grossem, letztem Umgang, ovaler Mündung, ohne Aussen- und Innenlippe, mit langem, offenem Kanal und glattem Gewinde. Die Fususarten sind im ganzen Tertiär vertreten und zwar ist zu nennen F. lyra (Phil.) [Taf. 65, Fig. 24] und F. Waelii (Nysst.) im Oligocän, während F. crispus (Borson) und F. eximius (Beyr.) [Taf. 65, Fig. 22 u. 23] neben F. burgdigalensis (Bast.) im Miocän vorkommen.

12. Tritonium.

Unterscheidet sich von Fusus durch die Ausbildung einer kräftigen, meist gekerbten Aussenlippe und entfernt stehenden Querwülsten auf den Windungen. Hierher gehören T. flandricum (de Kon.) und T. foveolatum (Sandb.) [Taf. 66, Fig. 1 u. 2].

13. Voluta.

Gestreckte, schmale Gehäuse mit langer, unten offener Mündung und kräftigen Spindelfalten. V. decora (Beyr.) und V. suturalis (Nysst.) [Taf. 66, Fig. 3 u. 4].

14. Ficula.

Eine charakteristische Form mit dünner, bauchiger, gerippter oder gegitterter Schale, niedrigem Gewinde und grosser, in einen Kanal auslaufender Mündung; meist als Steinkerne finden sich im Miocän F. condita (Broug.) [Taf. 66, Fig. 5] mit gestreifter und F. reticulata (Hoernes) mit gegitterter Oberfläche.

b) Süsswasserschnecken.

15. Melania.

Mehr oder minder turmförmige Gehäuse mit dicker Epidermis und ausgeprägter Schalenverzierung. M. Escheri (Mer.) [Taf. 66, Fig. 6], eine ziemlich grosse Art mit bald mehr bald weniger scharfen Dornen am Oberrand der Windungen, ist charakteristisch für die Süsswasserkalke, in welchen sie häufig auch als Steinkern oder infolge Inkrustation als Mumie vorkommt. Bei der Unterordnung Melanopsis ist die Mündung oben winkelig und die Innenlippe schwielig. Ihr Auftreten ist meist massenhaft, wie M. Kleini (Kurr.) [Taf. 66, Fig. 7] in den Süsswasserkalken vom Teutschbuch a. d. Alb, während M. citharella (Mer.) und M. tabulata (Hoern.) [Taf. 66, Fig. 8 und 9] in den Strandbildungen von Winterlingen auf der Alb zusammen mit marinen Arten auftreten.

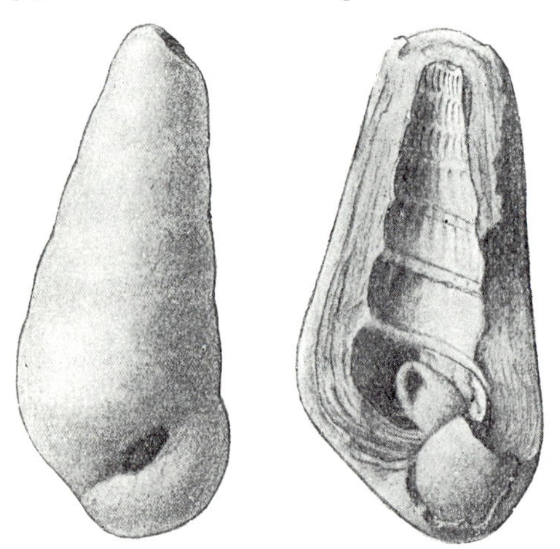

Fig. 129. Melania Escheri (Mer.) als Mumie erhalten. Ob. Süsswasserkalk, Riedlingen.

16. Litorinella.

Sehr kleine, brackisch oder im Süsswasser lebende Schneckchen, die in unglaublicher Menge zu Schichten angehäuft sind. Am wichtigsten ist L. acuta (Drap.) [Taf. 66, Fig. 10 und 11], welche ebenso in den brackischen Schichten des Mainzer Becken und bei Kirchberg wie in den Süsswasserbildungen des Rieses gesteinsbildend auftritt. Im Steinheimer Becken haben wir gleichfalls massenhaft die etwas gerundetere L. (Gillia) utriculosa (Sandb.) [Taf. 66, Fig. 12].

17. Paludina.

Am bekanntesten ist die lebende P. vivipara, welche natürlich auch in den interglazialen Bildungen Norddeutschlands vorkommt. Dieser in der Form) annähernd gleich, nur etwas dickschaliger ist P. (Melantho) varicosa (Bronn.

[Taf. 66, Fig. 13] aus den brackischen Schichten von Oberkirchberg. An Paludina anschliessend haben wir die uns aus der lebenden Schneckenfauna bekannten, aber auch im Diluvium sehr verbreiteten Arten Bythinia tentaculata (Müll.) [Taf. 66, Fig. 30], eine etwas hochgedrehte Paludine und die niedrige kugelige Valvata antiqua (Drap.) [Taf. 66, Fig. 31], eine Varietät der gewöhnlichen Kammschnecke V. piscinalis zu nennen.

18. Neritina.

Zierliche, kugelige, an die marine Nerita sich anschliessende Süsswasserschneckchen mit dicker Innenlippe. In Form und selbst Färbung an die lebende N. fluviatilis erinnernd ist N. crenulata (Klein) [Taf. 66, Fig. 14] aus dem oberen Süsswasserkalk.

19. Ancylus.

Die kleinen Napf- oder Mützenschneckchen besitzen dünnschalige mützenförmige Gehäuse ohne Windungen, wie wir sie heute in den Flüssen als A. fluviatilis finden. Auch im Tertiär ist nicht selten A. deperditus (Desm.) [Taf. 66, Fig. 15].

20. Limnaeus (Sumpfschnecke).

Die in unseren Süsswassern allenthalben verbreitete Sumpfschnecke mit dünner, mehr oder minder hoch aufgewundener Schale, scharfrandiger, unten gerundeter Mündung und grossem letztem Umgang tritt schon vom Jura an in Süsswasserbildungen auf und ist auch in unserem Tertiär recht häufig. Im oligocänen Süsswasserkalk überwiegen dickbauchige Arten wie L. pachygaster (Thomä), L. bullatus (Thomä) und L. subovatus (Ziet.), während im Miocän sehr häufig L. dilatatus (Noul.) und L. socialis (Ziet.) [Taf. 66, Fig. 17 und 18] sind; im Diluvium haben wir die rezenten Arten L. palustris (Müll.) [Taf. 66, Fig. 19), L. stagnalis (L.) und L. pereger (Müll.) [Taf. 66, Fig. 20]. Weiterhin kommen für den diluvialen Löss die kleinen, auf dem Land lebenden Bernsteinschnecken Succinea mit nur 3 bis 4 Umgängen in Betracht und zwar hauptsächlich S. Pfeifferi (Rossm.) und S. oblonga (Drap.) [Taf. 66, Fig. 21 und 22].

21. Planorbis (Tellerschnecke).

Das Tier, mit Limnaeus übereinstimmend, dagegen die Schale flach scheibenförmig und allmählich zunehmend. Im Oligocän haben wir den schönen, gleichmässig gebauten P. pseudoammonius (Voltz) [Taf. 66, Fig. 23], im Miocän den etwas kleineren P. cornu (Brougn.) [Taf. 66, Fig. 24], dem lebenden Posthörnchen P. corneus sehr ähnlich, ausserdem flache, kleine Arten wie P. declivis (Thomä) und P. laevis (Klein). Sehr interessant sind die Planorbiden des Steinheimer Beckens, welche dort in ungeheuren Massen als Schneckensand angehäuft sind. Ausser echten Planorbisarten, wie P. Steinheimensis (Hilgendorf), aequeumbilicatus (Hilg.), Kraussi (Hilg.), finden wir besonders auch solche mit kantigen Umgängen, welche als Carinifex multiformis (Bronn) eine allmähliche Skalaridenbildung vom flachen C. tenuis und discoideus über intermedius zum trochiformis und turbiniformis (Taf. 66, Fig. 25 bis 29) durchmachen. (Es ist dies ein vorzügliches, leicht zu gewinnendes Sammlungsmaterial.)

c) Landschnecken.

22. Glandina.

Fleischfressende Landschnecken mit glatter, mässig hoher Schale und grossem, letztem Gewinde, an Limnaeus erinnernd, aber durch den leichten Ausguss unterschieden. Während die Glandinen heute nur in den Mittelmeergegenden vorkommen, finden sie sich im Tertiär auch im süddeutschen Süsswasserkalk an der Alb und bei Wiesbaden. G. inflata (Reuss.) [Taf. 66, Fig. 16], eine stattliche Form mit leicht quer gestreifter Schale.

23. Clausilia (Schliessmundschnecke).

Schlanke spindelförmige, linksgewundene Gehäuse, die Mündung durch Lamellen verengt, häufig gezahnt oder gefaltet. Sehr stattliche Formen finden wir im Tertiär wie C. antiqua (Ziet.) im Oligocän, C. bulimoides (A. Braun) und C. suturalis (Sandb.) [Taf. 66, Fig. 32 und 33] im Miocän.

24. Pupa (Puppenschnecke).

Meist sehr kleine, ei- oder walzenförmige Schneckchen mit zahlreichen Umgängen, die Mündung von Falten und Zähnen verengt. Von den zahlreichen, nach der Ausbildung des Mundes zu unterscheidenden Arten mögen aus dem Miocän die verhältnismässig grosse P. Schübleri (Klein) [Taf. 66, Fig. 34] und die zierliche P. quadridentata (Klein) [Taf. 66, Fig. 35] genannt sein; sehr wichtig für den Löss ist P. muscorum (L.) [Taf. 66, Fig. 36]. (Es möge erwähnt sein, dass man diese zierlichen kleinen Schneckchen hauptsächlich durch Schlämmen des Kalksandes oder Mergels bekommt, wobei die in der Regel mit Luft gefüllten Schälchen auf dem Wasser schwimmen und abgefischt werden können.)

25. Cyclostoma.

Kreiselförmige, abgestumpfte, feste Gehäuse mit gegitterter Verzierung, fast kreisrunder Mündung, welche durch einen kalkigen Deckel verschliessbar ist. In den Tertiärschichten allenthalben auftretend, aber selten massenhaft. So finden wir im unteren Süsswasserkalk C. antiquum (A. Brougn.) und C. bisulcatum (Ziet.) [Taf. 67, Fig. 3 und 4], im oberen Süsswasserkalk C. consobrinum (C. May.) und C. conicum (Klein) [Taf. 67, Fig. 5 und 6], im unteren Süsswasserkalk haben wir ausserdem eigenartige Cyclostomiden mit heraustretender, nach oben abgedrehter Mundöffnung, welche als Strophostoma bezeichnet werden. St. anomphalum (Sandb.) [Taf. 67, Fig. 1] aus einer Spaltenausfüllung im Jura von Arnegg b. Ulm und St. tricarinatum (M. Braun) [Taf. 67, Fig. 2] aus dem Landschneckenkalk von Hochheim.

26. Helix (Schnirkelschnecke).

Eine überaus formenreiche Familie der Landschnecken mit kugeligen, niedrigen, genabelten oder ungenabelten Gehäusen, gerundeter Mündung und häufiger Bildung einer Innenlippe. Man hat die Familie Helix in zahlreiche Untergattungen und Untergruppen gespalten, deren genaue Bestimmung jedoch nur Sache der Spezialisten ist. Auch das Bestimmen der Spezies stösst zuweilen auf grosse Schwierigkeiten, zumal wenn wir es nur mit Steinkernen oder mit nicht vollständig ausgewachsenen Exemplaren zu tun haben. An eine Aufzählung aller Formen ist nicht zu denken, und es mögen hier nur einige charakteristische und als Leitfossilien wichtige Arten hervorgehoben sein. Im unteren Süsswasserkalk H. subverticillas (Sandb.) [Taf. 67, Fig. 7], eine grosse Art, gekennzeichnet durch die zonalen Anwachsstreifen und die gekielten inneren Windungen. H. rugulosa (Ziet.) [Taf. 67, Fig. 8], eine kugelige Schnecke, die als Leitfossil für die untere Abteilung des oligocänen Süsswasserkalkes gilt, ebenso wie H. crepidostoma (Sandb.) [Taf. 67, Fig. 9], eine mehr zugespitzte Form, für die obere Abteilung dieses Horizontes leitend ist. H. Ehingensis (Klein) [Taf. 67, Fig. 10], eine der grössten Arten mit niedrigem Gewinde und kräftiger Innenlippe, H. oxystoma (Thomä) und H. deflexa (A. Braun) [Taf. 67, Fig. 11 und 12] sind ungenabelte Formen mit mässig hohem Gewinde. H. osculum (Thomä) [Taf. 67, Fig. 13] bildet kleine, niedrige Gehäuse mit starkem, wulstigem Mundsaum. Im oberen Süsswasserkalk haben wir die stattliche und wohlgebaute H. insignis (Schübl.) [Taf. 67, Fig. 14]. Eine schwierige Gruppe bildet H. sylvana (Klein) und H. sylvestrina (Ziet.) [Taf. 67, Fig. 15 und 16], welche unsern lebenden Gartenschnecken schon ausserordentlich ähnlich sind und offenbar auch deren Zeichnung in Form von Farbenstreifen besessen haben. H. inflexa (Klein) [Taf. 67, Fig. 17] ist eine charakteristische, niedrige, tiefgenabelte Form mit kräftigem Mundsaum. H. carinulata (Klein) [Taf. 67, Fig. 18], hat kleine, niedrige und ungenabelte Gehäuse. Im Diluvium haben wir durchgehends rezente Arten wie H. hortensis (Müll.) und H. fruticum (Müll.) [Taf. 67, Fig. 19 und 20] und die zahlreichen übrigen Formen. Zu erwähnen ist besonders noch die für den Löss leitende und häufige H. hispida (L.) [Taf. 67, Fig. 21], eine kleine, niedrige Art mit zahlreichen Umgängen.

IX. Tintenfische, Cephalopoda.

Die ganze im Mesozoikum so wichtige Gruppe der Tintenfische fällt für uns weg, da wir in den deutschen Tertiärablagerungen keinerlei Ueberreste derselben zu berücksichtigen haben.

X. Krebstiere, Crustacea.

a) Muschelkrebse, Ostracoda.

Es handelt sich hier um kleine Krebstierchen mit 2 zuweilen verkalkten Klappen, welche den Leib vollständig umschliessen. Wir haben sie schon im Paläozoikum S. 94 mit fremdartigen, verhältnismässig grossen Vertretern kennen gelernt, während die tertiären und diluvialen Arten sich eng an die lebenden Süsswasserformen, vor allem an die lebende Süsswasserform Cypris anschliessen. Wer sich mit diesen zierlichen Schälchen befassen will, der muss dasselbe Schlämmverfahren wie bei den Foraminiferen oder den kleinen Schneckchen anwenden und wird dann beobachten, dass die Muschelkrebse meist auf dem Wasser schwimmen und abgefischt werden können. Zuweilen treten sie aber in solchen Massen auf, dass ganze Bänke davon erfüllt werden, so im Miocän des Mainzer Beckens, vor allem aber in den Süsswasserkalken des Rieses bei Nördlingen und zwar ist es eine Abart der allgemein vertretenen Cypris faba (Desm.) var. Risgoviensis (Sieb.) [Taf. 67, Fig. 22].

b) Meereicheln, Balanidae.

Eine Gruppe der Rankenfüssler oder Cirripedia mit eigenartigem, festsitzendem Gehäuse, welches sich über einer breiten, verkalkten Basis aus zahlreichen Platten kegelförmig aufbaut und aus dessen oberer Oeffnung beim lebenden Tier die rankenartigen Füsse heraustreten. Ebenso wie an der heutigen Küste gehören auch im marinen Tertiär die Balaniden zu den häufigen Erscheinungen und werden bald auf Muschelschalen, bald auf festen Geröllen aufgewachsen gefunden. Im Oligocän von Bünde finden wir den zierlichen Balanus stellaris (Münst.) [Taf. 67, Fig. 23]. Sehr häufig im Miocän bei Dischingen ist der zuweilen noch mit Farbenstreifen versehene B. pictus (Münst.) [Taf. 67, Fig. 24], während B. concavoides (Mill.) [Taf. 67, Fig. 25] zu den grösseren, aber auch selteneren Arten gehört.

c) Krebse, Decapoda.

Die langschwänzigen marinen Krebse treten im Tertiär zurück, da sie sich offenbar in das tiefere und wärmere Wasser zurückgezogen haben, dafür haben wir nun als besonders charakteristisch, ebenso wie an den heutigen Küsten, die kurzschwänzigen Krabben (Brachiura), aber auch sie gehören immer zu den seltenen Fossilien. Als einigermassen häufig kommen sie nur in den alpinen Nummulitenschichten vor, wo Xanthopsis Sonthofenensis (H. v. M.) [Taf. 67, Fig. 26] und X. Kressenbergensis (H. v. M.) neben Palaeocarpilius macrocheilus (Desm.) als besonders leitend bezeichnet werden dürfen. Interessant ist, dass wir auch schon eine Süsswasserform der Krabben in Telphusa speciosa (H. v. M.) [Taf. 67, Fig. 27] kennen, welche im Miocän und Süsswasserkalk von Engelswies b. Sigmaringen recht häufig auftritt.

XI. Insekten, Insecta.

Von dieser Gruppe gilt auch für das Tertiär das schon S. 186 angeführte, so dass wir darauf verzichten können, auf eine systematische Anordnung oder Aufzählung derselben einzugehen.

Erwähnt möge nur sein, dass wir bekanntlich im Bernstein nicht allzu selten Einschlüsse von Insekten finden, die zwar nur aus Hohlräumen mit einem Hauch der organischen Substanz[1]) bestehen, aber doch zur Untersuchung vorzüglich geeignet sind und viele hundert Arten umfassen, welche sich eng an die heute lebende Insektenwelt anschliessen. Als Beispiel ist Formica Flori (Mayr) [Taf. 67, Fig. 28] abgebildet, eine kleine, echte Ameise. Auch in den

[1]) An dieser Art der Erhaltung sind auch die zahlreichen Fälschungen zu erkennen, welche künstlich durch Einschmelzen eines Insekts im Bernstein hergestellt werden. Bei diesen lässt sich nämlich unter der Lupe die noch vorhandene, wenn auch eingeschrumpfte Füllung des Raumes durch den Insektenkörper selbst erkennen.

zarten Kalkmergeln und Schiefern von Oeningen und Rott b. Bonn, sowie in den Blätterschiefern vom Randecker Maar sind zarte Abdrücke von Insekten gefunden, wie z. B. die Larve von Libellula Doris (Heer) [Taf. 67, Fig. 29]. In grossen Mengen finden sich im Miocän von Wiesbaden und bei Leihstadt in der Pfalz die charakteristischen röhrenförmigen Gehäuse von Phryganeen (Frühlingsfliegen) [Taf. 67, Fig. 30] und bilden einen sog. Indusienkalk.

XII. Wirbeltiere, Vertebrata.

A. Fische, Pisces.

In der jungen Fischfauna ist ein wesentlicher Unterschied gegenüber derjenigen des Mesozoikums zu erkennen, welcher sich hauptsächlish darin kundgibt, dass unter den Haien die Cestracionten ebenso wie die Dipnoer und die ganze grosse Gruppe der Ganoidfische fehlen, denn diese sind grösstenteils ausgestorben oder in andere Gegenden abgewandert.

1. Haifische, Selachii.

Die Zähne der Haifische spielen in den marinen Tertiärablagerungen eine viel grössere Rolle als im Mesozoikum und gehören zu den wichtigen Fossilien für den Sammler. Es kann bei der grossen Anzahl der Zähne im Rachen eines Haies und der Erhaltungsfähigkeit dieser Gebilde auch nicht wundernehmen, dass die Haifischzähne keineswegs zu den Seltenheiten gehören. Wer in den tertiären Sandgruben oder Muschelsandsteinen zu sammeln Gelegenheit hat, wird auch bald die Erfahrung machen, dass die sog. „Vogelzungen" von den Arbeitern in erster Linie berücksichtigt und des Aufhebens wert erachtet werden. Es möge nur erwähnt sein, dass z. B. der verstorbene Pfarrer Dr. Probst, ein eifriger Tertiärsammler, aus einem Steinbruch in Baltringen allein über 10 000 Zähne gesammelt hat.

Notidanidae, die Grauhaie, mit den mehrzackigen Zähnen auf breitem Zahnsockel kommen im Tertiär als Notidanus primigenius (Ag.) [Taf. 68, Fig. 1] vor.

Carcharidae, Glatthaie oder Menschenhaie. Der Fisch von gedrungenem Bau, die Zähne hohl, meist breit und seitlich gezähnelt, die Wirbel ziemlich lang mit 4 kräftig verkalkten Keilen zwischen den gleichfalls verkalkten Doppelkegeln. Hierher gehören: Hemipristis serra (Ag.) [Taf. 68, Fig. 2], flache, dreieckige Zähne von mässiger Grösse, auf der Seite in charakteristischer Weise grob gezähnelt. Galeocerdo, Zähne fast ebenso hoch als lang, die Spitze scharf zurückgebogen, am häufigsten ist G. aduncus (Ag.) und G. latidens (Ag.) [Taf. 68, Fig. 4]; von Galeus haben wir einen für die Gruppe bezeichnenden Wirbel (Taf. 68, Fig. 9), abgebildet, während die Zähne kleiner, in der Form aber ähnlich wie Galeocerdo sind. Aprion ist charakterisiert durch kleine, spitzige, gerade Zähnchen mit scharfen Rändern und grossem Zahnsockel. (A. stellatus (Probst) [Taf. 68, Fig. 5].)

Lamnidae, Riesenhaie, grosse langgestreckte Haifische mit soliden, schlanken, scharf zugespitzten Zähnen, meist mit Nebenspitzen, die Wirbelkörper aus einem verkalkten Doppelkegel und 8 vielfach gegabelten Strahlen bestehend. Zu Lamna gehören zunächst die kurzen, an Damenbrettsteine erinnernden Wirbelkörper (Taf. 68, Fig. 10). Von den überaus zahlreichen Arten der Zähne ist zu erwähnen L. contortidens (Ag.) [Taf. 68, Fig. 6], mit zungenartig geschweifter, scharfer Spitze, 2 Seitenzähnchen und grosser, in 2 Wurzeln auslaufender Basis. L. crassidens (Ag.) [Taf. 68, Fig. 7] ist kräftiger gebaut, gerade, die Seitenzähne mehr verschwindend. In dieselbe Gruppe gehört auch Oxyrhina hastalis (Ag.) [Taf. 68, Fig. 8], kräftig gebaute, ziemlich breite Zähne ohne Seitenspitzen. Carcharodon megalodon (Ag.) [Taf. 68, Fig. 3] waren Riesen unter den Haifischen mit Zähnen von mehr als 10 cm Länge, flach dreieckiger Gestalt und gezähnelter Kante. Der Rachen dieser Tiere mag nahezu 1 m breit gewesen sein, während die Länge des ganzen Tieres bis zu 12 m geschätzt werden darf.

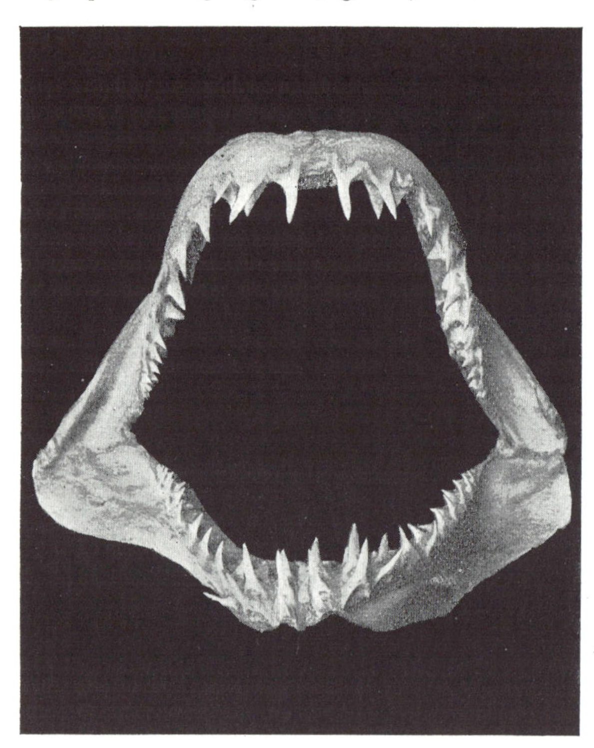

Fig. 130. Rachen einer rezenten Lamna, um die Stellung der Zähne zu zeigen.

Myliobatidae, Meeradler, glatte, zu den Rochen gehörige Selachier, mit breit entwickelter Brustflosse und peitschenförmigem Schwanz, die Kiefer waren mit mehreren Reihen von Pflasterzähnen bedeckt, die Rückenflosse trug einen dornigen Stachel. Ganze Zahnpflaster gehören zu den Seltenheiten und sind uns nur aus dem Eocän von Kressenberg in grösserer Anzahl bekannt geworden. Dagegen finden sich einzelne Zähne von Myliobatis toliapicus (Ag.) [Taf. 68, Fig. 12] nicht selten und zeigen eine sechseckige, oben flache Kaufläche, welche auf einer gekerbten Zahnbasis aufruht. Von den immerhin recht seltenen Flossenstacheln gibt M. serratus (H. v. M.) [Taf. 68, Fig. 11] ein Beispiel. Bei Aetobatis besteht das Zahnpflaster nur aus einer Reihe quer verlängerter Zähne mit schiefer Kaufläche und hoher Wurzel. (A. arcuatus (Ag.) [Taf. 68, Fig. 13].) Auch von den echten Rochen (Rajidae) werden Ueberreste gefunden und zwar bestehen diese seltener aus den kleinen Zähnchen, als aus den charakteristischen Hautschildern, welche mit Buckeln und zahnartigen Stacheln versehen sind. (Trygon thalassia fossilis Jaekel).

2. Knochenfische, Teleostei.

Unsere tertiären Küstenablagerungen waren offenbar zur Erhaltung ganzer Skelette von Fischen sehr ungünstig, und wir müssen uns daher meistens mit einzelnen Skelettstücken oder Zähnen begnügen. So finden sich nicht selten kleine, runde Zähne mit schwarzer Schmelzkappe, die zu den Meerbrassen gestellt und als Sparoides (Chrysophrys) molassicus (Qu.) [Taf. 68, Fig. 14] bestimmt werden. Besonders wichtig sind im norddeutschen Oligocän und Miocän die Gehörsteine oder Otolithen, welche ausserordentlich fest und widerstandsfähig sind, so dass häufig sie allein vom ganzen Skelett übrigblieben. Diese kleinen Gebilde werden zuweilen recht häufig gefunden und erlauben infolge ihrer charakteristischen Ausbildung eine ziemlich sichere Bestimmung. So gehört z. B. der abgebildete Otolithus varians (Koken) [Taf. 68, Fig. 16] einem Barsch (Perca) an.

Besser als mit den echten Meerfischen ist es mit solchen in den brackischen und Süsswasserablagerungen bestellt, da diese nicht selten aus zarten Mergelschiefern bestehen, in welchen ganze Skelette eingebettet sind. Die Hauptrolle in den brackischen Schichten spielen die Clupeiden oder Heringe, welche wie gewöhnlich in Schwärmen vorkommen. So finden wir in den Fischmergeln von Oberkirchberg sehr häufig ganze Skelette von Clupea ventricosa (H. v. M.) [Taf. 68, Fig. 20]. Für das Oligocän sind die Schuppen von Meletta sardinites (Hek.) [Taf. 68, Fig. 15] sehr bezeichnend. Sie gehören einer schlanken, kleinen Heringsart an und kommen zusammen mit zerdrückten Skelettresten in grosser Menge und Verbreitung in den sog. Melettaschichten vom Oberelsass und dem Septarienton von Nierstein und Flörsheim vor, sind aber auch weithin in Norddeutschland verbreitet.

In den Süsswasserablagerungen finden wir im wesentlichen unsere heute noch verbreiteten Fische. Sehr häufig, zum Teil in recht stattlichen Exemplaren, findet sich im Obermiocän von Steinheim Leuciscus, der Weissfisch (Taf. 68, Fig. 17), neben Karpfen und Hecht. In den brackischen Fischschichten von Oberkirchberg finden wir ausser den schon erwähnten Heringen einen zierlichen Barsch, Smerdis formosus (H. v. M.) [Taf. 68, Fig. 18] und kleine Groppen, Cottus brevis (Ag.) [Taf. 68, Fig. 19]. Ganz ähnliche Formen finden wir im Miocän des Mainzer Beckens und der rheinischen Braunkohlenformation.

B. Lurche, Amphibia.

Die Ueberreste von Salamandern und Fröschen, denn nur mit solchen haben wir es zu tun, kommen für den Sammler so gut wie gar nicht in Betracht, denn einerseits bilden sie grosse Seltenheiten, andererseits haben sie auch kein allzugrosses wissenschaftliches Interesse, da sie meistens an die lebenden Arten anschliessen. Abgesehen von dem freilich schon ausserhalb Deutschland liegenden obermiocänen Fundplatz Oeningen sind es besonders die untermiocänen niederrheinischen Braunkohlenschichten (Rott im Siebengebirge), welche Ueberreste geliefert haben. Unter diesen wäre zu erwähnen der grosse Andrias Scheuchzeri (Tschudi), ein Riesenmolch, der an den japanischen Cryptobranchus japonicus erinnert. Weiterhin kennen wir von dort eine sehr grosse Kröte (Latonia) und zahlreiche Frösche (Palaeobatrachus), von welch letzteren ganze Skelette bei Oeningen, Rott und im Dysodil des Randecker Maares, lose Knöchelchen im Miocän des Mainzer Beckens gefunden worden sind.

C. Reptilien, Reptilia.

Im Gegensatz zum Mesozoikum sind die Reptilien in der Neuzeit fast ohne Belang, und wie schon S. 197 erwähnt, fehlen alle die Meer- und Flugsaurier, ebenso wie die Dinosaurier.

Krokodile.

Diese kommen in den tertiären Süsswasserschichten vor und zwar sowohl die langschnauzigen Gaviale wie die kurzschnauzigen Krokodile und Alligatoren. Isolierte Zähne oder Hautschilder gehören keineswegs zu den grossen Seltenheiten, und unter diesen ist besonders wichtig Diplocynodon [Taf. 69, Fig. 1), ein zwischen Alligator und Crokodilus stehendes Reptil, das bedeutende Grösse erreichte.

Schildkröten

liefern die häufigsten Ueberreste unter den Reptilien und bestehen allerdings nur selten aus ganzen Panzern und Skeletten, sondern gewöhnlich nur aus einzelnen Schildern des Rücken- oder Bauchpanzers. Die Meerschildkröten fehlen vollständig, dagegen finden wir in den Süsswasserbildungen häufig Sumpfschildkröten, wie Emys, Cistudo und eine grosse Chelydra, von welcher wir aus Steinheim Panzer mit 70 cm Durchmesser kennen. Sehr charakteristisch sind die Schilder von Trionyx, der Flussschildkröte [Taf. 69, Fig. 3], mit ihren wurmförmigen Verzierungen. Sie finden sich besonders im norddeutschen Oligocän, aber auch in den Süsswasserbildungen von Ulm und dem Mainzer Becken (Frankfurt, Wiesbaden). Die Landschildkröten sind durch Testudo vertreten [Taf. 69, Fig. 2] mit Formen, welche am meisten an die heute noch die Mittelmeerländer bewohnende Testudo graeca erinnern. Die schönsten Exemplare wurden gefunden im Gips von Hohenhöwen, in Steinheim, im Ries und in der Mainz-Frankfurter Gegend. Auch im Diluvium, besonders im Torf, sind Schildkrötenpanzer von Emys europaea, var. turfa, keineswegs selten, was auch nicht weiter auffallend ist, da diese Art noch heute in Norddeutschland lebend angetroffen wird.

Eidechsen (Lacertilia).

wurden bei uns noch nie in ganzen Skeletten gefunden, dagegen konnten einzelne Skeletteile als Varanus, Pseudopus und Lacerta bestimmt werden.

Schlangen (Ophidia).

sind gleichfalls in losen Wirbeln und sonstigen Skelettstücken bekannt, besonders auch von der giftigen Prunkotter Elaphis, welcher auch Naja suevica (O. Fraas) [Taf. 69, Fig. 4] angehört. In den diluvialen Kalktuffen (Cannstatt und Taubach) wurden mehrfach Abdrücke der abgeworfenen Schlangenhäute von Ringelnattern gefunden.

D. Vögel, Aves.

Die Vögel haben zwar im Tertiär schon ihre volle Entwicklung und Formenfülle, aber ihre Ueberreste gehören immer zu den Seltenheiten. In grösserer Menge kennen wir lose Skeletteile aus dem Miocän von Weissenau, Steinheim und dem Hahneberg im Ries. Alle diese Ueberreste von Vögeln sind leicht kenntlich an der hohlen Beschaffenheit der sonst sehr harten, spröden Knochen, unter denen besonders der Metatarsus [Taf. 69, Fig. 5], d. h. der Mittelfussknochen, charakteristisch ist mit seinen gespaltenen unteren Gelenken zum Ansatz der drei Zehen. Soweit wir die tertiäre Vogelwelt kennen, weist sie auf ein wärmeres Klima hin und der Art der Ablagerungen entsprechend haben wir es besonders mit wasserliebenden Schwimm- und Sumpfvögeln zu tun. Neben Enten, Tauchern, Kormoranen und Strandläufern sind besonders Flamingo und Pelikan zu nennen; von dem letzteren wurde eine wahre Knochenbreccie zusammen mit Eiern am Hahneberg im Ries gefunden. Auch in der diluvialen Höhlenfauna spielen die Vögel eine gewisse Rolle und zwar haben wir dort hauptsächlich Raub- und Hühnervögel, welche sich jedoch vollständig an die lebenden Arten anschliessen.

E. Säugetiere. Mammalia.

Es wurde schon erwähnt, dass die Neuzeit der Erde in erster Linie durch das Auftreten und die Entwicklung der Säugetierwelt charakterisiert ist und diese gewinnt nun rasch die Vorherrschaft unter allen landbewohnenden Tieren. Gleich einem schlummernden Samen hat bis zum Beginn des Eocän die Säugetierwelt geruht, um nun ganz plötzlich und unvermittelt zu erwachen und emporzuschiessen. Es ist aber nicht unsere Aufgabe, auf die Theorien über diese rasche Entwicklung einzugehen und ebensowenig auf die Untersuchung der Entwicklungszentren und Wanderungen der Faunen, zumal da man sich dabei doch noch sehr auf dem Boden der Hypothese bewegt. Was uns hier beschäftigt, sind mehr die Vorkommnisse selbst und deren Bedeutung.

Was zunächst den Erhaltungszustand anbelangt, so gibt es natürlich dafür keine bestimmten Regeln. Auch wurde schon auf die Erhaltung und Verfestigung diluvialer Knochen aus dem Lehm und aus Höhlen S. 202 hingewiesen. Im grossen ganzen wird man stets die Zähne infolge ihrer harten Zahnsubstanz und des Schmelzes in besserer Erhaltung vorfinden als die Knochen, aber auch jene müssen häufig sorgfältig gehärtet werden, um nicht zu zerfallen.

Das Sammeln von Säugetierresten erfordert schon eine gewisse Sachkenntnis, denn in weitaus den meisten Fällen haben wir es nicht mit vollständigen Skeletten, sondern nur mit einzelnen Knochen und Zähnen zu tun. Handelt es sich aber um grössere Fundstücke, wie ganze Schädel oder gar Skelette, dann möchte ich auf das S. 193 von den Sauriern Gesagte verwiesen haben, denn auch bei den Säugetieren handelt es sich um ein wissenschaftlich äusserst wertvolles Material, dessen richtige Bergung und Erhaltung gewissermassen Pflicht eines jeden naturwissenschaftlichen Sammlers ist.

Beim Sammeln muss aber auch eine gewisse Auswahl getroffen werden, denn nicht alle Stücke eignen sich gleichmässig für Privatsammlungen. Schon die Grösse der Stücke wird hierbei in Betracht kommen, noch mehr aber auch der wissenschaftliche Wert und die Bedeutung der Skeletteile. In erster Linie stehen Gebisse und Zähne, welche meistens eine leichte und sichere Bestimmung erlauben; bei gehörnten Tieren sind auch die Geweihe und Hörner, d. h. von letzteren natürlich nur die knöchernen Hornzapfen, recht gute und begehrte Stücke für die Sammlungen. Vom übrigen Skelett richte man sein Augenmerk ganz besonders auf die Vorder- und Hinterfussknochen, und zwar weniger auf die grossen Schenkel- und Armbeine, welche man ja doch nur selten in guter Erhaltung findet, sondern ganz besonders auf die kleineren, für die Bestimmung ebenso wichtigen Knochen der Mittelhand und Handwurzel, resp. Mittelfuss und Fusswurzel. Ganz besonders empfehle ich dabei das Sprungbein und Fersenbein, das für jede Familie so eigenartig gebaut ist, dass es in der Regel zur Bestimmung nicht nur der Familie im allgemeinen, sondern auch der Art vollkommen ausreicht. Dagegen können Wirbel, Rippen, Beckenteile und Schulterblätter für Privatsammlungen als weniger wichtig bezeichnet werden.

Das Bestimmen erfordert allerdings gute Kenntnisse und Uebung und ist selbst für den Fachmann ohne grösseres osteologisches Vergleichsmaterial kaum möglich; es bietet aber andererseits auch den grössten Reiz, denn infolge der genau bestimmten Funktionen eines Skeletteils ist jedes Stück so scharf angepasst ausgebildet (vgl. das Korrelationsgesetz S. 20), dass wir mit grosser Sicherheit schon aus einem einzelnen Knochen, ja selbst aus einem Bruchstück eines solchen, sobald nur gute Gelenkflächen erhalten sind, auf das ganze Tier schliessen können. Es würde nun freilich zu weit führen, ja wohl überhaupt kaum möglich sein, auf den eigenartigen Skelettbau der einzelnen Säugetiere einzugehen und doch möchte ich wenigstens einiges Verständnis und Liebe für diese von unsern Sammlern in der Regel stiefmütterlich behandelte Tiergruppe erwecken und ihr zu einem gebührenden Platz verhelfen. Eine wenn auch nur ganz oberflächliche Kenntnis der Säugetiere betrachte ich sogar als ein Erfordernis für jeden, der Liebe und Verständnis für unsere Tierwelt hat.

Zu diesem Zweck müssen wir uns mit dem Aufbau des Säugetierskelettes und der Bezeichnung der wichtigeren Skeletteile vertraut machen.

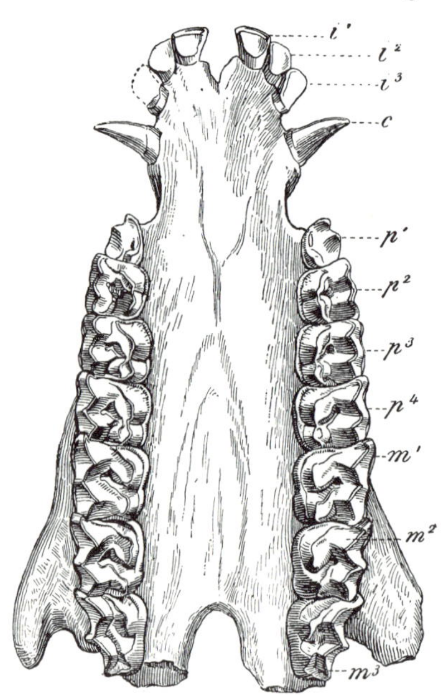

Fig. 131. Oberkiefer von Paläotherium als Beispiel eines vollen Gebisses. *i* 1—3 = Schneidezähne, *c* = Eckzahn, *p* 1—4 = Prämolaren, *m* 1—3 = Molaren. (Aus Zittel, Paläontol.)

Wir beginnen mit dem Schädel, an welchem wir eine Schädelkapsel, die im wesentlichen als Umfassung der Hirnhöhle dient, und einen Gesichtsteil unterscheiden. Der letztere, welcher mit der Schädelkapsel fest verbunden ist, umfasst ausser der Nase und dem Gaumen vor allem das Gebiss, das sich an den Skelettstücken des Ober- und Zwischenkiefers, sowie an dem Unterkiefer befindet.

Das Gebiss hat für uns besonderes Interesse, da die Zähne in engster Beziehung zur Ernährung und zum ganzen Skelettbau stehen und deshalb auch die mannigfachsten und verschiedenartigsten Ausbildungen zeigen. An den Zähnen selbst unterscheiden wir Zahnkrone und Zahnwurzel; der Zahn besteht aus der Zahnmasse oder dem Dentin und ist an der Aussenfläche überzogen mit dem kieselharten, glänzenden Schmelz, wozu noch als Ueberzug an der Wurzel und Ausfüllung zwischen den Schmelzfalten der sog. Zement tritt. Abgesehen von einigen wenigen Säugetiergruppen, bei welchen die Zähne gleichartig gebaut sind (Delphine) oder mehr oder minder vollständig fehlen (Zahnarme und Waltiere), zeigen die Säugetiere verschiedenartige Ausbildung der Zähne innerhalb des Gebisses. Vorn stehen die Schneidezähne (Incisivi) stets einwurzelig, mit schaufelförmiger Krone, dann folgt jederseits der Eckzahn (Canin), gleichfalls einwurzelig, aber mit konischer, stark hervortretender Krone; weiter nach hinten kommen die Backenzähne, unter welchen die vorderen als Lückenzähne oder Prämolaren, die hinteren als echte Molaren bezeichnet werden. Bei fast allen Säugern erscheint zuerst ein Milchgebiss mit Milchzähnen, welche später durch das Ersatzgebiss (Dauergebiss) ersetzt werden. Die echten Molaren sind im Milchgebiss noch nicht vorhanden und erscheinen erst später mit dem Dauergebiss. Ein volles Gebiss besteht aus 3 Schneidezähnen, 1 Eckzahn, 4 Prämolaren und 3 Molaren auf jeder Seite des Ober- und Unterkiefers, also zusammen aus 44 Zähnen, von welchen 28 im Milchgebiss auftreten. Bei weitaus den meisten Säugetieren aber ist durch Schwund oder Verkümmerung einzelner Zahnpaare eine Verminderung eingetreten. Bezüglich der Form und Ausgestaltung der Zähne sei bemerkt, dass auch hier die grösste Verschiedenheit herrscht. An Stelle der Schneidezähne sind zuweilen Stosszähne von gewaltiger Grösse entwickelt oder übernehmen die Schneidezähne bestimmte Aufgaben bei der Ernährung und gestalten sich dementsprechend aus, wie die grossen Nagerzähne oder die als Hauer entwickelten Eckzähne der Schweine; alle diese Arten von Zähnen zeichnen sich dadurch aus, dass ihre Pulpahöhle sich nicht abschliesst, und dass deshalb der Zahn unten offen bleibt und ununterbrochen weiterwächst. Bei den fleischfressenden Tieren finden wir scharfkantige Höcker und Spitzen ausgebildet, welche im Ober- und Unterkiefer gegeneinander wie eine Schere arbeiten und daher sekodont (schneidend) genannt werden. Bei den Tieren mit gemischter Nahrung finden wir zahlreiche niedere Höcker, die ineinander greifen und ein sog. bunodontes (Höckerzahn) Gebiss liefern. Bei den reinen Pflanzenfressern haben wir ein herbivores Gebiss, das zum Zerreiben der Blätter geeignet ist; die Kaufläche des Zahnes wird entweder durch einzelne Querjoche gebildet — lophodont (Jochzahn) — oder gestalten sich halbmondförmige Zahnhügel aus, wodurch ein selenodontes (mondförmiges) Gebiss entsteht.

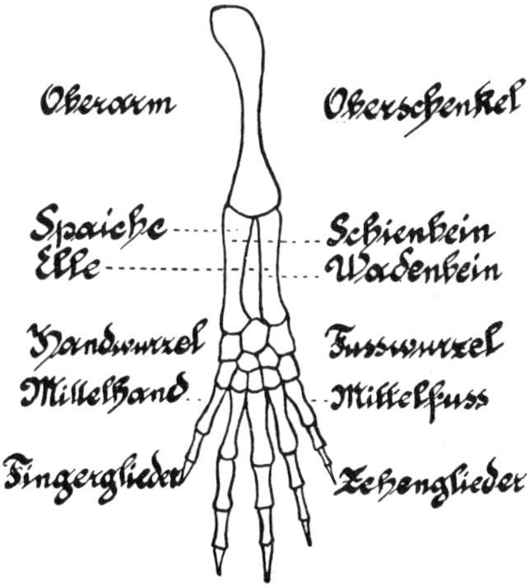

An den Schädel schliesst sich die Wirbelsäule an, aus einzelnen durch Gelenke verbundenen Wirbeln bestehend, deren obere Bögen den Nervenstrang und die Blutgefässe schützend umgeben. Man unterscheidet Hals-, Rücken-, Lenden-, Kreuzbein- und Schwanzwirbel; an den Rückenwirbeln sind die Rippen, am Kreuzbein das Becken befestigt. Am vorderen Rumpfteil befindet sich der Schultergürtel mit dem Schulterblatt und bei einigen Formen mit einem Schlüsselbein. Das Schulterblatt nimmt den Vorderfuss auf und dieser wiederum besteht aus dem Oberarm (Humerus), dem Vorderarm mit Elle (Ulna) und Speiche (Radius). Die Verbindung zur Hand wird durch zahlreiche Knöchelchen der Handwurzel (Carpus) gebildet, an der Hand selbst unterscheiden wir die Mittelhandknochen (Metacarpalia) und die aus einzelnen Phalangen bestehenden Finger. Der Hinterfuss ist am Becken aufgehängt, das seinerseits aus der Verwachsung von Sitzbein, Darmbein und Schambein hervorgegangen ist. Der Hinterfuss baut sich vollständig dem Vorderfuss entsprechend auf und wir unterscheiden dementsprechend Oberschenkel (Femur), Schienbein (Tibia) und Wadenbein (Fibula), daran anschliessend die Fusswurzel (Tarsus), die Mittelfussknochen (Metatarsus) und die wiederum aus einzelnen Phalangen bestehenden Zehen. Als besonders wichtige Skelettstücke der Fusswurzel sind das Sprungbein (Astragalus) und das Fersenbein (Calcaneus) zu nennen.

Fig. 132. Anordnung u. Bezeichnung der Skelettteile; links im vorderen, rechts im hinteren Bein.

Bei den einzelnen Tiergruppen gehen nun je nach dem Gebrauch weitgehende Verschiedenheiten der unteren Partien des Vorder- und Hinterfusses vor sich. Der vordere Fuss wird bei vielen umgewandelt in eine Greifhand oder zum Graben, mit mächtigen Krallen versehen, wiederum bei anderen wird sie zur Flughand oder zur Flosse. Eine besondere Gruppe bilden die Huftiere, bei welchen die Endphalangen keine Krallen oder Nägel, sondern einen Huf bilden; sie sind vorwiegend gute Läufer und allmählich ist bei ihnen das Skelett umgewandelt und vereinfacht. Dabei haben wir zwei grosse Gruppen zu unterscheiden, die Paarhufer (Artiodactyla) und die Unpaarhufer (Perisodactyla). Die Grundform bildet stets die fünfzehige Extremität, welche ja auch noch bei manchen Huftieren, z. B. dem Elefanten, erhalten geblieben ist; bei den meisten andern aber verkümmern einzelne Zehen und zwar wird bei den Unpaarhufern der Einhufer angestrebt, der beim Pferd erreicht ist. Bei den Paarhufern ist das Endglied der Doppelhuf, wie wir ihn in der Gruppe der Wiederkäuer finden, während z. B. eine Zwischenstufe mit vier Zehen noch bei den Schweinen erhalten ist. Alle diese Umwandlungen gehen Hand in Hand mit dem übrigen Skelett und dem Gebiss,

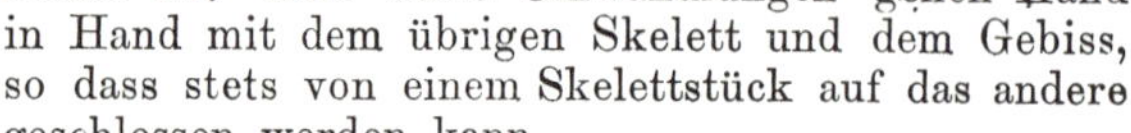

so dass stets von einem Skelettstück auf das andere geschlossen werden kann.

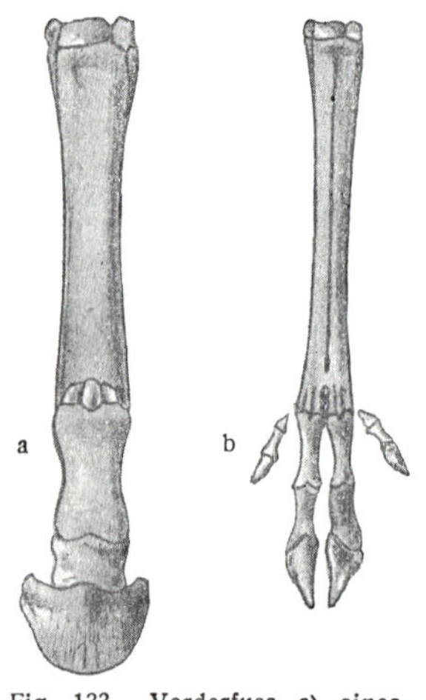

Fig. 133. Vorderfuss a) eines Unpaarhufers (Pferd) und b) eines Paarhufers (Renntier).

Was nun die Vorkommnisse von Säugetieren in unseren deutschen Ablagerungen anbelangt, so sind diese in der Tertiärformation im ganzen recht selten und mehren sich erst im Diluvium. Die ältesten Säugetierreste gehören dem Mitteleocän an und wurden früher in grosser Menge in den Bohnerzspalten der Alb (Frohnstetten) und Umgebung von Ulm gefunden; leider sind aber heute die Betriebe auf Bohnerz eingestellt und die alten Fundplätze so gut wie vollständig erschöpft. Oligocäne Säuger kennen wir aus den unteren Süsswasserkalken der Ulmer Umgebung und von Oberbayern, ebenso wie in den marinen Sanden des Mainzer Beckens zahlreiche Meersäuger gefunden werden. In der miocänen Meeresmolasse von Oberschwaben fehlt es gleichfalls nicht an Meersäugern. Auch kommen dort als Einschwemmungen nicht allzu selten Reste von Landtieren vor. Diese selbst bekommen wir aber hauptsächlich aus den oberen Süsswasserbildungen des Mainzer Beckens, speziell bei Weissenau, Hochheim und Mombach. Von Fundplätzen an der Alb ist zu nennen Engelswies bei Sigmaringen, Zwiefalten und Georgsgmünd. Daran schliessen sich die oberschwäbischen und oberbayerischen Vorkommnisse von Kirchberg, Günzburg, Häder und Stätzling bei Augsburg an. Die reichste Lokalität ist aber zweifellos im Steinheimer Becken, wo die gesamte Tierwelt des Obermiocäns wie an einer Oase zusammenströmte und in zahlreichen, wohlerhaltenen Resten in den dortigen Schneckensanden gefunden wird. Von pliocänen Fundplätzen sind besonders die Flusssande in Rheinhessen bei Eppelsheim und die Dinotheriensande von Oberbayern (Umgebung von Augsburg und München) zu erwähnen. Früher lieferten auch die jüngeren Bohnerze der Alb (Melchingen, Heudorf und Salmendingen) reiche Ausbeute. Bezüglich der diluvialen Fauna und deren Hauptfundpunkte kann ich auf die Zusammenstellung S. 202 verweisen.

Da bei der nachfolgenden systematischen Zusammenstellung nur auf die wichtigeren deutschen Vorkommnisse Rücksicht genommen ist, so hat sich von selbst schon eine grosse Beschränkung ergeben, die um so mehr berechtigt ist, da das Sammeln von Säugetierresten auch immer ein beschränktes sein wird.

1. Waltiere, Cetacea.

Zusammen mit den Haifischzähnen finden sich in den Meeressanden nicht allzuselten Reste von Delphinen und Walen. An den Zähnen wie Hoplocetus crassidens (Gerv.) [Taf. 69, Fig. 6] beobachten wir stets einen gleichartigen Bau mit einer Wurzel und meist niedriger und abgestumpfter, kegelförmiger Krone. Ausserdem finden sich aber auch die harten, vielgestaltigen Gehörknochen, welche aus dem Schädel herausgefallen sind. Sie weisen auf eine grosse Verschiedenheit der Formen hin, und wir erkennen neben Squalodon mit gezackten Zähnen echte Delphine, Weisswale, Pottwale und Ziphiusarten.

2. Seekühe, Sirenia.

Gleichfalls Meeresbewohner aus dem marinen Tertiär mit einem zum Schwimmen umgewandelten, langgestreckten Körper. Weitaus die häufigste Art ist Halitherium Schinzi (Kaup) [Taf. 69, Fig. 7], eine bis 3 m lange Seekuh, welche als Vorläufer des im Roten Meer verbreiteten Dugong (Halicore) betrachtet werden kann und in grosser Menge und guter Erhaltung im oligocänen Meeressand von Flonheim, Alzey und Uffhausen gefunden wird. Schädel und Fussknochen sind allerdings sehr selten, um so häufiger dagegen die Wirbel und vor allem die dicken, massiven Rippen. In der oberschwäbischen Meeresmolasse werden ähnliche Rippen, jedoch seltener, gefunden und als Halianassa (Methaxytherium) Studeri (H. v. M.) bezeichnet.

3. Pferde, Equidae.

Der für uns wichtigste Stamm der unpaarzehigen Huftiere wird durch die Equiden gebildet, welche im Eocän mit drei- und vierzehigen Formenreihen

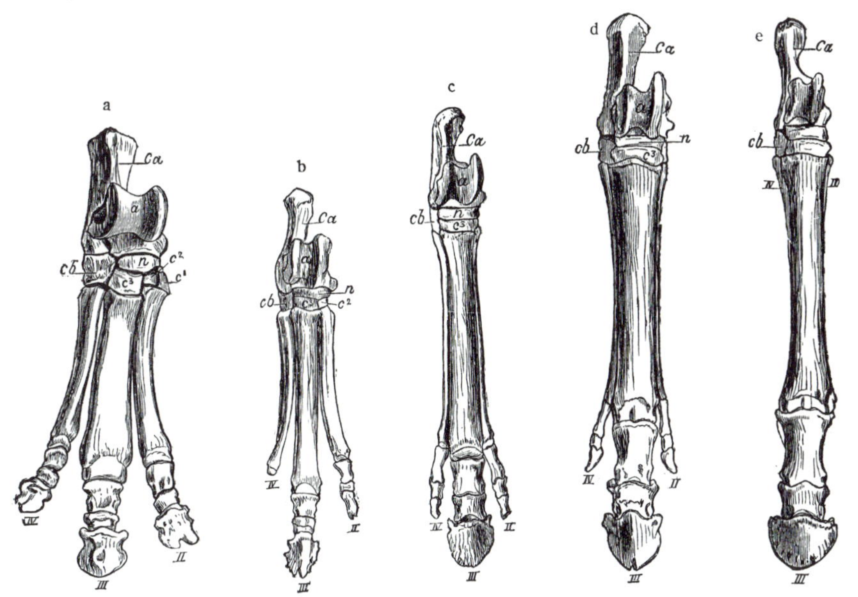

Fig. 134. Entwicklung des Hinterfusses bei den Equiden von der 3zehigen bis zur 1zehigen Form. a Paläotherium, b Paloplotherium, c Anchitherium, d Hipparion, e Equus. *ca* = Fersenbein (Calcaneus), *a* = Sprungbein (Astragalus), *cb* = Würfelbein (Cuboideum), *n* = Schiffbein (Naviculare), *c 1—3* Keilbeine (Cuneiforme) *II*, *III*, *IV* Zehen. (Aus Zittel, Paläontol.)

beginnen, an denen wir allmählich die Rückbildung der Nebenzehen bis zum Einhufer, dem heutigen Pferd, verfolgen können. Von den alten Urformen ist Paläotherium zu nennen, dessen Zähne und Knochen im Bohnerz von Frohnstetten massenhaft vorkamen, so dass sich sogar ein vollständiges Skelett zusammenstellen liess. P. magnum (Cuv.) erreichte die Grösse eines kleinen Nashorn, die häufigste Art P. medium (Cuv.) [Taf. 69, Fig. 8 u. 9], die eines Tapir. Im Miocän haben wir Anchitherium Aurelianense (Cuv.) [Taf. 69, Fig. 10], von der Grösse eines kleinen Pony. Bei ihm tritt schon der Mittelhuf sehr stark hervor, während die beiden seitlichen so klein sind, dass sie den Boden kaum noch berührten (Fig. 134 c). Am Oberkieferzahn sehen wir gegenüber Paläotherium schon eine ausgesprochene Schiefstellung der Innenhöcker und die Anlage von Schmelzfalten. Die schönsten Funde stammen von Steinheim und Georgsgmünd. Hipparion gracile (Kaup) [Taf. 69, Fig. 11] steht in der Grösse zwischen Esel und Zebra und tritt im Pliocän (Eppelsheim) auf. Es gleicht im wesentlichen schon vollkommen im Bau dem Pferde, dagegen sind an den Füssen noch kleine Nebenhufe entwickelt, die aber den Boden nicht mehr erreichen (Fig. 134 d), während die Oberkieferzähne durch die feinen, mäandrischen Schmelzfalten ausgezeichnet sind.

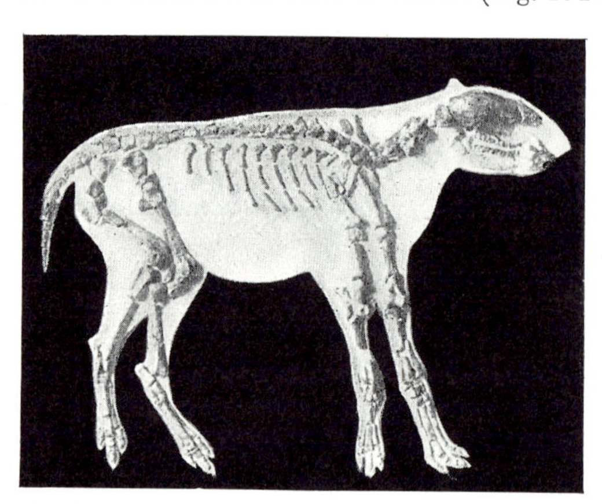

Fig. 135. Paläotherium medium (Cuv.). Zusammenstellung eines Skelettes aus Knochenresten von Frohnstetten.

Equus caballus (L.) [Taf. 69, Fig. 12—14], das Pferd, ist vom Diluvium an leitende Form. Die Diluvialpferde sind Wildpferde und haben deshalb denselben Anspruch auf Beachtung wie jede andere diluviale Tierform, womit ich namentlich der falschen Auffassung mancher Sammler entgegentreten möchte, die es gleichsam unter ihrer Würde halten, Pferdereste in ihre Sammlung aufzunehmen. Bei eingehenderem Sammeln wird man leicht die Beobachtung machen, dass es früher verschiedene Rassen gab, unter welchen namentlich das kleine, schlanke E. fossilis von dem grossen, kräftigen E. adamiticus hervortritt. Diesen beiden Lösspferden steht das Höhlenpferd mit gedrungenem, niedrigem Bau gegenüber. Die hohen Zähne mit leistenförmigem Rand, ebener Kaufläche und mäandrischen Schmelzleisten sind leicht kenntlich, ebenso wie wir an den Fussknochen, besonders dem Metacarpus und Metatarsus, sofort den Einhufer erkennen.

4. Nashörner, Rhinoceridae.

Zur Familie der Nashörner gehören vorwiegend grosse, kurzhalsige, plumpe Grasfresser, welche jetzt in die sumpfigen Niederungen der Tropen zurückgedrängt sind, früher aber auch in unserem deutschen Gebiet heimisch waren. Es sind Unpaarhufer mit 3—4 Zehen im vorderen und 3 Zehen im Hinterfuss. Der Schädel ist langgestreckt, hinten ansteigend mit frei vorragendem Nasenbein und kräftigem, stark abgekautem Gebiss. Die tertiären Rhinocerosarten waren im allgemeinen kleiner und hatten keine Hörner auf der Nase (AcerATherium). Als Beispiel für die Zähne haben wir solche von Rhinoceros

(Aceratherium) Sansaniense (Filh.) [Taf. 70, Fig. 1 u. 2] aus dem Obermiocän abgebildet, doch werden noch eine Anzahl anderer, jedoch recht schwierig zu unterscheidender Arten aufgestellt, von welchen das grosse Rh. insisivum (Cuv.) und das zierliche Rh. minutum (Cuv.) erwähnt sein mögen. Im Diluvium finden wir grosse, behaarte Formen mit zwei mächtigen Hörnern von gekrümmter Form (die letzteren nur aus dem sibirischen Eis bekannt, bei uns aber ebensowenig wie die Haare erhalten). Die häufigste und bekannteste Art ist das mächtige wollhaarige Rh. antiquitatis (Blumb.) = tichorhinus (Fisch.) [Taf. 70, Fig. 3], dessen grosse Knochen und Zähne nicht allzu selten im Löss und anderen jungdiluvialen Ablagerungen gefunden werden.

5. Schweine, Suidae.

Paarhufer mit 4 Zehen, von denen jedoch nur die beiden mittleren den Boden berühren. Das Gebiss vollzählig, mit weit vorstehenden Schneidezähnen, grossen Hauern und ausgezeichnet bunodonten (vielhöckerigen) Backzähnen. Die Suiden sind schon in unserem Tertiär in Gestalt des Hyotheriums und verwandter Arten vertreten, die wir leicht an dem charakteristischen Bau der Zähne als Schweinearten erkennen. Vom Diluvium an tritt sodann das Wildschwein Sus scrofa ferus (L.) [Taf. 70, Fig. 4 u. 5] auf, das von dem gezähmten Hausschwein (Sus scrofa domesticus) nur sehr schwer zu unterscheiden ist.

6. Hirsche, Cervidae.

Wohlausgebildete Paarhufer mit zwei Zehen und einem verwachsenen, aber doppelt angelegten, langgestreckten Mittelhand- resp. Fussknochen (Taf. 70, Fig. 9 und Fig. 135), die Backzähne ausgeprägt selenodont. Die Stammesgeschichte der Cerviden geht weit zurück und als Vorläufer im weitesten Sinne haben wir die noch mit vier Zehen versehenen Anoplotherien des Eocän (Frohnstetten) zu betrachten, zu denen auch das in den eocänen Spaltenausfüllungen bei Ulm häufige Dichobune gehört. An diese schliessen sich die noch geweihlosen Traguliden oder Zwerghirsche an, von denen uns gleichfalls Spuren aus dem Miocän von Steinheim, Heckbach, Günzburg, Stätzling, Eppelsheim und Weissenau bekannt sind; es sind zierliche Formen mit grossen Eckzähnen im Oberkiefer, welche in nächster Verwandtschaft mit den heute noch lebenden Zwerghirschen stehen. Die echten Hirsche beginnen im Miocän mit Formen, die sich an die Muntjakhirsche von Indien und den Sundainseln anschliessen. Neben sehr zierlichen, kleinen Arten, wie der kaum $^1/_2$ m hohe Micromeryx von Steinheim, haben wir in

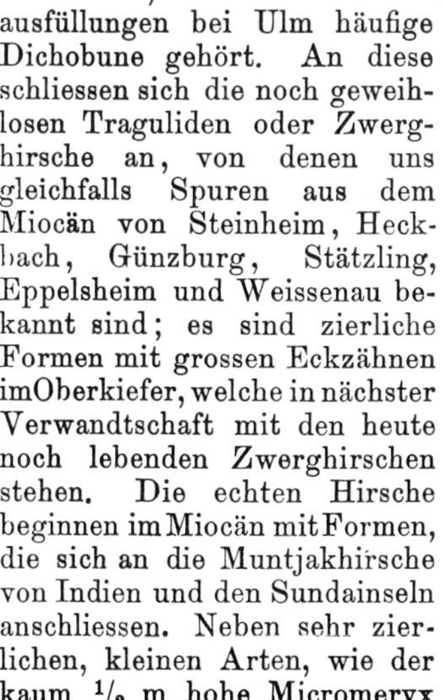

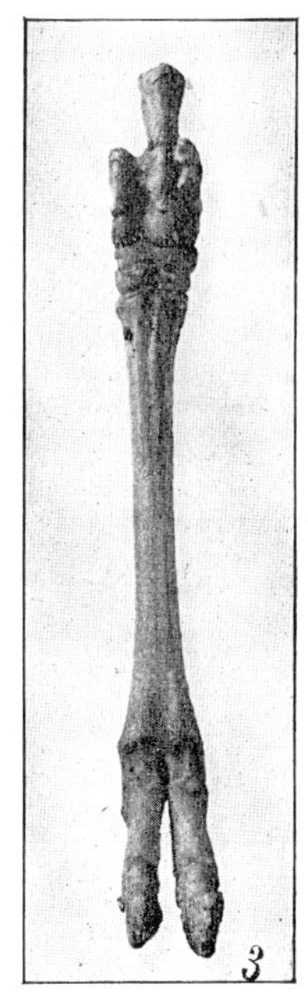

Fig. 136. Hinterfuss eines Paarhufers (Hirsch).

Fig. 137. Geweih von Cervus furcatus, Miocän von Steinheim.

Palaeomeryx eminens (H. v. M.) eine sehr grosse, aber immer noch geweihlose Art. Von besonderer Wichtigkeit sind aber die geweihtragenden Gabelhirsche Cervus (Dicroceras) furcatus (Hensel) [Taf. 70, Fig. 8 u. 9], von welchem besonders Steinheim ein herrliches Material geliefert hat. In Grösse und Aussehen sind diese Hirsche mit zierlichem Gabelgeweih kaum von dem heute lebenden Muntjak zu unterscheiden. Mit dem Diluvium beginnt die Reibe derjenigen Hirsche, welche sich an die heute noch im gemässigten Klima lebenden Arten anreihen. Der Elch (Alces) findet sich im älteren Diluvium in der Abart Alces palmatus (Smith) mit grossem Schaufelgeweih, das auf langer Stange vom Schädel absteht; vom jüngeren Diluvium bis zur historischen Zeit allgemein verbreitet ist der echte Elch Alces machlis (L.). Der Riesenhirsch Cervus (Megaceros) giganteus (Cuv.) ist ausgezeichnet durch sein gewaltiges Schaufelgeweih mit über 3 m Spannweite, das an das der Damhirsche erinnert. Diese grösste unserer deutschen Hirscharten war vom Diluvium bis in historische Zeiten hinein bei uns verbreitet. Das Renntier (Rangifer tarandus), jetzt nach den nordischen Gegenden zurückgezogen, lebte im jüngeren Diluvium, ebenso wie in der Nacheiszeit in ganz Deutschland, und wurde offenbar auch in derselben Weise wie heute von dem Menschen in Herden gehegt. Der Rothirsch oder Edelhirsch (Cervus elaphus [L.]) [Taf. 70, Fig. 6 u. 7] ist vom Diluvium bis zur Jetztzeit verbreitet und zeigt, wie heute noch, eine grosse Menge von Standortsvarietäten, die sich namentlich in der Grösse und Ausbildung des Geweihes kundgeben. Das Reh (Cervus capreolus [L.]) tritt erst mit dem jüngeren Diluvium auf.

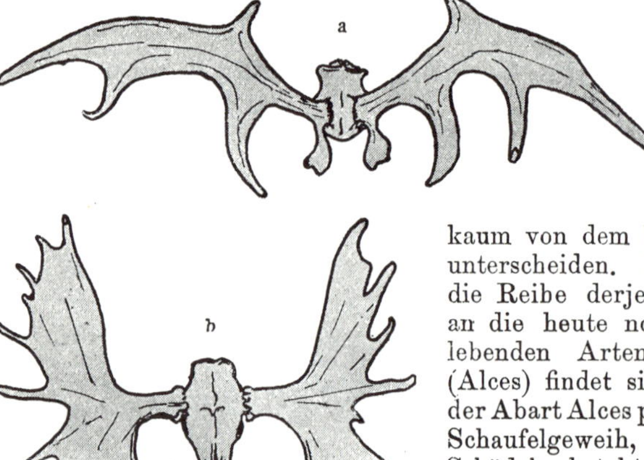

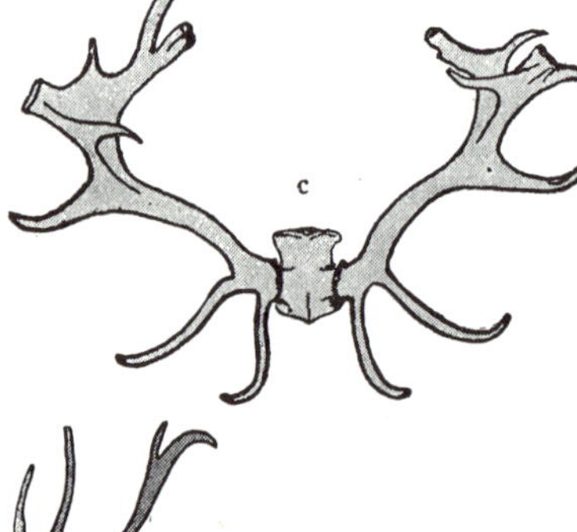

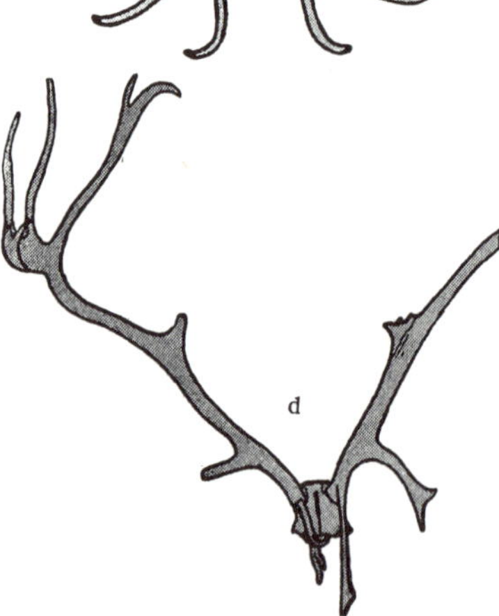

Fig. 138. Geweihe deutscher Hirscharten. a Riesenhirsch, b Elch, c Edelhirsch, d Renntier.

7. Rinder, Bovidae.

Im Körper gedrungener und kräftiger gebaut als die Hirsche, aber nach demselben Typus der Paarhufer. Die Gehörne sind nicht als Geweihe, sondern als hohle, aus Haarsubstanz gebildete Hörner entwickelt, welche über knöcherne Hornzapfen gestülpt sind. Natürlich sind nur die letzteren erhaltungsfähig. Die Rinder stellen eine geologisch sehr junge Gruppe dar, welche erst mit dem Diluvium bei uns erscheint, wobei besonders zwei Arten grosser, wilder Büffel zu unterscheiden sind. Der Wisent (Bos priscus [Boj.]) [Taf. 70, Fig. 10 u. 11], am nächsten verwandt mit dem amerikanischen Bison, den er jedoch an Grösse noch übertrifft, und ausgezeichnet durch die breite Stirn und die abstehenden, nach vorn gebogenen Hörner. Der Auerochse oder Ur (Bos primigenius [Boj.]), etwas weniger gross und schlanker gebaut als der Wisent, mit schmaler Stirn und gewundenen Hörnern, die mit der Spitze nach oben gekehrt sind. Der erst im frühen Mittelalter ausgerottete Ur wird als die wilde Form der Ungarochsen und verwandter Zuchtrassen angesehen.

8. Rüsseltiere oder Elefanten, Proboscidea.

Durchweg sehr grosse, hochbeinige Dickhäuter mit langem Rüssel. Der Fuss mit 5 kurzen Zehen, der Schädel sehr gross, die Schneidezähne als Stosszähne entwickelt, die Backzähne rückgebildet mit zahlreichen Querjochen. Dinotherium bildet eine von den heutigen Elefanten vollständig abweichende Art, indem bei ihm die Stosszähne im Unterkiefer sitzen und nach abwärts gebogen sind. Die Backzähne vollzählig vorhanden mit nur 2—3 Querjochen. D. giganteum (Kaup) [Taf. 71, Fig. 3], aus dem Pliocän von Eppelsheim, hatte die Grösse eines Elefanten, während D. bavaricum (H. v. M.) aus dem oberschwäbischen und bayerischen Obermiocän und Pliocän bedeutend kleiner war. Mastodon kann als Vorläufer der echten Elefanten angesehen werden, im Bau und Grösse gleicht er schon ganz dem Elefanten, aber die Backzähne sind als sogenannte Zitzenzähne mit zahlreichen gerundeten Höckern ausgebildet, Stosszähne sind im Ober- und Unterkiefer vorhanden. Hierher gehört M. angustidens (Cuv.) [Taf. 71, Fig. 4], weit verbreitet, aber stets selten im Miocän von Oberschwaben, Oberbayern und Steinheim. M. longirostris (Kaup) von Eppelsheim zeigt eine ungemein weit herausstehende, verlängerte Schnauze.

Elephas. Im Diluvium bei uns allgemein verbreitet und verhältnismässig recht häufig. Im älteren Diluvium finden wir E. antiquus (Falc.) [Taf. 71, Fig. 5], der dem heutigen afrikanischen Elefanten sehr nahe steht und Backenzähne mit breiten Lamellen, sowie schwach gebogene Stosszähne aufweist, die eine Länge von 3,5 m erreichen. Im jüngeren Diluvium herrscht E. primigenius (Blumb.) [Taf. 71, Fig. 6], das Mammut, vor, ein wollhaariger, grosser Elefant mit engen Lamellen an den Backzähnen und stark gewundenen, bis 4 m langen Stosszähnen. Bekanntlich wurden ganze Skelette, die bei uns äusserst selten sind, sogar noch mit Haut und Haar im sibirischen Eis gefunden. Für den Sammler kommen besonders die Backenzähne in Betracht, welche jedoch leicht in einzelne Lamellen zerfallen und deshalb gut getränkt und gehärtet werden müssen. Dasselbe gilt auch von den Stosszähnen, von denen auch Bruchstücke sehr gute Sammlungsstücke abgeben, da sie recht schön die Elfenbeinstruktur zeigen.

9. Nagetiere, Rodentia.

Vorwiegend kleine Pflanzenfresser, gekennzeichnet durch die Bezahnung, wobei die zwei Schneidezähne im Ober- und Unterkiefer als Nagerzähne sehr lang, gebogen, vorn mit Schmelz überzogen und mit schiefer, meisselförmiger Kaufläche entwickelt sind. Die Backzähne zeigen entweder Querjoche oder sind prismatisch hoch mit gerader Kaufläche. Aus der grossen Formenfülle der Nager wollen wir nur einige wichtigere herausgreifen. Im Eocän von Ulm findet sich häufig eine kleine, an die Eichhörnchen erinnernde Art, Pseudosciurus suevicus (H. v. M.) [Taf. 71, Fig. 1]. Im Oligocän und Miocän haben wir den grossen, an Biber erinnernden Steneofiber neben kleinen Ratten- und Hamsterarten (letztere besonders reichlich in Steinheim und Weissenau). Im Diluvium ist besonders wichtig der Biber (Castor fiber [L.]), der Hase (Lepus timidus [L.]) [Taf. 71, Fig. 2] und der Schneehase (L. variabilis [Pall.]), das Murmeltier (Arctomys marmotta [L.]), der Halsbandlemming (Myodes torquatus [L.]) neben Siebenschläfer, Ziesel, Eichhorn, Hamster und Feldmaus.

10. Fleischfresser, Carnivora.

Meist schlank gebaute, behende Tiere mit vollständigem, mehr oder minder sekodontem Gebiss, stets kräftig entwickelten Eckzähnen, die vorderen Backzähne zum Zerkleinern der Nahrung schneidend, die hinteren mehr breit und höckerig. 4—5 Zehen mit Krallen versehen. Die Urfleischfresser oder Creodontia des Eocäns kommen wegen ihrer Seltenheit für uns nicht in Frage und auch die jüngeren tertiären Vertreter brauchen nur kurz erwähnt zu sein, da sie gleichfalls grosse Seltenheiten bilden. So kennen wir Vorläufer der Hunde als Cynodictis; eine eigenartige Uebergangsform zwischen Hund und Bär bildet Amphicyon und ebenso treten Vorläufer der Fischottern, Dachse und Katzen auf. Was für uns in Betracht kommt, sind im wesentlichen diluviale Formen, welche bei einiger Kenntnis unserer jetzigen Tierwelt leicht verständlich und wenigstens im Gebiss, auf das wir uns beschränken wollen, auch nicht schwierig zu bestimmen sind.

Hunde, Canidae. Da der gezüchtete Haushund erst in die Jetztzeit fällt, so haben wir es im Diluvium nur mit wilden Hundearten zu tun. Alle zeichnen sich durch eine lange Schnauze mit vollständigem Gebiss und scharfem, mässig grossem Eckzahn aus. Der grösste Vertreter ist der Wolf (Canis lupus [L.]) [Taf. 72, Fig. 1 u. 2], der vom Diluvium an bis in die historischen Zeiten in ganz Deutschland verbreitet war. Etwa $^1/_2$mal so gross und etwas schlanker gebaut ist der Fuchs (Canis vulpes [L.]), neben welchem im Diluvium noch der Polarfuchs (C. lagopus [L.]) mit besonders schlankem Bau des Unterkiefers auftritt.

Bären, Ursidae. Eine wichtige und besonders in den Knochenhöhlen sehr häufige Gruppe; wird doch die Zahl der aus einzelnen Bärenhöhlen geförderten Knochen auf viele Tausende geschätzt. Das Gebiss ist gekennzeichnet durch die kräftigen, grossen Eckzähne und die breiten, mit Höckern bedeckten, hinteren Backzähne, in denen sich der omnivore Charakter des Tieres ausspricht. Im älteren Diluvium haben wir noch kleine Arten, wie Ursus arvernensis (Croizet) und U. Deningeri (Reichenau). Am wichtigsten aber ist der Höhlenbär U. spelaeus (Rossm.) [Taf. 72, Fig. 3—5], des jüngeren Diluvium, der Hauptvertreter der Höhlenfaunen, von gewaltiger Grösse, aber wahrscheinlich ziemlich harmloser Natur. Abgesehen von der Grösse ist der Höhlenbär gekennzeichnet durch das Fehlen der Lückenzähne; diese sind wiederum entwickelt bei dem geologisch jüngeren braunen Bär (U. arctos [L.]), der ihm an Grösse bedeutend nachsteht.

Hyänen, Hyaenidae. In Betracht kommt für uns nur Hyaena spelaea (Cuv.) [Taf. 72, Fig. 6], ein sehr grosses Tier, welches der lebenden gefleckten Hyäne (Hyaena crocuta [L.]) am nächsten steht. Bezeichnend für die Hyänen ist die Entwicklung des letzten Prämolar im Oberkiefer als langgestreckter Reisszahn, welchem im Unterkiefer ein zweizackiger, scharf schneidender Reisszahn entspricht. Die Molaren sind bis auf ein kleines Zähnchen im Oberkiefer rückgebildet.

Katzen, Felidae. In der kurzen und gedrungenen Schnauze ist das Gebiss noch stärker rückgebildet als bei den Hyänen, so dass oben nur zwei, unten drei Prämolaren wirksam sind. Aber diese Zähne, besonders der Reisszahn, sind scharf schneidend, der Eckzahn lang, vorn und hinten zugeschärft; die Zehen sind als Pranken mit scharfen Krallen ausgebildet. Im Diluvium tritt, wenn auch selten, der mächtige Höhlenlöwe, Felis spelaea (Goldf.) auf, die grösste bekannte Katzenart, welche selbst den afrikanischen Löwen übertrifft und in historischer Zeit noch in Griechenland gelebt hat. Auch vom Panther und Irbis findet man Spuren, ebenso wie vom Luchs (F. lynx [L.]), etwas häufiger, aber auch immer selten, tritt die Wildkatze F. catus (L.) [Taf. 72, Fig. 7 u. 8] auf.

11. Herrentiere, Primates.

Es möge nur des allgemeinen Interesses halber erwähnt sein, dass auch in unserem deutschen Tertiär schon Affenzähne gefunden sind und zwar gehören diese merkwürdigerweise anthropomorphen Affen von der Grösse des Schimpanse an, und zeigen grosse Aehnlichkeit mit menschlichen Zähnen. Auch von einer Meerkatze wurde im Diluvium der Kirchheimer Alb ein Gebiss gefunden.

Der Mensch (Homo) bildet als höchst entwickeltes Wesen das Schlussglied der langen Reihe, er darf auch in unseren Sammlungen nicht vollständig ausgeschaltet werden, denn auch er und seine Spuren bilden gewissermassen noch Leitfossilien für die jüngste geologische Periode. Natürlich kann es sich nicht darum handeln, menschliche Schädel und Gebeine aus Gräbern u. dgl. in eine Privatsammlung zu bringen, denn diese gehören nicht dorthin, sondern werden am besten überhaupt in ihrer Ruhe belassen. Dagegen soll der Sammler wenigstens soweit unterrichtet sein, dass er menschliche Ueberreste erkennen und bestimmen kann und zu diesem Zweck ist auch das Gebiss (Taf. 72, Fig. 9] in vergleichender Weise mit den anderen Säugetiergebissen abgebildet. Was uns hier interessiert, ist das Auftreten des Menschen in diluvialer und weit zurückliegender Zeit, ehe die eigentliche Prähistorie einsetzt. Menschliche Skelettreste sind aus dem Diluvium überaus spärlich. Als ältestes Fundstück aus dem alten Diluvium darf der Unterkiefer des sogenannten Homo Heidelbergiensis angesprochen werden, der in vieler Hinsicht vom jetzigen Europäer abweicht, so vor allem durch das Fehlen des Kinns und durch den starken, rechtwinklig aufgebogenen hinteren Ast des Unterkiefers. Man hat darin zweifellos primitive, d. h. an die Urformen der Menschenrassen erinnernde Merkmale zu sehen. Die nächste Reihe bildet H. primigenius, am bekanntesten durch die Skelettreste vom Neandertal bei Elberfeld, die durch vielfache Funde von Spy in Belgien, Krapina in Kroatien und vor allem durch die der Dordogne ergänzt werden. Geologisch ist er in die letzte Interglazialzeit einzureihen. Auch bei ihm finden wir noch vom heutigen Menschen abweichende Merkmale in der Kinnbildung, den kräftigen oberen Augenwülsten und der niederen Stirn. Kurz nach der letzten Eiszeit setzt jedenfalls die heutige arische Rasse ein.

Was den Sammler aber noch mehr interessiert, sind die Artefakte und zwar kommen für uns nur Stein- und Knochenwerkzeuge der ältesten sogenannten paläolithischen Periode in Betracht. Nicht jeder Feuersteinsplitter ist ein Artefakt, d. h. durch Menschenhand entstanden, denn auch unter dem Einfluss von Kälte und Bestrahlung, durch natürlichen Druck bei Rutschungen im Gelände u. dgl. können Feuersteine zerspringen und in Scherben zerfallen, die zuweilen wie Feuersteinmesser und ähnliches aussehen. Als Artefakt dürfen sie nur angesprochen werden, wenn sich zweifellose Spuren der Benützung oder Zubereitung zeigen. Diese Spuren sind an den kleinen Schlag- oder Druckmarken zu erkennen, die entweder durch Abnützung im Gebrauch entstehen, oder dadurch, dass der Mensch künstlich durch Schlagen dem Stein eine bestimmte, für ihn brauchbare Form gegeben hat. Die Handfertigkeit war natürlich ursprünglich eine recht geringe und die Urmenschen begnügten sich mit den zufälligen, von der Natur gebotenen, ihnen passend erscheinenden Stücken, ohne sie wesentlich zu verändern. Derartige rohe, unbearbeitete und nur an der Abnützung, d. h. dem Gebrauch kenntliche Stücke nennt man Eolithen.

Fig. 139. Paläolithische Steinwerkzeuge.

Später aber versuchte der Mensch den Splittern bestimmte Form durch Zuschlagen zu geben, wobei man auch eine gewisse Entwicklung der Technik zu erkennen glaubt und dies sind nun die eigentlichen Feuersteinwerkzeuge, die je nach der Form als Schaber, Messer, Fäustel, Pfeilspitzen u. dgl. bezeichnet werden. Wer das Glück hat, auf derartige Funde, sei es nun in Höhlen oder in Kies- und Lehmgruben zu stossen, der möge sich wohl der grossen wissenschaftlichen Bedeutung bewusst sein, die allen solchen Funden zukommt und möglichst bald einen Fachmann beiziehen. Mehr noch als bei den Versteinerungen gilt hier der Satz, dass nicht das Stück als solches einen Wert hat, sondern nur in Verbindung mit den genauen Beobachtungen über das Vorkommnis.

Auf die jüngeren Stufen in der Entwicklung des Menschen gehen wir nicht ein, denn dies ist ein Gebiet für sich und gehört in die archäologische Forschung.

Wir sind am Schluss. Durch unendlich lange geologische Perioden hat uns unser Weg hindurchgeführt und an der Hand der Organismen haben wir die schrittweise, langsame, aber ununterbrochene Entwicklung verfolgt. Zahllos, fast verwirrend ist die Menge der Ueberreste und doch wieder bilden sie ein grosses, zusammenhängendes Ganzes. Dieses zu erforschen und klarzulegen ist Aufgabe unserer paläontologischen Wissenschaft, und jeder, der ernsthaft seine Sammlung anlegt, darf sich als Mitarbeiter an diesem hohen Ziele fühlen und hoffen, auch einen Baustein beizutragen. **Allen diesen meinen Freunden und Verbündeten ein herzliches Glückauf!**

Verzeichnis der Abkürzungen der Autorennamen.

Ag. = Agassiz.
Al. Br. = Alexander Braun.
Alb. = Alberti.
Arch. = d'Archiac.
Barr. = Barrande.
Beush. = Beushausen.
Beyr. = Beyrich.
Bl., Blainv. = Blainville.
Blumenb. = Blumenbach.
Boj. = Bojanus.
Bornem. = Bornemann.
Brogn. = Brongniart.
Br. = Bronn.
Brug. = Brugière.
Buckl. = Buckland.
Credn. = H. Credner.
Cuv. = Cuvier.
Dalm. = Dalman.
Defr. = Defrance.
Desh. = Deshayes.
Desl. = Deslongchamps.
Desm. = Desmarest.
De Kon. = De Koninck.
Drap. = Draparnaud.
Dub. Mont. = Dubois de Montpereux.
Duch = Duchastel.
Duj. = Dujardin.
Dunk. = Dunker.
Edw. = Milne Edwards.
Ehrenb. = Ehrenberg.
Ettingh. = Ettinghausen.
Falc. = Falconer.
Filh. = Filhol.
Flem. = Fleming.
Forb. = Forbes.
Fr. = Fraas.
Gein. = Geinitz.
Germ. = Germar.
Gerv. = Gervais.
Gieb. = Giebel.
Goepp. = Goeppert.
Goldf. = Goldfuss.
Gümb. = v. Gümbel.
Gutb. = v. Gutbier.
Hag. = v. Hagenow.
Héb. = Hébert.
Hens. = Hensel.
H. v. Mey. = Hermann v. Meyer.
Jaeg. = G. F. v. Jaeger.
Jaek. = Jaekel.
Jord. = Jordan.
Kl. = Klein.
Kon. = de Koninck.
L. = Linné.
Lam. = Lamarck.
Lamx. = Lamouroux.
Leym. = Leymerie.
Lor. = de Loriol.
Lud. = Ludwig.
Lundgr. = Lundgren.
Mant. = Mantell.
Mart. = Martin.
May. = C. Mayer-Eymar.
Mey. = H. v. Meyer.
Mer. = Merian.
Milasch. = Milaschewitsch.
Mill. = Miller.
Montf. = Montfort.
Müll. = Müller.
Münst. = Graf zu Münster.
Murch. = Murchison.
Neum. = Neumayr.
Nilss. = Nilsson.
Noul. = Noulet.
Opp. = Oppel.
d'Orb. = d'Orbigny.
Park. = Parkinson.
Plien. = Plieninger.
Portl. = Portlock.
Qu. = Quenstedt.
Rein. = Reinecke.
Röm. = Römer.
Rosenm. = Rosenmüller.
Sandb. = Sandberger.
Schimp. = Schimper.
Schloth. = v. Schlotheim.
Schlüt. = Schlüter.
Schübl. = Schübler.
Sow. = Sowerby.
Sternb. = Graf v. Sternberg.
Stromb. = v. Strombeck.
Thurm. = Thurmann.
Uhl. = Uhlig.
Ung. = Unger.
Vern. = de Verneuil.
Waag. = Waagen.
Wahlenb. = Wahlenberg.
Wulf. = Wulfen.
Y. a. B. = Youngaud Bird.
Zenk. = Zenker.
Ziet. = Graf. Zieten.
Zitt. = Zittel.

Tafelerklärungen.

Taf. 1. Pflanzen.

Fig. 1. Phycodes circinnatus Richter. Untersilur Ostthüringens und des Fichtelgebirges.
— 2 u. 2 a. Sphenopteris obtusifolia Brngn. Karbon, Saarbrücker Schichten (nach Weiss).
— 3. Odontopteris obtusa Brngn. Karbon, Ottweiler Schichten und Rotliegendes (nach Weiss).
— 4 u. 4 a. Neuropteris flexuosa Brngn. Karbon, Saarbrücker Schichten (nach Frech).
— 5. Dictyopteris Brongniarti Gutb. Karbon, Saarbrücker Schichten.
— 6. Alethopteris Serli Brngn. Karbon, Ottweiler Schichten (nach Weiss).
— 7, 7 a, 7 b. Pecopteris arborescens Schl. Oberkarbon und Rotliegendes (nach Weiss). Fig. 7 a Fiederchen mit Sporangien, 7 b Fiederchen ohne Sporangien.
— 8, 8 a. Pecopteris dentata Brongn. (nach Frech).

Taf. 2. Pflanzen.

Fig. 1. Goniopteris emarginata Göpp. Karbon, Ottweiler Schichten (nach Weiss).
— 2. Sphenophyllum Schlotheimi Brngn. (nach Weiss).
— 3. Sphenophyllum tenerrimum Ettingh. Karbon, Waldenburger Schichten (nach Weiss).
— 4. Callipteris conferta Sternb. sp. Unt. Rotliegendes, von Lebach.
— 5. Calamites (Stylocalamites) Suckowi Brngn. Kulm (nach Weiss).
— 6. Calamites (Eucalamites) ramosus Brngn. sp. Karbon, Saarbrücker Schichten.
— 7. Annularia sphenophylloides Zenk. sp. Karbon, Ottweiler Schichten.
— 8. Annularia longifolia Brngn. Ilmenau.
— 9. Annularia tuberculata Sternbg. sp. (nach Weiss).
— 10. Asterophyllites equisetiformis Schl. Karbon, Ottweiler Schichten (nach Weiss).

Taf. 3. Pflanzen.

Fig. 1. Lepidodendron Veltheimianum Sternbg. Kulm (nach Weiss).
— 2. Lepidodendron Volkmannianum Sternbg. Karbon, Waldenburger Schichten.
— 3. Lepidodendron dichotomum Sternbg. (nach Weiss).
— 4. Sigillaria hexagona Brngn. Karbon (mittlere produktive Steinkohle).
— 5. Sigillaria elongata Brngn. Karbon.
— 6. Sigillaria Bradi Brngn. Oberkarbon und Rotliegendes (nach Potonié).
— 7. Stigmaria ficoides Sternbg. Karbon (nach Weiss).
— 8. Cordaites principalis Germ. (nach Weiss).
— 9. Noeggerathia foliosa Sternbg.
— 10. Trigonocarpus Nöggerathi Brongn.
— 11. Walchia piniformis Sternb. Rotliegendes von Börschweiler.
— 12. Ulmannia Bronni Göpp. („Frankenberger Kornähren"). Zechstein, Frankenberg (Hessen).

Taf. 4. Korallen.

Fig. 1. Cyathophyllum helianthoides Gldf. Mitteldevon, Eifel.
— 2. Cyathophyllum hexagonum Gldf. Mitteldevon, Gladbach.
— 3. Cyathophyllum caespitosum Gldf. Mitteldevon, Eifel (nach Goldfuss).
— 4. Cyathophyllum vermiculare Gldf. Mitteldevon, Gerolstein.
— 5, 5 a, 5 b. Calceola sandalina Lmck. Mitteldevon, Gerolstein.
— 6. Heliolites porosa Gldf. sp. Mitteldevon, Kerpen (Eifel). 6 a Querschliff, vergrössert; 6 b Längsschliff, vergrössert.
— 7. Favosites basaltiformis Gldf. sp. Mitteldevon, Eifel. 7 a Flächenschliff, vergrössert; 7 b Längsschliff, vergrössert.
— 8. Pleurodictyum problematicum Gldf. Unterdevon, Pelm bei Gerolstein.
— 9. Aulopora serpens Schl. sp. Mitteldevon, Gerolstein.
— 10. Stromatopora concentrica (var. confusa) Gldf. Mitteldevon, Gerolstein. 10 a Querschnitt, vergrössert.
— 11. Dictyonema bohemica Barr. Silur, Böhmen.

Taf. 5.

Fig. 1. Pachypora cristata Blumenb. Mitteldevon, Paffrath.
— 2. Amphipora ramosa Phill. Mitteldevon, Paffrath.
— 3. Calamopora polymorpha Gldf. Mitteldevon, Gerolstein.

Graptolithen.

Fig. 4. Monograptus priodon Br. sp. Silur, Böhmen.
— 5. Monograptus Nilssoni Barr. Silur (Alaunschiefer), Garnsdorf bei Saalfeld.
— 6. Monograptus colonus Barr. Obersilur, Saalfeld.
— 7. Monograptus turriculatus Barr. Silur, Böhmen.
— 8. Diplograptus palmeus Barr. Silur, Böhmen.
— 9. Retiolites Geinitzianus Barr. Obersilur, Böhmen (nach Barrande).
— 10. Rastrites Linnei Barr. Silur, Böhmen.

Würmer.

Fig. 11. Nereites Sedgwicki Murch. Mitteldevon (Nereitenschichten), Saalfeld.

Bryozoen.

Fig. 12. Fenestella retiformis Schl. Zechstein, Altenburg bei Pössneck. Fig. 12 a ein vergrössertes Stück.
— 13. Acanthocladia anceps Schl. Zechstein, Altenburg bei Pössneck. Fig. 13 a ein Stück vergrössert (nach Geinitz).

Seelilien.

Fig. 14, 14 a, 14 b. Haplocrinus mespiliformis Goldf. sp. Mitteldevon, Gerolstein. (Vergr. 3 : 1.)
— 15. Pisocrinus angelus de Kon. Devon, Bundenbach. ($^2/_3$ natürl. Grösse.)
— 16, 16 a. Triacrinus altus Mull. Mitteldevon, Gerolstein (nach Zittel).
— 17. Cupressocrinus elongatus Gldf. Mitteldevon, Gerolstein.
— 18. Cupressocrinus abbreviatus Gldf. Mitteldevon, Gerolstein.
— 19. Cupressocrinus crassus Gldf. Mitteldevon, Gerolstein.
— 20 u. 20 a. Cupressocrinus sp. Mitteldevon, Gerolstein.
— 21, 21 a u. b. Gasterocoma antiqua Gldf. Devon, Prünn (nach Zittel), doppelte natürl. Grösse.

Taf. 6. Seelilien.

Fig. 1 a—c. Cyathocrinus ramosus Schl. sp. Zechstein, Altenburg bei Pössneck.
— 2. Poteriocrinus geometricus Gldf. sp. Mitteldevon, Gerolstein (nach Schultze).
— 3, 3 a, 3 b. Platycrinus fritilus Müller. Devon, Pelm (nach L. Schultze).

Fig. 4. Hexacrinus elongatus Gldf. Devon, Pelm (nach L. Schultze).
— 5, 5 a. Hexacrinus spinosus Müller. Mitteldevon, Gerolstein.
— 6. Bactrocrinus tenuis Jaek. (= B. fusiformis Steininger), Devon (nach Jaekel).
— 7. Rhipidocrinus crenatus Gldf. sp. Devon, Kerpen (nach L. Schultze).
— 7 a. Rhipidocrinus crenatus Gldf. sp. Kelch von unten. Mitteldevon, Gerolstein.
— 7 b—7 e. Säulenstücke von der Seite und oben.
— 8, 8 a. Ctenocrinus typus Br. Devon (Spiriferensandstein), von Daun (nach Zittel).
— 8 b. Ctenocrinus typus Br. Sogenannter „Schraubenstein". Spiriferensandstein von Rübeland (Harz).
— 9, 9 a, 9 b. Pentremites ovalis Gldf. Devon, Cromford bei Ratingen. (Vergr. 5 : 1.) (nach Goldfuss).

Taf. 7. Seelilien und Seesterne.

Fig. 1. Eucalyptocrinus rosaceus Gldf. Mitteldevon, Gerolstein (nach L. Schultze).
— 2, 2 a. Pentremites Eifeliensis F. Röm. Devon, Nollenbach (nach L. Schultze).
— 3. Helianthaster rhenanus F. Röm. Unterdevon, Bundenbach.
— 4. Furcaster palaeozoicus Stürtz. (Ventralseite). Unterdevon, Bundenbach (nach Stürtz). 4 a. Dorsalseite, vergrössert.
— 5. Aspidosoma Tischbeinianum F. Röm. Unterdevon, Bundenbach.
— 6. Roemeraster asperula F. Röm. Unterdevon. Bundenbach.
— 7 a—d. Lepidocentrus rhenanus Beyr. Isolierte Platten. Mitteldevon, Gerolstein.

Taf. 8. Brachiopoden.

Fig. 1. Lingula Credneri Gein. Kupferschiefer, Lichte (Thüringer Wald).
— 2, 2 a. Orthis striatula Schl. Mitteldevon, Gerolstein.
— 3, 3 a, 3 b. Orthis Eifeliensis Verneuil. Mitteldevon, Gerolstein.
— 4. Strophomena rhomboidalis Wahlenb. sp. Devon, Eifel.
— 5. Strophomena Sedgwicki d'Arch. et. Vern. Devon, Eifel.
— 6. Streptorhynchus umbraculum Schl. Mitteldevon, Prünn.
— 7. Davidsonia Verneuili Bouchard. Devon, Gerolstein. (Ergänzt nach Schnur.)
— 8, 8 a. Chonetes sarcinulata Schl. Unterdevon (Spiriferensandstein), Nassau.
— 9. Chonetes dilatata F. Röm. Unterdevon, Nassau. ($^1/_2$ natürl. Grösse.)
— 10. Chonetes Laguessiana de Kon. Kulm von Aprath (nach E. Kayser).
— 11, 11 a. Strophalosia Goldfussi Münst. Zechstein, Gera (nach Geinitz).
— 12, 12 a. Strophalosia excavata Gein. Zechstein, Pössneck (nach Geinitz).
— 13. Productus subaculeatus Murch. Mitteldevon, Gerolstein.
— 14. Productus giganteus Mart. Kohlenkalk. ($^3/_7$ natürl. Grösse).
— 15. Productus semireticulatus Mart. Kohlenkalk.
— 16. Productus horridus Sow. Zechstein, Gera.

Taf. 9. Brachiopoden.

Fig. 1, 1 a. Spirifer hystericus Schl. Unterdevon, Unkel (nach Scupin).
— 2. Spirifer primaevus Steining. Devon, von Neuhütte bei Stromberg (nach E. Kayser).
— 3, 3 a. Spirifer carinatus Schnur. Unterdevon, Rheinisches Schiefergebirge.
— 4. Spirifer Hercyniae Gieb. Devon (untere Coblenzschichten), Ehrenbreitstein.
— 5. Spirifer Maureri Holzapfel. Oberer Mitteldevon, Finnentrop (nach Scupin).
— 6. Spirifer cultrijugatus F. Röm. Mitteldevon, Prünn.
— 7. Spirifer speciosus Sow. Mitteldevon, Gerolstein.
— 8. Spirifer arduennensis Schnur. Devon, Gerolstein.
— 9. Spirifer paradoxus Schl. (= Sp. macropterus F. Röm.). Devon (obere Coblenzschichten), Eifel (nach C. F. Römer).
— 10, 10 a. Spirifer hians v. Buch. sp. Devon (obere Stringocephalenschichte), Schwelm bei Elberfeld. (Vergr. 3 : 2.) (nach Scupin).
— 11. Spirifer undifer F. Röm. Devon (Stringocephalenkalk), Eifel (nach Schnur).
— 12. Spirifer deflexus A. Röm. Oberdevon, Winterberg bei Grund (Harz).

Fig. 13. Spirifer bifidus A. Röm. Oberdevon, Iberg bei Grund.
— 14. Spirifer Verneuili Murch. Oberdevon, Nassau (nach Sandberger).
— 15. Spirifer alatus Schl. Zechstein, Gera.
— 16, 16 a. Cyrtina heteroclita Defr. Mitteldevon, Gerolstein.

Taf. 10. Brachiopoden.

Fig. 1. Retzia ferita v. Buch. Mitteldevon, Gerolstein.
— 2. Spirigera (Athyris) concentrica v. Buch. Mitteldevon, Eifel.
— 3. Uncites gryphus Schl. Devon, Paffrath.
— 4, 4 a, 4 b. Atrypa reticularis Linn. Mitteldevon, Gladbach.
— 5, 5 a. Pentamerus galeatus Dalm. Oberdevon, Iberg (Harz).
— 6, 6 a. Camarophoria formosa Schnur. Devon (Cuboidesschicht), Büdesheim.
— 7, 7 a. Camarophoria Schlotheimi v. Buch. Zechstein, Pössneck (nach Geinitz).
— 8, 8 a. Rhynchonella pila Schnur Devon (Spiriferensandstein), Daleiden (nach Schnur).
— 9, 9 a. Rhynchonella Orbignyana Verneuil Devon (Cultrijugatusschichten), Eifel.
— 10. Rhynchonella Nympha Barr. Unterdevon. Klosterholz (Harz) (nach E. Kayser).
— 11, 11 a, 11 b. Rhynchonella parallelepipeda Br. Devon, Nassau.
— 12. Rhynchonella Daleidensis F. Röm. Unterdevon (obere Coblenzschichten), Daleiden (nach Frech).
— 13, 13 a. Rhynchonella cuboides Sow. Oberdevon, Winterberg bei Grund (Harz).
— 14. Stringocephalus Burtini Defr. Mitteldevon, Gladbach.
— 15. Renssellaeria strigiceps F. Röm. Devon, Eifel (nach Schnur).

Taf. 11. Muscheln.

Fig. 1. Pterinea lineata Goldf. Unterdevon, Niederlahnstein.
— 2. Pterinea costata Goldf. Unterdevon, Coblenz.
— 3. Avicula crenato-lamellosa Sandbg. Untere Coblenzschichten, Eifel (nach Sandberger).
— 4. Pseudomonotis speluncaria Schloth. Zechstein, Pössneck (nach Geinitz).
— 5 u. 5 a. Kochia capuliformis Koch. Unterste Coblenzschichten, Singhofen bei Nassau.
— 6. Limoptera bifida Sandbg. Unterste Coblenzschichten, Nassau.
— 7. Posidonomya Becheri Br. Kulmschiefer von Herborn.
— 8 u. 8 a. Posidonomya venusta Münst. Oberdevonschiefer, Nassau.
— 9. Aviculopecten papyraceum Sow. Karbonschiefer, Westfalen.
— 10. Gervillia ceratophaga Schl. Zechstein, Pössneck.
— 11. Pecten grandaevus Goldf. Kulmschiefer, Herborn.
— 12. Modiomorpha lamellosa Sandbg. Rheinische Grauwacke (Unterdevon) (nach Sandberger).
— 13. Nucula cornuta Sandbg. Unteres Mitteldevon, Wissenbach.
— 14. Nucula (Ctenodonta) Maueri Beush. Untere Coblenzschichten, Coblenz.
— 15. Nucula (Ctenodonta) Krotonis A. Röm. Unteres Mitteldevon, Wissenbach (nach Beushausen).
— 16. Nucula solenoides Goldf. Obere Coblenzschichten, Kahleberg im Oberharz (nach Beushausen).
— 17. Arca striata Schloth. Zechstein, Pössneck.
— 18. Anthracosia carbonaria Goldf. Unteres Rotliegendes, Thüringer Wald.
— 19. Anthracosia acuta King. Produkt. Steinkohle von Essen a. Ruhr.

Taf. 12. Muscheln.

Fig. 1. Schizodus obscurus Sow. Zechstein, Hanau.
— 2. Myophoria truncata Goldf. Stringocephalenkalk, Paffrath (nach Beushausen).
— 3. Myophoria inflata A. Röm. Coblenzquarzit, Oberlahnstein.
— 4. Pleurophorus costatus King. Steinkern aus dem Zechstein von Gera.
— 5. Cypricardinia lamellosa Goldf. Stringocephalenkalk, Villmar.

Fig. 6. Megalodon abbreviatus Schl. Stringocephalenkalk, Oberdevon, Bensberg.
— 7. Lucina (Paracyclas) rugosa Goldf. Devon, Daleiden (nach Beushausen).
— 8. Lucina (Paracyclas) proavia Goldf. Mitteldevon, Eifel.
— 9. Lunulicardium ventricosum Sandbg. Rhein. Mitteldevon (nach Sandberger).
— 10. Conocardium clathratum d'Orb. Oberes Mitteldevon, Eifel.
— 11. Conocardium alaeforme Sow. Kohlenkalk von Ratingen (nach Frech).
— 12. Buchiola retrostriata v. Buch. Unteres Oberdevon, Adorf (nach Beushausen).
— 13. Cardiola (Buchiola) interrupta Sow. (= C. cornu-copiae Goldf.) Obersilur (Okerkalk), Fichtelgebirge.
— 14. Cardiola concentrica v. Buch. Oberdevon, Bicken.
— 15. Solenopsis pelagica Goldf. Oberer Mitteldevon, Eifel.
— 16. Grammysia anomala Goldf. Mitteldevon, Eifel.
— 17. Allerisma inflatum Steininger. Obere Coblenzschichten, Daleiden (nach Beushausen).

Taf. 13. Schnecken.

Fig. 1. Dentalium antiquum Goldf. Mitteldevon, Geroldstein.
— 2 u. 2a. Bellerophon striatus Goldf. Mitteldevon, Geroldstein.
— 3. Bellerophon macrostoma F. Röm. Devon, Unkel i. d. Eifel (nach Frech).
— 4 u. 4a. Bellerophon Urii Flem. Kohlenkalk, Oberschlesien (nach Frech).
— 5. Pleurotomaria delphinoides Schloth. Mitteldevon, Paffrath.
— 6. Porcellia primordialis Schloth. Oberdevon, Iberg.
— 7. Murchisonia bilineata Münst. Devon, Gladbach.
— 8. Murchisonia intermedia d'Arch. u. Vern. Mitteldevon, Gladbach.
— 9. Straparollus Dionysii Br. Karbon, Ratingen (nach Frech).
— 10. Straparollus pentagonalis Phil. Karbon, Ratingen (nach Goldfuss).
— 11. Euomphalus Goldfussii d'Arch. et Vern. Devon, Eifel.
— 12. Euomphalus circinalis Goldf. Mitteldevon, Paffrath.
— 13. Euomphalus (Straparollus) laevis d'Arch. et Vern. Mitteldevon, Gladbach.
— 14. Turbonitella subcostata Münst. Mitteldevon, Gladbach.
— 15. Umbonium heliciforme Schloth. Mitteldevon, Paffrath.
— 16. Capulus (Platyceras) priscus Phil. Devon, Eifel.
— 17. Capulus (Platyceras) trilobatus Phil. Karbon, Ratingen.
— 18. Capulus (Platyostoma) naticoides A. Röm. Devon, Harz (nach Kayser).
— 19. Macrocheilus arculatus Schloth. Mitteldevon, Paffrath.
— 20. Loxonema Lefevrei de Kon. Kohlenkalk, Aachen.
— 21. Turbonilla Altenburgensis Geinitz. Zechstein, Pössneck.
— 22. Tentaculites scalaris Schloth. Unterdevon, Geroldstein.
— 23. Tentaculites acuarius Richt. Unterdevon, Ostthüringen.
— 24. Tentaculites laevigatus Richt. Unterdevon, Wissenbacher Schichten, Lerbach (Harz).

Taf. 14. Nautiliden und Clymenien.

Fig. 1. Orthoceras planicanaliculatum Sandb. (= lineare Münst.). Mitteldevon, Nassau (nach Sandberger).
— 2. Orthoceras planoseptatum Sandbg. Mitteldevon, Geroldstein. 2a von oben.
— 3. Orthoceras triangulare d'Arch. Mitteldevon, Ballersbach (nach Sandberger). 3a von unten.
— 4. Orthoceras rapiforme Sandbg. Mitteldevon, Günterod (nach Sandberger).
— 5. Orthoceras nodulosum Schloth. Mitteldevon, Geroldstein, Eifel.
— 6. Cyrtoceras depressum Goldf. Mitteldevon, Geroldstein, Eifel.
— 7. Gomphoceras inflatum Röm. Mitteldevon, Geroldstein.
— 8. Gyroceras nodosum Gieb. Mitteldevon, Geroldstein.
— 9. Hercoceras subtuberculatum Sandbg. Mitteldevon, Ballersbach (nach Sandberger).
— 10. Clymenia undulata Münst. Oberdevon, Schübelhammer b. Hof. 10a. Lobenlinie (nach Frech).
— 11. Clymenia laevigata Münst. Oberdevon, Schübelhammer b. Hof.
— 12. Orthoceras (Bactrites) gracilis Sandbg. Oberdevon, Büdesheim (nach Sandberger).

Taf. 15. Goniatiten.

Fig. 1. Goniatites (Anarcestes) lateseptatus Beyr. Oberdevon, Wildungen (nach Sandberger). 1a Querschnitt. 1b Lobenlinie.
— 2. Goniatites (Anarcestes) subnautilinus Schloth. Oberdevonschiefer, Wissenbach.
— 3. Goniatites (Anarcestes) compressus Goldf. Ebendaher.
— 4. Goniatites (Agoniatites) inconstans Phil. (= occultus Barr.). Oberdevon, Schübelhammer b. Hof.
— 5. Goniatites (Pinacites) Jugleri A. Röm. Unteres Mitteldevon, Wissenbach (nach Kayser).
— 6. Goniatites (Gephyroceras) intumescens Beyr. Oberdevon, Grund i. Harz.
— 7. Goniatites (Maeneceras) terebratus Sandbg. Oberer Mitteldevon, Martenberg b. Wetzlar (nach Holzapfel).
— 8. Goniatites (Tornoceras) simplex v. Buch. Oberdevon, Büdesheim (n. Kayser).
— 9 u. 10. Goniatites (Gephyroceras) retrorsus v. Buch Oberdevon, Büdesheim.
— 11. Goniatites (Prolecanites) lunulicosta Sandbg. Oberdevon, Dillenburg (nach Sandberger).
— 12. Goniatites (Sporadoceras) bidens Sandbg. (= Münsteri Buch). Oberdevon, (Clymenienkalk) Waldeck (nach Sandberger).
— 13. Goniatites (Beloceras) multilobatus Beyr. Oberdevon, Nassau (n. Sandberger).
— 14. Goniatites (Glyphioceras) sphaericus Goldf. Kohlenkalk, Ruhrtal.

Taf. 16. Trilobiten.

Fig. 1. Conocephalites Geinitzii Barr. Kopfschild. Untersilur, Hof (nach Barrande).
— 2. Olenus (Bavarilla) Hofensis Barr. Kopfschild. Untersilur. Hof (n. Barrande).
— 3. Olenus freguens Barr. Kopfschild. Untersilur Hof (nach Barrande).
— 4. Homalonotus planus Sandbg. Unterdevon (Dachschiefer) Caub a. Rhein (nach Koch).
— 5. Homalonotus crassicauda Sandbg. (Schwanzschild). Unterdevon, Eifel.
— 6. Bronteus alutaceus Goldf. (Schwanzschild). Mitteldevon, Eifel.
— 7. Bronteus granulatus Goldf. (Schwanzschild). Oberdevon, Iberg i. Harz.
— 8. Phacops latifrons Bronn (aufgerollt). Mitteldevon, Daleiden i. d. Eifel.
— 9. Derselbe von vorne.
— 10. Phacops latifrons Bronn (gestreckt). Mitteldevon (Schiefer) Bundenbach.
— 11. Phacops fecundus Barr. Kopfschild. Unterdevon, Harz (nach Kayser).
— 12. Cheirurus Sternbergi Böckh. Kopfschild. Mitteldevon, Albshausen bei Wetzlar (nach Holzapfel).
— 13. Acidaspis (Gryphaeus) punctatus A. Röm. Mitteldevon, Geroldstein, Eifel.
— 14. Proëtus orbitatus Barr. Kopfschild. Mitteldevon, Günterod (nach Frech).
— 15. Harpes socialis Holzapfel. Kopfschild. Mitteldevon, Albshausen b. Wetzlar (nach Holzapfel).

Taf. 17. Krebstiere und Wirbeltiere.

Fig. 1. Dalmania tuberculata A. Röm. Kopfschild. Unterdevon, Harz (nach Kayser).
— 2. Dalmania tuberculata A. Röm. Schwanzschild, Unterdevon, Harz (n. Kayser).
— 3. Phillipsia acuminata Frech. Schwanzschild, Kohlenkalk, Oberschlesien (nach Frech).
— 4a u. 4b. Leperditia sp. Mitteldevon, Sötenich, Eifel.
— 5a u. 5b. Estheria (Leaia) Baentschiana Gein. Steinkohlengeb. Saarbrücken 5c vergrössert.
— 6. Entomis (Cypridina) serrato-striata Sandbg. Oberdevon (Cypridinenschiefer). Nassau (nach Sandberger). 6a vergrössert.
— 7. Gampsonyx fimbriatus Jordan. Unt. Rotliegendes. Lebach bei Saarbrücken.
— 8. Coccosteus (Armstück). Oberdevon, Bicken b. Dillenburg (nach Pander).
— 9. Xenacanthus (Pleuracanthus) Decheni Goldf. (Schwanzstück). Unt. Rotliegendes. Lebach bei Saarbrücken.
— 10. Acanthodes Bronnii Ag. Unt. Rotliegendes. Lebach bei Saarbrücken.

Taf. 18. Wirbeltiere.

Fig. 1. Palaeoniscus Freieslebeni Ag. Kupferschiefer (Rotliegendes). Mansfeld.
— 2. Amplypterus macropterus Ag. Auf Toneisensteinknollen des unt. Rotliegenden, Lebach b. Saarbrücken. 2/3 nat. Gr.
— 3. Branchiosaurus amblystomus Credn. Mittl. Rotliegendes, Friedrichsroda.
— 4. Archegosaurus Decheni Goldf. Unt. Rotliegendes, Lebach b. Saarbrücken.
— 5. Ischnium (Fährte) sphaerodactylum Papst. Ober. Rotliegendes, Tambach b. Gotha.

Taf. 19. Pflanzen.

Fig. 1. Gyroporella annulata Gümb. Wettersteinkalk, Karwendel.
— 2. Sphaerocodium Bornemanni Rothpletz. Raiblerschichten, Kaisergebirge.
— 3. Chondrites Bollensis Kurr. Oberer Lias, Boll.
— 4. Neuropteris remota Presl (Anomopteris distans Schimper). Lettenkohle, Bibersfeld bei Hall.
— 5. Pecopteris (Lepidopteris) Stuttgartiensis Jäg. Schilfsandstein, Stuttgart.
— 6. Pecopteris Schönbeiniana Brongn. Lettenkohle, Bibersfeld b. Schwäb. Hall.
— 7. Sagenopteris elongata Göpp. Rhät, Baireuth.
— 8. Kirchneria rhomboidalis Fr. Braun. Rhät, Baireuth.

Taf. 20. Pflanzen.

Fig. 1. Taeniopteris (Danaeopsis) marantacea Schimp. Lettenkohle, Ludwigsburg.
— 2. Clathropteris platyphylla Brongn. Schilfsandstein, Stuttgart.
— 3. Chiropteris digitata Schimp. Lettenkohle, Schwäb. Hall.
— 4. Pterozamites (Nilsonia) Münsteri Fr. Braun. Rhät, Baireuth.
— 5. Pterophyllum Jaegeri Brongn. Schilfsandstein, Stuttgart.
— 6. Otozamites gracilis Kurr. Oberer Lias, Boll.
— 7. Otozamites brevifolius Fr. Braun. Rhät, Baireuth.

Sämtliche Figuren in 1/2 natürl. Grösse.

Taf. 21. Pflanzen.

Fig. 1. Schizoneura Meriani Brongn. Stammstück mit Blättern. Schilfsandstein, Stuttgart. 1/2 nat. Gr.
— 2. Schizoneura Meriani Brongn. Stengel. Lettenkohle, Sulz (Württemberg). 2/3 nat. Gr.
— 3. Equisetum arenaceum Jaeg. Schilfsandstein, Heilbronn. 1/2 nat. Gr.
— 4. Equisetum arenaceum Jaeg. Blattansätze. Schilfsandstein, Stuttgart. 2/3 nat. Gr.
— 5. Equisetum arenaceum Jaeg. Internodium. Schilfsandstein, Stuttgart. 2/3 nat. Gr.
— 6. Cupressites haliostychus Ung. Oberer Weissjura, Nusplingen (Württemberg).
— 7. Voltzia heterophylla Brongn. Buntsandstein, Sulzbad, Elsass.
— 8. Credneria triacuminata Hampe. Untersenon, Blankenburg (Harz). 1/2 nat. Gr.
— 9. Credneria integerrima Zenk. Untersenon, Blankenburg (Harz). 1/2 nat. Gr.

Taf. 22. Foraminiferen.

Fig. 1. Nodosaria communis d'Orb. Mittl. Lias, Reutlingen (× 17).
— 2. Nodosaria raphanus L. Mittl. Lias, Reutlingen (× 17).
— 3. Nodosaria pyramidalis Koch. Unt. Kreide (Hils), Holtenau (× 15) (n. Koch).
— 4. Cornuspira tenuissima Gümb. Impressaton, Alb (× 20) (nach Schwager).
— 5. Cristellaria suprajurassica Schwag. Impressaton, Alb (× 15) (nach Schwager).
— 6. Frondicularia solea Hagenow. Schreibkreide, Rügen (× 10) (nach Marsson).
— 7. Textularia striata Ehrenb. Schreibkreide, Rügen (× 10) (nach Reuss).
— 8. Discorbina globosa Hagenow. Schreibkreide, Rügen (× 10) (nach Marsson).
— 9. Rotalia umbilicata Reuss, Schreibkreide Rügen (× 10) (nach Hagenow).
— 10. Haplophragmium inflatum Beissel. Senon Aachen (× 5) (nach Beissel).
— 11. Globigerina cretacea d'Orb. Senon Aachen (× 20) (nach Beissel).

Seeschwämme.

Fig. 12. Rhizocorallium Jenense Zenk. Ob. Muschelkalk, Hall. $^2/_3$ nat. Gr.
— 13. Cnemidiastrum (Cnemidium) rimulosum Goldf. Mittl. Weissjura, Heuberg.
— 14. Cnemidiastrum (Cnemidium) Goldfussi Qu. (= stellatum Goldf.). Mittl. Weissjura, Heuberg.
— 15. Hyalotragos (Tragos) patella Goldf. Unt. Weissjura, Alb.
— 16. Hyalotragos (Tragos) rugosum Münst. (= fistulosum Qu.). Mittl. Weissjura, Alb.
— 17. Cylindrophyma (Scyphia) milleporata Goldf. Oberer Weissjura, Nattheim. $^1/_2$ nat. Gr.
— 18. Chonella tenuis A. Röm. Hils Berklingen. $^2/_3$ nat. Gr.
— 19. Doryderma infundibuliforme Goldf. Tourtia, Essen. $^1/_2$ nat. Gr. 19a Oberfläche mit den wurmförmigen Nadeln in nat. Gr.
— 20. Siphonia ficus Goldf. Ob. Kreide, Sudmerberg b. Goslar. $^2/_3$ nat. Gr.
— 21. Jerea pyriformis Lamx. Ob. Kreide (Grünsand), Kehlheim. $^1/_2$ nat. Gr.
— 22. Ventriculites cribrosus A. Röm. Pläner Oppeln.
— 23. Sporadopyle obliquum Goldf. Unt. Weissjura, Lochen b. Balingen.

Taf. 23. Seeschwämme.

Fig. 1. Tremadictyon reticulatum Gold. Mittl. Weissjura, Streitberg, Franken.
— 2. Rhizopoterium cervicornis Goldf. Ob. Kreide, Haldem. $^1/_2$ nat. Gr.
— 3. Craticularia cylindritexta Qu. Ob. Weissjura. Alb.
— 4. Guettardia trilobata A. Röm. Ob. Kreide, Peine b. Hannover.
— 5. Coscinopora infundibuliformis Goldf. Obere Kreide, Cösfeld, Westfalen. $^2/_3$ nat. Gr.
— 6. Pachyteichisma lopas Qu. Mittl. Weissjura, Heuberg.
— 7. Porospongia Lochense Qu. Unt. Weissjura, Lochen b. Balingen.
— 8. Cypellia dolosa Qu. Unt. Weissjura, Lochen b. Balingen.
— 9. Coeloptychium agaricoides Gold. Ob. Kreide, Cösfeld, Westfalen.
— 10. Peronella cylindrica Goldf. Ob. Weissjura, Heidenheim a. Brenz.
— 11. Stellispongia semicincta Qu. Ob. Weissjura, Sontheim a. Brenz.
— 12. Blastinia costata Goldf. Ob. Weissjura, Sontheim a. Brenz.
— 13. Corynella astrophora Goldf. Ob. Weissjura, Sontheim a. Brenz.
— 14. Elasmostoma consobrinum Goldf. Tourtia, Essen.
— 15. Achilleum (Myrmecium) glomeratum Goldf. Senon, Lüneburg.
— 16. Myrmecium rotula Qu. Mittl. Weissjura, Heuberg.
— 17. Peronella furcata Goldf. Tourtia, Essen.
— 18. Elasmostoma (Manon) peziza Goldf. Tourtia, Essen.

Taf. 24. Korallen.

Fig. 1. Turbinolia (Trochocyathus) impressae Qu. Unt. Weissjura, schwäb. Alb.
— 2. Tiaradendron germinans Qu. Ob. Weissjura, Nattheim (Alb).
— 3. Enalohelia compressa Goldf. Ebendaher.
— 4. Montlivaultia helianthoides Milasch. Ob. Weissjura, Ulm.
— 5. Montlivaultia obconica Münst. Ob. Weissjura, Nattheim.
— 6. Latusastraea alveolaris Goldf. Ob. Weissjura, Nattheim.
— 7. Isastraea crassisepta Goldf. Ob. Weissjura, Nattheim.
— 8. Isastraea explanata Goldf. Ob. Weissjura, Nattheim.
— 9. Latimaeandra Sömmeringi Goldf. Ob. Weissjura, Nattheim.
— 10. Lithodendron (Calamophyllia) clathratum Emmerich. Mittl. Trias, St. Cassian.
— 11. Lithodendron (Thecosmilia) trichotomum Goldf. Ob. Weissjura, Nattheim.
— 12. Thecosmilia suevica Qu. Ob. Weissjura, Nattheim.

Taf. 25. Korallen.

Fig. 1. Coelosmilia centralis Edw. u. Haine. Obere Kreide, Mucronatenkreide, Lüneburg.
— 2. Placosmilia complanata Goldf. Obere Kreide, Gosau.
— 3. Epismilia cuneata Becker. Oberer Weissjura, Nattheim.

Fig. 4. Stylosmilia (Placophyllia) dianthus Goldf. Oberer Weissjura, schwäb. Alb.
— 5. Stylina Labechii Edw. u. Haine. Oberer Weissjura, Nattheim.
— 6. Stylina limbata Goldf. Oberer Weissjura, Nattheim.
— 7. Stephanocoenia pentagonalis Goldf. Oberer Weissjura, Nattheim.
— 8. Cyclolites undulata Goldf. Obere Kreide, Gosau.
— 9. Chorisastraea dubia Goldf. Oberer Weissjura, Nattheim.
— 10. Stephanophyllia (Trochocyathus) florealis Qu. Unterer Weissjura, Lochen bei Balingen.
— 11. Thecocyathus mactra Goldf. Unterer Dogger, Gomaringen (Württemberg).
— 12. Microbacia coronula Goldf. Tourtia, Essen a. Ruhr.
— 13. Thamnastraea Terquemi Edw. u. Haine. Mittlerer Dogger. Wasseralfingen.
— 14. Dimorphastraea concentrica Becker. Oberer Weissjura, Nattheim.
— 15. Astraeomorpha robuste-septata Becker. Oberer Weissjura, Nattheim.

Taf. 26. Bryozoen und Würmer.

Fig. 1. Chaetetes polyporus Qu. Oberer Weissjura, schwäb. Alb.
— 2. Porosphaera globularis Phil. Untersenon, Bültum b. Peine.
— 3. Defrancia infraoolithica Waag. Mittlerer Braunjura, Gingen a. Fils.
— 4. Berenicea compressa Goldf. Mittlerer Braunjura, Wasseralfingen.
— 5. Ceriopora spongites Goldf. Tourtia, Essen a. Ruhr.
— 6. Ceriopora alata Goldf. Oberer Weissjura, Nattheim.
— 7. Ceriopora polymorpha Goldf. Tourtia, Essen a. Ruhr.
— 8. Ceriopora angulosa Goldf. Oberer Weissjura, Nattheim.
— 9. Ceriopora clavata Goldf. Tourtia, Essen a. Ruhr.
— 10. Ceriopora radiciformis Goldf. Mitterer Weissjura, schwäb. Alb.
— 11. Ceriopora gracilis Goldf. Tourtia, Essen a. Ruhr.
— 12. Radiopora substellata Goldf. Tourtia, Essen a. Ruhr.
— 13. Cellepora escharoides Goldf. Tourtia, Essen a. Ruhr.
— 14. Cellepora radiata Goldf. Oberer Weissjura, schwäb. Alb.
— 15. Eschara bipunctata Goldf. Senon, Rügen.
— 16. Escharites rhombifera Waag. Mittlerer Braunjura, Wasseralfingen.
— 17. Eschara cepha d'Orb. Senon, Maastricht.
— 18. Serpula grandis Goldf. (auf Belemnites). Mittlerer Braunjura, schwäb. Alb.
— 19. Serpula lumbricalis Schloth. Oberer Weissjura, Nattheim.
— 20. Serpulit (Serpula coacervata Blum.). Purbeck, Deister.
— 21. Serpula socialis Goldf. Mittlerer Braunjura, Eningen (Alb).
— 22. Serpula gordialis Goldf. Oberer Weissjura, Nattheim.
— 23. Serpula tetragona Sow. Oberer Braunjura, schwäb. Alb.
— 24. Serpula Philippsi Römer. Neokom, Dripsenstedt b. Hildesheim.
— 25. Serpula convoluta Goldf. Oberer Braunjura, Eningen (Alb).
— 26. Serpula filaria Münst. Oberer Weissjura, Solnhofen.
— 27. Lumbricaria intestinum Goldf. Oberer Weissjura, Solnhofen.

Taf. 27. Seelilien.

Fig. 1. Encrinus liliiformis Lam. Oberer Muschelkalk, Crailsheim. 1. Kelch, 1 a Stielglieder, 1 b Stielglied von oben.
— 2. Encrinus Kunischi Wachsmuth u. Springer (= E. gracilis Buch.) Unterer Muschelkalk. 2 a Stielglied von oben. Gogolin, Schlesien.
— 3 u. 3 a. Pentacrinus tuberculatus Mill. (Stielglieder). Unterer Lias, Württemberg.
— 4 u. 4 a. Pentacrinus basaltiformis Mill. Mittlerer Lias, Württemberg.
— 5 u. 5 a. Pentacrinus subangularis Mill. Mittlerer Lias, Württemberg.
— 6 u. 6 a. Pentacrinus cristagalli Qu. Mittlerer Braunjura, Wasseralfingen.
— 7 u. 7 a. Pentacrinus subteres Münst. Unterer Weissjura, schwäb. Alb.
— 8 u. 8 a. Pentacrinus cingulatus Münst. Mittlerer Weissjura, schwäb. Alb.
— 9 u. 9 a. Pentacrinus Bronni Hag. Senon, Rügen.
— 10. Eugeniacrinus caryophyllatus Schloth. Unterer Weissjura, Lochen. Fig. 10 Kelch, 10 a u. 10 b Stielglieder.

Fig. 11 u. 11 a. Eugeniacrinus Hoferi Münst. Unterer Weissjura, Lochen.
— 12 u. 12 a. Solanocrinus costatus Goldf. Oberer Weissjura, Nattheim.
— 13. Pentacrinus Briareus Mill. Oberer Lias, Holzmaden (stark verkleinert).
— 14. Millericrinus Milleri Schloth. Oberer Weissjura, Heidenheim.
— 15. Millericrinus Milleri Schloth. Stielglieder. Oberer Weissjura, Nattheim.
— 16. Millericrinus rosaceus d'Orb. Kelch. Oberer Weissjura. Nattheim.
— 17. Millericrinus mespiliformis Schloth. Oberer Weissjura, Nattheim. Fig. 17 Kelch, 17 a u. 17 b Stielglieder.

Taf. 28. Seelilien und Seesterne.

Fig. 1. Masurpites ornatus Mant. Senon, Lüneburg.
— 2. Bourguetocrinus ellipticus Mill. Senon, Norddeutschland. (Fig. 2 a u. 2 b Kelch in 1 1/2 natürl. Grösse.)
— 3. Saccocoma pectinata Goldf. Oberer Weissjura, Solnhofen.
— 4, 4 a, 4 b u. 4 c. Ophiura Egertoni Qu. Armstücke in doppelter natürl. Grösse. Mittlerer Lias, Balingen.
— 5. Aspidura Ludeni Hagenow. Oberseite. Unterer Muschelkalk, Jena.
— 6. Aspidura loricata Goldf. Blumenb. (6 a von unten, 6 b von oben). Oberer Muschelkalk. Wachbach b. Mergentheim.
— 7. Ophiocoma ventrocarinata Fr. Unterer Lias, Langenbrücken.
— 8. Asterias lumbricalis Schloth. Unterer Lias, Hüttlingen bei Aalen.
— 9. Trichasteropsis cilicia Qu., mit Stylolitenbildung. Oberer Muschelkalk, Crailsheim.
— 10. Goniaster regularis Forb. Senon (baltische Kreide).
— 11 u. 11 a. Asterias jurensis Qu. (Randplatte). Weissjura, schwäb. Alb.
— 12. Asterias impressae Qu. (Armstück). Unterer Weissjura, Geislingen.
— 13. Asterias sp. Augentafel. Unterer Weissjura, Lochen.
— 14. Asterias sp. Ambulacralbalken. Unterer Weissjura, Lochen.
— 15 u. 16. Oreaster primaevus Zitt. Rückentafeln. Oberer Weissjura, schwäb. Alb.
— 17 u. 18. Sphaerites scutatus Goldf. Rückentafeln und Stacheln. Oberer Weissjura, schwäb. Alb.
— 19. Sphaerites tabulatus Qu. Unterer Weissjura, Lochen.
— 20 u. 20 a. Sphaerites punctatus Qu. Unterer Weissjura, Lochen.
— 21. Sphaerites pustulatus Qu. Oberer Weissjura., Nattheim.
— 22. Sphaerites stelliferus Qu. Oberer Weissjura, Nattheim.
— 23. Sphaerites digitatus Qu. Oberer Weissjura, schwäb. Alb.

Taf. 29. Seeigel.

Fig. 1. Cidaris coronata Goldf. Weissjura, schwäb. Alb.
— 2. Cidaris coronata Goldf. Genitalplatten.
— 3 u. 4. Cidaris coronata Goldf. Kiefergebiss.
— 5, 6 u. 7. Cidaris coronata Goldf. Stacheln.
— 8. Cidaris grandaevus Qu. Oberer Muschelkalk, Crailsheim.
— 9. Cidaris (Pseudodiadema) arietis Qu. Unterer Lias, Gmünd.
— 10. Pseudodiodema minutum Buckmann. Unterer Lias, Göppingen.
— 11. Mesodiodema criniferum Qu. Oberer Lias, Boll.
— 12. Cidaris florigemma Phil. Unterer Weissjura, Alb.
— 13. Cidaris florigemma Phil. Stachel. Unterer Weissjura, Alb.
— 14. Cidaris filograna Ag. Unterer Weissjura, Lochen.
— 15. Cidaris propinqua Münst. Unterer Weissjura, Lochen.
— 16. Cidaris vesicularis Goldf. Tourtia, Essen.
— 17. Cidaris globiceps Goldf. Tourtia, Essen.
— 18. Rhabdocidaris maxima Qu. Mittlerer Braunjura, schwäb. Alb.
— 19. Rhabdocidaris maxima (Stachel). Mittlerer Braunjura, schwäb. Alb.
— 20. Rhabdocidaris nobilis Münst. Oberer Weissjura, Sontheim a. d. Brenz.
— 21. Rhabdocidaris nobilis Münst. (Stachel). Oberer Weissjura, Sontheim a. d. Brenz.
— 22. Rhabdocidaris pustuliferus Qu. Oberer Weissjura, Sontheim a. d. Brenz.
— 23. Cidaris histricoides Qu. Oberer Weissjura, Sontheim a. d. Brenz.

Fig. 24. Cidaris spinosa Ag. Oberer Weissjura, Sontheim a. d. Brenz.
— 25. Hemicidaris crenularis Lam. Oberer Weissjura.
— 26. Pseudodiadema subangulare Goldf. Weissjura, schwäb. Alb.
— 27. Cyphosoma granulosa Goldf. Senon, Rügen.
— 28. Clypticus sulcatus Goldf. Oberer Weissjura, Nattheim.

Taf. 30. Seeigel.

Fig. 1, 1 a u. 1 b. Echinus nodulosus Goldf. Unterer Weissjura. Lochen.
— 2 u. 2 a. Stomechinus lineatus Goldf. Oberer Weissjura, Sontheim a. d. Brenz.
— 3. Discoidea cylindrica Lam. Senon, Lüneburg.
— 4 u. 4 a. Holectypus depressus Phil. Weissjura, schwäb. Alb (Steinkern).
— 5 u. 5 a. Discoidea subulcus Goldf. Tourtia Essen.
— 6 u. 6 a. Galerites vulgaris Lam. Senon, Rügen.
— 7. Echinoconus abbreviatus Lam. Senon, Lüneburg.
— 8. Echinoconus albogalerus Lam. Turon, Westfalen.
— 9 u. 9 a. Pyrina pygmaea Desor. Hils, Salzgitter.
— 10 u. 10 a. Echinobrissus scutatus Lam. Mittlerer Braunjura, Lahr i. Baden.
— 11 u. 11 a. Pyrina Gehrdenensis Röm. Unterer Senon, Bültum.
— 12 u. 12 a. Dysaster (Collyrites) carinatus Leske. Weissjura, schwäb. Alb.
— 13 u. 13 a. Dysaster granulosus Goldf. Weissjura, schwäb. Alb.
— 14 u. 14 a. Ananchytes ovata Leske. Senon, Rügen.

Taf. 31. Seeigel.

Fig. 1. Holaster Hardyi Dub. Montp. Hils, Gevensleben, Braunschweig.
— 2. Holaster laevis Ag. Gault, Ahaus, Westfalen.
— 3. Toxaster complanatus Ag. Neokom, Säntis.
— 4. Micraster cortestudinarium Goldf. Turon, Laengerich, Westfalen.

Brachiopoden.

Fig. 5. Lingula tenuissima Bronn. Oberer Muschelkalk, Crailsheim.
— 6. Crania ingabergensis Retz. Senon.
— 7. Crania nummulus Lam. Senon, Schonen.
— 8. Thecidea digitata Goldf. Tourtia, Essen.
— 9. Koninckina Leonhardi Wissm. Obere alpine Trias, St. Cassian.
— 10. Retzia trigonella Schl. Alpiner Muschelkalk, Recoaro.
— 11. Spiriferina Menzelii v. Buch. Alpiner Muschelkalk, Wendelstein.
— 12. Spiriferina hirsuta Alb. Unterer Muschelkalk, Freudenstadt.
— 13 u. 13 a. Spiriferina fragilis Schloth. Oberer Muschelkalk, Würzburg.
— 14. Spirigera oxycolpos Suess. Alpines Rhät, Achensee.
— 15. Spiriferina Walcotti Sow. Unterer Lias, Balingen.
— 16, 16 a u. 16 b. Spiriferina verrucosa v. Buch. Mittlerer Lias, Balingen.
— 17. Spiriferina rostrata Ziet. Mittlerer Lias, Balingen.

Taf. 32. Brachiopoden.

Fig. 1. Rhynchonella gryphitica Qu. Unterer Lias, Tübingen.
— 2. Rhynchonella belemnitica Qu. Unterer Lias, Tübingen.
— 3. Rhynchonella rimosa v. Buch. Mittlerer Lias, Balingen.
— 4. Rhynchonella variabilis Ziet. Mittlerer Lias, Balingen.
— 5. Rhynchonella spinosa Schloth. Mittlerer Braunjura, schwäb. Alb.
— 6. Rhynchonella acuticosta Zieten. Mittlerer Braunjura, schwäb. Alb.
— 7. Rhynchonella varians Schloth. Mittlerer Braunjura, schwäb. Alb.
— 8. Rhynchonella quadriplicata Ziet. Mittlerer Braunjura, schwäb. Alb.
— 9. Rhynchonella lacunosa Schloth. Unterer Weissjura, schwäb. Alb.
— 10. Rhynchonella lacunosa var. multicostata Qu. Weissjura, schwäb. Alb.
— 11. Rhynchonella lacunosa var. sparsicosta Qu. Weissjura, schwäb. Alb.

Fig. 12. Rhynchonella inconstans Sow. Oberer Weissjura, schwäb. Alb.
— 13. Rhynchonella trilobata Ziet. Oberer Weissjura, schwäb. Alb.
— 14. Rhynchonella triloboides Qu. Mittlerer Weissjura, schwäb. Alb.
— 15. Rhynchonella depressa d'Orb. Hils, Salzgitter (2/3 nat. Gr.).
— 16. Rhynchonella difformis Schloth. Tourtia, Essen.
— 17. Rhynchonella Cuvieri d'Orb. Turon, Wessum.
— 18. Rhynchonella Hagenowi Lundgr. Untersenon, Bültum (2/3 nat. Gr.).
— 19. Rhynchonella vespertilio d'Orb. Untersenon, Bültum.
— 20. Rhynchonella plicatilis Sow. Senon, Rügen.
— 21. Terebratula vulgaris Schloth. Oberer Muschelkalk, Rottweil.
— 22. Terebratula vulgaris var. cycloides Zenk. Oberer Muschelkalk, Taubertal.
— 23. Terebratula gregaria Suess. Alpines Rhät, Wendelstein.
— 24. Terebratula perovalis Sow. Mittlerer Braunjura, schwäb. Alb.
— 25. Terebratula omalogastyr Ziet. Mittlerer Braunjura, schwäb. Alb.
— 26. Terebratula bullata Sow. Mittlerer Braunjura, schwäb. Alb.
— 27. Terebratula gutta Qu. Unterer Weissjura, Lochen.
— 28. Terebratula orbis Qu. Unterer Weissjura, Lochen.
— 29. Terebratula humeralis Röm. Oberer Weissjura, schwäb. Alb.

Taf. 33. Brachiopoden.

Fig. 1. Terebratula bisuffarcinata Schloth. Weissjura, schwäb. Alb.
— 2. Terebratula insignis Ziet. Oberer Weissjura, schwäb. Alb.
— 3. Terebratula sella Sow. Hils, Kniestedt.
— 4. Terebratula Moutoniana d'Orb. Aptien, Ahaus (2/3 nat. Gr.).
— 5. Terebratula Becksii A. Röm. Turon, Wessum.
— 6. Terebratula semiglobosa Sow. Turon, Salzgitter.
— 7. Terebratula carnea Sow. Senon, Rügen.
— 8 u. 9. Terebratulina substriata Schloth. Weissjura, schwäb. Alb.
— 10. Terebratulina chrysalis Schloth. Senon, Bültum (Westfalen).
— 11. Terebratulina gracilis Schloth. Senon, Stade (Hannover).
— 12. Waldheimia angusta Schloth. Unterer Muschelkalk, Rohrdorf (Schwarzwald).
— 13. Waldheimia vicinalis Qu. Unterer Lias, Balingen.
— 14. Waldheimia numismalis Lam. Mittlerer Lias, Balingen.
— 15. Waldheimia digona Sow. Mittlerer Braunjura, Luc (Frankreich).
— 16 Waldheimia lagenalis Schloth. Mittlerer Braunjura, Wutachtal.
— 17. Waldheimia pala v. Buch. Oberer alpiner Dogger, Vils (Bayern).
— 18. Waldheimia antiplecta v. Buch. Oberer alpiner Dogger, Vils (Bayern).
— 19. Waldheimia trigonella Schloth. Oberer Weissjura, Heidenheim.
— 20. Waldheimia carinata Lam. Oberer Braunjura, Wasseralfingen.
— 21. Waldheimia impressa Bronn. Unterer Weissjura, schwäb. Alb.
— 22. Waldheimia nucleata Schloth. Unterer Weissjura, schwäb. Alb.
— 23. Waldheimia hippopus Röm. Hils, Kniestedt.
— 24. Waldheimia tamarindus Sow. Hils, Kniestedt.
— 25. Magas pumilus Sow. Senon, Stade.
— 26. Terebratella Kurri Opp. Unterer Weissjura, Lochen.
— 27. Terebratella oblonga Sow. Hils, Gewensleben.
— 28. Terebratella pectunculus Schloth. Weissjura, schwäb. Alb.
— 29. Terebratella loricata Schloth. Weissjura, schwäb. Alb.
— 30. Terebratella pectunculoides Schloth. Oberer Weissjura, Nattheim.

Taf. 34. Muscheln.

Fig. 1. Ostrea complicata Goldf. Unterer Muschelkalk, Schwarzwald.
— 2. Ostrea sessilis Schloth. Oberer Muschelkalk, Cannstatt.
— 3. Ostrea multicostata Münst. Oberer Muschelkalk, Crailsheim.
— 4. Ostrea eduliformis Schloth. Mittlerer Braunjura, schwäb. Alb.
— 5. Ostrea cristagalli Schloth. = O. Marshi Sow. Mittl. Braunjura, schwäb. Alb.
— 6. Ostrea gregaria Sow. = hastellata Schl. Weissjura, schwäb. Alb.

Fig. 7. Ostrea (Anomia) semiglobosa Gein. Untersenon, Quedlinburg.
— 8. Ostrea diluviana d'Orb. = O. flabellata Goldf. Untersenon, Ilsede.
— 9. Ostrea carinata Lmck. Tourtia, Essen.
— 10. Ostrea laciniata Goldf. Untersenon, Blankenburg.
— 11. Ostrea semiplana Sow. Untersenon. Blankenburg.
— 12. Gryphaea arcuata Lmck. Unterer Lias, Balingen.
— 13. Gryphaea cymbium Lmck. Mittlerer Lias, Kirchheim u. Teck.

Taf. 35. Muschein.

Fig. 1. Gryphaea calceola Gu. Mittlerer Braunjura, Balingen.
— 2. Exogyra spiralis Qu. (= E. Bruntrutana Thurm.). Oberer Weissjura, Ulm.
— 3. Exogyra auriformis Goldf. Unterer Weissjura, Lochen.
— 4. Exogyra Couloni d'Orb. Neokom, Säntis.
— 5. Exogyra halitoidea Sow. Tourtia, Essen.
— 6. Exogyra sigmoidea Sow. Tourtia, Essen.
— 7. Exogyra subcarinata Münst. Tourtia, Essen.
— 8. Exogyra columba Sow. Obere Kreide, Regensburg.
— 9. Gryphaea vesicularis Lam. Obersenon, Olpe.
— 10. Plicatula spinosa Sow. Mittlerer Lias, Reutlingen.
— 11. Spondylus spinosus Sow. Untersenon, Oberhausen (Westfalen).
— 12. Lima lineata Desh. Unterer Muschelkalk, Freudenstadt.
— 13. Lima striata Schloth. Oberer Muschelkalk, Hall.

Taf. 36. Muscheln.

Fig. 1. Lima (Plagiostoma) punctata Sow. Unterer Lias, Balingen.
— 2. Lima pectiniformis Schloth. (= L. proboscidea Sow.) Mittlerer Braunjura, schwäb. Alb ($^1/_2$ nat. Gr.).
— 3. Lima dupla Qu. Unterer Lias, Göppingen.
— 4. Lima semisulcata Nilss. Senon, Ahlten, Hannover.
— 5. Lima canalifera Goldf. Untersenon, Blankenburg.
— 6. Lima (Plagiostoma) Hoperi Mant. Emscher, Halberstadt.
— 7. Hinnites comptus Gieb. Oberer Muschelkalk, Hall.
— 8. Pecten Albertii Goldf. Oberer Muschelkalk, Heilbronn.
— 9. Pecten discites Schloth. Oberer Muschelkalk, Marbach.
— 10 u. 10a. Pecten laevigatus Schloth. Oberer Muschelkalk, Crailsheim.
— 11. Pecten Valoniensis Defr. (= P. cloacinus Qu.) Rhät, Nürtingen.
— 12 u. 12a. Pecten glaber Ziet. Unterer Lias, Vaihingen b. Stuttgart.
— 13 u. 13a. Pecten priscus Schloth. Mittlerer Lias, Balingen.
— 14. Pecten contrarius v. Buch. Oberer Lias, Göppingen.
— 15. Pecten textorius Schloth. Oberer Lias, Göppingen.
— 16. Pecten personatus Ziet. Unterer Dogger (Personatensandstein), Aalen.
— 17. Pecten demissus Goldf. Unterer Dogger, Aalen.

Taf. 37. Muscheln.

Fig. 1. Pecten lens Sow. Mittl. Braunjura, Spaichingen.
— 2. P. (Velopecten) velatus Goldf. Unt. Weissjura, schwäb. Alb.
— 3. P. cingulatus Phil. Unt. Weissjura, schwäb. Alb.
— 4. P. subspinosus Schloth. Ob. Weissjura, Nattheim,
— 5. P. subarmatus Münst. Ob. Weissjura, Ulm.
— 6. P. Beaveri Sow. Cenoman, Langelsheim.
— 7. P. (Vola) aequicostatus Lam. Cenoman, Regensburg.
— 8. P. (Vola) quadricostatus Sow. Unt. Senon, Quedlinburg.
— 9. P. (Vola) quinquecostatus Sow. Unt. Senon, Bültum b. Peine.
— 10. Pecten curvatus Gein. (= P. virgatus Nilss). Unt. Senon, Aachen.
— 11. P. septemplicatus Nils. Unt. Senon, Bültum.
— 12 u. 12a. Avicula contorta Portl. Rhät, Nürtingen.

Fig. 13. Avicula Sinemuriensis d'Orb. Unt. Lias, Ellwangen.
— 14 u. 14 a. Avicula Münsteri Bronn. Mittl. Braunjura, schwäb. Alb.
— 15. Avicula Cornueliana d'Orb. Neokom, Salzgitter.
— 16 u. 16 a. Pseudomonotis echinata Sow. Mittl. Braunjura, schwäb. Alb.
— 17. Posidonia Bronni Voltz. Ob. Liasschiefer, Holzmaden.
— 18. Pseudomonotis substriata Münst. Ob. Lias, Göppingen.
— 19. Monotis salinaria Schloth. Alpiner Keuper, Ischl.

Taf. 38. Muscheln.

Fig. 1. Gervillia Albertii Credn. Unt. Muschelkalk, Nagold.
— 2. Gervillia subcostata Goldf. Ob. Muschelkalk, Schwieberdingen b. Stuttgart.
— 3, 3 a u. 3 b. Gervillia socialis Schloth. Ob. Muschelkalk, Schwieberdingen b. Stuttgart.
— 4. Gervillia pernoides Desl. Unt. Braunjura, Boll.
— 5 u. 5 a. Aucella Keyserlingi Lahnsen. Hils, Salzgitter.
— 6. Inoceramus dubius Sow. (Mytilus gryphoides Schl.). Ob. Liasschiefer, Boll.
— 7. Inoceramus dubius Sow. (Mytilus gryphoides Schl.). Ob. Liaskalk, Holzmaden.
— 8. Inoceramus laevigatus Münst. Unt. Braunjura, Lauffen b. Balingen. $^1/_2$ nat. Gr.
— 9. Inoceramus labiatus Schloth. Turon, Essen. $^2/_3$ nat. Gr.
— 10. Inoceramus Cuvieri Lam. Cenoman, Pirna b. Dresden. $^1/_2$ nat. Gr.
— 11. Inoceramus Brongiarti Sow. Turon, Wullen i. Westf. $^1/_2$ nat. Gr.
— 12. Inoceramus Cripsii Mant. Unt. Senon, Blankenburg.

Taf. 39. Muscheln.

Fig. 1 u. 1 a. Perna mytiloides Ziet. Mittl. Braunjura, Lauffen b. Balingen. $^1/_2$ nat. Gr.
— 2. Modiola minuta Goldf. Rhät, Nürtingen.
— 3. Modiola modiolata Qu. Mittl. Braunjura, Lauffen b. Balingen.
— 4. Modiola plicata Sow. Mittl. Braunjura, Lauffen b. Balingen.
— 5. Pinna Hartmanni Ziet. Unt. Lias, Göppingen. $^1/_2$ nat. Gr.
— 6. Pinna cretacea Schloth. Emscher (Unt. Senon) Quedlinburg. $^1/_2$ nat. Gr.
— 7 u. 7 a. Arca securis Leym (Steinkern). Neokom, Braunschweig.
— 8. Cucullaea Münsteri Ziet. Mittl. Lias, Balingen.
— 9 u. 9 a. Cucullaea concinna Phill. Ob. Braunjura, Eningen.
— 10. Pectunculus dux J. Böhm (Steinkern). Unt. Senon, Quedlinburg.
— 11 u. 11 a. Pectunculus Geinitzi d'Orb. (= P. lens aut.) Unt. Senon, Aachen.
— 12. Nucula palmae Sow. Mittl. Lias, Kirchheim.
— 13. Nucula Hammeri Defr. Unt. Braunjura, Boll.
— 14. Nucula variabilis Sow. Mittl. Braunjura, Lauffen b. Balingen.
— 15. Nucula variabilis Sow. (Steinkern). Mittl. Braunjura, Lauffen b. Balingen.
— 16. Nucula lacrymae Sow. Ob. Braunjura, Eningen.
— 17. Nucula Försteri G. Müller. Unt. Senon, Aachen.
— 18. Leda complanata Sow. Mittl. Lias, Gmünd.
— 19. Leda claviformis Sow. Unt. Braunjura, Boll.

Taf. 40. Muscheln.

Fig. 1. Myophoria costata Zenk. (= M. fallax Seeb). Buntsandstein, Jena.
— 2. Myophoria Goldfussi Alb. Ob. Muschelkalk, Rottweil.
— 3. Myophoria laevigata Alb. Ob. Muschelkalk, Rottweil.
— 4 a u. 4 b. Myophoria laevigata (Schloss der rechten u. linken Klappe). Ob. Muschelkalk, Schwieberdingen.
— 5 a u. 5 b. Myophoria orbicularis Goldf. Mittl. Muschelkalk, Freudenstadt.
— 6 a u. 6 b. Myophoria cardissoides Schloth. Unt. Muschelkalk, Freudenstadt.
— 7. Trigonodus Sandbergeri Alb. Ob. Muschelkalkdolomit, Rottweil.
— 8. Myophoria transversa Bornemann. Lettenkohle, Langensalza.
— 9. Myophoria vulgaris Schl. (Steinkern). Ob. Muschelkalk, Hall.
— 10. Myophoria vulgaris Schl. (mit Schale). Ob. Muschelkalk, Hall.

Fig. 11. Myophoria pes anseris Schl. Ob. Muschelkalk, Hall.
— 12. Myophoria postera Qu. Rhät, Nürtingen.
— 13. Myophoria Kefersteini Münst. (= Raibliana Boué). Ob. alpine Trias Raibl.
— 14. Trigonia navis Lam. Unt. Braunjura Boll.
— 15. Trigonia clavellata Park. Ob. Braunjura, Eningen.
— 16. Trigonia clavellata Park. (Schlossteile). Ebendaher.

Taf. 41. Muscheln.

Fig. 1. Trigonia costata Park. Mittl. Braunjura, Lauffen b. Balingen.
— 2. Trigonia striata Qu. Unt. Braunjura, Wasseralfingen.
— 3. Trigonia silicea Qu. Ob. Weissjura, Nattheim.
— 4. Trigonia vaalsiensis J. Böhm (= T. aliformis Park.). Unt. Senon, Aachen.
— 5. Anoplophora lettica Qu. Lettenkohle, Winnenden.
— 6. Cardinia (Thalassites) Listeri Sow. Unt. Lias, Vaihingen a. F.
— 7 u. 7 a. Cardinia (Thalassites) donacina Sow. Unt. Lias, Göppingen.
— 8. Astarte opalina Qu. Unt. Braunjura, Boll.
— 9. Astarte depressa Münst. Mittl. Braunjura, Lauffen b. Balingen.
— 10. Astarte Voltzi Goldf. Unt. Braunjura, Boll.
— 11. Astarte minima Goldf. Ob. Weissjura, Ulm.
— 12, 12 a u. 12 b. Astarte similis Münst. Unt. Senon, Aachen.
— 13. Eriphyla lenticularis Goldf. Unt. Senon, Aachen.
— 14 u. 14 a. Opis cardissoides Goldf. Ob. Weissjura, Nattheim.
— 15. Opis lunulata Sow. Ob. Weissjura, Nattheim.
— 16. Cardita crenata Münstr. Alpine Trias, St. Cassian.
— 17. Megalodus triqueter Wulf. Alpine Trias, Bleiberg. $^1/_2$ nat. Gr.
— 18. Diceras arietinum Lam. Ob. Weissjura, Kehlheim.
— 19. Cyrena ovalis Defr. Wealden Bergloh (Westfalen).
— 20 u. 20 a. Isocardia angulata Phil. Hils, Oker b. Hildesheim.
— 21. Isocardia rostrata Sow. Weissjura, schwäb. Alb.

Taf. 42. Muscheln.

Fig. 1. Lucina plana Ziet. Unt. Braunjura, Boll. $^2/_3$ nat. Gr.
— 2. Lucina numismalis d'Orb. Unt. Senon, Aachen.
— 3. Cardium productum Sow. Unt. Senon, Aachen.
— 4 u. 4 a. Cardium Becksi Müller. Unt. Senon, Aachen.
— 5 u. 5 a. Cytherea ovalis Goldf. Unt. Senon, Aachen.
— 6. Tellina zetae Qu. Ob. Weissjura, Ulm. $^2/_3$ nat. Gr.
— 7. Tancredia oblita Phil. Unt. Braunjura, Wasseralfingen. $^2/_3$ nat. Gr.
— 8. Panopaea Albertii Voltz. Unt. Muschelkalk, Freudenstadt.
— 9. Pholadomya decorata Ziet. Mittl. Lias, Kirchheim.
— 10. Pholadomya fidicula Sow. Mittl. Braunjura, Lauffen b. Balingen.
— 11. Pholadomya Murchisoni Goldf. Mittl. Braunjura, Owen. $^1/_2$ nat. Gr.
— 12. Pholadomya donacina Goldf. Ob. Weissjura, Ulm.
— 13. Pholadomya Esmarki Nilss. Senon, Haldem. $^1/_2$ nat. Gr.
— 14. Goniomya angulifera Sow. (V. scripta Qu.). Mittlerer Braunjura, Lauffen. $^1/_2$ nat. Gr.
— 15. Goniomya consignata Goldf. Senon Münster. $^1/_2$ nat. Gr.
— 16. Myacites musculoides Schl. Ob. Muschelkalk, Hall.
— 17. Myacites (Pleuromya) liasinus Ziet. Unt. Lias, Vaihingen.
— 18. Myacites (Gresslya) gregarius Ziet. Mittl. Braunjura, Balingen. $^2/_3$ nat. Gr.
— 19. Myacites (Gresslya) abductus Phil. Mittl. Braunjura, Balingen. $^1/_2$ nat. Gr.
— 20. Corbula gregaria Münst. Ob. Muschelkalk, Hall.
— 21. Corbula Sandbergeri Phil. Ob. Muschelkalk, Schwieberdingen.
— 22. Corbula Keuperina Qu. Unt. Keuper, Heilbronn.
— 23. Taeniodon Ewaldi Bornem. Rhät, Nürtingen.
— 24 u. 24 a. Corbula substriatula d'Orb. Unt. Senon, Aachen.
— 25. Liopistha aequivalvis Goldf. Senon, Blankenburg. $^1/_2$ nat. Gr.

Taf. 43. Schnecken.

Fig. 1. Dentalium laeve Schloth. Ob. Muschelkalk, Crailsheim.
— 2. Dentalium entalloides Desl. (= Parkinsoni Qu.). Ob. Braunjura, Eningen.
— 3. Pleurotomaria rotellaeformis Dunk. Unt. Lias, Nürtingen.
— 4. Pleurotomaria rotellaeformis Dunk. (Steinkern). Unt. Lias, Göppingen.
— 5. Pleurotomaria expansa Sow. Mittl. Lias, Eislingen.
— 6. Pleurotomaria anglica Sow. Mittl. Lias, Eislingen. $^2/_3$ nat. Gr.
— 7 u. 7a. Pleurotomaria Palaemon d'Orb. Mittl. Braunjura, Lauffen b. Balingen.
— 8. Pleurotomaria granulata Qu. Mittl. Braunjura, Eningen.
— 9. Pleurotomaria clathrata Münst. (Steinkern). Mittl. Braunjura, Geislingen.
— 10. Pleurotomaria speciosa Goldf. Unt. Weissjura, Balingen.
— 11. Trochus imbricatus Münst. Mittl. Lias, Kirchheim.
— 12. Trochus imbricatus Münst. (Steinkern). Mittl. Lias, Kirchheim.
— 13. Trochus (Eucyclus) capitaneus Münst. Ob. Lias, Wasseralfingen.
— 14. Trochus biarmatus Goldf. Mittl. Braunjura, Eningen.
— 15. Trochus duplicatus d'Orb. Unt. Braunjura. Schönberg b. Balingen.
— 16. Trochus monilitectus Qu. Unt. Weissjura. Lauffen b. Balingen.
— 17. Turbo cyclostoma Ziet. Mittl. Lias, Eislingen.
— 18. Turbo reticularis Phil. Neokom, Hildesheim.
— 19. Paludina fluviorum Sow. Wealden, Herkirchen.
— 20. Pyrgulifera corrosa Frech. Unt. Senon, Süderrode.
— 21. Natica gregaria Schloth. Ob. Muschelkalk, Jagstfeld.
— 22. Natica pulla Goldf. Ob. Muschelkalk, Rottweil.
— 23 u. 23a. Protonerita spirata Schloth. Ob. Muschelkalk, Schwieberdingen.
— 24. Ampullaria gigas Stromb. Ob. Weissjura, Goslar. $^1/_2$ nat. Gr.
— 25. Neritopsis jurensis Qu. (Deckel). Unt. Weissjura, Lochen b. Balingen.
— 26. Delphinula funata Goldf. Ob. Weissjura, Nattheim.
— 27. Delphinula tegulata Goldf. Ob. Weissjura, Nattheim.
— 28. Margarita radiatula Forbes. Unt. Senon, Aachen.
— 29. Chemnitzia (Loxonema) obsoleta Schl. Unt. Muschelkalk, Freudenstadt.
— 30. Phasianella striata d'Orb. Braunjura, Hildesheim.

Taf. 44. Schnecken.

Fig. 1. Glaukonia strombiformis Sow. Wealden, Minden.
— 2. Turritella Zieteni Qu. Mittl. Lias, Eislingen.
— 3. Turritella opalina Qu. Unt. Braunjura, Boll.
— 4. Cerithium vetustum Phil. (= armatum Goldf.). Unt. Braunjura, Wasseralfingen.
— 5. Cerithium muricatum Sow. Mittl. Braunjura, Göppingen.
— 6. Promathildia turritella Dunk. Lias α, Göppingen.
— 7. Nerinea suevica Qu. Ob. Weissjura, Nattheim.
— 8. Nerinea pyramidalis Münst. Ob. Weissjura, Hannover.
— 9. Nerinea bruntrutana Thurm. Ob. Weissjura, Heidenheim.
— 10. Nerinea subbruntrutana d'Orb. Ob. Weissjura, Heidenheim.
— 11. Nerinea succedens Zitt. (Spindel). Ob. Weissjura, Nattheim.
— 12. Tritonium ranellatum Qu. Ob. Weissjura, Nattheim.
— 13. Alaria bicarinata Goldf. Unt. Weissjura, schwäb. Alb.
— 14. Alaria subpunctata Goldf. Unt. Braunjura, Boll.
— 15. Spinigera alba Qu. Unt. Weissjura, Lauffen b. Balingen.
— 16. Aporrhais granulosa G. Müll. Unt. Senon, Aachen.
— 17. Pterocera Oceani Röm. Ob. Weissjura, Hannover. $^1/_2$ nat. Gr.
— 18. Aporrhais Buchii Münst. Senon, Haldem. $^2/_3$ nat. Gr.
— 19. Fusus coronatus Röm. Senon. Quedlinburg.

Taf. 45. Nautiliden und Ammoniten.

Fig. 1. Nautilus bidorsatus Schloth. Unterer Muschelkalk, Freudenstadt.
— 2. Nautilus striatus Sow. Lias α Vaihingen.
— 3. Nautilus aganiticus Qu. (= N. franconicus Opp.) Weissjura γ, Burgfelden.

Fig. 4. Rhyncholites hirundo Faure-Biquet (Oberkiefer v. Nautilus). Oberer Muschelkalk, Crailsheim.
— 5. Rhyncholites avirostris Schloth. Oberer Muschelkalk, Crailsheim.
— 6. Ceratites Buchi Alb. Unterer Muschelkalk, Jena.
— 7. Ceratites Buchi Alb. Unterer Muschelkalk. Horgen.
— 8. Ceratites nodosus Schl. Oberer Muschelkalk, Cannstatt.
— 9. Ceratites semipartitus Montf. Oberer Muschelkalk, Fürfeld.
— 10. Ceratites dorsoplanus E. Philippi. Oberer Muschelkalk, Sennfeld.

Taf. 46. Ammoniten.

Fig. 1. Arcestes (Johannites) cymbiformis Wulf. Oberer Hallstätter Kalk, Röthelstein.
— 2. Ptychites Studeri Hauer. Unterer Hallstätter Kalk, Schreier Alp.
— 3. Cladiscites tornatus Bronn. Oberer Hallstätter Kalk, Hallstatt.
— 4. Trachyceras Aon Münst. Cassianerschichten, St. Cassian.
— 5. Choristoceras Marschi Hauer (= Ch. rhaeticum Gümb.). Rhät, St. Wolfgang.
— 6. Ceratites cassianus Qu. Cassianerschichten, St. Cassian.
— 7. Ammonites (Psiloceras) planorbis Sow. Lias α, Bebenhausen.
— 7a. Aptychus von Psiloceras. Lias α, Nellingen.
— 8. Am. (Schlotheimia) angulatus Schl. sp. Lias α, Hüttlingen.
— 8a. Am. (Schlotheimia) angulatus. Lias α, Göppingen.
— 9. Am. (Schlotheimia) Charmassei d'Orb. sp. Lias α, Vaihingen a. Fild.

Taf. 47. Ammoniten.

Fig. 1. Ammonites (Arietites) spiratissimus Qu. Lias α, Tübingen.
— 2. Am. (Arietites) Bucklandi Sow. Lias α, Harzburg.
— 3. Am. (Arietites) geometricus Opp. Lias α, Lucklum.
— 4. Am. (Arietites) Turneri Sow. Lias β, Göppingen.
— 5. Am. (Ophioceras) raricostatus Ziet. Lias β, Frommern.
— 6. Am. (Aegoceras) planicosta Sow. Lias β, Göppingen.
— 7. Am. (Dumortieria) Jamesoni Sow. Lias γ, Kirchheim u. T.
— 8. Am. (Cycloceras) Valdani d'Orb. Lias γ, Sondelfingen.
— 9. Am. (Cycloceras) Maugenesti d'Orb. Lias γ, Hechingen.
— 10. Am. (Deroceras) Taylori Sow. Lias γ, Balingen.
— 11. Am. (Liparoceras) Henleyi Sow. Lias γ, Riederich.
— 12. Am. (Polymorphites) Bronni Röm. Lias γ, Kirchheim u. T.
— 13. Am. (Deroceras) Davoei Sow. Lias γ, Bargau.
— 14. Am. (Oxynoticeras) oxynotus Qu. Lias β, Frommern.
— 15. Am. (Amaltheus) margaritatus Montf. Lias δ, Sondelfingen.
— 16. Am. (Amaltheus) spinatus Brug. Lias δ, Goslar.
— 17. Am. (Oxynoticeras) heteropleurus Neum. et Uhl. Valanginien, Gronau i. Westfalen.
— 18. Am (Oxynoticeras) affinis v. Seebach. Unterer Dogger, Dörnten.

Taf. 48. Ammoniten.

Fig. 1. Ammonites (Cycloceras) Masseanus d'Orb. Mittlerer Lias (γ), Kirchheim u. T. 1a u. 1b Querschnitte durch die Windung.
— 2. Am. (Hammatoceras) insignis Schübl. Oberster Lias (ζ), Boll. 2a Querschnitt der Var. trigonatus Qu. 2b Querschnitt der Var. ovalis Qu.
— 3. Am. (Sonninia) Sowerbyi Mill. Mittlerer Dogger (Braunjura γ), Gingen.
— 4 u. 4a. Am. (Phylloceras) zetes d'Orb. = heterophyllus Qu. Mittlerer Lias (δ), Reutlingen.
— 5. Am. (Phylloceras) Nilsoni Hauer. Oberer alpiner Lias, Kammerkaar.
— 6. Am. (Phylloceras) ibex Qu. Mittlerer Lias (γ), Kirchheim u. T.
— 7. Am. (Lytoceras) fimbriatus Ziet. = cornucopiae Young u. Bird. Schalenbruchstück im Schiefer des oberen Lias (ε), Holzmaden.

Fig. 8. Am. (Lytoceras) fimbriatus Ziet. Oberer Liaskalk von Adorf am Donau-Main-Kanal.
— 9. Am. (Lytoceras) jurensis Ziet. Oberster Lias (ζ), Reutlingen.
— 10. Am. (Lytoceras) hircinus Schloth. Oberster Lias (ζ), Aalen.
— 11. Am. (Lytoceras) dilucidus Opp. Unterster Dogger, Braunjura (α), Boll.
— 12. Am. (Lytoceras) torulosus Ziet. Unterster Dogger, Braunjura (α), Boll.
— 13. Am. (Harpoceras) Aalensis Ziet. Oberster Lias (ζ), Aalen.
— 14. Am. (Harpoceras) Algovianus Opp. Mittlerer alpiner Lias (Algäuschiefer) Hindelang.
— 15. Am. (Harpoceras) radians Rein. Oberster Lias (ζ), Reutlingen.
— 16. Am. (Harpoceras) quadratus Qu. Oberster Lias (ζ), Holzmaden.
— 17. Am. (Harpoceras) Eseri Opp. Oberster Lias (ζ), Reutlingen.
— 18 u. 18a. Am. (Harpoceras) bifrons Brug. Oberster Lias, Adorf.

Taf. 49. Ammoniten.

Fig. 1. Ammonites (Oppelia) bipartitus Ziet. Ornatenton (Braunjura ζ), Lautlingen.
— 2. Am. (Oppelia) fuscus Qu. Parkinsonischichten (Braunjura ε), Balingen.
— 3 u. 3a. Am. (Harpoceras) opalinus Rein. Opalinuston (Braunjura α), Reutlingen.
— 4. Am. (Harpoceras) concavus Sow. Unterer Braunjura, Braunschweig.
— 5 u. 5a. Am. (Harpoceras) Murchisonae Sow. Eisensandsteine (Braunjura β), Wasseralfingen.
— 6. Am. (Harpoceras) Murchisonae var. obtusus Qu. Eisensandstein (Braunjura β), Wasseralfingen.
— 7. Am. (Harpoceras) Lythensis Young u. Bird mit Aptychus, links Amm. (Harpoc.) serpentinus Ziet. Posidonienschiefer (Lias ζ), Holzmaden.
— 8. Am. (Harpoceras) lunula Qu. Ornatenton (Braunjura ζ), Lautlingen.
— 9. Am. (Harpoceras) hecticus Rein. Ornatenton (Braunjura ζ), Lautlingen.
— 10. Am. (Harpoceras) arolicus Opp. Transversariuszone (Weissjura α), Lautlingen.
— 11. Am. (Oppelia) dentatus Rein. Unterer Weissjura (α), Lochen.
— 12. Am. (Oppelia) bidentatus Qu. Ornatenton (Braunjura ζ), Lautlingen.
— 13. Am. (Oppelia) tenuilobatus Opp. Mittlerer Weissjura (γ—δ), Balingen.
— 14. Am. (Oppelia) canaliculatus Buch. Unterer Weissjura (α), Lochen.
— 15. Am. (Oppelia) lithographicus Opp. Oberster Weissjura, Solnhofen.
— 16. Am. (Oppelia) flexuosus Buch. Mittlerer Weissjura (β—γ), Alb.
— 17. Am. (Haploceras) lingulatus Schloth. Unterer Weissjura (α—γ), Alb.
— 18. Am. (Haploceras) elimatus Opp. Tithon, Stramberg.

Taf. 50. Ammoniten.

Fig. 1. Am. (Coeloceras) pettos Qu. Mittlerer Lias (γ), Kirchheim u. T.
— 2. Am. (Coeloceras) communis Sow. Oberer Lias (ε), Banz i. Bayern.
— 3. Am. (Coeloceras) annulatus Sow. Posidonienschiefer (Lias ε), Holzmaden.
— 4. Am. (Coeloceras) Bollensis Ziet. Posidonienschiefer (Lias ε), Holzmaden.
— 5. Am. (Stephanoceras) Humphresianus Sow. Mittlerer Dogger, Goslar.
— 6. Am. (Stephanoceras) Blagdeni Sow. (= coronatus Schl.). Mittlerer Dogger, (Braunjura δ), Geislingen.
— 7. Am. (Stephanoceras) Sauzei d'Orb (= contractus Qu.). Mittlerer Dogger, (Braunjura γ), Neuffen.
— 8. Am. (Stephanoceras) Braickenridgii, Sow. Mittlerer Dogger, Goslar.
— 9. Am. (Stephanoceras) Gervillii Sow. Mittlerer Dogger (Braunjura γ), Eningen.
— 10. Am. (Stephanoceras) tumidus Rein. Macrocephalenoolith (Braunjura ε), Lauffen.
— 11. Am. (Stephanoceras) macrocephalus Schl. Macrocephalenoolith (Braunjura ε), Wutach.
— 12. Am. (Cardioceras) Lamberti Sow. Lambertischichten (Braunjura ζ), Lautlingen.
— 13. Am. (Cardioceras) cordatus Sow. Cordatusschichten (Braunjura ζ), Wutach.
— 14. Am. (Cardioceras) alternans Buch. Unterer Weissjura (Weissjura α—γ), Alb.
— 15. Am. (Holcostephanus) Portlandicus de Loriol. Oberer Weissjura (Zone des Amm. gigas) Salzgitter.

Taf. 51. Ammoniten.

Fig. 1 u. 1a. Am. (Schloenbachia) varians Sow (dicke Varietät). Cenoman, Unna.
— 2. Am. (Pachydiscus) peramplus Mant. Turon, Strehlen b. Dresden.
— 3 u. 3a. Am. (Parkinsonia) Parkinsoni Sow. Oberer Dogger (Braunjura ε), Eningen.
— 4. Am. (Parkinsonia) polymorphus d'Orb. Oberer Dogger (Braunjura ε), Boll.
— 5 u. 5a. Am. (Reineckia) anceps Rein. Oberer Braunjura (ζ), Oberlenningen.
— 6. Am. (Cosmoceras) ornatus Schl. Oberer Dogger (Braunjura ζ), Lautlingen.
— 7 u. 7a. Am. (Cosmoceras) Jason Rein. Oberer Dogger (Braunjura ζ), Gammelshausen.
— 8 u. 8a. Am. (Cosmoceras) bifurcatus Qu. Mittlerer Dogger (Braunjura δ), Laufen a. Ey.
— 9. Am. (Holcostephanus) stephanoides Opp. Unterer Weissjura, Lochen
— 10. Am. (Sutneria) platynotus Rein. Unterer Weissjura, Thieringen.
— 11 u. 11a. Am. (Reineckia) mutabilis Sow. Mittlerer Weissjura (δ), Oberlenningen.
— 12. Am. (Perisphinctes) funatus Opp. Oberer Dogger (Braunjura ε), Gutmadingen.

Taf. 52. Ammoniten.

Fig. 1. Ammonites (Perisphinctes) convolutus Schloth. Oberer Dogger (Braunjura ζ), Lautlingen.
— 2. Am. (Perisphinctes) polygyratus Rein. Unterer Weissjura (β), Laufen.
— 3. Am. (Perisphinctes) striolaris Qu. Mittlerer Weissjura (γ), Laufen.
— 4. Am. (Perisphinctes) colubrinus Rein. Unterer Weissjura (β), Laufen.
— 5. Am. (Perisphinctes) polyplocus Rein., mit Ohr. Mittlerer Weissjura (γ), Weissenstein.
— 6. Am. (Perisphinctes) involutus Qu. Mittlerer Weissjura (γ), Weissenstein.
— 7. Am. (Perisphinctes) planula Hehl. Unterer Weissjura (β), Boll.
— 8. Am. (Perisphinctes) Ulmensis Opp. Oberer Weissjura (ζ), Ulm.
— 9 u. 9a. Am. (Peltoceras) athleta Phil. Oberer Dogger, Braunjura (ζ), Lautlingen.
— 10. (Peltoceras) bimammatus Qu. Unterer Weissjura (β), Laufen.
— 11 u. 11a. Am. (Peltoceras) annularis Rein. Oberer Dogger (Braunjura ζ), Pfullingen.
— 12 u. 12a. Am. (Peltoceras) caprinus Schloth. Oberer Dogger (Braunjura ζ), Lautlingen.
— 13. Am. (Peltoceras) transversarius Qu. (= A. Toucasi d'Orb.). Unterer Weissjura (α), Frickthal.
— 14. Am. (Aspidoceras) liparus Opp. Mittlerer Weissjura (γ), Messstetten.
— 15. Am. (Aspidoceras) perarmatus Sow. Mittlerer Weissjura (γ), Lochen.
— 16. Am. (Aspidoceras) longispinus Sow. Mittlerer Weissjura (γ), Messstetten.

Taf. 53. Ammoniten.

Fig. 1 u. 1a. Ammonites (Acanthoceras) rhotomagensis Defr. Cenoman, Essen. 1/2 nat. Gr.
— 2 u. 2a. Am. (Acanthoceras) Mantelli Sow. Cenoman, Langelsheim.
— 3. Am. (Acanthoceras) Cornuelianus d'Orb. Gault, Warnmünden.
— 4. Am. (Acanthoceras) Renauxianus d'Orb. Flammenmergel, Gault, Baddekenstedt.
— 5 u. 5a. Am. (Hoplites) Bodei v. Koenen. Timmern.
— 6 u. 6a. Am. (Hoplites) tardefurcatus Leym. Gault, Alt-Warmbüchen, Hannover.
— 7 u. 7a. Am. (Hoplites) Deshayesi Leym. Aptien, Kastendamm.
— 8. Am. (Hoplites) pulcher Stolley. Gault, Algermissen.
— 9. Spiroceras (Hamites) bifurcati Qu. Oberer Dogger (Braunjura ε), Eningen.
— 10 u. 10a. Spiroceras (Hamites) bifurcati Qu. Oberer Dogger (Braunjura ε), Eningen.
— 11. Crioceras ellipticum Mant. Cenoman, Salzgitter.
— 12. Ancyloceras elatum v. Koenen. Gault, Kastendamm. 2/3 nat. Gr.
— 13. Baculites vertebralis Lam. Obersenon, Maastricht.
— 14. Ancyloceras Matheronianum d'Orb. Neokom, Hildesheim.
— 15. Crioceras variabile v. Koenen. Neokom, Hildesheim. 1/2 nat. Gr.
— 16. Hamites elegans d'Orb. Flammenmergel (Gault) Neuwallmoden. 1/2 nat. Gr.

Taf. 54. Ammoniten.

Fig. 1. Scaphites binodus A. Röm. Untersenon, Braunschweig.
— 2. Scaphites Geinitzi d'Orb. Turon, Oppeln.
— 3. Scaphites tenuistriatus Kner. Untersenon, Haldem. $^1|_2$ nat. Gr.
— 4. Turrilites saxonicus Schlüt. Cenoman, Neuwallmoden. $^2|_3$ nat. Gr.
— 5. Turrilites cenomaniensis Schlüt. Cenoman, Langelheim.
— 6. Heteroceras polyplocum A. Röm. Untersenon, Haldem. ca. $^2|_3$ nat. Gr.
— 7. Heteroceras Reussianum d'Orb. Turon, Salzgitter.
— 8. Aptychus Lythensis Qu. Oberer Lias (ε), Holzmaden.
— 9. Aptychus latus Park. (= A. laevis Mey). Mittlerer Weissjura, Hesselberg.
— 10. Aptychus latus Park. (= A. laevis Mey). Oberer Weissjura, Ulm.
— 11. Oppelia sp. mit Aptychus. Oberer Weissjura, Nusplingen.
— 12. Aptychus lamellosus Park. Mittlerer Weissjura, Geislingen. $^2|_3$ nat. Gr.
— 13. Aptychus gracilicostatus Gieb. Tithonischer Aptychenkalk, Wendelsteingebiet.
— 14. Onychites amalthei Qu. Lias δ, Waldstetten.
— 15. Onychites rostratus Qu. Unterer Weissjura, Streichen.

Taf. 55. Belemniten.

Fig. 1. Belemnites brevis primus Qu. (= B. acutus Mill.). Lias α, Hüttlingen.
— 2. Belemnites brevirostris d'Orb. Oberer Lias ζ, Heiningen.
— 3. Belemnites gingensis Opp. (= breviformis Qu.). Mittlerer Dogger (Braunjura δ), Eningen.
— 4. Belemnites acuarius Schloth. Oberer Lias (ε), Frittlingen.
— 5. Belemnites acuarius macer Qu. Oberer Lias (ζ), Heiningen.
— 6. Belemnites digitalis Bl. Qu. Oberer Lias (ζ), Donau-Main-Kanal.
— 7. Belemnites clavatus Blainv. Mittlerer Lias (γ), Göppingen.
— 8. Belemnites subclavatus Voltz. Unterer Dogger (Braunjura α), Boll.
— 9. Belemnites pygmaeus Ziet. Oberer Lias (ζ), Heiningen.
— 10 u. 11. Belemnites pressulus Qu. Unterer Weissjura (Impressaton), Stuifen.
— 12. Belemnites paxillosus Schloth. Mittlerer Lias (γ), Mögglingen.
— 13. Belemnites tripartitus Schloth. Oberer Lias (ζ), Heiningen. 13a Spitze von oben.
— 14. Belemnites spinatus Qu. Unterer Dogger (Braunjura β), Wasseralfingen. $^1/_2$ nat. Gr.
— 15. Belemnites giganteus Schloth. Mittlerer Dogger (Braunjura δ), Eningen. Verkleinert.
— 16. Belemnites giganteus Schloth. Phragmokon.
— 17. Belemnites sp. Einzelne Kammerausfüllung des Phragmokon, von unten.

Taf. 56. Belemniten und Sepien.

Fig. 1. Belemnites fusiformis Park. Mittlerer Dogger (Braunjura δ), Baldern.
— 2. Belemnites hastatus Blainv. Oberster Dogger (Braunjura ζ), Lautlingen.
— 3. Belemnites calloviensis Opp. Oberster Dogger (Braunjura ζ), Lautlingen.
— 4. Belemnites subquadratus A. Röm. Mittelneokom, Schaumburg-Lippe.
— 5. Belemnites pistilliformis Bleinv. Hils, Salzgitter.
— 6. Belemnites Strombecki G. Müller. Gault, Vöhrum.
— 7. Belemnites brunsvicensis Stromb. Aptien, Thiede. $^2/_3$ nat. Gr.
— 8. Belemnites minimus Stromb. Gault, Braunschweig.
— 9. Belemnites ultimus d'Orb. Cenoman, Längerich.
— 10 u. 10a. Belemnites (Actinocamax) quadratus Blainv. Untersenon (Quadratenkreide) Blankenburg.
— 11. Belemnites (Belemnitella) mucronatus Schloth. Obersenon (Mukronatenkreide) Rügen.
— 12. Plesioteuthis prisca Rüpp. (= Sepia hastiformis Qu.). Oberer Weissjura, Solnhofen. $^1|_2$ nat. Gr.
— 13. Geoteuthis bollensis Ziet. Lias ε, Holzmaden. $^2|_3$ nat. Gr.

Taf. 57. Krebse, Insekten und Fische.

Fig. 1. Estheria minuta Gf. Mittlere Lettenkohle, Rieden b. Hall.
— 2. Estheria laxitexta Sandbg. Lehrbergschichte des mittleren Keuper, Stuttgart.
— 3 u. 3a. Pollicipes Bronni A. Röm. Grünsand (Tourtia), Essen.
— 4. Pemphix Sueuri Desm. Hauptmuschelkalk, Cannstatt.
— 5. Aeger elegans Münst. Lithographischer Schiefer, Oberer Weissjura, Eichstätt.
— 6. Eryma leptodactylina Germ. Lithographischer Schiefer, Solnhofen.
— 7. Mecochirus socialis H. v. Mey. Oberster Dogger (Braunjura ζ), Dettingen.
— 8. Eryma Mandelslohi Opp. Oberster Dogger (Braunjura ζ), Lautlingen.
— 9. Prosopon ornatum H. v. Mey. Mittlerer Weissjura, Braunenberg b. Wasseralfingen.
— 10. Prosopon Wetzleri H. v Mey. Oberer Weissjura, Oerlingen b. Ulm.
— 11. Magila (Pagurus) suprajurensis Qu. Oberer Weissjura (Plattenkalk), Gächingen.
— 12. Scarabaeides deperditus Germ. (Wasserwanze), Lithogr. Schiefer, Solnhofen. $^2|_3$ nat. Gr.
— 13. Notidanus Münsteri Ag. Oberer Weissjura (Oolith), Schnaitheim.
— 14. Hybodus longiconus Ag. Bonebed des Hauptmuschelkalks, Crailsheim.
— 15. Hybodus plicatilis Ag. Bonebed des Hauptmuschelkalks, Crailsheim.
— 16. Hybodus minor Ag. Bonebed des Rhät, Degerloch b. Stuttgart.
— 17. Hybodus Hauffianus E. Fraas, Flossenstachel. Oberer Lias (ε), Holzmaden. $^1|_2$ nat. Gr.
— 18. Hybodus (Polyacrodus) rugosus Plien. Bonebed des Hauptmuschelkalks, Crailsheim.
— 19. Acrodus lateralis Ag. Bonebed des Hauptmuschelkalks, Crailsheim.
— 20. Acrodus Gaillardoti Ag. Oberer Muschelkalk, Crailsheim.
— 21. Strophodus reticulatus Ag. Oberer Weissjura (Oolith), Schnaitheim.
— 22. Ptychodus mammillaris Ag. Senon, Oppeln.
— 23. Sphenodus longidens Ag. (= Oxyrhina ornati Qu.). Oberer Dogger (Braunjura ζ), Wasseralfingen.
— 24. Otodus appendiculatus Ag. Senon, Oppeln.

Taf. 58. Fische.

Fig. 1. Ceratodus runcinatus Plien. Obere Lettenkohle, Hoheneck bei Ludwigsburg.
— 2. Ceratodus Kaupii Ag. Obere Lettenkohle, Hoheneck bei Ludwigsburg.
— 3. Saurichthys Mougeoti Ag. Bonebed des Hauptmuschelkalks, Crailsheim.
— 4. Saurichthys acuminatus Ag. Bonebed des Rhät, Degerloch b. Stuttgart.
— 5—7. Sargodon tomicus Ag. Bonebed des Rhät, Degerloch b. Stuttgart, Schneide- und Mahlzähne.
— 8. Colobodus frequens Dames. Bonebed des Hauptmuschelkalks, Crailsheim.
— 9. Gyrolepis Albertii Ag. Bonebed des Hauptmuschelkalks, Crailsheim.
— 10. Semionotus Kapfii O. Fraas. Mittlerer Keuper (Semionotussandstein), Heslach bei Stuttgart. $^2|_3$ nat. Gr.
— 11. Dapedius punctatus. Oberer Lias, Holzmaden. ca. $^2/_3$ nat. Gr.
— 12. Leptolepis sprattiformis Blainv. Oberer Weissjura, Solnhofen.
— 13. Lepidotus elvensis Qu. (Schuppen). Oberer Lias, Boll.
— 14. Lepidotus giganteus Qu. mit Zahnwechsel. Oberer Weissjura, Bolheim.
— 15. Gyrodus umbilicus Ag. Oberer Weissjura (Plattenkalk), Riedlingen.
— 16. Pycnodus (Mesodon) didymus Münst. Oberer Weissjura, Lindnerberg, Hannover.
— 17. Sardinioides Monasterii Ag. Obersenon, Sendenhorst (Westfalen). $^1|_2$ nat. Gr.
— 18. Koprolith mit Spiraldrehung. Muschelkalkbonebed, Crailsheim.
— 19. Koprolith v. Macropoma Mantelli Ag. Cenoman, Langelsheim.

Taf. 59. Amphibien und Reptilien.

Fig. 1. Ichnium (Fährte eines Labyrinthodonten). Buntsandstein, Kulmbach.
— 2. Metopias diagnosticus H. v. M. Kopfschild, Schilfsandstein, Stuttgart.
— 3. Labyrinthodontenzahn. Bonebed, Crailsheim.
— 4. Placodus gigas Ag. Schneidezahn, Muschelkalk, Erckerode
— 5. Placodus gigas Ag. Pflasterzahn, Muschelkalk, Marbach.
— 6. Nothosaurus (Fangzahn). Muschelkalk—Bonebed, Crailsheim.
— 7. Nothosaurus (Rückenwirbel). Muschelkalk—Bonebed, Crailsheim.
— 8. Belodon (Zahn). Mittlerer Keuper (Stubensandstein), Stromberg.
— 9. Ichthyosaurus (Rückenwirbel). Oberer Lias, Metzingen.
— 10. Ichthyosaurus (Zahn). Oberer Lias, Holzmaden.
— 11. Dacosaurus maximus Qu. Oberer Weissjura, Schnaitheim.
— 12. Teleosaurus (Mystriosaurus) Bollensis Cuv. (Zahn). Oberer Lias, Holzmaden.
— 13. Teleosaurus (Pelagosaurus) typus Br. (Hautplatte). Oberer Lias, Holzmaden.
— 14. Plesiosaurus Guilelmi imperatoris Dames (Halswirbel). Oberer Lias, Ohmden. $^1|_2$ nat. Gr.
— 15. Dinosaurier (Klaue) (Sellosaurus gracilis v. Huene). Mittlerer Keuper (Stubensandstein), Stromberg, $^1|_2$ nat. Gr.

Taf. 60. Pflanzen.

Fig. 1. Taxodium distichum Heer. Miocän, Bilin. $^1|_2$ nat. Gr.
— 2. Zapfen von Pinus sp. Miocän, Frankfurt.
— 3. Chamaerops helvetica Heer. Obermiocän, Engelswies. $^1|_3$ nat. Gr.
— 4 u. 4a. Juglans ventricosa Ludw. Miocäne Braunkohle, Salzhausen.
— 5. Salix angusta Al. Braun. Obermiocän, Oeningen. $^1|_2$ nat. Gr.
— 6. Cinnamomum Scheuchzeri Heer. Obermiocän (Molassesandstein), Königseggwald. $^1|_2$ nat. Gr.
— 7. Cinnamomum polymorphum Al. Braun. Obermiocän, Heggbach. $^1/_2$ nat. Gr.
— 8. Quercus Mammuthi Heer. Diluvialer Kalktuff, Cannstatt.
— 9. Quercus prolongata Probst. Obermiocän, Heggbach. $^1/_2$ nat. Gr.
— 10. Acer trilobatum Al. Braun. Obermiocän, Oeningen. $^1|_2$ nat. Gr.
— 11. Acer trilobatum Al. Braun. (Frucht), Obermiocän, Brüx.
— 12. Podogonium Knorri Al. Braun. (Blattzweig), Obermiocän (Dysodil), Randecker Maar. $^1|_2$ nat. Gr.
— 13. Podogonium Knorri Al. Braun. (Frucht), Obermiocän, Oeningen. $^1/_2$ nat. Gr.
— 14. Grewia (Celtis) crenata Unger. (Steinfrüchte), Untermiocän, Eggingen, nat. Gr. und 3 × vergr.
— 15. Betula nana L. Arktisch.
— 16. Dryas octopetala L. Arktisch.

Taf. 61. Foraminiferen bis Brachiopoden.

Fig. 1. Nummulites complanatus Lam. Eocän, Kressenberg.
— 2 u. 2a. Nummulites perforatus Montf. Eocän, Kressenberg.
— 3. Nummulites (Orbitoides) papyraceus Boubée. Eocän, Kressenberg.
— 4 u. 4a. Nummulites (Assilina) exponens Sow. Eocän, Kressenberg.
— 5. Balanophyllia sinuata Reuss. Miocän, Weinheim, Mainzer Becken.
— 6. Cellepora polythele Reuss. Miocän (Meeresmolasse), Ursendorf.
— 7 u. 7a. Conoclypus conoideus Ag. Eocän, Kressenberg.
— 8 u. 8a. Echinolampas Kleinii Goldf. Oligocän, Doberg bei Bünde. Unteransicht (Fig. 8a) verkleinert.
— 9 u. 9a. Spatangus (Hemipatagus) Hoffmanni Goldf. Oligocän, Bünde. Unteransicht (Fig. 9a) verkleinert.
— 10. Terebratula grandis Blumenb. Oligocän, Bünde. $^1/_2$ nat. Gr.

Taf. 62. Muscheln.

Fig. 1. Ostrea ventilabrum Goldf., Oligocän, Samland. Nach Noetling.
— 2. Ostrea flabellula Lam. Oligocän, Samland. Nach Noetling.
— 3. Ostrea caudata Münst. Miocän (Meeresmolasse), Dischingen.
— 4. Ostrea cyathula Lam. Oligocän (Meeressand), Weinheim.
— 5. Ostrea Giengensis Schloth. Miocän, Dischingen.
— 6. Pecten Münsteri Goldf. Oligocän, Diedholzen.
— 7. Pecten Menkei Goldf. Oligocän, Samland. Nach Noetling.
— 8 u. 8 a. Pecten burdigalensis Lam. Miocäne Meeresmolasse, Ulm.
— 9. Pecten pictus Goldf. Oligocän, Weinheim.
— 10. Pecten palmatus Lam. Miocäne Meeresmolasse, Ulm a. D.
— 11 u. 11 a. Spondylus Buchii Phil. Oligocän, Unseburg. Fig. 11 a Schlossrand.

Taf. 63. Muscheln.

Fig. 1. Perna Sandbergeri Desh. Meeressand (Mitteloligocän), Weinheim, Mainzer Becken. $1/2$ nat. Gr.
— 2. Mytilus Faujasii Brongn. Cerithienschichten (Oberoligocän), Mainzer Becken.
— 3. Mytilus acutirostris Sandb. Cyrenensand (Mitteloligocän), Weinheim.
— 4. Modiola micans Braun. Meeressand (Mitteloligocän), Weinheim.
— 5. Mytilus socialis Braun. Cerithienkalk (Oberoligocän), Flörsheim, Mainzer Becken.
— 6. Dreissensia clavaeformis Krauss. Brackische Molasse (Mittelmiocän), Unterkirchberg a. Iller.
— 7. Dreissensia Brardii Desh. Miocän, Wiesbaden. Die mittlere Figur in 3maliger Vergrösserung.
— 8. Arca Sandbergeri Desh. Meeressand (Mitteloligocän), Weinheim.
— 9. Pectunculus angusticostatus Lam. Meeressand (Mitteloligocän), Weinheim.
— 10 u. 10 a. Pectunculus obovatus Lam. Meeressand (Mitteloligocän), Weinheim (verkleinert).
— 11. Pectunculus lunulatus Nyst. Unteroligocän, Latdorf-Egeln.
— 12. Pectunculus (Limopsis) costulata Goldf. Unteroligocän, Latdorf-Egeln.
— 13, 13 a u. 13 b. Leda Deshayesiana Duch. Cyrenenmergel (Mitteloligocän), Offenbach a. M.

Taf. 64. Muscheln.

Fig. 1. Unio flabellatus Goldf. Obermiocän, Wilhelmsdorf (Oberschwaben).
— 2. Cardita Dunkeri Phil. Unteroligocän, Latdorf.
— 3. Cardita Jouaneti Bast. Meeresmolasse (Mittelmiocän), Ermingen bei Ulm.
— 4 u. 4 a. Lucina tenuistria Héb. Meeressand (Mitteloligocän), Weinheim.
— 5. Cardium tenuisulcatum Nyst. Meeressand (Mitteloligocän), Weinheim.
— 6. Cardium sociale Krauss. Brackische Molasse (Miocän), Unterkirchberg b. Ulm.
— 7. Cyrena semistriata Desh. Cyrenenmergel (Mitteloligocän), Wörnstadt.
— 8. Tapes helvetica C. May. Meeresmolasse (Mittelmiocän), Ermingen b. Ulm. (8 a) Schloss der linken und (8 b) der rechten Schale.
— 9 u. 9 a. Cytherea incrassata Sow. Meeressand (Mitteloligocän), Weinheim. ($1/2$ nat. Gr.)
— 10 u. 10 a. Cytherea splendida Merian. Meeressand, Weinheim.
— 11. Panopaea Heberti Bosquet. Meeressand, Weinheim.

Taf. 65. Schnecken.

Fig. 1. Dentalium acutum Hib. Unteroligocän, Latdorf.
— 2. Natica micromphalus Sandb. (= N. Nystii d'Orb.). Meeressand, Weinheim.
— 3. Natica crassatina Lam. Meeressand, Weinheim.
— 4. Natica millepunctata Lam. Meeresmolasse (Mittelmiocän), Ermingen b. Ulm.
— 5. Nerita Plutonis Bast. Meeresmolasse (Mittelmiocän), Ermingen.

Fig. 6 u. 6a. Cypraea subexcisa Al. Braun. Meeressand (Mitteloligocän), Weinheim.
— 7. Turritella turris Bast. Meeresmolasse (Mittelmiocän), Ermingen.
— 8. Cerithium laevissimum Schloth. Meeressand, Weinheim.
— 9. Cerithium plicatum Brongn. Meeressand, Weinheim.
— 10. Cerithium margaritaceum Brocchi, Cerithienschichten (Oberoligocän), Mainzer Becken.
— 11. Cerithium submargaritaceum Al. Braun. Cerithienschichten (Oberoligocän), Mainzer Becken.
— 12. Cerithium dentatum Defr. Meeressand (Mitteloligocän), Weinheim.
— 13. Aporrhais speciosa Schloth. Septarienton (Mitteloligocän), Röthen i. Anh.
— 14. Aporrhais tridactyla Al. Br. Cyrenenmergel (Mitteloligocän), Flonheim.
— 15. Pleurotoma belgica Nyst. Meeressand, Weinheim.
— 16. Pleurotoma Selysii De Kon. Unteroligocän, Latdorf.
— 17. Pleurotoma rotata Brocchi, Miocän, Langenfelde b. Altona.
— 18. Pleurotoma cataphracta Brocchi, Miocän, Langenfelde b. Altona.
— 19. Conus Dujardini Desh. Oberoligocän, Giessen.
— 20. Buccinum bullatum Phil. Unteroligocän, Latdorf.
— 21. Columbella curta Duj. Meeresmolasse (Mittelmiocän), Winterlingen.
— 22. Fusus crispus Borson. Miocän, Langenfelde b. Altona.
— 23. Fusus eximius Beyr. Miocän, Langenfelde b. Altona.
— 24. Fusus lyra Phil. Unteroligocän, Latdorf.

Taf. 66. Schnecken.

Fig. 1. Tritonium flandricum De Kon. Unteroligocän, Latdorf.
— 2. Tritonium foveolatum Sandb. Meeressand (Mitteloligocän), Weinheim.
— 3. Voluta decora Beyr. Unteroligocän, Latdorf.
— 4. Voluta suturalis Nyst. Unteroligocän, Latdorf.
— 5. Ficula condita Brongn. Miocän, Giessen.
— 6. Melania Escheri Mer. (var. grossecostata Kl.) Untermiocän, Ulm.
— 7. Melanopsis Kleini Kurr. Obermiocän, Teutschbuch b. Ehingen.
— 8. Melanopsis citharella Mer. Miocäne Meeresmolasse, Winterlingen.
— 9. Melanopsis tabulata Hoern. Miocäne Meeresmolasse, Winterlingen.
— 10 u. 11. Litorinella (Hydrobia) acuta Drap. Litorinellenkalk (Miocän), Weissenau. Fig. 11 in 4maliger Vergrösserung.
— 12. Litorinella (Gillia) utriculosa Sandb. (= Paludina globulus Klein). Obermiocän, Steinheimer Becken. In der Fig. rechts 4mal vergrössert.
— 13. Paludina varicosa Bronn. Brackisches Miocän, Kirchberg a. Iller.
— 14. Neritina crenulata Klein. Obermiocän (Sylvanakalk), Zwiefalten.
— 15. Ancylus deperditus Desm. Obermiocän (Süsswasserkalk), Randecker Maar.
— 16. Glandina inflata Reuss. Untermiocän (Rugulosakalk), Ulm.
— 17. Limnaeus dilatatus Noul. Obermiocän (oberer Süsswasserkalk), Ehingen a. D.
— 18. Limnaeus socialis Ziet. Obermiocän, Steinheimer Becken.
— 19. Limnaeus palustris Müll. Diluvium, Cannstatt.
— 20. Limnaeus pereger Müll. Diluvialer Kalktuff, Cannstatt.
— 21. Succinea Pfeifferi Rossm. Diluvialer Kalktuff, Cannstatt.
— 22. Succinea oblonga Drap. Diluvialer Lehm, Gaisburg b. Stuttgart.
— 23. Planorbis pseudammonius Voltz. Oligocän, Lausen b. Liestal.
— 24 u. 24a. Planorbis cornu Brongn. Obermiocäner Süsswasserkalk, Ehingen a. D.
— 25—29. Formenreihe des Planorbis (Carinifex) multiformis Br. Obermiocän, Steinheimer Becken. Fig. 25 u. 26: var. discoideus. Fig. 27: var. intermedius. Fig. 28: var. trochiformis. Fig. 29: var. turbiniformis.
— 30. Bythinia tentaculata Müll. Diluvium, Bietigheim.
— 31. Valvata antiqua Drap. Recent. Bodensee.
— 32. Clausilia bulimoides A. Br. Miocän, Mainzer Becken.
— 33. Clausilia suturalis Sandb. Obermiocän, Steinheimer Becken.
— 34. Pupa Schübleri Klein. Obermiocän, Steinheimer Becken.
— 35. Pupa quadridentata Klein. Obermiocän, Steinheimer Becken.
— 36. Pupa muscorum L. Diluvialer Kalktuff, Cannstatt.

Taf. 67. Schnecken, Krebstiere und Insekten.

Fig. 1. Strophostoma anomphalum Sandb. Oligocäne Spaltenausfüllung im Weissjurakalk von Arnegg b. Ulm.
— 2. Strophostoma tricarinatum M. Braun. Untermiocän, Hochheim b. Mainz.
— 3. Cyclostoma antiquum Brongn. Oligocän, Flörsheim b. Mainz.
— 4 u. 4a. Cyclostoma bisulcatum Ziet., mit Deckel. Oligocän (unterer Süsswasserkalk), Ulm. 4a Deckel.
— 5. Cyclostoma consobrinum C. May. Obermiocän (oberer Süsswasserkalk), Mörsingen (Württemberg).
— 6. Cyclostoma conicum Kl. Obermiocän (oberer Süsswasserkalk), Zwiefalten (Württemberg).
— 7. Helix (Archaeozonites) subverticilla Sandb. Untermiocän, Flörsheim b. Mainz.
— 8. Helix rugulosa Ziet. Untermiocän, Thalfingen b. Ulm a. D.
— 9. Helix crepidostoma Sandb. Untermiocän, Thalfingen.
— 10 u. 10a. Helix Ehingensis Klein. Untermiocän, Ulm.
— 11. Helix oxystoma Thomae. Untermiocän, Hochheim b. Wiesbaden.
— 12 u. 12a. Helix deflexa A. Braun. Untermiocän, Hochheim.
— 13. Helix osculum Thomae. Untermiocän. Thalfingen b. Ulm.
— 14. Helix insignis Schübl. Obermiocän, Steinheimer Becken.
— 15. Helix sylvestrina Ziet. Obermiocän, Steinheimer Becken.
— 16 u. 16a. Helix sylvana Klein. Obermiocän, Giengen a. Br.
— 17 u. 17a. Helix inflexa Klein. Obermiocän, Mörsingen (Württemb.).
— 18 u. 18a. Helix carinulata Klein. Obermiocän, Mörsingen.
— 19. Helix hortensis Müll. Mammutlehm, Cannstatt.
— 20. Helix fruticum Müll. Diluviallehm, Bietigheim.
— 21. Helix hispida L. Diluviallehm, Bietigheim.
— 22 u. 22a. Cypris faba Desm. Obermiocäner Cypriskalk, Nördlingen. Fig. 22 mehrfach vergrössert.
— 23. Balanus stellaris Münst. Oberoligocän, Bünde b. Osnabrück.
— 24. Balanus pictus Münst. Mittelmiocän (Meeresmolasse), Dischingen.
— 25. Balanus concavoides Mill. Mittelmiocän (Meeresmolasse), Ulm.
— 26. Xanthopsis Sonthofenensis H. v. M. Eocän, Kressenberg.
— 27. Telphusa speciosa H. v. M. Obermiocän, Engelwies b. Sigmaringen.
— 28. Formica Flori Mayr. Einschluss im unteroligocänen Bernstein des Samlandes.
— 29. Libellula Doris Heer (Larve). Obermiocän, Randecker Maar.
— 30. Phryganeenröhre. Miocän, Wiesbaden.

Taf. 68. Fische.

Fig. 1. Notidanus primigenius Ag. Oligocän, Weinheim b. Alzey.
— 2. Hemipristis serra Ag. Miocän (Meeresmolasse), Baltringen (Oberschwaben).
— 3. Carcharodon megalodon Ag. Miocän (Meeresmolasse), Baltringen.
— 4. Galeocerdo latidens Ag. Miocän (Meeresmolasse), Baltringen.
— 5. Aprion stellatus Probst. Miocän (Meeresmolasse), Baltringen.
— 6 u. 6a. Lamna contortidens Ag. Miocän (Meeresmolasse), Baltringen.
— 7. Lamna crassidens Ag. Miocän (Meeresmolasse), Heudorf.
— 8. Oxyrhina hastalis Ag. Miocän (Meeresmolasse), Baltringen.
— 9. Galeus sp., Wirbel. Miocän (Meeresmolasse), Baltringen.
— 10 u. 10a. Lamnawirbel, von vorn und von der Seite. Miocän, Baltringen.
— 11. Myliobatis serratus H. v. M., Flossenstachel. Miocän, Baltringen.
— 12. Myliobatis toliapicus Ag., Pflasterzahn. Oligocän, Weinheim.
— 13. Aëtobatis arcuatus Ag., Pflasterzahn. Miocän, Baltringen.
— 14. Chrysophrys molassicus Qu. Miocän, Baltringen.
— 15. Cycloidschuppen von Meletta sardinites Hek. Septarienton, Nierstein.
— 16. Gehörstein eines Knochenfisches (Otolithus varians Kok.). Oligocän, Latdorf.
— 17. Teleostierwirbel (Leuciscus). Obermiocän von Steinheim b. Heidenheim.

Fig. 18. Smerdis formosus H. v. M. (Mittelmiocän), Unterkirchberg a. Iller.
— 19. Cottus brevis Ag. Obermiocän, Oeningen.
— 20. Clupea ventricosa H. v. M. Mittelmiocän (Brackisch), Unterkirchberg a. Iller.

Taf. 69. Wirbeltiere.

Fig. 1. Krokodilierzahn; Diplocynodon sp. Miocäne Meeresmolasse von Baltringen.
— 2. Rückenpanzerstück von Testudo minuta O. Fraas. Obermiocän, Steinheim.
— 3. Rückenpanzerstück von Trionyx (Flussschildkröte). Mittelmiocän, Baltringen.
— 4 u. 4a. Schlangenwirbel (Naja suevica O. Fraas). Obermiocän, Steinheim. Fig. 4 von oben; Fig. 4a von hinten.
— 5. Vogelknochen (Metatarsus vom Wasserhuhn). Diluvium, Cannstatt.
— 6. Zahn von Hoplocetus crassidens Gerv. (Pottwal). Meeresmolasse, Baltringen.
— 7. Rippe von Halitherium Schinzi Kaup (Seekuh). Oligocän, Mainzer Becken. $^1|_3$ natürl. Grösse.
— 8. Erster oberer Backzahn von Palaeotherium medium Cuv. Obereocän (Bohnerz), Frohnstetten.
— 9. Erster unterer Backzahn von Palaeotherium medium Cuv. Obereocän (Bohnerz), Frohnstetten.
— 10. Oberer Backzahn von Anchitherium Aurelianense Cuv. Obermiocän, Steinheimer Becken.
— 11. Oberer Backzahn von Hipparion gracile Kaup. Obermiocän, Mainzer Becken.
— 12. Erster oberer Backzahn von Equus caballus L. (Diluvialpferd). Haslach.
— 13. Erster unterer Backzahn von Equus caballus L. Diluvium, Irpfelhöhle.
— 14. Laufknochen von Equus caballus L. $^1|_2$ natürl. Grösse.

Taf. 70. Säugetiere.

Fig. 1. Oberer Backzahn von Rhinoceros (Aceratherium) Sansaniense Filh. Obermiocän, Steinheimer Becken.
— 2. Unterer Backzahn von Rhinoceros (Aceratherium) Sansaniense Filh. Obermiocän, Steinheimer Becken.
— 3. Oberer Backzahn von Rhinoceros antiquitatis Blumb., = tichorhinus Fisch. Diluvium, Württemberg.
— 4. Letzter oberer Backzahn von Sus scrofa L. Diluvium, Geislingen.
— 5. Vorletzter oberer Backzahn von Sus scrofa L. Diluvium, Geislingen.
— 6 u. 6a. Oberer Backzahn von Cervus elaphus L. Pfahlbau von Schussenried. Fig. 6a Ansicht von der Aussenseite.
— 7. Unterer Backzahn von Cervus elaphus L. Pfahlbau v. Schussenried.
— 8. Rechtes Sprungbein (Astragalus) von Dicroceras furcatus Hensel. Obermiocän, Steinheim.
— 9. Vorderer Laufknochen (Metacarpus) von Dicroceros furcatus Hensel. Obermiocän, Steinheim.
— 10 u. 10a. Oberer Backzahn von Bos priscus Boj. (Wisent). Diluvium, Cannstatt. Fig. 10a von aussen, beide Figuren etwas verkleinert.
— 11. Unterer Backzahn von Bos priscus Boj. Diluvium, Cannstatt.

Fig. 71. Säugetiere.

Fig. 1. Pseudosciurus suevicus Hens., rechter Unterkieferast von aussen. Eocän (Bohnerz), Eselsberg b. Ulm.
— 2. Lepus timidus L. (gemeiner Hase), rechter Unterkiefer. Recent, etwas verkl.
— 3. Dinotherium giganteum Kaup; oberer Backzahn, $^1|_2$ nat. Gr. Obermiocäner Dinotheriensand von Eppelsheim.
— 4. Mastodon angustidens Cuv. Letzter unterer Backzahn, $^1|_2$ nat. Gr. Miocän, Heggbach (Oberschwaben).

Fig. 5. Elephas antiquus Falc. (Urelefant). Unterer Backzahn, 1/2 nat. Gr. Aelteres Diluvium, Lauffen a. N.
— 6. Elephas primigenius Blumenb. (Mammut), unterer Backzahn; ca. 1/2 nat. Gr. Jüngeres Diluvium, Irpfelhöhle im Brenztal.

Taf. 72. Säugetiere.

Fig. 1. Canis lupus L., Wolf, rechte obere Zahnreihe. Aelterer Löss, Cannstatt.
— 2. Canis lupus L., Wolf, linke untere Zahnreihe.
— 3. Ursus spelaeus Rosenm., Höhlenbär, Backenzähne des Unterkiefers von der Kaufläche. Diluvialer Höhlenlehm, Charlottenhöhle (Württemberg).
— 4. Ursus spelaeus Rosenm., letzter und vorletzter oberer Backenzahn von der Kaufläche gesehen. Höhlenlehm des Hohlenstein.
— 5. Ursus spelaeus Rosenm., Eckzahn, etwas verkleinert. Hohlenstein.
— 6. Hyaena spelaea Cuv., Höhlenhyäne, obere linke Backzähne. Diluviallehm der Sibyllenhöhle bei Kirchheim u. T.
— 7. Felis catus L., Wildkatze, rechte obere Zahnreihe.
— 8. Felis catus L., Wildkatze, linke untere Zahnreihe.
— 9. Homo sapiens L., Mensch, Unterkiefer.

Register

Aufgeführt sind im wesentlichen nur die Namen der Versteinerungen, nicht die geologischen Formationen und die Fundorte. Zum leichteren Auffinden sind nur die wichtigeren Subgenera beibehalten. * bedeutet Abbildung als Textfigur. – T. 25, 12 bedeutet Abbildung auf Tafel 25, Figur 12.

Abdrücke * 21, 24
Acanthoceras 178
Acanthocladia anceps
T. 5, 13 68
Acanthodes Bronni
T. 17, 10 97
Acanthoteuthis speciosus 180
Aceratherium 232
Aceratherium sansaniense T. 70, 1 u. 2 . 232
Acer trilobatum
T. 60, 10 u. 11 205
Achilleum → Spongites 122
Acidaspis punctatus
T. 16, 13 93
Acrodus Gaillardoti
T. 57, 20 189
— lateralis T. 57, 19 ... 189
Actinocystis grandis ... 58
— maxima * 58
Aeger elegans T. 57, 5 . 186
Aegoceras 171
Aëtobatis arcuatus
T. 68, 13 224
Agnostus pisiformis * .. 92
Ahorn 205
Alaria bicarinata
T. 44, 13 165
— subpunctata T. 44, 14 165
Alces machlis 234
— palmatus 234
Alethopteris Serli T. 1, 6 43
Algen 109
Allerisma inflatum
T. 12, 17 80
Alveolites suborbicularis * 59
Amaltheus 172
Ammonites Aalensis
T. 48, 13 173
— acanthicus 178
— aequistriatus 173
— affinis T. 47, 18 172
— Algovianus T. 48, 14 173
— alternans T. 50, 14 . 176
— anceps T. 51, 5 176
— angulatus T. 46, 8 .. 170
— annularis T. 52, 11 . 177
— annulatus T. 50, 3 .. 175
— armatus 171
— arolicus T. 49, 10 .. 174
— athletha T. 52, 9 ... 177
— auritus 175
— bidentatus T. 49, 12 174
— bifrons T. 48, 18 ... 173
— bifurcatus T. 51, 8 . 176
— bimammatus T. 52, 10 178
— bipartitus T. 49, 1 .. 174
— biplex T. 52, 2 177
— Birchii 171
— bispinosus 178
— Blagdeni T. 50, 6 ... 175
— Bodei T. 53, 5 178
— Bollensis T. 50, 4 .. 175
— Braickenridgii T. 50, 8 175
— brevispina 171
— Bronni T. 47, 12 ... 171
— Brooki 171
— Bucklandi T. 47, 2 . 171
— bullatus 175
— canaliculatus
T. 49, 14 174
— capricornus T. 47, 6 171
— caprinus T. 52, 12 .. 177
— Castor 176
— Charmassei T. 46, 9 170
— circumspinosus 178
— colubrinus T. 52, 4 . 177
— communis T. 50, 2 . 175
— concavus T. 49, 4 .. 174
— convolutus T. 52, 1 . 177
— Conybeari 170
— cordatus T. 50, 13 .. 176
— Cornuelianus
T. 53, 3 178
— corona 178
— coronatus T. 50, 6 . 175
— costula 173
— crassus 175
— curvicosta 177
— Davoei T. 47, 13 ... 171
— decoratus 176
— dentatus T. 49, 11 .. 174
— dentosus 174
— Deshayesi T. 53, 7 . 178
— dilucidus T. 48, 11 . 173
— discoideus 174
— Duncani 176
— elimatus T. 49, 18 .. 175
— Engelhardti 172
— Eseri T. 48, 17 173
— Eudoxus 177
— ferrugineus 176
— fimbriatus T. 48, 7 u. 8 173
— flexuosus T. 49, 16 . 174
— funatus T. 51, 12 ... 177
— fuscus T. 49, 2 174
— geometricus T. 47, 3 171
— Germainii 173
— Gervillii T. 50, 9 ... 175
— gibbosus 172
— gigas 177
— Goliathus 176
— Hauffianus 175
— hecticus T. 49, 9 ... 174
— Henleyi T. 47, 11 .. 172
— heterophyllus T. 48, 4 173
— heteropleurus T. 47, 17 172
— hircinus T. 48, 10 .. 173
— hispidus 174
— Humphresianus,
T. 50, 5 175
— ibex T. 48, 6 173
— insignis T. 48,2 172
— involutus T. 52, 6 .. 177
— Jamesoni T. 47, 7 .. 171
— Jason T. 51, 7 176
— Johnstoni 170
— jurensis T. 48, 9 ... 173
— laevis 172
— Lamberti T. 50, 12 . 176
— lingulatus T. 49, 17 . 175
— liparus T. 52, 14 ... 178
— lithographicus

T. 49, 15 174
— Lochensis 175
— longispinus T. 52, 16 178
— lunula T. 49, 8 174
— lynx 172
— Lythensis T. 49, 7 .. 174
— maculatus 171
— macrocephalus
T. 50, 11 175
— mammillaris 178
— Mantelli T. 53, 2 ... 178
— margaritatus
T. 47, 15 172
— Mariae 176
— Masseanus T. 48, 1 . 172
— Maugenesti T. 47, 9 171
— Meriani 178
— microstoma 175
— multicostatus 171
— Murchisonae
— T. 49, 5 u. 6 174
— mutabilis T. 51, 11 . 176
— natrix 171
— Nilsoni T. 48, 5 173
— nimbatus 175
— obtusus 171
— Oegir 178
— oolithicus 175
— opalinus T. 49, 3 ... 174
— ornatus T. 51, 6 176
— ovalis T. 48, 2b 172
— oxynotus T 47, 14 .. 172
— parabolis 177
— parallelus 174
— Parkinsoni T. 51, 3 . 176
— peramplus T. 51, 2 . 177
— perarmatus T. 52, 15 178
— pettos T. 50, 1 175
— pictus 174
— pinguis 175
— planicosta T. 47, 6 . 171
— planorbis T. 46, 7 .. 170
— planula T. 52, 7 177
— platynotus T. 51, 10 . 177
— Pollux 176
— polygyratus T. 52, 2 177
— polymorphus T. 51, 4 176
— polyplocus T. 52, 5 . 177
— Portlandicus T. 50, 15 177
— psilonotus T. 46, 7 . 170
— pulcher T. 53, 8 178
— quadratus T. 48, 16 173
— radians T. 48, 15 ... 173
— raricostatus T. 47, 5 171
— Reinecki T. 51, 10 . 177
— Renauxianus T. 53, 4 178
— Renggeri T. 49, 11 . 174
— rhotomagensis
T. 53, 1 178
— rotiformis * 171
— Sauzei T. 50, 7 175
— serpentinus 174
— serrodens 172
— Sowerbyi T. 48, 3 .. 172
— spinatus T. 47, 16 .. 172
— spinosus 172
— spiratissimus T. 47, 1 170
— stellaris 171
— stephanoides T. 51, 9 177
— steraspis 175
— striatus 172
— striolaris T. 52, 3 .. 177
— subclausus 174
— subradiatus 174
— suevicus 174
— tardefurcatus T. 53, 6 178
— Taylori T. 47, 10 ... 172
— tenuilobatus T. 49, 13 174
— tortisulcatus 173
— torulosus T. 48, 12 . 173
— trachynotus 175
— transversarius
T. 52, 13 177
— trigonatus T. 48, 2a 172
— triplicatus T. 51, 12 177
— tumidus T. 50, 10 .. 175
— Turneri T. 47, 4 ... 171
— Ulmensis T. 52, 8 .. 177
— Valdani T. 47, 8 ... 171
— varians T. 51, 1 176
— velox 175
— Walcotti 173
— zetes T. 48, 4 173
— ziphus 171
Amphipora ramosa
T. 5, 2 60
Amplypterus Duvernoyi 98
— latus 98
— macropterus T. 18, 2 97
Ampullaria gigas
T. 43, 24 163
Ananchytes ovata
T. 30, 14 137
Anchitherium Aurelia-
nense T. 69, 10 232
Ancyloceras elatum
T. 53, 12 179
— Matheronianum
T. 53, 14 179
Ancylus deperditus
T. 66, 15 219
Andrias Scheuchzeri ... 225
Annularia longifolia ... 46
— sphenophylloides
T. 2, 7............. 46
— tuberculata T. 2, 9 .. 46
Anodonta anatinoides . 212
Anomia semiglobosa
T. 34, 7 147
Anomopteris distans
T. 19, 4 110
Anoplophora keuperiana 155
— lettica T. 41, 5 155
Anorganische Bildungen 40
Anthracosia acuta T. 11,
19 78
— carbonaria T. 11, 18 78
Apiocrinus mespiliformis
T. 27, 17 130
— Milleri T. 27, 14 u. 15 130
— rosaceus T. 27, 16 .. 130
Aporrhais Buchii T. 44,
18 165
— granulosa T. 44, 16 . 165
— speciosa T. 65, 13 . 217
— tridactyla T. 65, 14 .. 217
Aprion stellatus T. 68, 5 223
Aptychus gracilicostatus
T. 54, 13 180
— lamellosus T. 54, 12 180
— latus T. 54, 9 u. 10 . 180
— Lythensis
T. 49, 7, T. 54, 8 ... 180
— psilonoti T. 46, 7a . 180
Araucarioxylon
keuperinum * 112
— saxonicum * ... 51, 112
Arca Fichteli 211
— reticulata 152
— Sandbergeri T. 63, 8 211
— securis T. 39, 7 152
— striata T. 11, 17 78
Arcestes cymbiformis
T. 46, 1 170
Archaeocalamites
radiatus * 45
Archaeopteryx 196
Archegosaurus Decheni
T. 18, 4 99
Arctomys marmotta ... 236
Arietites 170
Artefacte, paläolithische 237
Asaphusexpansus * 93
Aspidaria 48
Aspidoceras 178
Aspidosoma Tisch-
beinianum T. 7, 5 ... 66
Aspidura 131
— loricata T. 28, 6 131
— Ludeni T. 28, 5 131
Assilina 207
Astarte depressa
T. 41, 9 156
— lenticularis T. 41, 13 156
— minima T. 41, 11 .. 156
— opalina T. 41, 8 156
— similis T. 41, 12 156
— Voltzi T. 41, 10 156
Asterias cilicia T. 28, 9 131
— impressae T. 28,
12–14 132
— jurensis T. 28, 11 .. 132
— lumbricalis T. 28, 8 131
— primaeva T. 28,
15 u. 16 132
— prisca 132
— regularis T. 28, 10 .. 131
Asteridae (palaeoz.) ... 66
Asterophyllites equiseti-
formis T. 2, 10 46
— longifolia T. 2, 8 ... 46
— sphenophylloides
T. 2, 7 46
Asterotheca T. 1, 7a .. 43
Astraeomorpha robuste
septata T. 25, 15 126
Astylospongia
praemorsa *......... 55
Athyris concentrica 71
Atrypa reticularis *
T. 10, 4 72

Aucella impressae 151
— Keyserlingi T. 38, 5 151
Aulocopium ausantium * 54
Aulopora serpens T. 4, 9 59
— tubaeformis 59
Auerochse 235
Avicula contorta
T. 37, 12 150
— Cornuelina T. 37, 15 150
— crenato-lamellosa
T. 11, 3 77
— echinata T. 36, 16 .. 150
— inaequivalvis
T. 37, 13 150
— Münsteri T. 37, 14 . 150
— sinemuriensis
T. 37, 13 150
— substriata T. 37, 18 . 150
Aviculopecten papyraceum T. 11, 9 77

Baculites anceps 179
— vertebralis T. 53, 13 179
Bactrocrinus tenuis
T. 6, 6 64
Baiera Münsteriana ... 112
Balanophyllia
sinuata T. 61, 5 207
Balanus concavoides
T. 67, 25 222
— pictus T. 67, 24 222
— stellaris T. 67, 23 .. 222
Belemnites acuarius
T. 55, 4 182
— acuarius
T. 55, 5 182
— acutus T. 55, 1 182
— breviformis T. 55, 3 182
— brevirostris T. 55, 2 182
— brevis primus
T. 55, 1 182
— brevis secundus 182
— brunsvicensis T. 56, 7 183
— calloviensis T. 56, 3 183
— clavatus T. 55, 7 ... 182
— digitalis T. 55, 6 ... 182
— fusiformis T. 56, 1 . 183
— giganteus T. 55,
1–17 183
— gigensis T. 55, 3 ... 182
— hastatus T. 56, 2 ... 183
— macer T. 55, 5 182
— minimus T. 56, 8 .. 183
— mucronatus T. 56, 11 183
— paxillosus T. 55, 12 182
— procerus 183
— pistilliformis T. 56, 5 183
— pressulus T. 55, 10
u. 11 182
— pygmaeus T. 55, 9 . 182
— quadratus T. 56, 10 183
— spinatus T. 55, 14 .. 183
— Strombecki T. 56, 6 183
— subclavatus T. 55, 8 182
— subquadratus T. 56,
4 183
— tripartitus T. 55, 13 182
— ultimus T. 56, 9 183
— ventricosus 183
— ventroplanus 182
Bellerophon macrostoma T. 13, 3 83
— striatus T. 13, 2 83
— Urii T. 13, 4 83
Belodon T. 59, 8 195
Beloteuthis Schübleri .. 184
Berenicea compressa
T. 26, 4 138
— diluviana 138
Bergeria 48
Betula nana T. 60, 15 .. 205
Bilobiten 41
Bivalven, Organisation * 75, 76
Blastinia 121
— costata T. 23, 12 121
Blastoidea 65
Bos primigenius 235
— priscus T. 70, 10 u.
11 235
Bourguetocrinus ellipticus T. 28, 2 130
Brachiopoden . 68, 139, 209
Branciosaurus
amblystomus T. 18, 3. 99
Bronteus alutaceus
T. 16, 6 93
— granulatus T. 16, 7 . 93
Bryozoen 67, 138, 208
Buccinum bullatum
T. 65, 20 217
— cassidaria 217
Buchiola retrostriata
T. 12, 12 80
Bythinia tentaculata
T. 66, 30 219

Calamarien 45
Calamites arborescens
T. 2, 6 46
— cruciatus 46
— gigas 46
— ramosus 46
— Suckowi T. 2, 5 46
— varians 46
Calamophyllites 46
Calamopora 58
— polymorpha T. 5, 3.. 58
Calamostachys tuberculata T. 2, 9 46
Calcarina calcitrapoides * 116
Calceola sandalina T. 4, 5 58
Callipteris conferta
T. 2, 2 43
Camarophoria formosa
T. 10, 6 73
— Schlotheimi T. 10, 7 73
Canis lagopus 236
— lupus T. 72, 1 u. 2 .. 236
— vulpes 236
Capitosaurus nasutus .. 193
Capulus naticoides
T. 13, 18 84
— priscus T. 13, 16 ... 84
— trilobatus T. 13, 17 . 84
Carcharodon megalod.
T. 68, 3 224
Cardinia → Thalassites 155
Cardiocarpus Gutbieri . 50
Cardioceras 176
Cardiola concentrica
T. 12, 14 80
— interrupta T. 12, 13 80
Cardita crenata T. 41, 16 156
— Dunkeri T. 64, 2 ... 212
— Jouaneti T. 64, 3 ... 212
Cardium anguliferum .. 212
— Becksi T. 42, 4 159
— sociale T. 64, 6 212
— hillanum * 159
— productum T. 42, 3 159
— rhäticum 159
— tenuisulcatum
T. 64, 5 212
Carinifex 219
Carpolithes Cordai 50
Castor fiber 236
Caulopteris * 44
Cellepora escharoides
T. 26, 13 139
— polythele T. 61, 6 .. 208
— radiata T. 26, 14 ... 139
— sphaerica 208
Celtis crenata T. 60, 14 205
Cephalopoden 85, 165
Ceratites binodosus 169
— Buchi T. 45, 6 u. 7 . 169
— Cassianus T. 46, 6 . 170
— dorsoplanus T. 35,
10 169
— nodosus T. 45, 8 ... 169
— semipartitus T. 45, 9 169
— trinodosus 169
Ceratodus concinnus .. 189
— Kaupii T. 58, 2 189
— runcinatus T. 58, 1 . 189
Ceriopora alata T. 26, 6 139
— angulosa T. 26, 9 .. 139
— clavata T. 26, 9 139
— gracilis T. 26, 11 ... 139
— polymorpha T. 26, 7 139
— radiciformis T. 26, 10 139
— simplex 208
— spongites T. 36, 5 .. 139
Cerithium dentatum
T. 65, 12 216
— laevissimum T. 65, 8 216
— margaritaceum
T. 65, 10 216
— muricatum T. 44, 5 . 164
— plicatum T. 65, 9 .. 216
— submargaritaceum
T. 65, 11 216
— turritella T. 44, 6 .. 164
— vetustum T. 44, 4 .. 164
— Zelebori 216
Cervus capreolus 234
— elaphus * T. 70, 6
u. 7 234
— eminens 234
— furcatus * T. 70, 8 .. 234
— giganteus 234

Cestracion * 188
Chaetes polyporus
T. 26, 1 138
Chamaerops helvetica
T. 60, 3 205
Cheirurus Sternbergi
T. 16, 12 93
Chelydra 226
Chemnitzia scalata 163
— Hehli 163
— obsoleta T. 43, 29 .. 163
Chiropteris digitata
T. 20, 3 110
Chirotherium * 192
Chiton priscus * 83
Chondrites Bollensis
T. 19, 3 110
— Hechingensis 110
Chonella → Spongites . 120
Chonetes dilata T. 8, 9 . 70
— Laguessiana T. 8, 10 70
— sarcinulata T. 8, 8 .. 70
Choriastraea dubia
T. 25, 9 125
Choristoceras Marschi
T. 46, 5 170
Chrysophrys molassicus
T. 68, 14 225
Cidaris coronata
T. 29, 1–7 134
— elegans 134
— filograna T. 29, 14 .. 134
— florigemma T. 29, 12
u. 13 134
— gigantea 134
— globiceps T. 29, 17 . 134
— grandaeva T. 29, 8 . 134
— histricoides T. 29, 23 134
— maxima T. 29, 18 u.
19 134
— nobilis T. 29, 20 u.
21 134
— propinqua T. 29, 15 134
— pustulifera T. 29, 22 134
— spinosa T. 29, 24 ... 134
— suevica 134
— vesicularis T. 29, 16 134
Cinnamomum poly-
morphum T. 60, 7 .. 205
— Scheuchzeri T. 60, 6 . 205
Cladiscites tornatus
T. 46, 3 170
Clathropteris menis-
coides 110
— platyphylla T. 20, 2 110
Clausilia antiqua 220
— bulimoides T. 66, 32 220
— suturalis T. 66, 33 .. 220
Clupea ventricosa
T. 68, 20 225
Clymenia laevigata
T. 14, 11 90
— undulata T. 14, 10 .. 90
Clypeaster 208
Clypticus hieroglyphicus 135
— sulcatus T. 29, 28 .. 135
Cnemidium → Spongites 119
Coccosteus T. 17, 8 ... 97
Coeloptychium →
Spongites 121
Coelosmilia centralis
T. 25, 1 124
Colobodus frequens
T. 58, 8 190
Columbella curta
T. 65, 21 217
Comatula pinnata * 130
Coniferen 50, 112, 205
Conocardium alaeforme
T. 12, 10 80
— clathratum T. 12, 11 80
Conoclypeus conoideus
T. 61, 7 208
Conocephalites
Geinitzii T. 16, 1 92
— Sulzeri * 92
Conularia anomala * 84, 85
Conus antediluvanus .. 217
— Dujardini T. 65, 19 . 217
Corbis Mellingi 159
Corbula gibba 214
— gregaria T. 42, 22 .. 160
— Keuperiana T. 42, 22 161
— longirostris 214
— nitida 214
— Sandbergeri
T. 42, 21 160
— substriatula T. 42, 24 161
Cordaites principalis
T. 3, 8 50
Cornuspira tenuissima
T. 22, 4 116
Corynella → Spongites . 121
Coscinopora → Spon-
gites 121
Cosmoceras 176
Cottus brevis T. 68, 19 . 225
Crania corallina 140
— ingabergensis T. 31, 6 140
— nummulus T. 31, 7 . 140
— velata 140
Craticularia → Spongi-
tes 120, 121
Credneria integerrima
T. 21, 9 113
Credneria triacuminata
T. 21, 8 113
Crinoiden 62, 127
Crioceras ellipticum
T. 53, 11 179
— variabile T. 53, 15 .. 179
Cristellaria supra-
jurassica T. 22, 5 116
Crustaceen (mesoz.) ... 184
Ctenocrinus typus *
T. 6, 8 64
Cucullaea concinna
T. 39, 9 153
— inaequivalvis 153
— Münsteri T. 39, 8 .. 153
Cupressites haliostychus
T. 21, 6 112
Cupressocrinus abbrevia-
tus T. 5, 18 63
— crassus T. 5, 19 u. 20 63
— elongatus T. 5, 17 .. 63
Cyathocrinus ramosus
T. 6, 1 64
Cyathophyllum caespito-
sum T. 4, 3 57
— heliantoides T. 4, 1 . 57
— hexagonum T. 4, 2 . 57
— vermiculare T. 4, 4 . 57
Cycadeae 111
Cycasfarne 44
Cyclolites undulata
T. 25, 8 125
Cyclostoma antiquum
T. 67, 3 220
— bisulcatum T. 67, 4 . 220
— conicum T. 67, 6 ... 220
— consobrinum T. 67, 5 220
Cyclotosaurus robustus 192
Cylindrophyma → Spon-
gites 120
Cypellia → Spongites .. 121
Cyphosoma granulosa
T. 29, 27 135
Cypraea subexcisa
T. 65, 6 217
Cypricardinia lamellosa
T. 12, 5 79
Cypris faba T. 67, 22 .. 222
Cyrena ovalis T. 41, 19 156
— semistriata T. 64, 7 . 212
Cyrtina heteroclita
T. 9, 16 72
Cyrtoceras depressum
T. 14, 6 88
Cystiphyllum vesiculo-
sum T. 14, 6 58
Cystoidea 65
Cytherea incrassata
T. 64, 9 213
— ovalis T. 42, 5 159
— splendida T. 64, 10 . 213

Dacosaurus maximus
T. 59, 11 195
T. 17, 1 u. 2 93
Danaeopsis marantacea
T. 20, 1 110
Dapedius punctatus
T. 58, 11 190
Davidsonia Verneuilli
T. 8, 7 70
Defrancia infraoolithica
T. 26, 3 138
Delphinula funata
T. 43, 26 163
— tegulata T. 43, 27 .. 163
Delphinus 231
Dendriten * 40
Dentalium acutum
T. 65, 1 215
— antiquum T. 13, 1 .. 82
— entalloides T. 43, 2 .. 161
— laeve T. 43, 1 161
Devonformation 32
Diadema amaltheï 135
— arietis T. 29, 9 135

— criniferum T. 29, 11 135
— depressum 135
— minutum T. 29, 10 . 135
— subangulare T. 29, 26 135
Diatomeen 109
Diceras arietinum T. 41, 18 157
Dicroceras furcatus T. 70, 8 u. 9 234
Dictyodora Libeana * .. 41
Dictyonema bohemica T. 4, 12 60
Dimorphastraea concentrica T. 25, 14 ... 126
Dinosaurier 195
Dinotherium bavaricum 235
— giganteum T. 71, 3 . 235
Diploctenium 125
Diplocynodon T. 69, 1 226
Diplograptus → Graptolites 60
Discina payracea * 140
— silesiaca 140
Discoidea cylindrica T. 30, 3 136
— subulcus T. 30, 5 ... 136
Discorbina globosa T. 22, 8 116
Dorocidaris * 133
Doryderma → Spongites 120, 121
Dreissensia Brardii T. 63, 7 211
— clavaeformis T. 63, 6 211
Dryas octopetala T 60, 16 205
Dysaster carinatus T. 30, 12 136
— granulosus T. 30, 13 136

Echiniden 67, 132, 207
Echinobrissus scutat T. 30, 10 136
Echinoconus abbreviatus T. 30, 7 136
— albogalerus T. 30, 8 136
Echinolampas Kleinii T. 61, 8 208
Echinosphärites aurantium * 65
Echinus lineatus T. 30, 2 135
— nodulosus T. 30, 1 . 135
Edelhirsch * T. 70, 6 u. 7 234
Elaphis 226
Elasmostoma → Spongites 121
Elch * 234
Elephas antiquus T. 71, 5 235
— primigenius T. 71, 6 235
Emys europaea var. turfa 226
Enalohelia compressa T. 24, 3 123
Encrinus Carnalli * 128
— gracilis 128
— Grundeyi 128
— Kunischi T. 27, 2 .. 128
— liliiformis T. 27, 1 .. 128
Entomis serrato-striata T. 17, 6 94
Eolithen 238
Epismilia cuneata T. 25,3 125
Equisetum arenaceum T. 21, 3–5 111
— hoerense 111
— Meriani T. 21, 1 u. 2 111
Equus caballus T. 69, 12 bis 14 232
Eriphyla lenticularis T. 41, 13 156
Eryma leptodactylina T. 57, 6 186
— Mandelslohi T. 57, 8 186
Eschara bipunctata T. 26, 15 139
— cepha T. 26, 17 139
— rhombifera T. 26, 16 139
Estheria Baentschiana T. 17, 5 94
— laxitexta T. 57, 2 ... 185
— minuta T. 57, 1 185
Etiketten 14
Eucalyptocrinus rosaceus T. 7, 1 65
Eucyclus capitaneus T. 43, 13 162
Eugeniacrinus * cariophyllatus T. 27, 10 .. 129
— Hoferi T. 27, 11 ... 129
— nutans 129
Euomphalus circinalis T. 13, 12 84
— Goldfussii T. 13, 11 83
— laevis T. 13, 13 84
Eurypterus Fischeri * .. 95
Exogyra auriformis T. 35, 3 147
— columba T. 35, 8 ... 147
— Couloni T. 35, 4 ... 147
Exogyra halitoidea T. 35, 7 147
— sigmoidea T. 35, 6 .. 147
— spiralis T. 35, 2 147
— virgula 147
— subcarinata T. 35, 7 147

Fährten * 24, 99, 191
Farne 42, 110
Favosites basalticus T. 4, 7 58
— polymorphus T. 5, 3 . 58
Felis catus T. 72, 7 u 8 237
— lynx 237
— spelaea 237
Fenestella retiformis T. 5, 12 68
Feuersteinwerkzeuge ... 238
Ficula condita T. 66, 5 . 218
— reticulata 218
Fische 96, 188, 223
Flamingo 227
Foraminiferen * 116, 206
Formica Flori T. 67, 28 222
Frondicularia solea T. 22, 6............. 116
Fucoides 109
Furcaster palaeozoicus T. 7, 4 67
Fusulina cylindrica * ... 54
Fusus burgdigalensis ... 217
— coronatus T. 44, 19 165
— crispus T. 65, 22 ... 217
— eximius T. 65, 23.... 217
— lyra T. 65, 24 217
— Waelii 217

Galerites depressus T. 30, 4 136
— vulgaris T. 30, 6 ... 136
Galeocerdo latidens T. 68, 4............. 223
Galeus T. 68, 9 223
Gallinula chloropus T. 69, 5 226
Gampsonyx fimbriatus T. 17, 7 94
Gasterocoma antiqua T. 5, 21 63
Gastropoda ... 81, 161, 214
Geotheutis bollensis T. 56, 13 184
— coriaceus 184
Gervillia Albertii T. 38, 1 150
— aviculoides 151
— ceratophaga T. 11, 10 77
— costata 150
— pernoides T. 38, 4 .. 150
— socialis T. 38, 3 150
— subcostata T. 38, 2 . 150
— tortuosa 151
Gingko multipartita ... 112
Glaudina inflata T. 66, 16 220
Glaukonia strombiformis T. 44, 1 163
Globigerina cretacea T. 22, 11 116
Glyphea grandis 185
— pseudoscyllarus 185
— pustulosa 185
Gomphoceras inflatum T. 14, 7 88
Goniaster → Asterias .. 131
Goniatites bidens T. 15, 12 90
— compressus T. 15, 3 90
— incoustans T. 15, 4 . 90
— intumescens T. 15, 6 90
— Jugleri T. 15, 5 90
— lateseptatus T. 15, 1 90
— lunulicosta T. 15, 11 90
— Münsteri T. 15, 12 . 90
— occultus T. 15, 4 ... 90
— multilobatus T. 15, 13 90
— retrorsus T. 15, 9 u. 10 90
— simplex T. 15, 8 ... 90
— sphaericus T. 15, 14 90
— subnautilinus T. 15, 2 90
— terebratus T. 15, 7 .. 90
Goniomya angulifera

T. 42, 14 160
— consignata T. 42, 15 . 160
— marginata 160
— ornata 160
— proboseidea 160
Grammysia anomala
T. 12, 16 80
Graptolites * colonus
T. 5, 6 60
— Geinitzianus T. 5, 9 60
— Linnei T. 5, 10 60
— Nilsoni T. 5, 5 60
— palmeus T. 5, 8 60
— priodon T. 5, 4 60
— turriculatus T. 5, 7 . 60
Grewia crenata
T. 60, 14 205
Gryphaea arcuata
T. 34, 12 147
— calceola T. 35, 1 ... 147
— cymbium T. 34, 13 . 147
— dilatata 147
— vesicularis T. 35, 9 . 147
Guettardia → Spongites 121
Gyroceras nodosum
T. 14, 8 88
Gyrodus umbilicus
T. 58, 15 190
Gyrolepis Albertii
T. 58, 9 190
Gyroporella annulata
T. 19, 1 109

Halianassa Studeri 231
Halitherium Schinzi
T. 69, 7 231
Halyserites Dechenianus * 42
Halysites catenularia ... 59
Hamites bifurcati
T. 53, 9 u. 10 179
— elegans T. 53, 16 ... 179
Hammatoceras 172
Hammer 7
Haploceras 175
Haplocrinus mespilifor-
mis T. 5, 14 63
Haplophragmium infla-
tum T. 22, 10 116
Harpes socialis T. 16, 15 93
Harpoceras 173
Helianthaster rhenanus
T. 7, 3 66
Heliolites porosa T. 4, 6 58
Helioporidae 58
Helix carinulata T. 67,18 221
— crepidostoma T. 67,9 221
— deflexa T. 67, 12 ... 221
— Ehingensis T. 67, 10 221
— fruticum T. 67, 20 .. 221
— hispida T. 67, 21 ... 221
— hortensis T 67, 19 . 221
— inflexa T. 67, 17 ... 221
— insignis T. 67, 14 ... 221
— osculum T. 67, 13 .. 221
— oxystoma T. 67, 11 . 221
— rugulosa T. 67, 8 ... 221
— subverticilla T. 67, 7 221
— sylvana T. 67, 15 ... 221
— sylvestrina T. 67, 16 221
Hemicidaris crenular
T. 29, 25 125
— scolopendra 135
— serialis 135
Hemipristis serra
T 68, 2 223
Hercoceras subtubercu-
latus T. 14, 9 88
Heteroceras polyploc.
T. 54, 6 180
— Reussianum T. 54, 7 180
Hexacrinus elongatus
T. 6, 4 64
— spinosus T. 6, 5 64
Hinuites comptus T. 36, 7 148
Hipparion gracile
T. 69, 11 232
Hippurites cornu
vaccinum * 158
— Gosaviensis 158
— organisans 158
Höhlenbär T. 72, 3–5 .. 236
Höhlenlöwe 237
Hohlraum * 25
Holaster Hardyi T. 31, 1 137
— laevis T. 31, 2 137
Holectypus 136
— depressus T. 30, 4 ... 136
Homalonotus crassi-
cauda T. 16, 5 92
— planus T. 16, 4 92
Homo sapiens T. 72, 9.. 237
Hoplocetus crassidens
T. 69, 6 231
Hoplites 178
Hyaena spelaea T. 72, 6 236
Hyalotragos → Spongi-
tes 120
Hybodus Hauffianus
T. 57, 17 189
— longiconus T 57, 14 189
— minor T. 57, 16 189
— plicatilis T. 57, 15 .. 189
— rugosus T. 57, 18 . 189
Hyolites 85

Ichthyodorulites 189
Ichthyosaurus quadris- .
cissus * T. 59, 9 u. 10 194
— trigonodon 195
Inkrustation * 25
Inoceramus Brongiarti
T. 38, 11 151
— Cripsii T. 38, 12 ... 151
— Cuvieri T. 38, 10 ... 151
— dubius T. 38, 6 u. 7 151
— fuscus T. 38, 8 151
— labiatus T. 38, 9 ... 151
— laevigatus T. 38, 8 . 151
— nobilis 151
Insekten 186, 222
Isastraea crassisepta
T. 24, 7 124
— explanata T. 24, 8 .. 124
— favoides 124
— norica 124
— tenuistriata 124
Ischnium T. 59, 1 →
Fährten 191
— sphaerodactylum
T. 18, 5 99
Isoarca helvetica * 153
Isocardia angulata
T. 41, 20 156
— rostrata T. 41, 21 .. 156

Jerea pyriformis T. 22, 21 120
Juglans ventricosa
T. 60, 4 205

Kirchneria rhomboidalis
T. 19, 8 110
Knorria * imbrica 48
Knospenstrahler 65
Kolchia capuliformis
T. 11, 5 77
Koninckina Leonhardi
T. 31, 9 141
Koprolithen T. 58, 18 . 191
Korallen 55, 122, 207
Krebse 91, 185, 222

Labyrinthodon T. 59, 3 191
Lamna * T. 68, 10 223
— contortidens T. 68, 6 224
— crassidens T. 68, 7 . 224
Laterna Aristotelis 133
Latimaendra Sömmerin-
gi T. 24, 9 125
Latusastraea alveolaris
T. 24, 6 124
Leda claviformis T. 39,
19 153
Leda complanata T. 39,
18 153
— Deshayesiana
T. 63, 13 211
Leperditia T. 17, 4 94
Lepidocentrus rhenanus
T. 7, 7 67
Lepidodendron * dicho-
tomum T. 3, 3 47
— elegans 48
— rimosum........... 48
— Veltheimianum
T. 3, 1 47
— Volkmannianum
T. 3, 2 47
Lepidostrobus 48
Lepidotus elvensis
T. 58, 13 190
— giganteus T. 58, 14 . 190
Leptolepsis Bronni 190
— sprattiformis
T. 58, 12 190
Leptoteuthis gigas 184
Lepus timidus T. 71, 2 . 236
Leuciscus T. 68, 17 225
Libellula Doris T. 67, 29 223
Lima canalifera T. 36, 5 148
— dupla T. 36, 3 148
— gigantea 148

— Hermanni 148
— Hoferi T. 36, 6 148
— lineata T. 35, 12 148
— pectiniformis T. 36, 2 148
— praecursor 148
— punctata T. 36, 1 148
— semisulcata T. 36, 4 148
— striata T. 35, 13 148
Limnaeus bullatus 219
— dilatatus T. 66, 17 219
— pachygaster 219
— palustris T. 66, 19 219
— pereger T. 66, 20 219
— socialis T. 66, 18 219
— stagnalis 219
— subovatus 219
Limopsis costulata T. 63, 12 211
Limoptera bifida T. 11, 6 77
Limulus Walchi 186
Lingula Credneri T. 8, 1 69
— tenuissima T. 31, 5 140
Liopistha aequivalvis T. 42, 25 161
— frequens 161
Lithodendron clathratum T. 24, 10 124
— trichotomum T. 24, 11 124
Litorinella acuta T. 66, 10 u. 11 218
— utriculosa T. 66, 12 218
Lituites lituus * 88
Lobenlinien 168
Loxonema Leferei T. 13, 20 84
Luchs 237
Lucina numismalis T. 42, 2 159
— plana T. 42, 1 159
— proavia T. 12, 8 80
— pumila 159
— rugosa T. 12, 7 80
— tenuistria T. 64, 4 212
— Zieteni 159
Lumbricaria intestin T. 26, 27 138
Lunulicardium ventricosum T. 12, 9 80
Lurchfische 97, 189
Lytoceras 173

Machimosaurus 195
Macrocheilus arculatus T. 13, 19 84
Macropoma Mantelli T. 58, 19 191
Magas 144
Magila suprajurensis T. 57, 11 186
Magnolie 205
Mammut 235
Manon → Spongites 122
Margarita radiatula T. 43, 28 162
Mastodon angustidens T. 71, 4 235
— longirostris 235
Mastodonsaurus giganteus * 192
Masurpites ornatus T. 28, 1 130
Mecochirus socialis T. 57, 7 185
— longimanus 185
Medullosa * 44
Megaceros 234
Megalodon abbreviatus (cullatus) T. 12, 6 79
— triqueter T. 41, 17 156
Megaphytum 44
Megerlea pectunculus T. 33, 28 145
Melania Escheri * T. 66, 6 218
Melanopsis citharella T. 66, 7 218
— Kleini T. 66, 7 218
— tabulata T. 66, 8 218
Meletta sardinites T. 68, 15 225
Melocrinus 64
Mesodiadema criniferum T. 29, 11 135
Mespilocrinus macrocephalus * 129
Metatarsus T. 69, 5 226
Metopias diagnosticus * T. 59, 2 192
Micraster coranguinum 137
— cortestudinarium T. 31, 4 137
Microbatia coronula T. 25, 12 125
Microlestes 196
Millericrinus → Apiocrinus 129
Modiola amalthei 151
— gregaria T. 39, 3 152
— micans T. 63, 4 211
— minuta T. 39, 2 151
— modiolata T. 39, 3 151
— numismalis 151
— plicata T. 39, 4 152
— psilonoti 151
Modiomorpha lamellosa T. 11, 12 78
Monograptus → Graptolites 60
Monotis lacunosae 150
— salinaria T. 37, 19 150
Montlivaultia Delabechii 124
— helianthoides T. 24, 4 124
— obconica T. 24, 5 124
Moostiere (Bryozoa) 67, 138
Murchisonia bilineata T. 13, 7 83
— intermedia T. 13, 8 83
Muscheln 74, 145, 209
Myacites abductus T. 42, 19 160
— donacinus 160
— gregarius T. 42, 18 160
— liasinus T. 42, 17 160
— musculoides T. 42, 16 160
Myliobatis serratus T. 68, 11 224
— toliapicus T. 68, 12 224
Myodes torquatus 236
Myophoria cardissoides T. 40, 6 154
— costata T. 40, 1 154
— fallax T. 40, 1 154
— Goldfussi * T. 40, 2 154
— inflata T. 12, 3 79
— Kefersteini T. 40, 13 154
— laevigata T. 40, 3 u. 4 154
— orbicularis T. 40, 5 154
— pes anseris T. 40, 11 154
— postera T. 40, 12 154
— transversa T. 40, 8 154
— truncata T. 12, 2 79
— vulgaris T. 40, 9 u. 10 154
Myrmecium → Spongites 121
Mystriosuchus 195
Mytilus acutirostris T. 63, 3 210
— amplus * 152
— aquitanicus 211
— eduliformis 151
— Faujasii T. 63, 2 210
— socialis T. 63, 5 211
— vetustus 151
Myzostoma 130

Nagelkalk 41
Naja suevica T. 69, 4 226
Nassa Basteroti 217
Natica crassatina T. 65, 3 215
— gregaria T. 43, 21 163
— micromphalus T. 65, 2 215
— millepunctata T. 65, 4 215
— pulla T. 43, 22 163
Naturspiele * 27
Nautiloidea * (palaeoz.) 86
Nautilus aequalis 167
— aganiticus T. 45, 3 167
— aperturatus 167
— bidorsatus * T. 45, 1 166
— elegans 167
— franconicus T. 45, 3 167
— intermedius 167
— lineatus 167
— rugatus 167
— striatus T. 45, 2 166
Nereites T. 5, 11 67
Nerinea bruntrutana T. 44, 9 164
— Desvoidyi 164
— pyramidalis T. 44, 8 164
— subbruntrutana T. 44, 10 164
— succedens T. 44, 11 164
— suevica T. 44, 7 164
Nerita asperata 215
— costellata 215
— jurensis T. 43, 25 163
— Plutonis T. 65, 5 215
— spirata T. 43, 23 163

Neritina crenulata T. 66, 14 219
Neuropteris Brongnarti T. 1, 5 43
— flexuosa T. 1, 4 43
— remota T. 19, 4 110
Nilsonia 111
Nodosaria communis T. 22, 1 116
— pyramidalis T. 22, 3 116
— raphanus T. 22, 2 .. 116
Noeggerathia foliosa T. 3, 9 45
Nothosaurus * T. 59, 6 u. 7 193
Notidanus Münsteri T. 57, 13 188
— primigenius T. 68, 1 223
Nucula claviformis T. 39, 19 153
— complanata T. 39, 18 153
— cornuta T. 11, 13 .. 78
— Försteri T. 39, 17 .. 153
— Goldfussi 153
— Hammeri T. 39, 13 . 153
— Krotonis T. 11, 15 . 78
— lacrymae T. 39, 16 . 153
— Maueri T. 11, 14 ... 78
— palmae T. 39, 12 ... 153
— solenoides T. 11, 16 78
— strigillata 153
— variabilis T. 39, 14 u. 15 153
Nummulitenkalk * 198
Nummulites complanatus T. 61, 1 207
— exponens T. 61, 4 .. 207
— papyraceus T. 61, 3 207
— perforatus T. 61, 2 . 207
Nussbaum 205

Odondopteris obtusa T. 1, 3 43
Olenus frequens T. 16, 3 92
— Hofensis T. 16, 2 .. 92
Onychites amalthei T. 54, 14 180
— rostratus T. 54, 15 . 180
Ophiocoma → Ophiura 131
Ophiura Bonnardi 131
— Egertoni T. 28, 4 ... 131
— Ludeni T. 28, 5 131
— scutellata 131
— ventrocarinata T. 28, 7 131
Opis cardissoides T. 41, 14 156
— lunulata T. 41, 15 .. 156
Oppelia 174
Orbicula papyracea * .. 140
Orbitoides 207
Orbitolina concava 116
— lenticularis * 116
Oreaster primaevus T. 28, 15 u. 16 132
Orthis Eifeliensis T. 8, 3 69
— elegantula 69
— striatula * T. 8, 2 ... 69
— vespertilio 69
— vulvaria * 69
Orthoceras gracilis T. 14, 12 88
— lineare T. 14, 1 87
— nodulosum T. 14, 5 88
— planoseptatum T. 14, 2 87
— rapiforme T. 14, 4 . 87
— triangulare T. 14, 3 . 88
Ostracoden 94, 221
Ostrea arietis 146
— carinata T. 34, 9 ... 147
— caudata T. 62, 3 ... 210
— complicata T. 34, 1 . 146
— cristagalli T. 34, 5 .. 146
— cyathula T. 62, 4 ... 210
— diluviana T. 34, 8 .. 147
— eduliformis T. 34, 4 146
— flabellata T. 34, 8 .. 147
— flabellula T. 62, 2 .. 210
— Giengensis T. 62, 5 . 210
— gregaria T. 34, 6 ... 147
— Haidingeriana 146
— hastellata T. 34, 6 .. 147
— laciniata T. 34, 10 .. 147
— Marshi T. 34, 5 146
— montis caprilis 146
— multicostata T. 34, 3 146
— palliata 210
— Roemeri 146
— semiglobosa T. 34, 7 147
— semiplana T. 34, 11 147
— sessilis T. 34, 2 146
— tegulata 210
— ventilabrum T. 62, 1 209
Otodus appendiculatus T. 57, 24 189
Otolithus varians T. 68, 16 225
Otozamites brevifolius T. 20, 7 111
— gracilis T. 20, 6 111
Oxynoticeras 172
Oxyrhina hastalis T. 68, 8 224

Pachypora cristata T. 5, 1 60
Pachyteichisma → Spongites 121
Pagurus 186
Palaeobatrachus 225
Palaeocarpilius macrocheilus 222
Palaeohatteria 99
Palaeoniscus Freieslebeni T. 18, 1 97
Palaeotherium magnum 232
— medium * T. 69, 8 u. 9 232
Paloplotherium * 231
Paludina fluviorum T. 43, 19 163
— varicosa T. 66, 13 .. 218
Panopaea Albertii T. 42, 8 160
— dilatata 190
— Heberti T. 64, 11 .. 214
Panzerfische 97
Pappkästchen 13
Paradoxides Bohemicus 92
Parkinsonia 176
Patella 83
Pecopteris arborescens * T. 1, 7 43
— asterotheca 43
— dentata T. 1, 8 ... 43
— emarginata T. 2, 1 . 43
— Schönbeiniana T. 19, 6 110
— Stuttgartiensis T. 19, 5 110
Pecten aequicostatus T. 37, 7 149
— aequivalvis 149
— Albertii T. 36, 8 ... 149
— asper 149
— Beaveri T. 37, 6 149
— burdigalensis T. 62, 8 210
— cingulatus T. 37, 3 . 149
— contrarius T. 36, 14 149
— curvatus T. 37, 10... 149
— decussatus * 210
— demissus T. 36, 17 . 149
— discites T. 36, 9 149
— familiaris 210
— glaber T. 36, 12 149
— grandaevus T. 11, 11 77
— Hermanseni 210
— laevigatus T. 36, 10 149
— lens T. 37, 1 149
— Menkii T. 62, 7 210
— Münsteri 62, 6 210
— palmatus T. 62, 10 . 210
— personatus T. 36, 16 149
— pictus T. 62, 9 210
— priscus T. 36, 13 ... 149
— pumilus T. 36, 16 .. 149
— quadricostatus T. 37, 8 149
— quinquecostatus T. 37, 9 149
— septemplicatus T. 37, 11 149
— subarmatus T. 37, 5 149
— subspinosus T. 37, 4 149
T. 37, 4 149
— textorius T. 36, 15 . 149
— Valoniensis T. 36, 11 149
— velatus T. 37, 2 149
Pectunculus angusticostatus T. 63, 9 211
— dux T. 39, 10 153
— Geinitzi T. 39, 11 .. 153
— lunulatus T. 63, 11 . 211
— obovatus T. 63, 10 . 211
— pilosus 211
Pelikan 227
Peltoceras 177
Pemphix Sueuri T. 57, 4 185
Pentacrinus * basaltiformis T. 24, 4 129

— Briareus T. 27, 13 .. 129
— Bronni T. 27, 9 129
— cingulatus T. 27, 8 . 129
— cristagalli T. 27, 6 .. 129
— subangularis T. 27, 5 129
— subteres T. 27, 7 ... 129
— tuberculatus T. 27, 3 129
— Württembergicus ... 129
Pennaeus speciosus * ... 186
Pentamerus galeatus
T. 10, 5 73
Pentremites Eifeliensis
T. 7, 2 66
— ovalis T. 6, 9 66
Perisphinctes 176
Perna mytiloides T. 39, 1 151
— Sandbergeri T 63, 1 210
Peronella → Spongites . 121
Petalia longialata * 187
Petrefaktenhandlungen . 6
Peuce keuperina 112
Phacops fecundus
T. 16, 11 93
— latifrons T. 16, 8–10 93
Phasianella striata
T. 43, 30 163
Philippsastraea ananas * 58
— pentagona 58
Phillipsia acuminata
T. 17, 3 94
Phönix 205
Pholadomya acuminata. 160
— calathrata 160
— decorata T. 42, 9 ... 160
— donacina T. 42, 12 . 160
— Esmarki T. 42, 13 .. 160
— fidicula T. 42, 10 ... 160
— Murchisoni T. 42, 11 160
Pholas Dujardini * 214
Phragmoceras 88
Phragmokon
T. 55, 16 u. 17 181
Phryganeen T. 67, 30 .. 223
Phycodes circinnatus
T. 1, 1 41
Phylloceras 172
Pinna cretacea T. 39, 6 152
Pinna Hartmanni
T. 39, 5 152
— pyramidalis 152
Pinus (Zapfen) T. 60, 2 205
Pisocrinus angelus
T. 5, 15 63
Placodus gigas * T. 59,
4 u. 5 193
Placoidschuppen 96
Placosmilia complanata
T. 25, 2 125
Plagiophyllum 112
Plagiostoma 148
Planorbis cornu T. 66, 24 219
— declivis 219
— discoideus T. 66,
25 u. 26 219
— intermedius T. 66, 27 219
— laevis 219
— multiformis T. 66,
25–29 219
— pseudoammonius
T. 66, 23 219
— Steinheimensis 219
— trochiformis T. 66, 28 219
— turbiniformis T. 66,
29 219
Platycrinus fritilus T 6, 3 64
Plesiosaurus * Guilelmi
imperatoris T. 59, 14 194
Plesiotheutis prisca
T. 56, 12 184
Pleuracanthus Decheni
T. 17, 9 97
Pleurodictyum proble-
maticum T. 4, 8 59
Pleuromeia 50
Pleurophorus costatus
T. 12, 4 79
Pleurotoma belgica
T. 65, 15 216
— cataphracta T. 65, 18 216
— rotata T. 65, 17 216
— Selysii T. 65, 16 216
Pleurotomaria anglica
T. 43, 6 162
— bijuga 162
— clathrata T. 49, 9 .. 162
— delphinuloides
T. 13, 5 83
— expansa T. 43, 5 ... 162
— granulata T. 43, 8 .. 162
— jurensis 162
— Palaemon T. 48, 7 . 162
— rotellaeformis T. 43,
3 u. 4 162
— speciosa T. 43, 10 .. 162
— suprajurensis 162
Plicatocrinus hexagonus 130
Plicatula spinosa
T. 35, 10 148
Podogonium Knorri
T. 60, 12 u. 13 205
Pollicipes Bronni 185
Polygonium viviparum . 205
Polymorphites 171
Porcellia primordialis
T. 13, 6 83
Porosphaera globularis
T. 26, 2 138
Porospongia → Spongi-
tes 121
Posidonia Becheri
T. 11, 7 77
— Bronni T. 37, 17 ... 150
— venusta T. 11, 8 ... 77
Poteriocrinus curtus ... 64
— geometricus T. 6, 2 . 64
Productus giganteus
T. 8, 14 70
— horridus T. 8, 16 ... 71
— semireticulatus
T. 8, 15 70
— subaculeatus T. 8, 13 70
Proëtus orbitatus
T. 16, 14 94
Promathildia turritella
T. 44, 6 164
Prosopon ornatum
T. 57, 9 186
— Wetzleri T. 57, 10 .. 186
Proterosaurus 99
Protocalamarien 45
Protocardium hillanum * 159
— rhaeticum 159
Protonerita spirata
T. 43, 23 163
Psaronius asterolithus .. 44
— conjugatus * 44
Pseudodiadema →
Diadema 135
Pseudomontis echinata
T. 37, 16 150
— speluncaria T. 11, 4 77
— substriata T. 37, 18 . 150
Pseudosciurus suevic.
T. 71, 1 236
Psiloceras 170
Pterinea costata T. 11, 2 77
— laevis 77
— lineata T. 11, 1 77
— ventricosa 77
Pterocera Oceani
T. 44, 17 165
Pterodactylus 196
Pterophyllum brevi-
penne 111
— elegans 111
— Jaegeri T. 20, 5 111
— longifolium 111
Pterozamites Münsteri
T. 20, 4 111
Pterygotus 95
Ptychites Studeri
T. 46, 2 170
Ptychodus mammillar
T. 57, 22 189
Pupa muscorum
T. 66, 36 220
— quadridentata
T. 66, 35 220
— Schübleri T. 66, 34 . 220
Pycnodus didymus
T. 58, 16 190
Pygolampis gigantea ... 187
Pyrgulifera corrosa
T. 43, 20 163
Pyrina Gehrdensis
T. 30, 11 136
— pygmaea T. 30, 9 .. 136

Quallen * 126
Quercus Mammuthi
T. 60, 8 205
— prolongata T. 60, 9 . 205

Radiolaria * (mesoz.) .. 117
Radiolites cornu
pastoris * 158
— saxonicus * 158
Radiopora substellata
T. 26, 12 139
Rangifer tarandus 234
Rastrites → Graptolites 60

Receptaculites Neptuni * 61
Reh 234
Renntier * 234
Renssellaeria strigiceps T. 10, 15 74
Retiolites 60
Retiolites geinitzianus T. 5, 9 60
Retzia ferita T. 10, 1 72
— trigonella T. 31, 10 141
Rhabdocarpus disciformis 50
Rhabdocidaris → Cidaris 134
Rhamphorhynchus * 196
Rhinoceros antiquitatis T. 70, 3 233
— minutus 233
— tichorhinus T. 70, 3 233
— Sansaniensis T. 70, 1 u. 2 233
Rhipidocrinus crenatus T. 6, 7 65
Rhizocorallium Jenense T. 22, 12 119
Rhizopoterium → Spongites 120
Rhizostomites admirandus * 126
Rhyncholites avirostris T. 45, 5 166
— hirundo T. 45, 4 166
Rhynchonella acuticost. T. 32, 6 142
— Asteriana 142
— belemnitica T. 32, 2 142
— cuboides * T. 10, 13 73
— Cuvieri T. 32, 17 143
— Daleidensis T. 10, 12 73
— depressa T. 32, 15 143
— difformis T. 32, 16 143
— Fürstenbergensis 142
— gryphitica T. 32, 1 142
— Hagenowi T. 32, 18 143
— inconstans T. 32, 12 142
— lacunosa * T. 32, 9 142
— multicosta T. 32, 10 142
— Nympha T. 10, 10 73
— Orbignyana T. 10, 9 73
— parallelepipeda T. 10, 11 73
— plicatilis T. 32, 20 143
— pila T. 10, 8 73
— quadriplicata T. 32, 8 142
— rimosa T. 32, 3 142
Rhynchonella sparsicosta T. 32, 11 142
— spinosa T. 32, 5 142
— trilobata T. 32, 13 142
— triloboides T. 32, 14 142
— variabilis T. 32, 4 142
— varians T. 32, 7 142
— vespertilio T. 32, 19 143
Riesenhirsch * 234
Roemeraster asperula T. 7, 6 66
Rotalia umbilicata T. 22,9 161
Sabal 205
Saccocoma pectinata 130
Säugetierskelett * 228
Sagenopteris elongata T. 19, 7 110
Salix angusta T. 60, 5 205
Sardinoides Monasterii T. 58, 17 190
Sargodon tomicus T. 58, 5–7 190
Saurichtys acuminatus T. 58, 4 190
— Mougeoti T. 58, 3 190
Scalpellum fossula 185
Scaphites aequalis 179
— binodus T. 54, 1 179
— Geinitzi T. 54, 2 179
— spiniger 179
— tenuistriatus T. 54, 3 179
Scarabaeides deperitus T. 57, 12 187
Schachtelhalme 45, 111
Schizodus obscurus T. 12, 1 79
Schizoneura 111
— Meriani T. 21, 1 u. 2. 111
Schlotheimia 170
Schmelzschuppfische 97, 189
Schraubensteine T. 6, 8 b 64
Schuppenbaum * 47
Schwämme 54, 117
Scyphia 120
Seeigel 67, 132, 207
Seelilien 62, 127
Seesterne 66, 13
Seesterne 66, 131
Sellosaurus gracilis T. 59, 15 196
Semionotus Kapfii T. 58, 10 190
Sepia * 184
Sequoia 205
Serpula convoluta T. 26, 25 138
— coacervata T. 26, 20 137
— filaria T. 26, 26 138
— gordialis T. 26, 22 138
— grandis T. 26, 18 137
— lumbricalis T. 26, 19 137
— Philippsi T. 26, 14 138
— socialis T. 26, 21 137, 138
— tetragona T. 20, 23 138
Serpulit T. 26, 20 137
Siegelbaum * 48
Sigillaria Brardi * T. 3, 6 49
— Dournaisi 49
— elongata T. 3, 5 48, 50
— hexagona T. 3, 4 49
— tesselata * 49
Siphonia → Spongites 120
Smerdis formosus T. 68, 18 225
Solanocrinus costatus T. 27, 12 130
— scrobiculatus 130
Solenopsis pelagica T. 12, 15 80
Sparoides molassicus T. 68, 14 225
Spatangus delphinus 208
— Desmaresti 208
— Hofmanni T. 61, 9 208
Sphaerites digitatus T. 28, 23 132
— punctatus T. 28, 21 132
— pustulatus T. 28, 21 132
— scutatus T. 28, 17 u. 18 132
— stelliferus T. 28, 22 132
— tabulatus T. 28, 19 132
Sphaerocodium Bornemanni T. 19, 2 109
Sphaerulites 158
Sphenodus longidens T. 57, 23 189
Sphenophyllum Schlotheimi T. 2, 4 46
— tenerrimum T. 2, 3 46
Sphenopteris elegans 42
— furcata 42
— muricata 43
— obtusifolia T. 1, 2 43
— quercifolia 43
— Sternbergi 43
— trifoliata 43
Spinigera alba T. 44, 15 165
Spirifer alatus T. 9, 15 72
— arduennensis T. 9, 8 71
— bifidus, T. 9, 13 72
— carinatus T. 9, 3 71
— cultrijugatus T. 9, 6 71
— deflexus T. 9, 12 72
— fragilis T. 31, 13 141
— Hercyniae T. 9, 4 71
— hians T. 9, 10 71
— hirsutus T. 31, 12 141
— hystericus T. 9, 1 71
— macropterus T. 9, 9 71
— Maureri T. 9, 5 71
— Menzelii T. 31, 11 141
— oxycolpos T. 31, 14 141
— paradoxus T. 9, 9 71
— primaevus T. 9, 2 71
— rostratus T. 31, 17 141
— speciosus T. 9, 7 71
— undifer T. 9, 11 72
— Verneulli T. 9, 14 72
— verrucosus T. 31, 16 141
— Walcotti T. 31, 15 141
Spiriferina → Spirifer 141
Spirigera 141
— concentrica * T. 10, 2 72
Spiroceras bifurcati T. 53, 9 u. 10 179
Spirophyton Eifeliense 41
Spondylus Buchii T. 62, 11 210
— spinosus T. 35, 11 148
Spongien * 54, 117
Spongites agaricoides T. 23, 9 121
— cupula 122
— astrophorus T. 23, 13 121
— cervicornis T. 23, 2 120

— consobrinus T. 23, 14 122
— costatus T. 23, 12 .. 121
— cribrosus T. 22, 22 . 120
— cylindricus T. 23, 10 121
— cylindritextus T. 23, 3 121
— dichotomus 120
— dolosus T. 23, 8 ... 121
— ficus T. 22, 20 120
— fungiformis 121
— furcatus T. 23, 17 .. 121
— glomeratus T. 23, 15 122
— Goldfussi T. 22, 14 . 120
— indutus 121
— infundibuliformis
T. 23, 5, T. 22, 19 120, 121
— Lochensis T. 23, 7 . 121
— lopas T. 23, 6 121
— milleporatus T. 22, 17 120
— Normannianus 122
— obliquus T. 22, 23 .. 120
— patella, T. 22, 15 ... 120
— peziza T. 23, 18 122
— pyriformis T. 22, 21 120
— radiciformis 121
— reticulatus T. 23, 1 . 120
— rimulosus T. 22, 13 . 120
— rotula T. 23, 16 121
— rugosus, T. 22, 16 ... 120
— saxonicus * 119
— semicintus T. 23, 11 121
— stellatus 121, 122
— tenuis T. 22, 18 120
— trilobatus T. 23, 4 .. 121
Sporadopyle → Spongites 120
Squalodon 231
Starsteine * 44
Stauroderma 121
Stegocephalia 98, 191
Steinkerne 26
Steinschrank 11
Steinwerkzeuge, paläolith. * 238
Stellispongia → Spongites 121
Steneofiber 236
Stephanoceras 175
Stephanocoenia pentagonalis T. 25, 7 125
Stephanophyllia florealis T. 25, 10 124
Sternberger Kuchen * .. 200
Stigmaria ficoides
T. 3, 7 48
Stigmariopsis 50
Stomechinus lineatus
T. 30, 2 135
Straparollus circinalis
T. 13, 10 83
— Dionysii T. 13, 9 ... 83
— pentagonalis T. 13, 10 83
Streptorhynchus umbraculum T. 8, 6 70
Stringocephalus Burtini
T. 10, 14 73
Stromatopora concentr.
T. 4, 10 59
— confusa 59
Strophalosia excavata
T. 8, 12 71
— Goldfussi T. 8, 11 .. 71
Strophodus reticulatus
T. 57, 21 189
Strophomena rhomboidalis T. 8, 4 70
— Sedgwicki T. 8, 5 .. 70
Strophostoma anomphalum T. 67, 1 220
— tricarinatum T. 67, 2 220
Stylina Labechi T. 25, 5 125
— limbata T. 25, 6 ... 125
— micrommata 125
— tubulosa 125
Stylocalamites 46
Stylolithen 41
Stylonurus 95
Stylosmilia dianthus
T. 25, 4 125
Succinea oblonga
T. 66, 22 219
— Pfeifferi T. 66, 21 .. 219
Sus scrofa T. 70, 4 u. 5 233
Syringodendron 48

Tabulata 58
Taeniodon Ewaldi
T. 42, 23 161
Taeniopteris marantacea
T. 20, 1 110
Tancredia oblita
T. 42, 7 159
Tapes helvetica T. 64, 8 213
Taxodium distichum
T. 60, 1 205
Teleosaurus bollensis *
T. 59, 12 195
— typus T. 59, 13 195
Tellina zetae T. 42, 6... 159
Telphusa speciosa
T. 67, 27 222
Tentaculites acuarius
T. 13, 23 85
— laevigatus T. 13. 24 85
— scalaris T. 13, 22 ... 85
Terebratella → Terebratula 145
Terebratula angusta
T. 33, 12 144
— antiplecta T. 33, 18 . 144
— Becksii T. 33, 5 143
— bisuffarcinata T. 33, 1 143
— bullata T. 32, 26 ... 143
— carinata T. 33, 20 .. 144
— carnea T. 33, 7 144
— chrysalis T. 33, 10 .. 144
— cycloides T. 32, 22... 143
— digona T. 33, 15 ... 144
— gracilis T. 33, 11 ... 144
— grandis T. 61, 10 ... 209
— gregaria T. 32, 23 .. 143
— gutta T. 32, 27 143
— hippopus T. 33, 23 . 144
— humeralis T. 32, 29 . 143
— impressa T. 33, 21 . 144
— insignis * T. 32, 2 ... 143
— Kurri T. 33, 26 145
— lagenalis T. 33, 16 .. 144
— loricata T. 33, 29 .. 145
— Moutoniana T. 33, 4 143
— nucleata T. 33, 22 .. 144
— numismalis T. 33, 14 144
— oblonga T. 33, 27 .. 145
— omalogastyr T. 32, 25 143
— orbis T. 32, 28 143
— pala T. 33, 17 144
— pectunculoides
T. 33, 30 145
— pectunculus T. 33, 28 145
— pentagonalis T. 32, 29 143
— perovalis T. 32, 24 . 143
— pumilus T. 33, 25 ... 144
— reticulata T. 33, 26 . 145
— sella T. 33, 3 143
— semiglobosa T. 33, 6 143
— substriata T. 33,
8 u. 9 144
— tamarindus T. 33, 24 144
— trigonella T. 33, 19 . 144
— vicinalis T. 33, 13 .. 144
— vulgaris T. 32, 21 .. 143
Terebratulina → Terebratula 144
Teredo * 214
Testudo T. 69, 2 226
Tetracoralla 56
Textularia striata
T. 27, 7 116
Tiaradendron germinans
T. 24, 2 123
Thalassites crassissimus 155
— donacinus T. 41, 7 . 155
— latiplex 155
— Listeri T. 41, 6 156
Thamnastraea Terquemi
T. 25, 13 125
Thecidea digitata T. 31, 8 141
— vermicularis 141
Thecocyathus mactra
T. 25, 11 124
Thecosmilia suevica
T. 24, 12 124
Toxaster complanatus
T. 31, 3 137
Trachyceras Aon T. 46, 4 170
— austriacum 170
Trachyteuthis hastiformis 184
Tremadityon → Spongites 120
Trematosaurus Brauni . 192
Triacrinus altus T. 5, 16 63
Trichasteropsis 131
— cilicia T. 28, 9 131
Trichites nodosus * 152
Trigonia aliformis
T. 41, 4 155
— clavellata T. 40,
15 u. 16 155
— costata T. 41, 1 155
— navis T. 40, 14 155
— silicea T. 41, 3 155

— striata T. 41, 2 155
— suevica 155
— vaalsiensis T. 41, 4 . 155
Trigonocarpus Noeggerathi T. 3, 10 50
Trigonodus Sandbergeri T. 40, 7 155
Trilobiten 91
Trinucleus Goldfussi ... 92
Trionyx T. 69, 3 226
Tritonium flandricum T. 66, 1 217
— foveolatum T. 66, 2 217
— ranellatum T. 44, 12 164
Trochitenkalk * 128
Trochoceras 88
Trochocyathus 124
Trochus biarmatus T 43, 14 162
— capitaneus T. 43, 13 162
— duplicatus T. 43, 15 162
— imbricatus T. 43, 11 u. 12 162
— monilitectus T. 43, 16 162
Trygon thalassia fossilis 224
Turbinolia impressae T. 24, 1 124
Turbo cyclostoma T. 43, 17 162
— reticularis T. 43, 18 162
Turbonilla Altenburgiensis T. 13, 21 84
Turbonitella subcostata T. 13, 14........... 84
Turrilites cenomaniens. T. 54, 5 180
— saxonicus T. 54, 4 .. 180
Turritella opalina T. 44, 3 164
— turris T. 65, 7 216
— Zieteni T. 44, 2 164
Tylodendron 51

Ullmania Bronni T. 3, 12 51
Ulme 205
Ulodendron 48
Umbonium heliciforme T. 13, 15 84
Uncites gryphus T. 10, 3 72
Unio batavus 212
— Eseri 212
— flabellatus T. 64, 1 . 212
Ur 235
Urtiere 54, 115, 206
Urus arctos 236
— avernensis 236
— spelaeus T. 72, 3–5 . 236
— Deningeri 236

Valvata antiqua T. 66, 31 219
— piscinalis 219
Ventriculites → Spongites 120
Venulites aalensis 159
Venus multilamella 213
— suevica 159
— umbonaria 213
Verkieselung * 22, 27
Verkiesung 27
Verkohlung 21
Vola 149
Voltzia Coburgensis ... 112
— heterophylla T. 21, 7 112
— Kurrii 112
Voluta decora T. 66, 3 . 218
— suturalis T. 66, 4 ... 218

Walchia filiciformis 51
— piniformis T. 3, 11 . 51
Waldheimia → Terebratula 144
Widdringtonites keuperianus 112
— liasinus 112
Wisent T. 70, 10 u. 11 . 235
Wolf T. 72, 1 u. 2 236

Xanthopsis Sonthofensis T. 67, 26 222
Xenacanthus T. 17, 9 .. 97

Yoldia arctica * 211

Zanclodon 196
Zaphrentis * 57
Ziphius 231
Zopfplatten * 24,41
Zypresse 205

Zweitregister

Seit dem Erscheinen des Erstdruckes des «Petrefaktensammler» wurden einige Bezeichnungen von Fossilien geändert. Die linke Spalte gibt die heute gebräuchliche Nomenklatur der in diesem Buch abgebildeten und eines Teils der im Text angeführten Fossilien wieder. In der rechten Spalte ist die entsprechende von E. FRAAS gebrauchte Benennung angegeben (T. 22/11 = Tafel 22, Figur 11).

Abida antiqua .... Pupa Schübleri T. 66/34 220
Acanthaecites velox .... Ammonites velox 175
Acanthoceras rhotomagense .... Ammonites rhotomagensis T. 53/1 178
Acanthophyllum vermiculare .... Cyathophyllum vermiculare T. 4/4 57
Acanthopleuroceras maugenesti .... Ammonites Maugenesti T. 47/9 171
Acanthopleuroceras natrix .... Ammonites brevispina 171
Acanthopleuroceras natrix .... Ammonites natrix 171
Acanthopleuroceras valdani .... Ammonites Valdani T. 47/8 171
Acanthothiris spinosa .... Rhynchonella spinosa T. 32/5 142
Aceratherium simorrense .... Aceratherium sansaniense T. 70/1 u. 2 233
Acrospirifer intermedius .... Spirifer arduennensis T. 9/8 71
Acroperna micans .... Modiola micans T. 63/4 211
Acrospirifer pellico .... Spirifer Hercyniae T. 9/4 71
Acrospirifer primaevus .... Spirifer primaevus T. 9/2 71
Acrospirifer speciosus .... Spirifer speciosus T. 9/7 71
Acroteuthis subquadratus .... Belemnites subquadratus T. 56/4 183
Actinastrea pentagonalis .... Stephanocoenia pentagonalis T. 25/7 125
Actinocamax quadratus .... Belemnites quadratus T. 56/10 183
Adolfia deflexa .... Spirifer deflexus T. 9/12 72
Aequipecten palmatus .... Pecten palmatus T. 62/10 210
Agoniatites occultus .... Goniatites inconstans T. 15/4 90
Agoniatites occultus .... Goniatites occultus T. 15/4 90
Allorisma inflata .... Allerisma inflata T. 12/17 80
Alocolytoceras germaini .... Ammonites Germainii 173
Amaltheus engelhardti .... Ammonites Engelhardti 172
Amaltheus margaritatus .... Ammonites margaritatus T. 47/15 172
Amaltheus sp. .... Ammonites gibbosus 172
Amaltheus sp. .... Ammonites spinosus 172
Amberleya imbricata .... Trochus imbricatus T. 43/11 u. 12 162
Amnicola pseudoglobulus .... Litorinella utriculosa T. 66/12 218
Amoeboceras alternans .... Ammonites alternans T. 50/14 176
Amphitrochus duplicatus .... Trochus duplicatus T. 43/15 162
Ampullina gigas .... Ampullaria gigas T. 43/24 163
Anaptychus .... Aptychus psilonoti T. 46/7a 180
Anarcestes lateseptatus .... Goniatites lateseptatus T. 15/1 90
Anchura bicarinata .... Alaria bicarinata T. 44/13 165
Anchura subpunctata .... Alaria subpunctata T. 44/14 165
Androgynoceras maculatum .... Ammonites maculatus 171
? Anisoceras sp. .... Crioceras ellipticum T. 53/11 179
Annularia radiata .... Annularia sphenophylloides T. 2/7 46
Annularia radiata .... Asterophyllites sphenophylloides T. 2/7 46
Annularia stellata .... Annularia longifolia 46
Annularia stellata .... Asterophyllites longifolia T. 2/8 46
Anomia lamellosa .... Anomia semiglobosa T. 34/7 147
Anomia lamellosa .... Ostrea semiglobosa T. 34/7 147

? Anomphalus heliciformis	Umbonium heliciforme T. 13/15	84
Anotopteris distans	Anomopteris distans T. 19/4	110
Anotopteris distans	Neuropteris remota T. 19/4	110
Antrimpos speciosus	Pennaeus speciosus *	186
Aprionodon stellatus	Aprion stellatus T. 68/5	223
Aquilofusus luneburgensis	Fusus eximius T. 65/23	217
Arctostrea carinata	Ostrea carinata T. 34/9	147
Arctostrea gregaria	Ostrea gregaria T. 34/6	147
Arctostrea gregaria	Ostrea hastellata T. 34/6	147
Arieticeras algovianus	Ammonites Algovianus T. 48/14	173
Arietites bucklandi	Ammonites Bucklandi T. 47/2	171
Arnioceras geometricum	Ammonites geometricus T. 47/3	171
Arthrotaxites haliostichus	Cupressites haliostychus T. 21/6	112
Aspidoceras acanthicum	Ammonites acanthicus	178
Aspidoceras bispinosum	Ammonites bispinosus	178
Aspidoceras liparum	Ammonites liparus T. 52/14	178
Aspidoceras longispinum	Ammonites longispinus T. 52/16	178
Aspidura ludeni	Ophiura Ludeni T. 28/5	131
Assilina exponens	Nummulites exponens T. 61/4	207
Asteracanthus reticulatus	Strophodus reticulatus T. 57/21	189
Asteroceras obtusum	Ammonites obtusus	171
Asteroceras obtusum	Ammonites Turneri T. 47/4	171
Asteroceras stellare	Ammonites stellaris	171
Asteropyge punctata	Acidaspis punctatus T. 16/13	93
Asterotheca arborescens	Pecopteris arborescens * T. 1/7	43
Ataxioceras polyplocum	Ammonites polyplocus T. 52/5	177
Atrypa aspera	Atrypa reticularis Abb. 46 b, c u. e.	72
Atrypa reticularis	Atrypa reticularis Abb. 46 a u. d.	72
Athyris	Spirigera	141
Athyris concentrica	Athyris concentrica Abb. 45	71
Athyris geroldsteinensis	Spirigera concentrica * T. 10/2	72
Athyris oxykolpos	Spirifer oxycolpos T. 31/14	141
Athleta suturalis	Voluta suturalis T. 66/4	218
Aulacella prisca	Orthis Eifeliensis T. 8/3	69
Aulacostephanus circumplicatus	Ammonites mutabilis T. 51/11	176
Aulacostephanus eudoxus	Ammonites Eudoxus	177
Aulacothyris angusta	Terebratula angusta T. 33/12	144
Aulacothyris alveata	Terebratula carinata T. 33/20	144
Aulacothyris impressa	Terebratula impressa T. 33/21	144
? Aviculopecten grandaevus	Pecten grandaevus T. 11/11	77
Axinea obovata	Pectunculus obovatus T. 63/10	211
Bactrites gracilis	Orthoceras gracilis T. 14/12	88
Bactrocrinus fusiformis	Bactrocrinus tenuis T. 6/6	64
Bakevellia albertii	Gervillia Albertii T. 38/1	150
Bakevellia certophaga	Gervillia certophaga T. 11/10	77
Bakevellia subcostata	Gervillia subcostata T. 38/2	150
Balanocrinus cingulatus	Pentacrinus cingulatus T. 27/8	129
Balanocrinus cingulatus	Pentacrinus subteres T. 27/7	129
? Balanocrinus sp.	Mespilocrinus macrocephalus *	129
Bathytoma cataphracta	Pleurotoma cataphracta T. 65/18	216
Bavarilla hofensis	Olenus frequens T. 16/3	92
Belemnitella mucronata	Belemnites mucronatus T. 56/11	183
Belemnopsis fusiformis	Belemnites fusiformis T. 56/1	183
Beloceras multilobatum	Goniatites multilobatus T. 15/13	90
Belopeltis aalensis	Geoteuthis bollensis T. 56/13	184
Beneckeia buchi	Ceratites Buchi T. 45/6 u. 7	169
Birgeria mougeoti	Saurichthys Mougeoti T. 58/3	190
Bison priscus	Bos priscus T. 70/10 u. 11	235
Blastinia costata	Spongites costatus T. 23/12	121
Bostrychoceras polplocum	Heteroceras polyplocum T. 54/6	180
Bourgetia striata	Phasianella striata T. 43/30	163
Bourgueticrinus ellipticus	Bourguetocrinus ellipticus T. 28/2	130
Brachybelus gingensis	Belemnites breviformis T. 55/3	182
Brachybelus gingensis	Belemnites gingensis T. 55/3	182
Brachyspirifer carinatus	Spirifer carinatus T. 9/3	71
Branchiosaurus flagrifer	Branchiosaurus amblystomus T. 18/3	99

Brotia escheri grossecostata	Melania Escheri * T. 66/6	218
Bulimus tentaculatus	Bythinia tentaculata T. 66/30	219
Bullatimorphites bullatus	Ammonites bullatus	175
Bullatimorphites microstom	Ammonites microstoma	175
Caenisites brooki	Ammonites Brooki	171
Calactochilus inflexum	Helix Ehingensis T. 67/10	221
Calamostachys tuberculata	Annularia tuberculata T. 2/9	46
Calliphylloceras nilsoni	Ammonites Nilsoni T. 48/5	173
Caloceras johnstoni	Ammonites Johnstoni	170
Calvinaria formosa	Camarophoria formosa T. 10/6	73
Calycanthocrinus decadactylus	Pisocrinus angelus T. 5/15	63
«Camarotoechia» daleidensis	Rhynchonella Daleidensis T. 10/12	73
Camerogalerus cylindrica	Discoidea cylindrica T. 30/3	136
Camptonectes lens	Pecten lens T. 37/1	149
Camptonectes virgatus	Pecten curvatus T. 37/10	149
Campylaea insignis	Helix insignis T. 67/14	221
Carbonicola acuta	Anthracosia acuta T. 11/19	78
Cardinia concinna	Cardinia donacina T. 41/7	155
Cardinia concinna	Thalassites donacinus T. 41/7	155
Cardinia listeri	Cardinia Listeri T. 41/6	155
Cardinia listeri	Thalassites Listeri T. 41/6	155
Cardinirhynchia acutecosta	Rhynchonella acutecosta T. 32/6	142
Cardioceras cordatum	Ammonites cordatus T. 50/13	176
Cardium sp.	Cardium productum T. 42/3	159
Cardita jouaneti	Cardita Jouaneti T. 64/3	212
Cardita dunkeri	Cardita Dunkeri T. 64/2	212
Cenoceras striatum	Nautilus striatus T. 45/2	166
Cepaea alloiodes	Helix deflexa T. 67/12	221
Cepaea hortensis	Helix hortensis T. 67/19	221
Cepea rugulosa	Helix oxystoma T. 67/11	221
Cepea rugulosa	Helix rugulosa T. 67/8	221
Cepaea silvana	Helix sylvestrina T. 67/16	221
Cepaea sylvestrina	Helix sylvana T. 67/15	221
Cerithinella armata	Cerithium vetustum T. 44/4	164
Cerithium intradentatum	Cerithium dentatum T. 65/12	216
Chaetetopsis sp.	Chaetetes polporus T. 26/1	138
Charmasseiceras charmassei	Ammonites Charmassei T. 46/9	170
Charonia flandrica	Tritonium flandricum T. 66/1	217
Charonia foveolata	Tritonium foveolatum T. 66/2	217
Chatwinothyris subcardinalis	Terebratula carnea T. 33/7	144
Cheirothyris fleuriausa	Terebratula trigonella T. 33/19	144
Cheloniceras cornelianus	Ammonites Cornelianus T. 53/3	178
Cheloniceras sp.	Ammonites pulcher T. 53/8	178
Chirotherium-Fährte	Ischnium T. 59/1	191
Chlamys acutauritus	Pecten Valoniensis T. 36/11	149
Chlamys albertii	Pecten Albertii T. 36/8	149
Chlamys decussata	Pecten decussatus *	210
Chlamys glaber	Pecten glaber T. 36/12	149
Chlamys hausmanni	Pecten Menkii T. 62/7	210
Chlamys münsteri	Pecten Münsteri T. 62/6	210
Chlamys pictus	Pecten pictus T. 62/9	210
Chlamys priscus	Pecten priscus T. 36/13	149
Chlamys septemplicatus	Pecten septemplicatus T. 37/11	149
Chlamys sp.	Pecten Beaveri T. 37/6	149
Chlamys subarmatus	Pecten subarmatus T. 37/5	149
Chlamys textorius	Pecten textorius T. 36/15	149
Choristoceras marshi	Choristoceras Marschi T. 46/5	170
Chonetes plebejus	Chonetes sarcinulata T. 8/8	70
Chonella tenuis	Chonella tenuis T. 22/18	120
Chonella tenuis	Spongites tenuis T. 22/18	120
Cincta numismalis	Terebratula numismalis T. 33/14	144
Cinnamomum lanceolatum	Cinnamomum Scheuchzeri T. 60/6	205
Cirpa fronto	Rhynchonella variabilis T. 32/4	142
Cladiscites subtornatus	Cladiscites tornatus T. 46/3	170
Clemmys steinheimensis	Testudo T. 69/2	226
Clupea humilis	Clupea ventricosa T. 68/20	225

Clupea sardinites .... Meletta sardinites T. 68/15 225
Cnemidiastrum rimulosum .... Cnemidiastrum rimulosum T. 22/13 119
Cnemidiastrum rimulosum .... Spongites rimulosus T. 22/13 120
Cnemidiastrum stellatum .... Cnemidiastrum stellatum T. 22/14 120
Cnemidiastrum stellatum .... Spongites Goldfussi T. 22/14 120
Coeloceras pettos .... Ammonites pettos T. 50/1 175
Coelopis lunulata .... Opis lunulata T. 41/15 156
Coeloptychium agarcoides .... Coeloptychium agaricoides T. 23/9 121
Coeloptychium agarcoides .... Spongites agaricoides T. 23/9 121
Coenothyris cycloides .... Terebratula cycloides T. 32/22 143
Coenothyris cycloides .... Terebratula vulgaris cycloides T. 32/22 143
Coenothyris vulgaris .... Terebratula vulgaris 143
Collyrites carinata .... Dysaster carinatus T. 30/12 136
Comatula pinna .... Comatula pinnata * 130
Conchorhynchus avirostris .... Rhyncholites avirostris T. 45/5 166
Conoclypus conoides .... Conoclypeus conoides T. 61/7 208
Conocoryphe sulzeri .... Conocephalites Sulzeri * 92
Conulus abbreviatus .... Echinoconus abbreviatus T. 30/7 136
Conulus albogalerus .... Echinoconus albogalerus T. 30/8 136
Conulus gehrdensis .... Pyrina Gehrdenensis T. 30/11 136
Conulus pygmaeus .... Pyrina pygmaea T. 30/9 136
Corbicula sp. .... Cyrena ovalis T. 41/19 156
Coscinopora agaricoides .... Coscinopora infundibuliformis T. 23/5 121
Coscinopora infundibuliformis .... Spongites infundibuliformis T. 23/5, T. 22/19 120, 121
Cordyloblastus eifeliensis .... Pentremites Eifeliensis T. 7/2 66
Coretus cornu .... Planorbis cornu T. 66/24 219
Cornaptychus .... Aptychus Lythensis T. 49/7, T. 54/8 180
Coroniceras conybeari .... Ammonites Conybeari 170
Coroniceras rotiforme .... Ammonites rotiformis 171
Costileioceras sinon .... Ammonites Murchisonae T. 49/5 174
Corynella quenstedti .... Corynella astrophora T. 23/13 121
Corynella quenstedt .... Spongites astrophorus T. 23/13 121
Craspedalosia excavata .... Strophalosia excavata T. 8/12 71
Crassostrea giengensis .... Ostrea Giengensis T. 62/5 210
Craticularia parallela .... Spongites cylindritextus T. 23/3 121
Creniceras crenatum .... Ammonites dentatus T. 49/11 174
Creniceras crenatum .... Ammonites Renggeri T. 49/11 174
Cretirhynchia plicatilis .... Rhynchonella plicatilis T. 32/20 143
Crioceratites sp. .... Crioceras variabile T. 53/15 179
Crocuta crocuta spelaea .... Hyaena spelaea T. 72/6 236
Cryptolithus goldfussi .... Trinucleus Goldfussi * 92
? Ctenodonta cornuta .... Nucula cornuta T. 11/13 78
Ctendonta krotonis .... Nucula Krotonis T. 11/15 78
Ctendodonta maueri .... Nucula Maueri T. 11/14 78
Ctenostreon pectiniformis .... Lima pectiniformis T. 36/2 148
Cyclothyris difformis .... Rhynchonella difformis T. 32/16 143
Cyclothyris hagenowi .... Rhynchonella Hagenowi T. 32/18 143
Cyclothyris vespertilio .... Rhynchonella vespertilio T. 32/19 143
Cylindrophyma milleporata .... Cylindrophyma milleporata T. 22/17 120
Cylindrophyma milleporata .... Spongites milleporatus T. 22/17 120
Cymatophlebia longialata .... Petalia longialata * 187
Cypellia dolosa .... Cypellia dolosa T. 23/8 121
Cypellia dolosa .... Spongites dolosus T. 23/8 121
Cyrtoceratites depressus .... Cyrtoceras depressum T. 14/6 88
Cyrtospirifer verneuili .... Spirifer Verneulli T. 9/14 72

Dactylioceras athleticum .... Ammonites communis T. 50/2 175
Dactylioceras commune .... Ammonites annulatus T. 50/3 175
Dactyloteuthis irregularis .... Belemnites digitalis T. 55/5 182
Dactyloteuthis irregularis .... Belemnites pygmaeus T. 55/9 182
Dadocrinus kunischi .... Encrinus Kunischi T. 27/2 128
Dadoxylon .... Araucarioxylon keuperinum 112
Dadoxylon .... Araucarioxylon saxonicum .... 51 u. 112
Dakosaurus maximus .... Dacosaurus maximus T. 59/11 195
Danaeopsis marantacea .... Taeniopteris marantacea T. 20/1 110
Dasyalosia goldfussi .... Strophalosia Goldfussi T. 8/11 71
Davidsonia verneuili .... Davidsonia verneuili T. 8/7 70

Deinotherium giganteum	Dinotherium giganteum T. 71/3	235
Dentalina sp.	Nodosaria communis T. 22/1	116
Deshayesites deshayesi	Ammonites Deshayesi T. 53/7	178
Desquamatia prisca	Atrypa reticularis T. 10/4	72
Diconularia sp.	Conularia anomala *	84, 85
Dictyoclostus semireticulatus	Productus semireticulatus T. 8/15	70
Dictyothyris kurri	Terebratella kurri T. 33/26	145
Dictyothyris kurri	Terebratula Kurri T. 33/26	145
Dictyothyris kurri	Terebratula reticulata T. 33/26	145
Digonella digona	Terebratula digona T. 33/15	144
Dimorphastrea concentrica	Dimorphastraea concentrica T. 25/14	126
Dipleura plana	Homalonotus planus T. 16/4	92
Diplocalamites carinatus	Calamites arborescens	46
Diplocalamites carinatus	Calamites ramosus T. 2/6	46
Diplograptus sp.	Diplograptus palmeus T. 5/8	60
Diplograptus sp.	Graptolites palmeus T. 5/8	60
Diplopodia subangulare	Diadema subangulare T. 29/26	135
Diplopora annulata	Gyroporella annulata T. 19/1	109
Discinisca papyracea	Discina papyracea *	140
Discinisca papyracea	Orbicula papyracea *	140
Discoceratites dorsoplanus	Ceratites dorsoplanus T. 45/10	169
Discoceratites semipartitus	Ceratites semipartitus T. 45/9	169
Discocyclina papyracea	Nummulites papyraceus T. 61/3	207
Discorbis sp.	Discorbina globosa T. 22/8	116
Discoides subucula	Discoidea subulcus T. 30/5	136
Disphyllum caespitosum	Cyathophyllum caespitosum T. 4/3	57
Distichoceras bipartitum	Ammonites bipatitus T. 49/1	174
Dohmophyllum helianthoides	Cyathophyllum heliantoides T. 4/1	57
Dreissena brardi	Dreissensia Brardii T. 63/7	211
Dreissena clavaeformis	Dreissensia clavaeformis T. 63/6	211
Drepanocheilus granulosus	Aporrhais granulosa T. 44/16	165
Dumortieria costula	Ammonites costula	173
Dunbarella papyracea	Aviculopecten papyraceum T. 11/9	77
Echinocorys scutata	Anachytes ovata T. 30/14	137
Echinolampas kleini	Echinolampas Kleinii T. 61/8	208
Echioceras raricostatum	Ammonites raricostatus T. 47/5	171
Elasmostoma babtismalis	Elasmostoma consobrinum T. 23/14	121
Elasmostoma babtismalis	Spongites consobrinus T. 23/14	122
Elasmostoma peziza	Elasmostoma peziza T. 23/18	121
Elasmostoma peziza	Manon peziza T. 23/18	122
Elasmostoma peziza	Spongites peziza T. 23/18	122
Emileia grandis	Ammonites Gervillii T. 50/9	175
Enallhelia compressa	Enalohelia compressa T. 24/3	123
Enantiostreon difforme	Ostrea complicata T. 34/1	146
Enantiostreon multicostatum	Ostrea multicostata T. 34/3	146
Entalis laevis	Dentalium laeve T. 43/1	161
Entolium cornutum	Pecten cingulatus T. 37/3	149
Entolium demissum	Pecten demissus T. 36/17	149
Entolium discites	Pecten discites T. 36/9	149
Eocypraea subexcisa	Cypraea subexcisa T. 65/6	217
Eoderoceras armatum	Ammonites armatus	171
Eodevonaria dilatata	Chonetes dilatata T. 8/9	70
Eodevonaria dilatata	Chonetes sarcinulata T. 8/8a	70
Eodiadema minutum	Diadema minutum T. 29/10	135
Eodiadema minutum	Pseudodiadema minutum T. 43/23	135
Eopecten velatus	Pecten velatus T. 37/2	149
Eoschizodus inflatus	Myophoria inflata T. 12/3	79
Eoschizodus truncatus	Myophoria truncata T. 12/2	79
Epipeltoceras bimammatum	Ammonites bimammatus T. 52/10	178
Equisetites arenaceus	Equisetum arenaceum T. 21/3–5	111
Equisetites latecostatus	Equisetum Meriani T. 21/2	111
Equisetites latecostatus	Schizoneura Meriani T. 21/2	111
Eriphyla lenticularis	Astarte lenticularis T. 41/13	156
Eryma modestiformis	Eryma leptodactylina T. 57/6	186
Erymastacus ornati	Eryma Mandelslohi T. 57/8	186
Esericeras eseri	Ammonites Eseri T. 48/17	173

Eualopia bulimoides	Clausilia bulimoides T. 66/32	220
Euaspidoceras corona	Ammonites corona	178
Euaspidoceras oegir	Ammonites Oegir	178
Euaspidoceras perarmatum	Ammonites perarmatus T. 52/15	178
Eucalyptocrinites rosaceus	Eucalyptocrinus rosaceus T. 7/1	65
Eucyclus capitaneus	Trochus capitaneus T. 43/13	162
Eugeniacrinites caryophyllatus	Eugeniacrinus * caryophyllatus T. 27/10	129
Eugeniacrinites hoferi	Eugeniacrinus Hoferi T. 27/11	129
Euloma geinitzi	Conocephalites Geinitzii T. 16/1	92
Euomphalus goldfussi	Euomphalus Goldfussii T. 13/11	83
Euphemites urii	Bellerophon Urii T. 13/4	83
Euprox furcatus	Dicroceras furcatus T. 70/8 u. 9	233
Euprox furcatus	Cervus furcatus * T. 70/8	234
Euryzone delphinuloides	Pleurotomaria delphinuloides T. 13/5	83
Euspirifer paradoxus	Spirifer macropterus T. 9/9	71
Euspirifer paradoxus	Spirifer paradoxus T. 9/9	71
Euthriofusus crispus	Fusus crispus T. 65/22	217
Euzonosoma tischbeiniana	Aspidosoma Tischbeinianum T. 7/5	66
Exogyra «couloni»	Exogyra Couloni T. 35/4	147
Exogyra nana	Exogyra auriformis T. 35/3	147
Exogyra nana	Exogyra spiralis T. 35/2	147
Favosites basalticus	Favosites basaltiformis T. 4/7	58
Ferussina anomphalus	Strophostoma anomphalus T. 67/1	220
Ferussina tricarinata	Strophostoma tricarinatum T. 67/2	220
Ficus conditus	Ficula condita T. 66/5	218
Formosarhynchia formosa	Rhynchonella quadriplicata T. 32/8	142
Fruticicola fruticum	Helix fruticum T. 67/20	221
Galba palustris	Limnaeus palustri T. 66/19	219
Galerocerdo aduncus	Galeocerdo latidens T. 68/4	223
Gastrocopta acuminata	Pupa quadridentata T. 66/35	220
Gastrosacus wetzleri	Prosopon Wetzleri T. 57/10	186
Geisonoceras rapiforme	Orthoceras rapiforme T. 14/4	87
Geisonoceras planiseptatum	Orthoceras planiseptatum T. 14/2	87
Gemmula zimmermanni	Pleurotoma rotata T. 65/17	216
Germanonautilus bidorsatus	Nautilus bidorsatus * T. 45/1	166
Gervillella pernoides	Gervillia pernoides T. 38/4	150
?Gibbityhris semiglobosa	Terebratula semiglobosa T. 33/6	143
Gigantoproductus giganteus	Productus giganteus T. 8/14	70
Gigantothyris blanda	Terebratula omalogastyr T. 32/25	143
Glochiceras lingulatum	Ammonites lingulatus T. 49/17	175
Glochiceras nibatum	Ammonites nimbatus	175
Glochiceras sp.	Ammonites Lochensis	175
Glochiceras subclausum	Ammonites subclausus	174
Glomerula gordialis	Serpula gordialis T. 26/22	138
Glycymeris angusticostatus	Pectunculus angusticostatus T. 63/9	211
Glycymeris dux	Pectunculus dux T. 39/10	153
Glycymeris geinitzi	Pectunculus Geinitzi T. 39/11	153
Glycymeris lunulatus	Pectunculus lunulatus T. 63/11	211
Gobius multipinnatus	Cottus brevis T. 68/19	225
Goliathites goliathus	Ammonites Goliathus	176
«Gomphoceras» inflatum	Gomphoceras inflatum T. 14/7	88
Goniomya designata	Goniomya consignata T. 42/15	160
Goniomya literata	Goniomya angulifera T. 42/14	160
Goniothyris uniformis	Terebratula perovalis T. 32/24	143
Grammatodon concinna	Cucullaea concinna T. 39/9	153
Grammatodon securis	Arca securis T. 39/7	152
Grammoceras thouarsense	Ammonites quadratus T. 48/16	173
Grammysia bisulcata	Grammysia anomala T. 12/16	80
Graphoceras concavum	Ammonites concavus T. 49/4	174
Gravesia gigas	Ammonites gigas	177
Gravesia gigas	Ammonites Portlandicus T. 50/15	177
Gregoryceras transversarium	Ammonites transversarius T. 52/13	177
Gresslya abducta	Myacites abductus T. 42/19	160
Gresslya gregaria	Myacites gregarius T. 42/18	160
Grewia crenata	Celtis crenata T. 60/14	205

Grossouvria sp.	Ammonites convolutus T. 52/1	177
Guettarddiscyphia trilobata	Guettardia trilobata T. 23/4	121
Guettarddiscyphia trilobata	Spongites trilobatus T. 23/4	121
Gypidula biplicata	Pentamerus galeatus T. 10/5	73
Gyraulus multiformis	Planorbis multiformis T. 66/25–29	219
Gyraulus multiformis var. discoideus	Planorbis discoideus T. 66/25 u. 26	219
Gyraulus multiformis var. intermedius	Planorbis intermedius T. 66/27	219
Gyraulus multiformis var. trochiformis	Planorbis trochiformis T. 66/28	219
Gyraulus multiformis var. turbiniformis	Planorbis turbiniformis T. 66/29	219
Gyroceratites gracilis	Goniatites compressus T. 15/3	90
Hamites attenuatus	Hamites elegans T. 53/16	179
Hammatoceras insigne	Ammonites insignis T. 48/2	172
Hammatoceras insigne	Ammonites ovalis T. 48/2b	172
Hammatoceras insigne	Ammonites trigonatus T. 48/2a	172
Harpagodes oceani	Pterocera Oceani T. 44/17	165
Haploceras elimatum	Ammonites elimatum T. 49/18	175
Hastites clavatus	Belemnites clavatus T. 55/7	182
Hastites subclavatus	Belemnites subclavatus T. 55/8	183
Hecticoceras hecticum	Ammonites hecticus T. 49/9	174
Heliolites porosus	Heliolites porosa T. 4/6	58
Helminthochiton priscus	Chiton priscus *	83
Heterodontus	Cestracion *	188
Hexacrinites elongatus	Hexacrinus elongatus T. 6/4	64
Hexacrinites spinosus	Hexacrinus spinosus T. 6/5	64
Hexagonaria spinosus	Cyathophyllum hexagonum T. 4/2	57
Hexanchus muensteri	Notidanus Münsteri T. 57/13	188
Hexanchus primigenius	Notidanus primigenius T. 68/1	223
Hibolites calloviensis	Belemnites calloviensis T. 56/3	183
Hibolites hastatus	Belemnites hastatus T. 56/2	183
Hibolites pressulus	Belemnites pressulus T. 55/10 u. 11	182
Hildoceras bifrons	Ammonites bifrons T. 48/18	173
Hoernesia socialis	Gervillia socialis T. 38/8	150
Holcospongia floriceps	Spongites semicinctus T. 23/11	121
Holcospongia floriceps	Stellispongia semicincta T. 23/11	121
Holectypus depressus	Galerites depressus T. 30/4	136
Homaloteuthis spinatus	Belemnites spinatus T. 55/4	183
Homomya albertii	Panopaea Albertii T. 42/8	160
Homöoplanulites funatus	Ammonites funatus T. 51/12	177
Homöoplanulites funatus	Ammonites triplicatus T. 51/10	175
Horioceras baugieri	Ammonites bidentatus T. 49/12	174
Horridonia horridus	Productus horridus T. 8/16	71
Hudlestonia affinis	Ammonites affinis T. 47/18	172
Hudlestonia serrodens	Ammonites serrodens	172
Hyalotragos patella	Hyalotragos patella T. 22/15	120
Hyalotragos patella	Spongites patella T. 22/15	120
Hyalotragos pezizoides	Hyalotragos pezizoides T. 22/16	120
Hyalotragos pezizoides	Spongites rugosus T. 22/16	120
Hydrobia elongata	Litorinella acuta T. 66/10 u. 11	218
Hyphantoceras reussianum	Heteroceras Reussianum T. 54/7	180
Hypodus polycyphus	Hypodus rugosus T. 57/18	189
Hypothridina cuboides	Rhynchonella * cuboides T. 10/13	73
Hysterolites hystericus	Spirifer hystericus T. 9/1	71
Isastrea explanata	Isastraea explanata T. 24/8	124
Isastrea helianthoides crassiseptata	Isastraea crassisepta T. 24/7	124
Ichnium sphaerodactylum	Ischnium sphaerodactylum	99
Idoceras planula	Ammonites planula T. 52/7	177
Idonearca münsteri	Cucullaea Münsteri T. 39/8	153
Imparipteriso vata	Neuropteris flexuosa T. 1/4	43
Inoceramus polyplocus	Inoceramus fuscus T. 38/8	151
Inoceramus polyplocus	Inoceramus laevigatus T. 38/8	151
Involuticeras involutum	Ammonites involutus T. 52/6	177
Isaura minuta	Estheria minuta T. 57/1	185
Isaura laxitexta	Estheria laxitexta T 57/2	185
Ismenia pectunculoides	Terebratella pectunculoides T. 33/30	145
Ismenia pectunculoides	Terebratula pectunculoides T. 33/30	145

Isocrania ignaburgensis	Crania ingabergensis T. 31/6	140
Isocrinus basaltiformis	Pentacrinus basaltiformis T. 24/4	129
Isocrinus cristagalli	Pentacrinus cristagalli T. 27/6	129
Isocrinus tuberculatus	Pentacrinus tuberculatus T. 27/3	129
Isognomon sandbergeri	Perna Sandbergeri T. 63/1	210
Isognomon isognomoides	Perna mytiloides T. 39/1	151
Isselicrinus buchi	Pentacrinus Bronni T. 27/9	129
Isurus	Lamna Abb. 130	224
Isurus appendiculatus	Otodus appendiculatus T. 57/24	189
Isurus hastalis	Oxyrhina hastalis T. 68/8	224
Jerea pyriformis	Spongites pyriformis T. 22/21	120
Johannites cymbiformis	Arcestes cymbiformis T. 46/1	170
Jovellania triangulare	Orthoceras triangulare T. 14/3	88
Juralina humeralis	Terebratula humeralis T. 32/29	143
Juralina humeralis	Terebratula pentagonalis T. 32/29	143
Juralina insignis	Terebratula insignis * T. 32/2	143
Keratothyris cor	Terebratula vicinalis T. 33/13	144
Kionoceras planicanaliculatum	Orthoceras lineare T. 14/1	87
Klikia osculum	Helix osculum T. 67/13	221
Kochia capuliformis	Kolchia capuliformis T. 11/5	77
Kosmoclymenia undulata	Clymenia undulata T. 14/10	90
Lacunosella lacunosa	Rhynchonella lacunosa T. 32/9	142
Lacunosella lacunosa	Rhynchonella multicosta T. 32/10	142
Lacunosella sparsicosta	Rhynchonella sparsicosta T. 32/11	142
Lacunosella trilobata	Rhynchonella trilobata T. 32/13	142
Laevaptychus	Aptychus latus T. 54/9 u. 10	180
Laevicardium cingulatum	Cardium tenuisulcatum T. 64/5	212
Laevilamellaptychus	Aptychus gracilicostatus T. 54/13	180
Lamellaptychus	Aptychus lamellosus T. 54/12	180
Lamellaptychus bei Taramelliceras	Oppelia sp. mit Aptychus T. 54/11	180
Lamellirhynchia rostriformis	Rhynchonella depressa T. 32/15	143
Latiphyllia suevica	Thecosmilia suevica T. 24/12	124
Latomeandra dubia	Choriastraea dubia T. 25/9	125
Latusastrea alveolaris	Latusastraea alveolaris T. 24/6	124
Leaia baentschiana	Estheria Baentschiana T. 17/5	94
Leioceras opalinum	Ammonites opalinus T. 49/3	174
Leiostracosia alcyonoides	Spongites cribrosus T. 22/22	120
Leiostracosia alcyonoides	Ventriculites cribrosus T. 22/22	120
Lenticulina sp.	Cristellaria suprajurassica T. 22/5	116
? Lenticulina sp.	Rotalia umbilicata T. 22/9	116
Leperditia eifelianus	Leperditia T. 17/4	94
Lepidodendron ? aculeatum	Lepidodendron * dochotomum T. 3/3	47
Lepidodendron veltheimi	Lepidodendron Veltheimianum T. 3/1	47
Lepidopteris stuttgartiensis	Pecopteris Stuttgartiensis T. 19/5	110
Lepidotus maximus	Lepidotus giganteus T. 58/14	190
Leptaena rhomboidalis	Strophomena rhomboidalis T. 8/4	70
Lepus europaeus	Lepus tumidus T. 71/2	236
Lewesiceras peramplum	Ammonites peramplus T. 51/2	177
Leymeriella tardefurcata	Ammonites tardefurcatus T. 53/6	178
Limatula decussata	Lima semisulcata T. 36/4	148
Linopteris brongniarti	Neuropteris Brongnarti T. 1/5	43
Liostrea eduliformis	Ostrea eduliformis T. 34/4	146
Liparoceras henleyi	Ammonites Henleyi T. 47/11	172
Lithacoceras ulmense	Ammonites Ulmensis T. 52/8	177
Loboidothyris sp.	Terebratula orbis T. 32/28	143
Loboidothyris zieteni	Terebratula bisuffarcinata T. 33/1	143
Lopha marshi	Ostrea cristagalli T. 34/5	146
Lopha marshi	Ostrea Marshi T. 34/5	146
Loxodonta antiqua	Elephas antiquus T. 71/5	235
Loxonema altenburgense	Turbonilla Altenburgiensis T. 13/21	84
Lucina lamellosa	Lucina numismalis T. 42/2	159
Ludwigia haugi	Ammonites Murchisonae var. obtusa T. 49/6	174
Lunuloceras lunula	Ammonites lunula T. 49/8	174
Lyria decora	Voluta decora T. 66/3	218

Lytoceras aequistriatus	Ammonites aequistriatus	173
Lytoceras dilucidum	Ammonites dilucidus T. 48/11	173
Lytoceras fimbriatum	Ammonites frimbriatus T. 48/7 u. 8	173
Macromesodon didymus	Pycnodus didymus T. 58/16	190
Maeniceras terebratum	Goniatites terebratus T. 15/7	90
Macrocephalites macrocephalus	Ammonites macrocephalus T. 50/11	175
Magas pumilus	Terebratula pumilus T. 33/25	144
Magnosia nodulosa	Echinus nodulosus T. 30/1	135
Marsupites testudinarius	Masurpites ornatus T. 28/1	130
Mammuthus primigenius	Elephas primigenius T. 71/6	235
Mantelliceras mantelli	Ammonites Mantelli T. 53/2	178
Manticoceras intumescens	Goniatites intumescens T. 15/6	90
Manticoceras sp.	Goniatites retrorsus T. 15/10	90
Maretia hoffmanni	Spatangus Hofmanni T. 61/9	208
Margarites radiatulus	Margarita radiatula T. 43/28	162
Megacidaris horrida	Cidaris maxima T. 29/18 u. 19	134
Megacidaris horrida	Rhabdocidaris maxima T. 29/18 u. 19	134
Megalodon cucullatus	Megalodon abbreviatus T. 12/6	79
Megateuthis giganteus	Belemnites giganteus T. 55/15–17	183
Meleagrinella echinata	Avicula echinata T. 37/16	150
Meleagrinella echinata	Pseudomonotis echinata T. 37/16	150
Meleagrinella substriata	Avicula substriata T. 37/18	150
Meleacrinella substriata	Pseudomonotis substriata T. 37/18	150
Mentzelia mentzeli	Spirifer Menzelii T. 31/11	141
Meretrix incrassata	Cytherea incrassata T. 64/9	213
Meretrix splendida	Cytherea splendida T. 64/10	213
Mesobelostomum deperditium	Scarabaeides derperditus T. 57/12	187
Mesodiadema criniferum	Diadema criniferum T. 29/11	135
Mesomiltha plana	Lucina plana T. 42/1	159
Metacrinus	Pentacrinus Abb. 81	128
Metopaster parkinsoni	Goniaster regularis T. 28/10	131
Metoposaurus diagnosticus	Metopias diagnosticus * T. 59/2	192
Microbacia cornula	Microbatia coronula T. 25/12	125
Microderoceras birchi	Ammonites Birchii	171
Microphyllia soemmeringi	Latimaeandra Sömmeringi T. 24/9	125
Millericrinus mespiliformis	Apiocrinus mespiliformis T. 27/17	130
Millericrinus mespiliformis	Millericrinus mespiliformis T. 27/17	129
Millericrinus milleri	Apiocrinus Milleri T. 27/14 u. 15	130
Millericrinus milleri	Millericrinus milleri T. 27/14	129
Millericrinus muensterianus	Apiocrinus rosaceus T. 27/16	130
Millericrinus muensterianus	Millericrinus rosaceus T. 27/16	129
Millericrinus sp.	Millericrinus milleri T. 27/15	129
Miocidaris arietis	Diadema arietis T. 29/9	135
Modiolus bipartitus	Modiola gregaria T. 39/3	152
Modiolus bipartitus	Modiola modiolata T. 39/3	151
Modiolus faujasi	Mytilus Faujasii T. 63/2	210
Modiolus minutus	Modiola minuta T. 39/2	151
Monograptus colonus	Graptolites colonus T. 5/6	60
Monograptus colonus	Monograptus colonus T. 5/6	60
Monograptus nilssoni	Graptolites Nilssoni T. 5/5	60
Monograptus nilssoni	Monograptus nilssoni T. 5/5	60
Monograptus priodon	Graptolites priodon T. 5/4	60
Monograptus priodon	Monograptus priodon T. 5/4	60
Monograptus turriculatus	Graptolites turriculatus T. 5/7	60
Monograptus turriculatus	Monograptus turriculatus T. 5/7	60
Monticlarella triloboides	Rhynchonella triloboides T. 32/14	142
Montlivaltia cuneata	Epismilia cuneata T. 25/3	125
Montlivaltia delabechi	Montlivaultia Delabechii	124
Montlivaltia helianthoides	Montlivaultia helianthoides T. 24/4	124
Montlivaltia obconica	Montlivaultia obconica T. 24/5	124
Morphoceras multiforme	Ammonites polymorphus T. 51/4	176
Myliobatis serratus	Myliobatis toliapicus T. 68/12	224
Myophorella brodiei	Trigonia striata T. 41/2	155
Myophorella clavellata	Trigonia clavellata T. 40/15 u. 16	155
Myophorella suevica	Trigonia suevica	155
Myophoria costata	Myophoria fallax T. 40/1	154

Myophoria inflata	Myophoria postera T. 40/12	154
Myophoriopsis gregaria	Corbula gregaria T. 42/20	160
Myophoriopsis keuperiana	Corbula Keuperiana T. 42/22	161
Myophoriopsis sandbergeri	Corbula Sandbergeri T. 42/21	160
Myrmecium glomeratum	Achilleum glomeratum T. 23/15	122
Myrmecium glomeratum	Spongites glomeratus T. 23/15	122
Myrmecium hemisphaericum	Myrmecium rotula T. 23/16	121
Myrmecium hemisphaericum	Spongites rotula T. 23/16	121
Myrmecium sp.	Myrmecium glomeratum T. 23/15	121
Mystriosaurus bollensis	Teleosaurus bollensis * T. 59/12	195
Nannobelus acutus	Belemnites acutus T. 55/1	182
Nannobelus acutus	Belemnites brevis primus T. 55/1	182
Nassauoceras subtuberculatum	Hercoceras subtuberculatus T. 14/9	88
Neithea aequicostata	Pecten aequicostatus T. 37/7	149
Neithea gibbosa	Pecten quadricostatus T. 37/8	149
Neithea quinquecostatus	Pecten quinquecostatus T. 37/9	149
Neocalamites meriani	Equisetum Meriani T. 21/1	111
Neocalamites meriani	Schizoneura Meriani T. 21/1	111
Neochetoceras steraspis	Ammonites steraspis	175
Neoflabellina sp.	Frondicularia solea T. 22/6	116
Neohibolites minimus	Belemnites minimus T. 56/8	183
Neohibolites minimus var. ultimus	Belemnites ultimus T. 56/9	183
Neohibolites wollemanni	Belemnites Strombecki T. 56/6	183
Neomegalodon triqueter	Megalodon triqueter T. 41/17	156
Nereites thuringiacus	Nereites Sedgwicki T. 5/11	67
Neritaria pulla	Natica pulla T. 43/22	163
Neritaria spirata	Nerita spirata T. 43/23	163
Neritaria spirata	Protonerita spirata T. 43/23	163
Neritopsis jurensis	Nerita jurensis T. 43/25	163
Newaagia noetlingi	Hinnites comptus T. 36/7	148
Nilssonia muensteri	Pterozamites Münsteri T. 20/4	111
Nodoprosopon ornatum	Prosopon ornatum T. 57/9	186
Nodosaria sp.	Nodosaria raphanus T. 22/2	116
Nodosaria sp.	Nodosaria pyramidalis T. 22/3	116
Normannites orbignyi	Ammonites Braickenridgii T. 50/8	175
Northia bullata	Buccinum bullatum T. 65/20	217
Notodelphinula reticularis	Turbo reticularis T. 43/18	162
Nowakia acuarius	Tentaculites acuarius T. 13/23	85
Nucleata nucleata	Terebratula nucleata T. 33/22	144
Nucleolites clunicularis	Echinobrissus scutatus T. 30/10	136
Nuculana claviformis	Leda claviformis T. 39/19	153
Nuculana claviformis	Nucula claviformis T. 39/19	153
Nuculana complanata	Leda complanata T. 39/18	153
Nuculana complanata	Nucula complanata T. 39/18	153
Nuculana deshayesiana	Leda Deshayesiana T. 63/13	211
Nuculana försteri	Nucula Försteri T. 39/17	153
Nuculana lacryma	Nucula lacrymae T. 39/16	153
Nuculites solenoides	Nucula solenoides T. 11/16	78
Oblongarcula oblonga	Terebratella oblonga T. 33/27	145
Oblongarcula oblonga	Terebratula oblonga T. 33/27	145
Ochetoceras canaliculatum	Ammonites canaliculatus T. 49/14	174
Ochetoceras hispidum	Ammonites hispidus	174
Odontaspis	Lamna T. 68/10	223
Odontaspis acutissima	Lamna contortidens T. 68/6	224
Odontaspis crassidens	Lamna crassidens T. 68/7	224
Odontobelus brevirostris	Belemnites brevirostris T. 55/2	182
Odontobelus pyramidalis	Belemnites tripartitus T. 55/13	182
Odontochile tuberculata	Dalmania tuberculata T. 17/1 u. 2	93
Odontopteris subcrenulata	Odontopteris obtusa T. 1/3	43
Oecotraustes fuscus	Ammonites fuscus T. 49/2	174
Omphalotpycha gregaria	Natica gregaria T. 43/21	163
Oncospira anchura	Tritonium ranellatum T. 44/12	164
«Onychites»	Onychites amalthei T. 54/14	180
«Onychites»	Onychites rostratus T. 54/15	180
Oolitica cyclostoma	Turbo cyclostoma T. 43/17	162

Orbirhynchia cuvieri	Rhynchonella Cuvieri T. 32/17	143
Orbitolites concava	Orbitolina concava	116
Ornithella lagenalis	Terebratula lagenalis T. 33/16	144
Orthacodus longidens	Sphenodus longidens T. 57/23	189
Orthosphinctes colubrinus	Ammonites colubrinus T. 52/4	177
Orthosphinctes laufenensis	Ammonites biplex T. 52/2	177
Orthosphinctes laufenensis	Ammonites polgyratus T. 52/2	177
Ostlingoceras sp.	Turrilites cenomaniensis T. 54/5	180
Ostrea armata	Ostrea laciniata T. 34/10	147
Ostrea diluviana	Ostrea flabellata T. 34/8	147
Otoites sauzei	Ammonites Sauzei T. 50/7	175
Oxynoticeras oxynotum	Ammonites oxynotus T. 47/14	172
Oxynoticeras sp.	Ammonites lynx.	172
Oxyteuthis brunsvicensis	Belemnites brunsvicensis T. 56/7	183
Oxytoma cornueliana	Avicula Cornueliana T. 37/15	150
Oxytoma inaequivalvis	Avicula inaequivalvis T. 37/13	150
Oxytoma inaequivalvis	Avicula sinemuriensis T. 37/13	150
Oxytoma muensteri	Avicula Münsteri T. 37/14	150
Pachylytoceras jurense	Ammonites jurensis T. 48/9	173
Pachylytoceras torulosum	Ammonites torulosus T. 48/12	173
Pachyteichisma lopas	Pachyteichisma lopas T. 23/6	121
Pachyteichisma lopas	Spongites lopas T. 23/6	121
Pachytilodia infundibuliforme	Doryderma infundibuliforme T. 22/19	120
Palaeocardita crenata	Cardita crenata T. 41/16	156
? Palaeocoma (Liegespur)	Asterias lumbricalis T. 28/8	131
Palaeocoma escheri	Ophiocoma ventrocarinata T. 28/7	131
Palaeocoma escheri	Ophiura ventrocarinata T. 28/7	131
Palaeocoma sp.	Ophiura Egertoni T. 28/4	131
Palaeonucula hammeri	Nucula Hammeri T. 39/13	153
Palaeonucula palmae	Nucula palmae T. 39/12	153
Palaeonucula variabilis	Nucula variabilis T. 39/14 u. 15	153
Panopea menardi	Panopaea Heberti T. 64/11	214
Parkinsonia ferrugineus	Ammonites ferrugineus	176
Parkinsonia parkinsoni	Ammonites Parkinsoni T. 51/3	176
Parabolina frequens	Olenus Hofensis T. 16/2	92
Paraceratites binodosus	Ceratites binodosus	169
Paraceratites trinodosus	Ceratites trinodosus	169
Paracidaris filograna	Cidaris filograna T. 29/14	134
Paracidaris florigemma	Cidaris florigemma T. 29/12 u. 13	134
Paracyclas proavia	Lucina proavia T. 12/8	80
Paracyclas rugosa	Lucina rugosa T. 12/7	80
Paraglauconia strombiformis	Glaukonia strombiformis T. 44/1	163
Parahoplites sp.	Ammonites Bodei T. 53/5	178
? Parallelodon sp.	Arca striata T. 11/17	78
Parasmilia centralis	Coelosmilia centralis T. 25/1	124
Paraspirifer cultrijugatus	Spirifer cultrijugatus T. 9/6	71
Passaloteuthis paxillosus	Belemnites paxillosus T. 55/12	182
Patellostium macrostoma	Bellerophon macrostoma T. 13/3	83
Pecopteris schoenleiniana	Pecopteris Schönbeiniana T. 19/6	110
Pelagosaurus typus	Teleosaurus typus T. 59/13	195
Peltoceras annularis	Ammonites annularis T. 52/11	177
Peltoceras athleta	Ammonites athleta T. 52/9	177
Peltoceras caprinum	Ammonites caprinus T. 52/12	177
Pentacrinites fossilis	Pentacrinus Briareus T. 27/13	129
Peronidella cylindrica	Peronella cylindrica T. 23/10	121
Peronidella cylindrica	Spongites cylindricus T. 23/10	121
Peronidella furcata	Peronella furcata T. 23/17	121
Peronidella furcata	Spongites furcatus T. 23/17	121
Peronoceras fibulatum	Ammonites Bollensis T. 50/4	175
Pharciceras lunulicosta	Goniatites lunulicosta T. 15/11	90
Pharomytilus sowerbyanus	Modiola plicata T. 39/4	152
Philoxene laevis	Euomphalus laevis T. 13/13	84
Pholadomya lirata	Pholadomya Murchisoni T. 42/11	160
Phricodoceras taylori	Ammonites Taylori T. 47/10	172
Phylloceras heterophyllum	Ammonites heterophyllus T. 48/4	173
Phylloceras heterophyllum	Ammonites zetes T. 48/4	173

Phycodes circinatum	Phycodes circinnatus T. 1/1	41
Phymosoma granulosa	Cyphosoma granulosa T. 29/27	135
Physodoceras circumspinosum	Ammonites circumspinosus	178
Piarorhynchia juvensis	Rhynchonella belemnita T. 32/2	142
Piarorhynchia juvensis	Rhynchonella gryphitica T. 32/1	142
Picea (Zapfen)	Pinus (Zapfen) T. 60/2	205
Pinacites jugleri	Goniatites Jugleri T. 15/5	90
Pirenella plicata	Cerithium plicatum T. 65/9	216
Placophyllia dianthus	Stylosmilia dianthus T. 25/4	125
Placunopsis ostracina	Ostrea sessilis T. 34/2	146
Plagiolophus	Paloplotherium *	231
Plagiostoma hoperi	Lima Hoferi T. 36/6	148
Plagiostoma lineata	Lima lineata T. 35/12	148
Plagiostoma punctata	Lima punctata T. 36/1	148
Plagiostoma striata	Lima striata T. 35/13	148
Platyceras priscus	Capulus priscus T. 13/16	84
Platyceras trilobatus	Capulus trilobatus T. 13/17	84
Platyclymenia subnautilina	Goniatites subnautilinus T. 15/2	90
Platylenticeras heteropleurus	Ammonites heteropleurus T. 47/17	172
? Platythyris becksii	Terebratula Becksii T. 33/5	143
Platythyris comptonensis	Terebratula Moutaniana T. 33/4	143
Plectospira ferita	Retzia feriata T. 10/1	72
Plegiocidaris coronata	Cidaris coronata T. 29/1–7	134
Plegiocidaris grandaevus	Cidaris grandaeva T. 29/8	134
Plegiocidaris propinqua	Cidaris propinqua T. 29/15	134
Pleurocephalites tumidus	Ammonites tumidus T. 50/10	175
Pleuroceras spinatum	Ammonites spinatus T. 47/16	172
Pleurohoplites renauxianus	Ammonites Renauxianus T. 53/4	178
Pleurolytoceras hircinum	Ammonites hircinus T. 48/10	173
Pleuromya liasina	Myacites liasinus T. 42/17	160
Pleuromya musculoides	Myacites musculoides T. 42/16	160
Pleuronectites laevigatus	Pecten laevigatus T. 36/10	149
Pleuronoceras nodosum	Gyroceras nodosum T. 14/8	88
Pleydellia aalensis	Ammonites Aalensis T. 48/13	173
? Poiretia gracilis	Glandina inflata T. 66/16	220
Polinices catena achatensis	Natica miromphalus T. 65/2	215
Polycidaris spinulosa	Cidaris spinosa T. 29/24	134
Polymesoda convexa	Cyrena semistriata T. 64/7	212
Polymorphites bronni	Ammonites Bronni T. 47/12	171
Polyplectus discoides	Ammonites discoideus	174
Pomatias antiquum	Cyclostoma antiquum T. 67/3	220
Pomatias bisulcatum	Cyclostoma bisulcatum T. 67/4	220
Pomatias consobrinum	Cyclostoma consobrinum T. 67/5	220
Porospongia lochensis	Porospongia Lochensis T. 23/7	121
Porospongia lochensis	Spongites Lochensis T. 23/7	121
Portlandia arctica	Yoldia arctica *	211
Posidonia becheri	Posidonia Becheri T. 11/7	77
Posidonia venusta	Posidonia venusta T. 11/8	77
Potamides laevissimus	Cerithium laevissimum T. 65/8	216
Potamon speciosus	Telphusa speciosa T. 67/27	222
Prachloraea oxytoma	Helix crepidostoma T. 67/9	221
Praecardium ventricosum	Lunulicardium ventricosum T. 12/9	80
Praenatica naticoides	Capulus naticoides T. 13/18	84
Procerithium muricatum	Cerithium muricatum T. 44/5	164
Proconulus biarmatus	Trochus biarmatus T. 43/14	162
Prodactylioceras davoei	Ammonites Davoei T. 47/13	171
Productella subaculeata	Productus subaculeatus T. 8/13	70
Promathildia turritella	Cerithium turritella T. 44/6	164
Promicroceras planicosta	Ammonites capricornus T. 47/6	171
Promicroceras planicosta	Ammonites planicosta T. 47/6	171
Prorasenia stephanoides	Ammonites stephanoides T. 51/9	177
Pseudaganides aganiticus	Nautilus aganiticus T. 45/3	167
Pseudaganides aganiticus	Nautilus franconicus T. 45/3	167
Pseudancylus deperditus	Ancylus deperditus T. 66/15	219
Pseudobelus pistilliformis	Belemnites pistilliformis T. 56/5	183
Pseudogrammoceras struckmanni	Ammonites radians T. 48/15	173
Pseudolimea canalifera	Lima canalifera T. 36/5	148

Pseudolimea dupla	Lima dupla T. 36/3	148
Pseudomelania opalina	Turritella opalina T. 44/3	164
Pseudoneptunea brevicauda	Fusus lyra T. 65/24	217
Pseudolioceras lythense	Ammonites Lythensis T. 49/7	174
Psiloceras planorbis	Ammonites planorbis T. 46/7	170
Psiloceras planorbis	Ammonites psilonotus T. 46/7	170
Pterinea crenato-lamellosa	Avicula crenato-lamellosa T. 11/3	77
Pterotrigonia caudata	Trigonia aliformis T. 41/4	155
Pterotrigonia caudata	Trigonia vaalsiensis T. 41/4	155
Pterospirifer alatus	Spirifer alatus T. 9/15	72
Pterygia curta	Columbella curta T. 65/21	217
Ptychodus latissimus	Ptychodus mammillaris T. 57/22	189
Ptychomphalus rotellaeformis	Pleurotomaria rotellaeformis T. 43/3 u. 4	162
Pupilla muscorum	Pupa muscorum T. 66/36	220
Pycnodonte vesicularis	Gryphaea vesicularis T. 35/9	147
Pygmatis bruntrutana	Nerinea bruntrutana T. 44/9	164
Pygmatis subbruntrutana	Nerinea subbruntrutana T. 44/10	164
Pyrgotrochus speciosus	Pleurotomaria speciosa T. 43/10	162
Quenstedtoceras lamberti	Ammonites lamberti T. 50/12	176
Quenstedtoceras mariae	Ammonites Mariae	176
Radix peregra	Limnaeus pereger T. 66/20	219
Radix socialis	Limnaeus socialis T. 66/18	219
Radix socialis dilatata	Limnaeus dilatatus T. 66/17	219
Rasenia striolaris	Ammonites striolaris T. 52/3	177
Rastrites linnei	Graptolites Linnei T. 5/10	60
Rastrites linnei	Rastrites Linnei T. 5/10	60
Reineckei «anceps»	Ammonites anceps T. 51/5	176
Rennensismilia complanata	Placosmilia complanata T. 25/2	125
Retiolites geinitzianus	Graptolites Geinitzianus T. 5/9	60
Rhabdocidaris nobilis	Cidaris nobilis T. 29/20 u. 21	134
Rhabdocidaris nobilis	Rhabdocidaris nobilis T. 29/20 u. 21	134
Rhabdocidaris orbignyana	Cidaris pustilifera T. 29/22	134
Rhabdocidaris orbignyana	Rhabdocidaris pustulifera T. 29/22	134
Rhabdolepis macropterus	Amplypterus macropterus T. 18/2	97
Rhaetavicula contorta	Avicula contorta T. 37/12	150
Rhaetina gregaria	Terebratula gregaria T. 32/23	143
Rhenorensselaeria strigiceps	Renssellaeria strigiceps T. 10/15	74
Rhizopoterium cervicornis	Rhizopoterium cervicornis T. 23/2	120
Rhizopoterion cervicornis	Spongites cervicornis T. 23/2	120
Rhynchonelloidella alemanica	Rhynchonella varians T. 32/7	142
Rhynchospirifer hians	Spirifer hians T. 9/10	71
Rhyncolite hirundo	Rhyncholites hirundo T. 45/4	166
Richteria serratostriata	Entomis serratostriata T. 17/6	94
Rimirhynchia anglica	Rhynchonella rimosa T. 32/3	142
Rollierella sp.	Isocardia rostrata T. 41/21	156
Sagenopteris rhoifolia	Sagenopteris elongata T. 19/7	110
Salpingoteuthis acuarius macer	Belemnites acuarius macer T. 55/5	182
Salpingoteuthis acuarius macer	Belemnites macer T. 55/5	182
Salpingoteuthis tubularis	Belemnites acuarius T. 55/4	182
Sarcinella socialis	Serpunala socialis T. 26/21	138
Saxolucina tenuistria	Lucina tenuistria T. 64/4	212
Scalpellum bronni	Pollicipes Bronni T. 57/3	185
Scaphotrigonia navis	Trigonia navis T. 40/14	155
Schellwienella umbraculum	Streptorhynchus umbraculum T. 8/6	70
Schizophoria striatula	Orthis striatula T. 8/2	69
Schizophoria vulvaria	Orthis vulvaria *	69
Schloenbachia varians	Ammonites varians T. 51/1	176
Schlotheimia angulata	Ammonites angulatus T. 46/8	170
Scutellum alutaceus	Bronteus alutaceus T. 16/6	93
Scutellum flabelliferum	Bronteus granulatus T. 16/7	93
Seestern-Randplatte gen. et sp. indet.	Sphaerites pustulatus T. 28/21	132
Seirocrinus subangularis	Pentacrinus subangularis T. 27/5	129
Sellithyris sella	Terebratula sella T. 33/3	143
Serpula sulcata	Serpula grandis T. 26/18	137

Siderolites calcitrapoides	Calcarina calcitrapoides	116
Simsinus pictus tabulatus	Melanopsis tabulata T. 66/8	218
Sinothyris maureri	Spirifer Maureri T. 9/5	71
Siphonia griepenkerli	Siphonia ficus T. 22/20	120
Siphonia griepenkerli	Spongites ficus T. 22/20	120
Solanocrinites costatus	Solanocrinus costatus T. 27/12	130
Solenomorpha pelagica	Solenopsis pelagica T. 12/15	80
Sonninia sowerbii	Ammonites Sowerbyi T. 48/3	172
Sowerbyceras tortisulcatum	Ammonites tortisulcatus	173
Sparide gen. et sp. indet.	Chrysophrys molassicus T. 68/14	225
Sparidae gen. et sp. indet.	Sparoides molassicus T. 68/14	225
Sphaeraster punctatus	Sphaerites punctatus T. 28/20	132
Sphaeraster punctatus	Sphaerites tabulatus T. 28/19	132
Sphaeraster scutatus	Sphaerites scutatus T. 28/17 u. 18	132
Sphaerocrinus geometricus	Poteriocrinus geometricus T. 6/2	64
Sphenopteris obtusiloba	Sphenopteris obtusifolia T. 1/2	43
Spinikosmoceras castor	Ammonites Castor	176
Spinikosmoceras duncani	Ammonites duncani	176
Spinikosmoceras pollux	Ammonites Pollux	176
Spinikosmoceras spinosum	Ammonites ornatus T. 51/6	176
Spiriferina fragilis	Spirifer fragilis T. 31/13	141
Spiriferina hirsuta	Spirifer hirsutus T. 31/12	141
Spiriferina rostrata	Spirifer rostratus T. 31/17	141
Spiriferina verrucosa	Spirifer verrucosus T. 31/16	141
Spiriferina walcotti	Spirifer Walcotti T. 31/15	141
Spiroceras bifurcati	Hamites bifurcati T. 53/9 u. 10	179
Spondylopecten roederi	Pecten subspinosus T. 37/4	149
Spondylus auriculatus	Spondylus Buchii T. 62/11	210
Sporadoceras muensteri	Goniatites bidens T. 15/12	90
Sporadoceras muensteri	Goniatites Münsteri T. 15/12	90
Sporadopyle obliqua	Spongites obliquus T. 22/23	120
Sporadopyle obliqua	Sporadopyle obliquum T. 22/23	120
Spyroceras nodulosum	Orthoceras nodulosum T. 14/5	88
Staurandeaster primaevus	Asterias primaeva T. 28/15 u. 16	132
Staurandeaster primaevus	Oreaster primaevus T. 28/15 u. 16	132
Stauranderaster ?stelliferus	Sphaerites stelliferus T. 28/22	132
Stegerhynchus nympha	Rhynchonella Nympha T. 10/10	73
Steinmannia bronni	Posidonia Bronni T. 37/17	150
Stellocavea sp.	Eschara cepha T. 26/17	139
Stenocisma schlotheimi	Camarophoria Schlotheimi T. 10/7	73
Stenopterygius quadriscissus	Ichthyosaurus quardriscissus*	194
Stephanoceras sp.	Ammonites Humphresianus T. 50/5	175
Stereocidaris vesiculosa	Cidaris vesicularis T. 29/16	134
Stomechinus lineatus	Echinus lineatus T. 30/2	135
Straparollus circinalis	Euomphalus circinalis T. 13/12	84
Straparollus circinalis	Straparollus circinalis T. 13/12	83
Streblites levipictus	Ammonites pictus	174
Streblites tenuilobatus	Ammonites tenuilobatus T. 49/13	174
Strenoceras subfurcatum	Ammonites bifurcatus T. 51/8	176
Striatopora devonica	Pachypora cristata T. 5/1	60
Strobeus arculatus	Macrocheilus arculatus T. 13/19	84
Stromatopora verrucosa	Stromatopora concentrica T. 4/10	59
Stropheodonta sedgwicki	Strophomena Sedgwicki T. 8/5	70
Storthingocrinus fritillus	Platycrinus fritilus T. 6/3	64
Stylina delabechi	Stylina Labechi T. 25/5	125
Stylocalamites suckowi	Calamites Suckowi T. 2/5	46
Sutneria platynota	Ammonites platynotus T. 51/10	177
Sutneria platynota	Ammonites Reinecki T. 51/10	177
Taeniocardia decheniana	Halyserites Dechenianus *	42
Tancredia donaciformis	Tancredia oblita T. 42/7	159
Taramelliceras costatum	Ammonites auritus	175
Taramelliceras costatum	Ammonites flexuosus T. 49/16	174
Taramelliceras costatum	Ammonites pinguis	175
Taramelliceras hauffianum	Ammonites Hauffianus	175
Taramelliceras prolithographicum	Ammonites lithographicus T. 49/15	174
Taramelliceras trachynotum	Ammonites trachnotus	175

Teloceras blagdeni	Ammonites Blagdeni T. 50/6	175
Teloceras blagdeni	Ammonites coronatus T. 50/6	175
Terebratulina chrysalis	Terebratula chrysalis T. 33/10	144
Terebratulina gracilis	Terebratula gracilis T. 33/11	144
Terebratulina substriata	Terebratula substriata T. 33/8 u. 9	144
Tetractinella trigonella	Retzia trigonella T. 31/10	141
Textularia sp.	Textularia striata T. 27/7	116
Thamnasteria heterogenea	Asteromorpha robusteseptata T. 25/15	126
Thamnasteria terquemi	Thamnastaea Terquemi T. 25/13	125
Thamnopora cervicornis	Calamopora polymorpha T. 5/3	58
Thamnopora cervicornis	Favosites polymorphus T. 5/3	58
Thamnopora sp.	Amphipora ramosa T. 5/2	60
Thecidiopsis digitata	Thecidea digitata T. 31/8	141
Thecocyathus mactrus	Thecocyathus mactra T. 25/11	124
Thecosmilia clathrata	Lithodendron clathratum T. 24/10	124
Thecosmilia trichotomum	Lithodendron trichotomum T. 24/11	124
Theodoxus crenulatus	Neritina crenulata T. 66/14	219
Thinnfeldia rhomboidalis	Kirchneria rhomboidalis T. 19/8	110
Tirolites cassianus	Ceratites Cassianus T. 46/6	170
Tomistoma sp.	Diplocynodon T. 69/1	226
Tornoceras simplex	Goniatites simplex T. 15/8	90
Tornoceras sp.	Goniatites retrorsus T. 15/9	90
Torquirhynchia speciosa	Rhynchonella inconstans T. 32/12	142
Toxaster retusus	Toxaster complanatus T. 31/3	137
Toxoceratoides royerianus	Ancyloceras elatum T. 53/12	179
Trachyceras sp.	Trachyceras Aon T. 46/4	170
Tragphylloceras ibex	Ammonites ibex T. 48/6	173
Tremadictyon reticulatus	Spongites reticulatus T. 23/1	120
Tremadictyon reticulatum	Tremadictyon reticulatum T. 23/1	120
Trichasteropsis cilicia	Asterias cilicea T. 28/9	131
Trichasteropsis cilicia	Trichasteropsis cilicia T. 28/9	131
Trichia hispida	Helix hispida T. 67/21	221
Trichia kleini	Helix carinulata T. 67/18	221
Trichites amplus	Mytilus amplus *	152
Trichites sp.	Trichites nodosus *	152
Trigonellina loricata	Terebratella loricata T. 33/29	145
Trigonellina loricata	Terebratula loricata T. 33/29	145
Trigonellina pectunculus	Megerlea pectunculus T. 33/28	145
Trigonellina pectunculus	Terebratella pectunculus T. 33/28	145
Trigonellina pectunculus	Terebratula pectunculus T. 33/28	145
Trigonia triangulare	Trigonia costata T. 41/1	155
Trilophodon angustidens	Mastodon angustidens T. 71/4	235
Trimarginites arolicus	Ammonites arolicus T. 49/10	174
Triptychia suturalis	Clausilia suturalis T. 66/33	220
Trochalia pyramidalis	Nerinea pyramidalis T. 44/8	164
Trochalia succedens	Nerinea succedens T. 44/11	164
Trochocyathus florealis	Stephanophyllia florealis T. 25/10	124
Trochocyathus impressae	Turbinolia impressae T. 24/1	124
Tropidoceras masseanum	Ammonites Masseanus T. 48/1	172
Tropidomphalus incrassatus	Helix inflexa T. 67/17	221
Tudicla coronata	Fusus coronatus T. 44/19	165
Tudorella conica	Cyclostoma conicum T. 67/6	220
Turricula belgica	Pleurotoma belgica T. 65/15	216
Turricula selysi	Pleurotoma Selysii T. 65/16	216
Turrilitoides saxonicus	Turrilites saxonicus T. 54/4	180
Tylasteria sp.	Asterias impressae T. 28/12–14	132
Tylasteria sp.	Asterias jurensis T. 28/11	132
?Tylocidaris sp.	Cidaris glopiceps T. 29/17	134
Tympanotomus margaritaceus	Cerithium margaritaceum T. 65/10	216
Tymponotomus submargaritaceus	Cerithium submargaritaceum T. 65/11	216
Uncinulus orbignyanus	Rhynchonella Orbignyana T. 10/9	73
Uncinulus parallelepipedus	Rhynchonella parallelepipeda T. 10/11	73
Uncinulus pila	Rhynchonella pila T. 10/8	73
Undispirifer undiferus	Spirifer undiferus T. 9/11	72
Unionites letticus	Anoplophora lettica T. 41/5	155
Uptonia jamesoni	Ammonites Jamesoni T. 47/7	171

Urasterella asperula	Roemeraster asperula T. 7/6	66
Uronectes fimriatus	Gampsonyx fimbricatus T. 17/7	94
Valettaster sp.	Sphaerites digitatus T. 28/23	132
Variamussium contrarius	Pecten contrarius T. 36/14	149
Variamussium pumilus	Pecten personatus T. 36/16	149
Variamussium pumilus	Pecten pumilus T. 36/16	149
Vermiceras spiratissimum	Ammonites spiratissimus T. 47/1	170
Viviparus suevicus	Paludina varicosa T. 66/13	218
Viviparus sussexiensis	Paludina fluviorum T. 43/19	163
Wattonithyris württembergica	Terebratula bullata T. 32/26	143
Weberides acuminata	Phillipsia acuminata T. 17/3	94
Xiphoroceras ziphus	Ammonites ziphus	171
Zanthopsis sonthofenensis	Xanthopsis Sonthofenensis T. 67/26	222
Zittelina orbis	Terebratula gutta T. 32/27	143
Zonites verticilloides	Helix subverticilla T. 67/7	221
Zugokosmoceras jason	Ammonites Jason T. 51/7	176
Zygopleura obsoleta	Chemnitzia obsoleta T. 43/29	163
Zygopleura zieteni	Turritella Zieteni T. 44/2	164

Drittregister

Ein Teil der Namen für Fossilien, die E. FRAAS 1910 im Erstdruck des «Petrefaktensammler» abgebildet hat, ist heute veraltet. Im folgenden Register sind in der linken Spalte die alten (T. 22/11 = Tafel 22, Figur 11) und in der rechten die heute gebräuchlichen Namen angegeben. Da die Figuren zum Teil stark stilisiert sind, wurde in Zweifelsfällen der bekanntere Gattungs- und/oder Artname gewählt. Figuren, die sich nicht deuten lassen, sind nicht ins Register aufgenommen. Artnamen, die früher groß, heute jedoch, wie alle Artnamen, klein geschrieben werden, wurden weggelassen.

Alter Name	Seite	Heutiger Name
Aceratherium sansaniense T. 70/1 u. 2	232	Aceratherium simorrense
Achilleum glomeratum T. 23/15	122	Myrmecium glomeratum
Acidaspis punctatus T. 16/13	93	Asteropyge punctata
Alaria bicarinata T. 44/13	165	Anchura bicarinata
Alaria subpunctata T. 44/14	165	Anchura subpunctata
Allerisma inflata T. 12/17	80	Allorisma inflata
Ammonites Aalensis T. 48/13	173	Pleydellia aalensis
Ammonites acanthicus	178	Aspidoceras acanthicum
Ammonites aequistriatus	173	Lytoceras aequistriatus
Ammonites affinis T. 47/18	172	Hudlestonia affinis
Ammonites Algovianus T. 48/14	173	Arieticeras algovianus
Ammonites alternans T. 50/14	176	Amoeboceras alternans
Ammonites anceps T. 51/5	176	Reineckei «anceps»
Ammonites angulatus T. 46/8	170	Schlotheimia angulata
Ammonites annularis T. 52/11	177	Peltoceras annularis
Ammonites annulatus T. 50/3	175	Dactylioceras commune
Ammonites armatus	171	Eoderoceras armatum
Ammonites arolicus T. 49/10	174	Trimarginites arolicus
Ammonites athleta T. 52/9	177	Peltoceras athleta
Ammonites auritus	175	Taramelliceras costatum
Ammonites bidentatus T. 49/12	174	Horioceras baugieri
Ammonites bifrons T. 48/18	173	Hildoceras bifrons
Ammonites bifurcatus T. 51, 8	176	Strenoceras subfurcatum
Ammonites bimammatus T. 52/10	178	Epipeltoceras bimammatum
Ammonites bipatitus T. 49/1	174	Distichoceras bipartitum
Ammonites biplex T. 52/2	177	Orthosphinctes laufenensis
Ammonites Birchii	171	Microderoceras birchi
Ammonites bispinosus	178	Aspidoceras bispinosum
Ammonites Blagdeni T. 50/6	175	Teloceras blagdeni
Ammonites Bodei T. 53/5	178	Parahoplites sp.
Ammonites Bollensis T. 50/4	175	Peronoceras fibulatum
Ammonites Braickenridgii T. 50/8	175	Normannites orbignyi
Ammonites brevispina	171	Acanthopleuroceras natrix
Ammonites Bronni T. 47/12	171	Polymorphites bronni
Ammonites Brooki	171	Caenisites brooki
Ammonites Bucklandi T. 47/2	171	Arietites bucklandi
Ammonites bullatus	175	Bullatimorphites bullatus
Ammonites canaliculatus T. 49/14	174	Ochetoceras canaliculatum
Ammonites capricornus T. 47/6	171	Promicroceras planicosta
Ammonites caprinus T. 52/12	177	Peltoceras caprinum
Ammonites Castor	176	Spinikosmoceras castor
Ammonites Charmassei T. 46/9	170	Charmasseiceras charmassei
Ammonites circumspinosus	178	Physodoceras circumspinosum

Ammonites colubrinus T. 52/4	177	Orthosphinctes colubrinus
Ammonites communis T. 50/2	175	Dactylioceras athleticum
Ammonites concavus T. 49/4	174	Graphoceras concavum
Ammonites convolutus T. 52/1	177	Grossouvria sp.
Ammonites Conybeari	170	Coroniceras conybeari
Ammonites cordatus T. 50/13	176	Cardioceras cordatum
Ammonites Cornelianus T. 53/3	178	Cheloniceras cornelianus
Ammonites corona	178	Euaspidoceras corona
Ammonites coronatus T. 50/6	175	Teloceras blagdeni
Ammonites costula	173	Dumortieria costula
Ammonites Davoei T. 47/13	171	Prodactylioceras davoei
Ammonites dentatus T. 49/11	174	Creniceras crenatum
Ammonites Deshayesi T. 53/7	178	Deshayesites deshayesi
Ammonites dilucidus T. 48/11	173	Lytoceras dilucidum
Ammonites discoideus	174	Polyplectus discoides
Ammonites duncani	176	Spinikosmoceras duncani
Ammonites elimatum T. 49/18	175	Haploceras elimatum
Ammonites Engelhardti	172	Amaltheus engelhardti
Ammonites Eseri T. 48/17	173	Esericeras eseri
Ammonites Eudoxus	177	Aulacostephanus eudoxus
Ammonites ferrugineus	176	Parkinsonia ferrugineus
Ammonites frimbriatus T. 48/7 u. 8	173	Lytoceras fimbriatum
Ammonites flexuosus T. 49/16	174	Taramelliceras costatum
Ammonites funatus T. 51/12	177	Homöoplanulites funatus
Ammonites fuscus T. 49/2	174	Oecotraustes fuscus
Ammonites geometricus T. 47/3	171	Arnioceras geometricum
Ammonites Germainii	173	Alocolytoceras germaini
Ammonites Gervillii T. 50/9	175	Emileia grandis
Ammonites gibbosus	172	Amaltheus sp.
Ammonites gigas	177	Gravesia gigas
Ammonites Goliathus	176	Goliathites goliathus
Ammonites Hauffianus	175	Taramelliceras hauffianum
Ammonites hecticus T. 49/9	174	Hecticoceras hecticum
Ammonites Henleyi T. 47/11	172	Liparoceras henleyi
Ammonites heterophyllus T. 48/4	173	Phylloceras heterophyllum
Ammonites heteropleurus T. 47/17	172	Platylenticeras heteropleurus
Ammonites hircinus T. 48/10	173	Pleurolytoceras hircinum
Ammonites hispidus	174	Ochetoceras hispidum
Ammonites Humphresianus T. 50/5	175	Stephanoceras sp.
Ammonites ibex T. 48/6	173	Tragphylloceras ibex
Ammonites insignis T. 48/2	172	Hammatoceras insigne
Ammonites involutus T. 52/6	177	Involuticeras involutum
Ammonites Jamesoni T. 47/7	171	Uptonia jamesoni
Ammonites Jason T. 51/7	176	Zugokosmoceras jason
Ammonites Johnstoni	170	Caloceras johnstoni
Ammonites jurensis T. 48/9	173	Pachylytoceras jurense
Ammonites lamberti T. 50/12	176	Quenstedtoceras lamberti
Ammonites lingulatus T. 49/17	175	Glochiceras lingulatum
Ammonites liparus T. 52/14	178	Aspidoceras liparum
Ammonites lithographicus T. 49/15	174	Taramelliceras prolithographicum
Ammonites Lochensis	175	Glochiceras sp.
Ammonites longispinus T. 52/16	178	Aspidoceras longispinum
Ammonites lunula T. 49/8	174	Lunuloceras lunula
Ammouites lynx	172	Oxynoticeras sp.
Ammonites Lythensis T. 49/7	174	Pseudolioceras lythense
Ammonites maculatus	171	Androgynoceras maculatum
Ammonites macrocephalus T. 50/11	175	Macrocephalites macrocephalus
Ammonites Mantelli T. 53/2	178	Mantelliceras mantelli
Ammonites margaritatus T 47/15	172	Amaltheus margaritatus
Ammonites Mariae	176	Quenstedtoceras mariae
Ammonites Masseanus T. 48/1	172	Tropidoceras masseanum
Ammonites Maugensti T. 47/9	171	Acanthopleuroceras maugenesti
Ammonites microstoma	175	Bullatimorphites microstom
Ammonites Murchisonae T. 49/5	174	Costileioceras sinon
Ammonites Murchisonae var. obtusa T 49/6	174	Ludwigia haugi
Ammonites mutabilis T. 51/11	176	Aulacostephanus circumplicatus
Ammonites natrix	171	Acanthopleuroceras natrix

Ammonites Nilsoni T. 48/5	173	Calliphylloceras nilsoni
Ammonites nimbatus	175	Glochiceras nibatum
Ammonites obtusus	171	Asteroceras obtusum
Ammonites Oegir	178	Euaspidoceras oegir
Ammonites opalinus T. 49/3	174	Leioceras opalinum
Ammonites ornatus T. 51/6	176	Spinikosmoceras spinosum
Ammonites ovalis T. 48/2b	172	Hammatoceras insigne
Ammonites oxynotus T. 47/14	172	Oxynoticeras oxynotum
Ammonites Parkinsoni T. 51/3	176	Parkinsonia parkinsoni
Ammonites peramplus T. 51/2	177	Lewesiceras peramplum
Ammonites perarmatus T. 52/15	178	Euaspidoceras perarmatum
Ammonites pettos T. 50/1	175	Coeloceras pettos
Ammonites pictus	174	Streblites levipictus
Ammonites pinguis	175	Taramelliceras costatum
Ammonites planicosta T. 47/6	171	Promicroceras planicosta
Ammonites planorbis T. 46/7	170	Psiloceras planorbis
Ammonites planula T. 52/7	177	Idoceras planula
Ammonites platynotus T. 51/10	177	Sutneria platynota
Ammonites Pollux	176	Spinikosmoceras pollux
Ammonites polgyratus T. 52/2	177	Orthosphinctes laufenensis
Ammonites polymorphus T. 51/4	176	Morphoceras multiforme
Ammonites polyplocus T. 52/5	177	Ataxioceras polyplocum
Ammonites Portlandicus T. 50/15	177	Gravesia gigas
Ammonites psilonotus T. 46/7	170	Psiloceras planorbis
Ammonites pulcher T. 53/8	178	Cheloniceras sp.
Ammonites quadratus T. 48/16	173	Grammoceras thouarsense
Ammonites radians T. 48/15	173	Pseudogrammoceras struckmanni
Ammonites raricostatus T. 47/5	171	Echioceras raricostatum
Ammonites Reinecki T. 51/10	177	Sutneria platynota
Ammonites Renauxianus T. 53/4	178	Pleurohoplites renauxianus
Ammonites Renggeri T. 49/11	174	Creniceras crenatum
Ammonites rhotomagensis T. 53/1	178	Acanthoceras rhotomagense
Ammonites rotiformis	171	Coroniceras rotiforme
Ammonites Sauzei T. 50/7	175	Otoites sauzei
Ammonites serrodens	172	Hudlestonia serrodens
Ammonites Sowerbyi T. 48/3	172	Sonninia sowerbii
Ammonites spinatus T. 47/16	172	Pleuroceras spinatum
Ammonites spinosus	172	Amaltheus sp.
Ammonites spiratissimus T. 47/1	170	Vermiceras spiratissimum
Ammonites stellaris	171	Asteroceras stellare
Ammonites stephanoides T. 51/9	177	Prorasenia stephanoides
Ammonites steraspis	175	Neochetoceras steraspis
Ammonites striolaris T. 52/3	177	Rasenia striolaris
Ammonites subclausus	174	Glochiceras subclausum
Ammonites tardefurcatus T. 53/6	178	Leymeriella tardefurcata
Ammonites Taylori T. 47/10	172	Phricodoceras taylori
Ammonites tenuilobatus T. 49/13	174	Streblites tenuilobatus
Ammonites tortisulcatus	173	Sowerbyceras tortisulcatum
Ammonites torulosus T. 48/12	173	Pachylytoceras torulosum
Ammonites trachnotus	175	Taramelliceras trachynotum
Ammonites transversarius T. 52/13	177	Gregoryceras transversarium
Ammonites trigonatus T. 48/2a	172	Hammatoceras insigne
Ammonites triplicatus T. 51/10	175	Homöoplanulites funatus
Ammonites tumidus T. 50/10	175	Pleurocephalites tumidus
Ammonites Turneri T. 47/4	171	Asteroceras obtusum
Ammonites Ulmensis T. 52/8	177	Lithacoceras ulmense
Ammonites Valdani T. 47/8	171	Acanthopleuroceras valdani
Ammonites varians T. 51/1	176	Schloenbachia varians
Ammonites velox	175	Acanthaecites velox
Ammonites zetes T. 48/4	173	Phylloceras heterophyllum
Ammonites ziphus	171	Xiphoroceras ziphus
Amphipora ramosa T. 5/2	60	Thamnopora sp.
Amplypterus macropterus T. 18/2	97	Rhabdolepis macropterus
Ampullaria gigas T. 43/24	163	Ampullina gigas
Ananchytes ovata T. 30/14	137	Echinocorys scutata
Ancyloceras elatum T. 53/12	179	Toxoceratoides royerianus
Ancylus deperditus T. 66/15	219	Pseudancylus deperditus

Annularia longifolia	46	Annularia stellata
Annularia sphenophylloides T. 2/7	46	Annularia radiata
Annularia tuberculata T. 2/9	46	Calamostachys tuberculata
Anomia semiglobosa T. 34/7	147	Anomia lamellosa
Anomopteris distans T. 19/4	110	Anotopteris distans
Anoplophora lettica T. 41/5	155	Unionites letticus
Anthracosia acuta T. 11/19	78	Carbonicola acuta
Apiocrinus mespiliformis T. 27/17	130	Millericrinus mespiliformis
Apiocrinus Milleri T. 27/14 u. 15	130	Millericrinus milleri
Apiocrinus rosaceus T. 27/16	130	Millericrinus muensterianus
Aporrhais granulosa T. 44/16	165	Drepanocheilus granulosus
Aprion stellatus T. 68/5	223	Aprionodon stellatus
Aptychus gracilicostatus T. 54/13	180	Laevilamellaptychus
Aptychus lamellosus T. 54/12	180	Lamellaptychus
Aptychus latus T. 54/9 u. 10	180	Laevaptychus
Aptychus Lythensis T. 49/7, T. 54/8	180	Cornaptychus
Aptychus psilonoti T. 46/7a	180	Anaptychus
Araucarioxylon keuperinum	112	Dadoxylon
Araucarioxylon saxonicum	51 u. 112	Dadoxylon
Arca securis T. 39/7	152	Grammatodon securis
Arca striata T. 11/17	78	? Parallelodon sp.
Arcestes cymbiformis T. 46/1	170	Johannites cymbiformis
Aspidosoma Tischbeinianum T. 7/5	66	Euzonosoma tischbeiniana
Astarte lenticularis T. 41/13	156	Eriphyla lenticularis
Asterias cilicea T. 28/9	131	Trichasteropsis cilicia
Asterias impressae T. 28/12–14	132	Tylasteria sp.
Asterias jurensis T. 28/11	132	Tylasteria sp.
Asterias lumbricalis T. 28/8	131	? Palaeocoma (Liegespur)
Asterias primaeva T. 28/15 u. 16	132	Staurandeaster primaevus
Asterophyllites longifolia T. 2/8	46	Annularia stellata
Asterophyllites sphenophylloides T. 2/7	46	Annularia radiata
Asteromorpha robusteseptata T. 25/15	126	Thamnasteria
Athyris concentrica Abb. 45	71	Athyris concentrica
Atrypa reticularis Abb. 46a u. d	72	Atrypa reticularis
Atrypa reticularis Abb. 46b, c u. e	72	Atrypa aspera
Atrypa reticularis T. 10/4	72	Desquamatia prisca
Avicula contorta T. 37/12	150	Rhaetavicula contorta
Avicula Cornueliana T. 37/15	150	Oxytoma cornueliana
Avicula crenato-lamellosa T. 11/3	77	Pterinea crenato-lamellosa
Avicula echinata T. 37/16	150	Meleagrinella echinata
Avicula inaequivalvis T. 37/13	150	Oxytoma inaequivalvis
Avicula Münsteri T. 37/14	150	Oxytoma muensteri
Avicula sinemuriensis T. 37/13	150	Oxytoma inaequivalvis
Avicula substriata T. 37/18	150	Meleagrinella substriata
Aviculopecten papyraceum T. 11/9	77	Dunbarella papyracea
Bactocrinus tenuis T. 6/6	64	Bactocrinus fusiformis
Belemnites acuarius T. 55/4	182	Salpingoteuthis tubularis
Belemnites acuarius macer T. 55/5	182	Salpingoteuthis acuarius macer
Belemnites acutus T. 55/1	182	Nannobelus acutus
Belemnites breviformis T. 55/3	182	Brachybelus gingensis
Belemnites brevirostris T. 55/2	182	Odontobelus brevirostris
Belemnites brevis primus T. 55/1	182	Nannobelus acutus
Belemnites brunsvicensis T. 56/7	183	Oxyteuthis brunsvicensis
Belemnites calloviensis T. 56/3	183	Hibolites calloviensis
Belemnites clavatus T. 55/7	182	Hastites clavatus
Belemnites digitalis T. 55/5	182	Dactyloteuthis irregularis
Belemnites fusiformis T. 56/1	183	Belemnopsis fusiformis
Belemnites giganteus T. 55/15–17	183	Megateuthis giganteus
Belemnites gingensis T. 55/3	182	Brachybelus gingensis
Belemnites hastatus T. 56/2	183	Hibolites hastatus
Belemnites macer T. 55/5	182	Salpingoteuthis acuarius macer
Belemnites minimus T. 56/8	183	Neohibolites minimus
Belemnites mucronatus T. 56/11	183	Belemnitella mucronata
Belemnites paxillosus T. 55/12	182	Passaloteuthis paxillosus
Belemnites pistiformis T. 56/5	183	Pseudobelus pistiformis
Belemnites pressulus T. 55/10 u. 11	182	Hibolites pressulus

Belemnites pygmaeus T. 55/9	182	Dactyloteuthis irregularis
Belemnites quadratus T. 56/10	183	Actinocamax quadratus
Belemnites spinatus T. 55/4	183	Homaloteuthis spinatus
Belemnites Strombecki T. 56/6	183	Neohibolites wollemanni
Belemnites subclavatus T. 55/8	183	Hastites subclavatus
Belemnites subquadratus T. 56/4	183	Acroteuthis subquadratus
Belemnites tripartitus T. 55/13	182	Odontobelus pyramidalis
Belemnites ultimus T. 56/9	183	Neohibolites minimus var. ultimus
Bellerophon macrostoma T. 13/3	83	Patellostium macrostoma
Bellerophon Urii T. 13/4	83	Euphemites urii
Bos priscus T. 70/10 u. 11	235	Bison priscus
Bourguetocrinus ellipticus T. 28/2	130	Bourgueticrinus ellipticus
Branchiosaurus amblystomus T. 18/3	99	Branchiosaurus flagrifer
Bronteus alutaceus T. 16/6	93	Scutellum alutaceus
Bronteus granulatus T. 16/7	93	Scutellum flabelliferum
Buccinum bullatum T. 65/20	217	Northia bullata
Bythinia tentaculata T. 66/30	219	Bulimus tentaculatus
Calamites arborescens	46	Diplocalamites carinatus
Calamites ramosus T. 2/6	46	Diplocalamites carinatus
Calamites Suckowi T. 2/5	46	Stylocalamites suckowi
Calamopora polymorpha T. 5/3	58	Thamnopora cervicornis
Calcarina calcitrapoides	116	Siderolites calcitrapoides
Camarophoria formosa T. 10/6	73	Calvinaria formosa
Camarophoria Schlotheimi T. 10/7	73	Stenocisma schlotheimi
Capulus naticoides T. 13/18	84	Praenatica naticoides
Capulus priscus T. 13/16	84	Platyceras priscus
Capulus trilobatus T. 13/17	84	Platyceras trilobatus
Cardinia donacina T. 41/7	155	Cardinia concinna
Cardinia Listeri T. 41/6	155	Cardinia listeri
Cardita crenata T. 41/16	156	Palaeocardita crenata
Cardita Dunkeri T. 64/2	212	Cardita dunkeri
Cardiata Jouaneti T. 64/3	212	Cardiata jouaneti
Cardium productum T. 42/3	159	Cardium sp.
Cardium tenuisulcatum T. 64/5	212	Laevicardium cingulatum
Celtis crenata T. 60/14	205	Grewia crenata
Ceratites binodosus	169	Paraceratites binodosus
Ceratites Buchi T. 45/6 u. 7	169	Beneckeia buchi
Ceratites Cassianus T. 46/6	170	Tirolites cassianus
Ceratites dorsoplanus T. 45/10	169	Discoceratites dorsoplanus
Ceratites semipartitus T. 45/9	169	Discoceratites semipartitus
Ceratites trinodosus	169	Paraceratites trinodosus
Cerithium dentatum T. 65/12	216	Cerithium intradentatum
Cerithium laevissimum T. 65/8	216	Potamides laevissimus
Cerithium margaritaceum T. 65/10	216	Tympanotomus margaritaceus
Cerithium muricatum T. 44/5	164	Procerithium muricatum
Cerithium plicatum T. 65/9	216	Pirenella plicata
Cerithium submargaritaceum T. 65/11	216	Tymponotomus submargaritaceus
Cerithium turritella T. 44/6	164	Promathildia turritella
Cerithium vetustum T. 44/4	164	Cerithinella armata
Cervus furcatus * T. 70/8	234	Euprox furcatus
Cestracion *	188	Heterodontus
Chaetetes polporus T. 26/1	138	Chaetetopsis sp.
Chemnitzia obsoleta T. 43/29	163	Zygopleura obsoleta
Chiton priscus *	83	Helminthochiton priscus
Chonella tenuis T. 22/18	120	Chonella tenuis
Chonetes dilatata T. 8/9	70	Eodevonaria dilatata
Chonetes sarcinulata T. 8/8	70	Chonetes plebejus
Chonetes sarcinulata T. 8/8a	70	Eodevonaria dilatata
Choriastraea dubia T. 25/9	125	Latomeandra dubia
Choristoceras Marschi T. 46/5	170	Choristoceras marshi
Cidaris coronata T. 29/1–7	134	Plegiocidaris coronata
Cidaris filograna T 29/14	134	Paracidaris filograna
Cidaris florigemma T. 29/12 u. 13	134	Paracidaris florigemma
Cidaris glopiceps T. 29/17	134	?Tylocidaris sp.
Cidaris grandaeva T. 29/8	134	Plegiocidaris grandaevus
Cidaris maxima T. 29/18 u. 19	134	Megacidaris horrida

Cidaris nobilis T. 29/20 u. 21	134	Rhabdocidaris nobilis
Cidaris propinqua T. 29/15	134	Plegiocidaris propinqua
Cidaris pustilifera T. 29/22	134	Rhabdocidaris orbignyana
Cidaris spinosa T. 29/24	134	Polycidaris spinulosa
Cidaris vesicularis T. 29/16	134	Stereocidaris vesiculosa
Cinnamomum Scheuchzeri T. 60/6	205	Cinnamomum lanceolatum
Cladiscites tornatus T. 46/3	170	Cladiscites subtornatus
Clausilia bulimoides T. 66/32	220	Eualopia bulimoides
Clausilia suturalis T. 66/33	220	Triptychia suturalis
Clupea ventricosa T. 68/20	225	Clupea humilis
Clymenia undulata T. 14/10	90	Kosmoclymenia undulata
Cnemidiastrum rimulosum T. 22/13	119	Cnemidiastrum rimulosum
Cnemidiastrum stellatum T. 22/14	119	Cnemidiastrum stellatum
Coeloptychium agaricoides T. 23/9	121	Coeloptychium agarcoides
Coelosmilia centralis T. 25/1	124	Parasmilia centralis
Columbella curta T. 65/21	217	Pterygia curta
Comatula pinnata *	130	Comatula pinna
Conoclypeus conoides T. 61/7	208	Conoclypus conoides
Conocephalites Geinitzii T. 16/1	92	Euloma geinitzi
Conocephalites Sulzeri *	92	Conocoryphe sulzeri
Conularia anomala *	84, 85	Diconularia sp.
Corbula gregaria T. 42/20	160	Myophoriopsis gregaria
Corbula Keuperiana T. 42/22	161	Myophoriopsis keuperiana
Corbula Sandbergeri T. 42/21	160	Myophoriopsis sandbergeri
Corynella astrophora T. 23/13	121	Corynella quenstedti
Coscinopora infundibuliformis T. 23/5	121	Coscinopora agaricoides
Cottus brevis T. 68/19	225	Gobius multipinnatus
Crania ingabergensis T. 31/6	140	Isocrania ignaburgensis
Crioceras ellipticum T. 53/11	179	? Anisoceras sp.
Crioceras variabile 53/15	179	Crioceratites sp.
Cristellaria suprajurassica T. 22/5	116	Lenticulina sp.
Cucullaea concinna T. 39/9	153	Grammatodon concinna
Cucullaea Münsteri T. 39/8	153	Idonearca münsteri
Cupressites haliostychus T. 21/6	112	Arthrotaxites haliostichus
Cyathophyllum caespitosum T. 4/3	57	Disphyllum caespitosum
Cyathophyllum heliantoides T. 4/1	57	Dohmophyllum helianthoides
Cyathophyllum hexagonum T. 4/2	57	Hexagonaria sp.
Cyathophyllum vermiculare T 4/4	57	Acanthophyllum vermiculare
Cyclostoma antiquum T. 67/3	220	Pomatias antiquum
Cyclostoma bisulcatum T. 67/4	220	Pomatias bisulcatum
Cyclostoma conicum T. 67/6	220	Tudorella conica
Cyclostoma consobrinum T. 67/5	220	Pomatias consobrinum
Cylindrophyma milleporata T. 22/17	120	Cylindrophyma milleporata
Cypellia dolosa T. 23/8	121	Cypellia dolosa
Cyphosoma granulosa T. 29/27	135	Phymosoma granulosa
Cypraea subexcisa T. 65/6	217	Eocypraea subexcisa
Cyrena ovalis T. 41/19	156	Corbicula sp.
Cyrena semistriata T. 64/7	212	Polymesoda convexa
Cyrtocerasdepressum T. 14/6	88	Cyrtoceratites depressus
Cytherea incrassata T. 64/9	213	Meretrix incrassata
Cytherea splendida T. 64/10	213	Meretrix splendida
Dacosaurus maximus T. 59/11	195	Dakosaurus maximus
Dalmania tuberculata T. 17/1 u. 2	93	Odontochile tuberculata
Davidsonia verneuili T. 8/7	70	Davidsonia verneuili
Dentalium laeve T. 43/1	161	Entalis laevis
Diadema arietis T. 29/9	135	Miocidaris arietis
Diadema criniferum T. 29/11	135	Mesodiadema criniferum
Diadema minutum T. 29/10	135	Eodiadema minutum
Diadema subangulare T. 29/26	135	Diplopodia subangulare
Dicroceras furcatus T. 70/8 u. 9	233	Euprox furcatus
Dimorphastraea concentrica T. 25/14	126	Dimorphastrea concentrica
Dinotherium giganteum T. 71/3	235	Deinotherium giganteum
Diplocynodon T. 69/1	226	Tomistoma sp.
Diplograptus palmeus T. 5/8	60	Diplograptus sp.
Discina papyracea *	140	Discinisca papyracea
Discoidea cylindrica T. 30/3	136	Camerogalerus cylindrica

Discoidea subulcus T. 30/5	136	Discoides subucula
Discorbina globosa T. 22/8	116	Discorbis sp.
Doryderma infundibuliforme T. 22/19	120	Pachytilodia infundibuliforme
Dreissensia Brardi T. 63/7	211	Dreissena brardi
Dreissensia clavaeformis T. 63/6	211	Dreissena clavaeformis
Dysaster carinatus T. 30/12	136	Collyrites carinata
Echinobrissus scutatus T. 30/10	136	Nucleolites clunicularis
Echinoconus abbreviatus T. 30/7	136	Conulus abbreviatus
Echinoconus albogalerus T. 30/8	136	Conulus albogalerus
Echinolampas Kleinii T. 61/8	208	Echinolampus kleini
Echinus lineatus T. 30/2	135	Stromechinus lineatus
Echinus nodulosus T. 30/1	135	Magnosia nodulosa
Elasmostoma consobrinum T. 23/14	121	Elasmostoma babtismalis
Elasmostoma peziza T. 23/18	121	Elasmostoma peziza
Elephas antiquus T. 71/5	235	Loxodonta antiqua
Elephas primigenius T. 71/6	235	Mammuthus primigenius
Enalohelia compressa T. 24/3	123	Enallhelia compressa
Encrinus Kunischi T. 27/2	128	Dadocrinus kunischi
Entomis serratostriata T. 17/6	94	Richteria serratostriata
Epismilia cuneata T. 25/3	125	Montlivaltia cuneata
Equisetum arenaceum T. 21/3–5	111	Equisetites arenaceus
Equisetum Meriani T. 21/1	111	Neocalamites meriani
Equisetum Meriani T. 21/2	111	Equisetites latecostatus
Eryma leptodactylina T. 57/6	186	Eryma modestiformis
Eryma Mandelslohi T. 57/8	186	Erymastacus ornati
Eschara cepha T. 26/17	139	Stellocavea sp.
Estheria Baentschiana T. 17/5	94	Leaia baentschiana
Estheria laxitexta T. 57/2	185	Isaura laxitexta
Estheria minuta T. 57/1	185	Isaura minuta
Eucalyptocrinus rosaceus T. 7/1	65	Eucalyptocrinites rosaceus
Eugeniacrinus * caryophyllatus T. 27/10	129	Eugeniacrinites caryophyllatus
Eugeniacrinus Hoferi T. 27/11	129	Eugeniacrinites hoferi
Euomphalus circinalis T. 13/12	84	Straparollus circinalis
Euomphalus Goldfussii T. 13/11	83	Euomphalus goldfussi
Euomphalus laevis T. 13/13	84	Philoxene laevis
Exogyra auriformis T. 35/3	147	Exogyra nana
Exogyra Couloni T. 35/4	147	Exogyra «couloni»
Exogyra spiralis T. 35/2	147	Exogyra nana
Favosites basaltiformis T. 4/7	58	Favosites basalticus
Favosites polymorphus T. 5/3	58	Thamnopora cervicornis
Ficula condita T. 66/5	218	Ficus conditus
Frondicularia solea T. 22/6	116	Neoflabellina sp.
Fusus coronatus T. 44/19	165	Tudicla coronata
Fusus crispus T. 65/22	217	Euthriofusus crispus
Fusus eximius T. 65/23	217	Aquilofusus luneburgensis
Fusus lyra T. 65/24	217	Pseudoneptunea brevicauda
Galerites depressus T. 30/4	136	Holectypus depressus
Galeocerdo latidens T. 68/4	223	Galerocerdo aduncus
Gampsonyx fimbricatus T. 17/7	94	Uronectes fimriatus
Geoteuthis bollensis T. 56/13	184	Belopeltis aalensis
Gervillia Albertii T. 38/1	150	Bakevellia albertii
Gervillia certophaga T. 11/10	77	Bakevellia certophaga
Gervillia pernoides T. 38/4	150	Gervillella pernoides
Gervillia socialis T. 38/8	150	Hoernesia socialis
Gervillia subcostata T. 38/2	150	Bakevellia subcostata
Glandina inflata T. 66/16	220	? Poiretia gracilis
Glaukonia strombiformis T. 44/1	163	Paraglauconia strombiformis
Gomphoceras inflatum T. 14/7	88	«Gomphoceras» inflatum
Goniaster regularis T. 28/10	131	Metopaster parkinsoni
Goniatites bidens T. 15/12	90	Sporadoceras muensteri
Goniatites compressus T. 15/3	90	Gyroceratites gracilis
Goniatites inconstans T. 15/4	90	Agoniatites occultus
Goniatites intumescens T. 15/6	90	Manticoceras intumescens
Goniatites Jugleri T. 15/5	90	Pinacites jugleri

Goniatites lateseptatus T. 15/1	90	Anarcestes lateseptatus
Goniatites lunulicosta T. 15/11	90	Pharciceras lunulicosta
Goniatites Münsteri T. 15/12	90	Sporadoceras muensteri
Goniatites occultus T. 15/4	90	Agoniatites occultus
Goniatites multilobatus T. 15/13	90	Beloceras multilobatum
Goniatites retrorsus T. 15/9	90	Tornoceras sp.
Goniatites retrorsus T. 15/10	90	Manticoceras sp.
Goniatites simplex T. 15/8	90	Tornoceras simplex
Goniatites subnautilinus T. 15/2	90	Platyclymenia subnautilina
Goniatites terebratus T. 15/7	90	Maeniceras terebratum
Goniomya anguliferea T. 42/14	160	Goniomya literata
Goniomya consignata T. 42/15	160	Goniomya designata
Grammysia anomala T. 12/16	80	Grammysia bisulcata
Graptolites colonus T. 5/6	60	Monograptus colonus
Graptolites Geinitzianus T. 5/9	60	Retiolites geinitzianus
Graptolites Linnei T. 5/10	60	Rastrites linnei
Graptolites Nilssoni T. 5/5	60	Monograptus nilssoni
Graptolites palmeus T. 5/8	60	Diplograptus sp.
Graptolites priodon T. 5/4	60	Monograptus priodon
Graptolites turriculatus T. 5/7	60	Monograptus turriculatus
Gryphaea vesicularis T. 35/9	147	Pycnodonte vesicularis
Guettardia trilobata T. 23/4	121	Guettarddiscyphia trilobata
Gyroceras nodosum T. 14/8	88	Pleuronoceras nodosum
Gyroporella annulata T. 19/1	109	Diplopora annulata
Halyserites Dechenianus *	42	Taeniocardia decheniana
Hamites bifurcati T. 53/9 u. 10	179	Spiroceras bifurcati
Hamites elegans T. 53/16	179	Hamites attenuatus
Heliolites porosa T. 4/6	58	Heliolites porosus
Helix carinulata T. 67/18	221	Trichia kleini
Helix crepidostoma T. 67/9	221	Prachloraea oxytoma
Helix deflexa T. 67/12	221	Cepaea alloiodes
Helix Ehingensis T. 67/10	221	Calactochilus inflexum
Helix fruticum T. 67/20	221	Fruticicola fruticum
Helix hispida T. 67/21	221	Trichia hispida
Helix hortensis T. 67/19	221	Cepaea hortensis
Helix inflexa T. 67/17	221	Tropidomphalus incrassatus
Helix insignis T. 67/14	221	Campylaea insignis
Helix osculum T. 67/13	221	Klikia osculum
Helix oxystoma T. 67/11	221	Cepea rugulosa
Helix rugulosa T. 67/8	221	Cepea rugulosa
Helix subverticilla T. 67/7	221	Zonites verticilloides
Helix sylvana T. 67/15	221	Cepaea sylvestrina
Helix sylvestrina T. 67/16	221	Cepaea silvana
Hercoceras subtuberculatus T. 14/9	88	Nassauoceras subtuberculatum
Heteroceras polyplocum T. 54/6	180	Bostrychoceras polplocum
Heteroceras Reussianum T. 54/7	180	Hyphantoceras reussianum
Hexacrinus elongatus T. 6/4	64	Hexacrinites elongatus
Hexacrinus spinosus T. 6/5	64	Hexycrinites spinosus
Hinnites comptus T. 36/7	148	Newaagia noetlingi
Homalonotus planus T. 16/4	92	Dipleura plana
Hyaena spelaea T. 72/6	236	Crocuta crocuta spelaea
Hyalotragos patella T. 22/15	120	Hyalotragos patella
Hyalotragos pezizoides T. 22/16	120	Hyalotragos pezizoides
Hypodus rugosus T. 57/18	189	Hypodus polycyphus
Ichthyosaurus quadriscissus *	194	Stenopterygius quadriscissus
Inoceramus fuscus T. 38/8	151	Inoceramus polyplocus
Inoceramus laevigatus T. 38/8	151	Inoceramus polyplocus
Isastraea crassisepta T. 24/7	124	Isastrea helianthoides crassiseptata
Isastraea explanata T. 24/8	124	Isastrea explanata
Isastraea explanata T. 24/8	124	Isastrea explanata
Ischnium T. 59/1	191	Chirotherium-Fährte
Ischnium sphaerodactylum	99	Ichnium sphaerodactylum
Isocardia rostrata T. 41/21	156	Rollierella sp.
Kirchneria rhomboidalis T. 19/8	110	Thinnfeldia rhomboidalis
Kolchia capuliformis T. 11/5	77	Kochia capuliformis

Lamna T. 68/10	223	Odontaspis
Lamna Abb. 130	224	Isurus
Lamna contortidens T. 68/6	224	Odontaspis acutissima
Lamna crassidens T. 68/7	224	Odontaspis crassidens
Latimaeandra Sömmeringi T. 24/9	125	Microphyllia soemmeringi
Latusastraea alveolaris T. 24/6	124	Latusastrea alveolaris
Leda claviformis T. 39/19	153	Nuculana claviformis
Leda complanata T. 39/18	153	Nuculana complanata
Leda Deshayesiana T. 63/13	211	Nuculana deshayesiana
Leperditia T. 17/4	94	Leperditia eifelianus
Lepidodendron * dochotomum T. 3/3	47	Lepidodendron ?aculeatum
Lepidodendron Veltheimianum T. 3/1	47	Lepidodendron veltheimi
Lepidotus giganteus T. 58/14	190	Lepidotus maximus
Lepus tumidus T. 71/2	236	Lepus europaeus
Lima canalifera T. 36/5	148	Pseudolimea canalifera
Lima dupla T. 36/3	148	Pseudolimea dupla
Lima Hoferi T. 36/6	148	Plagiostoma hoperi
Lima lineata T. 35/12	148	Plagiostoma lineata
Lima pectiniformis T. 36/2	148	Ctenostreon pectiniformis
Lima punctata T. 36/1	148	Plagiostoma punctata
Lima semisulcata T. 36/4	148	Limatula decussata
Lima striata T. 35/13	148	Plagiostoma striata
Limnaeus dilatatus T. 66/17	219	Radix socialis dilatata
Limnaeus palustris T. 66/19	219	Galba palustris
Limnaeus pereger T. 66/20	219	Radix peregra
Limnaeus socialis T. 66/18	219	Radix socialis
Lithodendron clathratum T. 24/10	124	Thecosmilia clathrata
Lithodendron trichotomum T. 24/11	124	Thecosmulia trichotomum
Litorinella acuta T. 66/10 u. 11	218	Hydrobia elongata
Litorinella utriculosa T. 66/12	218	Amnicola pseudoglobulus
Lucina numismalis T. 42/2	159	Lucina lamellosa
Lucina plana T. 42/1	159	Mesomiltha plana
Lucina proavia T. 12/8	80	Paracyclas proavia
Lucina rugosa T. 12/7	80	Paracyclas rugosa
Lucina tenuistria T 64/4	212	Saxolucina tenuistria
Lunulicardium ventricosum T. 12/9	80	Praecardium ventricosum
Macrocheilus arculatus T. 13/19	84	Strobeus arculatus
Manon peziza T. 23/18	122	Elasmostoma peziza
Margarita radiatula T. 43/28	162	Margarites radiatulus
Mastodon angustidens T. 71/4	235	Trilophodon angustidens
Masurpites ornatus T. 28/1	130	Marsupites testudinarius
Magalodon abbreviatus T. 12/6	79	Megalodon cucullatus
Megalodon triqueter T. 41/17	156	Neomegalodon triqueter
Megerlea pectunculus T. 33/28	145	Trigonella pectunculus
Melania Escheri * T. 66/6	218	Brotia escheri grossecostata
Melanopsis tabulata T. 66/8	218	Simsinus pictus tabulatus
Meletta sardinites T. 68/15	225	Clupea sardinites
Mespilocrinus macrocephalus *	129	?Balanocrinus sp.
Metopias diagnosticus * T. 59/2	192	Metoposaurus diagnosticus
Microbatia coronula T. 25/12	125	Microbacia cornula
Millericrinus mespiliformis T. 27/17	129	Millericrinus mespiliformis
Millericrinus milleri T. 27/14	129	Millericrinus milleri
Millericrinus milleri T. 27/15	129	Millericrinus sp.
Millericrinus rosaceus T. 27/16	129	Millericrinus muensterianus
Modiola gregaria T. 39/3	152	Modiolus bipartitus
Modiola micans T. 63/4	211	Acroperna micans
Modiola minuta T. 39/2	151	Modiolus minutus
Modiola modiolata T. 39/3	151	Modiolus bipartitus
Modiola plicata T. 39/4	152	Pharomytilus sowerbyanus
Monograptus colonus T. 5/6	60	Monograptus colonus
Monograptus nilssoni T. 5/5	60	Monograptus nilssoni
Monograptus priodon T. 5/4	60	Monograptus priodon
Monograptus turriculatus T. 5/7	60	Monograptus turriculatus
Montlivaultia Delabechii	124	Montlivaltia delabechi
Montlivaultia helianthoides T. 24/4	124	Montlivaltia helianthoides
Montlivaultia obconica T. 24/5	124	Montlivaltia obconica

Myacites abductus T. 42/19	160	Gresslya abducta
Myacites gregarius T. 42/18	160	Gresslya gregaria
Myacites liasinus T. 42/17	160	Pleuromya liasina
Myacites musculoides T. 42/16	160	Pleuromya musculoides
Myliobatis toliapicus T. 68/12	224	Myliobatis serratus
Myophoria fallax T. 40/1	154	Myophoria costata
Myophoria inflata T. 12/3	79	Eoschizodus inflatus
Myophoria postera T. 40/12	154	Myophoria inflata
Myophoria truncata T. 12/2	79	Eoschizodus truncatus
Myrmecium glomeratum T. 23/15	121	Myrmecium sp.
Myrmecium rotula T. 23/16	121	Myrmecium hemisphaericum
Mytilus amplus *	152	Trichites amplus
Mytilus Faujasii T. 63/2	210	Modiolus faujasi
Natica gregaria T. 43/21	163	Omphaloptycha gregaria
Natica micromphalus T. 65/2	215	Polinices catena achatensis
Natica pulla T. 43/22	163	Neriataria pulla
Nautilus aganiticus T. 45/3	167	Pseudaganides aganiticus
Nautilus bidorsatus * T. 45/1	166	Germanonautilus bidorsatus
Nautilus franconicus T. 45/3	167	Pseudaganides aganticus
Nautilus striatus T. 45/2	166	Cenoceras striatum
Nereites Sedgwicki T. 5/11	67	Nereites thuringiacus
Nerinea bruntrutana T. 44/9	164	Pygmatis bruntrutana
Nerinea pyramidalis T. 44/8	164	Trochalia pyramidalis
Nerinea subbruntrutana T. 44/10	164	Pygmatis subbruntrutana
Nerinea succedens T. 44/11	164	Trochalia succedens
Nerita jurensis T. 43/25	163	Neritopsis jurensis
Nerita spirata T. 43/23	163	Neritaria spirata
Neritina crenulata T. 66/14	219	Theodoxus crenulatus
Neuropteris Brongnarti T. 1/5	43	Linopteris brongniarti
Neuropteris flexuosa T. 1/4	43	Imparipteris ovata
Neuropteris remota T. 19/4	110	Anotopteris distans
Nodosaria communis T. 22/1	116	Dentalina sp.
Nodosaria pyramidalis T. 22/3	116	Nodosaria sp.
Nodosaria raphanus T. 22/2	116	Nodosaria sp.
Notidanus Münsteri T. 57/13	188	Hexanchus muensteri
Notidanus primigenius T. 68/1	223	Hexanchus primigenius
Nucula claviformis T. 39/19	153	Nuculana claviformis
Nucula complanata T. 39/18	153	Nuculana complanata
Nucula cornuta T. 11/13	78	? Ctenodonta cornuta
Nucula Försteri T. 39/17	153	Nuculana försteri
Nucula Hammeri T. 39/13	153	Palaeonucula hammeri
Nucula Krotonis T. 11/15	78	Ctenodonta krotonis
Nucula lacrymae T. 3§/16	153	Nuculana lacryma
Nucula Maueri T. 11/14	78	Ctenodonta maueri
Nucula palmae T. 39/12	153	Palaeonucula palmae
Nucula solenoides T. 11/16	78	Nuculites solenoides
Nucula variabilis T. 39/14 u. 15	153	Palaeonucula variabilis
Nummulites exponens T. 61/4	207	Assilina exponens
Nummulites papyraceus T. 61/3	207	Discocyclina papyracea
Odontopteris obtusa T. 1/3	43	Odontopteris subcrenulata
Olenus frequens T. 16/3	92	Bavarilla hofensis
Olenus Hofensis T. 16/2	92	Parabolina frequens
Onychites amalthei T. 54/14	180	«Onychites»
Onychites rostratus T. 54/15	180	«Onychites»
Ophiocoma ventrocarinata T. 28/7	131	Palaeocoma escheri
Ophiura Egertoni T. 28/4	131	Palaeocoma sp.
Ophiura Ludeni T. 28/5	131	Aspidura ludeni
Ophiura ventrocarinata T. 28/7	131	Palaeocoma escheri
Opis lunulata T. 41/15	156	Coelopis lunulata
Oppelia sp. mit Aptychus T. 54/11	180	Taramelliceras mit Lamellaptychus
Orbicula papyracea *	140	Discinisca papyracea
Orbitolina convava	116	Orbitolites concava
Oreaster primaevus T. 28/15 u. 16	132	Staurandeaster primaevus
Orthis Eifeliensis T. 8/3	69	Aulacella prisca

Orthis striatula T. 8/2	69	Schizophoria striatula
Orthis vulvaria *	69	Schizophoria vulvaria
Orthoceras gracilis T. 14/12	88	Bactrites gracilis
Orthoceras lineare T. 14/1	87	Kionoceras planicanaliculatum
Orthoceras nodulosum T. 14/5	88	Spyroceras nodulosum
Orthoceras planiseptatum T. 14/2	87	Geisonoceras planiseptatum
Orthoceras rapiforme T. 14/4	87	Geisonoceras rapiforme
Orthoceras triangulare T. 14/3	88	Jovellania triangulare
Ostrea carinata T. 34/9	147	Arcostrea carinata
Ostrea complicata T. 34/1	146	Enantiostreon difforme
Ostrea cristagalli T. 34/5	146	Lopha marshi
Ostrea eduliformis T. 34/4	146	Liostrea eduliformis
Ostrea flabellata T. 34/8	147	Ostrea diluviana
Ostrea Giengensis T. 62/5	210	Crassostrea giengensis
Ostrea gregaria T. 34/6	147	Arctostrea gregaria
Ostrea hastellata T. 34/6	147	Arctostrea gregaria
Ostrea hastellata T. 34/6	147	Arctostrea gregaria
Ostrea laciniata T. 34/10	147	Ostrea armata
Ostrea Marshi T. 34/5	146	Lopha marshi
Ostrea multicostata T. 34/3	146	Enantiostreon multicostatum
Ostrea semiglobosa T. 34/7	147	Anomia lamellosa
Ostrea sessilis T. 34/2	146	Placunopsis ostracina
Otodus appendiculatus T. 57/24	189	Isurus appendiculatus
Oxyrhina hastalis T. 68/8	224	Isurus hastalis
Pachypora cristata T. 5/1	60	Striatopora devonica
Pachyteichisma lopas T. 23/6	121	Pachyteichisma lopas
Paloplotherium *	231	Plagiolophus
Paludina fluviorum T. 43/19	163	Viviparus sussexiensis
Paludina varicosa T. 66/13	218	Viviparus suevicus
Panopaea Albertii T. 42/8	160	Homomya albertii
Panopaea Heberti T. 64/11	214	Panopea menardi
Pecopteris arborescens * T. 1/7	43	Asterotheca arborescens
Pecopteris Schönbeiniana T. 19/6	110	Pecopteris schoenleiniana
Pecopteris Stuttgartiensis T. 19/5	110	Lepidopteris stuttgartiensis
Pecten aequicostatus T. 37/7	149	Neithea aequicostata
Pecten Albertii T. 36/8	149	Chlamys albertii
Pecten Beaveri T. 37/6	149	Chlamys sp.
Pecten cingulatus T. 37/3	149	Entolium cornutum
Pecten contrarius T. 36/14	149	Variamussium contrarius
Pecten curvatus T. 37/10	149	Camptonectes virgatus
Pecten decussatus *	210	Chlamys decussata
Pecten demissus T. 36/17	149	Entolium demissum
Pecten discites T. 36/9	149	Entolium discites
Pecten glaber T. 36/12	149	Chlamys glaber
Pecten grandaevus T. 11/11	77	? Aviculopecten grandaevus
Pecten laevigatus T. 36/10	149	Pleuronectites laevigatus
Pecten lens T. 37/1	149	Camptonectes lens
Pecten Menkii T. 62/7	210	Chlamys hausmanni
Pecten Münsteri T. 62/6	210	Chlamys münsteri
Pecten palmatus T. 62/10	210	Aequipecten palmatus
Pecten personatus T. 36/16	149	Variamussium pumilus
Pecten pictus T. 62/9	210	Chlamys pictus
Pecten priscus T. 36/13	149	Chlamys priscus
Pecten pumilus T. 36/16	149	Variamussium pumilus
Pecten quadricostatus T. 37/8	149	Neithea gibbosa
Pecten quinquecostatus T. 37/9	149	Neithea quinquecostatus T
Pecten septemplicatus T. 37/11	149	Chlamys septemplicatus
Pecten subarmatus T. 37/5	149	Chlamys subarmatus
Pecten subspinosus T. 37/4	149	Spondylopecten roederi
Pecten textorius T. 36/15	149	Chlamys textorius
Pecten Valoniensis T. 36/11	149	Chlamys acutauritus
Pecten velatus T. 37/2	149	Eopecten velatus
Pectunculus angusticostatus T. 63/9	211	Glycymeris angusticostatus
Pectunculus dux T. 39/10	153	Glycymeris dux
Pectunculus Geinitzi T. 39/11	153	Glycymeris geinitzi
Pectunculus lunulatus T. 63/11	211	Glycymeris lunulatus

Pectunculus obovatus T. 63/10	211	Axinea obovata
Pentacrinus Abb. 81	128	Metacrinus
Pentacrinus basaltiformis T. 24/4	129	Isocrinus basaltiformis
Pentacrinus Briareus T. 27/13	129	Pentacrinites fossilis
Pentacrinus Bronni T. 27/9	129	Isselicrinus buchi
Pentacrinus cingulatus T. 27/8	129	Balanocrinus cingulatus
Pentacrinus cristagalli T. 27/6	129	Isocrinus cristagalli
Pentacrinus subangularis T. 27/5	129	Seirocrinus subangularis
Pentacrinus subteres T. 27/7	129	Balanocrinus cingulatus
Pentacrinus tuberculatus T. 27/3	129	Isocrinus tuberculatus
Pennaeus speciosus *	186	Antrimpos speciosus
Pentamerus galeatus T. 10/5	73	Gypidula biplicata
Pentremites Eifelensis T. 7/2	66	Cordyloblastus eifelensis
Perna mytiloides T. 39/1	151	Isognomon isognomoides
Perna Sandbergeri T. 63/1	210	Isognomon sandbergeri
Peronella cylindrica T. 23/10	121	Peronidella cylindrica
Peronella furcata T. 23/17	121	Peronidella furcata
Petalia longialata *	187	Cymatophlebia longialata
Phasianella striata T. 43/30	163	Bourgetia striata
Phillipsia acuminata T. 17/3	94	Weberides acuminata
Pholadomya Murchisoni T. 42/11	160	Pholadomya lirata
Phycodes circinnatus T. 1/1	41	Phycodes circinatum
Pinus (Zapfen) T. 60/2	205	Picea (Zapfen)
Pisocrinus angelus T. 5/15	63	Calycanthocrinus decadactylus
Placosmilia complanata T. 25/2	125	Rennensismilia complanata
Planorbis cornu T. 66/24	219	Coretus cornu
Planorbis discoideus T. 66/25 u. 26	219	Gyraulus multiformis var. discoideus
Planorbis intermedius T. 66/27	219	Gyraulus multiformis var. intermedius
Planorbis multiformis T. 66/25–29	219	Gyraulus multiformis
Planorbis trochiformis T. 66/28	219	Gyraulus multiformis var. trochiformis
Planorbis turbiniformis T. 66/29	219	Gyraulus multiformis var. turbiniformis
Platycrinus fritilus T. 6/3	64	Storthingocrinus fritillus
Pleurotoma belgica T. 65/15	216	Turricula belgica
Pleurotoma cataphracta T. 65/18	216	Bathytoma cataphracta
Pleurotoma rotata T. 65/17	216	Gemmula zimmermanni
Pleurotoma Selysii T. 65/16	216	Turricula selysi
Pleurotomaria delphinuloides T. 13/5	83	Euryzone delphinuloides
Pleurotomaria rotellaeformis T. 43/3 u. 4	162	Ptychomphalus rotellaeformis
Pleurotomaria speciosa T. 43/10	162	Pyrgotrochus speciosus
Pollicipes Bronni T. 57/3	185	Scalpellum bronni
Porospongia Lochensis T. 23/7	121	Porospongia lochensis
Posidonia Becheri T. 11/7	77	Posidonia becheri
Posidonia Bronni T. 37/17	150	Steinmannia bronni
Posidonia venusta T. 11/8	77	Posidonia venusta
Poteriocrinus geometricus T. 6/2	64	Sphaerocrinus geometricus
Productus giganteus T. 8/14	70	Gigantoproductus giganteus
Productus horridus T. 8/16	71	Horridonia horridus
Productus semireticulatus T. 8/15	70	Dictyoclostus semireticulatus
Productus subaculeatus T. 8/13	70	Productella subaculeata
Prosopon ornatum T. 57/9	186	Nodoprosopon ornatum
Prosopon Wetzleri T. 57/10	186	Gastrosacus wetzleri
Protonerita spirata T. 43/23	163	Neritaria spirata
Pseudodiadema arietis T. 29/9	135	Miocidaris arietis
Pseudodiadema minutum T. 43/23	135	Eodiadema minutum
Pseudomonotis echinata T. 37/16	150	Meleagrinella echinata
Pseudomonotis substriate T. 37/18	150	Meleacrinella substriata
Pterocera Oceani T. 44/17	165	Harpagodes oceani
Pterozamites Münsteri T. 20/4	111	Nilssonia muensteri
Ptychodus mammillaris T. 57/22	189	Ptychodus latissimus
Pupa muscorum T. 66/36	220	Pupilla muscorum
Pupa quadridentata T. 66/35	220	Gastrocopta acuminata
Pupa Schübleri T. 66/34	220	Abida antiqua
Pycnodus didymus T. 58/16	190	Macromesodon didymus

Pyrina Gehrdenensis T. 30/11	136	Conulus gehrdensis
Pyrina pygmaea T. 30/9	136	Conulus pygmaeus
Rastrites Linnei T. 5/10	60	Rastrites linnei
Renssellaeria strigiceps T. 10/15	74	Rhenorensselaeria strigiceps
Retzia feriata T. 10/1	72	Plectospira ferita
Retzia trigonella T. 31/10	141	Tetractinella trigonella
Rhabdocidaris maxima T. 29/18 u. 19	134	Megacidaris horrida
Rhabdocidaris nobilis T. 29/20 u. 21	134	Rhabdocidaris nobilis
Rhabdocidaris pustulifera T. 29/22	134	Rhabdocidaris orbignyana
Rhizopoterium cervicornis T. 23/2	120	Rhizopoterium cervicornis
Rhyncholites avirostris T. 45/5	166	Conchorhynchus avirostris
Rhyncholites hirundo T. 45/4	166	Rhyncolite hirundo
Rhynchonella acutecosta T. 32/6	142	Cardinirhynchia acutecosta
Rhynchonella belemnitica T. 32/2	142	Piarorhynchia juvensis
Rhynchonella * cuboides T. 10/13	73	Hypothyridina cupoides
Rhynchonella Cuvieri T. 32/17	143	Orbirhynchia cuvieri
Rhynchonella Daleidensis T. 10/12	73	«Camarotoechia» daleidensis
Rhynchonella depressa T. 32/15	143	Lamellirhynchia rostiformis
Rhynchonella difformis T. 32/16	143	Cyclothyris difformis
Rhynchonella gryphitica T. 32/1	142	Piarorhynchia juvensis
Rhynchonella Hagenowi T. 32/18	143	Cyclothyris hagenowi
Rhynchonella inconstans T. 32/12	142	Torquirhynchia speciosa
Rhynchonella lacunosa T. 32/9	142	Lacunosella lacunosa
Rhynchonella multicosta T. 32/10	142	Lacunosella lacunosa
Rhynchonella Nympha T. 10/10	73	Stegerhynchus nympha
Rhynchonella Orbignyana T. 10/9	73	Uncinulus orbignyanus
Rhynchonella parallelepipeda T. 10/11	73	Uncinulus parallelepipedus
Rhynchonella plicatilis T. 32/20	143	Cretirhynchia plicatilis
Rhynchonella pila T. 10/8	73	Uncinulus pila
Rhynchonella quadriplicata T. 32/8	142	Formosarhynchia formosa
Rhynchonella rimosa T. 32/3	142	Rimirhynchia anglica
Rhynchonella sparsicosta T. 32/11	142	Lacunosella sparsicosta
Rhynchonella spinosa T. 32/5	142	Acanthothiris spinosa
Rhynchonella trilobata T. 32/13	142	Lacunosella trilobata
Rhynchonella triloboides T. 32/14	142	Monticlarella triloboides
Rhynchonella variabilis T. 32/4	142	Cirpa fronto
Rhynchonella varians T. 32/7	142	Rhynchonelloidella alemanica
Rhynchonella vespertilio T. 32/19	143	Cyclothyris vespertilio
Roemeraster asperula T. 7/6	66	Urasterella asperula
Rotalia umbilicata T. 22/9	116	? Lenticulina sp.
Sagenopteris elongata T. 19/7	110	Sagenopteris rhoifolia
Saurichthys Mougeoti T. 58/3	190	Birgeria mougeoti
Scarabaeides derperditus T. 57/12	187	Mesobelostomum deperditium
Schizoneura Meriani T. 21/1	111	Neocalamites meriani
Schizoneura Meriani T. 21/2	111	Equisetites latecostatus
Serpula gordialis T. 26/22	138	Glomerula gordialis
Serpula grandis T. 26/18	137	Serpula sulcata
Serpunala socialis T. 26/21	138	Sarcinella socialis
Sipbonia ficus T. 22/20	120	Siphonia griepenkerli
Solanocrinus costatus T. 27/12	130	Solanocrinites costatus
Solenopsis pelagica T. 12/15	80	Solenomorpha pelagica
Sparoides molassicus T. 68/14	225	Sparidae gen. et sp. indet.
Spatangus Hofmanni T. 61/9	208	Maretia hoffmanni
Sphaerites digitatus T. 28/23	132	Valettaster sp.
Sphaerites punctatus T. 28/20	132	Sphaeraster punctatus
Sphaerites pustulatus T. 28/21	132	Seestern-Randplatte gen. et sp. indet.
Sphaerites scutatus T. 28/17 u. 18	132	Sphaeraster scutatus
Sphaerites stelliferus T. 28/22	132	Stauranderaster ? stelliferus
Sphaerites tabulatus T. 28/19	132	Sphaeraster punctatus
Sphenodus longidens T. 57/23	189	Orthacodus longidens
Sphenopteris obtusifolia T. 1/2	43	Sphenopteris obtusiloba
Spirifer alatus T. 9/15	72	Pterospirifer alatus
Spirifer arduennensis T. 9/8	71	Acrospirifer intermedius

Spirifer carinatus T. 9/3	71	Brachyspirifer carinatus
Spirifer cultrijugatus T. 9/6	71	Paraspirifer cultrijugatus
Spirifer deflexus T. 9/12	72	Adolfia deflexa
Spirifer fragilis T. 31/13	141	Spiriferina fragilis
Spirifer Hercyniae T. 9/4	71	Acrospirifer pellico
Spirifer hians T. 9/10	71	Rhynchospirifer hians
Spirifer hirsutus T. 31/12	141	Spiriferina hirsuta
Spirifer hystericus T. 9/1	71	Hysterolites hystericus
Spirifer macropterus T. 9/9	971	Euspirifer paradoxus
Spirifer Maureri T. 9/5	71	Sinothyris maureri
Spirifer Menzelii T. 31/11	141	Mentzelia mentzeli
Spirifer oxycolpos T. 31/14	141	Athyris oxykolpos
Spirifer paradoxus T. 9/9	71	Euspirifer paradoxus
Spirifer primaevus T. 9/2	71	Acrospirifer primaevus
Spirifer rostratus T. 31/17	141	Spiriferina rostrata
Spirifer speciosus T. 9/7	71	Acrospirifer speciosus
Spirifer undiferus T. 9/11	72	Undispirifer undiferus
Spirifer Verneulli T. 9/14	72	Cyrtospirifer verneuili
Spirifer verrucosus T. 31/16	141	Spiriferina verrucosa
Spirifer Walcotti T. 31/15	141	Spiriferina walcotti
Spirigera	141	Athyris
Spirigera concentrica * T. 10/2	72	Athyris geroldsteinensis
Spondylus Buchii T. 62/11	210	Spondylus auriculatus
Spongites agaricoides T. 23/9	121	Coeloptychium agarcoides
Spongites astrophorus T. 23/13	121	Corynella quenstedt
Spongites cervicornis T. 23/2	120	Rhizopterion cervicornis
Spongites consobrinus T. 23/14	122	Elasmostoma babtismalis
Spongites costatus T. 23/12	121	Blastinia costata
Spongites cribrosus T. 22/22	120	Leiostracosia alcyonoides
Spongites cylindricus T. 23/10	121	Peronidella cylindrica
Spongites cylindritextus T. 23/3	121	Craticularia parallela
Spongites dolosus T. 23/8	121	Cypellia dolosa
Spongites ficus T. 22/20	120	Siphonia griepenkerli
Spongites furcatus T. 23/17	121	Peronidella furcata
Spongites glomeratus T. 23/15	122	Myrmecium glomeratum
Spongites Goldfussi T. 22/14	120	Cnemidiastrum stellatum
Spongites infundibuliformis T. 23/5, T. 22/19	120, 121	Coscinopora infundibuliformis
Spongites Lochensis T. 23/7	121	Porospongia lochensis
Spongites lopas T. 23/6	121	Pachyteichisma lopas
Spongites milleporatus T. 22/17	120	Cylindrophyma milleporata
Spongites obliquus T. 22/23	120	Sporadopyle obliqua
Spongites patella T. 22/15	120	Hyalotragos patella
Spongites peziza T. 23/18	122	Elasmostoma peziza
Spongites pyriformis T. 22/21	120	Jerea pyriformis
Spongites reticulatus T. 23/1	120	Tremadictyon reticulatus
Spongites rimulosus T. 22/13	120	Cnemidiastrum rimulosum
Spongites rotula T. 23/16	121	Myrmecium hemisphaericum
Spongites rugosus T. 22/16	120	Hyalotragos pezizoides
Spongites semicinctus T. 23/11	121	Holcospongia floriceps
Spongites tenuis T. 22/18	120	Chonella tenuis
Spongites trilobatus T. 23/4	121	Guettarddiscyphia trilobata
Sporadopyle obliquum T. 22/23	120	Sporadopyle obliqua
Stellispongia semicincta T. 23/11	121	Holcospongia floriceps
Stephanocoenia pentagonalis T. 25/7	125	Actinastrea pentagonalis
Stephanophyllia florealis T. 25/10	124	Trochocyathus florealis
Straparollus circinalis T. 13/12	83	Straparollus circinalis
Streptorhynchus umbraculum T. 8/6	70	Schellwienella umbraculum
Stromatopora concentrica T. 4/10	59	Stromatopora verrucosa
Strophalosia excavata T. 8/12	71	Craspedalosia excavata
Strophalosia Goldfussi T. 8/11	71	Dasyalosia goldfussi
Strophodus reticulatus T. 57/21	189	Asteracanthus reticulatus
Strophomena rhomboidalis T. 8/4	70	Leptaena rhomboidalis
Strophomena Sedgwicki T. 8/5	70	Stropheodonta sedgwicki
Strophostoma anomphalus T. 67/1	220	Ferussina anomphalus
Strophostoma tricarinatum T. 67/2	220	Ferussina tricarinata
Stylina Labechi T. 25/5	125	Stylina delabechi
Stylosmilia dianthus T. 25/4	125	Placophyllia dianthus

Taeniopteris marantacea T. 20/1	110	Danaeopsis marantacea
Tancredia oblita T. 42/7	159	Tancredia donaciformis
Teleosaurus bollensis * T. 59/12	195	Mystriosaurus bollensis
Teleosaurus typus T. 59/13	195	Pelagosaurus typus
Telphusa speciosa T. 67/27	222	Potamon speciosus
Tentaculites acuarius T. 13/23	85	Nowakia acuarius
Terebratella → Terebratula	145	
Terebratula angusta T. 33/12	144	Aulacothyris angusta
Terebratula Becksii T. 33/5	143	? Platythyris becksii
Terebratula bisuffarcinata T. 33/1	143	Loboidothyris zieteni
Terebratula bullata T. 32/26	143	Wattonithyris württembergica
Terebratula carinata T. 33/20	144	Aulacothyris alveata
Terebratula carnea T. 33/7	144	Chatwinothyris subcardinalis
Terebratula chrysalis T. 33/10	144	Terebratulina chrysalis
Terebratula cycloides T. 32/22	143	Coenothyris cycloides
Terebratula digona T. 33/15	144	Digonella digona
Terebratula gracilis T. 33/11	144	Terebratulina gracilis
Terebratula gregaria T. 32/23	143	Rhaetina gregaria
Terebratula gutta T. 32/27	143	Zittelina orbis
Terebratula humeralis T. 32/29	143	Juralina humeralis
Terebratula impressa T. 33/21	144	Aulacothyris impressa
Terebratula insignis * T. 32/2	143	Juralina insignis
Terebratula Kurri T. 33/26	145	Dictyothyris kurri
Terebratula lagenalis T. 33/16	144	Ornithella lagenalis
Terebratula loricata T. 33/29	145	Trigonellina loricata
Terebratula Moutaniana T. 33/4	143	Platythyris comptonensis
Terebratula nucleata T. 33/22	144	Nucleata nucleata
Terebratula numismalis T. 33/14	144	Cincta numismalis
Terebratula oblonga T. 33/27	145	Oblongarcula oblonga
Terebratula omalogastyr T. 32/25	143	Gigantothyris blanda
Terebratula orbis T. 32/28	143	Loboidothyris sp.
Terebratula pectunculoides T. 33/30	145	Ismenia pectunculoides
Terebratula pectunculus T. 33/28	145	Trigonellina pectunculus
Terebratula pentagonalis T. 32/29	143	Juralina humeralis
Terebratula perovalis T. 32/24	143	Goniothyris uniformis
Terebratula pumilus T. 33/25	144	Magas pumilus
Terebratula pumilus T. 33/25	144	Magas pumilus
Terebratula reticulata T. 33/26	145	Dictyothyris kurri
Terebratula sella T. 33/3	143	Sellithyris sella
Terebratula semiglobosa T. 33/6	143	? Gibbithyris semiglobosa
Terebratula substriata T. 33/8 u. 9	144	Terebratulina substriata
Terebratula trigonella T. 33/19	144	Cheirothyris fleuriausa
Terebratula vicinalis T. 33/13	144	Keratothyris cor
Terebratula vulgaris T. 32/21	143	Coenothyris vulgaris
Terebratula vulgaris cycloides T. 32/22	143	Coenothyris cycloides
Terebratulina → Terebratula	144	
Testudo T. 69/2	226	Clemmys steinheimensis
Textularia striata T. 27/7	116	Textularia sp.
Thalassites donacinus T. 41/7	155	Cardinia concinna
Thalassites Listeri T. 41/6	155	Cardinia listeri
Thamnastaea Terquemi T. 25/13	125	Thamnasteria terquemi
Thecidea digitata T. 31/8	141	Thecidiopsis digitata
Thecocyathus mactra T. 25/11	124	Thecocyathus mactrus
Thecosmilia suevica T. 24/12	124	Latiphyllia suevica
Toxaster complanatus T. 31/3	137	Toxaster retusus
Trachyceras Aon T. 46/4	170	Trachyceras sp.
Tremadictyon reticulatum T. 23/1	120	Tremadictyon reticulatum
Trichites nodosus*	152	Trichites sp.
Trigonia aliformis T. 41/4	155	Pterotrigonia caudata
Trigonia clavellata T 40/15 u. 16	155	Myophorella clavellata
Trigonia costata T. 41/1	155	Trigonia triangulare
Trigonia navis T. 40/14	155	Scaphotrigonia navis
Trigonia striata T. 41/2	155	Myophorella brodiei
Trigonia suevica	155	Myophorella suevica
Trigonia vaalsiensis T. 41/4	155	Pterotrigonia caudata
Trinucleus Goldfussi*	92	Cryptolithus goldfussi
Tritonium flandricum T. 66/1	217	Charonia flandrica

Tritonium foveolatum T. 66/2	217	Charonia foveolata
Tritonium ranellatum T. 44/12	164	Oncospira anchura
Trochus biarmatus T. 43/14	162	Proconulus biarmatus
Trochus capitaneus T. 43/13	162	Eucyclus capitaneus
Trochus duplicatus T. 43/15	162	Amphitrochus duplicatus
Trochus imbricatus T. 43/11 u. 12	162	Amberleya imbricata
Turbinolia impressae T. 24/1	124	Trochocyathus impressae
Turbo cyclostoma T. 43/17	162	Oolitica cyclostoma
Turbo reticularis T. 43/18	162	Notodelphinula reticularis
Turbonilla Altenburgiensis T. 13/21	84	Loxonema altenburgense
Turrilites cenomaniensis T. 54/5	180	Ostlingoceras sp.
Turrilites saxonicus T. 54/4	180	Turrilitoides saxonicus
Turritella opalina T. 44/3	164	Pseudomelania opalina
Turritella Zeiteni T. 44/2	164	Zygopleura zieteni
Umbonium heliciforme T. 13/15	84	? Anomphalus heliciformis
Ventriculites cribrosus. T. 22/22	120	Leiostracosia alcyonoides
Voluta decora T. 66/3	218	Lyria decora
Voluta suturalis T. 66/4	218	Athleta suturalis
Waldheimia → Terebratula	144	
Xanthopsis Sonthofenensis T. 67/26	222	Zanthopsis sonthofenensis
Yoldia arctica *	211	Portlandia arctica

1. **Phycodes** circinnatus. 2. **Sphenopteris** obtusifolia. 3. **Odontopteris** obtusa. 4. **Neuropteris** flexuosa. 5. **Dictyopteris** Brongniarti. 6. **Alethoptheris** Serli. 7. **Pecopteris** arborescens, 8. dentata.

1. **Goniopteris** emarginata. 2. **Sphenophyllum** Schlotheimi, 3. tenerrimum. 4. **Callipteris** conferta. 5. **Calamites** (Stylocalamites) Suckowi, 6. **C.** (Eucalamites) ramosus. 7. **Annularia** sphenophylloides, 8. longifolia, 9. tuberculata. 10. **Asterophyllites** equisetiformis.

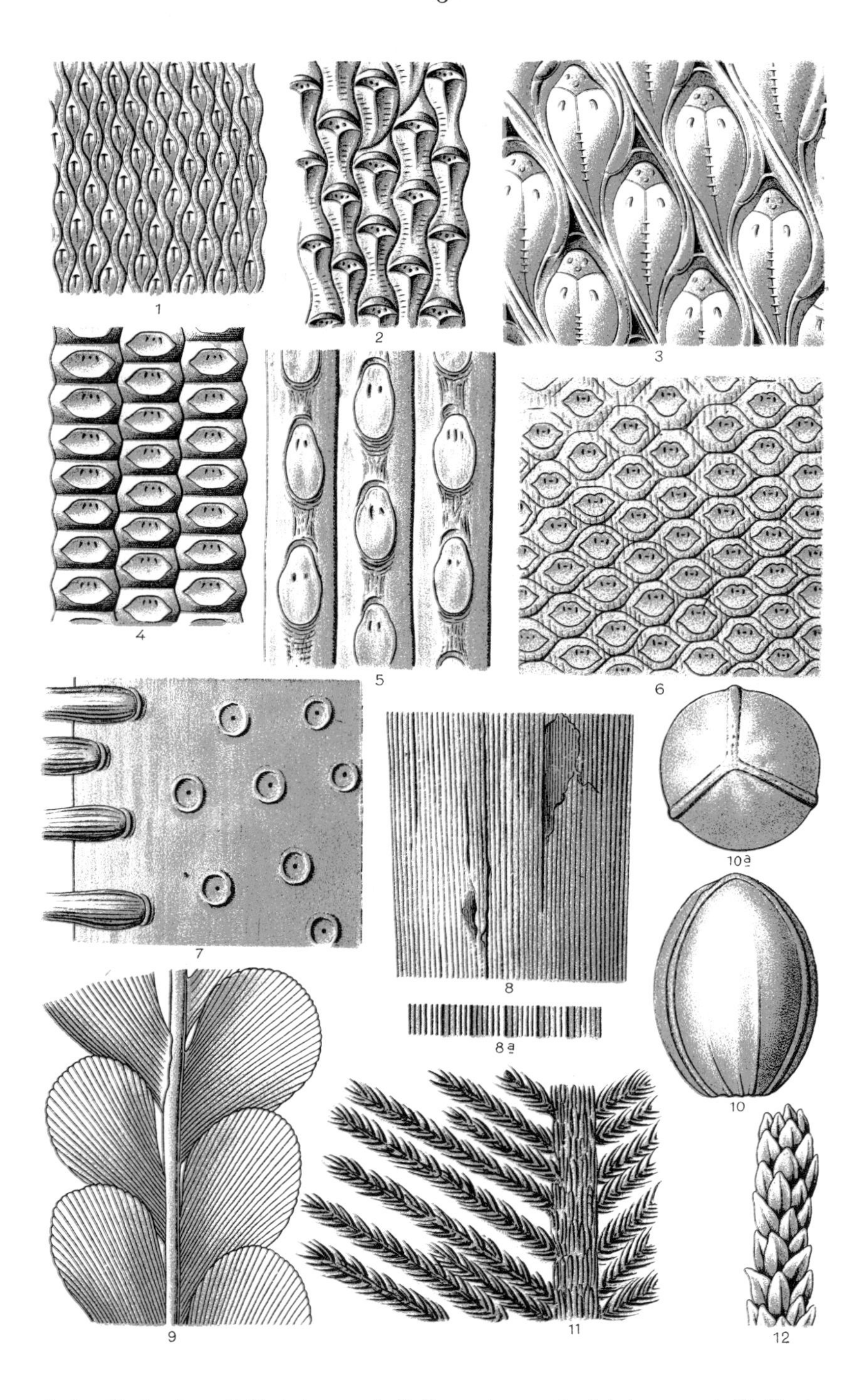

1. **Lepidodendron** Veltheimianum, 2. Volkmannianum, 3. dichotomum. 4. **Sigillaria** hexagona, 5. elongata, 6. Brardi. 7. **Stigmaria** ficoides. 8. **Cordaites** principalis. 9. **Noeggerathia** foliosa. 10. **Trigonocarpus** Nöggerathi. 11. **Walchia** piniformis. 12. **Ulmannia** Bronni.

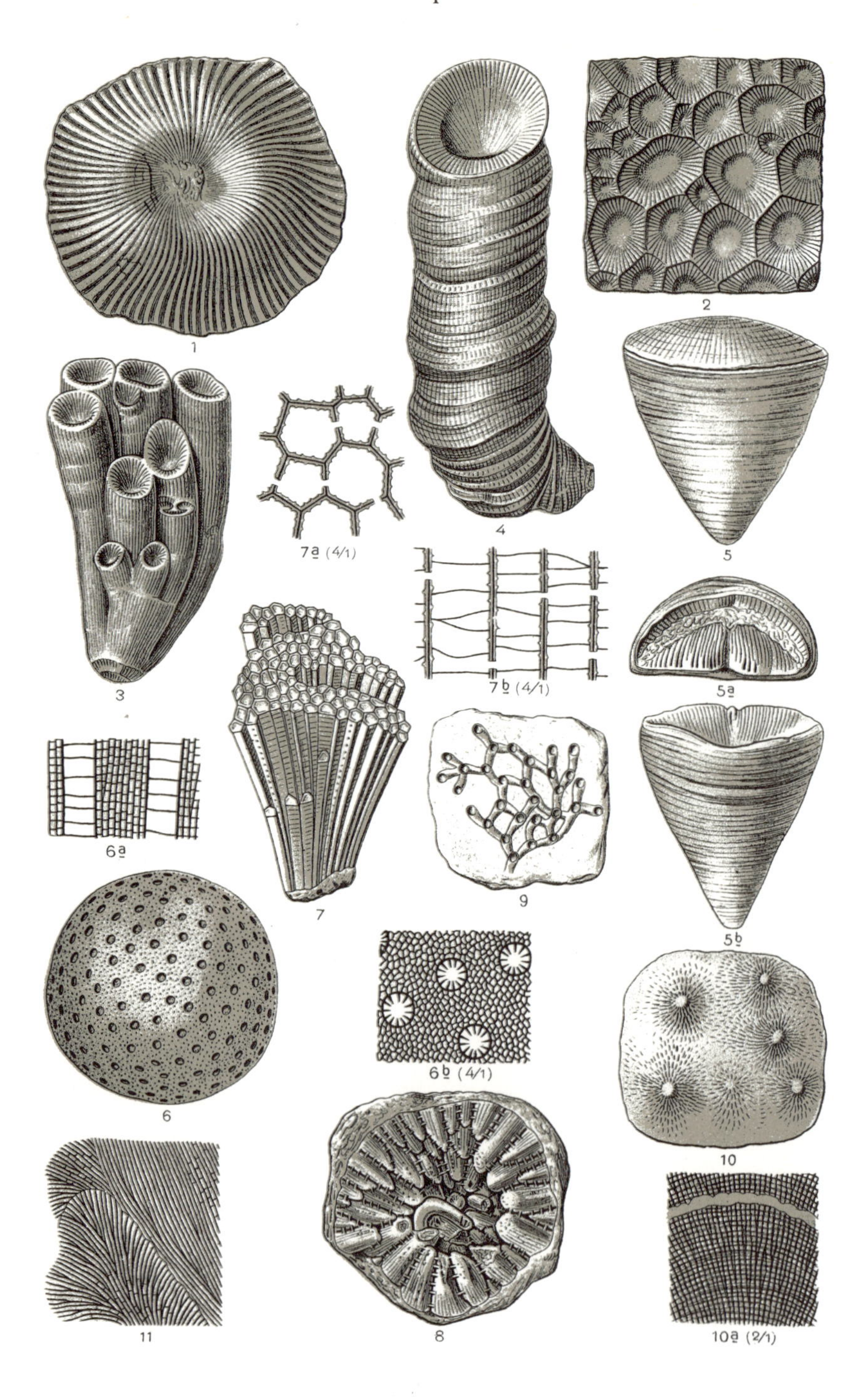

1. **Cyathophyllum** helianthoides, 2. hexagonum, 3. caespitosum, 4. vermiculare. 5. **Calceola** sandalina. 6. **Heliolites** porosa. 7. **Favosites** basaltiformis. 8. **Pleurodictyum** problematicum. 9. **Aulopora** repens. 10. **Stromatopora** concentrica (var. confusa). 11. **Dictyonema** bohemica.

1. **Pachypora** cristata. 2. **Amphipora** ramosa. 3. **Calamopora** polymorpha. 4. **Monograptus** priodon, 5. Nilssoni, 6. colonus, 7. turriculatus. 8. **Diplograptus** palmeus. 9. **Retiolites** Geinitzianus. 10. **Rastrites** Linnei. 11. **Nereites** Sedgwicki. 12. **Fenestella** retiformis. 13. **Acanthocladia** anceps. 14. **Haplocrinus** mespiliformis. 15. **Pisocrinus** angelus. 16. **Triacrinus** altus. 17. **Cupressocrinus** elongatus, 18. abbreviatus, 19. crassus. 20. **Cupressocrinus** sp. 21. **Gasterocoma** antiqua.

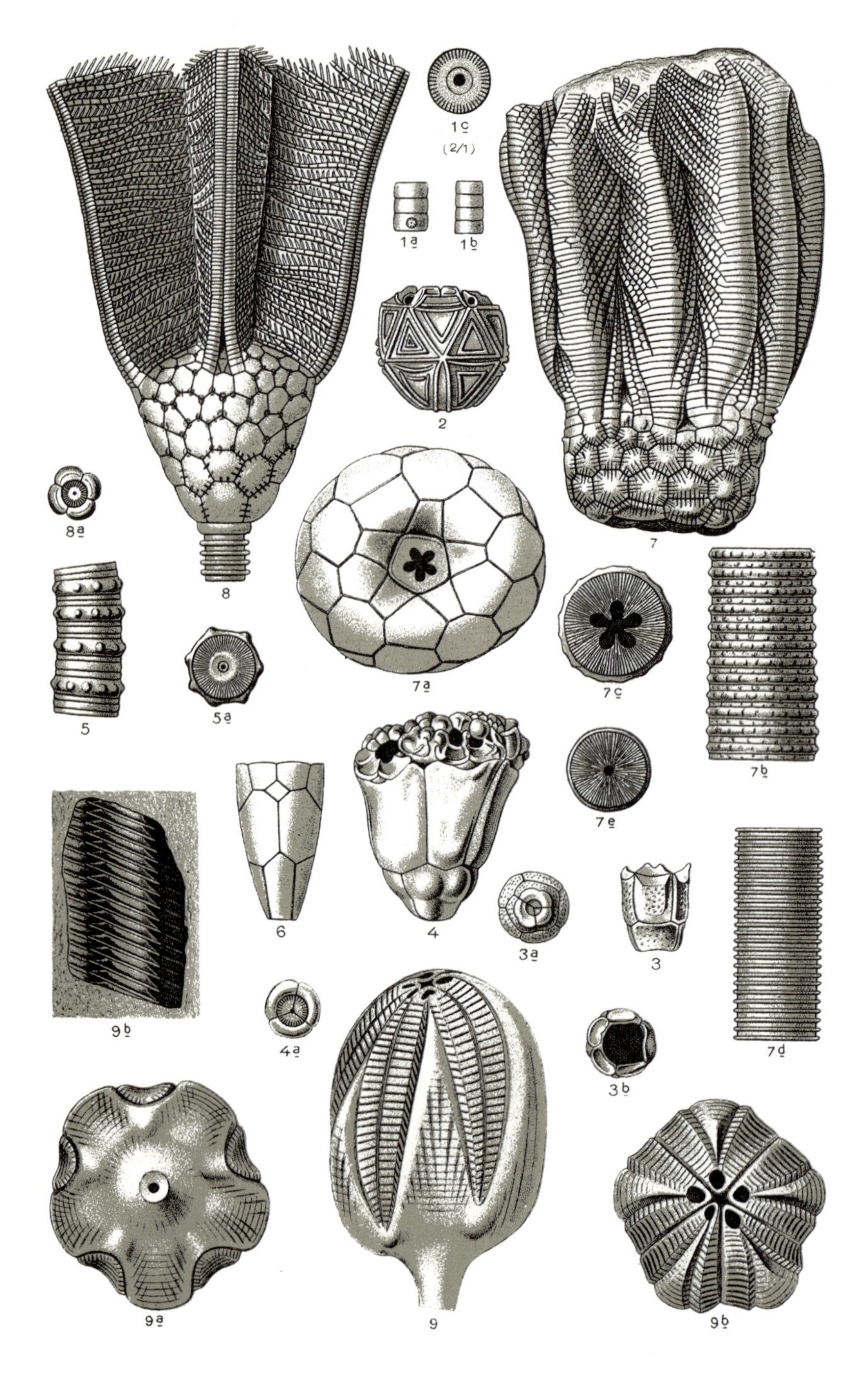

1. **Cyathocrinus** ramosus. 2. **Poteriocrinus** geometricus. 3. **Platycrinus** fritilus. 4. **Hexacrinus** elongatus, 5. spinosus. 6. **Bactrocrinus** tenuis. 7. **Rhipidocrinus** crenatus. 8. **Ctenocrinus** typus. 9. **Pentremites** ovalis.

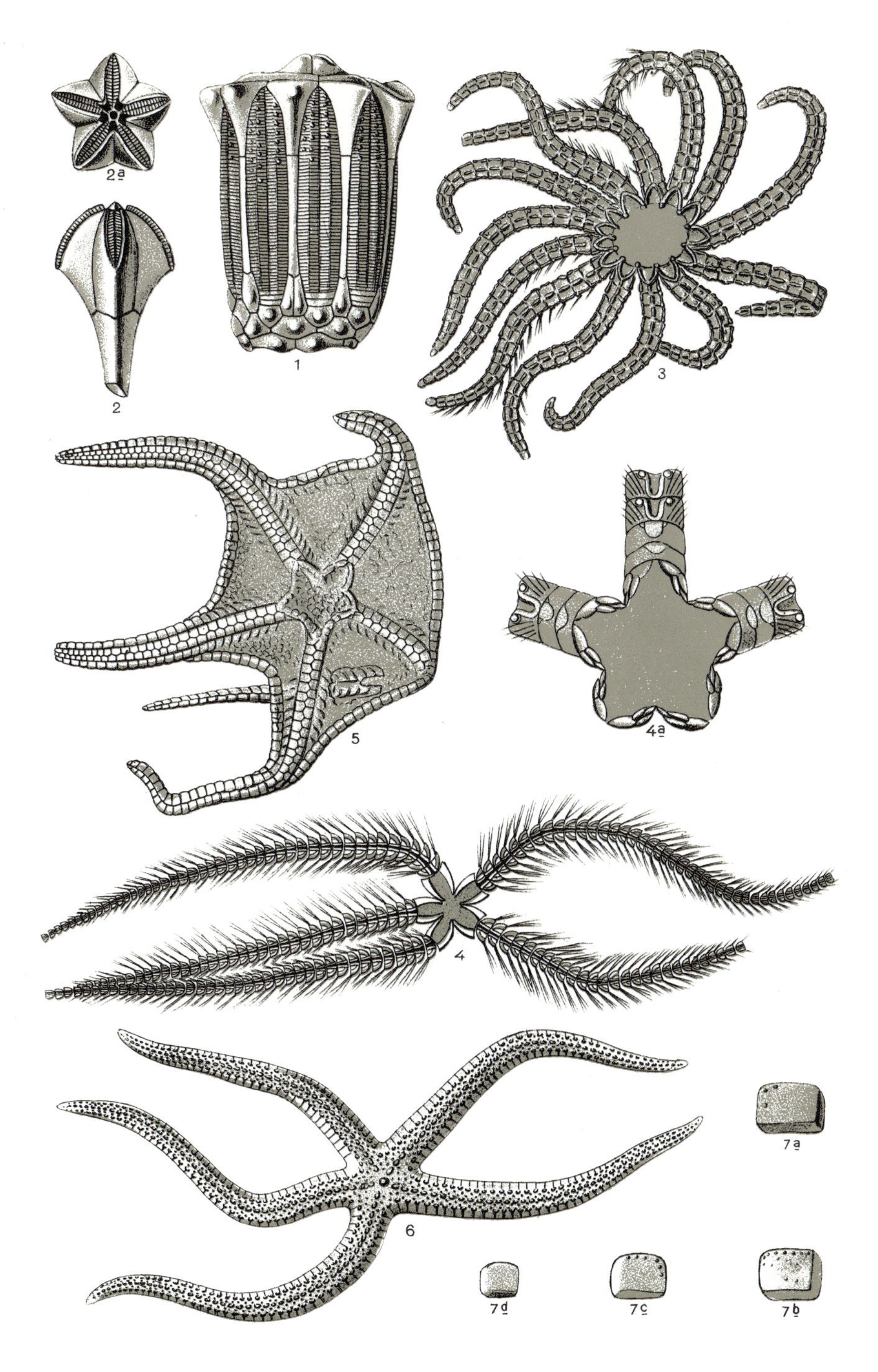

1. **Eucalyptocrinus** rosaceus. 2. **Pentremites** Eifeliensis. 3. **Helianthaster** rhenanus.
4. **Furcaster** palaeozoicus. 5. **Aspidosoma** Tischbeinianum. 6. **Roemeraster** asperula.
7. **Lepidocentrus** rhenanus.

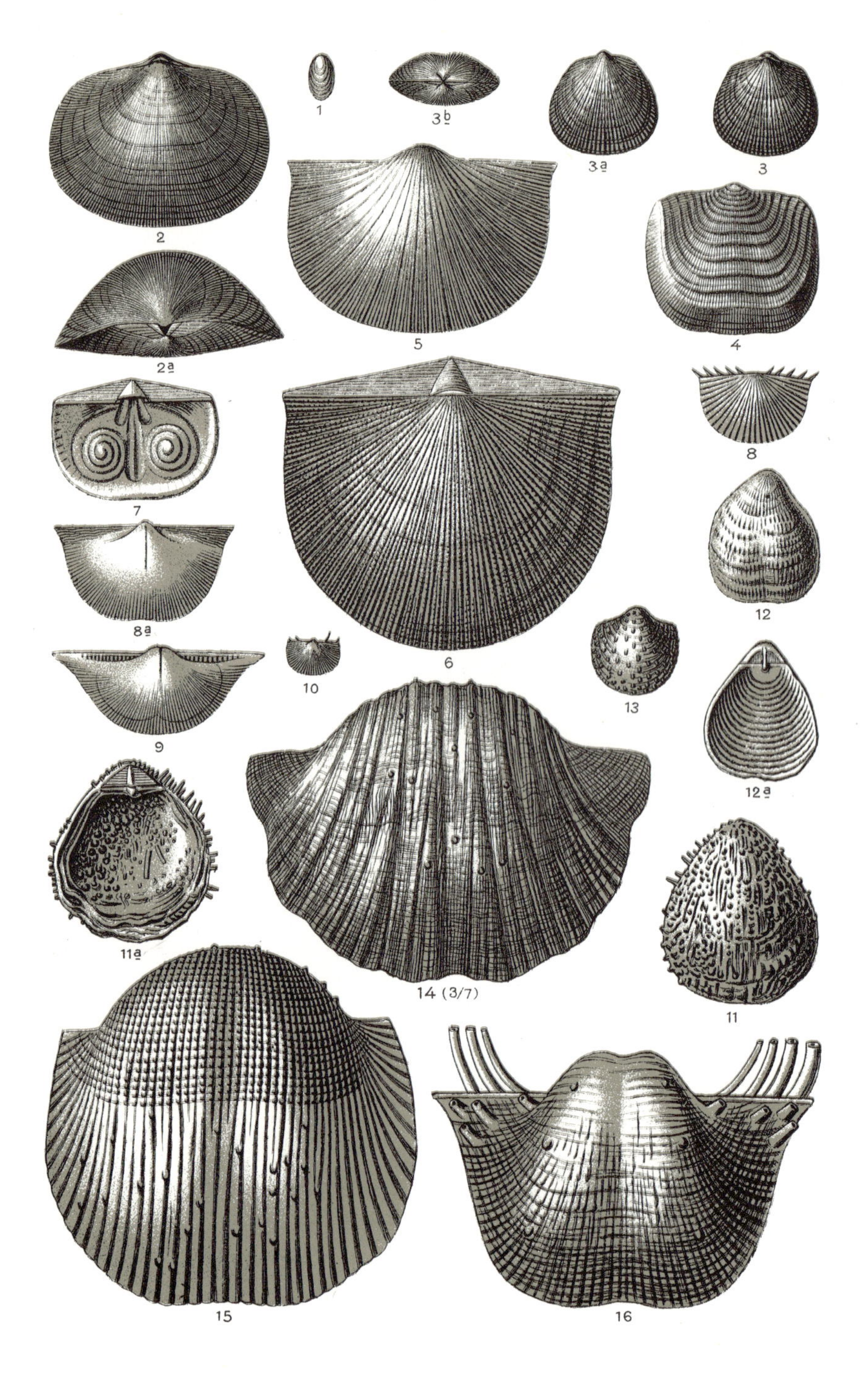

1. **Lingula** Credneri. 2. **Orthis** striatula, 3. Eifeliensis. 4. **Strophomena** rhomboidalis, 5. Sedgwicki, 6. umbraculum. 7 **Davidsonia** Verneuili. 8. **Chonetes** sarcinulata. 9. dilatata, 10. Laguessiana. 11. **Strophalosia** Goldfussi, 12. excavata. 13. **Productus** subaculeatus, 14. giganteus, 15. semireticulatus, 16. horridus.

1. **Spirifer** hystericus, 2. primaevus, 3. carinatus, 4. Hercyniae, 5. Maureri, 6. cultrijugatus, 7. speciosus, 8. arduennensis, 9. paradoxus, 10. hians, 11. undifer, 12. deflexus, 13. bifidus, 14. Verneuili, 15. alatus. 16. **Cyrtina** heteroclita.

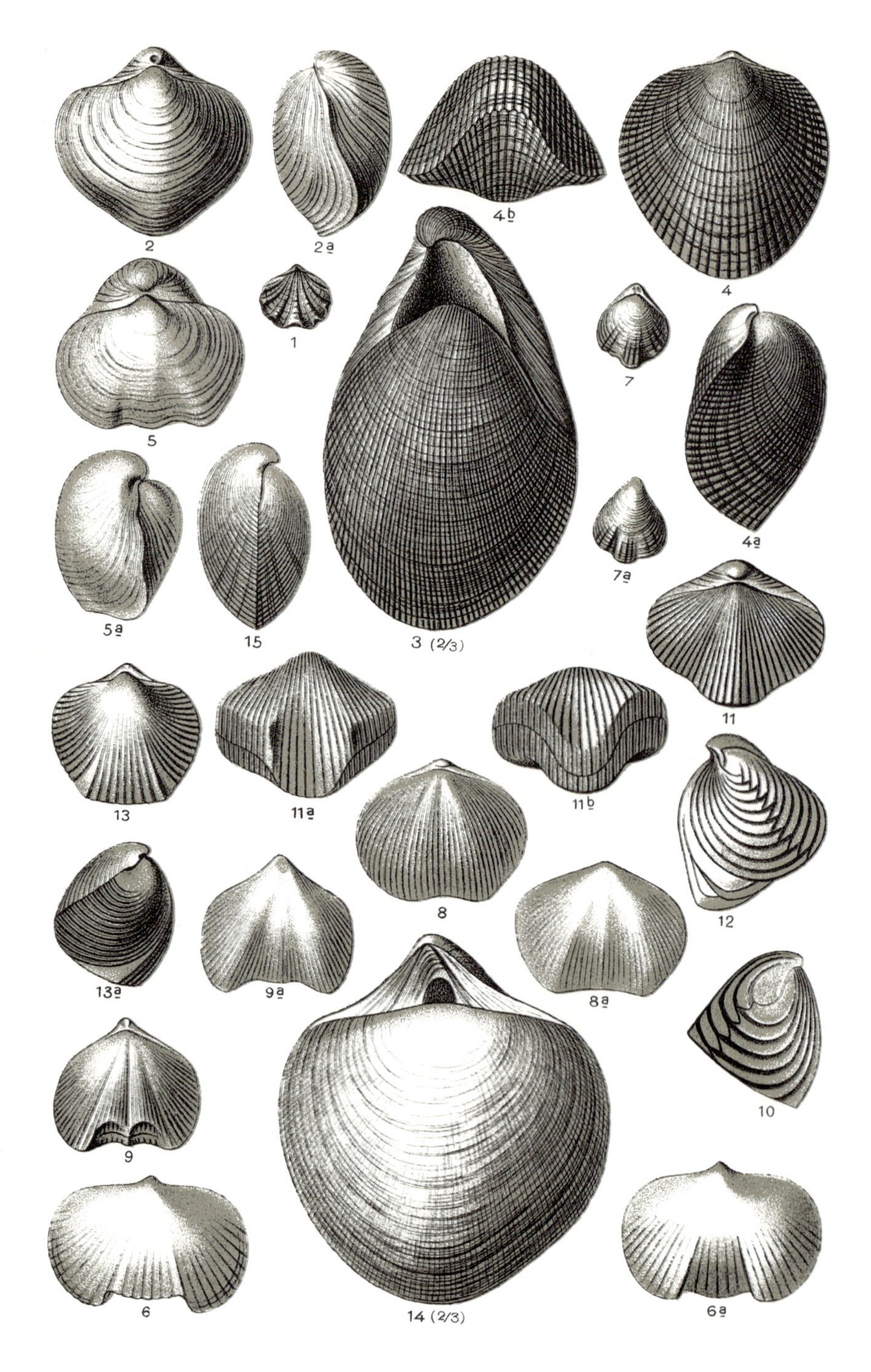

1. **Retzia** ferita. 2. **Spirigera** (Athyris) concentrica. 3. **Uncites** gryphus. 4. **Atrypa** reticularis. 5. **Pentamerus** galeatus. 6. **Camarophoria** formosa, 7. Schlotheimi. 8. **Rhynchonella** pila, 9. Orbignyana, 10. Nympha, 11. parallelepipeda, 12. Daleidensis, 13. cuboides. 14. **Stringocephalus** Burtini. 15. **Renssellaeria** strigiceps.

1. **Pterinea** lineata, 2. costata. 3. **Avicula** crenato-lamellosa. 4. **Pseudomonotis** speluncaria. 5. **Kochia** capuliformis. 6. **Limoptera** bifida. 7. **Posidonomya** Becheri, 8. venusta. 9. **Aviculopecten** papyraceum. 10. **Gervillia** ceratophaga. 11. **Pecten** grandaevus. 12. **Modiomorpha** lamellosa. 13. **Nucula** cornuta, 14. Maueri, 15. Krotonis, 16. solenoides. 17. **Arca** striata. 18. **Anthracosia** carbonaria, 19. acuta.

1. **Schizodus** obscurus. 2. **Myophoria** truncata, 3. inflata. 4. **Pleurophorus** costatus. 5. **Cypricardinia** lamellosa. 6. **Megalodon** abbreviatus. 7. **Lucina** rugosa, 8. proavia. 9. **Lunulicardium** ventricosum. 10. **Conocardium** clathratum, 11. alaeforme. 12. **Buchiola** retrostriata. 13. **Cardiola** interrupta, 14. concentrica. 15. **Solenopsis** pelagica. 16. **Grammysia** anomala. 17. **Allerisma** inflatum.

1. **Dentalium** antiquum. 2. **Bellerophon** striatus, 3. macrostoma, 4. Urii. 5. **Pleurotomaria** delphinuloides. 6. **Porcellia** primordialis. 7. **Murchisonia** bilineata, 8. intermedia. 9. **Straparollus** Dionysii, 10. pentagonalis. 11. **Euomphalus** Goldfussii, 12. circinalis, 13. laevis. 14. **Turbonitella** subcostata. 15. **Umbonium** heliciforme. 16. **Capulus** priscus, 17. trilobatus, 18. naticoides. 19. **Macrocheilus** arculatus. 20. **Loxonema** Lefevrei. 21. **Turbonilla** Altenburgensis. 22. **Tentaculites** scalaris, 23. acuarius, 24. laevigatus.

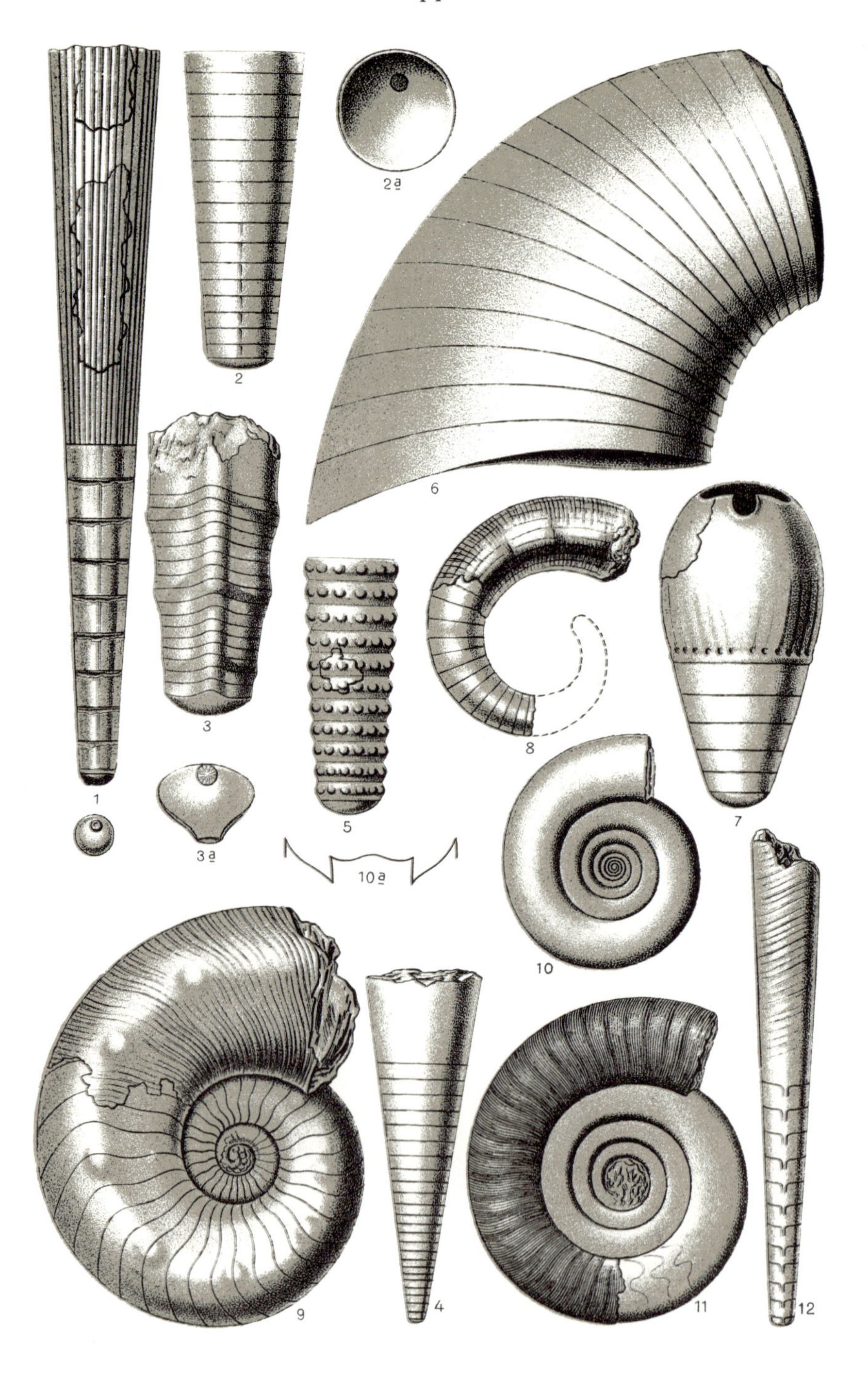

1. **Orthoceras** planicanaliculatum, 2. planoseptatum (2a von oben), 3. triangulare, 4. rapiforme, 5. nodulosum. 6. **Cyrtoceras** depressum. 7. **Gomphoceras** inflatum. 8. **Gyroceras** nodosum. 9. **Hercoceras** subtuberculatum. 10. **Clymenia** undulata (10a Lobenlinie), 11. laevigata. 12. **Bactrites** gracilis.

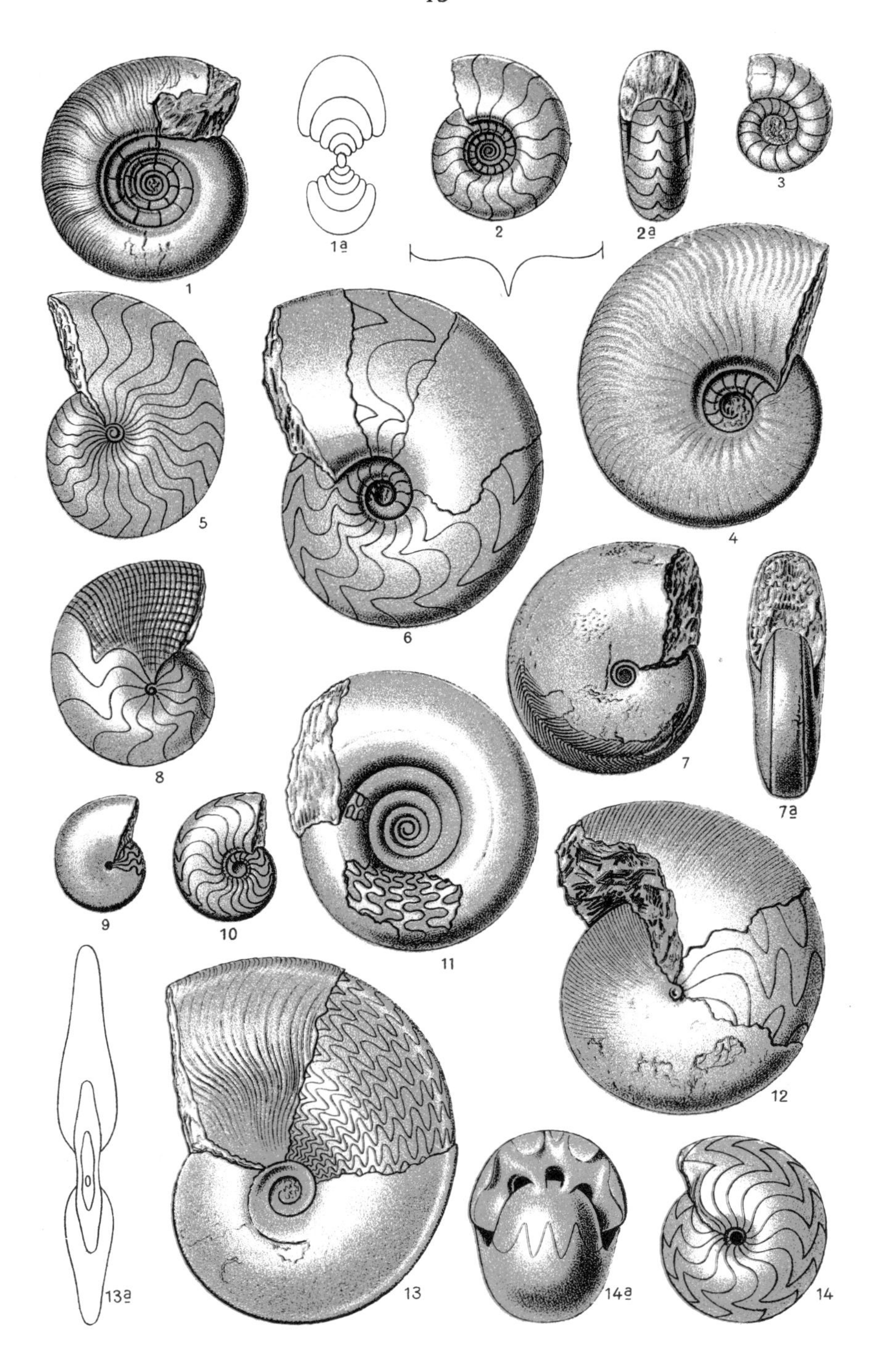

1. **Goniatites** lateseptatus (1 a Querschnitt, 1 b Lobenlinie), 2. subnautilinus, 3. compressus, 4. inconstans, 5. Jugleri, 6. intumescens, 7. terebratus, 8. simplex, 9 u. 10 **retrorsus**, 11. lunulicosta, 12. bidens, 13. multilobatus, 14. sphaericus.

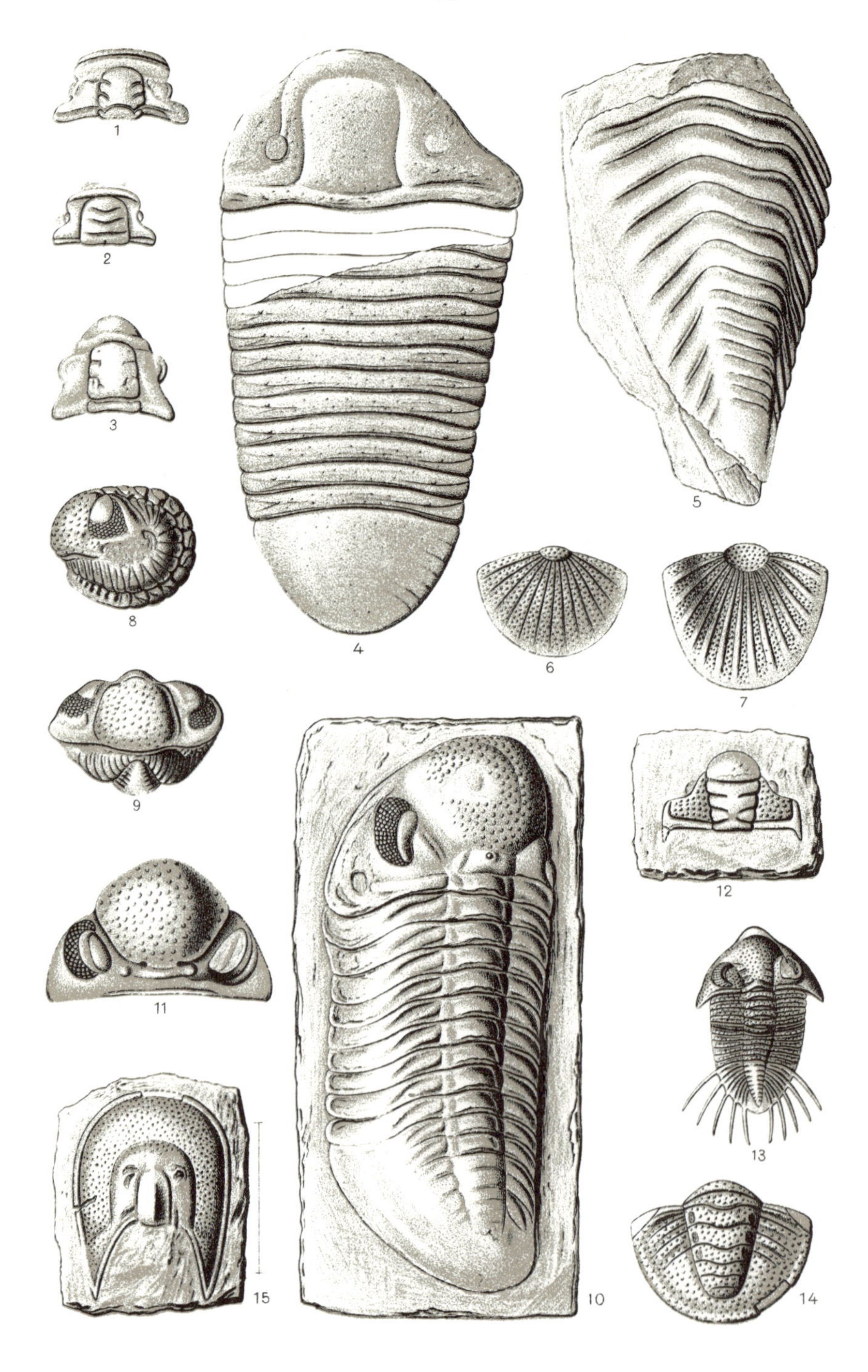

1. **Conocephalites** Geinitzii. 2. **Olenus** (Bavarilla) Hofensis, 3. freguens. 4. **Homalonotus** planus, 5. crassicauda. 6. **Bronteus** alutaceus, 7. granulatus. 8. **Phacops** latifrons, 9. derselbe von vorne, 10. ders. gestreckt, 11. fecundus. 12. **Cheirurus** Sternbergi. 13. **Acidaspis** (Gryphaeus) punctatus, 14. **Proëtus** orbitatus. 15. **Harpes** socialis.

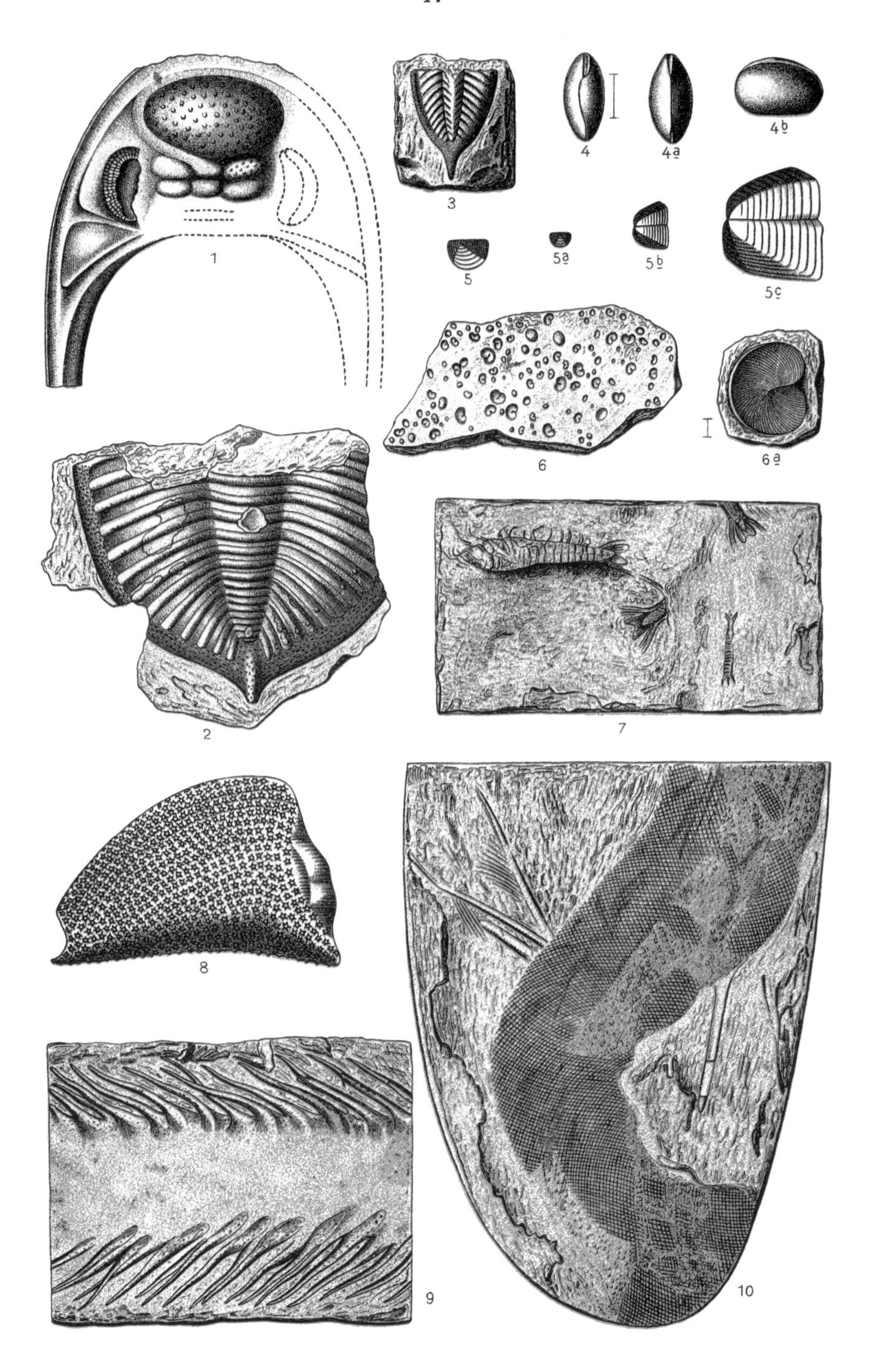

1 u. 2. **Dalmania** tuberculata, 3. **Phillipsia** acuminata. 4. **Leperditia** sp. 5. **Estheria** (Leaia) Baentschiana. 6. **Entomis** (Cypridina) serrato-striata. 7. **Gampsonix** fimbriatus. 8. **Coccosteus** (Armstück). 9. **Xenacanthus** (Pleuracanthus) Decheni. 10. **Acanthodes** Bronnii.

1. **Palaeoniscus** Freieslebeni. 2. **Amplypterus** macropterus. 3. **Branchiosaurus** amblystomus. 4. **Archegosaurus** Decheni. 5. **Ischnium** sphaerodactylum (Fährte).

1. **Gyroporella** annulata. 2. **Sphaerocodium** Bornemanni. 3. **Chondrites** Bollensis. 4. **Neuropteris** remota. 5. **Pecopteris** (Lepidopteris) Stuttgartiensis, 6. Schönbeiniana. 7. **Sagenopteris** elongata. 8. **Kirchneria** rhomboidalis.

1. **Taeniopteris** (Danaeopsis) marantacea. 2. **Clathropteris** platyphylla. 3. **Chiropteris** digitata. 4. **Pterozamites** (Nilsonia) Münsteri. 5. **Pterophyllum** Jaegeri. 6. **Otozamites** gracilis, 7. brevifolius. Sämtliche Figuren in 1/2 natürl. Grösse.

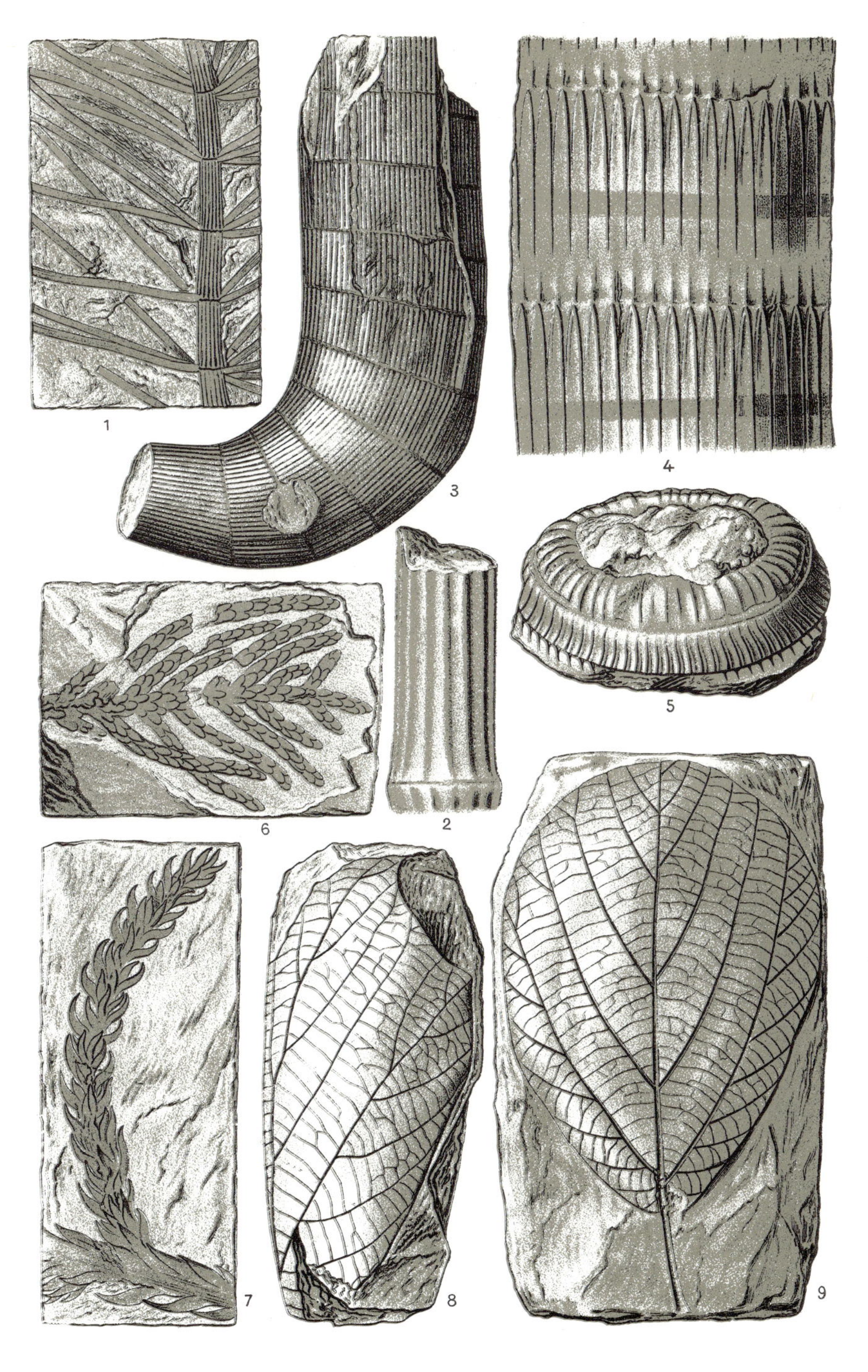

1. **Schizoneura** Meriani (Stammstück mit Blättern). 1/2 nat. Gr., 2. Stengel, 2/3 nat. Gr. 3. **Equisetum** arenaceum, 1/2 nat. Gr., 4. Dasselbe, Blattansätze, 2/3 nat. Gr., 5. Internodium, 2/3 nat. Gr. 6. **Cupressites** haliostychus. 7. **Voltzia** heterophylla. 8. **Credneria** triacuminata, 1/2 nat. Gr., 9. integerrima, 1/2 nat. Gr.

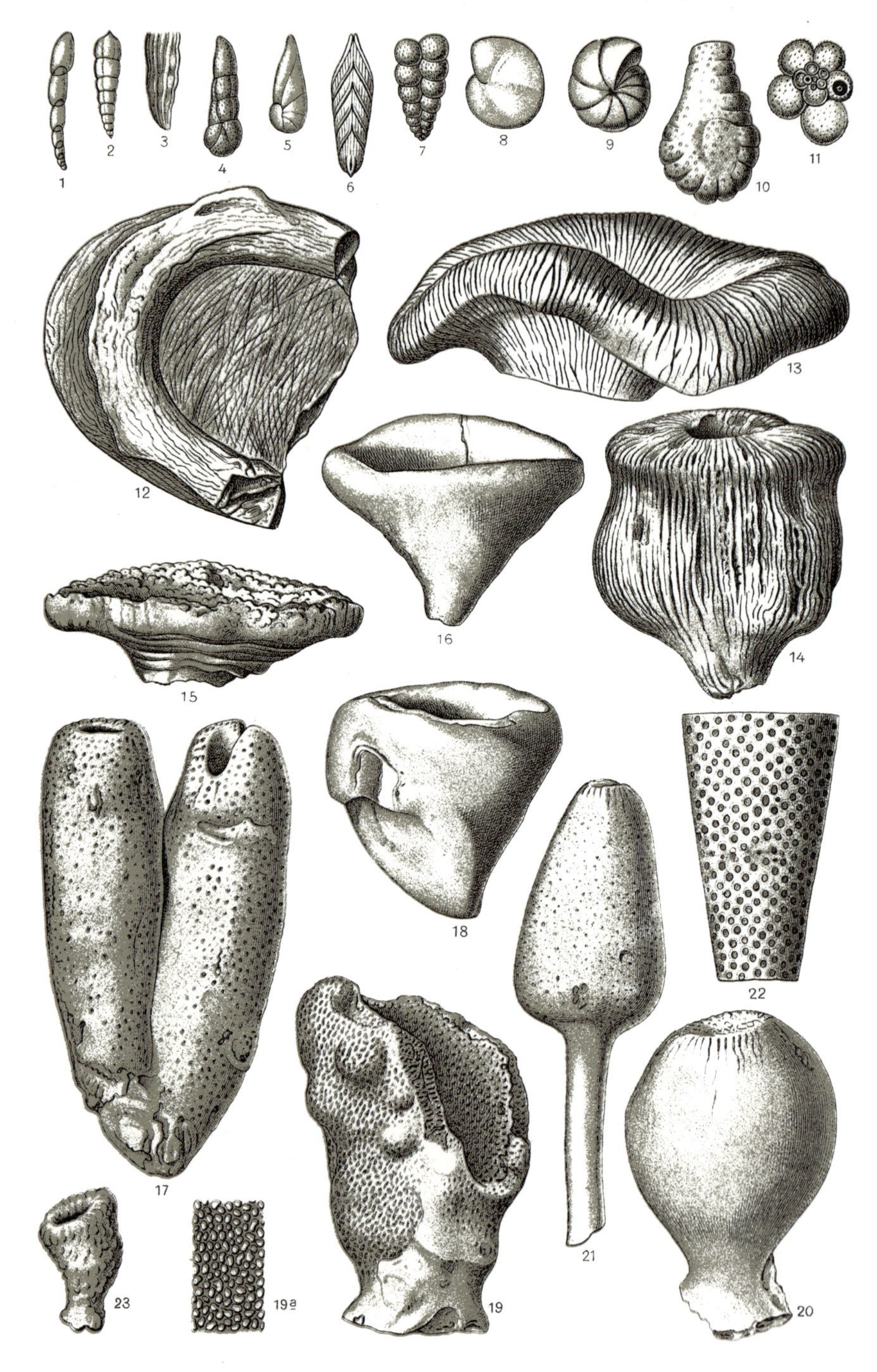

1. **Nodosaria** communis, 2. raphanus, 3. pyramidalis. 4. **Cornuspira** tenuissima. 5. **Cristellaria** suprajurassica. 6. **Frondicularia** solea. 7. **Textularia** striata. 8. **Discorbina** globosa. 9. **Rotalia** umbilicata. 10. **Haplophragmium** inflatum. 11. **Globigerina** cretacea. 12. **Rhizocorallium** Jenense. 13. **Cnemidiastrum** rimulosum, 14. Goldfussi. 15. **Hyalotragos** patella, 16. rugosum. 17. **Cylindrophyma** milleporata. 18. **Chonella** tenuis. 19. **Doryderma** infundibuliforme. 20. **Siphonia** ficus. 21. **Jerea** pyriformis. 22. **Ventriculites** cribrosus. 23. **Sporadopyle** obliquum.

1. **Tremadictyon** reticulatum. 2. **Rhizopoterium** cervicornis. 3. **Craticularia** cylindritexta. 4. **Guettardia** trilobata. 5. **Coscinopora** infundibuliformis. 6. **Pachyteichisma** lopas. 7. **Porospongia** Lochense. 8. **Cypellia** dolosa. 9. **Coeloptychium** agaricoides. 10. **Peronella** cylindrica. 11. **Stellispongia** semicincta. 12. **Blastinia** costata. 13. **Corynella** astrophora. 14. **Elasmostoma** consobrinum. 15. **Achilleum** glomeratum. 16. **Myrmecium** rotula. 17. **Peronella** furcata. 18. **Elasmostoma** peziza.

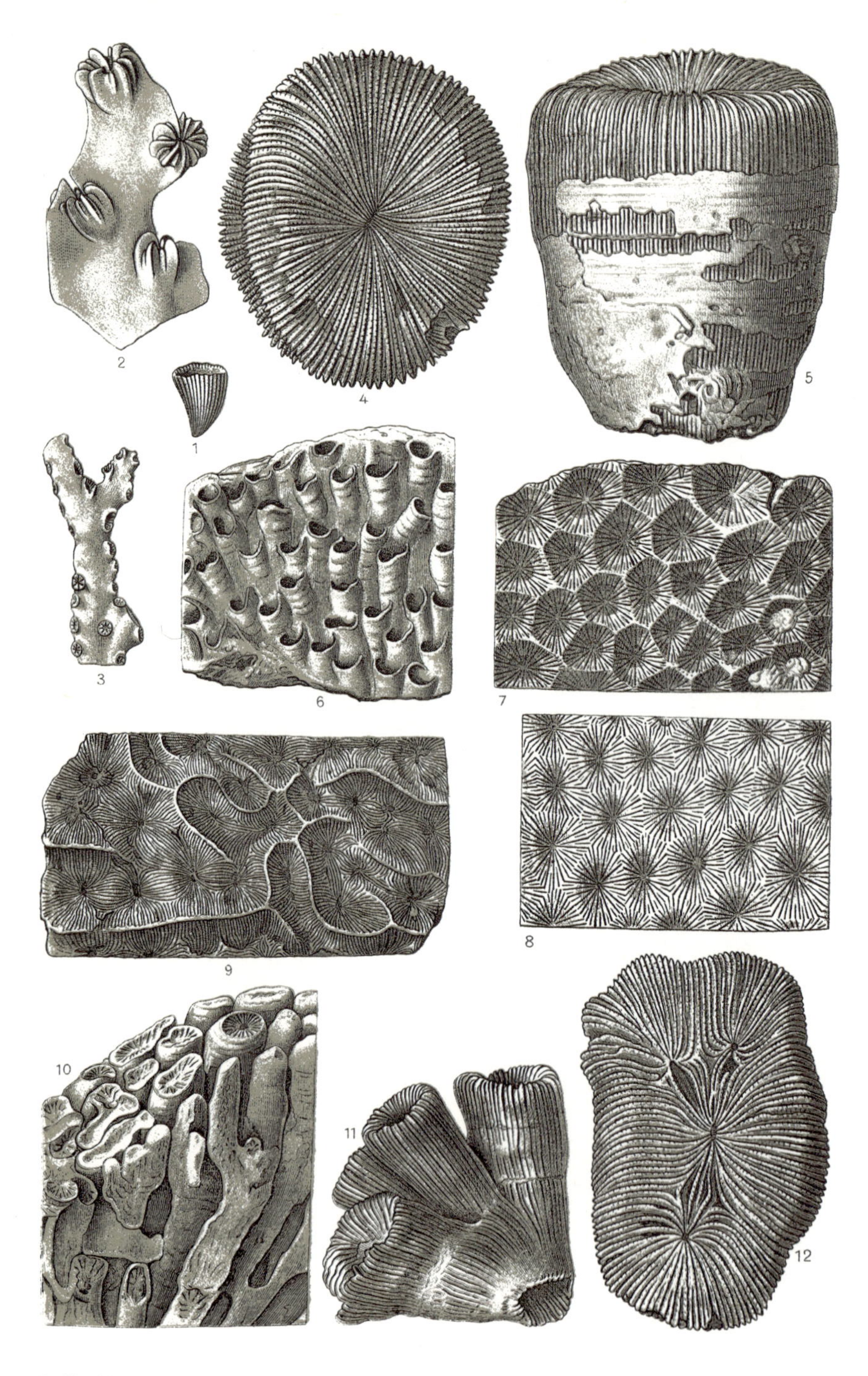

1. **Turbinolia** (Trochocyathus) impressae. 2. **Tiaradendron** germinans. 3. **Enalohelia** compressa. 4. **Montlivaultia** helianthoides, 5. obconica. 6. **Latusastraea** alveolaris. 7. **Isastraea** crassisepta, 8. explanata. 9. **Latimaeandra** Sömmeringi. 10. **Lithodendron** (Calamophyllia) clathratum. 11. **L.** (Thecosmilia) trichotomum. 12. **Thecosmilia** suevica.

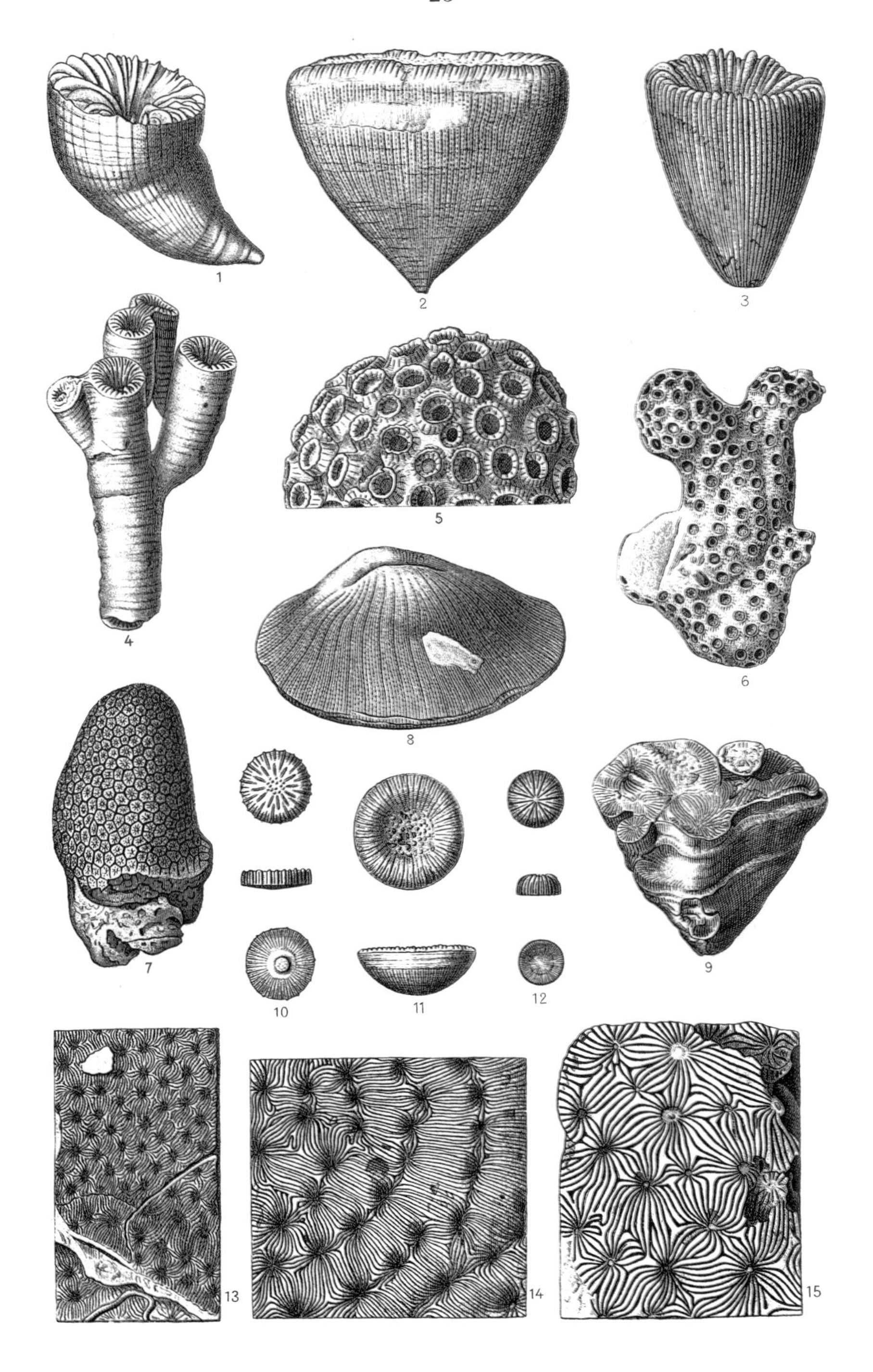

1. **Coelosmilia** centralis. 2. **Placosmilia** complanata. 3. **Epismilia** cuneata. 4. **Stylosmilia** (Placophyllia) dianthus. 5. **Stylina** Labechii, 6. limbata. 7. **Stephanocoenia** pentagonalis. 8. **Cyclolites** undulata. . 9. **Chorisastraea** dubia. 10. **Stephanophyllia** (Trochocyathus) florealis. 11. **Thecocyathus** mactra. 12. **Microbacia** coronula. 13. **Thamnastraea** Terquemi. 14. **Dimorphastraea** concentrica. 15. **Astraeomorpha** robuste-septata.

1. **Chaetetes** polyporus. 2. **Porosphaera** globularis. 3. **Defrancia** infraoolithica. 4. **Berenicea** compressa. 5. **Ceriopora** spongites, 6. alata, 7. polymorpha, 8. angulosa, 9. clavata, 10. radiciformis, 11. gracilis. 12. **Radiopora** substellata. 13. **Cellepora** escharoides, 14. radiata. 15. **Eschara** bipunctata. 16. **Escharites** rhombifera. 17. **Eschara** cepha. 18. **Serpula** grandis, 19. lumbricalis, 20. coacervata, 21. socialis, 22. gordialis, 23. tetragona, 24. Philippsi, 25. convoluta, 26. filaria. 27. **Lumbricaria** intestinum.

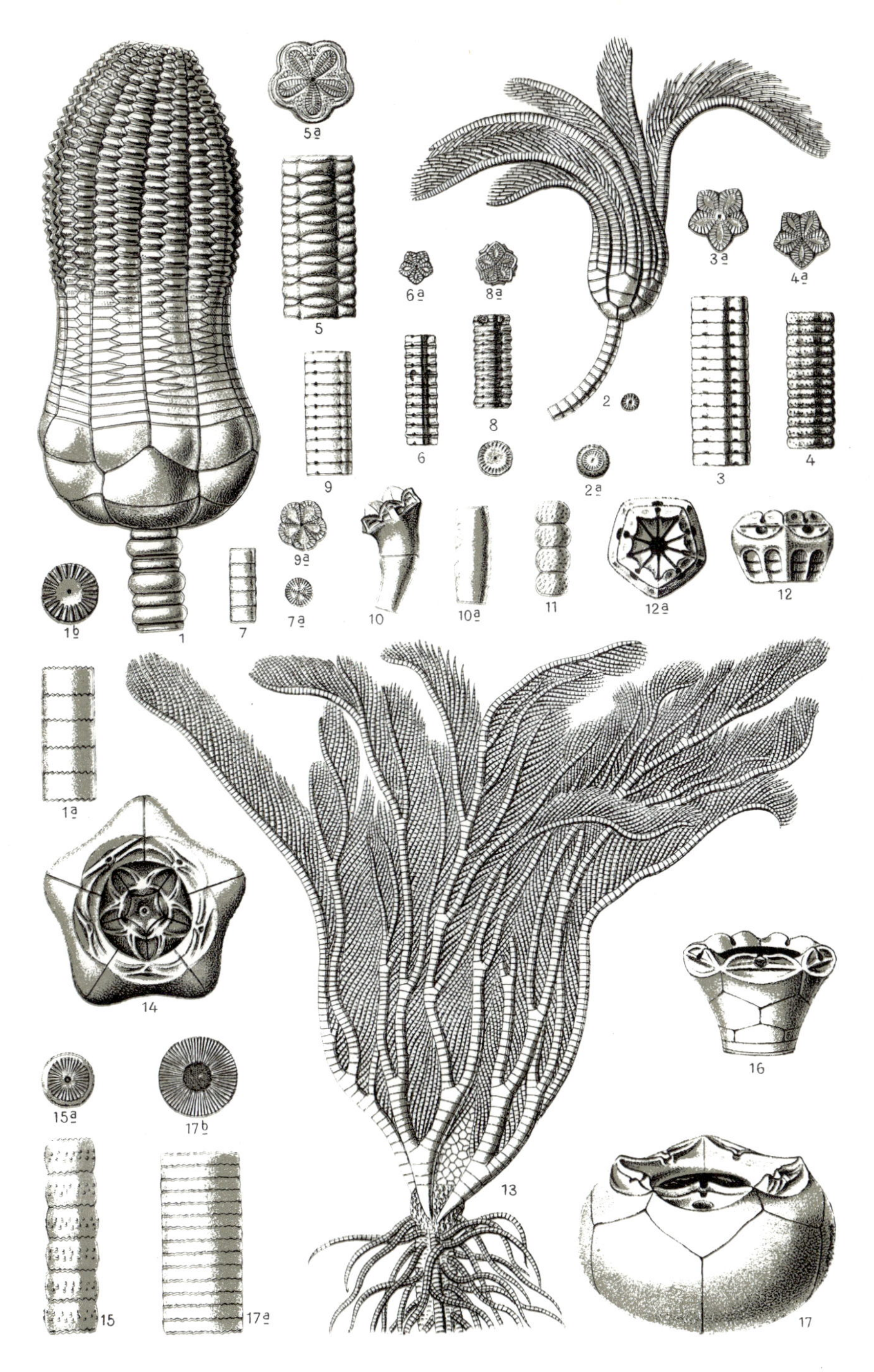

1. **Encrinus** liliiformis. 1. Kelch, 1 a Stielglieder, 1 b **Stielglied** von oben, 2. Kunischi. 3. **Pentacrinus** tuberculatus, 4. basaltiformis, 5. subangularis, 6. cristagalli, 7. subteres, 8. cingulatus, 9. Bronni. 10. **Eugeniacrinus** caryophyllatus (10 Kelch, 10 a und 10 b Stielglieder), 11. Hoferi. 12. **Solanocrinus** costatus. 13. **Pentacrinus** Briareus. 14 u. 15. **Millericrinus** Milleri, 16. rosaceus, 17. mespiliformis.

1. **Masurpites** ornatus. 2. **Bourguetocrinus** ellipticus. 3. **Saccocoma** pectinata. 4. **Ophiura** Egertoni. 5. **Aspidura** Ludeni, 6. loricata. 7. **Ophiocoma** ventrocarinata. 8. **Asterias** lumbricalis. 9. **Trichasteropsis** cilicia. 10. **Goniaster** regularis. 11. **Asterias** jurensis, 12. impressae, 13. Augentafel, 14. Ambulacralbalken. 15. u. 16. **Oreaster** primaevus. 17. u. 18. **Sphaerites** scutatus, 19. tabulatus, 20. punctatus, 21. pustulatus. 22. stelliferus, 23. digitatus.

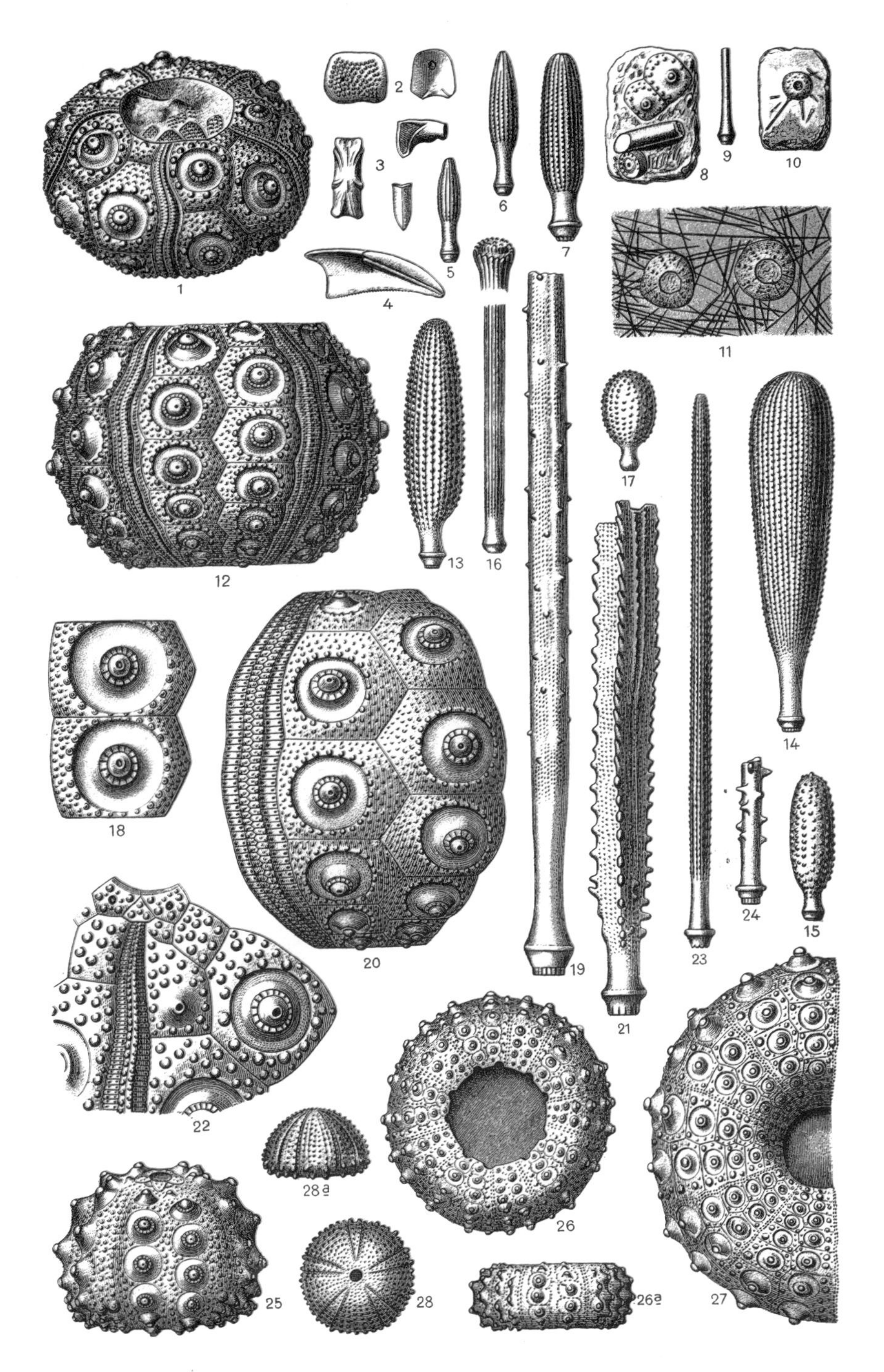

1—7. **Cidaris** coronata, 8. grandaevus, 9. arietis. 10. **Pseudodiadema** minutum. 11. **Mesodiodema** criniferum. 12 u. 13. **Cidaris** florigemma, 14. filograna, 15. propinqua, 16. vesicularis, 17. globiceps. 18 u. 19. **Rhabdocidaris** maxima, 20 u. 21. nobilis, 22. pustulifera. 23. **Cidaris** histricoides, 24. spinosa. 25. **Hemicidaris** crenularis. 26. **Pseudodiadema** subangulare. 27. **Cyphosoma** granulosa. 28. **Clypticus** sulcatus.

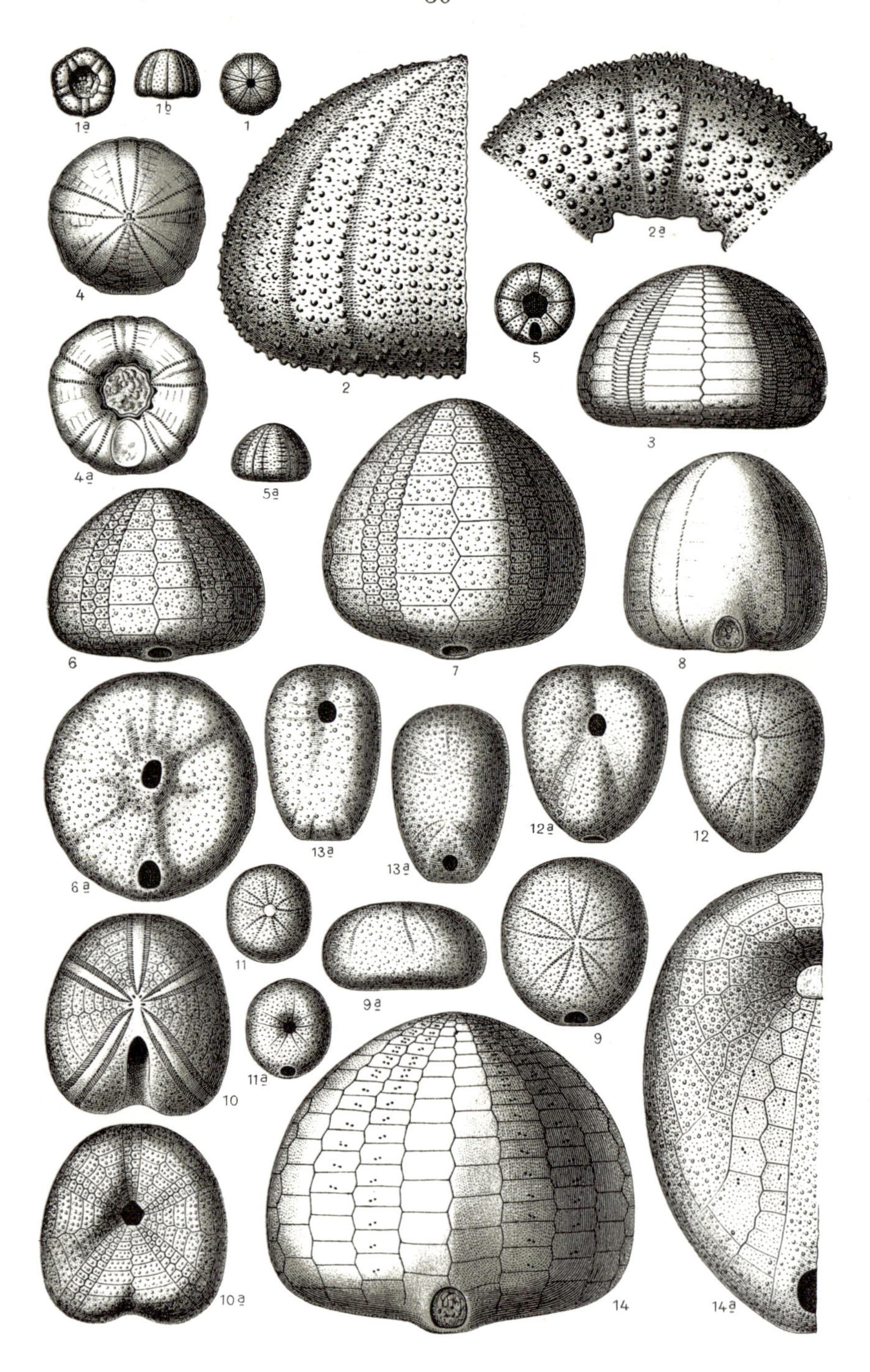

1. **Echinus** nodulosus. 2. **Stomechinus** lineatus. 3. **Discoidea** cylindrica. 4. **Holectypus** depressus. 5. **Discoidea** subulcus. 6. **Galerites** vulgaris. 7. **Echinoconus** abbreviatus, 8. albogalerus. 9. **Pyrina** pygmaea. 10. **Echinobrissus** scutatus. 11. **Pyrina** Gehrdenensis. 12. **Dysaster** (Collyrites) carinatus, 13. granulosus. 14. **Ananchytes** ovata.

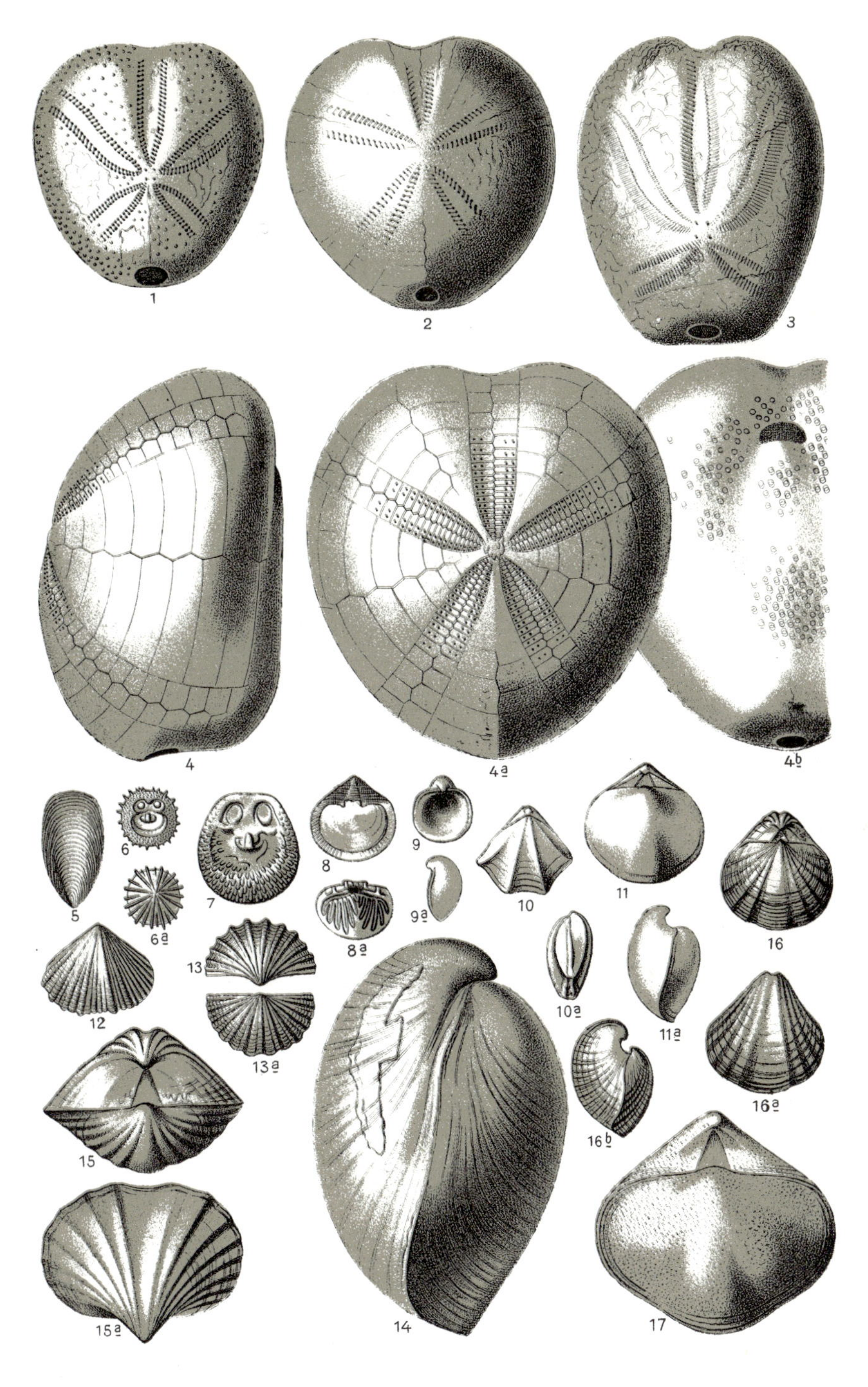

1. **Holaster** Hardy, 2. laevis. 3. **Toxaster** complanatus. 4. **Micraster** cor testudinarium. 5. **Lingula** tenuissima. 6. **Crania** Ingabergensis, 7. nummulus. 8. **Thecidea** digitata. 9. **Koninckina** Leonhardi. 10. **Retzia** trigonella. 11. **Spiriferina** Menzelii, 12. hirsuta, 13. fragilis. 14. **Spirigera** oxycolpos. 15. **Spiriferina** Walcotti, 16. verrucosa, 17. rostrata.

1. **Rhynchonella** gryphitica, 2. belemnitica, 3. rimosa, 4. variabilis, 5. spinosa, 6. acuticosta, 7. varians, 8. quadriplicata, 9. lacunosa, 10. lacunosa var. multicostata, 11. lacunosa var. sparsicosta, 12. inconstans, 13. trilobata, 14. triloboides, 15. depressa, 16. difformis, 17. Cuvieri, 18. Hagenowi, 19. vespertilio, 20. plicatilis. 21. **Terebratula** vulgaris, 22. vulgaris var. cycloides, 23. gregaria, 24. perovalis, 25. omalogastyr, 26. bullata, 27. gutta, 28. orbis, 29. humeralis.

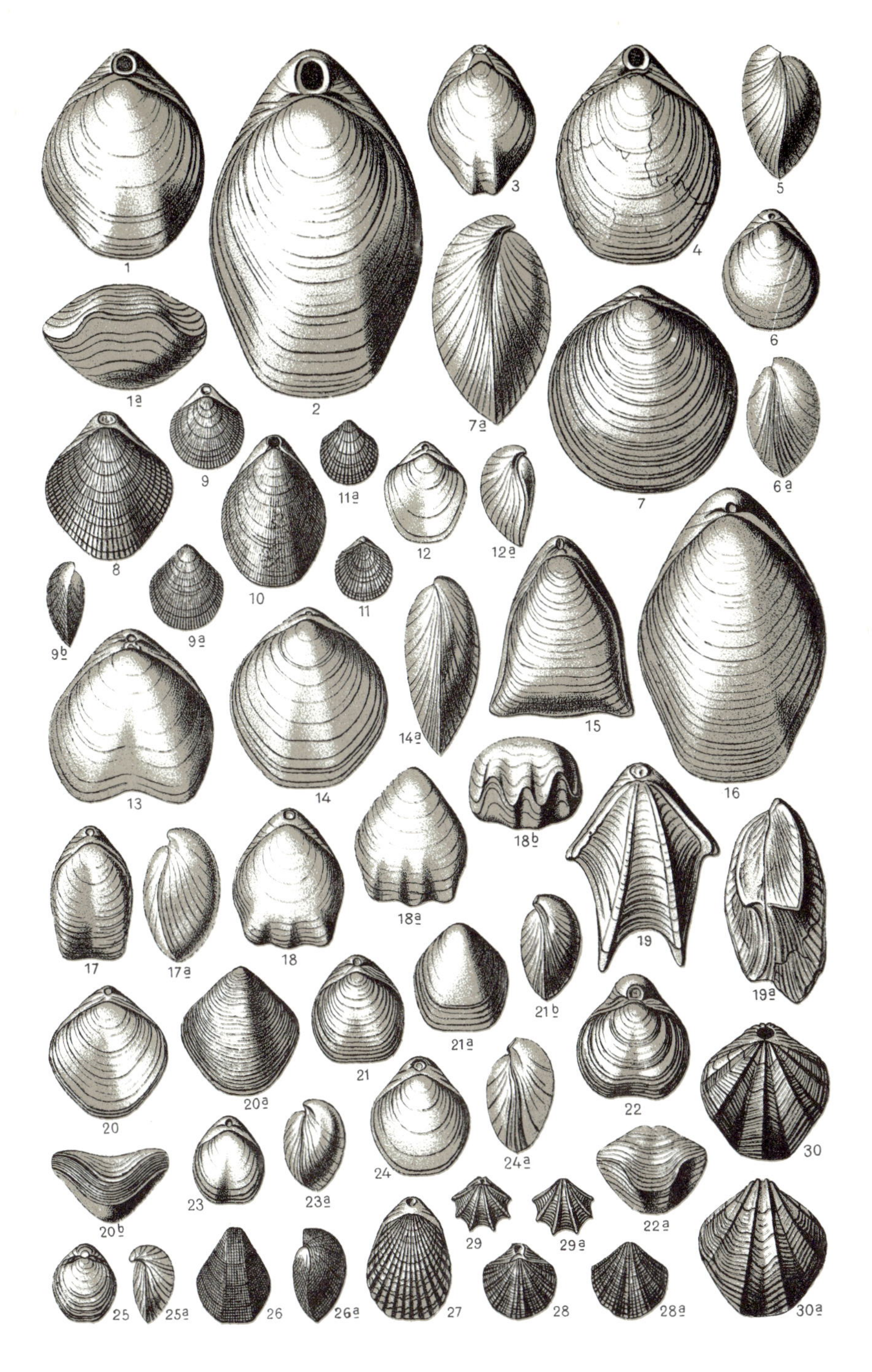

1. **Terebratula** bisuffarcinata, 2. insignis, 3. sella, 4, Moutoniana, 5. Becksii, 6. semiglobosa, 7. carnea. 8 u. 9. **Terebratulina** substriata, 10. chrysalis, 11. gracilis. 12. **Waldheimia** angusta, 13. vicinalis, 14. numismalis, 15. digona, 16. lagenalis, 17. pala, 18. antiplecta, 19. trigonella, 20. carinata, 21. impressa, 22. nucleata, 23. hippopus, 24. tamarindus. 25. **Magas** pumilus. 26. **Terebratella** Kurri, 27. oblonga, 28. pectunculus, 29. loricata, 30. pectunculoides.

1. **Ostrea** complicata, 2. sessilis, 3. multicostata, 4. eduliformis, 5. cristagalli, 6. gregaria. 7. **O.** (Anomia) semiglobosa, 8. **O.** diluviana, 9. carinata, 10. laciniata, 11. semiplana. 12. **Gryphaea** arcuata, 13. cymbium.

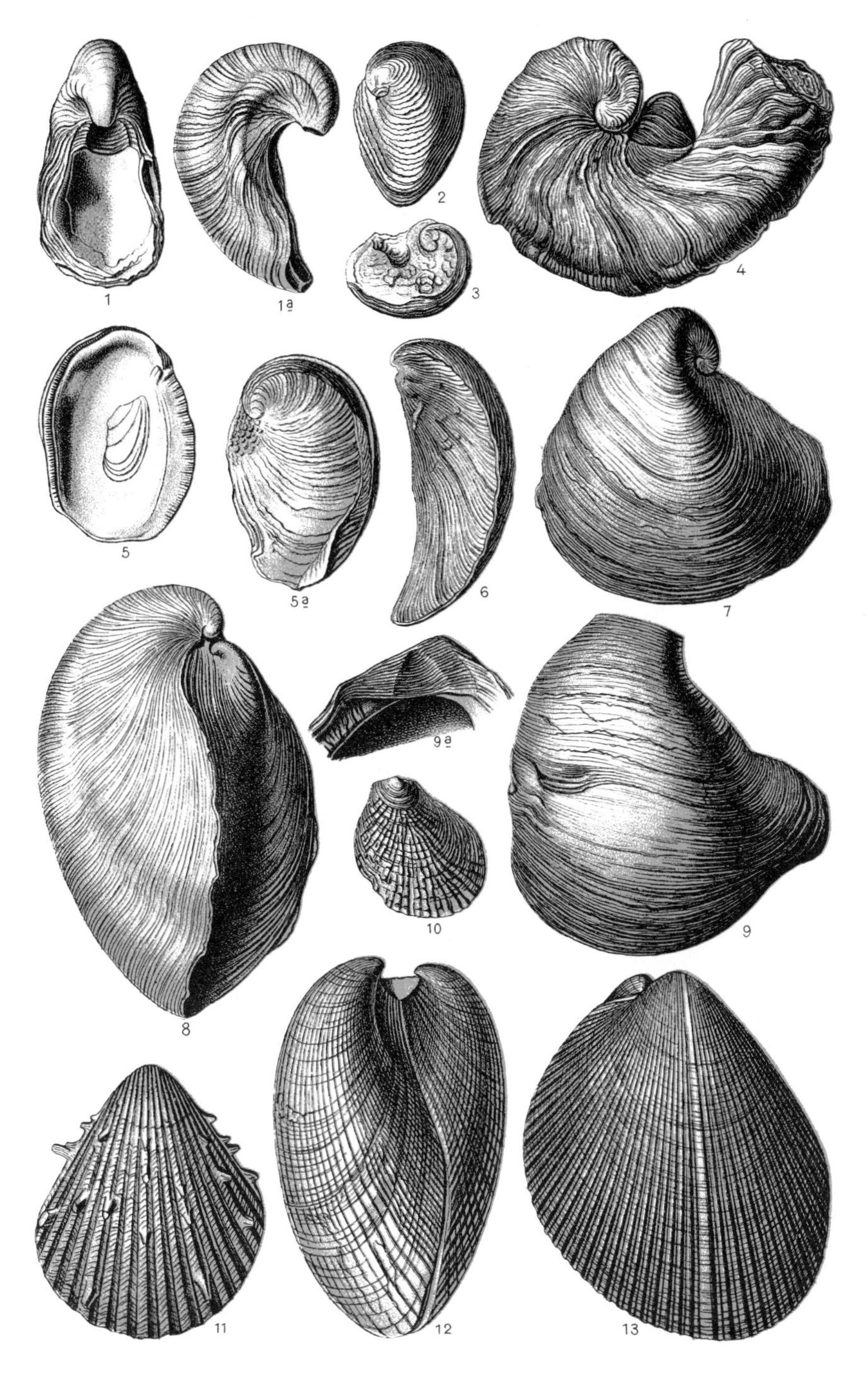

1. **Gryphaea** calceola. 2. **Exogyra** spiralis, 3. auriformis, 4. Couloni, 5. halitoidea, 6. sigmoidea, 7. subcarinata, 8. columba. 9. **Gryphaea** vesicularis. 10. **Plicatula** spinosa. 11. **Spondylus** spinosus. 12. **Lima** lineata, 13. striata.

1. **Lima** (Plagiostoma) punctata, 2. **L.** pectiniformis, 3. dupla, 4. semisulcata, 5. canalifera, 6. **L.** (Plagiostoma) Hoperi. 7. **Hinnites** comptus. 8. **Pecten** Albertii, 9. discites. 10. laevigatus, 11. Valoniensis, 12. glaber, 13. priscus, 14. contrarius, 15. textorius, 16. personatus, 17. demissus.

1. **Pecten** lens, 2. velatus, 3. cingulatus, 4, subspinosus, 5. subarmatus, 6. Beaveri, 7. aequicostatus, 8. quadricostatus, 9. quinquecostatus, 10. curvatus, 11. septemplicatus. 12. **Avicula** contorta, 13. Sinemuriensis, 14. Münsteri, 15. Cornueliana. 16. **Pseudomonotis** echinata. 17. **Posidonia** Bronni. 18. **Pseudomonotis** substriata. 19. **Monotis** salinaria.

1. **Gervillia** Albertii, 2. subcostata, 3. socialis, 4. pernoides. 5. **Aucella** Keyserlingi. 6 u. 7. **Inoceramus** dubius, 8. laevigatus, 9. labiatus, 10. Cuvieri, 11. Brongiarti, 12. Cripsii.

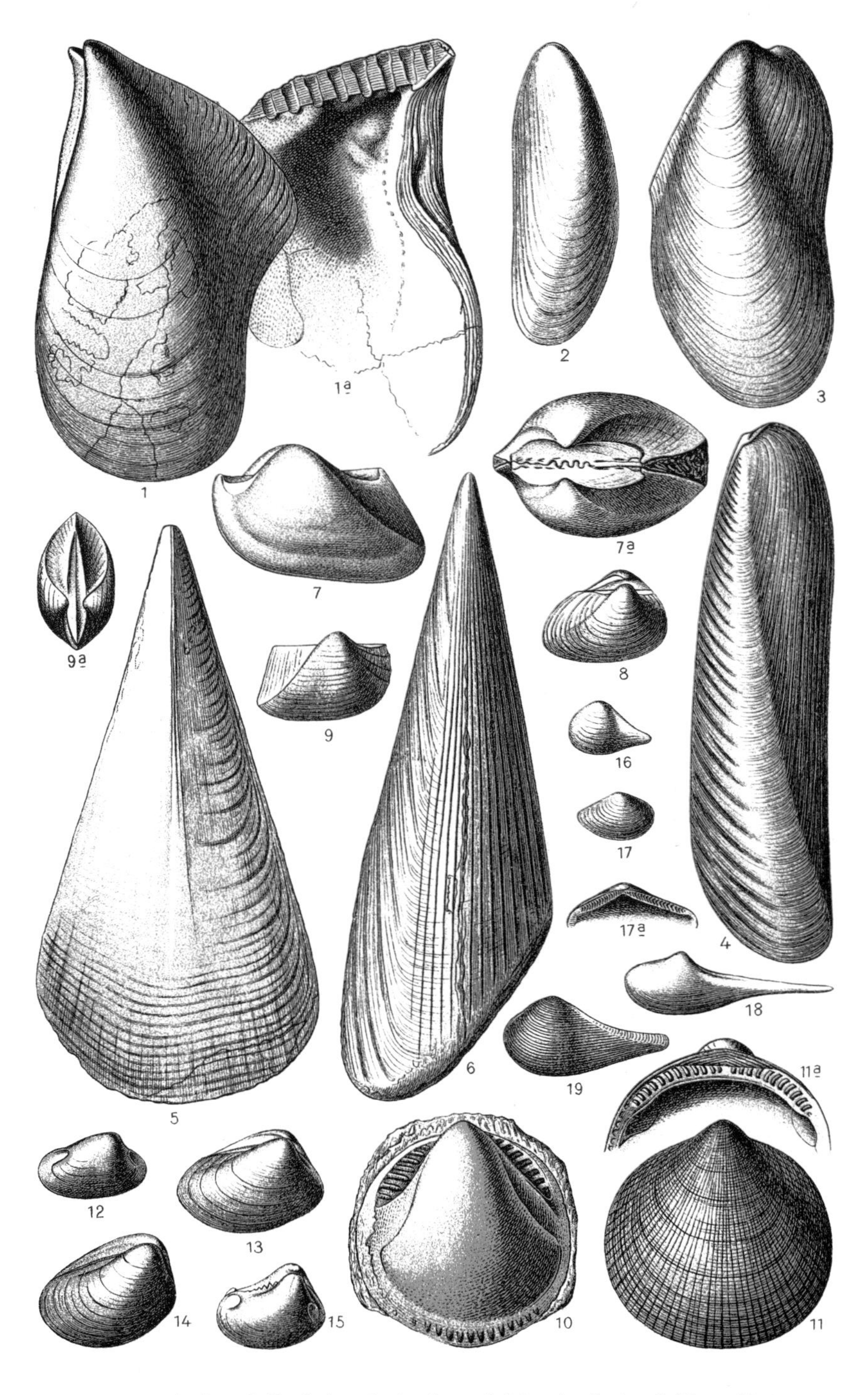

1. **Perna** mytiloides. 2. **Modiola** minuta, 3. modiolata, 4. plicata. 5. **Pinna** Hartmanni, 6. cretacea. 7. **Arca** securis. 8. **Cucullaea** Münsteri, 9. concinna. 10. **Pectunculus** dux, 11. Geinitzi. 12. **Nucula** palmae, 13. Hammeri, 14 u. 15. variabilis, 16. lacrymae, 17. Försteri. 18. **Leda** complanata, 19. claviformis.

1. **Myophoria** costata, 2. Goldfussi, 3 u. 4. laevigata, 5. orbicularis, 6. cardissoides. 7. **Trigonodus** Sandbergeri. 8. **Myophora** transversa, 9. u. 10. vulgaris, 11. pesanseris, 12. postera, 13. Raibliana. 14. **Trigonia** navis, 15. u. 16. clavellata.

1. **Trigonia** costata, 2. striata, 3. silicea, 4. vaalsiensis. 5. **Anoplophora** lettica. 6. **Cardinia** (Thalassites) Listeri, 7. donacina. 8. **Astarte** opalina, 9. depressa, 10. Voltzi, 11. minima, 12. similis. 13. **Eriphyla** lenticularis. 14. **Opis** cardissoides, 15. lunulata. 16. **Cardita** crenata. 17. **Megalodus** triqueter. 18. **Diceras** arietinum. 19. **Cyrena** ovalis. 20. **Isocardia** angulata, 21. rostrata.

1. **Lucina** plana, 2. numismalis. 3. **Cardium** productum, 4. Becksi. 5. **Cytherea** ovalis. 6. **Tellina** zetae. 7. **Tancredia** oblita. 8. **Panopaea** Albertii. 9. **Pholadomya** decorata, 10. fidicula, 11. Murchisoni, 12. donacina, 13. Esmarki. 14. **Goniomya** angulifera, 15. consignata. 16. **Myacites** musculoides, 17. liasinus, 18. gregarius, 19. abductus. 20. **Corbula** gregaria, 21. Sandbergeri, 22. Keuperina. 23. **Taeniodon** Ewaldi. 24. **Corbula** substriatula. 25. **Liopistha** aequivalvis.

1. **Dentalium** laeve, 2. entalloides. 3. u. 4. **Pleurotomaria** rotellaeformis, 5. expansa, 6. anglica, 7. palaemon, 8. granulata, 9. clathrata, 10. speciosa. 11. u. 12. **Trochus** imbricatus, 13. capitaneus, 14. biarmatus, 15. duplicatus, 16. monilitectus. 17. **Turbo** cyclostoma, 18. reticularis. 19. **Paludina** fluviorum. 20. **Pyrgulifera** corrosa. 21. **Natica** gregaria, 22. pulla. 23. **Protonerita** spirata. 24. **Ampullaria** gigas. 25. **Neritopsis** jurensis. 26. **Delphinula** funata, 27. tegulata. 28. **Margarita** radiatula. 29. **Chemnitzia** obsoleta. 30. **Phasianella** striata.

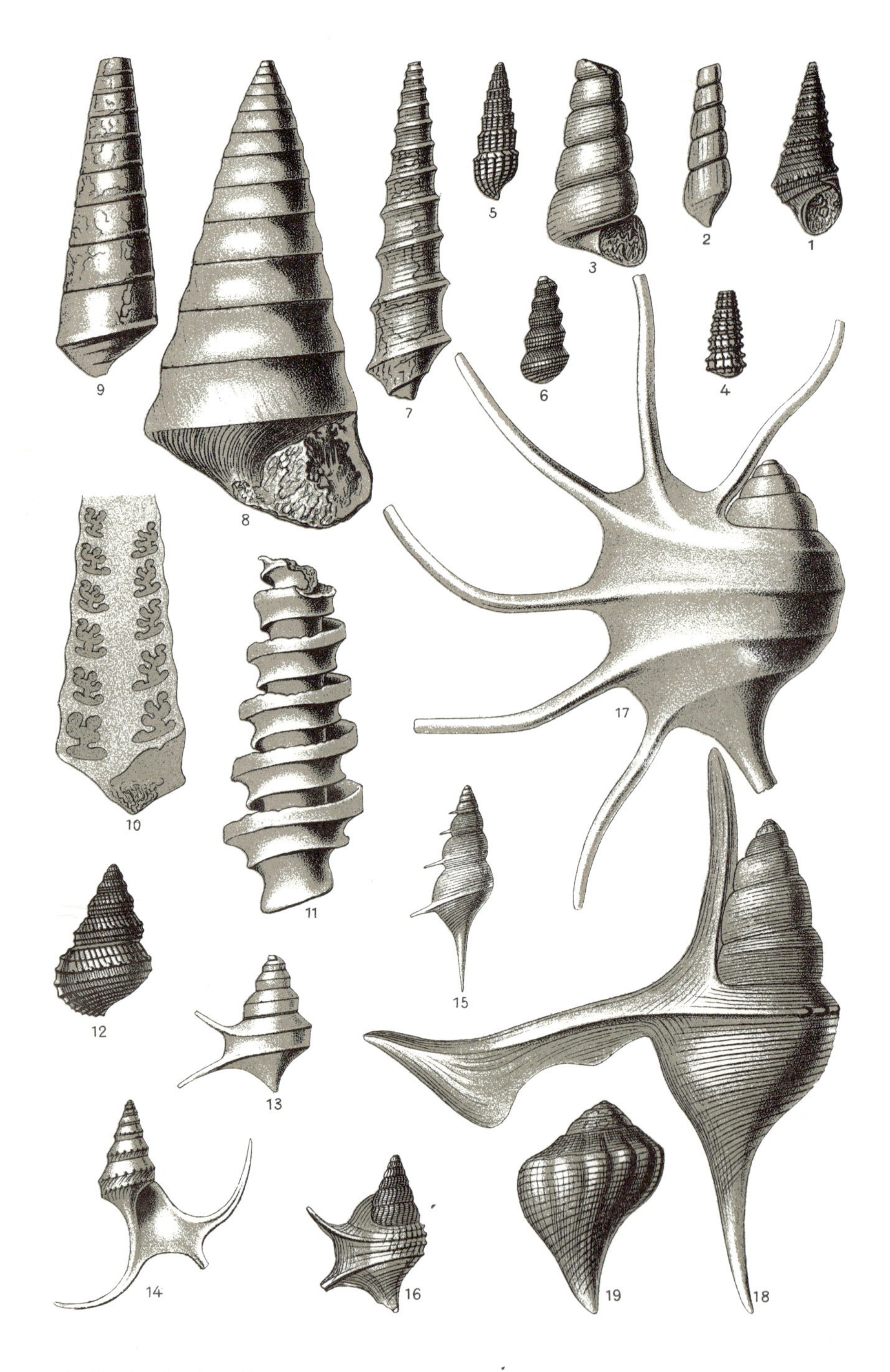

1. **Glaukonia** strombiformis. 2. **Turritella** Zieteni, 3. opalina. 4. **Cerithium** vetustum, 5. muricatum. 6. **Promathildia** turritella: 7. **Nerinea** suevica, 8. pyramidalis, 9. bruntrutana, 10. subbruntrutana, 11. succedens. 12. **Tritonium** ranellatum. 13. **Alaria** bicarinata, 14. subpunctata. 15. **Spinigera** alba. 16. **Aporrhais** granulosa. 17. **Pterocera** Oceani. 18. **Aporrhais** Buchii. 19. **Fusus** coronatus.

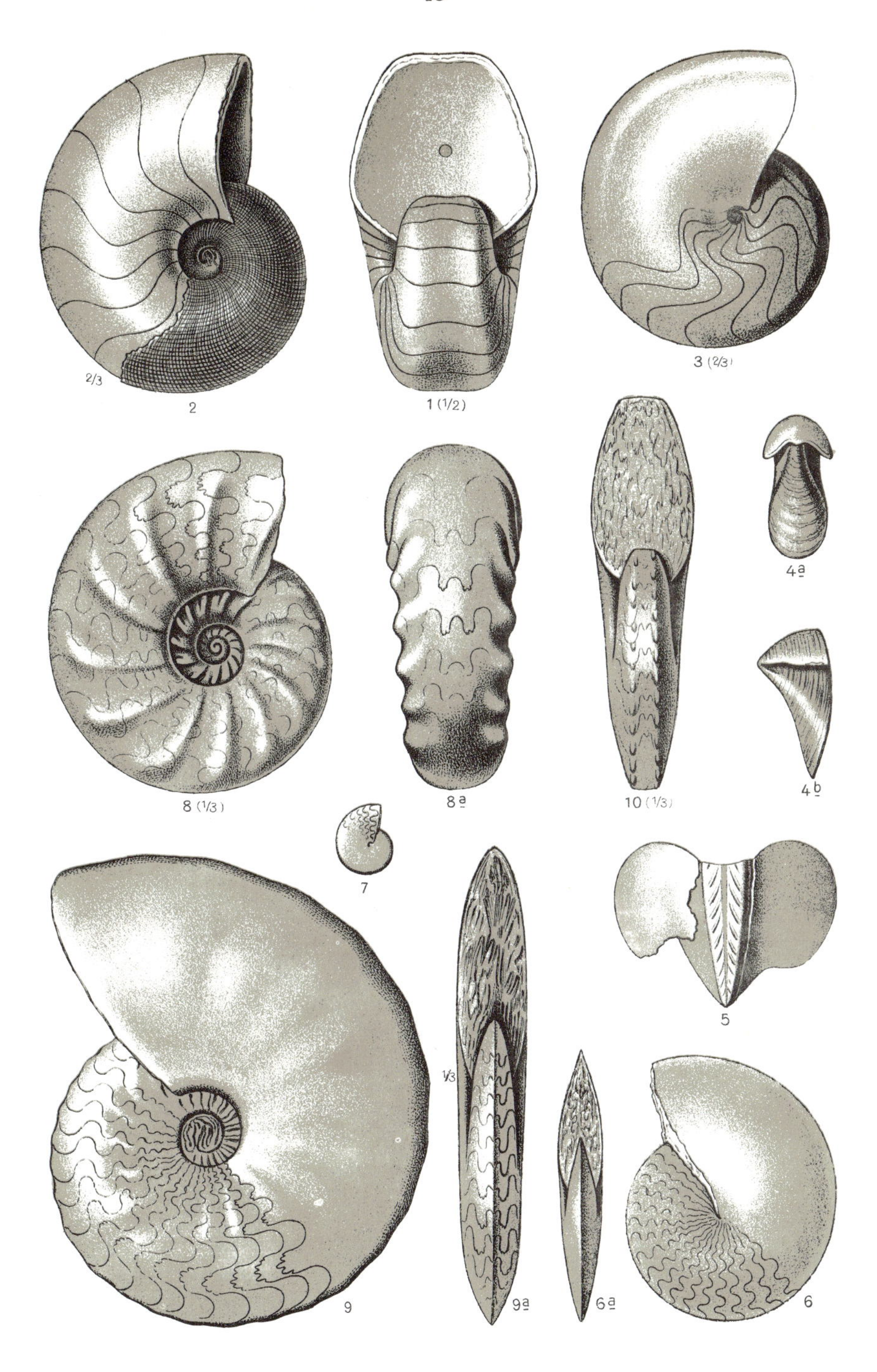

1. **Nautilus** bidorsatus, 2. striatus, 3. aganiticus. 4. **Rhyncholites** hirundo. 5. **Conchorhynchus** avirostris. 6. u. 7. **Ceratites** Buchi, 8. nodosus, 9. semipartitus, 10. dorsoplanus.

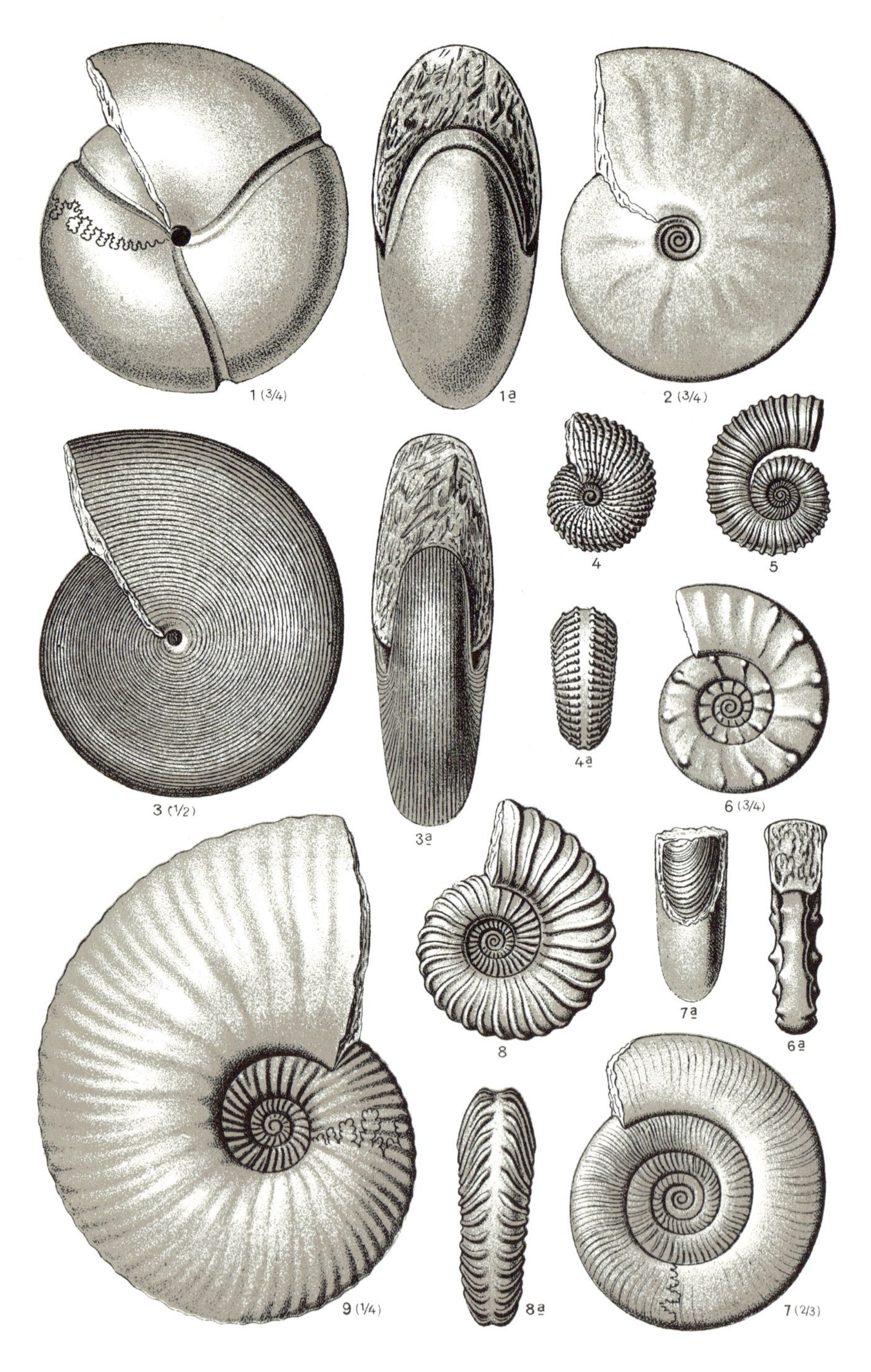

1. **Arcestes** (Johannites) cymbiformis. 2. **Ptychites** Studeri. 3. **Cladiscites** tornatus. 4. **Trachyceras** Aon. 5. **Choristoceras** Marshi. 6. **Ceratites** cassianus. 7. **Ammonites** (Psiloceras) planorbis, 8. **Am.** (Schlotheimia) angulatus, 9. Charmassei.

1. **Ammonites** spiratissimus, 2. Bucklandi, 3. geometricus, 4. Turneri, 5. raricostatus, 6. planicosta, 7. Jamesoni, 8. Valdani, 9. Maugenesti, 10. Taylori, 11. Henleyi, 12. Bronni, 13. Davoei, 14. oxynotus, 15. margaritatus, 16. spinatus, 17. heteropleurus, 18. affinis.

1. **Ammonites** Masseanus (a u. b Querschnitte), 2. insignis (a Querschnitt der Var. trigonatus, b Querschnitt der Var. ovalis), 3. Sowerbyi, 4. zetes, 5. Nilsoni, 6. ibex, 7. fimbriatus (Schalenbruchstück im Schiefer), 8. fimbriatus, 9. jurensis, 10. hircinus, 11. dilucidus, 12. torulosus, 13. Aalensis, 14. Algovianus, 15. radians, 16. quadratus, 17. Eseri, 18. bifrons.

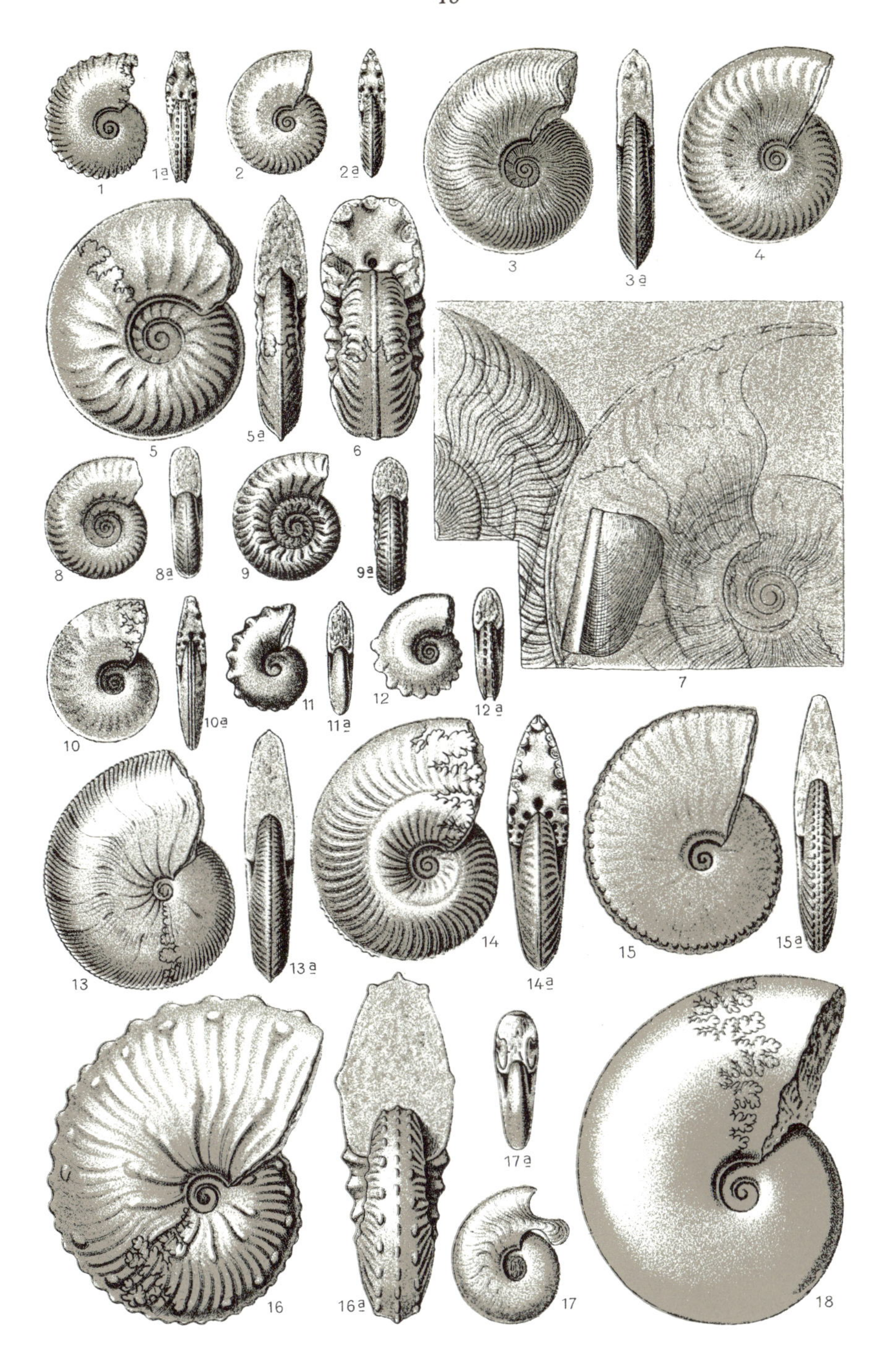

1. **Ammonites** bipartitus, 2. fuscus, 3. opalinus, 4. concavus, 5. Murchisonae, 6. Murchisonae var. obtusus, 7. Lythensis, 8. lunula, 9. hecticus, 10. arolicus, 11. dentatus, 12. bidentatus, 13. tenuilobatus, 14. canaliculatus, 15. lithographicus, 16. flexuosus, 17. lingulatus, 18. elimatus.

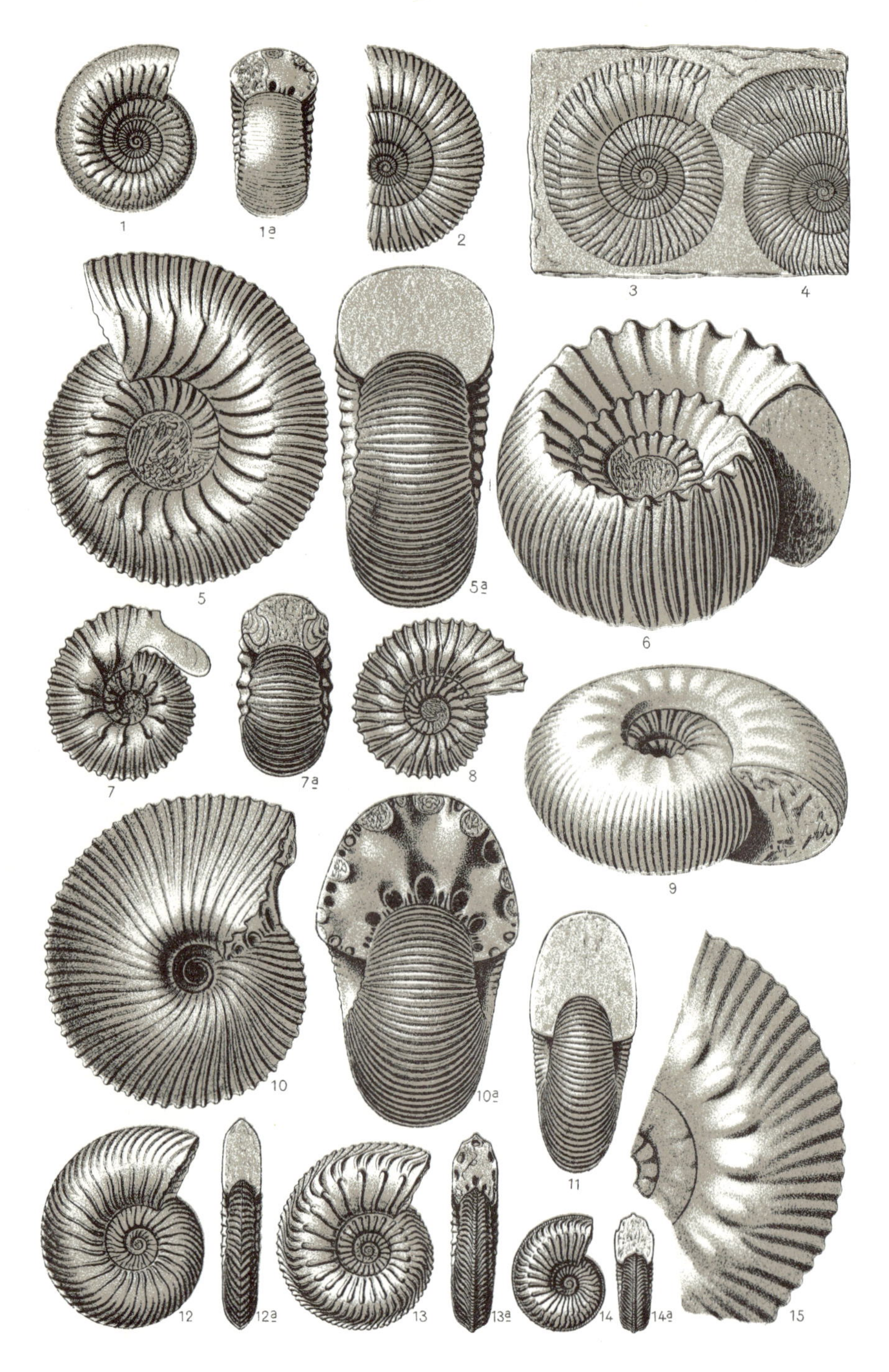

1. **Ammonites** pettos, 2. communis, 3. annulatus, 4. Bollensis, 5. Humphresianus, 6. Blagdeni, 7. Sauzei, 8. Braikenridgii, 9. Gervillii, 10. tumidus, 11. macrocephalus, 12. Lamberti, 13. cordatus, 14. alternans, 15. Portlandicus.

1. **Ammonites** varians, 2. peramplus, 3. Parkinsoni, 4. polymorphus, 5. anceps, 6. ornatus, 7. Jason, 8. bifurcatus, 9. stephanoides, 10. platynotus, 11. mutabilis, 12. funatus.

1. **Ammonites** convolutus, 2. polygyratus, 3. striolaris, 4. colubrinus, 5. polyplocus, 6. involutus, 7. planula, 8. Ulmensis, 9. athleta, 10. bimammatus, 11. annularis, 12. caprinus, 13. transversarius, 14. liparus, 15. perarmatus, 16. longispinus.

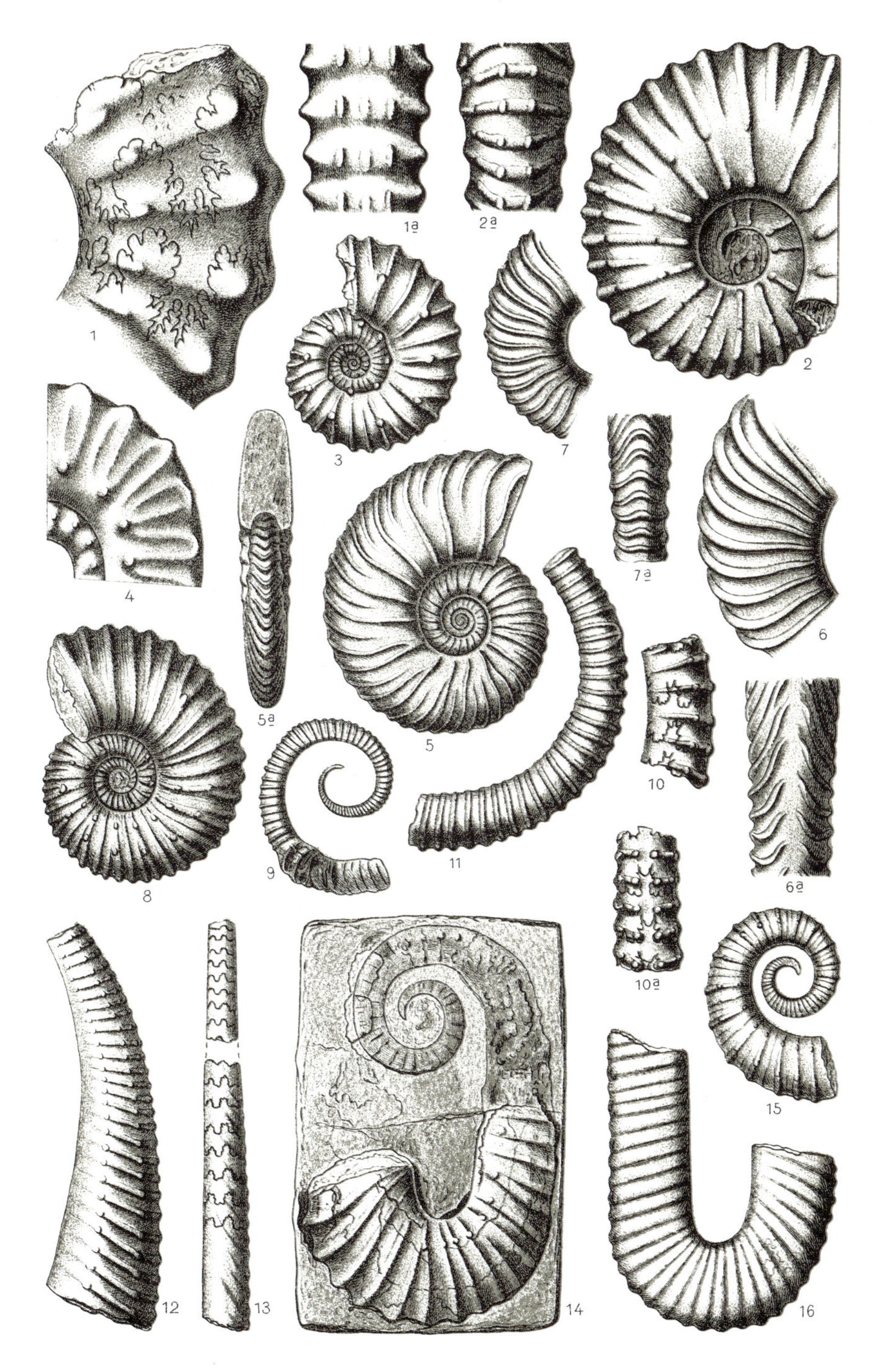

1. **Ammonites** rhotomagensis, 2. Mantelli, 3. Cornuelianus, 4. Renauxianus, 5. Bodei, 6. tardefurcatus, 7. Deshayesi, 8. pulcher. 9. u. 10. **Spiroceras** (Hamites) bifurcati. 11. **Crioceras** ellipticum. 12. **Ancyloceras** elatum. 13. **Baculites** vertebralis. 14. **Ancyloceras** Matheronianum. 15. **Crioceras** variabile. 16. **Hamites** elegans.

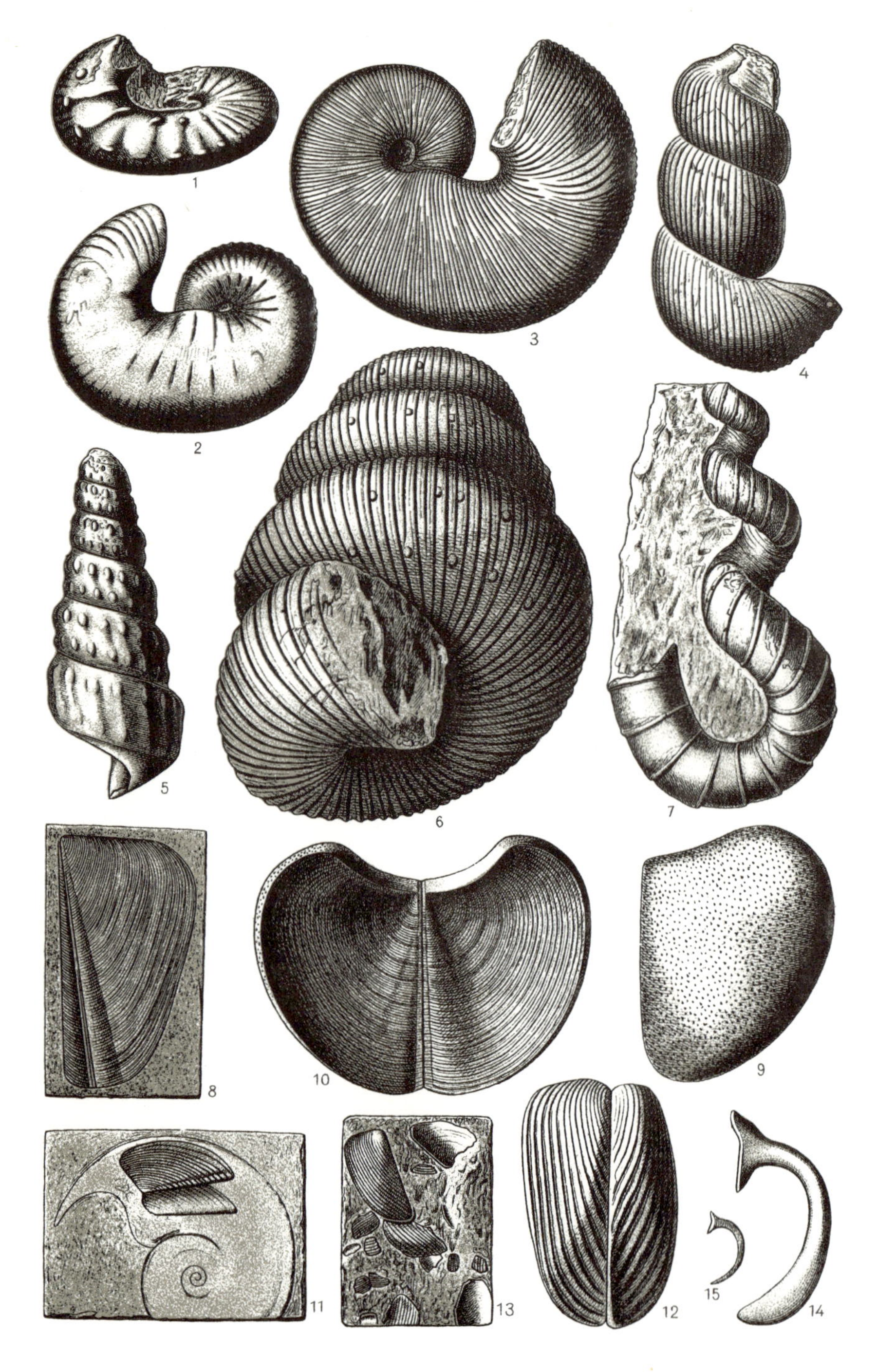

1. **Scaphites** binodosus, 2. Geinitzi, 3. tenuistriatus. 4. **Turrilites** saxonicus, 5. cenomaniensis. 6. **Heteroceras** polyplocum, 7. Reussianum. 8. **Aptychus** Lythensis, 9. u. 10. latus. 11. **Oppelia** sp. mit Aptychus. 12. **Aptychus** lamellosus, 13. gracilicostatus. 14. **Onychites** amalthei, 15. rostratus.

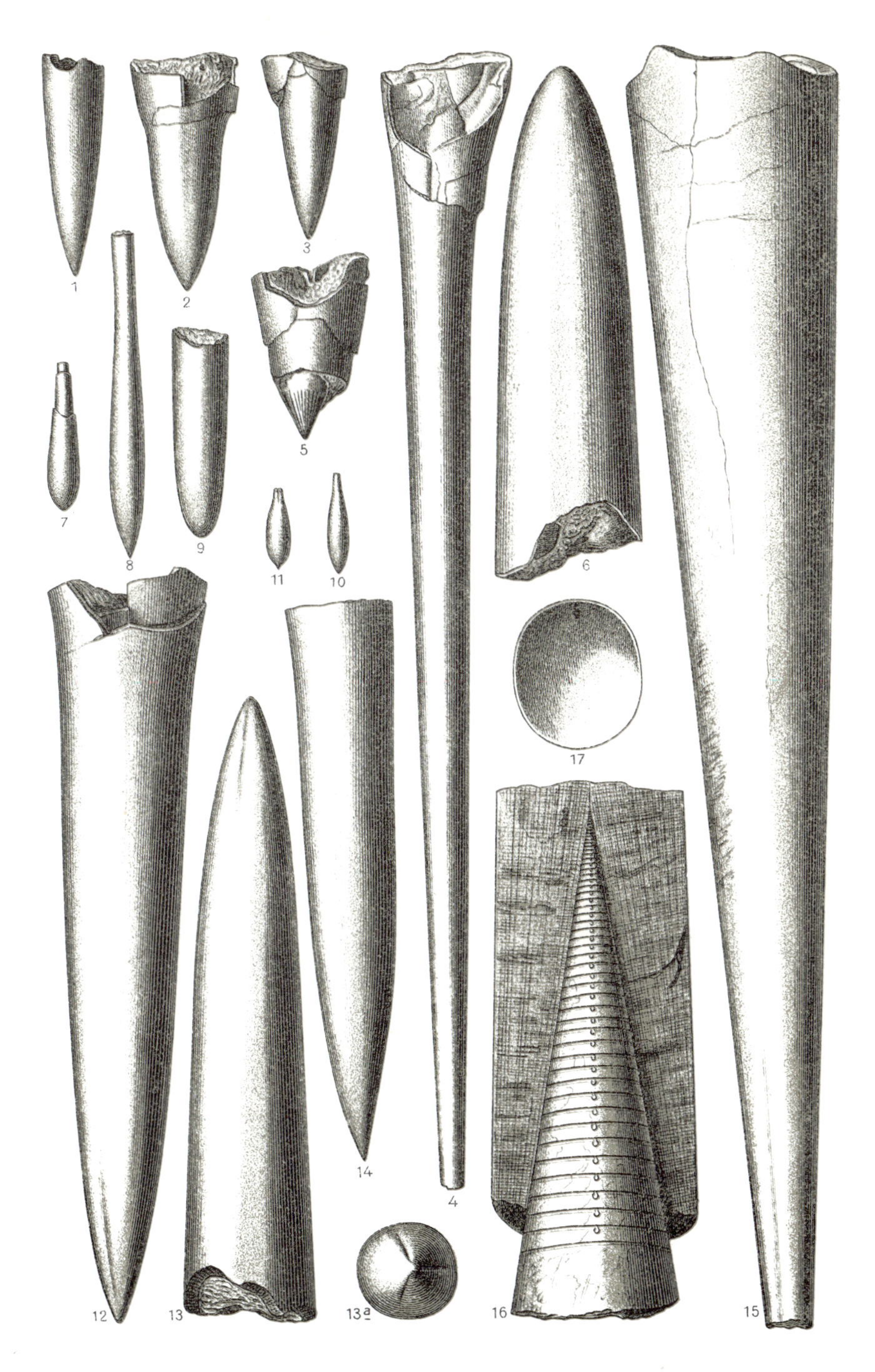

1. **Belemnites** brevis primus, 2. brevirostris, 3. gingensis, 4. u. 5. acuarius, 6. digitalis, 7. clavatus, 8. subclavatus, 9. pygmaeus, 10. u. 11. pressulus, 12. paxillosus, 13. tripartitus, 14. spinatus, 15. u. 16. giganteus. 17. Einzelne Kammerausfüllung des Phragmokon.

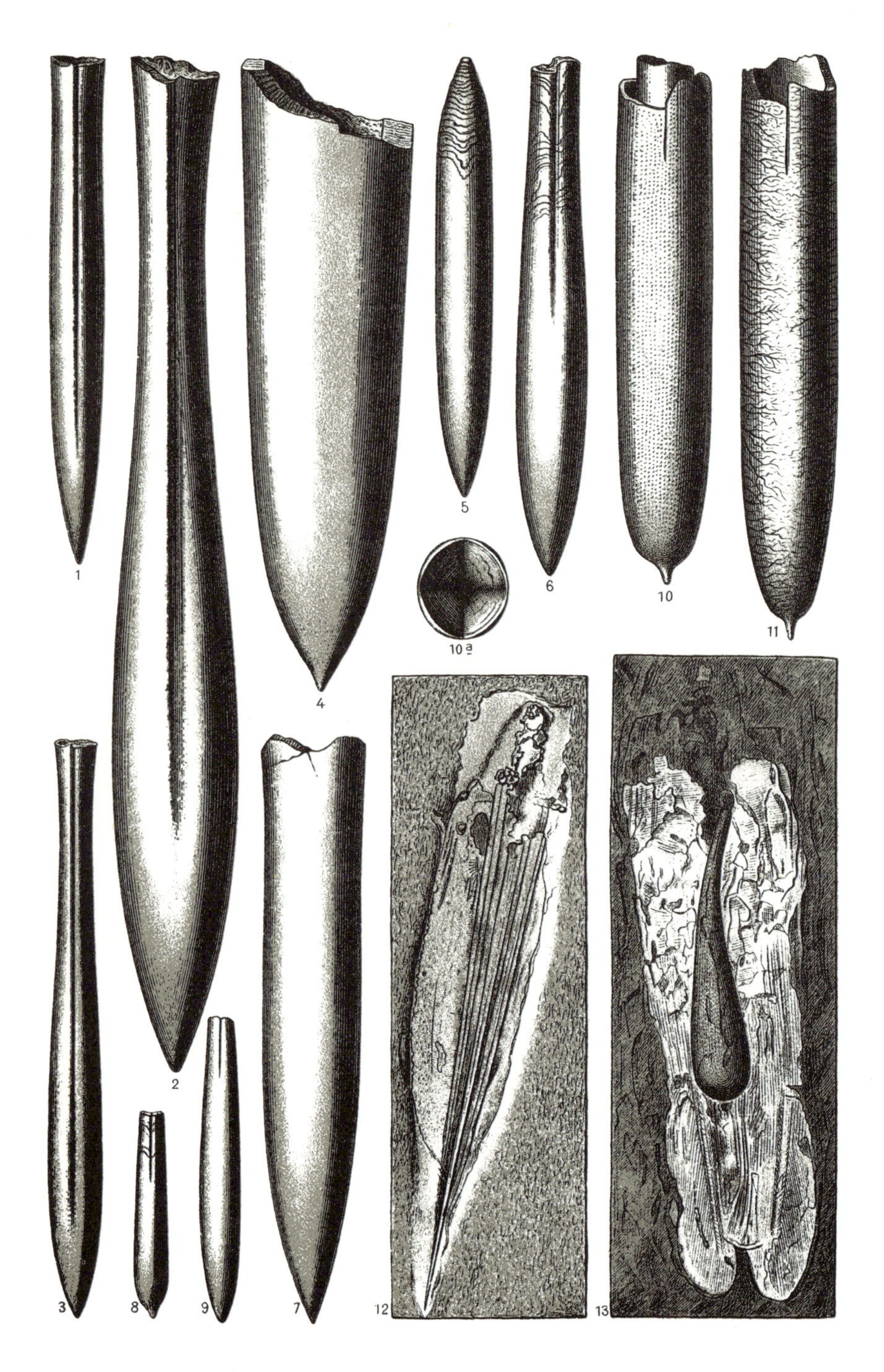

1. **Belemnites** fusiformis, 2. hastatus, 3. calloviensis, 4. subquadratus, 5. pistilliformis, 6. Strombecki, 7. brunsvicensis, 8. minimus, 9. ultimus, 10. u. 10 a. B. (Actinocamax) quadratus, 11. B. (Belemnitella) mucronatus. 12. **Plesioteuthis** prisca. 13. **Geoteuthis** bollensis.

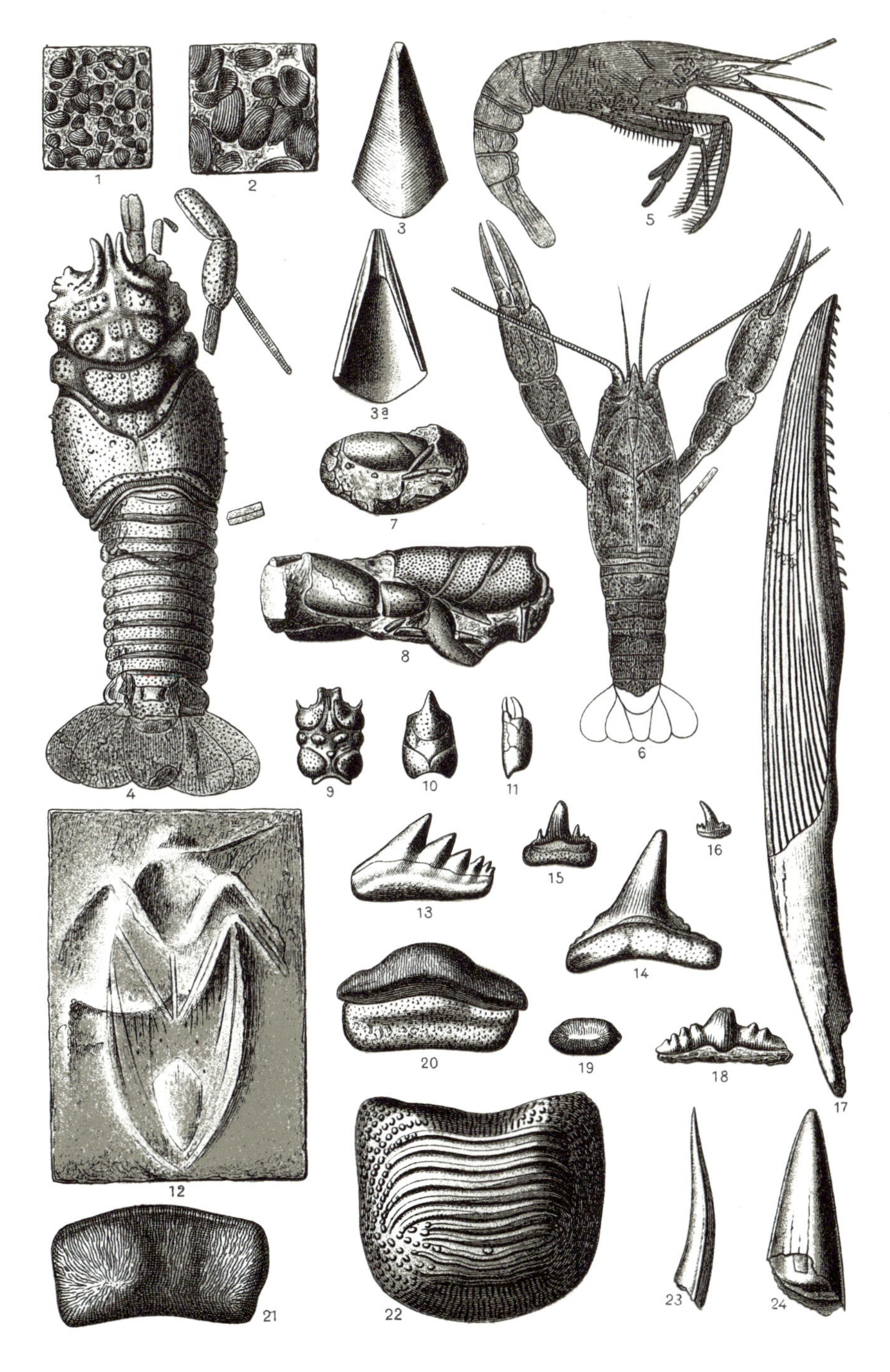

1. **Estheria** minuta, 2. laxitexta. 3. **Pollicipes** Bronni. 4. **Pemphix** Sueuri. 5. **Aeger** elegans. 6. **Eryma** leptodactylina. 7. **Mecochirus** socialis. 8. **Eryma** Mandelslohi. 9. **Prosopon** ornatum, 10. Wetzleri. 11. **Magila** suprajurensis. 12. **Scarabaeides** deperditus. 13. **Notidanus** Münsteri. 14. **Hybodus** longiconus, 15. plicatilis, 16. minor, 17. Hauffianus, 18. rugosus. 19. **Acrodus** lateralis, 20. Gaillardoti. 21. **Strophodus** reticulatus. 22. **Ptychodus** mammillaris. 23. **Sphenodus** longidens. 24. **Otodus** appendiculatus.

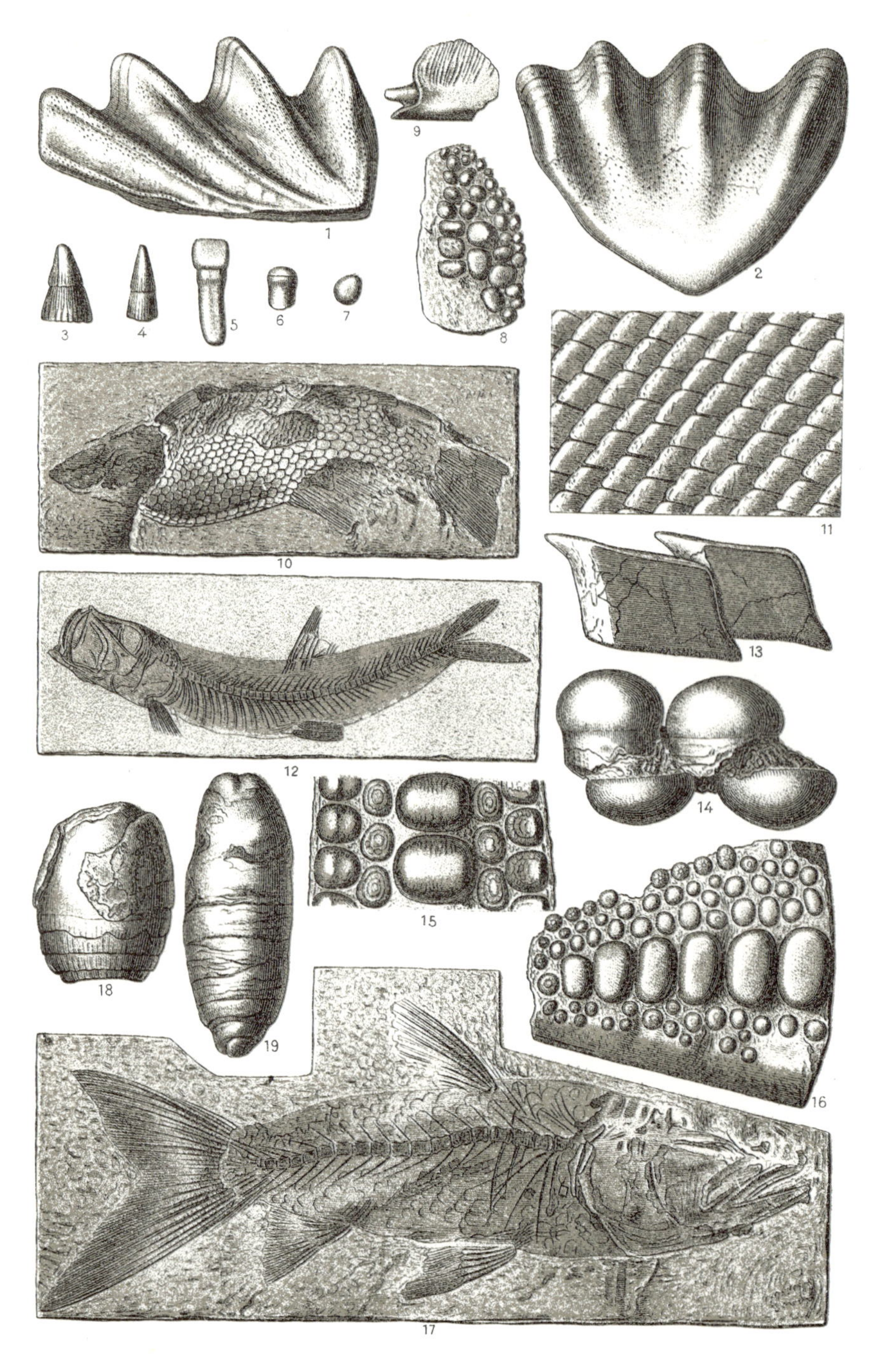

1. **Ceratodus** runcinatus, 2. Kaupii. 3. **Saurichthys** Mougeoti, 4. acuminatus. 5.—7. **Sargodon** tomicus. 8. **Colobodus** frequens. 9. **Gyrolepis** Albertii. 10. **Semionotus** Kapfii. 11. **Dapedius** punctatus. 12. **Leptolepis** sprattiformis. 13. **Lepidotus** elvensis, 14. giganteus. 15. **Gyrodus** umbilicus. 16. **Pycnodus** didymus. 17. **Sardinioides** Monasterii. 18. u. 19. **Koprolithen.**

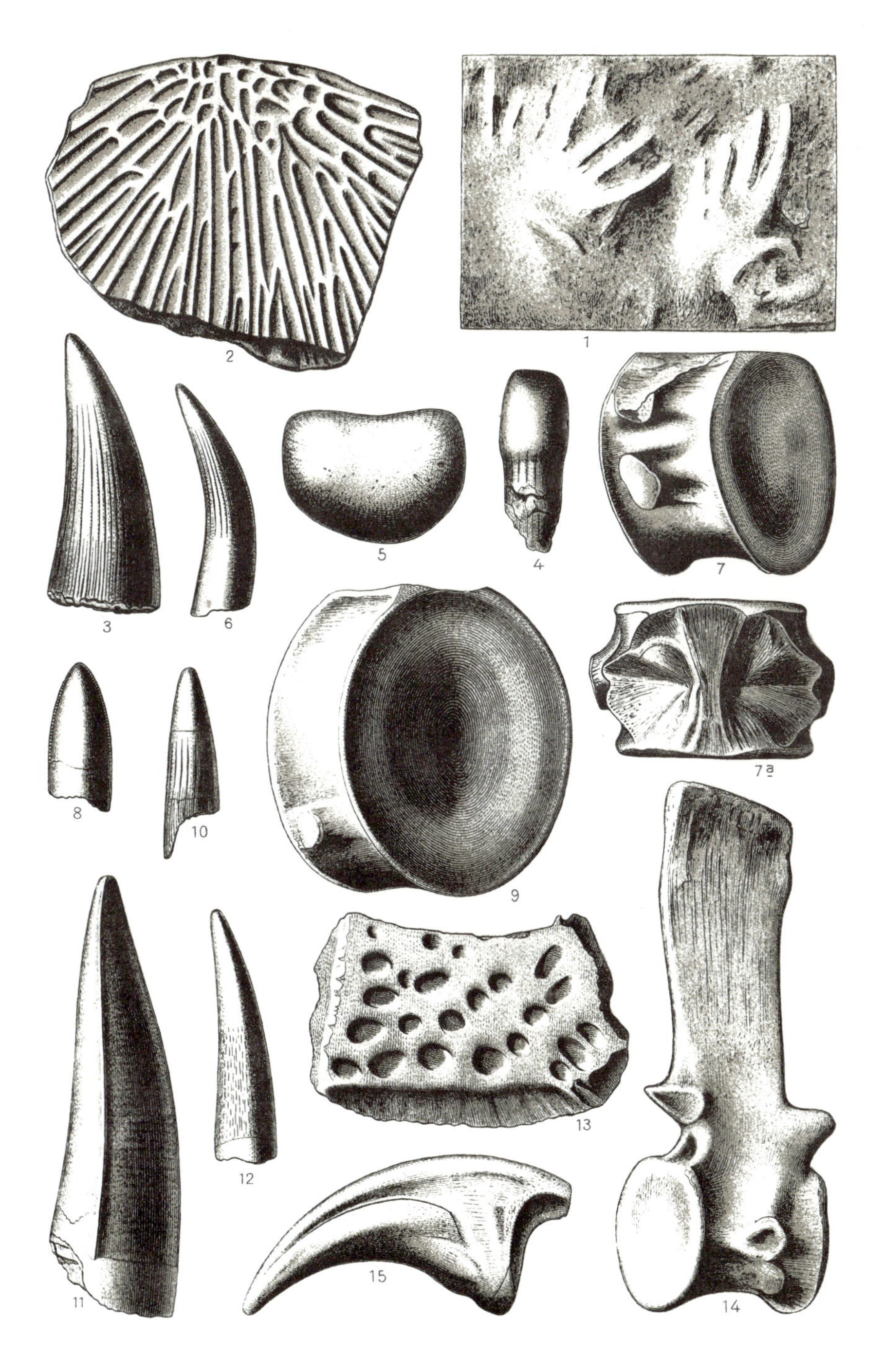

1. **Ichnium** (Fährte eines Labyrinthodonten). 2. **Metopias** diagnosticus. 3. **Labyrinthodontenzahn.** 4. u. 5. **Placodus** gigas (Schneide- und Pflasterzahn). 6. u. 7. **Nothosaurus** (Fangzahn und Rückenwirbel). 8. **Belodon** (Zahn). 9. u. 10. **Ichthyosaurus** (Rückenwirbel und Zahn). 11. **Dacosaurus** maximus. 12. **Teleosaurus** Bollensis, 13. typus. 14. **Plesiosaurus** Guilelmi imperatoris. 15. **Dinosaurier** (Klaue).

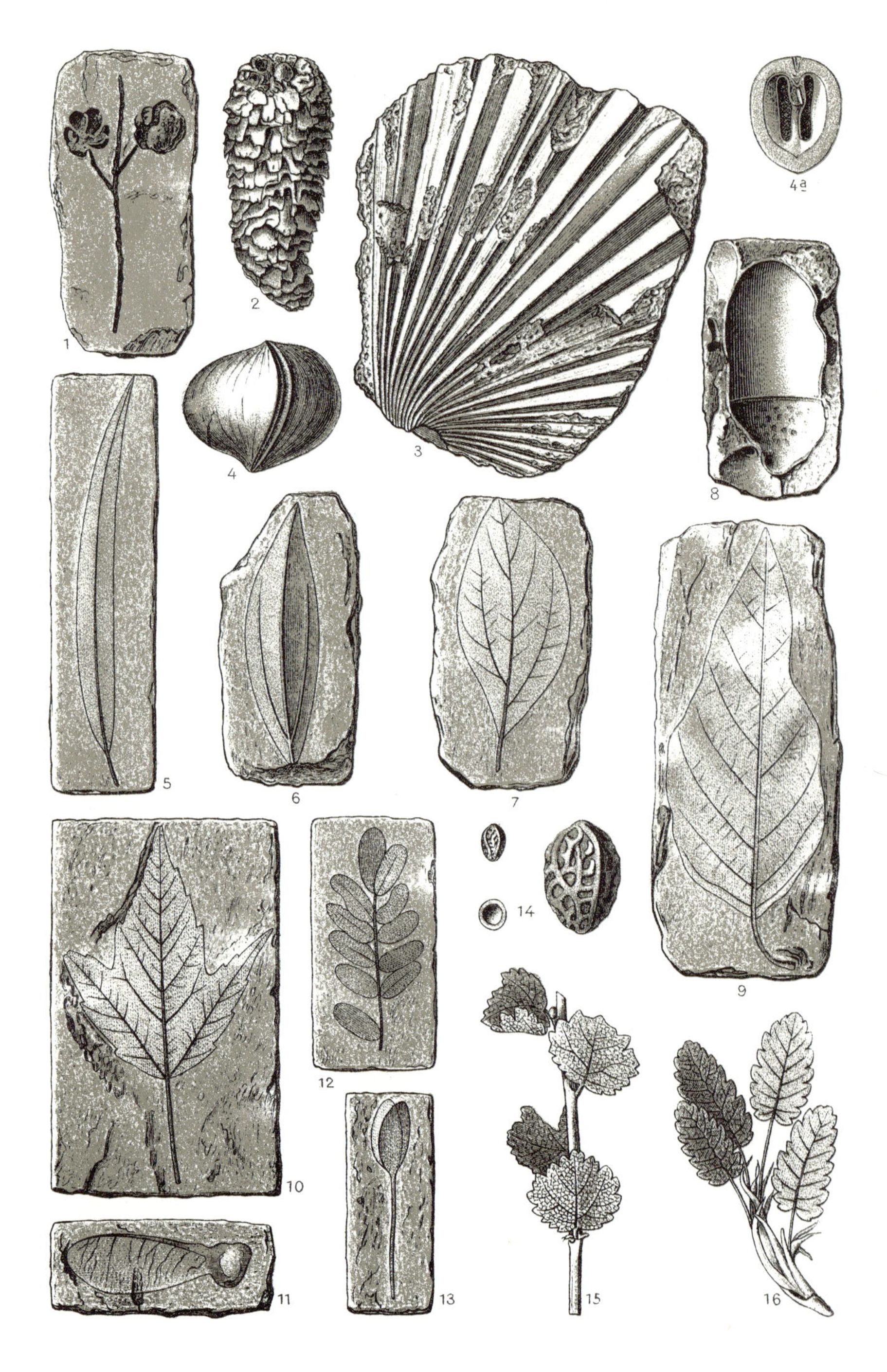

1. **Taxodium** distichum. 2. **Pinus** sp. Zapfen. 3. **Chamaerops** helvetica. 4. **Juglans** ventricosa. 5. **Salix** angusta. 6. **Cinnamomum** Scheuchzeri, 7. polymorphum. 8. **Quercus** Mammuthi, 9. prolongata. 10. u. 11. **Acer** trilobatum. 12. u. 13. **Podogonium** Knorri (Blattzweig und Frucht). 14. **Grewia** crenata. 15. **Betula** nana. 16. **Dryas** octopetala.

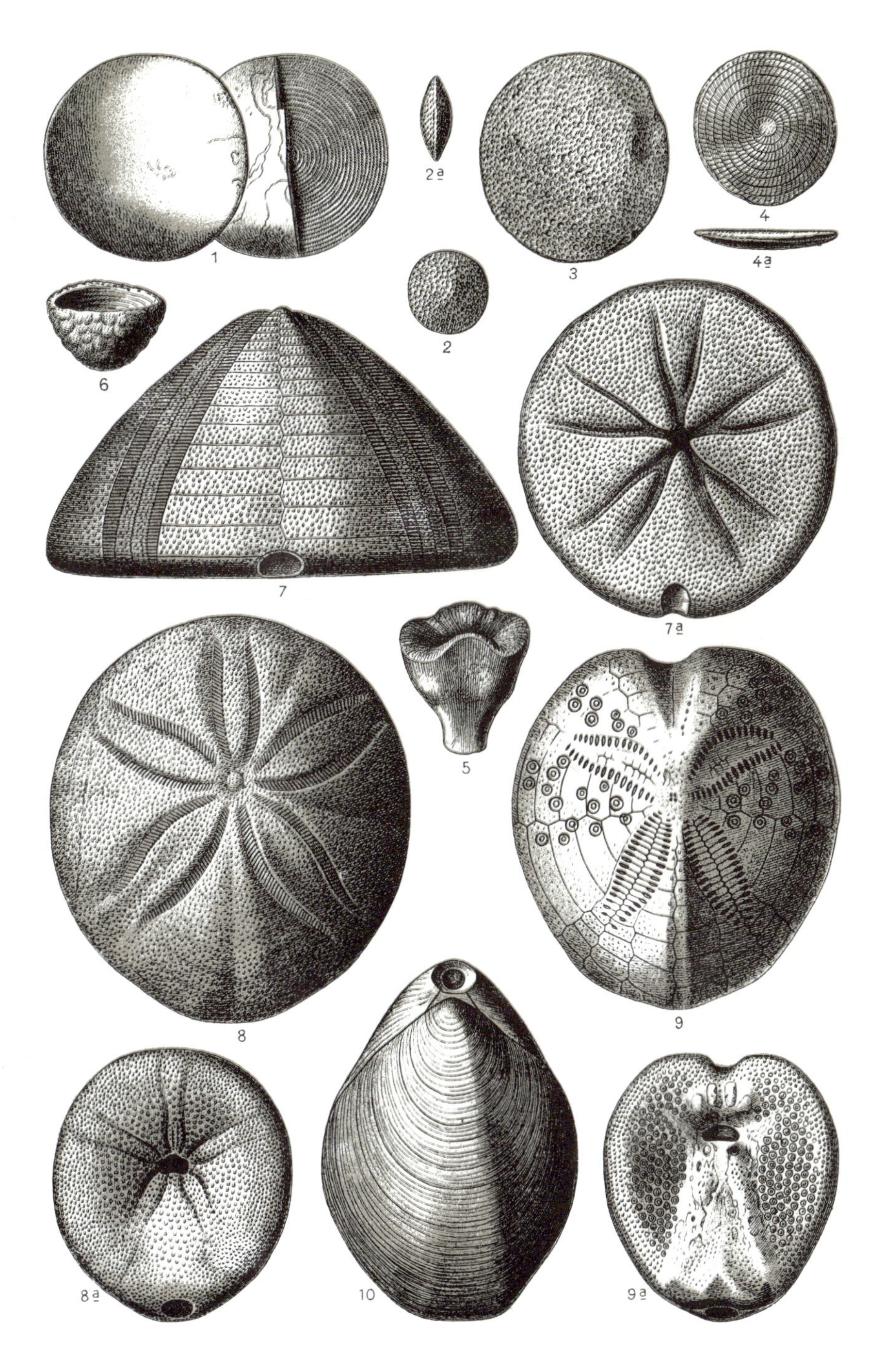

1. **Nummulites** complanatus, 2. perforatus, 3. papyraceus, 4. exponens. 5. **Balanophyllia** sinuata 6 **Cellepora** polythele. 7. **Conoclypus** conoideus. 8. **Echinolampas** Kleinii. 9. **Spatangus** Hoffmanni. 10. **Terebratula** grandis.

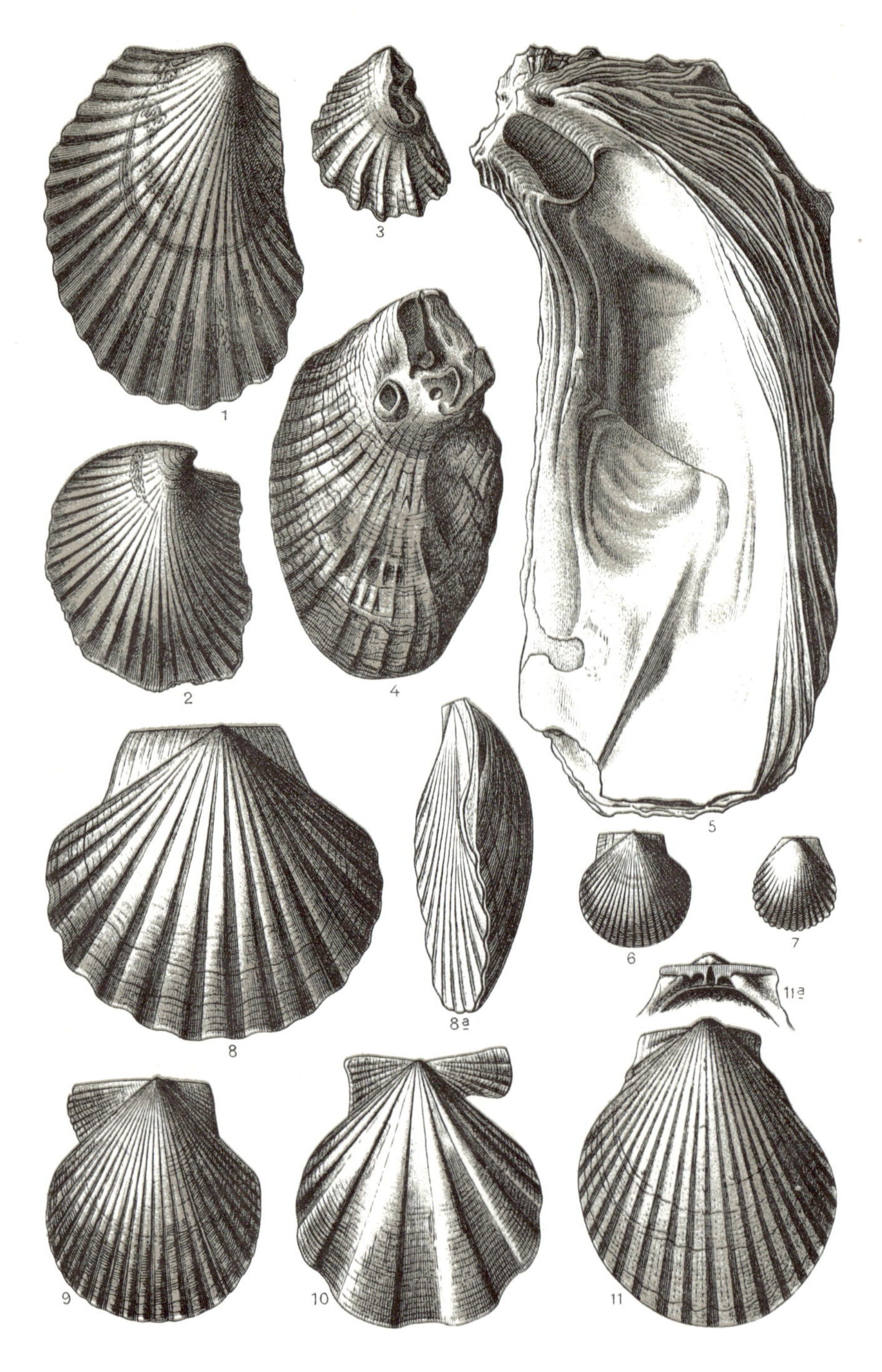

1. **Ostrea** ventilabrum, 2. flabellula, 3. caudata, 4. cyathula, 5. giengensis. 6. **Pecten** Münsteri, 7. Menkei, 8. burdigalensis, 9. pictus, 10. palmatus. 11. **Spondylus** Buchii.

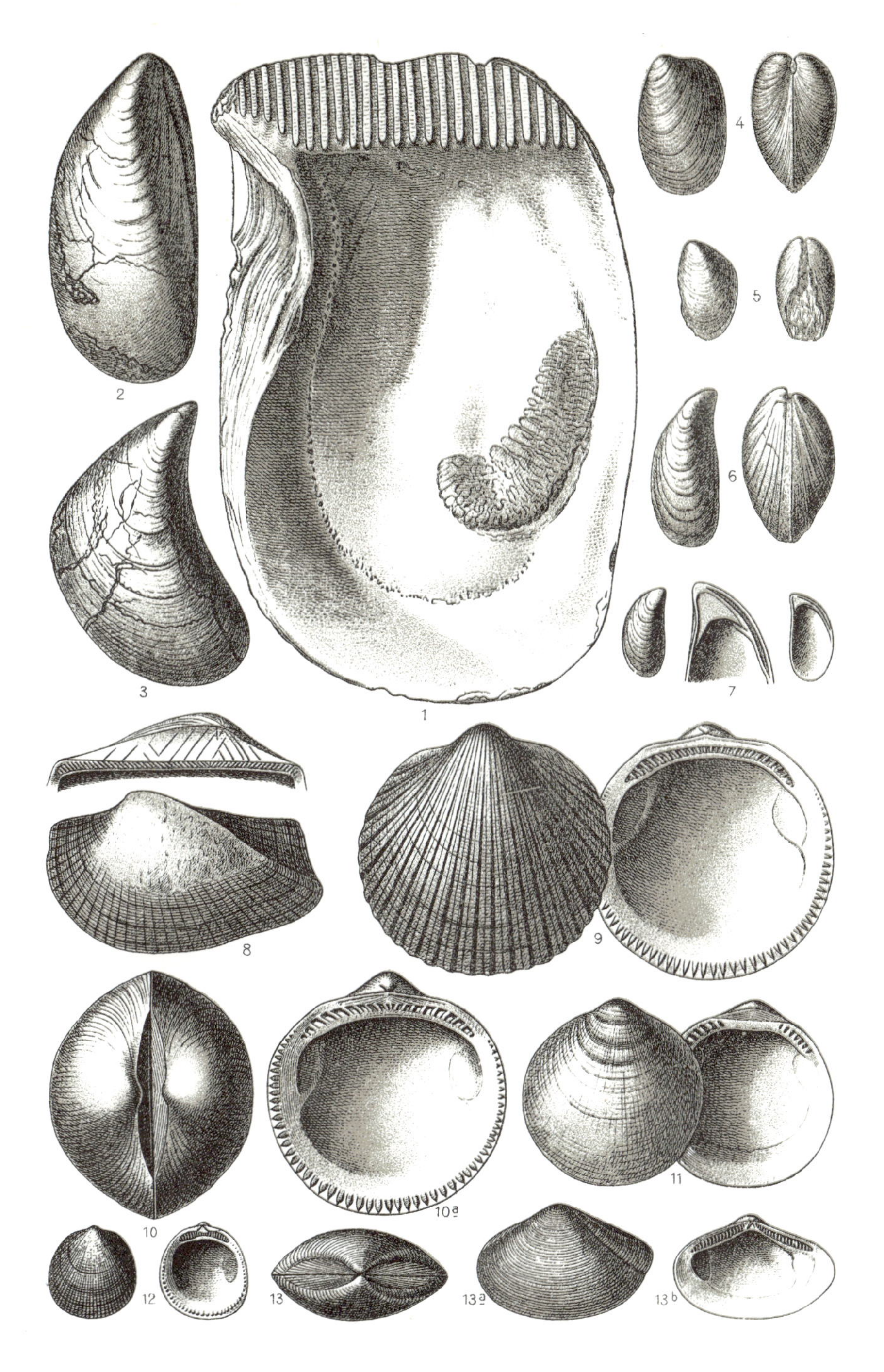

1. **Perna** Sandbergeri. 2. **Mytilus** Faujasii, 3. acutirostris. 4. **Modiola** micans. 5. **Mytilus** socialis. 6. **Dreissensia** clavaeformis, 7. Brardii. 8. **Arca** Sandbergeri. 9. **Pectunculus** angusticostatus, 10. obovatus, 11. lunulatus, 12. costulata. 13. **Leda** Deshayesiana.

1. **Unio** flabellatus. 2. **Cardita** Dunkeri, 3. Jouanneti. 4. **Lucina** tenuistria. 5. **Cardium** tenuisulcatum, 6. sociale. 7. **Cyrena** semistriata. 8. **Tapes** helvetica. 9. **Cytherea** incrassata, 10. splendida. 11. **Panopaea** Heberti.

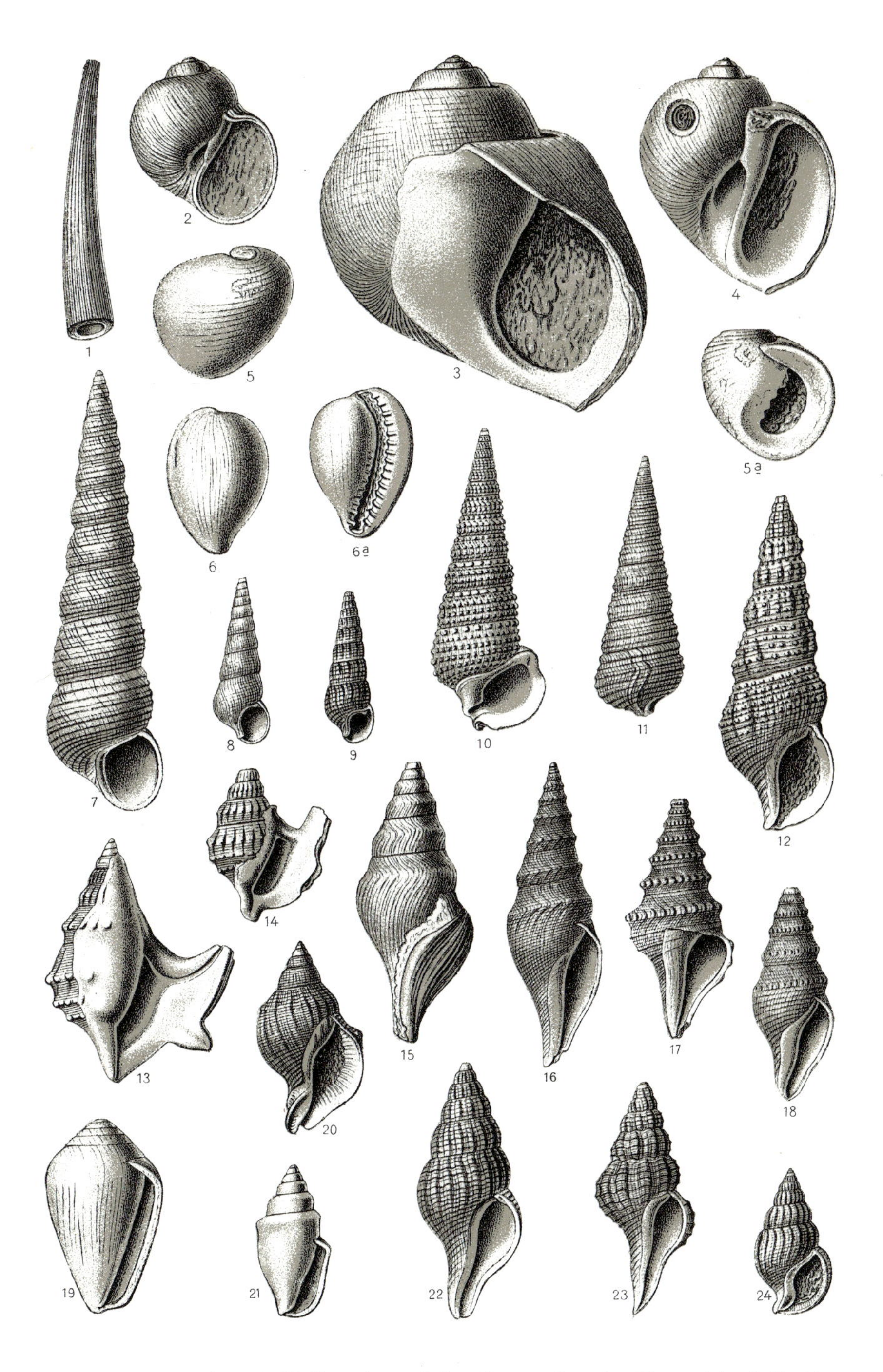

1. **Dentalium** acutum. 2. **Natica** micromphalus, 3. crassatina, 4. millepunctata. 5. **Nerita** Plutonis. 6. **Cypraea** subexcisa. 7. **Turritella** turris. 8. **Cerithium** laevissimum, 9. plicatum, 10. margaritaceum, 11. submargaritaceum, 12. dentatum. 13. **Aporrhais** speciosa, 14. tridactyla. 15. **Pleurotoma** belgica, 16. Selysii, 17. rotata, 18. cataphracta. 19. **Conus** Dujardini. 20. **Buccinum** bullatum. 21. **Columbella** curta. 22. **Fusus** crispus, 23. eximius, 24. lyra.

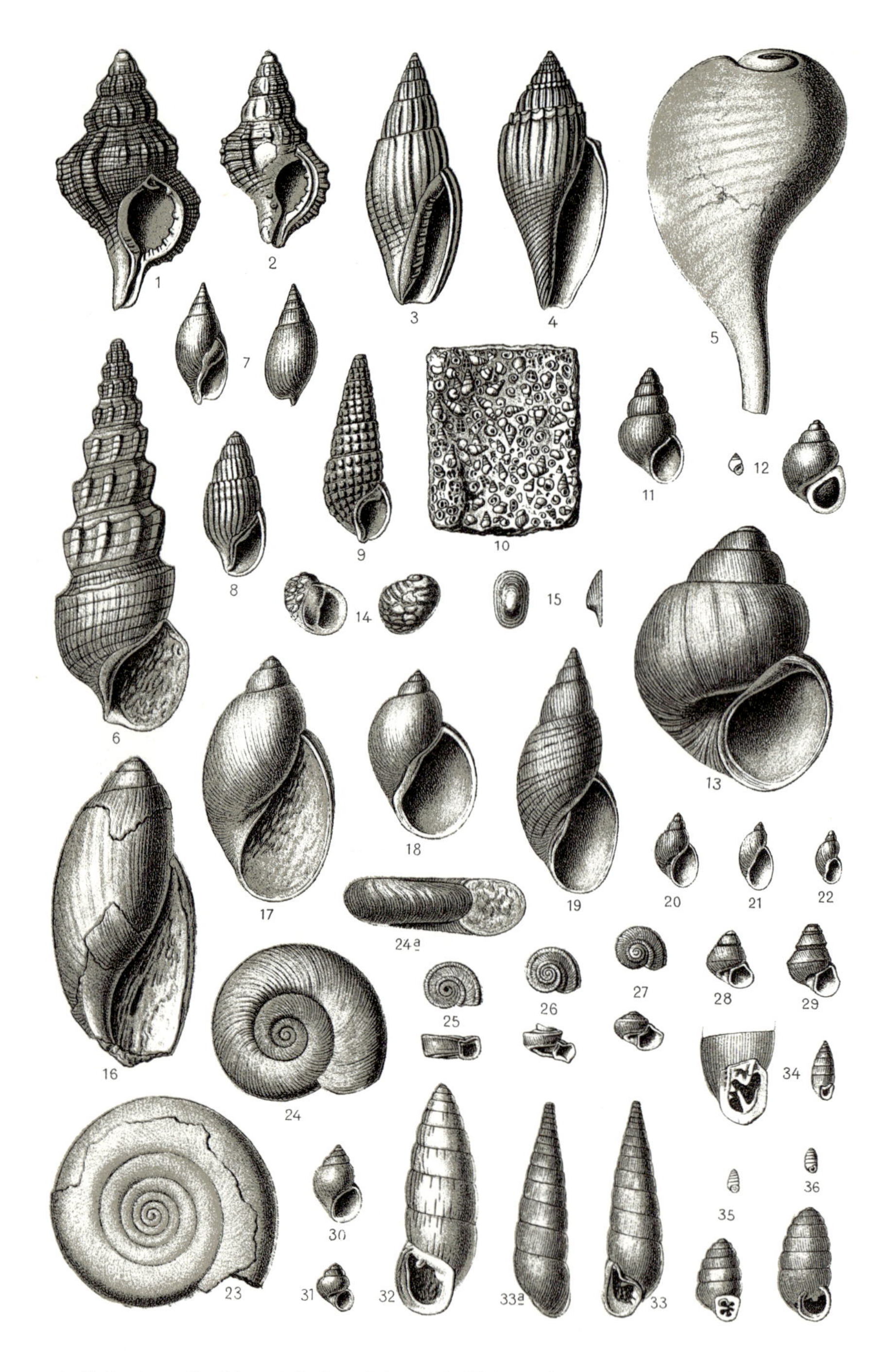

1. **Tritonium** flandricum, 2. foveolatum. 3. **Voluta** decora, 4. suturalis. 5. **Ficula** condita. 6. **Melania** Escheri. 7. **Melanopsis** Kleini, 8. citharella, 9. tabulata. 10. u. 11. **Litorinella** acuta, 12. utriculosa. 13. **Paludina** varicosa. 14. **Neritina** crenulata. 15. **Ancylus** deperditus. 16. **Glandina** inflata. 17. **Limnaeus** dilatatus, 18. socialis, 19. palustris, 20. pereger. 21. **Succinea** Pfeifferi, 22. oblonga. 23. **Planorbis** pseudoammonius, 24. cornu, 25.—29. multiformis. 30. **Bythinia** tentaculata. 31. **Valvata** antiqua. 32. **Clausilia** bulimoides, 33. suturalis. 34. **Pupa** Schübleri, 35. quadridentata, 36. muscorum.

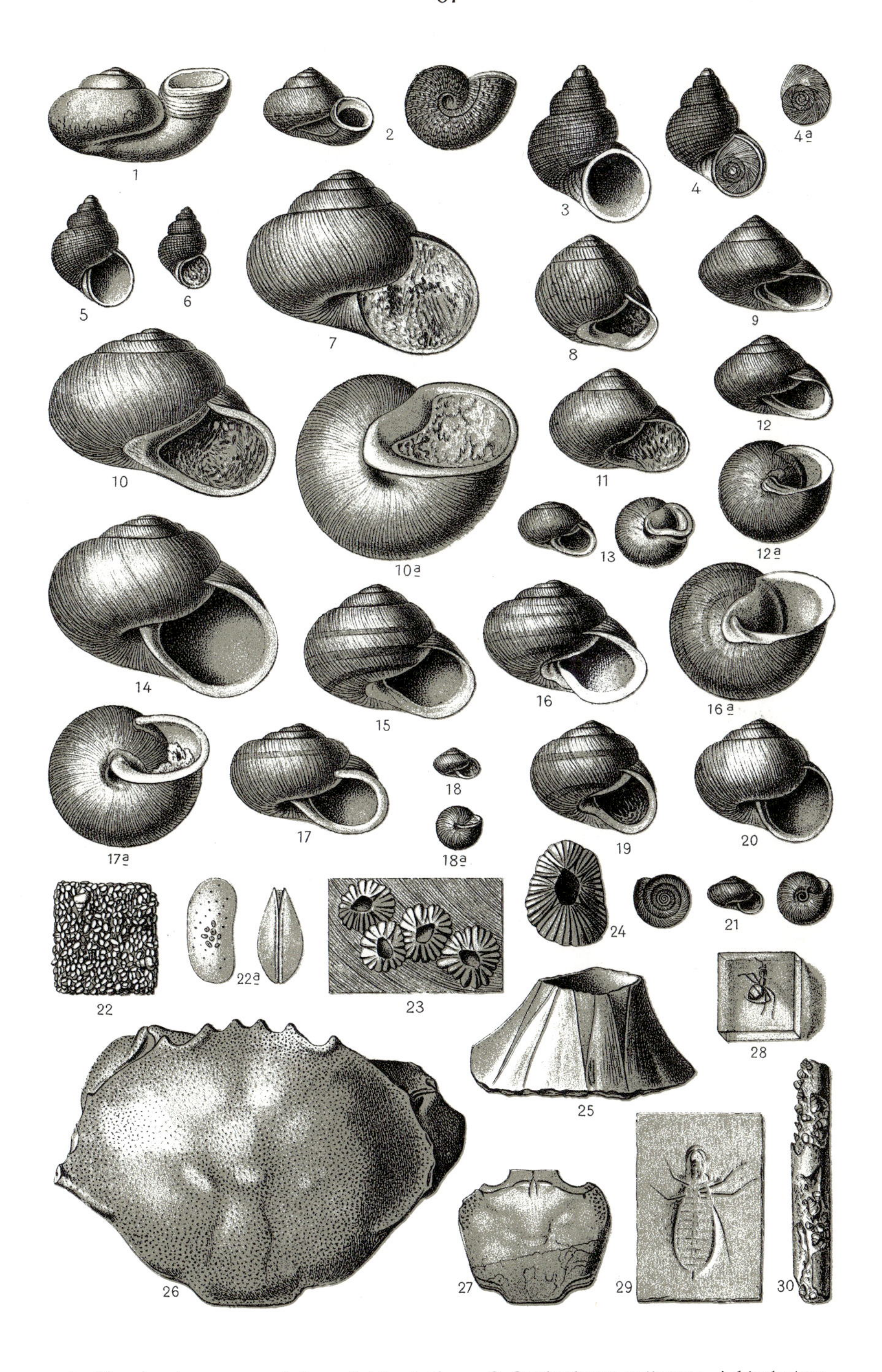

1. **Strophostoma** anomphalum, 2. tricarinatum. 3. **Cyclostoma** antiquum, 4. bisulcatum, 5. consobrinum, 6. conicum. 7. **Helix** subverticilla, 8. rugulosa, 9. crepidostoma, 10. Ehingensis, 11. oxystoma, 12. deflexa, 13. osculum, 14. insignis, 15. sylvestrina, 16. sylvana, 17. inflexa, 18. carinulata, 19. hortensis, 20. fructicum, 21. hispida. 22. **Cypris** faba. 23. **Balanus** stellaris, 24. pictus, 25. concavoides. 26. **Xanthopsis** Sonthofenensis. 27. **Telphusa** speciosa. 28. **Formica** Flori. 29. **Libellula** Doris. 30. **Phryganeenröhre.**

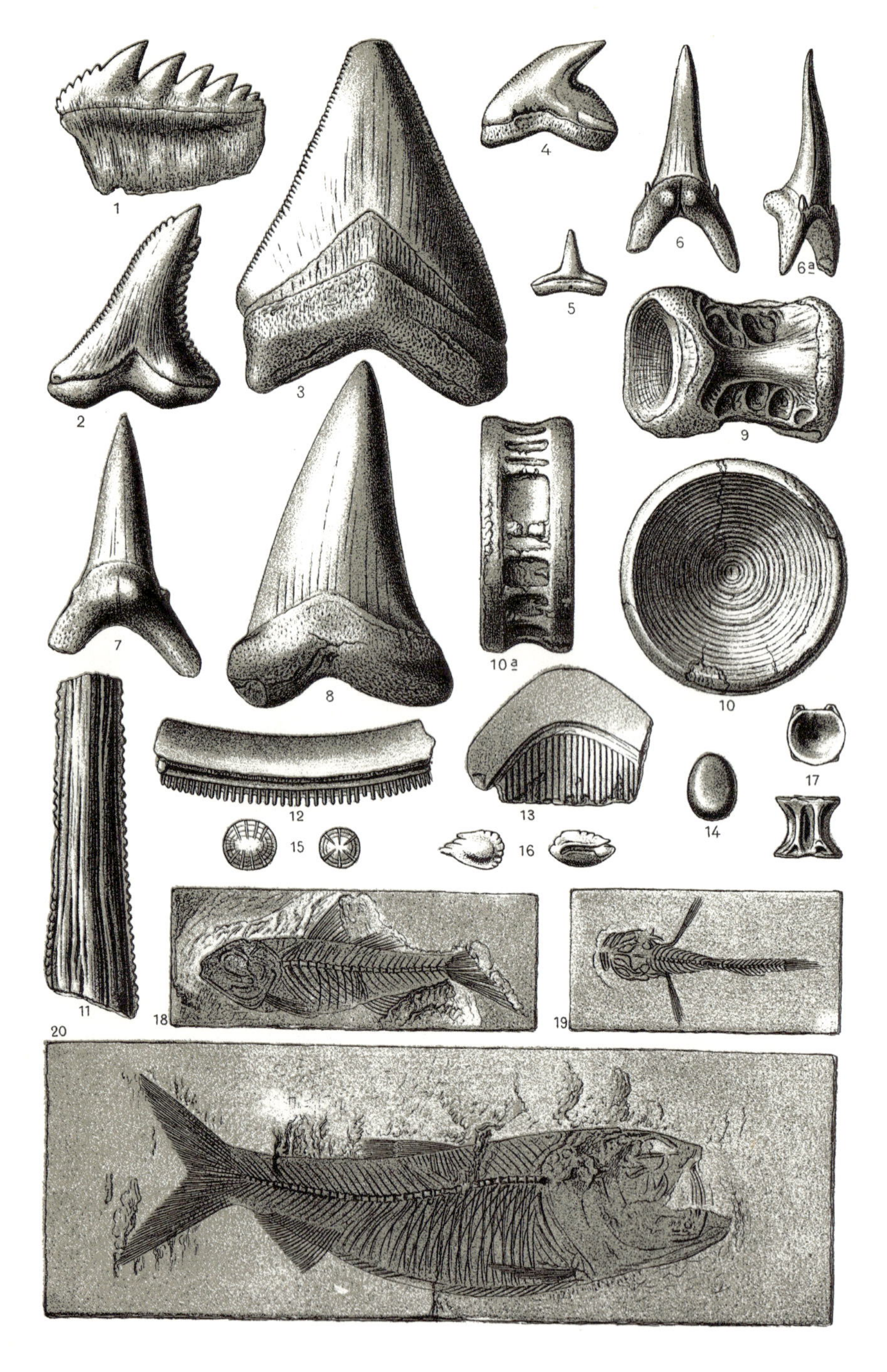

1. **Notidanus** primigenius. 2. **Hemipristis** serra. 3. **Carcharodon** megalodon. 4. **Galeocerdo** latidens. 5. **Aprion** stellatus. 6. **Lamna** contortidens, 7. crassidens. 8. **Oxyrhina** hastalis. 9. **Galeus** sp., Wirbel. 10. **Lamnawirbel.** 11. **Myliobatis** serratus, 12. toliapicus. 13. **Aëtobatis** arcuatus. 14. **Chrysophrys** molassicus. 15. **Cycloidschuppen** von Meletta sardinites. 16. **Gehörstein** eines Knochenfisches. 17. **Teleostierwirbel** (Leuciscus). 18. **Smerdis** formosus. 19. **Cottus** brevis 20. **Clupea** ventricosa.

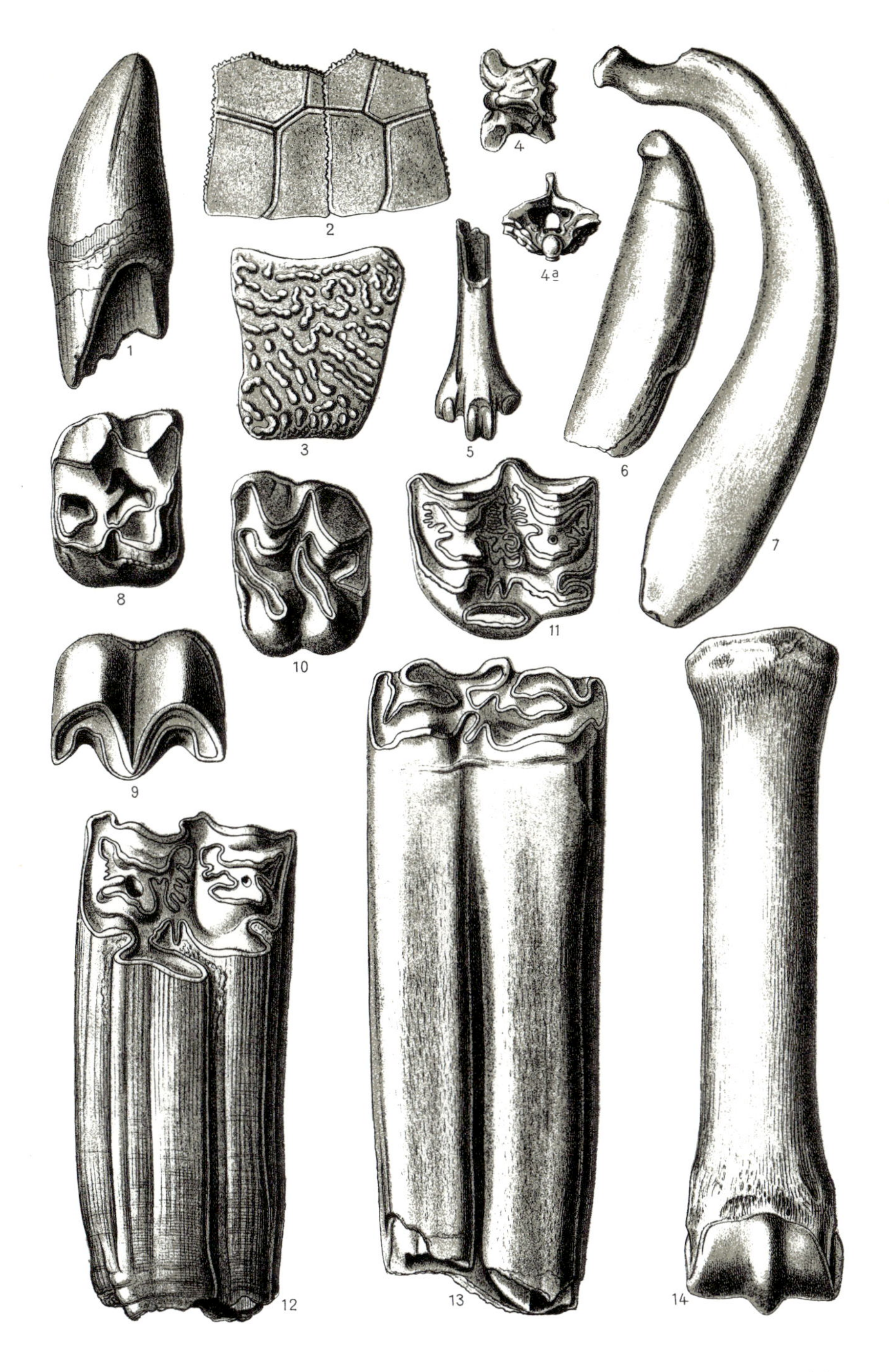

1. **Diplocynodon** sp., Krokodilierzahn. 2. **Testudo** minuta. 3. **Trionyx.** 4. **Naja** suevica (Schlangenwirbel). 5. **Vogelknochen** (Metatarsus vom Wasserhuhn). 6. **Hoplocetus** crassidens. 7. **Halitherium** Schinzi. 8. u. 9. **Palaeotherium** medium, 1. oberer und 1. unterer Backzahn. 10. **Anchitherium** Aurelianense, oberer Backzahn. 11. **Hipparion** gracile, oberer Backzahn. 12.—14. **Equus** caballus (12. oberer Backzahn; 13. unterer Backzahn: 14. Laufknochen); ½ nat. Gr.

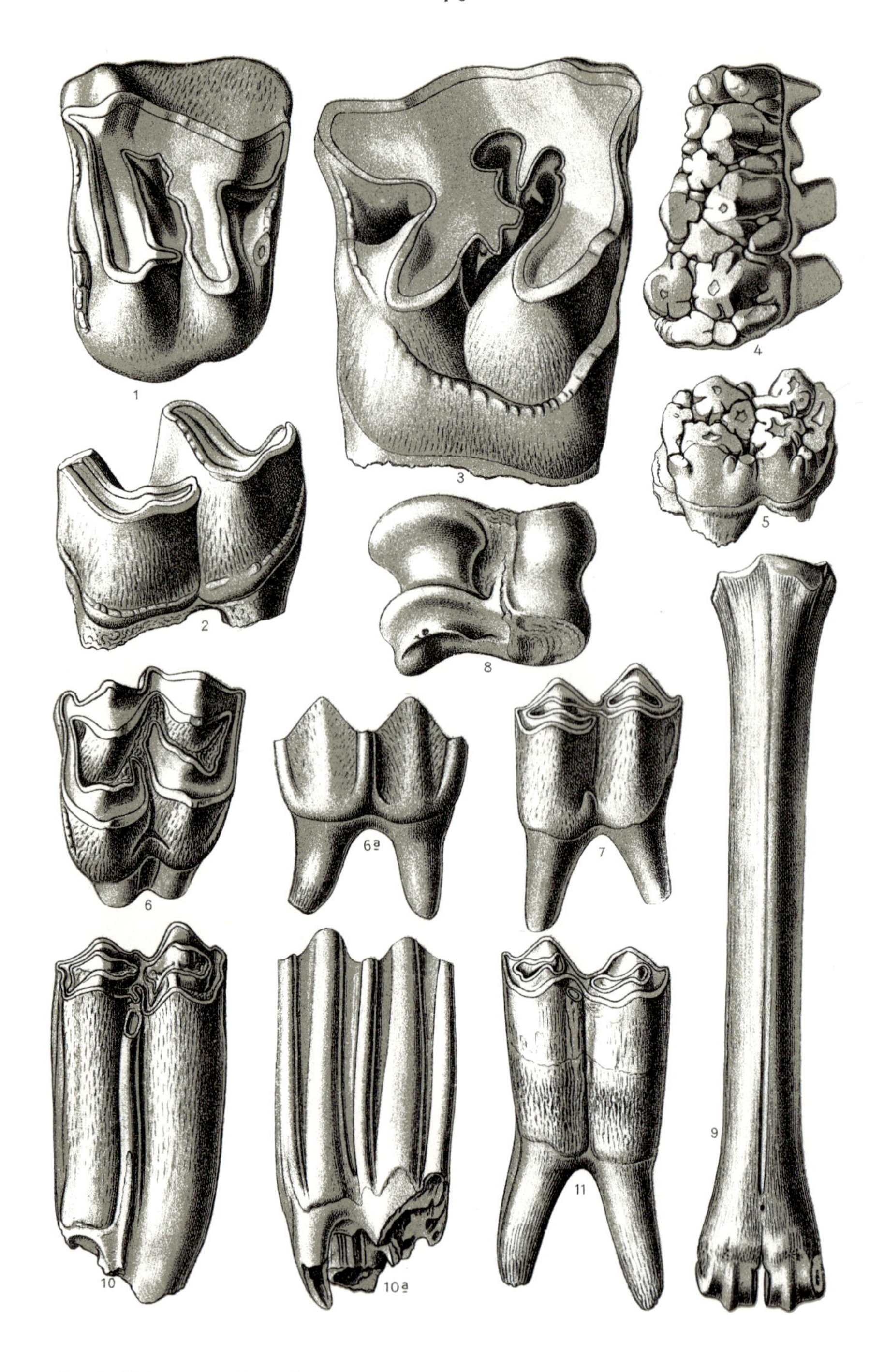

1. u. 2. **Rhinoceros** (Aceratherium) Sansaniense, oberer und unterer Backzahn. 3. **Rhinoceros** antiquitatis, oberer Backzahn. 4. u. 5. **Sus** scrofa, letzter und vorletzter oberer Backzahn. 6. u. 7. **Cervus** elaphus, oberer und unterer Backzahn (6a Ansicht von der Aussenseite). 8. u. 9. **Dicroceras** furcatus, rechtes Sprungbein und vorderer Laufknochen. 10. u. 11. **Bos** priscus, oberer und unterer Backzahn.